21 世纪高等学校规划教材

Textbook Series of 21st Century

电力系统分析

DIANLIXITONG FENXI

主　编　苏小林　阎晓霞
编　写　张海荣
主　审　周双喜

中国电力出版社
CHINA ELECTRIC POWER PRESS

内 容 提 要

本书为21世纪高等学校规划教材。

本书共有10章内容。第一章至第六章为电力系统稳态分析部分，主要包括电力系统的基本概念、电力系统的元件参数及等效电路、简单电力系统的潮流计算、复杂电力系统潮流的计算机算法、电力系统正常运行方式的调整和控制以及电力系统经济运行。第七章至第十章为电力系统暂态分析部分，主要包括同步发电机的基本方程、电力系统三相短路的分析与计算、简单不对称故障的分析计算和电力系统稳定性分析。每章均配有习题。

本书可作为普通高等院校电气工程及其自动化等专业的本科教材，也可作为高职高专、成人教育电力技术类专业的参考教材，同时还可作为相关工程技术人员的参考用书。

图书在版编目（CIP）数据

电力系统分析/苏小林，阎晓霞主编. —北京：中国电力出版社，2007.8（2019.7重印）

21世纪高等学校规划教材

ISBN 978-7-5083-5845-1

Ⅰ. 电... Ⅱ. ①苏... ②阎... Ⅲ. 电力系统—分析—高等学校—教材 Ⅳ. TM711

中国版本图书馆CIP数据核字（2007）第091737号

中国电力出版社出版、发行
（北京市东城区北京站西街19号 100005 http://www.cepp.sgcc.com.cn）
北京雁林吉兆印刷有限公司印刷
各地新华书店经售
*
2007年8月第一版 2019年7月北京第八次印刷
787毫米×1092毫米 16开本 19.25印张 469千字
定价 **45.00** 元

前　言

电力系统分析既是电气工程类专业的一门重要的专业课程，也是后续专业课程的基础，理论性和工程性强。本书包括电力系统稳态分析和暂态分析的内容，全面地阐述了电力系统的基本概念、基本理论及基本分析方法。

全书共10章。第一章主要介绍电力系统的组成、运行特点与基本要求、电气接线方式、电压等级、电力系统负荷及特性、中性点运行方式、直流输电系统等；第二章主要介绍电力系统中各元件正序参数及等效电路、电力系统的等效电路；第三章主要介绍简单电力系统的手算潮流计算方法；第四章主要介绍复杂电力系统计算机潮流计算的数学模型和算法；第五章主要介绍电力系统正常运行方式的有功功率和频率的调整和控制、无功功率和电压的调整和控制；第六章主要介绍网损计算、有功功率的经济分配和无功功率的经济分配；第七章主要介绍同步发电机的基本方程；第八章主要介绍电力系统三相短路的物理过程和分析计算方法；第九章主要介绍电力系统不对称故障的分析计算方法；第十章主要介绍电力系统的机电模型、电力系统小干扰稳定、暂态稳定的物理概念和分析方法、电压稳定的基本概念及提高电力系统稳定性的措施。

本书第一章至第六章为电力系统稳态分析部分，第七章至第十章为暂态分析部分，满足电力系统稳态分析和电力系统暂态分析两门课程的教学要求。

本书在编写过程中，力求物理概念和理论分析准确、简明、内容新颖、实用，并注意与相关知识的衔接。

本书的第七、第八、第十章由山西大学工程学院的苏小林编写，第一、第五、第六、第九章由山西大学工程学院的阎晓霞编写，第二、第三、第四章由山西大学工程学院的张海宋编写。

清华大学周双喜教授详细审阅了本书，并提出许多有建设性的宝贵意见，在此表示诚挚的谢意。

由于编者水平有限，书中不妥之处在所难免，恳请读者批评指正。

编者

2007年7月

目　录

第一章 电力系统的基本概念

电能由于可以大量生产，便于远距离输送、分配、集中管理和控制，又容易转换成其他形式的能量，已成为人类生活和社会生产中最重要的能源。电能是电力系统实现电能的生产、输送、分配和使用的物质流。电力系统是国民经济发展的基础，其发展程度和水平已成为衡量一个国家现代化程度和人民生活水平的重要标志。

电力系统的根本任务是向用户提供充足、可靠、优质和价格合理的电能。为此，要认真做好电力系统规划、设计、安装、调试和运行与控制等方面的工作。而电力系统分析是开展这些工作的基础。

本章重点介绍电力系统的组成、特点和要求等基本内容。这些内容是电力系统分析的基础。通过本章的学习，读者应对电力系统有一个整体认识。

第一节 电力系统概述

一、电力系统的组成

广义的电力系统是指由若干发电厂、变电所、负荷中心通过电力线路连接起来的统一整体，用以完成电能的生产、输送、分配和使用。在这个庞大的系统中，有直接参与生产、输送、分配、消费电能的设备，如动力设备（水库、水轮机、锅炉、汽轮机、核反应堆等）、发电机、变压器、输电线路和各类用电设备；也有为保证电力系统安全、优质、经济运行，并对上述设备进行监测、控制、保护、调节、调度的设备，如计算机控制系统、继电保护装置、各类自动装置等。

传统的电力系统则是指上述广义电力系统中除去发电厂中动力部分后剩余的系统，它是由发电机、变压器、线路及用电设备等电气设备连接起来构成的整体，这个系统正是《电力系统分析》课程研究的对象。

在电力系统中，实现输送、分配电能的部分称为电力网，它是由发电厂和变电所中的变压器与电力线路连接起来构成的整体。

广义电力系统的基本构成以及电力网、电力系统和广义电力系统间的关系，如图 1－1 所示。图中所示的电力系统是三相交流系统。由于在正常运行时，电力系统处于三相对称运行状态，故电力系统的电气系统图一般采用单线图表示。

二、发电厂

发电厂是将其他形式的能量转换成电能的工厂，它由动力部分（水库、水轮机、锅炉、汽轮机、核反应堆等）和电气部分（发电机、变压器等）构成一个统一的单元制系统。

发电厂根据动力部分输入能源的不同，分为火力发电、水力发电、核能发电、新能源和可再生能源发电等几大类发电厂，简述如下。

1. 火力发电厂

火力发电厂简称火电厂，是用煤、石油和天然气等一次能源作为燃料的发电厂。火电厂

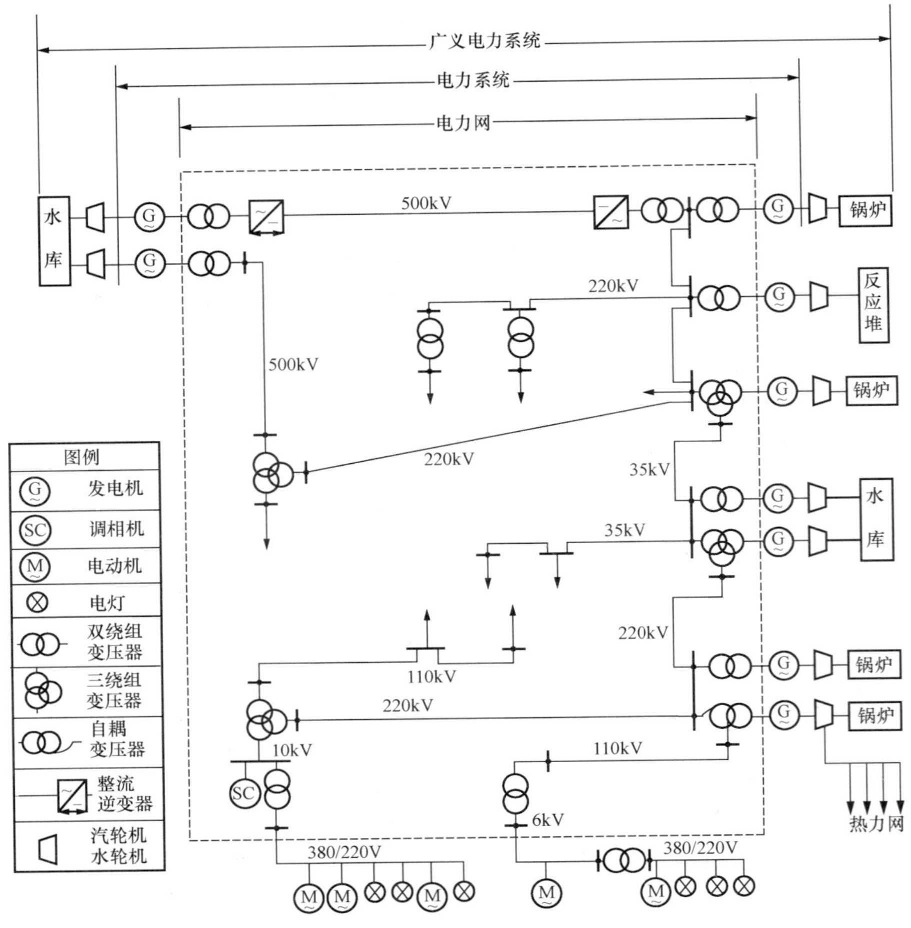

图1-1 广义电力系统、电力系统、电力网示意图

又分为凝汽式电厂和热电厂两种。凝汽式电厂仅向用户提供电能，热电厂不仅向用户供电，同时还向用户供蒸汽或热水。

2. 水力发电厂

水力发电厂是把水的位能和动能转变成电能的发电厂。水能是一种宝贵的自然资源，是可再生而且是洁净的能源。水力发电最普遍的形式是建立型式多样的水电厂，充分利用江河水流的流量和落差推动水轮机旋转，带动发电机发电。

3. 核电厂

核能发电是在核反应堆中通过受控核裂变反应，使核燃料释放出热能将水加热为蒸汽，用蒸汽冲动汽轮机带动发电机发电。与火电厂相比较，核电厂只是用核反应堆取代了火电厂的锅炉。

4. 新能源和可再生能源发电

新能源和可再生能源有太阳能、风能、生物能、海洋能和地热能等。

（1）太阳能发电可分为太阳能热发电和太阳能光发电两类：太阳能热发电是利用太阳能将水加热产生蒸汽驱动汽轮发电机组；太阳能光发电是利用太阳能电池组将太阳能直接转换为电能，通称光伏电站。

(2) 风力发电是由风力冲动风力机或风轮的回转叶片驱动发电机发电。

(3) 生物能是世界上最丰富的可再生能源，包括能源植物（陆生和水生）、沼气、生物质气化、生物质液化、生物质压块等能源，这些能源均可用于洁净发电。

(4) 海洋能包含潮汐能、波浪能、海洋温差、海流、潮流、盐度差能等，最早开发的是潮汐能发电。潮汐能发电是利用潮涨、潮落的潮差带动水轮发电机组发电。

(5) 地热发电是将地下热水、热蒸汽等通过扩容等方式分离出高温高压可用的蒸汽，送入汽轮—发电机组发电。

发电厂的电气部分分为电气一次系统和电气二次系统。电气一次系统又分为电气一次主系统和厂用电系统，其中电气一次主系统主要是将发电机生产的电能通过主变压器升压后经高压配电装置（由母线、开关设备等构成）送入输电线路；厂用电系统通过厂用配电装置向发电厂内的用电负荷供电如图 1-2 所示。电气二次系统主要对一次系统进行测量、监控、保护、调节和调度等。

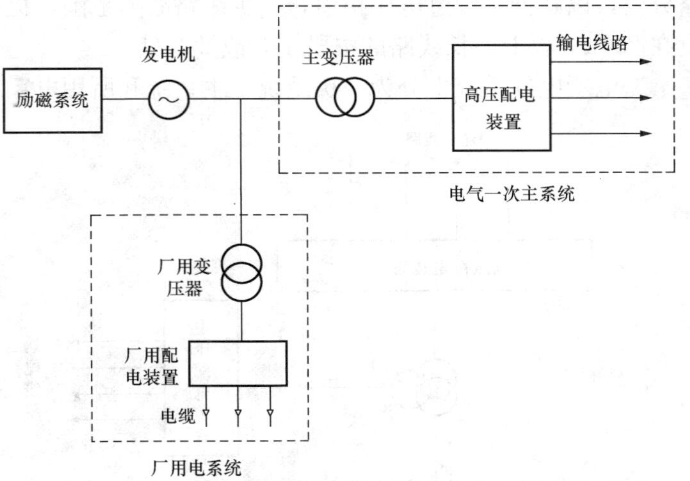

图 1-2　发电厂电气系统图

发电厂动力部分和电气部分分别在相关专业课程中介绍。

三、变电所

变电所是汇集、分配、变换电能的场所。根据变电所在电力系统中的地位和作用，可将变电所分为以下 6 种类型。

1. 枢纽变电所

枢纽变电所连接电力系统的高压和中压的几个部分，汇集多个大电源和大容量联络线，在系统中处于枢纽地位，电压等级高、变电容量大、出线回路数多，所址在系统中的地理位置适中。全所停电后，将使系统稳定破坏、电力网瓦解，造成大面积停电。现今我国此类变电所的最高电压为 750kV。

2. 中间变电所

中间变电所不仅作为长距离输电线路分段，起系统功率交换的作用，同时还降压供电给当地负荷。变电所一般汇集 2～3 个电源，电压为 220～330kV。

3. 地区变电所

地区变电所是一个地区或中等城市的主要变电所，高压侧以交换或接受功率为主，供电给地区的中压侧和附近的低压侧负荷。全所停电后将引起地区电力网瓦解，影响整个地区供电。供电电压等级一般为 220kV（东北地区常见的供电电压等级为 66kV），容量为 200～300MVA。

4. 企业（用户）变电所

企业（用户）变电所是工矿企业的专用变电所，降压供电给一个企业或一个用户单位。大型企业的变电所供电电压为 220kV，一般企业的变电所供电电压为 35～110kV。

5. 终端（分支）变电所

终端（分支）变电所是位于电力网的终端或线路分支接入的降压变电所，接线较简单，一般由 1～2 回电源线路供电，所址位置接近负荷，供电电压为 110kV 及以下。

6. 开关站

开关站一般是为了满足系统稳定性要求而在线路中间设置，其作用是将长距离的输电线路分段，以降低工频过电压幅值，减少线路故障范围，提高系统的运行稳定度。开关站一般设在 220kV 以上的长线路的中段 1/3 或 2/3 处。

变电所电气系统也分为一次系统（主系统和所用电系统）和二次系统。其中一次系统包括主变压器、各级配电装置、无功补偿装置、所用电系统等，如图 1-3 所示。变电所通过高、低两个或高、中、低 3 个电压等级的配电装置将不同电压等级的输电线路连接在一起，交换功率，变换电压。无功补偿装置则给电力系统提供无功电源，改善电能质量。所用电系统供给变电所内的各种负荷用电，如变压器散热器风扇、全所照明、计算机控制用电等。

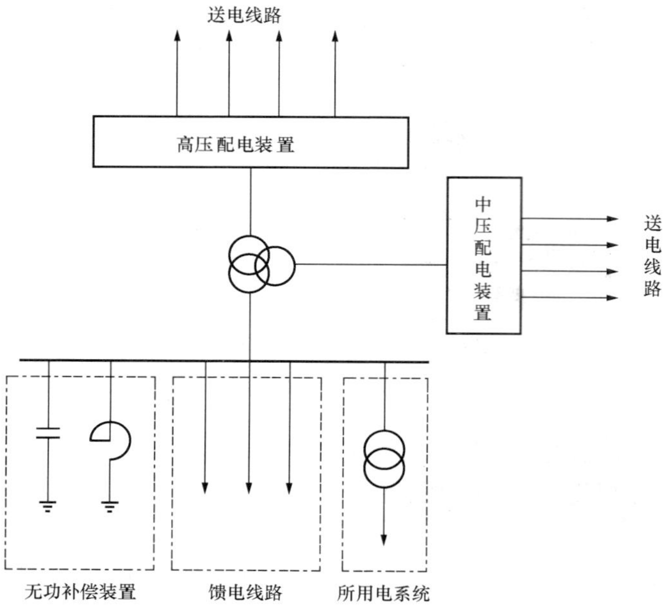

图 1-3 变电所电气系统图

变电所的电气系统将在相关专业课程中详细介绍。

四、电力线路

电力线路是传输电能的电气设备，从功能上分为输电线路和配电线路。输电线路是指发电厂向负荷中心输送大量电力的主要干线以及不同地区电网间互送电力的高压联络线路；配电线路是指变电所与电力终端用户间的较低电压等级的联络线路。电力线路从结构上分为架空线路和电缆线路。

（一）架空线路

架空电力线路是电力线路中最常见的一种形式，其载流导体为多股绞线，导线由绝缘子通过高于地面的杆塔悬架于空中。架空电力线路根据输送电能的多少和距离的远近，采用不同的电压等级，输送的容量越大、输送的距离越远，电力线路的电压等级就越高。目前，我国规定 220kV 及以上线路为高压输电线路，35～110kV 线路为高压配电线路，3～10kV 为中压配电线路，220、380V 为低压配电线路。

架空电力线路按杆塔上的回路数目可分为单回路线路、双回路线路、多回路线路。

架空线路一般由导线、避雷线、绝缘子、金具、杆塔及基础、接地装置等构成，如图 1-4 所示。

1. 导线

导线是架空电力线路的主要组成部件，其作用主要是传输电能。因此，导线应具有良好的导电性能、较小的电阻率，且抗氧化、抗腐蚀能力强。而且导线架空悬在杆塔上，长期处于旷野、山区或湖海边缘运行，应能承受自身的张力及风、雪、冰等外加荷载，所以要有足够的机械强度。

2. 避雷线

避雷线是保护电力线路不遭受雷击的设施之一，架设在电力线路杆塔顶部，利用杆塔的塔身混凝土电杆内的钢筋或接地引下线等与接地装置连接，将雷电流引入大地。一般架空避雷线的主要材料是镀锌钢绞线。

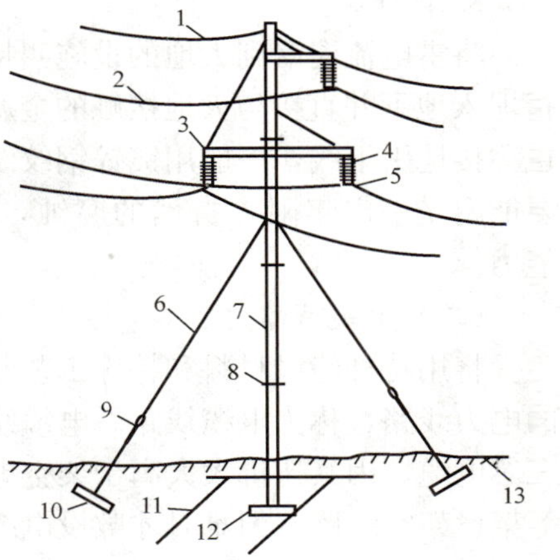

图 1-4　架空线路结构示意图

1—避雷线；2—导线；3—横担；4—悬垂绝缘子串；5—悬垂线夹（金具）；6—拉线；7—钢筋混凝土电杆；8—杆段接头；9—拉线金具；10—拉线基础；11—接地装置；12—基础；13—地面

3. 杆塔和横担

杆塔是支持导线、避雷线使导线与地面或其他设施保持一定安全距离的杆型或塔型构筑物，是架空电力线路的主要设施之一。它承受导线、避雷线、其他部件和本身的重力以及冰雪、侧面风的压力等。转角、终端承力杆塔还要承受导、地线的角度张力和不平衡张力，因此，杆塔必须有足够的机械强度。

横担是用以安装绝缘子从而支撑和悬挂导线并使导线间保持一定距离的水平状构件。因此，除满足机械强度要求外还需有一定的长度。

4. 绝缘子

绝缘子是用瓷和钢化玻璃作为绝缘介质制成的一种隔电部件，新型的合成绝缘子是主硅橡胶和环氧玻璃纤维作为绝缘介质的。绝缘子的作用是悬挂或支持导线使之与杆塔绝缘，它不但要承受工作电压和大气过电压的作用，同时还承受导线的垂直荷重、水平荷重和导线张力，在运行中承受机电联合作用，因此，需有良好的电气性能和足够的机械强度。

5. 线路金具

将用于线路的绝缘子、导线、避雷线等部件连接起来固定在杆塔上的金属零件统称为金具。线路金具种类较多，规格各异，一般都是由铸钢或可锻铸铁制成。线路金具长期在自然环境中运行，除需要承受导线、避雷线和绝缘子等自身的荷载外，还承受覆冰和风的荷载，因此，应有足够的机械强度，对于连接导电体的部分金具还应有良好的电气性能。

6. 杆塔基础

线路杆塔地面以下部分的设施统称为杆塔基础，包括地下装置及杆塔自身埋入土壤中起固定作用的部分。基础的作用是稳定杆塔，支撑杆塔全部荷载，防止杆塔因承受导线、风、冰、断线张力等的垂直荷重、水平荷重及其他外力的作用引起的上拔、下压或倾覆，保证杆塔在运行中不发生下沉、倾斜或变形。

7. 拉线

拉线的作用是平衡杆塔承受的导线、避雷线水平方向作用力、风力和断线张力，从而固定杆塔。拉线由拉线金具和拉线本身组成，拉线一般采用镀锌钢绞线。

8. 接地装置

将雷电流泄漏到大地的设施叫接地装置。接地装置是接地体和接地线的总称。接地体是指埋入地下并直接与大地接触的金属导体。接地线是指将杆塔与接地体连接用的金属导体，也称接地引下线，一般用镀锌钢绞线做成。接地装置所用的材料既要满足热稳定的要求，又要能耐受一定年限大自然的腐蚀，为此要求接地装置有足够低的接地电阻和较强的防腐能力。

（二）电缆线路

将用特种绝缘材料和特殊工艺制造而成的电力电缆，埋设于地下或敷设在电缆沟中构成的电力线路，称为电缆线路。电缆线路一般由导线、绝缘层和保护层构成，有单芯、双芯和三芯电缆。因其造价大大高于架空电力线路，因此，只有在城市市区内、飞机场或电台附近等架设架空线路有困难时才敷设电缆。

五、电力负荷

电能经输、变、配后送到用户处。用户中的用电设备将接收到的电能转换成所需要的能量形式消耗。电力系统中所有的用电设备如异步电动机、同步电动机、整流设备、电热设备、照明设备、电解设备等所消耗功率的总和，称为电力系统综合用电负荷，简称负荷。综合用电负荷加上电力网的功率损耗称为电力系统的供电负荷。供电负荷再加上各发电厂的厂用电，称为电力系统的发电负荷。

（一）负荷的分类

负荷因其用途或供电条件等的不同，有各种分类方法。我国主要是按产业和用途分类。按产业分类，可分为工、矿业负荷、农业负荷、交通运输负荷、市政负荷、商业负荷、居民负荷等。按用途分类，可分为照明负荷、电力负荷。电力负荷根据能量转换的不同，又可分为动力负荷、电热负荷、电解负荷及整流负荷等。对于不同行业各类用电设备消耗的功率所占比重是不同的。

在规划、设计和运行中，按照负荷对供电可靠性的要求不同，分为一类负荷、二类负荷、三类负荷，说明如下。

(1) 一类负荷：是指中断供电将造成人身伤亡或将在政治、经济上造成重大损失的负荷，如造成重大设备损坏、有害物溢出污染环境、生产秩序需要长时间才能恢复、重要交通枢纽无法工作，经常用于国际活动的场所秩序混乱等的负荷。

(2) 二类负荷：是指中断供电将在政治、经济上造成较大损失的负荷，如造成主要设备损坏、产品大量报废或大量减产以及人员集中的公共场所秩序混乱等的负荷。

(3) 三类负荷：是指不属于一、二类负荷的其他负荷。

其中一类负荷对供电可靠性的要求最严格。负荷分类标准一般由各国行业标准规定。

（二）负荷曲线

负荷一般是随时间变化的，描述负荷随时间变化的规律常用负荷曲线来表示。实际负荷曲线应是一条光滑的连续曲线，但由于在实际工程中，常采用定点（如整点，或每隔半小时或1小时）测量，或为分析问题的方便起见，负荷曲线一般采用折线法或阶梯法绘制。负荷曲线按负荷种类可分为有功功率负荷曲线和无功功率负荷曲线；按负荷对象可分为用电设备、车间、企事业单位、行业、县网、地区网、省网、区域网、电力系统等负荷曲线；按时间可分为日、周、月、季、年等负荷曲线。常用的负荷曲线有日负荷曲线和年负荷曲线。

1. 日负荷曲线

表示一天24h内负荷随时间变化的曲线，称为日负荷曲线，一般多采用有功功率日负荷曲线，如图1-5所示。图中，曲线的最高处称为日最大有功负荷P_{max}，简称最大负荷；最低处称为日最小有功负荷P_{min}，简称最小负荷。P_{max}和P_{min}表示了日有功负荷的上下限，最大负荷与最小负荷之差称为峰谷差。根据负荷曲线可计算用户在一天内所消耗的电能，即日用电量为

$$W=\int_0^{24}P\mathrm{d}t \tag{1-1}$$

式（1-1）所得结果为有功负荷曲线下所包围的面积，单位为kWh或MWh。日平均负荷定义为

$$P_{av}=\frac{W}{24}=\frac{1}{24}\int_0^{24}P\mathrm{d}t \tag{1-2}$$

为了反应负荷曲线的起伏变化情况，引入日负荷率γ和日最小负荷率β的概念，定义为

$$\gamma=\frac{P_{av}}{P_{max}} \tag{1-3}$$

$$\beta=\frac{P_{min}}{P_{max}} \tag{1-4}$$

式（1-3）中的负荷率为日平均负荷与日最大负荷之比，γ值小表明负荷曲线起伏大，发电机的利用率低。

在日负荷曲线中，将最小负荷以下的部分称为基荷，平均负荷以上的部分称为峰荷，中间部分称为腰荷，各部分如图1-5所示。

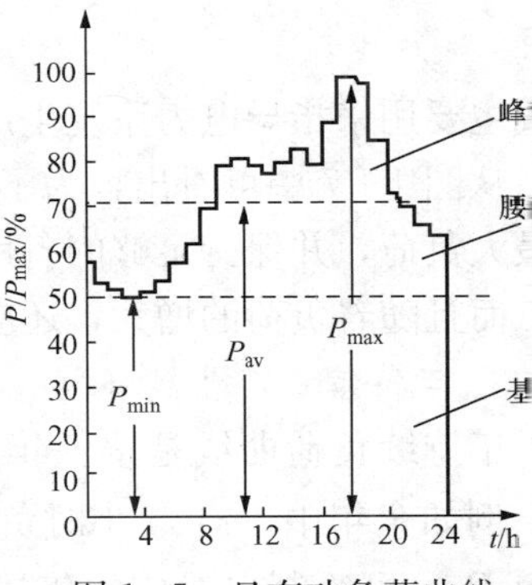

图1-5　日有功负荷曲线

负荷曲线的形状与负荷类型、负荷组成、负荷特性、工作制度、生活规律、气候条件以及地域等因素有关。不同行业的负荷曲线相差很大，即使同一用户不同天的负荷曲线也可能有较大差别。图1-6所示为4种不同行业的有功功率日负荷曲线。三班制连续生产的重工业负荷，如图1-6（a）所示的钢铁工业负荷，负荷曲线较平坦，最小负荷达最大负荷的85%。一班制生产的轻工业负荷，如图1-6（b）所示的食品工业负荷，负荷变化的幅度较大，最小负荷仅为最大负荷的13%。农业加工负荷如图1-6（c）所示，农业加工负荷每天用电仅12h。市政生活负荷如图1-6（d）所示，其特点是有明显的照明用电高峰。

电力系统中的不同用户不会同时出现最大的负荷需求，所以电力系统的最大负荷小于各用户最大负荷之和。在确定电力系统的综合用电负荷时，可通过采用小于1的“同时系数”乘以所有用户最大负荷之和的方法得到。

日负荷曲线对电力系统的运行有很重要的意义，它是制定日发电计划、调度计划和供电计划，确定系统运行方式等的重要依据。

2. 年最大负荷曲线

年最大负荷曲线反应了一年12个月中最大负荷的变化规律，如图1-7所示。这种负荷

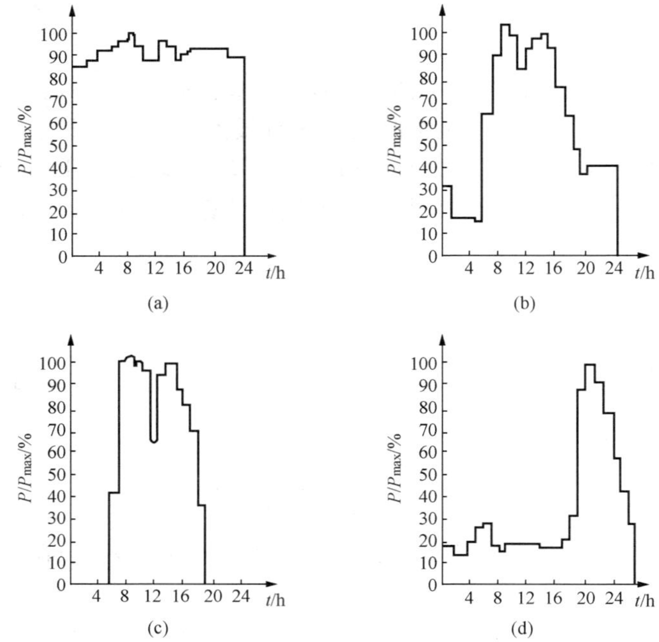

图 1-6　不同行业的有功功率日负荷曲线

（a）钢铁工业负荷；（b）食品工业负荷；

（c）农业加工负荷；（d）市政生活负荷

曲线主要用来指导电力系统生产运行调度、安排机组和设备检修、新建或扩建机组或发电厂等。从图 1-7 中可看出，为了保证供电的可靠性，系统中装设的机组总容量应当大于系统的最大负荷，并保持足够的备用容量，即图中多出的部分。检修机组应安排在负荷最小的时段，而且随着负荷的增大，还应不断装设新的发电设备。

3. 年持续负荷曲线

年持续负荷曲线是按一年中系统负荷的数值大小及其持续小时数顺序排列绘制而成的。例如全年中，有 t_1 小时负荷值为 $P_1(=P_{max})$，有 t_2 小时负荷值为 P_2，有 t_3 小时负荷值为 P_3，可绘制出对应的年持续负荷曲线，如图 1-8 所示。

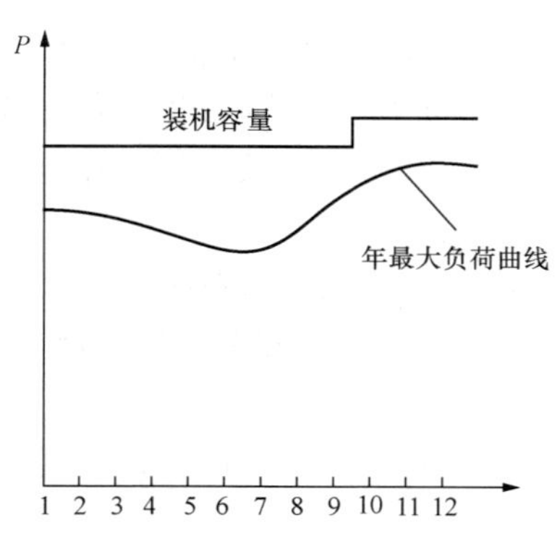

图 1-7　年最大负荷曲线

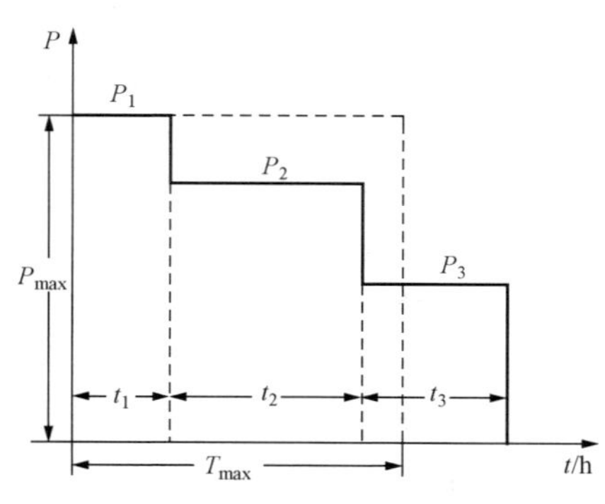

图 1-8　年持续负荷曲线

根据年持续负荷曲线可求出系统负荷的全年电能消耗量为

$$W = \int_0^{8760} P\mathrm{d}t \tag{1-5}$$

例如，如图 1-8 所示的年持续负荷曲线的系统负荷，全年电能消耗量为

$$W = \sum_{i=1}^{n} P_i t_i = \sum_{i=1}^{3} P_i t_i$$

如果系统负荷按最大有功 $P_{\max}$运行，则在 $T_{\max}$时间内所消耗的电能，等于负荷全年的实际电能消耗量，即

$$P_{\max} T_{\max} = W = \int_0^{8760} P\mathrm{d}t$$

式中：$T_{\max}$称为最大负荷利用小时数，单位为 h，可确定如下

$$T_{\max} = \frac{W}{P_{\max}} = \frac{\int_0^{8760} P\mathrm{d}t}{P_{\max}} \tag{1-6}$$

根据电力系统运行经验统计，各类用户的最大负荷利用小时数有一个大致范围，如表 1-1 所示。

表 1-1　各类用户年最大负荷利用小时数

负荷类型	$T_{\max}$/h
照明及生活用电	2000～3000
一班制企业	1500～2200
二班制企业	3000～4500
三班制企业	6000～7000
农灌用电	1000～1500

第二节 电力系统运行的特点与基本要求

一、电力系统运行的特点

电力系统运行的特点主要有以下几点。

1. 电能不能大量储存

目前电能还不能大量储存，电能的生产、输送、分配和消耗实际上是同时进行的，即发电厂任何时刻发出的电能（功率）必须等于该时刻用电设备消耗的和电网损失的电能（功率）之和。电力系统始终处于有功功率和无功功率的动态平衡之中，始终保持系统频率和各级电压在规定的范围之内。任何环节发生故障，都会影响系统的正常运行，这反映了电力系统运行的整体性和统一性。

2. 过渡过程非常短暂

电能从一处输送至另一处所需时间仅千万之几甚至百万分之几秒。电力系统运行状态发生变化所引起的电磁和机电方面的过渡过程是十分短暂的。运行中的正常操作，如发电机、变压器、线路、用电设备的投入或退出，都是在瞬间完成的；电力系统中故障的发生、发展和造成影响所需的时间都十分短促。这些都反映了电力系统运行及其变化的快速性。

3. 影响因素众多

电力系统是由许许多多特性不同的电气设备组成的一个统一整体，各电气设备的可靠

性、运行特性和作用机理都会对电力系统的运行产生影响。在过渡过程中，这些设备之间的相互作用和连锁反应机理很复杂，尤其是现代电力系统，大量基于新器件、新技术的电气设备的接入，会给电力系统的运行带来影响。另外，还有大量的不确定性因素的影响，如负荷的随机变化、气候条件变化、设备失效等。电力系统是一个难以驾驭的系统。这些都反映了电力系统运行的复杂性。

4. 电能与国民经济各部门及人民生活关系密切

电能具有大量生产、远距输送、易于转换、使用灵活、控制方便等优点，国民经济各部门和人民生活广泛使用电能。随着社会现代化的发展，电气化程度愈来愈高，国民经济各部门和人民生活对电能的需求量会愈来愈多，依赖性会愈来愈强。供电的中断或不足，将影响国民经济的各个部门，给人民生活带来不便。没有电就没有现代物质生产和现代文明。这反映了电力系统运行的重要性。

二、电力系统运行的基本要求

根据电力系统运行的以上特点，对电力系统运行的基本要求如下。

1. 保证供电的可靠性

供电的中断将使生产停顿，生活混乱，甚至危及人身和设备的安全，给国民经济造成极大损失。停电给国民经济造成的损失远远超过电力系统本身的损失。因此，电力系统运行的首要任务是满足用户对供电可靠性的要求。

造成对用户停止供电的原因很多，可能是电力系统中的元件发生故障，如发电机、变压器、线路等发生故障，也可能是系统运行的全面瓦解，如电力系统稳定性破坏引起系统崩溃。前者属于局部故障，停电范围和造成的损失比较小；后者是全局性事故，停电范围大，恢复供电往往需要很长时间，造成的损失也很大。

保证供电的可靠性，就是要能连续不断地向用户提供质量合格的电能。为此，首先要求系统元件具有足够的可靠性。因为元件发生事故不仅直接造成供电中断，而且可能发展成全局性的事故。其次，要采取措施提高电力系统运行的稳定性，提高抗扰动能力，保证不发生或不易发生造成大面积停电的系统瓦解事故，如采用现代化的监测、控制和保护装置、提高电力系统的自动化技术水平等。再者，要不断提高运行人员的技术水平和责任心，防止误操作的发生，当系统发生异常或事故时，能迅速、正确地处理。

2. 保证良好的电能质量

电能作为一种特殊商品，也有其质量要求。衡量电力系统电能质量的主要指标有电压、频率和波形。电气设备是按额定电压和额定频率设计制造的，只有运行电压和频率在额定值的允许偏差范围内，并且波形符合要求，才能在技术经济上取得最佳的效果。否则，会对电力用户以及电力系统的安全、稳定和经济性带来不良的影响。因此，电力系统在运行中要将这些指标的参数限制在允许的范围之内，才能保证电能质量。

各国结合本国电力系统实际情况制定相应的电能质量标准。我国至2009年已颁布电能质量系列标准7个，即GB/T 12325—2008《电能质量　供电电压偏差》、GB/T 15945—2008《电能质量　电力系统频率偏差》、GB/T 15543—2008《电能质量　三相电压不平衡度》、GB/T 12326—2008《电能质量　电压波动和闪变》、GB/T 14549—1993《电能质量　公用电网谐波》、GB/T 24337—2009《电能质量　公用电网间谐波》、GB/T 19862—2005《电能质量监测设备通用要求》。

（1）频率。我国电力系统的标称频率为50Hz。频率偏差是指系统频率的实际值和标称值之差。根据电能质量标准要求，电力系统的正常频率偏差允许值为±0.2Hz。

（2）电压。衡量电能质量的电压指标又分为电压偏差、电压波动、电压闪变和三相电压不平衡度。

电压偏差是指电压实际值与额定电压之差，常用百分值表示，按标准规定：35kV及以上供电电压正、负偏差的绝对值之和不超过额定电压的10%，如±5%；10kV及以下三相供电电压的允许偏差为额定电压的±7%；220V单相供电电压的允许偏差为额定电压的+7%、−10%。

电压波动和闪变是由波动负荷引起的电压的快速变动及人们对灯闪的明显感觉。电压波动的限值和电压变动的频度有关，电压波动的限值如表1-2所示。电压闪变的限值如表1-3所示。

表1-2　电压波动限值

电压变动频度/h^{-1}	$U_N \leqslant 1kV$	$1kV < U_N \leqslant 35kV$	$35kV < U_N \leqslant 220kV$
$r \leqslant 1000$	1.5%~4%	1.5%~4%	1.0%~3%
对于随机不规则的变动	2%	2%	1.5%

表1-3　电压闪变限值

	$U_N \leqslant 1kV$	$1kV < U_N \leqslant 35kV$	$35kV < U_N \leqslant 220kV$
P_{st}	1.0	0.9（1.0）	0.8
P_{lt}	0.8	0.7（0.8）	0.6

注　1. 括号中的值仅适用于所有用户为同电压级的场合。
2. P_{st}为短时间闪变；P_{lt}为长时间闪变。

电力系统正常运行时要求其三相电压和电流是平衡的，但由于三相负荷的不相等以及电力系统三相元件的参数不相等等原因，使得电力系统三相电压经常出现不平衡状态。当三相电压的不平衡超过一定程度时也会造成许多危害。为衡量三相不平衡的程度，引入不平衡度ε。不平衡度为电压负序分量与正序分量的均方根值的百分比（有关正、负序分量的概念将在第九章介绍）。我国对三相电压允许不平衡度的规定为：正常允许2%，短时不超过4%；每个用户一般不得超过1.3%。

（3）波形。通常要求电力系统供电电压（或电流）的波形为正弦波。但是，随着现代工业的高速发展，电力系统的非线性负荷日益增多，如各种换流设备、变频装置、电弧炉、电气化铁道等非线性负荷遍及全系统；电视机、空调、节能等家用电器的使用越来越广泛。这些非线性负荷产生的谐波电流注入到电力网，使电网的电压波形产生畸变，包含了大量高次谐波，严重地污染了电网的环境，威胁着电网中各种电气设备的安全经济运行。

为了衡量波形的畸变程度，一般采用总谐波畸变率THD表示。总谐波畸变率定义为周期性交流量中的谐波含量的均方根值与其基波分量的均方根值之比，一般用百分数表示，具体可用电压总谐波畸变率或电流总谐波畸变率表示。我国各级电网谐波电压的限值如表1-4所示。

表1-4　各级电网谐波电压限值

电压/kV	THD/%	奇次/%	偶次/%
0.38	5	4.0	2.0

续表

电压/kV	THD/%	奇次/%	偶次/%
6、10	4	3.2	1.6
35、66	3	2.4	1.2
110	2	1.6	0.8

注 220kV 电网参照 110kV 执行。

3. 提高电力系统运行的经济性

电能生产的规模很大，消耗的一次能源在国民经济一次能源消耗中占很大比重。同时，在电能发、输、变、配过程中，也会产生数量可观的电能损耗，既减少了对用户的供电能力，又加大了电力企业的生产成本。因此提高电力系统运行的经济性，就是要降低能源消耗和电力网电能损耗。为此，要采用高效、节能的发、输、配电设备；优化电源配置和电网结构；在保证供电可靠性和良好电能质量的前提下，开展电力系统经济运行工作，优化调度，合理分配电厂间的负荷，使经济性能好的发电厂（或机组）多发电，经济性能差的少发电，尽量降低发电厂的煤耗率（或水耗率）；使功率在电力系统中合理分布，减少无功功率在电网中的流动，降低网损；注意水、火电厂间的合理调配，充分利用水电资源；在发电厂内部开展节能工作，降低厂用电率等。

第三节　电力系统的电气接线方式和电压等级

一、电力系统的电气接线方式

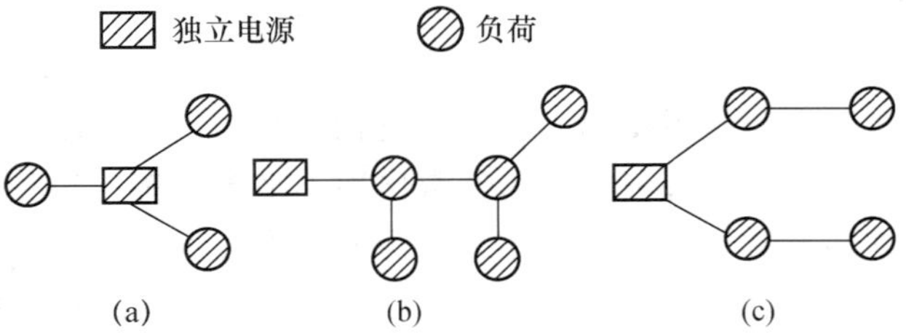

图 1-9　无备用接线方式

（a）单回路放射式；（b）干线式；（c）链式

电力系统的电气接线往往比较复杂，但它们可分解为若干个简单接线的组合。分解后的简单电力网，大致可分为无备用和有备用接线两类。无备用接线包括单回路放射式、干线式和链式网络，如图 1-9 所示。有备用接线包括双回路放射式、干线式和链式以及环式和两端供电网络，如图 1-10 所示。

1. 无备用接线

无备用接线的主要优点在于简单、经济、运行方便，但任一回线的故障或检修，都会造成一个或几个用户的停电，因此供电可靠性差。这种接线不适用于一类负荷占很大比重的场合。但在一类负荷的比重不大，并可为这些负荷单独设置备用电源时，仍可采用这种接线。

2. 有备用接线

在有备用接线中，每一个负荷均可从两条或多于两条的线路上获得电源。其中双回路的放射式、干线式、链式网络的供电可靠性和电压质量较单回路的网络要高，缺点是不够经济。这种接线使用的断路器等高压电器很多。对负荷的供电采用双回路，每回路分担的负荷不大，而在较高电压级网络中，往往为避免发生电晕，不得不选用大于这些负荷所需的导线截面积，以致浪费有色金属。环式网有与上述接线方式相同的供电可靠性，但比它们采用的

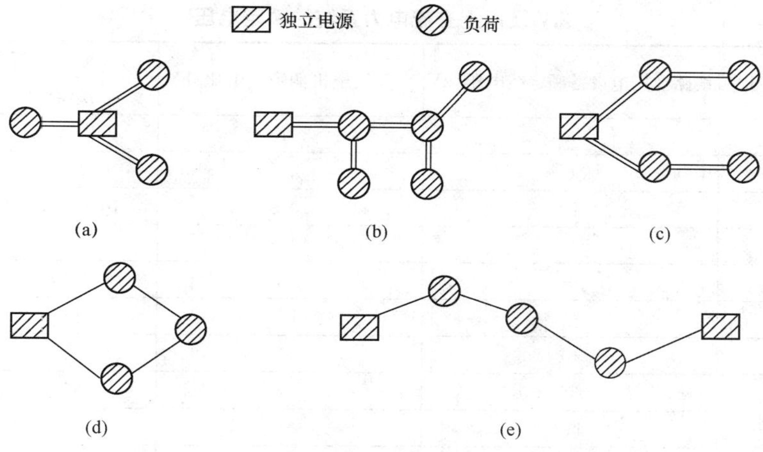

图 1-10　有备用接线方式

(a) 放射式；(b) 干线式；(c) 链式；(d) 环式；(e) 两端供电网络

设备要少，更经济。环式网接线的缺点是节点较多，运行调度复杂；当环解开时，可能使某些点的电压质量较差。两端供电网络最常见，但采用的先决条件是要有两个或两个以上的独立电源，它的合理性取决于各负荷点的相对位置。

凡是每个负荷都只能沿唯一的路径取得电能的网络，称为开式网络，例如无备用接线中的放射式、干线式、链式网络和有备用接线中的放射式、干线式、链式网络。

环式网络和两端供电网络中，每一个负荷点至少通过两条线路从不同的方向取得电能，具有这种接线特点的网络称为闭式网络。

电力系统按职能的不同可分为输电系统和配电系统，它们对接线方式有着不同的要求。

输电系统的主要任务是将区域性发电厂的电能，通过电力系统中电压等级最高的一级或两级电力线路和枢纽变电所，可靠而经济地输送到负荷集中地区。对输电系统接线方式的要求主要是应有足够的可靠性，要满足电力系统运行稳定性的要求，要有助于实现系统的经济调度，要具有对运行方式变更和系统发展的适应性等。用于连接远离负荷中心地区的大型发电厂的输电干线和向缺乏电源的负荷密集地区供电的输电干线常采用双回路或多回路。位于负荷中心地区的大型发电厂和枢纽变电所一般是通过环形网络连接的。

配电系统的主要任务是将输电系统输入的电能分配给终端用户。配电系统采用哪一类接线方式主要取决于负荷的性质。无备用接线只适用于向三类负荷供电。对于一类和二类负荷占较大比重的用户，应由有备用网络供电。

二、电力系统的电压等级

（一）电压等级

电力系统中的电气设备都是按照额定电压和额定频率设计的，当这些电气设备在额定电压和额定频率下运行时，具有最好的技术性能和经济指标。为了电气设备制造的标准化、系列化，也为了电力系统的发展，各国都根据本国具体的技术经济条件，制定出自己的电压等级标准。

我国制定的标准电压等级分为 3 类。第一类为 100V 以下适用于蓄电池和安全照明用具等电气设备的额定电压；第二类为 500V 以下适用于一般工业和民用电气设备的额定电压；第三类为 1000V 以上高压电气设备的额定电压，其数值见表 1-5。

表 1-5 **3kV 及以上交流电力系统的额定电压**

电力系统电压等级/kV	线路及用电设备额定线电压/kV	交流发电机额定线电压/kV	变压器额定线电压/kV	
			一次绕组	二次绕组
3	3	3.15	3 及 3.15	3.15 及 3.3
6	6	6.3	6 及 6.3	6.3 及 6.6
10	10	10.5	10 及 10.5	10.5 及 11.0
—	—	13.8	13.8	—
—	—	15.75	15.75	—
—	—	18	18	—
—	—	20	20	—
35	35	—	35	38.5
110	110	—	110	121
220	220	—	220	242
330	330	—	330	363
500	500	—	500	550
750	750	—	750	800
1000	1000	—	1000	1050

注 变压器一次绕组栏内 3.15、6.3、10.5、15.75、18、20kV 电压适用于与发电机端点直接连接的升压变压器和降压变压器。

由表 1-5 可以看出，在同一电压等级下，线路、用电设备、发电机、变压器的额定电压并不完全一致，这是为了使各种电气设备都能在较为有利的电压水平下运行，说明如下。

（1）电力线路的额定电压和用电设备的额定电压相等，并等于对应的电力系统电压等级，有时把它们称为电网的额定电压。这是因为线路传输功率时，沿线的电压分布往往是始端高于末端。线路的额定电压实际上是线路的平均电压，即线路始端电压和末端电压的算术平均值。而沿线各用电设备的额定电压与线路额定电压相等，使所有用电设备能在接近它们的额定电压下运行。

（2）发电机的额定电压为线路额定电压的 105%。由于用电设备的允许电压偏差为 ±5%，而沿线的电压降落一般为 10%，这就要求线路始端电压大于或等于额定电压的 105%，以使末端电压不低于额定电压的 95%。发电机往往接在线路始端，其允许电压偏差也为 ±5%。因此，发电机的额定电压应为线路额定电压的 105%。

（3）变压器一次侧接电源，相当于用电设备；二次侧向负荷供电，相当于发电机。因此，变压器一次侧额定电压等于线路额定电压（用电设备额定电压），对于直接和发电机相连的变压器一次侧额定电压应等于发电机额定电压。变压器二次侧看作发电机，其额定电压应为线路额定电压的 105%。考虑到变压器的额定电压是按空载条件定义的，而在带负荷运行时，其内部存在电压损耗，约为 5%。为在带负荷运行时，使线路始端电压能为线路额定电压的 105%，变压器二次侧额定电压定为较线路额定电压高 10%。如果变压器内阻抗较小，内部电压损耗也比较小，或二次侧直接与用电设备相连，变压器二次侧额定电压规定比线路额定电压高 5%。

（二）电力系统电压等级的应用范围

电力系统的电能输送是靠电力线路来完成的。由三相功率 $S=\sqrt{3}UI$ 可知，在传输功率一定的条件下，输电电压U愈高，电流愈小，功率损耗也愈小，相应导线载流部分的截面积愈小，投资也愈小；但电压愈高，对绝缘的要求愈高，杆塔、变压器、断路器等设备的投资也愈大。综合技术经济比较，对应一定的输送功率和输送距离有一最合理的线路电压，通常也称为经济电压。一般输送功率愈大，输送距离愈远，线路电压应愈高。表1-6给出了我国各级电压线路输送能力（送电功率和送电距离）的大致范围，可供参考。

表1-6　各级电压线路输送能力

额定电压/kV	传输功率/MW	送电距离/km
10	0.2～2.0	6～20
20	1.0～5.0	15～30
35	2.0～10	20～50
60	3.5～30	30～100
110	10～50	50～150
220	100～500	100～300
330	200～1000	200～600
500	600～1500	400～1000
750	2000～2500	500以上
1000		

一般来说，750、500、330、220kV多用于大电力系统的主干网和相邻电网间的联络线；220kV和110kV用于大电力系统的二级输电网；35kV既可用于大城市和农村的配电网，也可用于大工业企业的内部电网；10kV是最常用的较低一级的高压配电电压，只有负荷中高压电动机的比重很大时，才考虑6kV的配电方案。上述划分不是绝对的，也不是一成不变的。随着系统的发展，更高一级电压的出现，原电压等级可能退居次一级电网电压。

（三）电压等级的选择

由于历史的原因，我国电力系统的电压等级在西北地区现采用750/330/110/35/10kV；东北地区采用500/220/60/10kV；其他地区则采用500/220/110/35/10kV。根据我国的电网设计、运行经验，借鉴国际上所推荐的电压等级选择办法，我国110kV以下电压级差应超过3倍，如110、35、10kV；110kV以上的电压级差则以两倍以上为宜，如110、220、500kV。

在规划设计中，电压等级的选择是关系到电力系统网架结构、建设费用、运行灵活性、设备制造经济合理性以及系统将来发展的一个综合性问题。

第四节　电力系统中性点的运行方式

电力系统中性点是指电力系统中星形连接的发电机和变压器的中性点。电力系统中性点的运行方式涉及到很多因素，如绝缘水平、供电可靠性、接地保护方式、电压等级、内部过电压、通信干扰、系统接线方式等。因此，确定中性点的运行方式，应从上述诸多方面综合考虑。

电力系统中性点的运行方式可分为两大类：一类属于有效接地系统，包括中性点直接接地与经小阻抗接地；另一类属于非有效接地系统，包括中性点不接地、经消弧线圈接地和经高阻抗接地。当电力系统发生单相接地时，中性点不接地、经消弧线圈接地或经高阻抗接地的系统短路电流小，故称这3种为小电流接地系统；而中性点直接接地或经小阻抗接地的系统短路电流很大，故称之为大电流接地系统。

下面就电力系统中发生单相接地故障时电力系统中性点处于不同运行方式下发生单相接地时系统所对应的状态进行分析和比较，从而得出中性点的各种运行方式的应用范围。

一、中性点运行方式的分析

（一）中性点直接接地方式

如图 1 - 11 所示为中性点直接接地方式。图中 C_a、C_b、C_c 为各相对地分布电容。正常运行时，三相电源电动势对称，中性点为地电位。当发生单相接地时，构成短路电流回路，此时，电力系统具有以下特点：

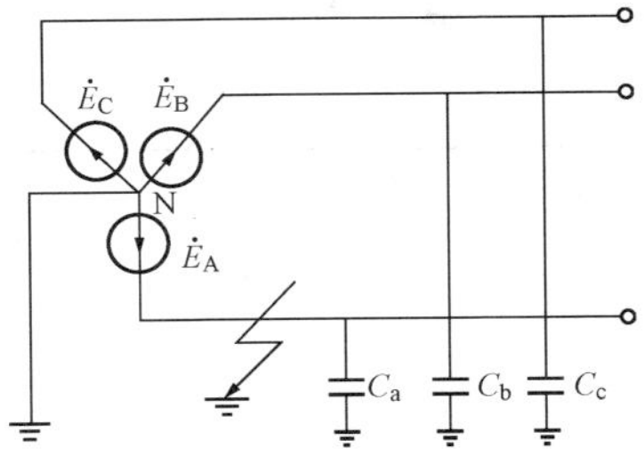

图 1 - 11　中性点直接接地方式

（1）短路回路中的短路电流很大。

（2）中性点电位保持不变，仍为地电位。

（3）非故障相对地电压仍然为相电压。

（二）中性点不接地方式

如图 1 - 12 所示为中性点不接地方式。正常运行时，三相电源电动势对称，经求解可得中性点的电压 $\dot{U}_N$ 为

$$\dot{U}_N = -\dot{E}_A \frac{C_a + \alpha^2 C_b + \alpha C_c}{C_a + C_b + C_c} = -\rho \dot{E}_A \qquad (1 - 7)$$

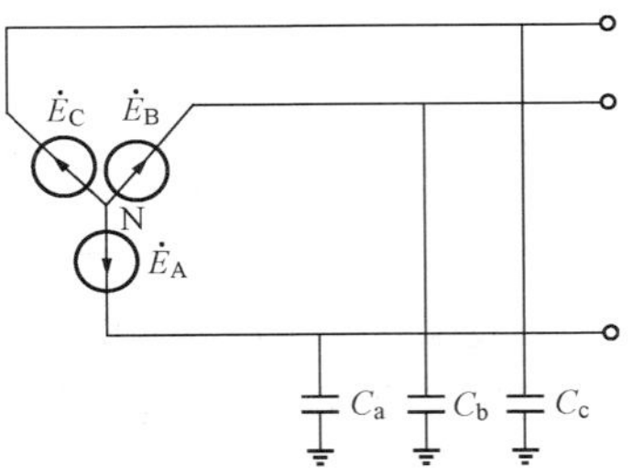

图 1 - 12　中性点不接地运行方式

其中：$\alpha = e^{j120°}$；$\rho = \frac{C_a + \alpha^2 C_b + \alpha C_c}{C_a + C_b + C_c}$，称为电网的不对称度，近似表示中性点对地电压与相电压的比值。考虑到三相参数 C_a、C_b、C_c 不对称性小，通常 ρ 在 3.5% 左右，在近似分析计算中，往往认为电网完全对称，即 $C_a = C_b = C_c = C$，则 $\dot{U}_N = 0$。

当发生单相接地时（例如 A 相接地），如图 1 - 13（a）所示，因 A 相为地电位，则中性点对地电压为

$$\dot{U}_N = -\dot{E}_A$$

即中性点电压上升为相电压，中性点电位发生偏移。其他两相的对地电压为

$$\dot{U}_{BE} = \dot{E}_B - \dot{E}_A = \sqrt{3}\dot{E}_A e^{-j150°} \qquad (1 - 8)$$

$$\dot{U}_{CE} = \dot{E}_C - \dot{E}_A = \sqrt{3}\dot{E}_A e^{j150°} \qquad (1 - 9)$$

即非故障相对地电压升高为线电压，其相量图如图 1 - 13（b）所示。由相量图可看出，3 个线电压，即 $\dot{U}_{AB}$、$\dot{U}_{BC}$、$\dot{U}_{CA}$ 仍然满足三相对称关系，不影响对后面系统的正常供电。流过接地点 f 的接地电流 $\dot{I}_f$ 为

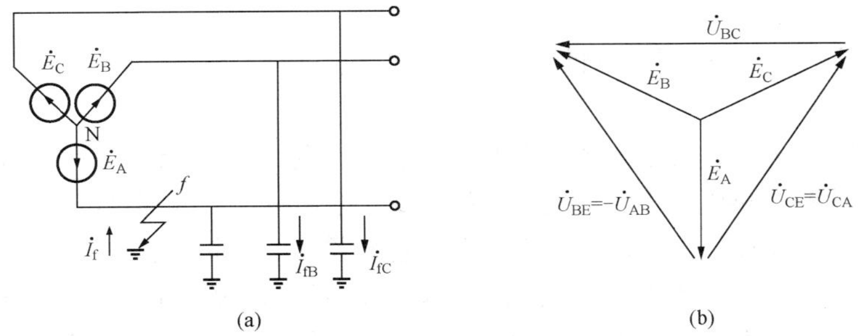

图 1 - 13　中性点不接地运行系统中一相接地时的状况

（a）电流分布图；（b）相量图

$$\dot{I}_f=(\dot{I}_{fB}+\dot{I}_{fC})=j\omega C\dot{U}_{BE}+j\omega C\dot{U}_{CE} \quad (1-10)$$

将式（1 - 8）和式（1 - 9）代入式（1 - 10），得

$$\dot{I}_f=-j3\omega C\dot{E}_A \quad (1-11)$$

该接地电流为电容性电流，等于正常时一相电容电流的 3 倍。

（三）中性点经消弧线圈接地的运行方式

如图 1 - 14（a）所示为中性点经消弧线圈接地（又称谐振接地）的系统。消弧线圈是一种带气隙铁芯的可调电感线圈，属于感性元件。正常运行时，因中性点电压 $\dot{U}_N=0$，所以消弧线圈中没有电流通过，运行情况与中性点不接地相同。当发生单相接地时，中性点电压升高为相电压，消弧线圈将有电流通过，其电流 $\dot{I}_L$ 为

$$\dot{I}_L=\frac{\dot{U}_N}{j\omega L}=\frac{-\dot{E}_A}{j\omega L}=j\frac{1}{\omega L}\dot{E}_A \quad (1-12)$$

该电流和其他非故障相的电容电流共同流经接地点，此时接地电流为

$$\dot{I}_f=\dot{I}_L+\dot{I}_C=\dot{I}_L+(\dot{I}_{fB}+\dot{I}_{fC})=j\left(\frac{1}{\omega L}-3\omega C\right)\dot{E}_A \quad (1-13)$$

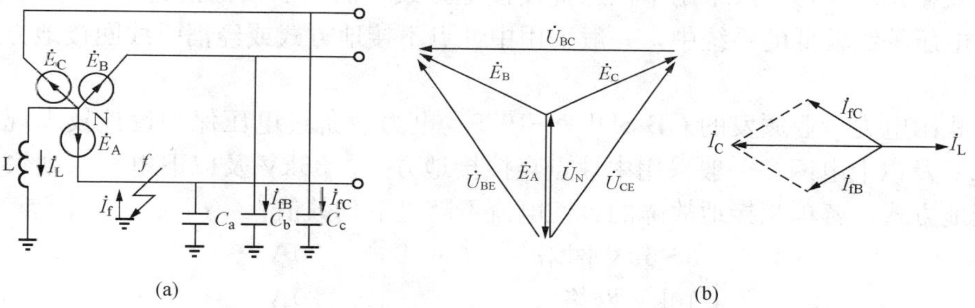

图 1 - 14　中性点经消弧线圈接地系统中一相接地时的状况
（a）电流分布；（b）电压、电流相量图

由于消弧线圈中的电流 $\dot{I}_L$ 与 $\dot{I}_C$ 相位相反，从而使得接地点的接地电流减小。和中性点不接地运行方式的分析一样，在发生单相接地时，非故障相的对地电压升高到线电压，线电压间仍为三相对称关系，如图 1 - 14（b）所示。

二、中性点运行方式的比较

根据以上对中性点各种运行方式的分析，我们下面主要从供电可靠性和对绝缘的要求方面比较它们各自的优缺点。

1. 供电可靠性

当电力系统发生单相接地时，对于中性点直接接地系统，接地相会产生很大的短路电流。为了防止损坏设备，需要由继电保护装置迅速将故障线路切除，以保证系统中非故障部分的正常运行，这样会造成对用户（或部分用户）供电的中断，所以其供电可靠性低。

对于中性点不接地系统或经消弧线圈接地的系统，由式（1 - 11）和式（1 - 13）可知接地相的电流不大，不会对设备造成损伤，同时，线电压仍为三相对称，系统仍可继续运行。此种情况下，继电保护装置仅发信号，而不动作于断路器跳闸，提高了供电可靠性。可在运行中找出并消除故障，自动恢复正常运行。

2. 对绝缘的要求

对于中性点直接接地系统，由于中性点电压保持为地电位，当发生单相接地故障时，相

对地电压仍保持为相电压，绝缘仅按相电压考虑，对绝缘水平的要求较低。

对于中性点不接地系统或经消弧线圈接地的系统，当发生单相接地故障时，中性点电压升高到相电压，非故障相对地电压升高为线电压，故对绝缘水平的要求较高。

3. 不接地方式与经消弧线圈接地方式的比较

电力系统瞬时性单相接地故障多表现为经电弧接地。对于中性点不接地系统，如果流过短路点电弧通道的固有接地电流 $\dot{I}_f$（电容性）不大，电弧可以自行熄灭，系统又重新恢复正常。但当该电流超过某一限值时，可能产生间歇性电弧或稳定燃烧电弧。间歇性电弧在系统中会引起电弧过电压，过电压的数值随电弧重燃次数的增加而增加，实测表明，非故障相可达到 3.2 倍相电压，危及电网绝缘。

经消弧线圈接地能解决上述问题。在发生单相接地时，利用消弧线圈产生的电感电流补偿电容性电流，使通过电弧通道的电流减小，电弧自行熄灭，消除电弧接地过电压。

三、中性点运行方式的应用

在电压等级较高的系统中，绝缘费用在设备总价格中占相当大的比重，降低绝缘水平带来的经济效益很显著，一般采用中性点直接接地方式，而采取其他措施来保证供电可靠性。反之，在电压等级较低的系统中，一般采用中性点不接地方式或经消弧线圈接地方式以提高供电可靠性。

根据我国电力行业颁发的 GB SDJ 7—1979《电力设备过电压保护设计技术规程》的规定，110kV 及以上电网，一般采用中性点直接接地方式。35kV 及以下电网，则采用中性点非有效接地方式，若单相接地故障的容性电流不超过下列数值：

3～6kV 网络	30A
10kV 网络	20A
35kV 网络	10A

中性点采用不接地方式；若容性电流超过上述容许值，且要求带故障持续运行时，中性点应经消弧线圈接地。

中性点经消弧线圈接地时，按补偿方式可分为过补偿、欠补偿和全补偿 3 种方式。为了便于分析，我们下面给出脱谐度 ν 和补偿度 k 的概念：

$$\nu=\frac{I_C-I_L}{I_C}$$

$$k=1-\nu=I_L/I_C$$

（1）全补偿。$\nu=0$，$k=1$，即 $I_L=I_C$，接地点的接地电流等于 0。此时消弧线圈的感抗正好与非故障相的分布电容的容抗构成串联谐振的关系，将会引起危险的过电压，所以在实际运行中通常不采用全补偿。

（2）欠补偿。$\nu>0$，$k<1$，即 $I_L<I_C$，流过接地点的电流为容性。当部分线路因检修等原因退出运行时，该种运行方式有可能出现全补偿，所以运行中一般也不采用。

（3）过补偿。$\nu<0$，$k>1$，即 $I_L>I_C$，流过接地点的电流为感性。因为不会产生因线路退出而接近全补偿的状态，所以运行中都采用过补偿。为了防止由于线路扩建等原因出现全补偿的可能性，脱谐度要求在 10%左右。

从原理上讲，脱谐度大些可以减少中性点位移电压，但脱谐度过大，将导致残余接地电流太大，使得接地处的电弧仍不能熄灭。所以要根据运行经验合理选择脱谐度，使得既可熄灭接地处的电弧，又能防止危险的中性点位移过电压。目前一般脱谐度选在10%左右，而不能选择过小。

第五节　直流输电系统

一、直流输电的基本原理和接线方式

直流输电由整流站、直流线路和逆变站3部分组成，如图1-15所示。整流站和逆变站统称为换流站。在换流站内主要装设有整流器或逆变器，它们也统称为换流器。换流器的功能是实现交流电力和直流电力间的相互转换。通常将交流变换成直流的换流器称为整流器，将直流变换成交流的称为逆变器。图1-15中，两个换流站的直流端分别接在直流线路的两端，而交流端则分别连接到两个交流系统Ⅰ和Ⅱ。图中已设定交流系统Ⅰ为送电端，Ⅱ为受电端。

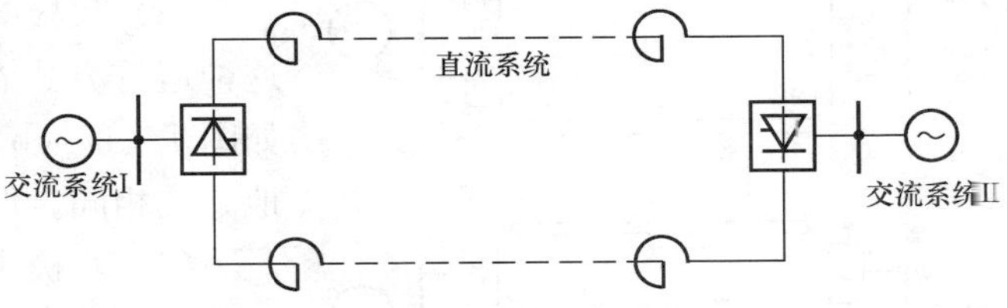

图1-15　直流输电系统原理图

从交流系统Ⅰ向系统Ⅱ输送功率时，换流站1（整流站）将系统Ⅰ送来的交流功率（电流）变换成直流功率（电流），通过直流线路把直流功率（电流）输送到换流站2（逆变站），再由换流站2把直流功率变换成交流功率，并送入交流系统Ⅱ。

直流输电系统的接线方式可分为两端直流系统和多端直流系统两类。目前直流输电系统大多是两端系统接线，可分为单极系统、双极系统和背靠背直流系统。

1. 单极系统接线

单极系统接线是用一根架空导线或电缆线，以大地或海水作为返回线路组成直流输电系统，也称为一线一地制，如图1-16（a）所示。这种输电方式线路投资比较省，但大地电流所经之处，埋设于地下或放置在地面的管道、金属设施会发生电化腐蚀，还可能对地下通信线路、航海罗盘等产生影响。一般采用正极性接地的方式较多。

单极系统的导线回流方式，也称两线制。它是用绝缘导线取代大地或海水作为返回线路，并在一侧换流站进行单点接地，以固定直流输电系统各部分的对地电位，避免发生直流输电系统对地电位浮动而导致威胁设备及线路安全，如图1-16（b）所示。这种方式大多用于无法采用大地或海水作为回路以及作为双极方式的过渡方案。

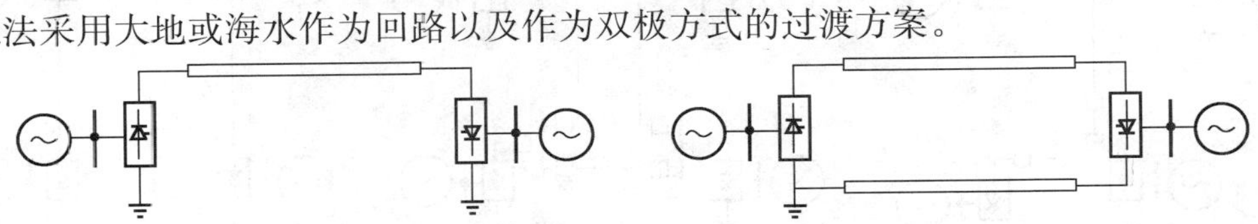

(a)　(b)

图1-16　单极直流输电系统

（a）一线一地制；（b）两线制

2. 双极系统接线

双极系统接线方式有两根不同极性的导线，可具有大地回路或中性线回路，分为两端中性点接地方式、一端中性点接地方式和中性线方式3种。

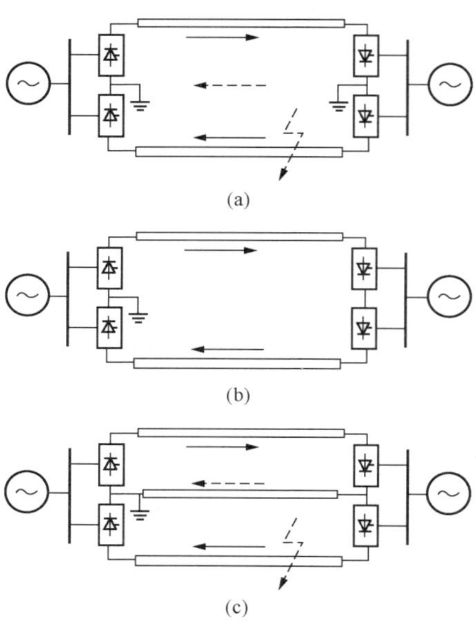

图 1 - 17　双极直流输电系统
(a) 双极两端中性点接地方式；
(b) 双极一端中性点接地方式；
(c) 双极中性线方式

(1) 双极两端中性点接地方式，又称两线一地制。这种接线方式是将整流站和逆变站的中性点均接地，如图 1 - 17 (a) 所示。正常运行时，接地点间的大地或海水中只有数值不大的不平衡电流流过。当一线路故障切除后，可以利用健全极和大地作为回路，维持单极运行。

(2) 双极一端中性点接地方式，也称两线制。这种运行方式在整流侧或逆变侧中性点单端接地，如图 1 - 17 (b) 所示。正常运行时与两端中性点接地方式相同。但当一线故障时，不能再维持运行。

(3) 双极中性线方式，也称三线制方式。这种方式是将双极两端的中性点用导线连接作为中性线，并有一端接地，如图 1 - 17 (c) 所示。当一极发生故障时，能用健全极继续输送功率，同时避免了利用大地或海水作为回路的缺点。

3. 背靠背方式

没有直流输电线路，而将整流站和逆变站建在一起的直流系统称为背靠背换流站。这种方式主要用于不同额定频率或者相同额定频率非同步运行的交流系统之间的互联。由于没有直流输电线路，连接导体很短，故可选用较低的额定直流电压以降低整个直流系统的绝缘费用。

4. 多端直流输电方式

多端直流输电方式是指与交流电力系统有 3 个或 3 个以上连接节点的直流输电系统。多端直流输电系统的每个换流站都各自与交流电力系统连接，直流线路相互连接构成直流网络。直流网络的构成方式可分为分支方式和闭环方式。而闭环方式，又可分为换流站并联型和串联型两种。图 1 - 18 所示为 3 种基本接线方式。除此以外，还可由这几种基本接线方式混合构成。

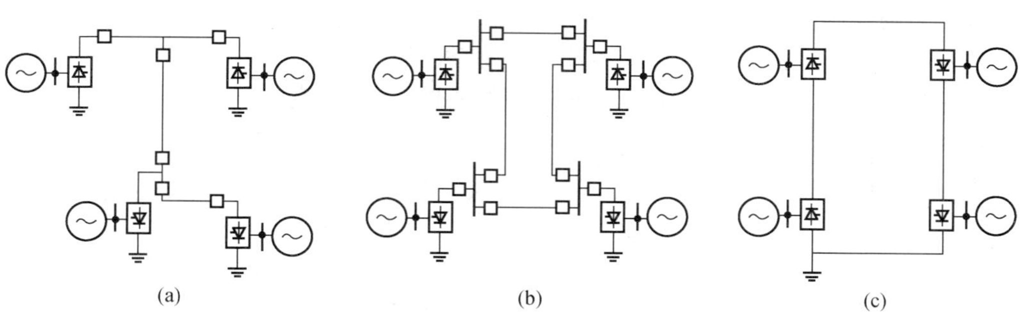

图 1 - 18　多端直流输电系统的接线方式
(a) 分支方式；(b) 换流站并联型闭环方式；(c) 换流站串联型闭环方式

二、直流输电系统的构成

图 1 - 19 所示为直流输电系统的主要构成。图中各元件的作用分述如下。

(1) 换流器。完成交流—直流和直流—交流转换，由阀桥和有抽头切换器的变压器构成。阀桥包括6脉冲或12脉冲安排的高压阀。换流变压器向阀桥提供适当电压等级的不接地三相电源。

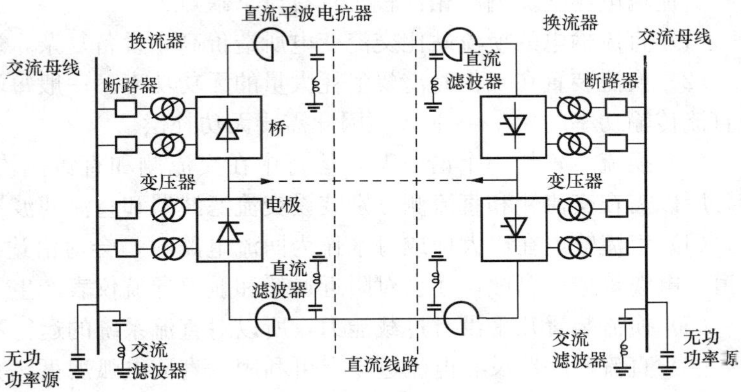

图1-19　直流输电系统的构成

(2) 平波电抗器。平波电抗器在换流站与每极直流线路串联，用于降低直流线路中的谐波电压和电流；防止逆变器换相失败；防止轻负荷电流不连续；限制直流线路短路期间整流器中的峰值电流。

(3) 滤波器。由于换流器在交流和直流两侧均产生谐波电压和谐波电流，这些谐波可能影响系统运行，影响电能质量，干扰通信系统，甚至造成设备损坏，因此，在交流侧和直流侧都装有滤波装置。

(4) 无功补偿。稳态运行条件下，换流器所消耗的无功功率为传输功率的40%～60%。在暂态情况下，无功功率的消耗更大。因此，必须在换流器附近设置无功电源。

(5) 直流输电线。用于传输直流功率（电流）的导线。直流输电线可以是架空线，也可以是电缆。

(6) 电极。在直流输电系统中，当以大地作为返回线路时，换流器一端需通过导体接地，该导体称为电极。电极需要有较大的表面积，以便使电流密度和表面电压梯度最小。

(7) 交流断路器。为了排除变压器故障和使直流联络线停运，在交流侧装设交流断路器。

三、直流输电与交流输电的比较

直流系统与交流系统相比较，具有以下优点：

(1) 输送相同功率时，线路造价低，有功损耗小，沿线电压分布平稳。对于架空线路，直流只需一根（单极）或两根（双极）导线，且直流线路结构简单，所需线路走廊窄。对于电缆线路，直流电缆的投资和运行费用更为经济。直流线路上的有功损耗较小，且由于直流线路没有感抗和容抗，在线路上也就没有无功损耗，本身也就无需无功补偿。

(2) 直流输电本身没有系统稳定性问题。

(3) 可实现不同频率交流联网或同频率非同步交流联网。

(4) 直流输电互联交流系统能限制系统的短路容量。用交流输电线路连接两个交流系统时，由于系统容量增加，将使短路电流增大，有可能超过原有断路器的遮断容量，这就要求更换大量设备，增加大量的投资。而采用直流输电线路连接两个交流系统时，使得两个交流电网的短路容量不变。

(5) 直流输电适宜于海底输电。

(6) 直流输电线路的功率和电流调节容易、快速。直流输电通过换流器能够方便、快速地调节有功功率、电流，实现定功率、定电流和频率调节；能抑制直流线路的故障电流，实行健全系统对故障系统的紧急支援；也能实现振荡阻尼和次同步振荡的抑制。

直流输电与交流输电相比较，具有以下缺点：

（1）直流输电的换流站比交流变电所造价高，设备复杂，运行管理要求高。

（2）换流装置在工作时需要消耗大量的无功功率。一般每端换流站所消耗的无功功率约为直流传输功率的40%～60%，因此需要无功补偿。

（3）换流装置是一个谐波源，运行中在交流侧和直流侧均会产生谐波，影响系统的运行，所以需在交流侧和直流侧分别装设交流滤波器和直流滤波器。

（4）直流输电在以大地或海水作为回流电路时，会对沿途地面下或海水中的金属构件、管道、电缆等造成腐蚀，还会对附近通信和航海导航仪表产生干扰。

（5）换流装置几乎没有过载能力，所以对直流系统的运行不利。

（6）直流断路器没有电流过零点可利用，直流电弧熄灭比交流电弧熄灭困难。

四、直流输电的应用

根据以上直流输电的优缺点可知，它主要应用于以下场合：

（1）远距离大容量输电。

（2）海底电缆送电。

（3）不同频率交流系统之间的联网。

（4）同频率但非同步运行的交流系统之间的联网。

（5）交流系统互联或配电网增容时，作为限制短路电流的措施。

（6）用地下电缆向大城市送电。

（7）新能源发、输电系统。

第六节　电力系统分析课程的主要内容

电力系统分析课程是电气工程及其自动化专业主要的和基础的专业课，在整个专业教学过程中起承前启后的作用。

电力系统的运行状态由运行参量来描述，或者说运行参量定量地确定系统的运行状态。运行参量包括功率、电压、电流、频率以及电动势相量间的角位移等。系统元件参数由系统元件的物理性质决定，代表元件的特性，如电阻、电抗、电导、输入阻抗和转移阻抗、变压器变比、时间常数等。系统元件参数直接影响运行参量的大小。

电力系统的运行状态有两种，即稳态和暂态。

所谓电力系统稳态，是指电力系统正常的、相对稳定的运行状态。在这一状态下，可以认为运行参量是常量。当然，严格地说，运行参量并不是常量，而是持续地在某一平均值附近变化的量，只是这种变化很小。本课程对电力系统的稳态进行了两大方面的分析，一是对正常运行时的电力系统进行潮流（支路功率、节点电压）计算，这包括简单电力系统（手算）和复杂电力系统（计算机计算）的计算，以确定电力系统的正常运行状态；二是对正常运行的电力系统进行优化调整，使其运行电压和频率的质量更优，系统运行更经济。

所谓电力系统的暂态是指电力系统受到各种扰动后，从一种运行状态到另一种运行状态的过渡过程。在这一状态下，运行参量发生较大的变化，并对电力系统造成危害，如投切元件产生的过电压危及设备绝缘；短路故障产生的短路电流破坏设备的绝缘及机械强度，甚至引起系统失去稳定等。本课程对电力系统的暂态也进行了两方面的分析，一是电磁暂态过程的分析，即在不考虑角位移、角速度等机械量的变化的情况下，对暂态过程中的电流、电压等电磁量进行分析计算；二是机电暂态过程分析，即在对电磁量的变化作某些近似的假设的情况下，对描述发电机组的转子运行规律的角位移、角速度进行分析计算。需要说明的是电力系统受到扰动后，上述两种暂态过程是同时进行的，采用上述划分，不仅便于分析，而且更容易掌握暂态过程的本质。

习　　题

1-1　图1-20中标明了各电压级电网的电压等级，试标出图中发电机的额定电压及变压器的额定变比。

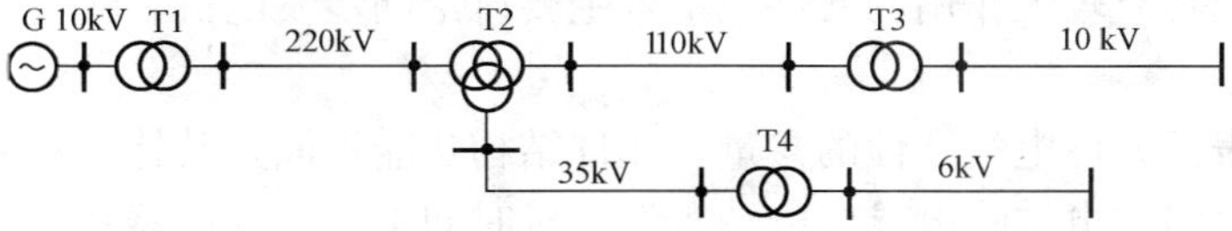

图1-20　题1-1图

1-2　电力系统接线如图1-21所示，电网各电压级额定电压标在图中，试求：

（1）发电机G和变压器T1、T2、T3高低压侧的额定电压。

（2）设变压器T1工作于+2.5%抽头，T2工作于主抽头，T3工作于-5%抽头，求这些变压器的实际变比。

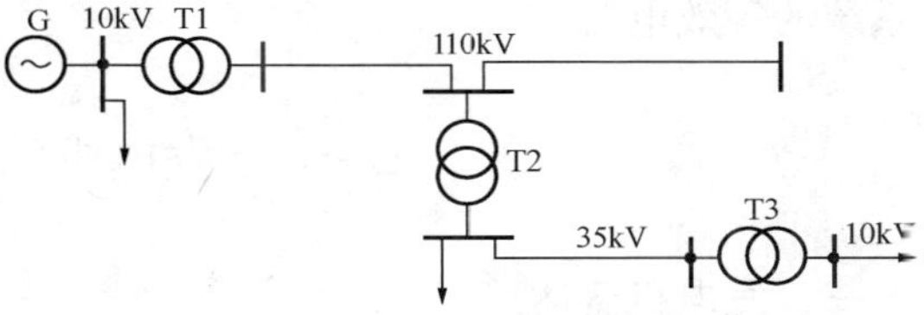

图1-21　题1-2图

1-3　某电力系统典型的日有功负荷曲线如图1-22所示，试计算日平均负荷、负荷率和最小负荷率。

1-4　某一负荷的年持续负荷曲线如图1-23所示，试求其最大负荷利用小时数T_{max}。

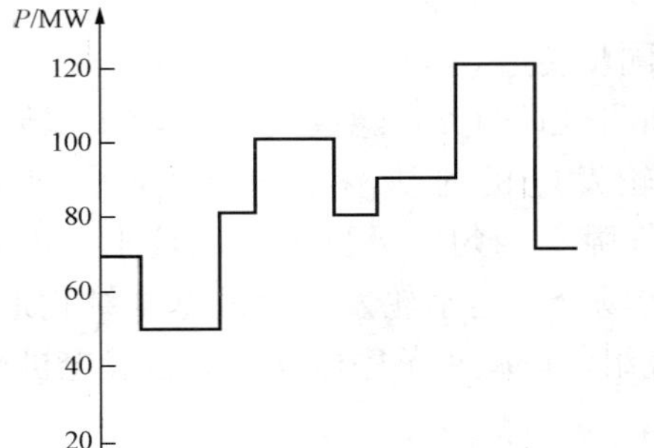

图1-22　题1-3图

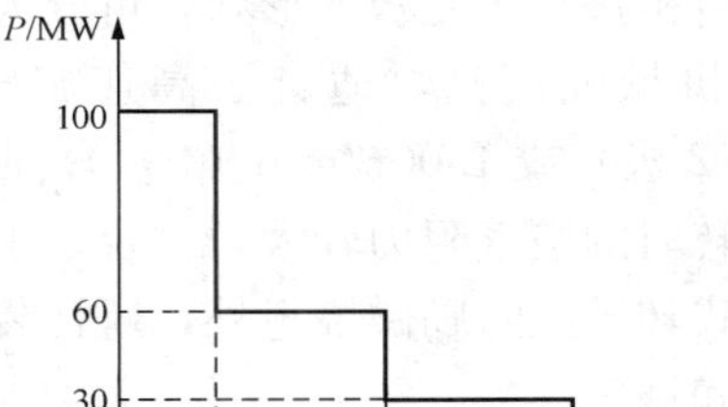

图1-23　题1-4图

第二章　电力系统元件参数和等效电路

电力系统运行状态的分析研究，主要有物理模拟和数学模拟两种方法。物理模拟是通过现场实测或等效模拟的实验进行研究；数学模拟是通过建立描述电力系统各种运行状态的数学模型，采用计算机数字仿真进行研究。而电力系统的元件参数及其数学模型是进行电力系统分析的基础。

电力系统元件是构成电力系统的各组成部件，一般电力系统的分析和计算只需计及主要元件或对所分析问题有较大作用的元件。本章主要讨论同步发电机、输电线路、电力变压器及负荷等元件。

元件参数是表征元件电气特性的参量。元件结构功能不同，其特征参数也不同。常用的电气特性参数有电阻、电抗、电导、电纳、发电机时间常数、变压器变压比、负荷的功率因数等。本章将讨论一些主要元件的参数及其计算方法，并介绍基于元件参数建立的元件和电力系统的等效电路。

第一节　发电机的参数及其等效电路

一、发电机概述

发电机既是电力系统的有功功率电源又是主要的无功功率电源。三相交流同步发电机的电枢绕组布置在定子上，励磁绕组布置在转子上，转子由原动机（汽轮机、水轮机）驱动旋转。转子转速 n(r/min) 与电网频率 f(Hz) 之间有着严格的关系，即

$$n=\frac{60f}{p} \tag{2-1}$$

式中：p 为极对数。

我国电网额定频率为50Hz，其对应的转速称为同步转速。

同步发电机按转子磁极的形状，可分为隐极式和凸极式两类。隐极式气隙均匀，转子做成圆柱形，机械强度高，适合于高速旋转，是汽轮发电机的基本结构形式，转速可达3000r/min（2极）或1500r/min（4极）。凸极式的气隙不均匀，极弧下气隙较小，极间部分较大，旋转时的空气阻力较大，适合于中低速旋转场合，是水轮发电机的基本结构形式。另外，凸极式转子上除励磁绕组外，还常装有阻尼绕组，以减小负序电流对同步发电机产生的转子过热和振荡。

同步发电机是把原动机输入的机械能转换成电能，即将输入机械功率转换成电功率（有功功率）。发电机输出有功功率的调整是通过调整原动机的机械功率来实现的，具体来讲，对于汽轮发电机是调整汽轮机汽门开度，对于水轮发电机是调整水轮机导叶开度。发电机组都配套和安装有自动调速系统，可根据运行工况按要求进行自动转速调节。

励磁绕组的直流电压是由励磁电源供给的，励磁电源有直流励磁机励磁系统、交流励磁机励磁系统和自励式静止励磁系统。各种励磁系统都配置有自动励磁调节器，可根据运行工

况按要求进行自动励磁调节。通过改变发电机的励磁电流，可以调节发电机的端电压和输出的无功功率。

同步发电机在运行中，输出的有功功率和无功功率是要受定子绕组温升、励磁绕组温升、原动机功率等的约束。这些约束条件决定了发电机的运行限值，发电机运行中受到的主要约束有以下几点。

(1) 有功功率的约束。原动机、发电机的出力和机械强度都是按额定有功功率 P_N 设计的，虽有一些裕度，但在运行中不宜超过 P_N，这就规定了其运行的上限 P_{max}。由于原动机和锅炉等方面存在技术最小负荷，使得发电机的输出有功功率有一下限值 P_{min}，例如：锅炉的技术最小负荷取决于锅炉燃烧的稳定性，其值约为额定负荷的 25%～70%，因锅炉的类型和燃料种类而异；汽轮机的技术最小负荷约为额定负荷的 10%～15%；热电厂技术最小负荷取决于其热负荷；水轮机也有一技术最小负荷，其值因水电厂的具体条件而异。

(2) 定子绕组电流的约束。定子绕组导体的截面积、发电机的冷却系统都是按照额定电流设计的，运行中定子电流不可大于额定电流，也就限制了发电机的视在功率。

(3) 励磁绕组电流的约束。如果励磁绕组电流超过额定励磁电流，励磁绕组温升会超过允许温升，所以运行中励磁电流不可大于它的额定值。

(4) 定子端部发热约束。发电机进相（即超前 $\cos\varphi$）运行吸收无功功率时，定子端部的漏磁将大于滞后 $\cos\varphi$ 运行的漏磁，会在定子端部铁芯及金属板等处感生过大的涡流，导致温度升高。当温度超过允许值时，就要限制吸收的无功功率。

(5) 发电机同步稳定性的约束。发电机在进相运行时容易发生不稳定情况，所以要限制此种情况下输出的有功功率和吸收的无功功率。

二、发电机的稳态数学模型

（一）隐极式发电机

隐极式发电机定子直轴同步电抗 x_d 等于交轴同步电抗 x_q，即 $x_d=x_q$。由电机学课程知道，当正常稳态运行时，隐极式同步发电机的等效电路如图 2-1（a）所示。图中，r 为定子绕组电阻，$\dot{U}$ 为端电压相量，$\dot{I}$ 为定子电流相量，$\dot{E}_q$ 为空载电动势相量，由等效电路可直接写出它们之间的关系式

$$\dot{E}_q=\dot{U}+(r+jx_d)\dot{I} \quad (2-2)$$

根据式（2-2）可画出对应的相量图，如图 2-1（b）所示。$\dot{E}_q$ 方向为交轴（q 轴）方向，而滞后 90°的就是直轴（d 轴）方向；$\dot{E}_q$ 与 $\dot{U}$ 的相位差 δ 称为功率角，$\dot{U}$ 与 $\dot{I}$ 的相位差 φ 即功率因数角。

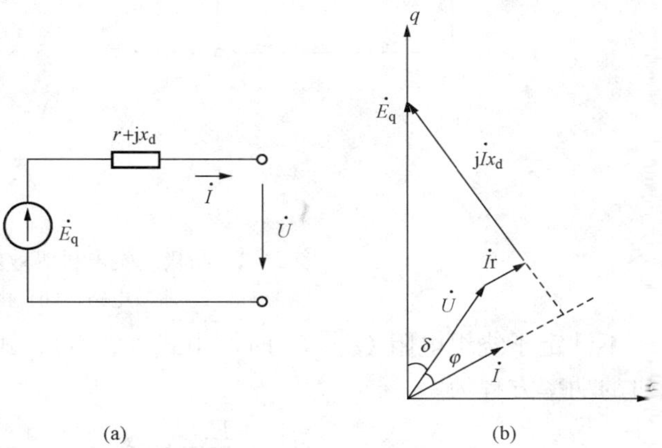

图 2-1 隐极式发电机等效电路和相量图

（a）等效电路；（b）相量图

取 d、q 轴正方向分别与实、虚轴正方向一致，则同步发电机的输出功率（一相）为

$$P+jQ=\dot{U}\overset{*}{I}=(U_d+jU_q)(I_d-jI_q) \quad (2-3)$$

从而

$$P = U_d I_d + U_q I_q \tag{2-4}$$

$$Q = U_q I_d - U_d I_q \tag{2-5}$$

由于定子绕组电阻很小，常忽略不计，即取 $r=0$。此时，由相量图可推导出隐极式发电机的功率方程

$$P = \frac{E_q U}{x_d}\sin\delta \tag{2-6}$$

$$Q = \frac{E_q U}{x_d}\cos\delta - \frac{U^2}{x_d} \tag{2-7}$$

式（2-6）和式（2-7）中，若电动势、电压取线电动势、线电压的有效值，单位为kV，则功率为三相功率，单位为MW、Mvar。式中的同步电抗 x_d 单位总为Ω。

（二）凸极式发电机

对于凸极式发电机，$x_d \neq x_q$。由电机学课程可知

$$\dot{U} = jE_q - j(x_d - x_q)I_d - (r + jx_q)\dot{I} \tag{2-8}$$

为了便于计算，定义一个与 E_q 同方向的虚构电动势

$$\dot{E}_Q = jE_q - j(x_d - x_q)I_d \tag{2-9}$$

式（2-8）可表示为

$$\dot{U} = \dot{E}_Q - (r + jx_q)\dot{I} \tag{2-10}$$

根据式（2-9）和式（2-10）可做出凸极式发电机的等效电路和相量图，如图2-2所示。

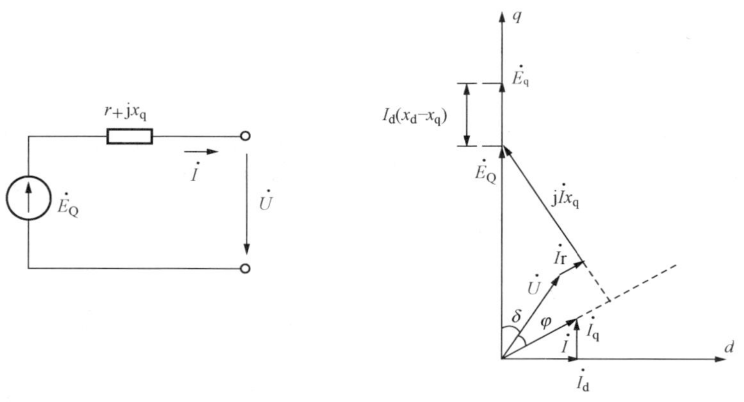

图2-2 凸极式发电机等效电路和相量图
（a）等效电路；（b）相量图

不计定子绕组电阻（$r=0$）时，由式（2-4）、式（2-5）和相量图，可推导得凸极式发电机的功率方程为

$$P = \frac{E_q U}{x_d}\sin\delta + \frac{U^2}{2}\frac{x_d - x_q}{x_d x_q}\sin 2\delta \tag{2-11}$$

$$Q = \frac{E_q U}{x_d}\cos\delta + \frac{U^2}{2}\cdot\frac{x_d - x_q}{x_d x_q}\cos 2\delta - \frac{U^2}{2}\cdot\frac{x_d + x_q}{x_d x_q} \tag{2-12}$$

需要强调指出，在稳态分析计算时，发电机一般可以用其发出的有功功率 P 和无功功

率Q的大小，或发出的有功功率P和其端电压U来表示。

三、发电机电抗参数的计算

制造厂提供的发电机电抗参数是以其额定阻抗Z_N为基准的电抗百分值$X_G(\%)$，即

$$X_G(\%)=\frac{X_G}{Z_N}\times 100=\frac{\sqrt{3}I_NX_G}{U_N}\times 100=\frac{S_NX_G}{U_N^2}\times 100$$

从而

$$X_G=\frac{X_G(\%)}{100}\times\frac{U_N^2}{S_N}=\frac{X_G(\%)}{100}\times\frac{U_N^2\cos\varphi_N}{P_N} \tag{2-13}$$

式中：X_G为发电机电抗，Ω；X_G（%）为发电机电抗百分值；U_N为发电机的额定电压，kV；S_N为发电机的额定视在功率，MVA；P_N为发电机的额定有功功率，MW；I_N为发电机的额定电流，kA；$\cos\varphi_N$为发电机的额定功率因数。

第二节 电力线路的参数及其等效电路

一、电力导线简介

（一）架空线路的导线

导线的材料主要有铝、铜、钢等，目前大量使用的是铝或铝合金导线，钢导线主要用作避雷线。

架空导线的结构形式主要有以下5种。

（1）单股线。由单根实芯金属线构成，如图2-3（a）所示。架空线路中禁止使用。

（2）多股绞线。由单一金属线多股绞合而成，如图2-3（b）、（c）所示。多股绞线的排列规律是：除中心一股芯线外，由内向外数，第一层6股，第二层12股，第三层18段，余类推。

（3）钢芯铝绞线。由于多股铝绞线的机械性能差，往往将铝和钢组合起来制成钢芯铝绞线，其芯线为单股或多股钢线，主要承受机械荷载，而外层由多股铝线绞成，作主要载流部分，如图2-3（d）所示。

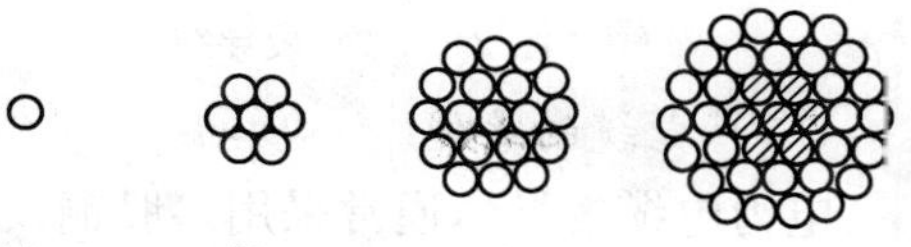

(a) (b) (c) (d)

图2-3 裸导线的构造

（a）单股线；（b）、（c）多股线；（d）钢芯铝绞线

在旧标准中，为反映钢芯铝绞线的机械强度，根据铝线部分与钢线部分的截面积的比值不同，可分为普通型钢芯铝绞线（LGJ）、轻型钢芯铝绞线（LGJQ）和加强型钢芯铝绞线（LGJJ）。在新标准中，通称为钢芯铝绞线，标号统一为LGJ。

架空线路导线的型号是用导线的材料、结构和额定截面积表示的，如T—铜线；G—钢线；L—铝线；J—绞线；HL—铝合金线；LGJ—钢芯铝绞线。各种型号的导线，其标号后的数字表示主要载流部分的额定截面积的数值（mm²），如LGJ-240表示主要载流部分（铝线部分）的额定截面积为240mm²。采用新标准时，在这个数字后再增加一个钢线部分额定截面积的数值（mm²），如LGJ-400/50表示铝线部分额定截面积为400mm²、钢线部分额定截面积为50mm²。

（4）扩径导线。扩径导线是人为地扩大导线直径，但又不增大载流部分截面积的导线。

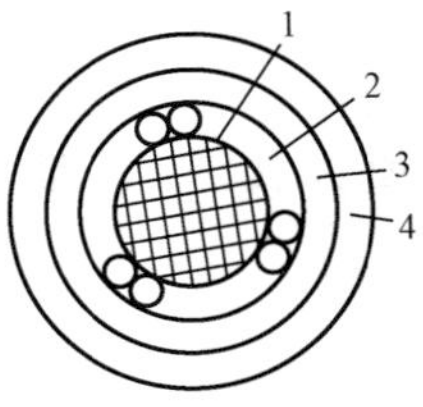

图 2-4 扩径导线
1—钢芯；2—支撑层；3—内层；4—外层

例如，扩径导线 LGJK-300 的铝线部分截面积为 300.8mm^2，与 LGJ-300/40导线相当，其直径为 27.44mm，又相当于 LGJ-400/50。这种导线的结构如图 2-4 所示。它和普通钢芯铝线的不同在于支撑层并不为铝线所填满，仅有 6 股起架空支撑作用。

（5）分裂导线。分裂导线又称复导线，就是将每相导线分裂为若干根，根与根之间保持一定距离，并用金具支撑。每相导线分裂根数一般为 2~8 根，每根导线一般为钢芯铝绞线。如图 2-5 所示为分裂导线的横断截面图，各根导线的轴心对称地布置在半径为 R 的圆上，轴心间的连线形成正多边形，根与根的间距为 400～450mm。这种分裂使每相导线的等效半径增大，改善了导线周围的电、磁场分布，有效地减少了线路电抗和导线电晕。分裂导线多用于 220kV 及以上输电线路，如我国 220kV 线路有采用二分裂的，而 500kV 线路采用四分裂，1000kV 线路采用八分裂。

架空线路的三相导线在空中的位置不对称时将引起三相参数的不平衡。为减少三相参数的不平衡，三相导线应进行换位。换位按整换位循环，就是在一定长度内使三相导线的每 1/3 长度分别处于 3 个不同的位置，如图 2-6 所示。按规定，在中性点直接接地的电力系统中，长度超过 100km 的架空线路都应换位。但随着电压等级的升高，换位遇到的困难较大，以致对某些超高压线路，如 500kV 电力线路，不得不采用不换位的架设方案。当然，由此引起的电力系统运行参数的不平衡及对通信系统的干扰等问题应综合考虑。

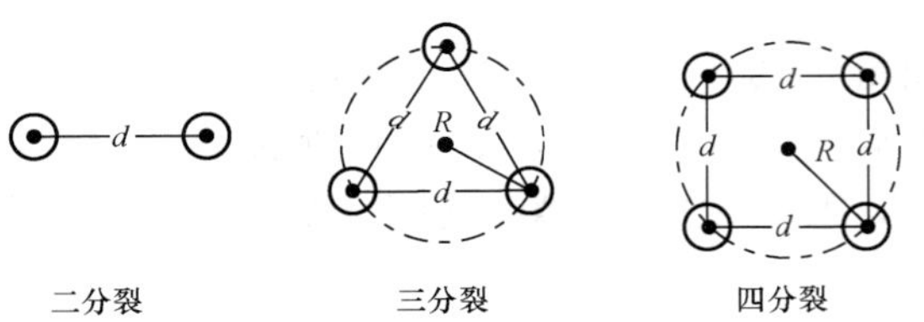

图 2-5 分裂导线

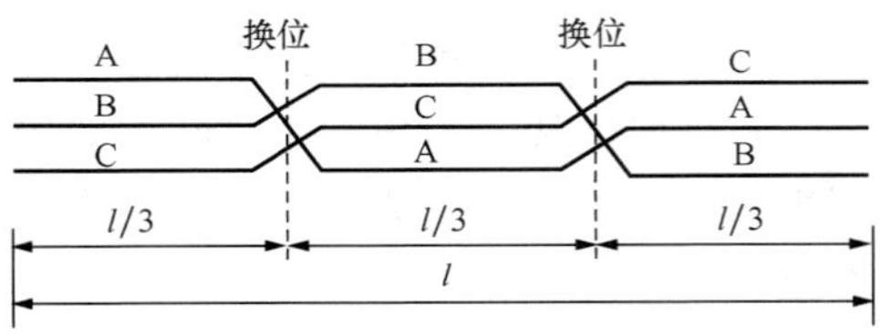

图 2-6 一次整循环换位

（二）电缆的导体

电力电缆的导体通常采用多股铜绞线或铝绞线，以便于弯曲存放和施工。根据电缆中导体数目的不同可分为单芯、三芯和四芯电缆。单芯电缆的导体是圆形的，而三芯和四芯电缆导体的截面通常是扇形的。电缆三相导体间的距离远小于同样电压级的架空线路。

二、电力线路参数计算

电力线路有 4 个参数：电阻、电抗、电导、电纳。其中，电阻反映线路通过电流时产生有功功率损耗的效应；电抗（电感）反映载流导线周围产生的磁场效应；电导反映带电（有电压）导线绝缘介质泄漏损耗和导线周围电晕损耗的效应；电纳（电容）反映带电导线周围的电场效应。我们仅讨论以铝和铜为导体的电力线路参数。首先，讨论线路每相单位长度（每千米）参数的计算方法。

1. 电阻

铝线、钢芯铝绞线和铜线每相单位长度的电阻可按下式计算

$$r_1 = \frac{\rho}{S} \quad (\Omega/\text{km}) \tag{2-14}$$

式中：ρ 为导线材料 20℃时的电阻率，$\Omega \cdot \text{mm}^2/\text{km}$；$S$ 为导线的额定截面积，mm^2。

电力系统计算中，ρ 采用下列数值：铝为 $31.5\Omega\cdot mm^2/km$，铜为 $18.8\Omega\cdot mm^2/km$。这些数值略大于材料本身的直流电阻率，这是考虑了集肤效应，绞线每股线的长度略大于导线长度（约长2%～3%），计算用的导线额定截面积一般也略大于主要载流部分的实际截面积。

各类导线和电缆的单位长度电阻可从产品手册中查到，但大多只提供温度为20℃时的直流电阻。需要说明的是，由于交流电流集肤效应，交流电流下导线的有效电阻与直流电流下的直流电阻不同，但在50Hz时，有效电阻和直流电阻差别并不大。因此，一般电力系统的计算中均可用直流电阻代替有效电阻。

式（2-14）所求得的和从手册查得的电阻均对应20℃时的电阻 r_{20}，当导线的实际温度 t（℃）与20℃相差很大或对计算精确度要求很高时，对应温度 t（℃）时的电阻 r_t 可按下式计算

$$r_t = r_{20}[1+\alpha(t-20)] \qquad (\Omega/km) \tag{2-15}$$

式中：α 为电阻温度系数，对于铝 $\alpha=0.0036$（℃）$^{-1}$，铜 $\alpha=0.00382$（℃）$^{-1}$。

2. 电抗

三相导线每相都具有自感和互感，当三相导线对称排列或虽不对称但经整循环换位后，三相的自感相等，三相的互感也相等。当线路中通过三相对称的交流电流时，这些电感将形成对应的电抗，通过解耦后，其每相单位长度的等效电抗相等，其计算方法介绍如下。

（1）单导线线路每相单位长度的电抗为

$$x_1 = 2\pi f\left(4.6\lg\frac{D_m}{r}+0.5\mu_r\right)\times 10^{-4} \tag{2-16}$$

式中：x_1 为导线单位长度的电抗，Ω/km；r 为导线的半径，mm或cm；μ_r 为导线材料的相对导磁系数，对铝、铜等，$\mu_r=1$；f 为交流电的频率，Hz；D_m 为三相导线的几何均距，mm或cm，单位应与 r 的单位相同。

若将 $f=50$Hz，$\mu_r=1$ 代入式（2-16），可得

$$x_1 = 0.1445\lg\frac{D_m}{r}+0.0157 \tag{2-17}$$

由式（2-17）可看出，导线电抗与几何均距和导线半径之间为对数关系，导线在杆塔上的布置和导线截面积的大小对线路电抗没有显著的影响，架空线路的电抗一般都在0.4Ω/km左右，在近似计算中，可取此数值。

（2）分裂导线每相单位长度的电抗。分裂导线等效地增大了每相导线的半径，可用半径为 r_{eq} 的单导线来等效。可以证明，分裂数为 n，每根导线的半径为 r，则等效半径 r_{eq} 为

$$r_{eq} = \sqrt[n]{r(d_{12}d_{13}\cdots d_{1n})} = \sqrt[n]{rd_m^{(n-1)}} \tag{2-18}$$

式中：d_{12}，d_{13}，…，d_{1n} 为某根导体与其余 $n-1$ 根导体的距离；d_m 为各根导体之间的几何均距。

用 r_{eq} 代替式（2-17）中的 r，并用 n 除第二项，即可得分裂导线的每相单位长度的电抗为

$$x_1 = 0.1445\lg\frac{D_m}{r_{eq}}+\frac{0.0157}{n} \tag{2-19}$$

分裂导线的 r_{eq} 明显大于单导线的半径，所以电抗小于单导线线路。分裂数越多，x_1 越小。如图2-7所示为500kV线路采用分裂导线时，对应不同分裂根数的单位长度电抗的变

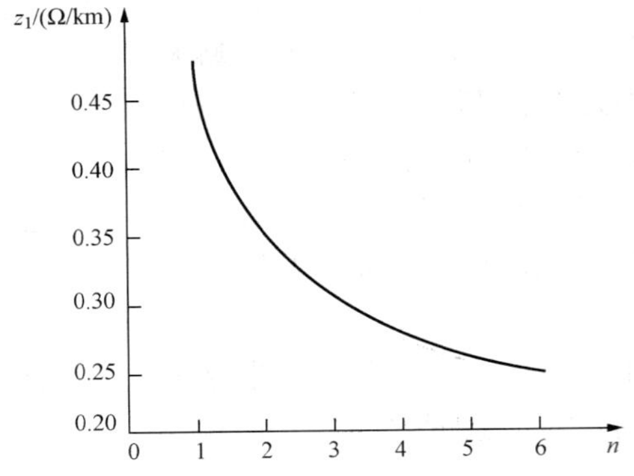

图 2-7 分裂导线的电抗与分裂数的关系

化情况。

（3）同杆线路的电抗。在实际应用中，当同一杆塔上布置两回输电线时，其每一回输电线的电抗仍可按前述各式计算。这是因为当每回线路都满足 $i_a+i_b+i_c=0$ 时，各回线路之间的互感磁链相对很小，可略去不计。

3. 电导

架空线路的电导是反映线路上泄漏损耗和电晕损耗的参数。绝缘子泄漏损耗一般很小，可以忽略。电晕损耗是在强电场作用下导线周围空气因发生电离所产生的有功功率损耗。电晕产生的条件与导线上施加的电压大小、导线的结构及周围的空气情况有关。当线路上施加的电压超过某一数值时，线路上将发生电晕，该电压称为电晕起始电压。

三相电压对称时，如已知或实测得三相线路每千米的电晕有功功率损耗 ΔP_g（kW/km），可用下式计算每相单位长度的电导 g_1（S/km）

$$g_1=\frac{\Delta P_g}{U^2}\times 10^{-3} \tag{2-20}$$

式中：U 为线路的线电压，kV。

电力线路的电晕放电不仅产生有功功率损耗，而且还会引起对无线电通信的干扰等问题。所以，在设计电力线路时，导线截面积或分裂导线的选择应满足在晴天不发生电晕的要求。虽然在非晴天下仍可能会产生电晕，但其数值相对很小，故一般计算时可取 $g_1=0$。

4. 电纳

三相导线的相与相之间及相与地之间具有分布电容，当线路上具有三相对称的交流电压时，这些电容将形成相应的电纳。三相对称排列或者虽不对称排列但经整循环换位后，三相导线单位长度的电容及电纳分别相等，其计算方法介绍如下。

（1）单导线每相单位长度的电纳。每相单位长度的电容 C_1（F/km）可按下式计算

$$C_1=\frac{0.0241}{\lg\frac{D_m}{r}}\times 10^{-6} \tag{2-21}$$

其中：D_m 和 r 的意义同式（2-16）。当频率 $f=50$Hz 时，可得每相单位长度的电纳 b_1（S/km）

$$b_1=\frac{7.58}{\lg\frac{D_m}{r}}\times 10^{-6} \tag{2-22}$$

架空线路的电纳一般在 2.85×10^{-6}S/km 左右，近似计算时，可取此数值。

（2）分裂导线每相单位长度的电纳。分裂导线架空线路，可使用等效半径 r_{eq} 来计算电容和电纳参数，所以只要将式（2-21）和式（2-22）中的 r 换为 r_{eq}，就可求得相应的电容和电纳为

$$C_1=\frac{0.0241}{\lg\frac{D_m}{r_{eq}}}\times 10^{-6} \tag{2-23}$$

$$b_1 = \frac{7.58}{\lg \frac{D_m}{r_{eq}}} \times 10^{-6} \tag{2-24}$$

分裂导线的 r_{eq} 大于单导线的半径 r，所以它的电容较大。

（3）同杆线路的电纳。同一杆塔上有多回三相线路时，因各回线路的各相之间都有部分电容耦合，所以分析起来相当复杂。但是，在各回线路都满足 $u_a + u_b + u_c = 0$ 的条件时，各回线路的电容和电纳仍可按上述公式计算，误差不大。

以上所介绍的是架空线路每相单位长度的参数计算。电力电缆线路，由于三相导体截面是圆形或扇形，导体间距很近，且导体周围不是空气，而是铝包、铅包及钢包，因此很难用解析法计算电缆线路参数。电缆的结构和尺寸都已系列化，这些参数可事先测得并由制造厂提供。在电力系统计算中，可直接从手册上查得数据。

电缆线路与相同截面积的架空线路相比，其电阻略大，而电抗要小得多，电纳大得多。

三、电力线路的等效电路

由于正常运行的电力系统三相对称，三相参数相同，三相电压和电流的有效值相等，故可只作出电力线路的单相等效电路。

电力线路的等效电路以其电阻、电抗、电导、电纳来表示。上面我们已经讨论了每相单位长度参数，就其本质讲，电力线路参数是沿线均匀分布的。由于我们往往只分析计算线路两端的电压、电流、功率，所以，在线路不太长的情况下，可以不考虑线路的分布特性，而采用集中参数来表示；对于长线路将考虑分布特性，但仍采用集中参数的等效电路，只不过此时的集中参数是计及了线路分布特性后的数值。

按线路长度，可将线路分为一般线路和长线路，其中一般线路又可分为短线路和中等长度线路。对于一般线路，由于线路长度较短，可以不考虑其分布特性，而采用集中参数表示，对应的线路电阻 R（Ω）、电抗 X（Ω）、电导 G（S）、电纳 B（S）可按下式计算

$$R = r_1 l; X = x_1 l; G = g_1 l; B = b_1 l \tag{2-25}$$

式中：l 为线路长度，km。在电力系统计算中，一般取 $g_1 = 0$，故 $G = 0$。

（一）短线路的等效电路

短线路是指线路长度不超过 100km 的架空线路和不长的电缆线路。由于线路电纳较小，在电压不高时（35kV 及以下），这种线路电纳 B 的影响一般不大，所以可略去。这样，短线路就只有一个串联阻抗 $Z = R + jX$，其等效电路为一字型等效电路，如图 2-8 所示。

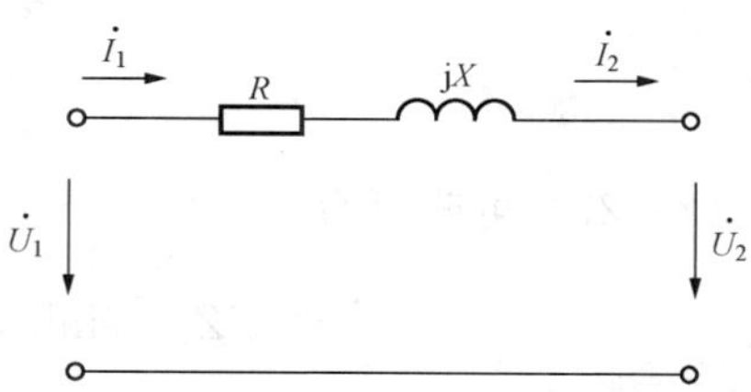

图 2-8　短线路的等效电路

（二）中等长度线路的等效电路

中等长度线路是指长度在 100～300km 之间的架空线和不超过 100km 的电缆线路。这种线路的电纳 B 一般不能略去。这种线路有两种等效电路形式，即 Π 型等效电路和 T 型等效电路，如图 2-9 所示。图 2-9（a）所示为 Π 型等效电路，它是将线路的总导纳 $Y = G + jB$ 各一半分别并联在线路的始末端。图 2-9（b）所示为 T 型等效电路，它是将线路的总阻抗 $Z = R + jX$ 分为两半，分别串在总导纳的两侧。

Π 型等效电路和 T 型等效电路都只是线路的两种近似等效电路，因此两者之间不能用

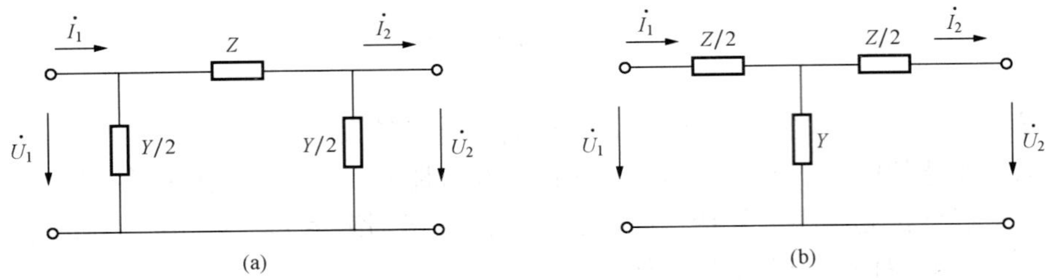

图 2-9 中等长度线路的等效电路

（a）Π 型等效电路；（b）T 型等效电路

Y—△变换公式进行等效变换。在电力系统计算中，习惯采用 Π 型等效电路表示线路。

（三）长线路的等效电路

长线路是指长度超过 300km 的架空线路和超过 100km 的电缆线路。对这种线路，必须要考虑它们的分布特性。

根据电路课程对均匀传输线内容的讨论，可知长线路始、末端电压、电流的关系表示为

$$\begin{bmatrix}\dot{U}_1\\ \dot{I}_1\end{bmatrix}=\begin{bmatrix}\cosh\gamma l & Z_c\sinh\gamma l\\ \dfrac{\sinh\gamma l}{Z_c} & \cosh\gamma l\end{bmatrix}\begin{bmatrix}\dot{U}_2\\ \dot{I}_2\end{bmatrix} \tag{2-26}$$

式中：$\dot{U}_1$、$\dot{U}_2$ 为线路始、末端电压；$\dot{I}_1$、$\dot{I}_2$ 为线路始、末端电流；l 为线路的长度；Z_c 为线路特征阻抗，也称波阻抗，$Z_c=\sqrt{z_1/y_1}$；γ 为线路传播系数，$\gamma=\sqrt{z_1y_1}$。

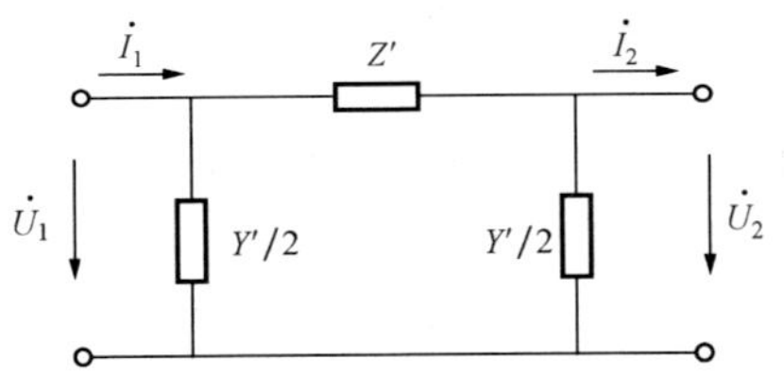

图 2-10 长线路的等效电路

由于只分析计算线路始、末端的电压、电流、功率，线路仍可采用 Π 型等效电路，如图 2-10 所示。图中，分别采用了 Z'、Y' 表示它们的集中参数阻抗、导纳。根据图 2-10，同样可列写出关于始、末端电压和电流的关系方程，再结合式（2-26），可以推导下面的 Z'、Y' 计算式

$$\left.\begin{aligned}Z'&=Z_c\sinh\gamma l\\ Y'&=\frac{1}{Z_c}\frac{2(\cosh\gamma l-1)}{\sinh\gamma l}\end{aligned}\right\} \tag{2-27}$$

式（2-27）可改写为

$$\left.\begin{aligned}Z'&=\sqrt{Z/Y}\sinh\sqrt{ZY}=Z\frac{\sinh\sqrt{ZY}}{\sqrt{ZY}}\\ Y'&=\sqrt{Y/Z}\frac{2(\cosh\sqrt{ZY}-1)}{\sinh\sqrt{ZY}}=Y\frac{2(\cosh\sqrt{ZY}-1)}{\sqrt{ZY}\sinh\sqrt{ZY}}\end{aligned}\right\} \tag{2-28}$$

将式中双曲函数展开为级数

$$\sinh\sqrt{ZY}=\sqrt{ZY}+\frac{(\sqrt{ZY})^3}{3!}+\frac{(\sqrt{ZY})^5}{5!}+\frac{(\sqrt{ZY})^7}{7!}+\cdots$$

$$\cosh\sqrt{ZY}=1+\frac{(\sqrt{ZY})^2}{2!}+\frac{(\sqrt{ZY})^4}{4!}+\frac{(\sqrt{ZY})^6}{6!}+\cdots$$

对不十分长的电力线路，上面两个级数收敛很快，从而可只取前面两项代入式（2 - 28）。经整理后，可得

$$\left.\begin{aligned} Z' &\approx Z\left(1+\frac{ZY}{6}\right) \\ Y' &\approx Y\left(1-\frac{ZY}{12}\right) \end{aligned}\right\} \tag{2 - 29}$$

将 $Z=R+\mathrm{j}X=r_1l+\mathrm{j}x_1l$，$Y=G+\mathrm{j}B=g_1l+\mathrm{j}b_1l$ 和 $G=0$ 代入，可得

$$Z' \approx k_rR+\mathrm{j}k_xX \tag{2 - 30}$$

$$Y' \approx \mathrm{j}k_bB \tag{2 - 31}$$

式（2 - 30）和式（2 - 31）中的各修正系数为

$$\left.\begin{aligned} k_r &= 1-x_1b_1\frac{l^2}{3} \\ k_x &= 1-\left(x_1b_1-\frac{r_1^2b_1}{x_1}\right)\frac{l^2}{6} \\ k_b &= 1+x_1b_1\frac{l^2}{12} \end{aligned}\right\} \tag{2 - 32}$$

【例 2 - 1】　某 500kV 电力线路使用 4×LGJQ-300 分裂导线，分裂间距为 450mm；三相导线水平排列，相间距离为 12m。求此线路单位长度的电气参数。

解：（1）单位长度的电阻为

$$r_1=\frac{\rho}{S}=\frac{31.5}{4\times300}=0.0263(\Omega/\mathrm{km})$$

（2）单位长度的电抗。查表得导线 LGJQ-300 的半径 $r=11.97$mm，则相间几何均距为

$$D_\mathrm{m}=\sqrt[3]{D_\mathrm{ab}D_\mathrm{bc}D_\mathrm{ca}}=\sqrt[3]{12000\times12000\times24000}=15119.1(\mathrm{mm})$$

分裂导线的等效半径为

$$r_\mathrm{eq}=\sqrt[4]{rd_{12}d_{13}d_{14}}=\sqrt[4]{11.97\times450\times450\times\sqrt{2}\times450}=198.18(\mathrm{mm})$$

则

$$x_1=0.1445\lg\frac{D_\mathrm{m}}{r_\mathrm{eq}}+\frac{0.0157}{n}=\left(0.1445\lg\frac{15119.1}{198.18}+\frac{0.0157}{4}\right)=0.276(\Omega/\mathrm{km})$$

（3）单位长度的电纳为

$$b_1=\frac{7.58}{\lg\dfrac{D_\mathrm{m}}{r_\mathrm{eq}}}\times10^{-6}=\frac{7.58}{\lg\dfrac{15119.1}{198.18}}\times10^{-6}=4.03\times10^{-6}(\mathrm{S/km})$$

【例 2 - 2】　某 500kV 电力线路使用 4×LGJ-400/50 分裂导线，单位长度的参数为：$r_1=0.0187\Omega/\mathrm{km}$，$x_1=0.275\Omega/\mathrm{km}$，$b_1=4.05\times10^{-6}\mathrm{S/km}$。线路长度为 600km，试计算该线路的参数。

解：（1）不计分布性的参数为

$$R=r_1l=0.0187\times600=11.22(\Omega)$$

$$X=x_1l=0.275\times600=165(\Omega)$$

$$B=b_1l=4.05\times10^{-6}\times600=2.43\times10^{-3}(\mathrm{S})$$

（2）计及分布性的近似计算为

$$k_r = 1 - x_1 b_1 \frac{l^2}{3} = 1 - 0.275 \times 4.05 \times 10^{-6} \times \frac{600^2}{3} = 0.866$$

$$k_x = 1 - b_1\left(x_1 - \frac{r_1^2}{x_1}\right)\frac{l^2}{6} = 1 - 4.05 \times 10^{-6} \times \left(0.275 - \frac{0.0187^2}{0.275}\right) \times \frac{600^2}{6} = 0.933$$

$$k_b = 1 + x_1 b_1 \frac{l^2}{12} = 1 + 0.275 \times 4.05 \times 10^{-6} \times \frac{600^2}{12} = 1.033$$

$$Z = k_r r_1 l + \mathrm{j}k_x x_1 l = (9.72 + \mathrm{j}153.95)(\Omega)$$

$$Y = \mathrm{j}k_b b_1 l = \mathrm{j}2.51 \times 10^{-3}(\mathrm{S})$$

（3）精确计算为

$$z_1 = r_1 + \mathrm{j}x_1 = 0.0187 + \mathrm{j}0.275 = 0.2756\angle 86.11^\circ(\Omega/\mathrm{km})$$

$$y_1 = \mathrm{j}b_1 = 4.05 \times 10^{-6}\angle 90^\circ(\mathrm{S/km})$$

$$\gamma l = \sqrt{z_1 y_1}\, l = \sqrt{0.2756\mathrm{e}^{\mathrm{j}86.11^\circ} \times 4.05 \times 10^{-6}\mathrm{e}^{\mathrm{j}90^\circ}} \times 600$$

$$= 0.6339\angle 88.06^\circ = 0.02146 + \mathrm{j}0.6335$$

$$Z_c = \sqrt{\frac{z_1}{y_1}} = \sqrt{\frac{0.2756\mathrm{e}^{\mathrm{j}86.11^\circ}}{4.05 \times 10^{-6}\mathrm{e}^{\mathrm{j}90^\circ}}} = 260.86\angle -1.945^\circ(\Omega)$$

$$\sinh\gamma l = \frac{\mathrm{e}^{\gamma l} - \mathrm{e}^{-\gamma l}}{2} = 0.0173 + \mathrm{j}0.5922 = 0.5924\angle 88.33^\circ$$

$$\cosh\gamma l = \frac{\mathrm{e}^{\gamma l} + \mathrm{e}^{-\gamma l}}{2} = 0.8061 + \mathrm{j}0.0127$$

$$Z' = Z_c \sinh\gamma l = 154.53\angle 86.38^\circ = (9.76 + \mathrm{j}154.2)(\Omega)$$

$$Y' = \frac{1}{Z_c}\frac{2(\cosh\gamma l - 1)}{\sinh\gamma l} = 2.516 \times 10^{-3}\angle 89.93^\circ \approx 2.516 \times 10^{-3}(\mathrm{S})$$

与精确计算相比，不计分布性的计算结果中，电阻误差达15%，电抗误差7%，电纳误差−3.4%；计及分布性的近似计算结果中，电阻误差−0.4%，电抗误差−0.06%，电纳误差−0.24%。所以，例2-2（小于1000km）用计及分布性的近似计算已能够满足精确度要求。

四、自然功率

对于无损耗线路，当负荷阻抗为特征阻抗时，该负荷所消耗的功率，称为该线路的自然功率，属于有功功率。如果负荷端电压为线路额定电压，则相应的自然功率为

$$P_n = \frac{U_N^2}{Z_c} \tag{2-33}$$

根据电路课程的讨论，在这种条件下，线路始端、末端乃至线路上任何一点的电压大小都相等，而且同一点电压和电流都是同相的，即通过各点的无功功率都为零。这是由于线路的每一单位长度中电感消耗的无功功率与接地电容提供的无功功率完全平衡。

线路输电功率不等于自然功率时，线路各点的电压有效值将不再相同。设线路两端有电源保持各端的电压不变，则当输电功率大于自然功率时，线路中间的电压将降低，线路两端都要输入无功功率；如果输电功率小于自然功率时，线路中间电压将升高，两端电源都要从线路吸收无功功率。对于单侧电源线路，当输电功率大于自然功率时，线路末端电压将低于始端；当输电功率小于自然功率时，线路末端将高于始端。这两种现象随线路长度的增大而愈加严重，所以长输电线路必须采取措施解决这个问题。

自然功率常用来衡量长距离输电线路的输电能力，220kV 及以上电压等级的架空线路的输电能力大致接近自然功率。远距离输电线路由于运行稳定性的限制，输电能力往往达不到自然功率，必须采取措施加以提高。表 2 - 1 列出了超高压架空线路的波阻抗和自然功率的典型值。

表 2 - 1　架空线路波阻抗和自然功率

额定电压/kV	导线分裂数	Z_c/Ω	P_n/MW
220	1	380	127
220	2	300	160
330	2	300	360
500	3	280	893
500	4	260	962

第三节　变压器的参数及其等效电路

一、概述

电力变压器是电力系统中的重要电气设备，它利用电磁感应原理在电力系统中实现升压和降压作用。变压器的有关知识已在电机学课程给予了详尽的介绍，在电力系统分析计算中，主要涉及电力变压器的电和磁特性。下面仅从电磁特性角度，对常用电力变压器作简单回顾。

（一）变压器磁路系统

变压器的铁芯构成变压器的磁路系统，按相数可分为单相变压器组和三相变压器。单相变压器组是由三个单相变压器连接而成的，其三相的磁路彼此独立，互不影响。三相变压器的磁路系统是由一个完整的铁芯构成。按绕组在铁芯中的布置可分为铁芯式变压器和铁壳式变压器，前者绕组包围芯柱，后者芯柱包围绕组。三相铁芯式变压器又分为三相三柱式和三相五柱式，前者三相磁路彼此相关，后者三相磁路可经旁轭闭合，故可看作三相磁路彼此独立。铁壳式变压器三相磁路可经没有绕组的分支芯柱闭合，故也可看作三相磁路彼此独立。

（二）变压器的连接方式

我国的三相电力变压器，绕组的标准连接只采用星形和三角形两种接法。根据变压器一次侧、二次侧绕组的相位关系，把变压器的连接分成不同的连接组别。为了制造和并联运行的方便，根据我国国家标准的规定，双绕组电力变压器只生产 Yyn12，Yd11，YNd11，YNy12，Yy12 共 5 种连接组别，其中前 3 种最常用。Yyn12 连接的二次侧绕组可引出中线，成为三相四线制，用作配电变压器时可兼供动力和照明负载。Yd11 用于二次侧电压超过 400V 的线路中，这时有一边接成三角形，对运行有利。YNd11 主要用于高压输电系统中，使电力系统的高压侧有可能接地。三相三绕组变压器的标准连接组有 YNyn12d11，YNd11d11 及 YNyn12y12。

电力变压器中有一侧接成三角形，能有效地削弱电压中的三次谐波分量，所以得到广泛采用。

（三）变压器的绕组形式

变压器按绕组结构可分为普通变压器与自耦变压器。普通变压器分为双绕组变压器和三绕组变压器。双绕组变压器有高压、低压两个绕组；三绕组有高压、中压和低压3个绕组。普通变压器绕组之间只有磁耦合。自耦变压器绕组之间既有磁的联系，又有直接电的联系。在输电系统中，自耦变压器主要用来连接电压相近的电力系统，如220kV/110kV两个电网就可用自耦变压器连接，第三绕组可接发电厂厂用备用电源或变电所无功补偿装置等；在配电系统中，为补偿线路的电压降，自耦变压器常被用作升压器。三绕组自耦变压器低压绕组的容量一般只有额定容量的30%～50%（与高、中压侧变比有关）。

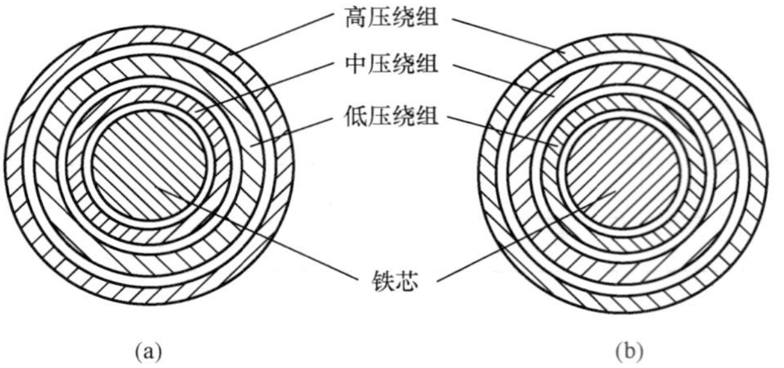

图2-11　三绕组变压器绕组的布置
(a) 升压变压器结构；(b) 降压变压器结构

变压器按绕组布置可分为升压变压器与降压变压器，双绕组的升压变压器和降压变压器结构上并无区别，只是额定电压不同。三绕组变压器则除了额定电压不同外，绕组的布置也不同，如图2-11所示。由于绝缘结构的要求，高压绕组布置在最外面。升压变压器的功率是从低压侧送往高、中压侧，所以要求低压绕组与高压和中压绕组都有紧密的耦合，以减小电压降落，低压绕组布置在高、中压绕组之间；而降压变压器的功率流向是自高压至中、低压侧，一般中压侧负荷较大，所以中压绕组布置在中间，使高、中压绕组有较强的磁耦合。

（四）变压器的调压方式

为了对系统电压进行调整，变压器设置有若干分接头。按其调压方式，三相变压器可分为普通分接头的变压器（普通变压器）和有载调压变压器两种。

普通电力变压器也称为无励磁调压变压器，其分接头设置在高压绕组侧；对于三绕组变压器，分别在高、中压绕组侧设置分接头。对于容量为6300kVA及以下的变压器，只设有$U_N\pm5\%$分接头，U_N对应主接头额定电压，分接头+5%和-5%对应的电压分别为$(1+0.05)U_N$，$(1-0.05)U_N$。大容量变压器的高压绕组一般设有$U_N\pm2\times2.5\%$分接头；中压侧绕组设有$U_{2N}\pm5\%$分接头，U_{2N}为中压绕组主接头额定电压。普通变压器的分接头只允许在不加电压的情况下手动切换，所以需要根据调压要求，事先选择和调整好分接头，使运行时变压器的输出电压保持在所要求的范围。

有载调压变压器的分接头能够在带负荷运行时进行切换，所以可根据运行时电压的变化按要求随时调整变压器的分接头位置，适用于电压变化范围大的场合。有载调压变压器的高压绕组分接头标准一般有$U_N\pm3\times2.5\%$，$U_N\pm4\times2.5\%$，$U_N\pm8\times2.5\%$，其调节范围比普通变压器要大，对于某些特殊情况，其调节范围还可做得更大。

在电力系统分析计算中，变压器是以其参数和等效电路来表示的。下面就变压器参数的计算方法和对应的等效电路进行介绍。

二、双绕组变压器的参数和等效电路

根据电机学知识可知，变压器T形等效电路如图2-12(a)所示。图中，r_1、x_1为一次侧绕组的电阻和漏抗；r_2'、x_2'为二次侧绕组电阻和漏抗归算到一次侧的归算值；r_m、x_m为励磁电阻和励磁电抗。考虑到额定电流时一次侧绕组的压降只有额定电压的2.5%～5%，且励磁电流（空载电流）小于一次侧额定电流的3%，所以可把励磁支路移至电源端，就得到变压器的Γ形等效电路，如图 2 - 13（b）所示。图中，$R_T=r_1+r_2'$ 为变压器电阻，$X_T=x_1+x_2'$ 为变压器电抗，则 $Z_T=R_T+jX_T$ 为变压器的串联阻抗；$Z_m=r_m+jx_m$ 为变压器的并联阻抗。电力系统计算多采用Γ形等效电路，不过，习惯于将并联励磁阻抗支路表示为并联导纳形式，如图 2 - 12（c）所示。图 2 - 12（c）中，G_T 为变压器电导，B_T 为变压器电纳，则 $Y_T=G_T-jB_T$ 为变压器的并联导纳，式中的负号表示该并联支路是感性的。

图 2 - 12 所示为对应 Yy12 连接的一相等效电路，其他连接的变压器也都转换成 Yy12 的一相等效。该等效电路只反映两侧电压、电流、功率的数值关系，而不反映两侧电压或电流的相位关系。当然，对应点处的电压和电流的相位关系等效前后仍保持不变。由等效电路计算的电压、电流并非实际值，而是归算值，要计算实际值，需再归算到它所在的电压级侧。

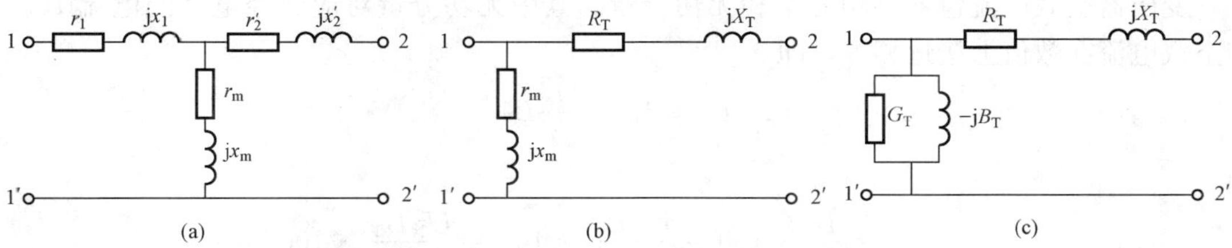

图 2 - 12　双绕组变压器等效电路

（a）T 形等效电路；（b）并联阻抗表示的Γ形等效电路；（c）并联导纳表示的Γ形等效电路

变压器的 4 个参数 R_T、X_T、G_T、B_T，可用其空载试验和短路试验的 4 个试验数据来确定，即短路损耗 P_s、短路电压百分值 $U_s\%$、空载损耗 P_0、空载电流百分值 $I_0\%$。这 4 个数据可在变压器铭牌上或产品说明书等资料上得到，当然也可通过试验得到。需要说明的是，在变压器铭牌、设备技术手册等资料中，短路电压百分值也称为阻抗电压，以百分值表示，短路损耗也称为负载阻抗，单位为 kW。

（一）电阻

变压器作短路试验时，将一侧绕组短接，在另一侧绕组施加电压，使短路绕组的电流达到额定值。由于外加电压较小（约为额定电压的 5%～10%），相应铁耗很小，可以认为短路损耗等于变压器通过额定电流时高低压绕组中的总损耗（亦称为铜损耗 P_{Cu}），即

$$P_s \approx P_{Cu} = 3I_N^2R_T = 3\left(\frac{S_N}{\sqrt{3}U_N}\right)^2R_T = \frac{S_N^2}{U_N^2}R_T$$

在电力系统计算中，变压器三相额定容量的单位常取 MVA，额定电压的单位取 kV，故可得

$$R_T = \frac{P_sU_N^2}{1000S_N^2}(\Omega) \tag{2-34}$$

其中，R_T 的单位为欧姆，Ω；P_s 的单位为 kW；U_N 为变压器额定电压（线电压），可选 U_{1N} 或 U_{2N}，需根据 R_T 的归算决定，如需将 R_T 归算为一次侧，则选 U_{1N}。

（二）电抗

电力变压器，尤其是大容量电力变压器，绕组的电抗比电阻大许多，其电抗和阻抗在数值上接近相等，可近似认为，变压器的短路电压和变压器电抗上的电压相等，即

$$U_s\% = \frac{\sqrt{3}I_NX_T}{U_N}\times 100$$

从而

$$X_T = \frac{U_s\%U_N^2}{100S_N}(\Omega) \tag{2-35}$$

（三）电导

变压器作空载试验时，将一侧开路（一般是高压侧），在另一侧（一般是低压侧）施加额定电压。由于空载电流很小，对应空载铜耗亦很小，可以认为空载损耗等于变压器铁耗，即 $P_0 \approx P_{Fe}$，则可得

$$G_T = \frac{P_0}{1000U_N^2}(S) \tag{2-36}$$

式中，空载损耗 P_0 的单位为 kW。

（四）电纳

变压器空载电流包含有功分量和无功分量。其中无功分量对应流经电纳的电流 I_b，它与空载电流在数值上接近相等，即

$$I_0 \approx I_b = \frac{U_N}{\sqrt{3}}B_T$$

而

$$I_0\% = \frac{I_0}{I_N}\times 100 = \frac{U_N B_T}{\sqrt{3}I_N}\times 100 = \frac{U_N^2 B_T}{S_N}\times 100$$

可得

$$B_T = \frac{I_0\%S_N}{100U_N^2}(S) \tag{2-37}$$

【例 2-3】 某 220kV 绕组无励磁调压电力变压器的技术参数见表 2-2。

表 2-2　例 2-3 技 术 参 数

型号	额定容量/kVA	额定电压/kV		空载电流/%	空载损耗/kW	负载损耗/kW	阻抗电压/%
		高压	低压				
SFP－360000	360000	242±2×2.5%	18	0.28	190	860	14

试求变压器参数值，并作 Γ 型等效电路。

解：（1）电阻为

$$R_T = \frac{P_s U_{1N}^2}{1000S_N^2} = \frac{860\times 242^2}{1000\times 360^2} = 0.389(\Omega)$$

（2）电抗为

$$X_T = \frac{U_s\%U_{1N}^2}{100S_N} = \frac{14\times 242^2}{100\times 360} = 22.775(\Omega)$$

（3）电导为

$$G_T = \frac{P_0}{1000U_{1N}^2} = \frac{190}{1000\times 242^2} = 3.244\times 10^{-6}(S)$$

（4）电纳为

$$B_T = \frac{I_0\%S_N}{100U_{1N}^2} = \frac{0.28\times 360}{100\times 242^2} = 17.212\times 10^{-6}(S)$$

（5）等效电路如图 2-13 所示。

在电力系统计算中，根据计算条件和计算要求，有时可对变压器的等效电路进一步简化，如图 2-14 所示。图 2-14（a）中，并联导纳支路采用空载损耗 $\tilde{S}_0 = P_0 + jQ_0$ 表示，

P_0 为空载有功功率损耗，Q_0 为空载无功功率损耗，$\widetilde{S}_0$ 为空载复功率损耗。这种表示，主要是考虑到变压器并联导纳上的功率损耗主要取决于变压器运行电压，与所带负荷大小关系不大，而在正常运行时，变压器的运行电压偏离额定电压很小，故该功率损耗基本不变，即等于变压器的空载损耗。在工程实际中，常将并联导纳的功率损耗称为固定损耗，或不变损耗。

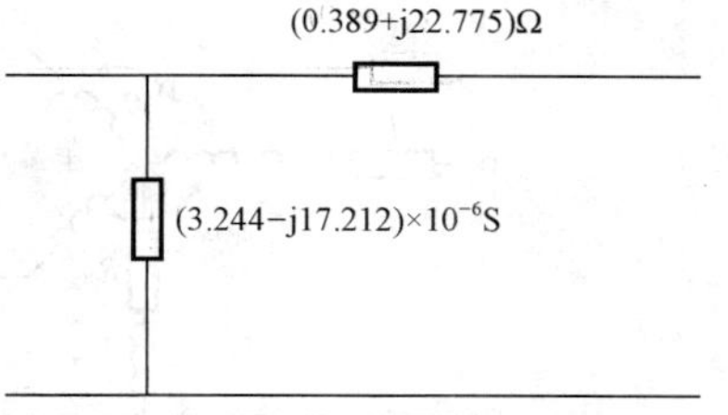

图 2 - 13　例 2 - 2 的等效电路

图 2 - 14（b）是变压器的更进一步的简化，只包括串联阻抗，即一字型等效电路。

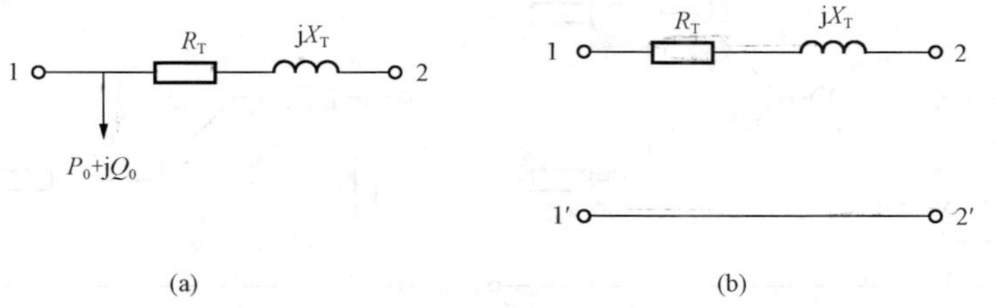

图 2 - 14　变压器简化等效电路的两种形式

（a）采用空载损耗表示的等效电路；（b）一字型等效电路

三、三绕组变压器

三绕组变压器有高压、中压和低压 3 个绕组。其磁通可分为主磁通和漏磁通两部分，主磁通是链过三个绕组的磁通；漏磁通又分为自漏磁和互漏磁，自漏磁是指只链过一个绕组的磁通，互漏磁是链过两个绕组的漏磁通。因此，三绕组对应的等效电路两两绕组间存在互感，如图 2 - 15（a）所示。图中所有参数都是归算值，R_{T1}、R_{T2}、R_{T3} 为高、中、低压绕组的电阻；$x_{11\sigma}$、$x_{22\sigma}$、$x_{33\sigma}$ 为高、中、低压绕组的自漏抗；$x_{12\sigma}$、$x_{23\sigma}$、$x_{31\sigma}$ 为互漏抗；R_m、X_m 为励磁电阻、励磁电抗。通过对图 2 - 15（a）进行去耦处理，可得图 2 - 15（b）所示的无互感的等效电路，图中的 X_{T1}、X_{T2}、X_{T3} 为三绕组变压器高、中、低压侧的等效电抗，已无对应的物理意义。

在电力系统计算中，三绕组变压器习惯采用图 2 - 15（c）或（d）所示的等效电路表示。图中，$Z_{T1}=R_{T1}+jX_{T1}$、$Z_{T2}=R_{T2}+jX_{T2}$、$Z_{T3}=R_{T3}+jX_{T3}$ 为三绕组变压器高、中、低侧的等效阻抗；G_T、B_T 和 $Y_T=G_T-jB_T$ 分别为三绕组变压器的并联电导、电纳和导纳。

三绕组变压器的参数 R_{T1}、R_{T2}、R_{T3}、X_{T1}、X_{T2}、X_{T3}、G_T、B_T 也是通过变压器的短路试验和空载试验数据来加以确定的。其短路试验是 3 个绕组两两作短路试验，而另一绕组开路，提供 3 个短路损耗数据 P_{s1-2}、P_{s2-3}、P_{s3-1}，用于确定 3 个电阻值 R_{T1}、R_{T2}、R_{T3}；提供 3 个短路电压百分值 $U_{s1-2}\%$、$U_{s2-3}\%$、$U_{s3-1}\%$，用于确定 3 个电抗值 X_{T1}、X_{T2}、X_{T3}。空载试验是两个绕组侧开路，在一侧加额定电压，提供了空载损耗 P_0 和空载电流百分值 $I_0\%$，分别用于计算电导 G_T 和电纳 B_T。

三绕组变压器按 3 个绕组容量比的不同可分为 3 种。第Ⅰ种为 100/100/100，即 3 个绕组的额定容量都等于变压器的额定容量。第Ⅱ种为 100/100/50，高、中压绕组的额定容量等于变压器的额定容量，而低压绕组的额定容量只为变压器额定容量的 50%，其导线截面积减小一半，额定电流也为变压器额定电流的一半。第Ⅲ种为 100/50/100，即高、低绕组

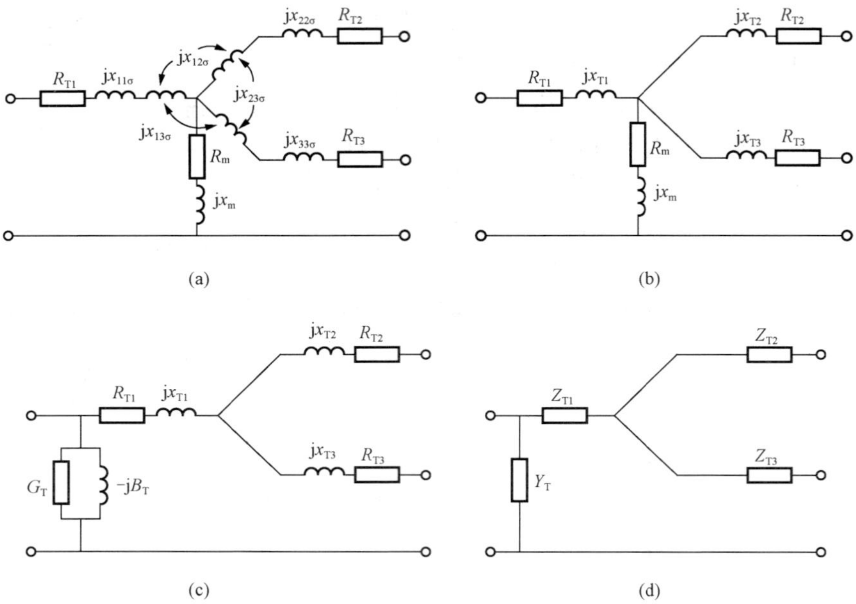

图 2-15 三绕组变压器等效电路

（a）具有互感形式的等效电路；（b）无互感形式的等效电路；
（c）惯用的等效电路形式一；（d）惯用的等效电路形式二

的额定容量为变压器额定容量，而中压绕组的额定容量只为变压器额定容量的 50%，同样，其导线截面积减小一半，额定电流也为变压器额定电流的一半。

（一）电阻

（1）100/100/100 类型的变压器。根据短路试验提供的短路损耗 P_{s1-2}、P_{s2-3}、P_{s3-1}，直接按下式求取各绕组的短路损耗为

$$\left.\begin{aligned}P_{s1}&=\frac{1}{2}(P_{s1-2}+P_{s3-1}-P_{s2-3})\\P_{s2}&=\frac{1}{2}(P_{s1-2}+P_{s2-3}-P_{s3-1})\\P_{s3}&=\frac{1}{2}(P_{s2-3}+P_{s3-1}-P_{s1-2})\end{aligned}\right\}\tag{2-38}$$

参照双绕组变压器相关公式（2-34），可得三侧绕组的电阻为

$$\left.\begin{aligned}R_{T1}&=\frac{P_{s1}U_N^2}{1000S_N^2}\\R_{T2}&=\frac{P_{s2}U_N^2}{1000S_N^2}\\R_{T3}&=\frac{P_{s3}U_N^2}{1000S_N^2}\end{aligned}\right\}\tag{2-39}$$

（2）100/100/50 和 100/50/100 类型的变压器。对于这两种类型的变压器，提供的短路损耗是一对绕组中容量小的一方达到它本身额定电流（即 $I_N/2$）下的数据。例如，100/100/50类型变压器提供的数据 P_{s1-2}、P'_{s2-3}、P'_{s3-1}，其中 P'_{s2-3}、P'_{s3-1}为在低压侧绕组达到其额定电流条件下的数据，此时高、中压绕组电流只为它们额定电流的一半。因此，

在使用这些数据时要先归算成额定电流时的值。因为短路损耗与电流的平方成正比，所以归算到额定容量（电流）下的值为

$$P_{s2-3} = \left(\frac{I_N}{0.5I_N}\right)^2 P'_{s2-3} = 4P'_{s2-3} \tag{2-40}$$

$$P_{s3-1} = \left(\frac{I_N}{0.5I_N}\right)^2 P'_{s3-1} = 4P'_{s3-1} \tag{2-41}$$

按式（2 - 38）和式（2 - 39）可计算出各绕组的电阻。对于 100/50/100 类型变压器，可采用相同的办法处理。

由于国家标准中对三绕组变压器的短路损耗没有作要求，所以我国制造厂提供的短路损耗有的已经归算，有的未归算。使用这些数据时，一定要注意它的说明。

（3）按最大短路损耗计算。按新颁布的标准，制造厂对三绕组变压器只给出一个短路损耗（标准上称为负荷损耗）。所给出的短路损耗是对应两个 100%容量的绕组流过额定电流，另一个 100%或 50%容量的绕组空载时的损耗，称为最大短路损耗 P_{smax}，单位为 kW。根据"按同一电流密度选择各绕组导线截面积"的变压器设计原则，可知当各绕组归算到同一侧时，容量相同的绕组的电阻相等，则 100%容量绕组的电阻为

$$R_{T(100)} = \frac{P_{smax}U_N^2}{2000S_N^2} \tag{2-42}$$

50%容量绕组的电阻为

$$R_{T(50)} = 2R_{T(100)} \tag{2-43}$$

（二）电抗

按照标准要求，制造厂提供的短路电压总是归算到各绕组通过变压器额定电流时的数值，因此无论哪种类型的变压器，可按下式计算各绕组的短路电压百分值。

$$\left.\begin{aligned} U_{s1}\% &= \frac{1}{2}(U_{s1-2}\% + U_{s3-1}\% - U_{s2-3}\%) \\ U_{s2}\% &= \frac{1}{2}(U_{s1-2}\% + U_{s2-3}\% - U_{s3-1}\%) \\ U_{s3}\% &= \frac{1}{2}(U_{s2-3}\% + U_{s3-1}\% - U_{s1-2}\%) \end{aligned}\right\} \tag{2-44}$$

参照双绕组变压器相关公式（2 - 35），可得三绕组变压器三侧的等效电抗

$$\left.\begin{aligned} X_{T1} &= \frac{U_{s1}\%U_N^2}{100S_N} \\ X_{T2} &= \frac{U_{s2}\%U_N^2}{100S_N} \\ X_{T3} &= \frac{U_{s3}\%U_N^2}{100S_N} \end{aligned}\right\} \tag{2-45}$$

假定 1 表示高压侧绕组，2 表示中压侧绕组，3 表示低压侧绕组。对于升压结构变压器，由于高压绕组和中压绕组相隔最远，两者的漏抗最大，从而短路电压 $U_{s1-2}\%$最大，而 $U_{s2-3}\%$、$U_{s3-1}\%$较小，根据式（2 - 44）和式（2 - 45）可知，$U_{s3}\%$最小，X_{T3}最小。对于降压结构变压器，高压绕组和低压绕组相隔最远，从而 $U_{s3-1}\%$最大，而 $U_{s1-2}\%$和 $U_{s2-3}\%$较小，则 $U_{s2}\%$最小，X_{T2}最小。由此可见，无论是升压结构还是降压结构，位于中间的绕组等效电抗最小，接近于 0，甚至为负值。

（三）电导与电纳

三绕组变压器电导和电纳的计算与双绕组变压器相同。

【例 2 - 4】 某 110kV 三绕组有载调压电力变压器的技术参数见表 2 - 3。

表 2 - 3 例 2 - 4 的技术参数

型号	额定容量/kVA	额定电压/kV			空载电流/%	空载损耗/kW	短路损耗/kW			阻抗电压/%		
		高压	中压	低压			高—中	高—低	中—低	高—中	高—低	中—低
SFSZL—31500/110	31500	110±8×1.25%	38.5±5%	11	0.7	34.5	175	175	165	10.5	17	6.5

注 高、中、低压绕组的额定容量均为 100%。

求变压器的参数值（归算至高压侧），并作出等效电路。

解：（1）阻抗为

$$P_{s1}=\frac{1}{2}(P_{s1-2}+P_{s3-1}-P_{s2-3})=\frac{1}{2}(175+175-165)=92.5(\text{kW})$$

$$P_{s2}=\frac{1}{2}(P_{s1-2}+P_{s2-3}-P_{s3-1})=\frac{1}{2}(175+165-175)=82.5(\text{kW})$$

$$P_{s3}=\frac{1}{2}(P_{s2-3}+P_{s3-1}-P_{s1-2})=\frac{1}{2}(165+175-175)=82.5(\text{kW})$$

$$R_{T1}=\frac{P_{s1}U_{N1}^2}{1000S_N^2}=\frac{92.5\times110^2}{1000\times31.5^2}=1.128(\Omega)$$

$$R_{T2}=\frac{P_{s2}U_{N1}^2}{1000S_N^2}=\frac{82.5\times110^2}{1000\times31.5^2}=1.006\Omega$$

$$R_{T3}=R_{T2}=1.006(\Omega)$$

$$U_{s1}\%=\frac{1}{2}(U_{s1-2}\%+U_{s3-1}\%-U_{s2-3}\%)=\frac{1}{2}(10.5+17-6.5)=10.5$$

$$U_{s2}\%=\frac{1}{2}(U_{s1-2}\%+U_{s2-3}\%-U_{s3-1}\%)=\frac{1}{2}(10.5+6.5-17)=0$$

$$U_{s3}\%=\frac{1}{2}(U_{s2-3}\%+U_{s3-1}\%-U_{s1-2}\%)=\frac{1}{2}(17+6.5-10.5)=6.5$$

$$X_{T1}=\frac{U_{s1}\%U_{N1}^2}{100S_N}=\frac{10.5\times110^2}{100\times31.5}=40.333(\Omega)$$

$$X_{T2}=\frac{U_{s2}\%U_{N1}^2}{100S_N}=0(\Omega)$$

$$X_{T3}=\frac{U_{s3}\%U_{N1}^2}{100S_N}=\frac{6.5\times110^2}{100\times31.5}=24.968(\Omega)$$

（2）导纳为

$$G_T=\frac{P_0}{1000U_{N1}^2}=\frac{34.5}{1000\times110^2}=2.851\times10^{-6}(\text{S})$$

$$B_T=\frac{I_0\%S_N}{100U_{N1}^2}=\frac{0.7\times31.5}{100\times110^2}=1.8223\times10^{-5}(\text{S})$$

（3）等效电路如图 2 - 16 所示。

在电力系统分析计算中，根据计算条件和计算要求，也有采用如图 2 - 17 所示的另外两种简化等效电路的。

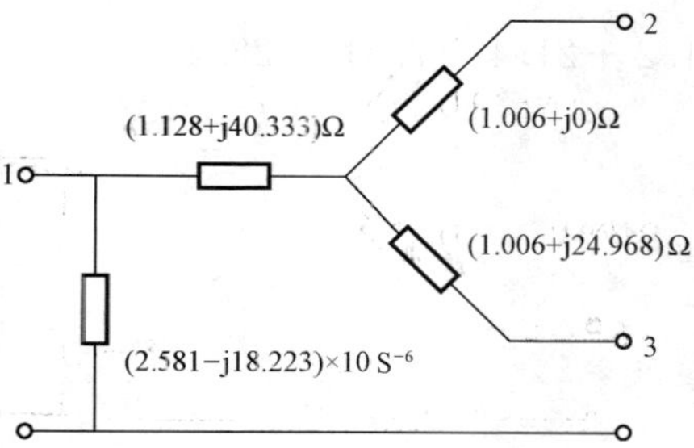

图 2-16　例 2-4 三绕组变压器等效电路

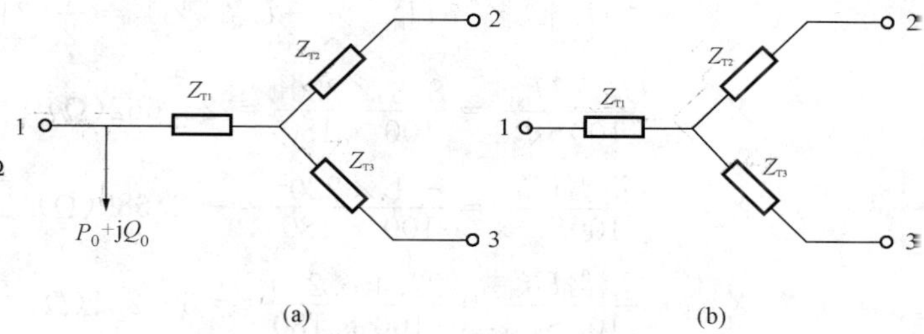

图 2-17　三绕组变压器的简化等效电路

（a）空载损耗表示励磁支路的等效电路；（b）三绕组变压器的星形等效电路

四、自耦变压器

自耦变压器虽然既有磁耦合又有直接电的联系，但就其等效电路及参数计算与普通变压器相同。需要说明的是，三绕组自耦变压器的第三绕组容量 S_{3N} 总是比变压器的额定容量 S_N 小。过去，制造厂提供的短路试验数据中，不仅短路损耗没有归算，有时短路电压百分值也是未经归算的，此时需按式（2-46）和式（2-47）对短路损耗和短路电压百分值进行归算

$$\left.\begin{aligned} P_{s2-3} &= \left(\frac{S_N}{S_{3N}}\right)^2 P'_{s2-3} \\ P_{s3-1} &= \left(\frac{S_N}{S_{3N}}\right)^2 P'_{s3-1} \end{aligned}\right\} \tag{2-46}$$

$$\left.\begin{aligned} U_{s2-3}\% &= \left(\frac{S_N}{S_{3N}}\right) U'_{s2-3}\% \\ U_{s3-1}\% &= \left(\frac{S_N}{S_{3N}}\right) U'_{s3-1}\% \end{aligned}\right\} \tag{2-47}$$

再按式（2-38）、式（2-39）和式（2-44）、式（2-45）计算变压器的电阻和电抗。按新标准，制造厂提供最大短路损耗和经归算的短路电压百分值。

【例 2-5】　某 220kV 三绕组无励磁调压自耦电力变压器的技术参数见表 2-4。求变压器的参数值（归算至高压侧），并作出等效电路。

表 2-4　　**例 2-5 的技术参数**

型号	额定容量/kVA	额定电压/kV			空载电流/%	空载损耗/kW	短路损耗/kW			阻抗电压/%		
		高压	中压	低压			高—中	高—低	中—低	高—中	高—低	中—低
OSFPS7—180000/220	180000/180000/90000	220±2×2.5%	121	38.5	0.07	53	430			7.8	31.2	21.4

注　阻抗电压为 100%额定容量时的数值。

解：（1）阻抗为

$$R_{T1} = R_{T2} = R_{T(100)} = \frac{P_{smax}U_{N1}^2}{2000S_N^2} = \frac{430 \times 220^2}{2000 \times 180^2} = 0.321(\Omega)$$

$$R_{T3} = 2R_{T(100)} = 0.642(\Omega)$$

$$U_{s1}\% = \frac{1}{2}(U_{s1-2}\% + U_{s1-3}\% - U_{s2-3}\%) = \frac{1}{2}(7.8 + 31.2 - 21.4) = 8.8$$

$$U_{s2}\% = \frac{1}{2}(U_{s1-2}\% + U_{s2-3}\% - U_{s1-3}\%) = \frac{1}{2}(7.8 + 21.4 - 31.2) = -1$$

$$U_{s3}\%=\frac{1}{2}(U_{s1-3}\%+U_{s2-3}\%-U_{s1-2}\%)=\frac{1}{2}(31.2+21.4-7.8)=22.4$$

$$X_{T1}=\frac{U_{s1}\%U_{N1}^2}{100S_N}=\frac{8.8\times220^2}{100\times180}=23.662(\Omega)$$

$$X_{T2}=\frac{U_{s2}\%U_{N1}^2}{100S_N}=\frac{-1\times220^2}{100\times180}=-2.689(\Omega)$$

$$X_{T3}=\frac{U_{s3}\%U_{N1}^2}{100S_N}=\frac{22.4\times220^2}{100\times180}=60.231(\Omega)$$

(2) 导纳为

$$G_T=\frac{P_0}{1000U_{N1}^2}=\frac{53}{1000\times220^2}=1.095\times10^{-6}(S)$$

$$B_T=\frac{I_0\%S_N}{100U_{N1}^2}=\frac{0.07\times180}{100\times220^2}=2.603\times10^{-6}(S)$$

(3) 等效电路如图 2 - 18 所示。

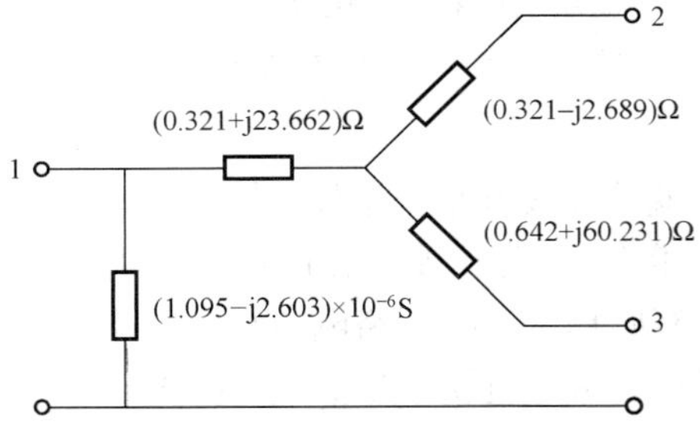

图 2 - 18 例 2 - 5 自耦变压器等效电路

五、变压器的 Π 形等效电路

图 2 - 19 (a) 所示为变比为 k 的双绕组变压器。图 2 - 19 (b) 所示为它的单相等效电路，左端是变压器等效到 1 侧的 Γ 形等效电路，而右端是一理想变压器（即无损耗、无漏磁、无需励磁电流的变压器）。显然，图 2 - 19 (b) 和图 2 - 19 (a) 是完全等效的。

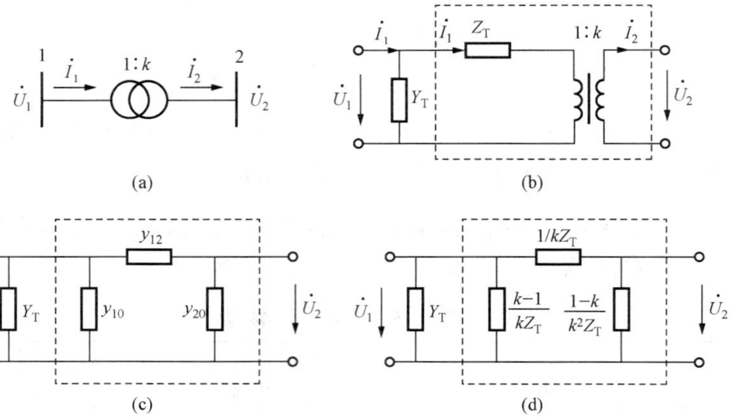

图 2 - 19 双绕组变压器的等效电路

(a) 双绕组变压器；(b) 变压器的单相等效电路；(c) Π 形等效电路；(d) 具体等效电路

对于图 2 - 19 (b) 中虚线框内的电路，根据理想变压器的特性，可写出

$$\left.\begin{aligned}\dot{I}_2&=\frac{\dot{I}_1}{k}\\\frac{\dot{U}_2}{k}&=\dot{U}_1-\dot{I}_1Z_T\end{aligned}\right\}\tag{2-48}$$

经整理可得

$$\left.\begin{aligned}\dot{I}_1&=\frac{\dot{U}_1}{Z_T}-\frac{\dot{U}_2}{Z_Tk}\\\dot{I}_2&=\frac{\dot{U}_1}{Z_Tk}-\frac{\dot{U}_2}{Z_Tk^2}\end{aligned}\right\}\tag{2-49}$$

由式（2-49）二端口网络方程可知，该变压器可用如图 2-19（c）所示的 Π 形等效电路表示，其中三个参数分别为

$$\left.\begin{aligned} y_{12} &= \frac{1}{kZ_T} \\ y_{10} &= \frac{k-1}{kZ_T} \\ y_{20} &= \frac{1-k}{k^2 Z_T} \end{aligned}\right\} \tag{2-50}$$

具体等效电路如图 2-19（d）所示。

变压器的 Π 形等效电路也称等效变压器模型。由上面的推导过程可知，变压器用其 Π 形等效电路表示时，两侧的电压、电流、功率都是实际值，不存在归算问题。这一特点使其在电力系统分析计算中处理变压器变比变化和多电压级环网等问题非常有效。在用计算机进行电力系统计算时，常采用这种等效电路。

需要指出的是，双绕组变压器的串联阻抗和并联导纳一般都归算到低压侧，因为变压器低压绕组没有装分接头，该侧的额定电压不变，则其阻抗和导纳不会随变比改变而变化。

对于三绕组变压器，可采用上述原理作出等效电路。如图 2-20（a）所示为实际三绕组变压器，可采用理想变压器表示为如图 2-20（b）所示的等效电路，图中变压器的阻抗和导纳参数归算到三次侧的，k_1、k_2 分别为绕组 1 及绕组 2 与绕组 3 的抽头电压之比。对于由理想变压器和串联阻抗组成的二端口，可采用双绕组的 Π 形等效电路来表示，从而得到三绕组的等效电路，如图 2-20（c）所示。

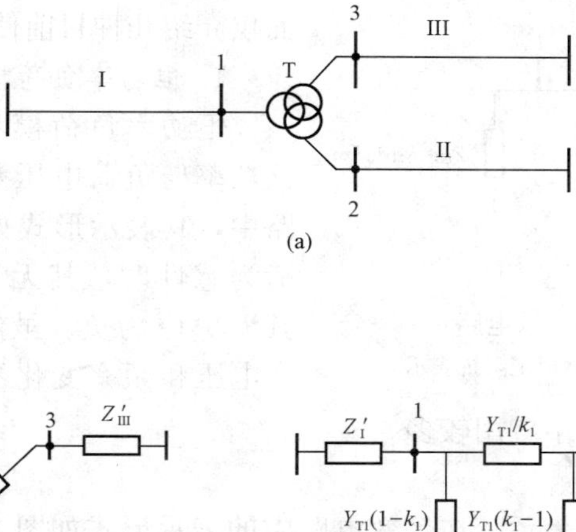

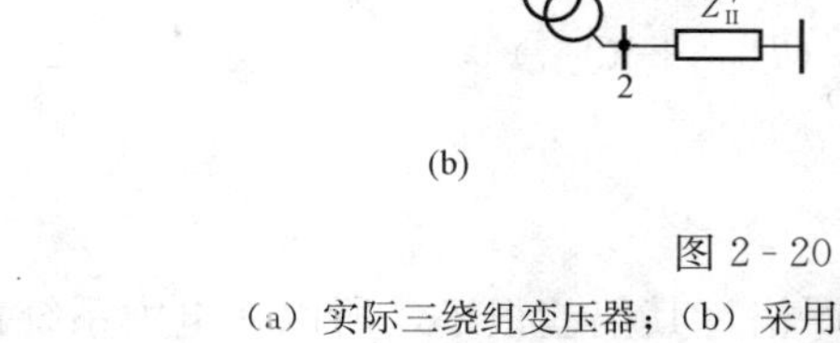

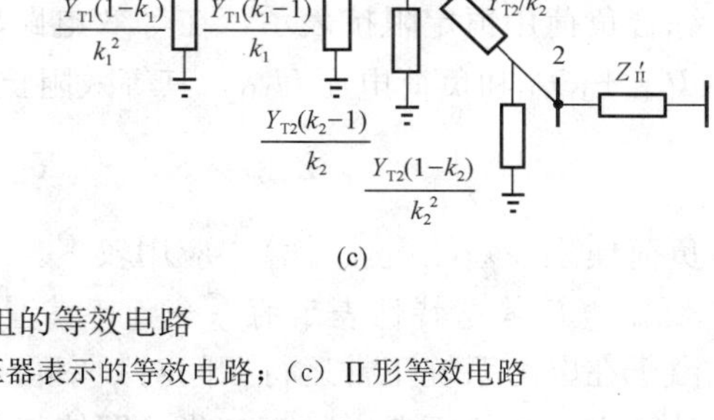

图 2-20　三绕组的等效电路

（a）实际三绕组变压器；（b）采用理想变压器表示的等效电路；（c）Π 形等效电路

第四节　负荷特性和数学模型

在电力系统分析计算中，常采用负荷功率 $P+jQ$ 来表示某一地域范围的总用电功率，它可能代表的是一个车间、企业，或是一个住宅区、一个城市甚至是一个地区的负荷，根据所研究的问题而定。负荷一词有多种含义，如"节点负荷"、"发电厂负荷"、"系统负荷"等，本书讨论节点负荷，即连接于一母线的负荷。该负荷可能包括了种类繁多的负荷成分，属于综合性负荷。根据第一章对负荷的讨论，我们知道有许多因素对负荷功率有影响，除前面所述因素外，负荷功率还与电力系统的运行参数（电压、频率）有关，所以，要建立一个准确而实用的负荷模型是相当困难的，这是迄今尚未很好解决的一个问题。

一、负荷特性

负荷特性是指负荷功率随负荷电压或系统频率变化而变化的规律，有电压特性和频率特性之分。负荷特性还可分为动态特性和静态特性，动态特性是反映电压和频率急剧变化时负荷功率与电压或频率的关系，主要用于电力系统受到大扰动时的暂态过程分析；静态特性是反映电压或频率变化后进入稳态时负荷功率与电压或频率的关系，主要用于电力系统正常稳态工况的计算，也可用于电压和频率变化缓慢的暂态过程计算。负荷特性还可分为有功功率特性和无功功率特性。本书重点讨论负荷的静态特性。

综合负荷的负荷静态特性依其负荷的组成情况而不同，可根据各个基本负荷成分的静态特性方程或实测曲线用统计方法综合起来得到，但其准确性较低，一般是通过实测确定。

二、数学模型

负荷的数学模型即负荷特性的数学描述。在电力系统分析计算中，有许多负荷模型，下面仅介绍几种目前使用较多的负荷静态模型。

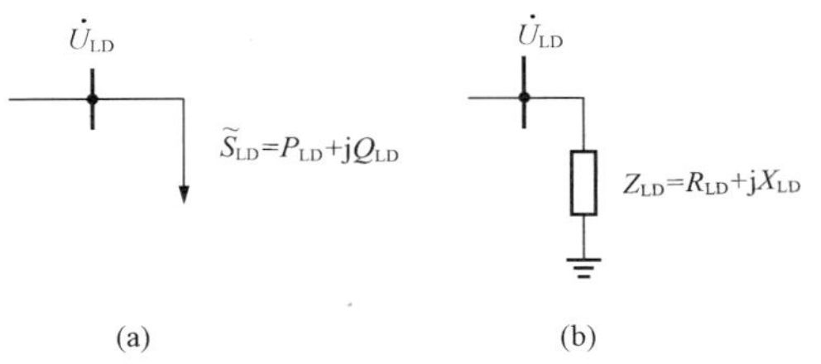

图 2-21　负荷的等效电路

（a）恒定功率表示；（b）恒定阻抗表示

1. 恒功率负荷模型

恒功率负荷模型即负荷用恒定功率表示，该功率与负荷电压及系统频率无关。在等效电路中，其表示形式如图 2-21（a）所示。当负荷为感性时，其无功 Q 为正；当负荷为容性，其无功 Q 为负。虽然这种负荷模型较粗略，但在电压和频率变化不大时还是可取的，这种模型在潮流计算等稳态分析中应用较多。

2. 恒定阻抗负荷模型

综合负荷用恒定阻抗表示，在等效电路中的表示形式如图 2-21（b）所示。已知负荷功率 $P_{LD}+jQ_{LD}$ 和负荷电压 U_{LD}，其等效阻抗 Z_{LD} 可按下式计算

$$Z_{LD}=R_{LD}+jX_{LD}=\frac{U_{LD}^2}{S_{LD}^2}(P_{LD}+jQ_{LD}) \tag{2-51}$$

这种负荷模型在短路电流计算中应用较多。

3. 用电压静态特性表示的综合负荷模型

由于在电力系统正常运行期间对频率管理比较严格，其偏差很小，所以在电力系统稳态分析计算中，一般不考虑频率变化，即使某些暂态过程中频率变化也很小，可不计，这时负

荷可以只用电压静态特性表示。负荷的二次多项式电压静态模型为

$$P = P_N\left[a_p\left(\frac{U}{U_N}\right)^2 + b_p\left(\frac{U}{U_N}\right) + c_p\right] \tag{2-52}$$

$$Q = Q_N\left[a_q\left(\frac{U}{U_N}\right)^2 + b_q\left(\frac{U}{U_N}\right) + c_q\right] \tag{2-53}$$

式中：U_N 为额定电压；P_N、Q_N 为在额定电压下的有功功率、无功功率负荷。

由式（2－52）和式（2－53）可见，有功和无功功率都含有 3 个分量：第一个与电压的平方成正比，相当于恒定阻抗消耗的功率；第二个与电压成正比，是恒定电流分量；第三个是恒定功率分量。

式（2－52）和式（2－53）中的 a_p，b_p，c_p，a_q，b_q，c_q 为待定系数，是 3 个分量的比例系数，且有 $a_p-b_p+c_p=1$，$a_q+b_q+c_q=1$。它们的数值可根据实际的电压特性用最小二乘法拟合求得。

第五节　电力系统的等效电路

电力系统通常是由电力变压器的磁耦合将多个电压级系统连成一个整体，形成多电压级的电力系统。要想得到多电压级电力系统的等效电路，必须先将不同电压级的元件参数和运行参数归算到同一电压级，再按各元件的连接关系将它们各自的等效电路连接即可。下面分别按有名制和标幺制的情况给予讨论。

一、有名制

采用有名制进行电力系统计算时，系统中所有元件参数和运行参数都要有量纲（单位）。它是一种采用有量纲参数进行运算的制式。

首先，需要在电力系统中选择某一个电压级作为归算的基本级，再将不同电压级的元件参数和运行参数归算到基本级。基本级的选择原则上是任意的，但通常选最高电压级或问题所要研究的电压级。元件参数归算时按式（2－54）计算

$$\left.\begin{aligned} R &= R'(k_1k_2\cdots k_n)^2 \\ X &= X'(k_1k_2\cdots k_n)^2 \\ G &= G'\left(\frac{1}{k_1k_2\cdots k_n}\right)^2 \\ B &= B'\left(\frac{1}{k_1k_2\cdots k_n}\right)^2 \end{aligned}\right\} \tag{2-54}$$

运行参数归算时按式（2－55）计算

$$\left.\begin{aligned} U &= U'(k_1k_2\cdots k_n) \\ I &= I'\left(\frac{1}{k_1k_2\cdots k_n}\right) \end{aligned}\right\} \tag{2-55}$$

式中：R'、X'、G'、B'、U'、I' 分别为归算前的值；R、X、G、B、U、I 分别为归算后的值；k_1、k_2、…、k_n 为待归算级到基本级间各变压器的变比。

式（2－54）和式（2－55）中各变压器的变比为其基本级侧的额定电压与归算级侧的额定电压之比。以图 2－22 所示网络为例，取 220kV 为基本级，将 35kV 级参数进行归算，从归算级到基本级共有两台变压器，它们的变比分别为 110/38.5 和 220/121。所有参数归

算后，可画出其等效电路，如图 2-22（b）所示。另外，归算中的变压器要用实际变比，当变压器分接头改变时，变比也要变，应重新进行归算。

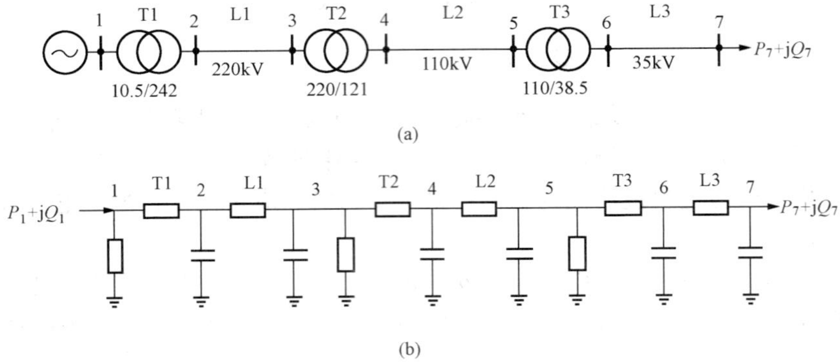

图 2-22 多电压级电力网电气接线和等效电路

（a）电气接线图；（b）等效电路

由于 $\dot{U}'\dot{I}'=\dot{U}\dot{I}$，所以功率（有功功率、无功功率、复功率）的归算值不变，即功率不存在归算问题。还需要强调的是等效电路中的电压、电流都是归算至基本级的量，而非实际值（除了基本级的量），若要计算实际电压、电流，需从基本级再归算到其所在的电压级。

【例 2-6】 某电力系统电气接线如图 2-23 所示。系统中元件的技术参数见表 2-5，试采用有名制计算归算至 500kV 侧的网络等效电路。

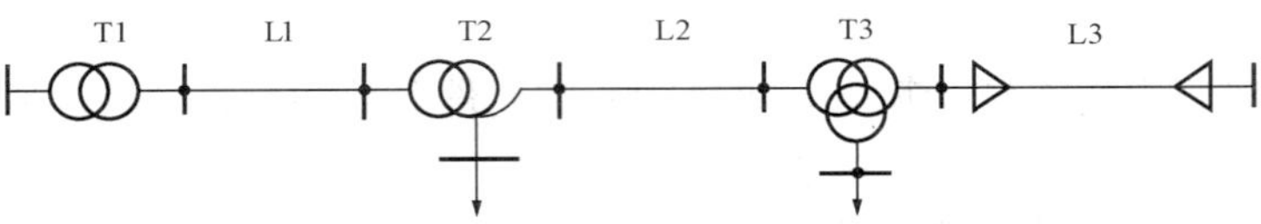

图 2-23 例 2-6 电网电气接线图

表 2-5 **例 2-6 的技术参数**

符号	型号	容量/MVA	电压/kV	$U_s\%$	P_s/kW	$I_0\%$	P_0/kW	备注
T1	SFP2-360000/500	360	525/18	16	1060	0.07	225	
T2	ODFPSZ-250000/500	250/250/60	$\frac{500}{\sqrt{3}}/\frac{230}{\sqrt{3}}/35$	11.8（1-2） 38.2（1-3） 24.8（2-3）	540（1-2）	0.07	144	阻抗电压为 100% 容量下的值
T3	SFPS7-150000/220	150/150/75	220/121/11	13.1（1-2） 22（1-3） 6.57（2-3）	570（1-2） 217（1-3） 157（2-3）	0.38	150	阻抗电压为 100% 容量下的值

符号	型号	长度/km	电压/kV	电阻/（Ω/km）	电抗/（Ω/km）	电容/（μF/km）
L1	4×LGJ-400	85	500	0.018	0.277	0.013
L2	2×LGJ-300	9	220	0.054	0.302	0.012
L3	ZLQ2-10/3×70	2.5	10	0.45	0.08	

解： 以 500kV 电压级作为基本级，进行多电压级参数的归算。

变压器 T1：

$$R_T = \frac{P_s U_N^2}{1000 S_N^2} = \frac{1060 \times 525^2}{1000 \times 360^2} = 2.254(\Omega)$$

$$X_T = \frac{U_s\% U_N^2}{100 S_N} = \frac{16 \times 525^2}{100 \times 360} = 122.5(\Omega)$$

$$G_{T1} = \frac{P_0}{1000 U_N^2} = \frac{225}{1000 \times 525^2} = 0.816 \times 10^{-6}(S)$$

$$B_{T1} = \frac{I_0\% S_N}{100 U_N^2} = \frac{0.07 \times 360}{100 \times 525^2} = 0.914 \times 10^{-6}(S)$$

变压器 T2（为单相式自耦变压器组）：

$$R_{T1} = R_{T2} = \frac{P_{smax} U_N^2}{2000 S_N^2} = \frac{540 \times 500^2}{2000 \times (3 \times 250)^2} = 0.120(\Omega)$$

$$R_{T3} = \frac{S_N}{S_{N3}} R_{T1} = \frac{3 \times 250}{3 \times 60} \times 0.120 = 0.500(\Omega)$$

$$U_{s1}\% = \frac{1}{2}(U_{s1-2}\% + U_{s1-3}\% - U_{s2-3}\%) = \frac{1}{2}(11.8 + 38.2 - 24.8) = 12.6$$

$$U_{s2}\% = \frac{1}{2}(U_{s1-2}\% + U_{s2-3}\% - U_{s1-3}\%) = \frac{1}{2}(11.8 + 24.8 - 38.2) = -0.8$$

$$U_{s3}\% = \frac{1}{2}(U_{s1-3}\% + U_{s2-3}\% - U_{s1-2}\%) = \frac{1}{2}(38.2 + 24.8 - 11.8) = 25.6$$

$$X_{T1} = \frac{U_{s1}\% U_N^2}{100 S_N} = \frac{12.6 \times 500^2}{100 \times 3 \times 250} = 42(\Omega)$$

$$X_{T2} = \frac{U_{s2}\% U_N^2}{100 S_N} = \frac{-0.8 \times 500^2}{100 \times 3 \times 250} = -2.667(\Omega)$$

$$X_{T3} = \frac{U_{s3}\% U_N^2}{100 S_N} = \frac{25.6 \times 500^2}{100 \times 3 \times 250} = 85.333(\Omega)$$

$$G_T = \frac{P_0}{1000 U_N^2} = \frac{144}{1000 \times 500^2} = 0.576 \times 10^{-6}(S)$$

$$B_T = \frac{I_0\% S_N}{100 U_N^2} = \frac{0.07 \times 3 \times 250}{100 \times 500^2} = 2.1 \times 10^{-6}(S)$$

变压器 T3：

$$P_{s1-3} = 4P'_{s1-3} = 4 \times 217 = 868(kW)$$

$$P_{s2-3} = 4P'_{s2-3} = 4 \times 157 = 628(kW)$$

$$P_{s1} = \frac{1}{2}(P_{s1-2} + P_{s1-3} - P_{s2-3}) = \frac{1}{2}(570 + 868 - 628) = 405(kW)$$

$$P_{s2} = \frac{1}{2}(P_{s1-2} + P_{s2-3} - P_{s1-3}) = \frac{1}{2}(570 + 628 - 868) = 165(kW)$$

$$P_{s3} = \frac{1}{2}(P_{s1-3} + P_{s2-3} - P_{s1-2}) = \frac{1}{2}(868 + 628 - 570) = 463(kW)$$

$$R_{T1} = \frac{P_{s1} U_N^2}{1000 S_N^2} k_{T2(1-2)}^2 = \frac{405 \times 220^2}{1000 \times 150^2} \times \left(\frac{500}{230}\right)^2 = 4.117(\Omega)$$

$$R_{T2} = \frac{P_{s2} U_N^2}{1000 S_N^2} k_{T2(1-2)}^2 = \frac{165 \times 220^2}{1000 \times 150^2} \times \left(\frac{500}{230}\right)^2 = 1.677(\Omega)$$

$$R_{T3}=\frac{P_{s3}U_N^2}{1000S_N^2}k_{T2(1-2)}^2=\frac{463\times 220^2}{1000\times 150^2}\times\left(\frac{500}{230}\right)^2=4.707(\Omega)$$

$$U_{s1}\%=\frac{1}{2}(U_{s1-2}\%+U_{s1-3}\%-U_{s2-3}\%)=\frac{1}{2}(13.1+22-6.57)=14.265$$

$$U_{s2}\%=\frac{1}{2}(U_{s1-2}\%+U_{s2-3}\%-U_{s1-3}\%)=\frac{1}{2}(13.1+6.57-22)=-1.165$$

$$U_{s3}\%=\frac{1}{2}(U_{s1-3}\%+U_{s2-3}\%-U_{s1-2}\%)=\frac{1}{2}(22+6.57-13.1)=7.735$$

$$X_{T1}=\frac{U_{s1}\%U_N^2}{100S_N}k_{T2(1-2)}^2=\frac{14.265\times 220^2}{100\times 150}\times\left(\frac{500}{230}\right)^2=217.526(\Omega)$$

$$X_{T2}=\frac{U_{s2}\%U_N^2}{100S_N}k_{T2(1-2)}^2=\frac{-1.165\times 220^2}{100\times 150}\times\left(\frac{500}{230}\right)^2=-17.765(\Omega)$$

$$X_{T3}=\frac{U_{s3}\%U_N^2}{100S_N}k_{T2(1-2)}^2=\frac{7.735\times 220^2}{100\times 150}\times\left(\frac{500}{230}\right)^2=117.950(\Omega)$$

$$G_T=\frac{P_0}{1000U_N^2}\,\frac{1}{k_{T2(1-2)}^2}=\frac{150}{1000\times 220^2}\left(\frac{230}{500}\right)^2=0.656\times 10^{-6}(\mathrm{S})$$

$$B_T=\frac{I_0\%S_N}{100U_N^2}\,\frac{1}{k_{T2(1-2)}^2}=\frac{0.38\times 150}{100\times 220^2}\times\left(\frac{230}{500}\right)^2=2.492\times 10^{-6}(\mathrm{S})$$

线路 L1：

$$R_{L1}=r_1l_1=0.018\times 85=1.53(\Omega)$$

$$X_{L1}=x_1l_1=0.277\times 85=23.55(\Omega)$$

$$B_{L1}=2\pi fC_1l_1=2\pi\times 50\times 0.013\times 10^{-6}\times 85=3.470\times 10^{-4}(\mathrm{S})$$

线路 L2：

$$R_{L2}=r_1l_2k_{T2(1-2)}^2=0.054\times 9\times\left(\frac{500}{230}\right)^2=2.297(\Omega)$$

$$X_{L2}=x_1l_2k_{T2(1-2)}^2=0.302\times 9\times\left(\frac{500}{230}\right)^2=12.845(\Omega)$$

$$B_{L2}=2\pi fC_1l_2\frac{1}{k_{T2(1-2)}^2}=2\pi\times 50\times 0.012\times 10^{-6}\times 9\times\left(\frac{230}{500}\right)^2=7.176\times 10^{-6}(\mathrm{S})$$

线路 L3：

$$R_{L3}=r_1l_3k_{T2(1-2)}^2k_{T3(1-3)}^2=0.45\times 2.5\times\left(\frac{500}{230}\right)^2\left(\frac{220}{11}\right)^2=2126.654(\Omega)$$

$$X_{L3}=x_1l_3k_{T2(1-2)}^2k_{T3(1-3)}^2=0.08\times 2.5\times\left(\frac{500}{230}\right)^2\left(\frac{220}{11}\right)^2=378.072(\Omega)$$

绘制的等效电路如图 2-24 所示。

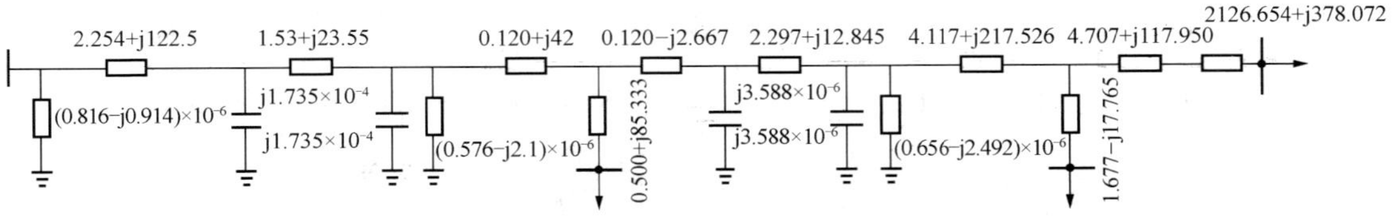

图 2-24 例 2-6 电网等效电路

二、标幺制

采用标幺制进行电力系统计算时，系统中所有元件参数和运行参数都是没有量纲的相对值，即标幺值。它是一种以标幺值参数进行运算的制式。由于标幺制具有计算结果清晰、便于迅速判断计算结果的正确性、可简化计算等优点，它在电力系统分析计算中得到广泛应用。

一个量的标幺值等于它的有名值与同量纲的基准值之比。显然，基准值不同，对应的标幺值也不同。计算某一量的标幺值时，必须首先选定其基准值，再计算标幺值。

当选定电压、电流、功率和阻抗的基准值分别为 U_B、I_B、S_B、Z_B 时，相应的标幺值为

$$\left.\begin{aligned} U_* &= \frac{U}{U_B} \\ I_* &= \frac{I}{I_B} \\ P_* &= \frac{P}{S_B} \\ Q_* &= \frac{Q}{S_B} \\ S_* &= \frac{S}{S_B} \\ Z_* &= \frac{Z}{Z_B} \end{aligned}\right\} \tag{2-56}$$

（一）基准值的选取

就每一个量而言，基准值大小的选取可以任意。但对于一个系统来讲，基准值的选取往往是有约束条件的。因为采用标幺值计算的目的是为了简化计算和便于对结果作出分析评价。为此，在三相电力系统中有两个限制条件：一是基准值的单位应与有名值的单位相同，二是阻抗、导纳、电压、电流、功率基准值之间应符合电路的基本关系。由三相电路的基本关系可得这些基准值间应满足下面的关系式

$$\left.\begin{aligned} S_B &= \sqrt{3}U_B I_B \\ U_B &= \sqrt{3}I_B Z_B \\ Y_B &= \frac{1}{Z_B} \end{aligned}\right\} \tag{2-57}$$

式中：Z_B、Y_B 为每相阻抗、导纳的基准值；U_B、I_B 为线电压、线电流的基准值；S_B 为三相功率的基准值。

式（2-57）的 3 个方程中有 5 个基准值，其中有两个可以任意选择，其他 3 个必须由式（2-57）确定。通常是选定三相功率和线电压的基准值 S_B、U_B，再按式（2-57）计算其余的基准值，经整理后为

$$\left.\begin{aligned} I_B &= \frac{S_B}{\sqrt{3}U_B} \\ Z_B &= \frac{U_B^2}{S_B} \\ Y_B &= \frac{S_B}{U_B^2} \end{aligned}\right\} \tag{2-58}$$

功率和电压的基准值 S_B、U_B 虽然可以任意选择，但在选择时其大小要适当，以便于标幺值与有名值之间的换算，并使各量的标幺值大小合适，便于运算。三相功率基准值 S_B 通常取 100MVA，当电力系统容量很大时可取 1000MVA，也可根据问题的需要选某一台发电机的容量或负荷功率。电压基准值宜选用电力网的额定电压，如基本级的额定电压。

三相交流系统在三相对称运行时，满足下面的关系

$$S_* = \frac{S}{S_B} = \frac{3S_P}{3S_{PB}} = S_{P*} \tag{2-59}$$

$$U_* = \frac{U}{U_B} = \frac{\sqrt{3}U_P}{\sqrt{3}U_{PB}} = U_{P*} \tag{2-60}$$

式中：S_P、U_P 分别为一相功率和相电压。由式（2-59）和式（2-60）可知，三相功率和单相功率标幺值相等，线电压与相电压的标幺值相等。这是标幺制的一个特点，给电力系统的正常运行分析带来不少方便。

（二）不同基准值标幺值的换算

制造厂所提供的电机或部分电器的阻抗值一般是以各自的额定容量（或额定电流）和额定电压为基准值的标幺值（称为额定标幺阻抗），在标幺制的电力系统计算中，是采用电网统一基准值进行标幺值的计算。所以，需要将这些不同额定基准值的标幺值换算为电网统一基准值的标幺值。

进行换算时，先按下式把额定标幺阻抗还原为有名值

$$X = X_{(N)*}\frac{U_N^2}{S_N} \tag{2-61}$$

若统一选定的基准功率和基准电压分别为 S_B、U_B，则以此为基准的标幺值应为

$$X_{(B)*} = X\frac{S_B}{U_B^2} = X_{(N)*}\frac{U_N^2}{S_N}\frac{S_B}{U_B^2} \tag{2-62}$$

式（2-62）适用于发电机和变压器标幺电抗的换算。对于系统中用来限制短路电流的电抗器，其额定值为额定电流和额定电压。因此，它的换算公式为

$$X_R = X_{R(N)*}\frac{U_N}{\sqrt{3}I_N} \tag{2-63}$$

$$X_{R(B)*} = X_R\frac{S_B}{U_B^2} = X_{R(N)*}\frac{U_N}{\sqrt{3}I_N}\frac{S_B}{U_B^2} \tag{2-64}$$

（三）标幺值的多电压级归算

多电压级电力系统的标幺值归算有两种方法。

1. 方法1——基本级基准法

具体步骤如下：

（1）指定一个基本级，将所有非基本级的有名参数都归算到基本级。

（2）选定基本级下的基准值。

（3）将（1）中求得的各有名值除以（2）中对应的基准值，便得到其标幺值，即

$$\left.\begin{aligned}Z_* &= \frac{Z}{Z_B} = Z\frac{S_B}{U_B^2}\\ Y_* &= \frac{Y}{Y_B} = Y\frac{U_B^2}{S_B}\\ U_* &= \frac{U}{U_B}\\ I_* &= \frac{I}{I_B} = I\frac{\sqrt{3}U_B}{S_B}\\ S_* &= \frac{S}{S_B}\end{aligned}\right\}\tag{2-65}$$

式中：Z、Y、U、I 分别为归算到基本级的阻抗、导纳、电压、电流；Z_B、Y_B、U_B、I_B 分别为与基本级相对应的阻抗、导纳、电压、电流的基准值；Z_*、Y_*、U_*、I_* 分别为阻抗、导纳、电压、电流的标幺值。

2. 方法 2——各电压级基准法

具体步骤如下：

(1) 选定基本级的基准值。

(2) 将 (1) 中选定的基准值归算到各电压级，得到各电压级的基准值。

(3) 各电压级的参数除以本电压级的对应基准值，便求得标幺值，即

$$\left.\begin{aligned}Z_* &= \frac{Z'}{Z'_B} = Z'\frac{S_B}{U_B'^2}\\ Y_* &= \frac{Y'}{Y'_B} = Y'\frac{U_B'^2}{S_B}\\ U_* &= \frac{U'}{U'_B}\\ I_* &= \frac{I'}{I'_B} = I'\frac{\sqrt{3}U'_B}{S_B}\\ S_* &= \frac{S}{S_B}\end{aligned}\right\}\tag{2-66}$$

式中：Z'、Y'、U'、I' 分别为未经归算的阻抗、导纳、电压、电流的有名值；Z'_B、Y'_B、U'_B、I'_B 分别为由基本级归算到 Z'、Y'、U'、I' 所在电压级的阻抗、导纳、电压、电流的基准值；Z_*、Y_*、U_*、I_*、S_* 分别为阻抗、导纳、电压、电流、功率的标幺值。

式 (2-63) 中的基准值可表示为

$$\left.\begin{aligned}Z'_B &= Z_B\left(\frac{1}{k_1k_2\cdots k_n}\right)^2\\ Y'_B &= Y_B(k_1k_2\cdots k_n)^2\\ U'_B &= U_B\left(\frac{1}{k_1k_2\cdots k_n}\right)\\ I'_B &= I_B(k_1k_2\cdots k_n)\end{aligned}\right\}\tag{2-67}$$

式中：Z_B、Y_B、U_B、I_B 分别为基本级下的基准值。

各电压级的基准值求取，关键是各电压级电压基准值的求取问题，因为功率不需要归算，所以各电压级的功率基准值就等于基本级的功率基准值，由此可计算出其他基准值。

以上两种方法作出的标幺值等效电路是完全一样的。

【例 2-7】 某电力系统的主接线和元件数据与例 2-6 相同，试采用标幺制计算该电力系统中的元件参数，并绘制等效电路。

解： 取功率基准 $S_B=1000$MVA，电压基准 $U_B=500$kV。下面按方法一计算各元件的标幺值。

基本级阻抗及导纳基准值为

$$Z_B=\frac{U_B^2}{S_B}=\frac{500^2}{1000}=250(\Omega)$$

$$Y_B=\frac{S_B}{U_B^2}=\frac{1000}{500^2}=0.004(S)$$

归算至基本级的元件的有名参数值已在例 2-6 中求出，则

变压器 T1：

$$R_{T*}=\frac{R_T}{Z_B}=\frac{2.254}{250}=0.009$$

$$X_{T*}=\frac{X_T}{Z_B}=\frac{122.5}{250}=0.49$$

$$G_{T*}=\frac{G_T}{Y_B}=\frac{0.816\times10^{-6}}{0.004}=2.04\times10^{-4}$$

$$B_{T*}=\frac{B_T}{Y_B}=\frac{0.914\times10^{-6}}{0.004}=2.285\times10^{-4}$$

变压器 T2：

$$R_{T1*}=R_{T2*}=\frac{R_{T1}}{Z_B}=\frac{0.120}{250}=4.8\times10^{-4}$$

$$R_{T3*}=\frac{S_N}{S_{N3}}R_{T1*}=\frac{3\times250}{3\times60}\times4.8\times10^{-4}=0.002$$

$$X_{T1*}=\frac{X_{T1}}{Z_B}=\frac{42}{250}=0.168$$

$$X_{T2*}=\frac{X_{T2}}{Z_B}=\frac{-2.667}{250}=-0.011$$

$$X_{T3*}=\frac{X_{T3}}{Z_B}=\frac{85.333}{250}=0.341$$

$$G_{T*}=\frac{G_T}{Y_B}=\frac{0.576\times10^{-6}}{0.004}=1.44\times10^{-4}$$

$$B_{T*}=\frac{B_T}{Y_B}=\frac{2.1\times10^{-6}}{0.004}=5.25\times10^{-4}$$

变压器 T3：

$$R_{T1*}=\frac{R_{T1}}{Z_B}=\frac{4.117}{250}=0.016$$

$$R_{T2*}=\frac{R_{T2}}{Z_B}=\frac{1.677}{250}=0.007$$

$$R_{T3*}=\frac{R_{T3}}{Z_B}=\frac{4.707}{250}=0.019$$

$$X_{T1*}=\frac{X_{T1}}{Z_B}=\frac{217.526}{250}=0.870$$

$$X_{T2*}=\frac{X_{T2}}{Z_B}=\frac{-17.765}{250}=-0.071$$

$$X_{T3*}=\frac{X_{T3}}{Z_B}=\frac{117.950}{250}=0.472$$

$$G_{T*}=\frac{G_T}{Y_B}=\frac{0.656\times10^{-6}}{0.004}=1.640\times10^{-4}$$

$$B_{T*}=\frac{B_T}{Y_B}=\frac{2.492\times10^{-6}}{0.004}=6.23\times10^{-4}$$

线路 L1：

$$R_{L1*}=\frac{R_{L1}}{Z_B}=\frac{1.53}{250}=0.006$$

$$X_{L1*}=\frac{X_{L1}}{Z_B}=\frac{23.55}{250}=0.094$$

$$B_{L1*}=\frac{B_{L1}}{Y_B}=\frac{3.470\times10^{-4}}{0.004}=0.087$$

线路 L2：

$$R_{L2*}=\frac{R_{L2}}{Z_B}=\frac{2.297}{250}=0.009$$

$$X_{L2*}=\frac{X_{L2}}{Z_B}=\frac{12.845}{250}=0.051$$

$$B_{L2*}=\frac{B_{L2}}{Y_B}=\frac{7.176\times10^{-6}}{0.004}=1.794\times10^{-3}$$

线路 L3：

$$R_{L3*}=\frac{R_{L3}}{Z_B}=\frac{2126.654}{250}=8.507$$

$$X_{L3*}=\frac{X_{L3}}{Z_B}=\frac{378.072}{250}=1.512$$

标幺制的等效电路如图 2－25 所示。

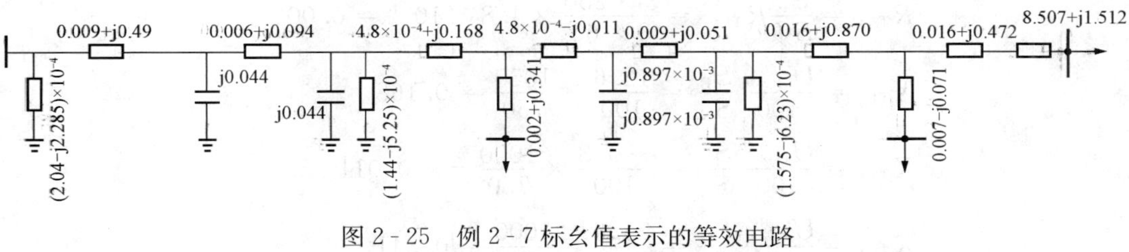

图 2－25　例 2－7 标幺值表示的等效电路

三、精确计算与近似计算

在上述有名制和标幺制的计算中，都采用了变压器变比进行参数归算。对于采用变压器实际变比进行参数归算的，称为精确计算。实际电力系统中，可能会出现某些电网结构使得实际变比不便于参数归算的问题，如电磁环网等。另外，在短路电流的实用计算中一般不要求很高的精确度，为了简便计算，常采用近似计算方法。

在近似计算中，引入了平均额定电压的概念。根据我国现行的电压等级，规定了各级平均额定电压为 3.15、6.3、10.5、15.75、37、115、230、345、525kV。可见平均额定电压近似为对应线路额定电压的105%。在近似计算中，规定除电抗器外各元件的额定电压为平均额定电压，变压器的变比为两侧平均额定电压之比，各电压级都以其平均额定电压为电压基准值。在标幺制计算中，可直接利用元件参数（未归算）、功率基准值和本级平均额定电压进行标幺值计算，非常方便，尤其是对发电机、变压器等元件的电抗参数的计算。不同基准值下电抗标幺值的归算只要对功率基准值进行归算。如已知发电机的标幺电抗 $X_{G(N)*}$，按式（2 - 62）换算成系统统一基准的标幺值，可写成下式

$$X_{G(B)*}=X_{G(N)*}\frac{U_N^2}{S_N}\frac{S_B}{U_B^2}=X_{G(N)*}\frac{S_B}{S_N} \tag{2-68}$$

对于变压器，已知短路电压百分值 $U_s\%$，该值除以100便是以额定值为基准值的标幺值，所以可得

$$X_{T(B)*}=\frac{U_s\%}{100}\frac{U_N^2}{S_N}\frac{S_B}{U_B^2}=\frac{U_s\%}{100}\frac{S_B}{S_N} \tag{2-69}$$

【例2-8】 对于例2-6所给的电力系统，试按近似计算法计算标幺制下的等效电路。

解： 仍取功率基准 $S_B=1000\text{MVA}$，$U_B=U_{av}$，即 $U_{B(500)}=525\text{kV}$，$U_{B(220)}=230\text{kV}$，$U_{B(110)}=115\text{kV}$，$U_{B(10)}=10.5\text{kV}$。

变压器T1：

$$R_{T*}=\frac{P_sU_{av(500)}^2}{1000S_N^2}\frac{S_B}{U_{av(500)}^2}=\frac{P_s}{1000}\frac{S_B}{S_N^2}=\frac{1060}{1000}\times\frac{1000}{360^2}=0.008$$

$$X_{T*}=\frac{U_s\%}{100}\frac{S_B}{S_N}=\frac{16}{100}\times\frac{1000}{360}=0.444$$

$$G_{T*}=\frac{P_0}{1000U_{av(500)}^2}\frac{U_{av(500)}^2}{S_B}=\frac{P_0}{1000S_B}=\frac{225}{1000\times1000}=2.25\times10^{-4}$$

$$B_{T*}=\frac{I_0\%S_N}{100U_{av(500)}^2}\frac{U_{av(500)}^2}{S_B}=\frac{I_0\%}{100}\frac{S_N}{S_B}=\frac{0.07}{100}\times\frac{360}{1000}=2.52\times10^{-4}$$

变压器T2：

$$R_{T1*}=R_{T2*}=\frac{P_s}{2000}\frac{S_B}{S_N^2}=\frac{540}{2000}\times\frac{1000}{750^2}=4.8\times10^{-4}$$

$$R_{T3*}=\frac{S_N}{S_{N3}}R_{T1*}=\frac{3\times250}{3\times60}\times4.8\times10^{-4}=0.002$$

$$X_{T1*}=\frac{U_{s1}\%}{100}\frac{S_B}{S_N}=\frac{12.6}{100}\times\frac{1000}{750}=0.168$$

$$X_{T2*}=\frac{U_{s2}\%}{100}\frac{S_B}{S_N}=\frac{-0.8}{100}\times\frac{1000}{750}=-0.011$$

$$X_{T3*}=\frac{U_{s3}\%}{100}\frac{S_B}{S_N}=\frac{25.6}{100}\times\frac{1000}{750}=0.341$$

$$G_{T*}=\frac{P_0}{1000S_B}=\frac{144}{1000\times1000}=1.44\times10^{-4}$$

$$B_{T*}=\frac{I_0\%}{100}\frac{S_N}{S_B}=\frac{0.07}{100}\times\frac{750}{1000}=5.25\times10^{-4}$$

变压器T3：

$$R_{T1*}=\frac{P_{s1}}{1000}\frac{S_B}{S_N^2}=\frac{405}{1000}\times\frac{1000}{150^2}=0.018$$

$$R_{T2*}=\frac{P_{s2}}{1000}\frac{S_B}{S_N^2}=\frac{165}{1000}\times\frac{1000}{150^2}=0.007$$

$$R_{T3*}=\frac{P_{s3}}{1000}\frac{S_B}{S_N^2}=\frac{463}{1000}\times\frac{1000}{150^2}=0.021$$

$$X_{T1*}=\frac{U_{s1}\%}{100}\frac{S_B}{S_N}=\frac{14.265}{100}\times\frac{1000}{150}=0.951$$

$$X_{T2*}=\frac{U_{s2}\%}{100}\frac{S_B}{S_N}=\frac{-1.165}{100}\times\frac{1000}{150}=-0.078$$

$$X_{T3*}=\frac{U_{s3}\%}{100}\frac{S_B}{S_N}=\frac{7.735}{100}\times\frac{1000}{150}=0.516$$

$$G_{T*}=\frac{P_0}{1000S_B}=\frac{150}{1000\times1000}=1.5\times10^{-4}$$

$$B_{T*}=\frac{I_0\%}{100}\frac{S_N}{S_B}=\frac{0.38}{100}\times\frac{150}{1000}=5.7\times10^{-4}$$

线路 L1：

$$R_{L1*}=r_1l_1\frac{S_B}{U_{av(500)}^2}=0.018\times85\times\frac{1000}{525^2}=0.006$$

$$X_{L1*}=x_1l_1\frac{S_B}{U_{av(500)}^2}=0.277\times85\times\frac{1000}{525^2}=0.085$$

$$B_{L1*}=b_1l_1\frac{U_{av(500)}^2}{S_B}=2\pi fC_1l_1\frac{U_{av(500)}^2}{S_B}$$

$$=2\pi\times50\times0.013\times10^{-6}\times85\times\frac{525^2}{1000}=0.096$$

线路 L2：

$$R_{L2*}=r_1l_2\frac{S_B}{U_{av(220)}^2}=0.054\times9\times\frac{1000}{230^2}=0.009$$

$$X_{L2*}=x_1l_2\frac{S_B}{U_{av(220)}^2}=0.302\times9\times\frac{1000}{230^2}=0.051$$

$$B_{L2*}=b_1l_2\frac{U_{av(220)}^2}{S_B}=2\pi fC_1l_2\frac{U_{av(220)}^2}{S_B}$$

$$=2\pi\times50\times0.012\times10^{-6}\times9\times\frac{230^2}{1000}=1.794\times10^{-3}$$

线路 L3：

$$R_{L3*}=r_1l_3\frac{S_B}{U_{av(10)}^2}=0.45\times2.5\times\frac{1000}{10.5^2}=10.2$$

$$X_{L3*}=x_1l_3\frac{S_B}{U_{av(10)}^2}=0.08\times2.5\times\frac{1000}{10.5^2}=1.814$$

等效电路略。

四、应用等效变压器模型的电力系统等效电路

在上述有名制和标幺制等效电路中，因变压器采用Γ形等效电路，非基本级的所有参数都要按变压器变比进行归算。而实际电力系统往往需要改变某些变压器的分接头以达到调压的目的。当变压器分接头改变时，有关电压级电网中的电压、电流和阻抗等参数需要重新计算，尤其对于大型电力网，这需要很大的计算工作量，非常不方便。另外，对于如

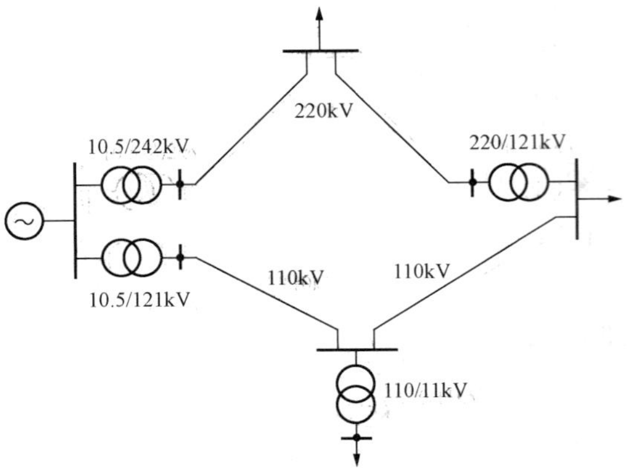

图 2-26 多电压级的环网

图 2-26所示的多电压级的环网，当选定110kV电压级作为基本级时，那么其他电压级的参数归算就成了一个很大的问题。虽然后者可以采用前面介绍的近似计算法解决，但会明显地影响计算精度。为此，在电力系统计算，尤其是用计算机进行电力系统计算时，广泛采用变压器的等效模型，即Ⅱ形等效电路。

图 2-27（a）所示为一个简单的多电压级电网，两侧参数为实际值，而实际变压器采用其阻抗 Z_T 串联一变比为 k 的理想变压器来代替，即可作出对应的多电压级电网等效电路，如图 2-27（b）所示。显然，变比的变化只影响变压器Ⅱ形等效电路中的参数，而不会影响电网的其他参数。需要强调的是，虽然变压器没有进一步用Ⅱ形等效电路来表示，但我们要清楚它对应的等效电路和参数，因为这关系到电力系统的计算。

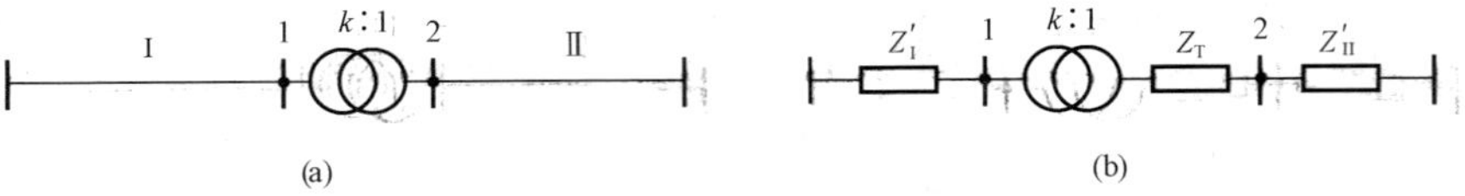

图 2-27 多电压级电网的等效电路

（a）原始多电压级电网；（b）等效电路

下面结合电力系统不同的计算情况，讨论理想变压器变比的确定问题。

（1）有名制、线路参数都未经归算、变压器参数则归算到低压侧（图 2-27 的Ⅱ侧）中。这种情况就如图 2-27 所示，理想变压器的变比 k 即为实际变比

$$k=\frac{U_{\mathrm{I}}}{U_{\mathrm{II}}} \tag{2-70}$$

式中：U_{I}、U_{II} 分别为与变压器高、低压绕组实际匝数相对应的电压。

（2）有名制、线路和变压器参数都已按选定的变比 $U_{\mathrm{I}N}/U_{\mathrm{II}N}$ 归算。相应的理想变压器变比应取

$$k_*=\frac{U_{\mathrm{II}N}U_{\mathrm{I}}}{U_{\mathrm{I}N}U_{\mathrm{II}}}=\frac{U_{\mathrm{I}}/U_{\mathrm{II}}}{U_{\mathrm{I}N}/U_{\mathrm{II}N}}=\frac{k}{k_N} \tag{2-71}$$

式中：k 为实际变比；k_N 为标准变比，多选额定电压之比；k_* 为非标准变比。

理想变压器变比的这样取值，其效果就如同将已经归算至Ⅰ侧的线路和变压器阻抗按所选变比 $U_{\mathrm{I}N}/U_{\mathrm{II}N}$ 归算回Ⅱ侧，然后再按实际变比归算至Ⅰ侧。

（3）标幺制、线路和变压器参数都已按选定的基准电压 $U_{\mathrm{I}B}$、$U_{\mathrm{II}B}$ 折算为标幺值。相应的理想变压器变比应取

$$k_*=\frac{U_{\mathrm{II}B}U_{\mathrm{I}}}{U_{\mathrm{I}B}U_{\mathrm{II}}}=\frac{U_{\mathrm{I}}/U_{\mathrm{II}}}{U_{\mathrm{I}B}/U_{\mathrm{II}B}}=\frac{k}{k_B} \tag{2-72}$$

式中：$k=U_{\mathrm{I}}/U_{\mathrm{II}}$ 为实际变比；$k_B=U_{\mathrm{I}B}/U_{\mathrm{II}B}$ 为标准变比；$k_*=k/k_B$ 为非标准变比。

理想变压器变比的这样取值，其效果就如同将已经折算为标幺值的Ⅱ侧线路和变压器阻抗折回有名值，然后按实际变比归算至Ⅰ侧，并在Ⅰ侧折算为标幺值。

习 题

2-1 某 220kV 架空线路，长 65km，采用 LGJQ—300 钢芯铝绞线，计算半径为 11.76mm。三相导线水平布置，相间距离为 6m，求线路的参数和等效电路。

2-2 某 500kV 架空线路，长 120km，采用 4×LGJQ—400 型 4 分裂钢芯铝绞线，每根导线的计算半径为 13.62mm。分别求以下两种情况下线路的参数，并作出等效电路。

（1）三相寻线水平布置，相间距离为 12m，分裂间距为 400mm；

（2）三相寻线按等边三角形布置，相间距离为 14m，分裂间距为 450mm。

2-3 已知某一 200km 长的输电线，$r_1=0.1\Omega/\text{km}$，$L_1=2\text{mH/km}$，$C_1=0.01\mu\text{F/km}$，系统额定频率为 50Hz，试分别用短线路、中等长度线路、长线路模型表示等效电路。

2-4 某变电所中有两台降压变压器，额定容量均为 10MVA，额定变比均为 110/11kV。已知变压器数据为：$P_s=60\text{kW}$，$P_0=18\text{kW}$，$U_s\%=10.5$，$I_0\%=0.9$。试求两台变压器并联运行时的等效参数，并作出 Γ 型等效电路。

2-5 某 SFSL1—20000/110 型三相三绕组变压器，其铭牌数据为：电压比 121/38.5/10.5kV，容量比 100/100/100，$P_{s1-2}=145\text{kW}$，$P_{s2-3}=117\text{kW}$，$P_{s1-3}=158\text{kW}$，$U_{s1-2}\%=10.5$，$U_{s2-3}\%=6.5$，$U_{s3-1}\%=18$，$P_0=43.3\text{kW}$，$I_0\%=3.46$。试计算归算到变压器高压侧的参数，并作等效电路。

2-6 某三相三绕组自耦变压器的容量为 90/90/45MVA，电压比为 220/121/11kV，$P_{s1-2}=325\text{kW}$，$P'_{s2-3}=270\text{kW}$，$P'_{s3-1}=345\text{kW}$，$U_{s1-2}\%=10$，$U'_{s2-3}\%=12.1$，$U'_{s3-1}\%=18.6$，$P_0=104\text{kW}$，$I_0\%=0.65$。试计算归算到变压器高压侧的参数，并作等效电路。

2-7 某输电网络如图 2-28 所示，各元件的技术参数如表 2-6 所示，试作出：

（1）有名制下的等效电路；

（2）标幺制下采用精确计算法的等效电路；

（3）标幺制下采用近似计算法的等效电路。

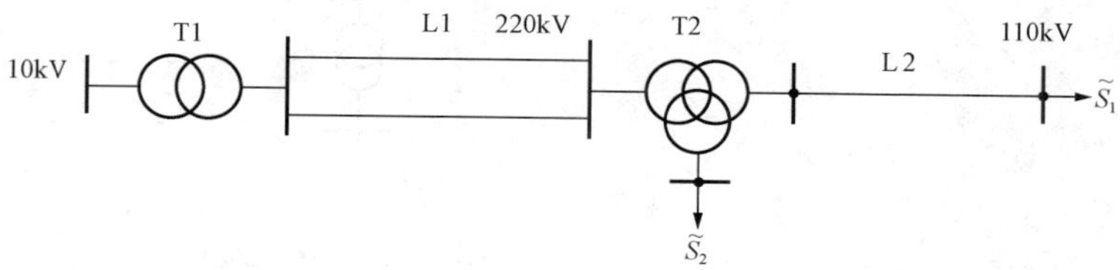

图 2-28 题 2-7 图

表 2-6 题 2-7 技术参数

符号	型 号	容量/MVA	电压/kV	$U_s\%$	P_s/kW	$I_0\%$	P_0/kW	备 注
T1	SFP7—240000/220	240	242±2×2.5%/15.75	14	620	0.5	185	
T2	SFPS1—180000/220	180/180/90	220±2×2.5%/121/11	14(1-2) 24(1-3) 8.1(2-3)	679(1-2) 220(1-3) 148(2-3)	0.8	200	阻抗电压为 100% 容量下的值

符号	型号	长度/km	电压/kV	电阻/（Ω/km）	电抗/（Ω/km）	电纳/（S/km）
L1（单回）	LGJQ—400	60	220	0.08	0.417	2.91×10^{-6}
L2	LGJ—240	50	110	0.132	0.405	2.76×10^{-6}

2-8 如图 2-29 所示的电力网络中的各元件技术参数由表 2-7 给出，试按下列要求作该电力网络的等效电路：

（1）有名制下；

（2）标幺制下，按精确计算法计算。

表 2-7　　题 2-8 技 术 参 数

符号	型 号	容量/MVA	电压/kV	$U_s\%$	P_s/kW	$I_0\%$	P_0/kW	备 注
T1	SFP7-120000/110	120	121±2×2.5%/10.5	10.5	410	0.6	99.4	
T2	SFSZ7-63000/110	63	110±8×1.25%/38.5±2×2.5%/11	10.5(1-2) 16(1-3) 6.5(2-3)	300	1.2	84.7	
T3	SFL7-31500/110	31.5	110±2×2.5%/6.6	10.5	148	0.8	38.5	

符号	型号	长度/km	电压/kV	电阻/（Ω/km）	电抗/（Ω/km）	电纳/（S/km）
L1	LGJ-70/10	80	110	0.422	0.429	2.66×10^{-6}
L2		50				
L3		60				

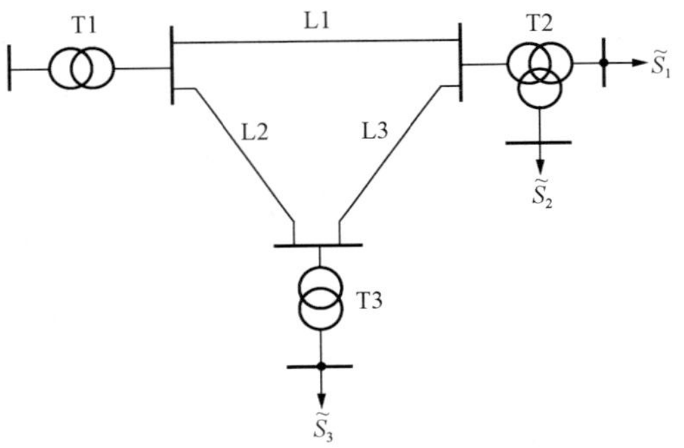

图 2-29　题 2-8 图

2-9 在如图 2-30 所示的电力系统中，只计及元件阻抗，各元件技术数据已知如下。发电机 G：100MW，$\cos\varphi=0.85$，10.5kV，$x_d=1.628$；变压器 T1：120MVA，121/10.5kV，$U_s\%=10.5$；变压器 T2：90MVA，110/6.6kV，$U_s\%=10.5$；线路 L1：$x_1=0.4\Omega/\text{km}$，$l=100\text{km}$；线路 L2：$r_1=0.45\Omega/\text{km}$，$x_1=0.08\Omega/\text{km}$，$l=25\text{km}$；电抗器 R：6kV，4kA，$X_R\%=5$。试采用近似计算法建立标幺制下的等效电路。

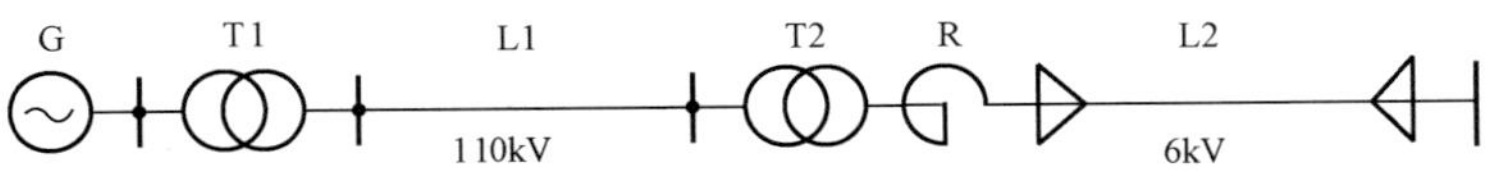

图 2-30　题 2-9 图

第三章　简单电力系统的潮流计算

在正常平衡三相稳态条件下，电力系统运行要求：①电源发电等于负荷需求加上损耗；②节点电压幅值保持在额定值附近；③发电机运行在规定额定有功功率和无功功率上、下限内；④输电线路和变压器不过负荷。潮流计算是研究这些要求的基本工具，也是电力系统分析中的一种最基本的计算。其任务是根据给定的运行条件及系统接线方式确定电力系统的稳态运行状态，如各母线的电压幅值和角度、各元件中通过的有功和无功功率及设备的电压损失和功率损耗等。潮流计算的结果是评价系统运行方式和系统规划设计方案合理性、安全可靠性及经济性的依据，也是电力系统故障分析及稳定计算的重要组成部分。

传统的节点或回路分析方法不适合潮流计算，这是因为负荷的给定数据通常是功率而不是阻抗，发电机也被认为是功率源而不是电压源或电流源。因此，潮流问题表示为一组适合于计算机求解的非线性代数方程。

因为假定是三相平衡稳态系统，所以这一章中仅仅用第二章介绍的等效电路。潮流计算的输入/输出数据一般用标幺值，简单电力系统也可用有名值。

本章介绍电力网的功率损耗、电压降落和简单电力系统潮流计算的手算方法，并结合实例分析，加深对潮流计算的物理概念的理解。复杂电力系统潮流的计算机算法将在下一章讨论。

第一节　电力网的功率损耗和电压降落

电力网的主要元件是电力线路和变压器，下面分别介绍这两种元件中的功率损耗和电压降落。

一、电力线路的功率损耗与电压降落

图 3-1 所示为电力线路的 Π 型等效电路，其中 $Z=R+\mathrm{j}X$，$Y=G+\mathrm{j}B$ 分别为电力线路每相串联阻抗、并联导纳；$\dot{U}_1$、$\dot{U}_2$ 为电力线路首、末端相电压；$\widetilde{S}_1$、$\widetilde{S}_2$ 为电力线路首、末端单相复功率。

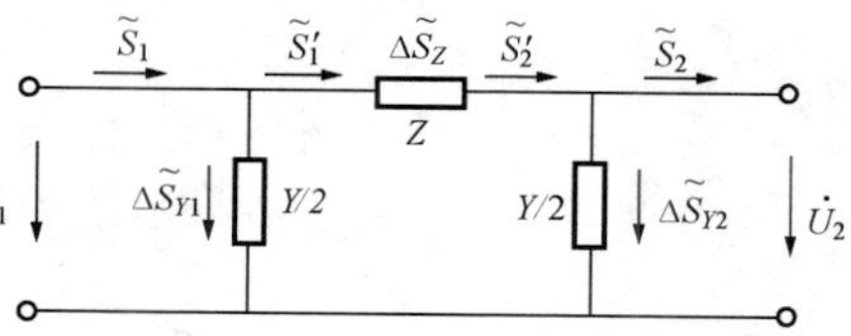

图 3-1　电力线路的功率和电压

（一）电力线路的功率损耗与功率分布

1. 电力线路的功率损耗

电力线路的功率损耗包括串联阻抗中的功率损耗和首末端并联导纳中的功率损耗。

（1）串联阻抗中的功率损耗。当阻抗支路末端输出功率 $\widetilde{S}_2'$ 和末端电压 $\dot{U}_2$ 已知时，阻抗中的功率损耗为

$$\Delta\widetilde{S}_Z=\left(\frac{S_2'}{U_2}\right)^2 Z=\frac{P_2'^2+Q_2'^2}{U_2^2}(R+\mathrm{j}X)=\frac{P_2'^2+Q_2'^2}{U_2^2}R+\mathrm{j}\,\frac{P_2'^2+Q_2'^2}{U_2^2}X$$
$$=\Delta P_Z+\mathrm{j}\Delta Q_Z \tag{3-1}$$

则有

$$\left.\begin{aligned}\Delta P_Z &= \frac{P_2'^2+Q_2'^2}{U_2^2}R\\ \Delta Q_Z &= \frac{P_2'^2+Q_2'^2}{U_2^2}X\end{aligned}\right\}\tag{3-2}$$

同理，当阻抗支路首端输入功率 $\widetilde{S}_1'$ 和首端电压 $\dot{U}_1$ 已知时，可按下式计算阻抗支路中的有功和无功损耗为

$$\left.\begin{aligned}\Delta P_Z &= \frac{P_1'^2+Q_1'^2}{U_1^2}R\\ \Delta Q_Z &= \frac{P_1'^2+Q_1'^2}{U_1^2}X\end{aligned}\right\}\tag{3-3}$$

由式（3-1）～式（3-3）可知，电力线路阻抗支路的功率损耗与传输功率的大小有关，传输的功率越大，功率损耗越大。无功损耗为感性无功。另外，计算 $\Delta\widetilde{S}_Z$、ΔP_Z 和 ΔQ_Z 时，必须采用同一处的功率和电压。

（2）并联导纳中的功率损耗。电力线路并联导纳中的功率损耗包括首端导纳支路的功率损耗和末端导纳支路的功率损耗。首端导纳支路的功率损耗为

$$\Delta\widetilde{S}_{Y1} = \dot{U}_1\left(\frac{Y}{2}\dot{U}_1\right)^* = \frac{1}{2}\overset{*}{Y}U_1^2 = \frac{1}{2}(G-\mathrm{j}B)U_1^2 = \frac{1}{2}GU_1^2 - \mathrm{j}\,\frac{1}{2}BU_1^2 = \Delta P_{Y1} - \mathrm{j}\Delta Q_{Y1}\tag{3-4}$$

则有

$$\left.\begin{aligned}\Delta P_{Y1} &= \frac{1}{2}GU_1^2\\ \Delta Q_{Y1} &= \frac{1}{2}BU_1^2\end{aligned}\right\}\tag{3-5}$$

末端导纳支路的功率损耗为

$$\Delta\widetilde{S}_{Y2} = \dot{U}_2\left(\frac{Y}{2}\dot{U}_2\right)^* = \frac{1}{2}\overset{*}{Y}U_2^2 = \frac{1}{2}(G-\mathrm{j}B)U_2^2 = \frac{1}{2}GU_2^2 - \mathrm{j}\,\frac{1}{2}BU_2^2 = \Delta P_{Y2} - \mathrm{j}\Delta Q_{Y2}\tag{3-6}$$

则有

$$\left.\begin{aligned}\Delta P_{Y2} &= \frac{1}{2}GU_2^2\\ \Delta Q_{Y2} &= \frac{1}{2}BU_2^2\end{aligned}\right\}\tag{3-7}$$

一般电力线路 $G\approx 0$，则 $\Delta P_{Y1}=\Delta P_{Y2}=0$，那么，式（3-4）和式（3-6）变为

$$\left.\begin{aligned}\Delta\widetilde{S}_{Y1} &= -\mathrm{j}\Delta Q_{Y1} = -\mathrm{j}\,\frac{1}{2}BU_1^2\\ \Delta\widetilde{S}_{Y2} &= -\mathrm{j}\Delta Q_{Y2} = -\mathrm{j}\,\frac{1}{2}BU_2^2\end{aligned}\right\}\tag{3-8}$$

式（3-8）中的负号表明电力线路并联导纳支路中的功率损耗为容性无功，即供给感性无功。该无功功率也称为电力线路的充电功率，它与线路电压的平方成正比，而与传输的功率基本无关。

式（3-1）～式（3-8）为单相形式，也完全适合于三相形式。其中 Z、Y 仍为相阻抗

和相导纳；$\widetilde{S}$ 为三相功率，$\dot{U}$ 为线电压，则 $\Delta\widetilde{S}_Z$、$\Delta\widetilde{S}_Y$ 为三相功率损耗。式（3-1）～式（3-8）既可用于标幺制，也可用于有名制。用于有名制计算时，Z、Y 的单位为 Ω、S；功率的单位为 MVA、MW、Mvar；电压的单位为 kV。

2. 电力线路中的功率计算

由图 3-1 可得到电力线路中的各功率之间的关系，即

$$\left.\begin{aligned}\widetilde{S}'_2 &= \widetilde{S}_2 + \Delta\widetilde{S}_{Y2}\\ \widetilde{S}'_1 &= \widetilde{S}'_2 + \Delta\widetilde{S}_Z\\ \widetilde{S}_1 &= \widetilde{S}'_1 + \Delta\widetilde{S}_{Y1}\end{aligned}\right\} \tag{3-9}$$

（二）电力线路的电压降落

电力线路的电压降落是指线路始末两端电压的相量差，即 $d\dot{U}=\dot{U}_1-\dot{U}_2$，实际上是线路阻抗中的电压降落。当 $\dot{U}_2$、$\widetilde{S}'_2$ 已知时，令 $\dot{U}_2=U_2\angle 0°$，电压降落为

$$d\dot{U}=\left(\frac{\widetilde{S}'_2}{\dot{U}_2}\right)^* Z=\frac{P'_2-jQ'_2}{U_2}(R+jX)=\frac{P'_2R+Q'_2X}{U_2}+j\frac{P'_2X-Q'_2R}{U_2}=\Delta U+j\delta U$$

其中

$$\left.\begin{aligned}\Delta U &= \frac{P'_2R+Q'_2X}{U_2}\\ \delta U &= \frac{P'_2X-Q'_2R}{U_2}\end{aligned}\right\} \tag{3-10}$$

式中：ΔU、δU 分别为电压降落的纵分量与横分量。

根据末端电压 $\dot{U}_2$ 和电压降落 $d\dot{U}$ 可计算出线路始端电压 $\dot{U}_1$，即

$$\dot{U}_1=\dot{U}_2+d\dot{U}=(U_2+\Delta U)+j\delta U$$

可得到

$$U_1=\sqrt{(U_2+\Delta U)^2+(\delta U)^2} \tag{3-11}$$

可画出电力线路的电压相量图，如图 3-2 所示。

图中的相位角或称功率角 δ 为

$$\delta=\arctan\frac{\delta U}{U_2+\Delta U} \tag{3-12}$$

由于一般情况下，$U_2+\Delta U\gg\delta U$，则

$$U_1\approx U_2+\Delta U \tag{3-13}$$

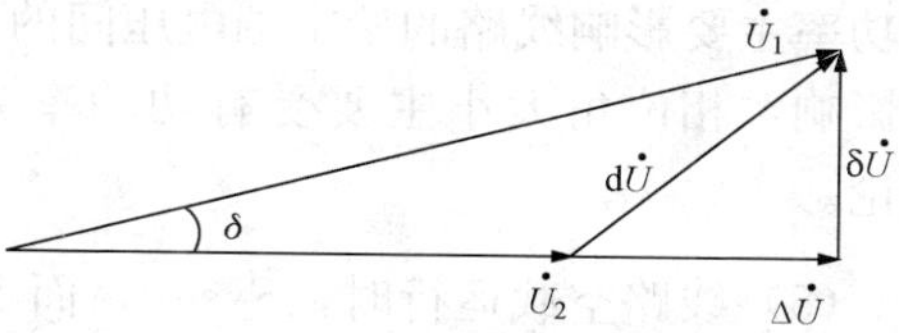

图 3-2　自末端计算的电力线路电压相量图

类似这种推导，还可获得从始端电压 $\dot{U}_1$、始端功率 $\widetilde{S}'_1$ 求取电压降落 $d\dot{U}'$ 和末端电压 $\dot{U}_2$ 的计算公式。此时，令 $\dot{U}_1=U_1\angle 0°$，相应的计算公式为

$$\left.\begin{aligned}d\dot{U}' &= \Delta U'+j\delta U'\\ \Delta U' &= \frac{P'_1R+Q'_1X}{U_1}\\ \delta U' &= \frac{P'_1X-Q'_1R}{U_1}\end{aligned}\right\} \tag{3-14}$$

$$\dot{U}_2=(U_1-\Delta U')-j\delta U'$$

$$U_2=\sqrt{(U_1-\Delta U')^2+(\delta U')^2}\approx U_1-\Delta U' \tag{3-15}$$

$$\delta = \arctan \frac{-\delta U'}{U_1 - \Delta U'} \tag{3-16}$$

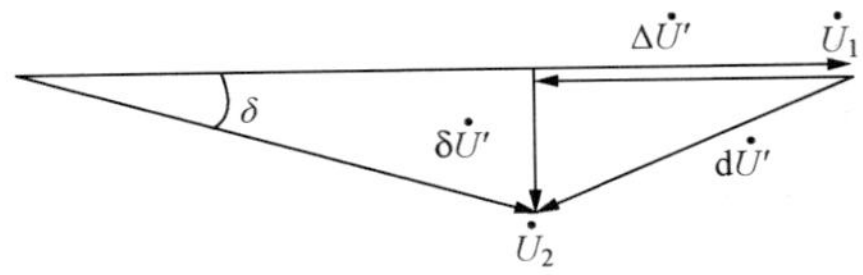

图 3-3 自始端计算的电力线路电压相量图

对应的相量图如图 3-3 所示。

式（3-10）～式（3-16）既可用于标幺制，也可用于有名制；既适用于单相形式，也适用于三相形式。

下面对电力线路的电压计算作几点说明和讨论：

（1）由式（3-10）和式（3-14）可知，电压降落的计算必须采用同一处的功率和电压。例如，采用 $P'_2+jQ'_2$ 和 U_2，或者采用 $P'_1+jQ'_1$ 和 U_1。

（2）按式（3-10）求得的 ΔU、δU 与按式（3-14）求得的 $\Delta U'$、$\delta U'$ 不同，但两者对应的电压降落的模值 $dU=dU'$。

（3）式（3-10）和式（3-14）是通过感性无功功率的假设导得的。若通过容性无功功率，则有关公式中的无功功率应变号。例如，式（3-10）将变为

$$\Delta U = \frac{P'_2R - Q'_2X}{U_2};\delta U = \frac{P'_2X + Q'_2R}{U_2}$$

ΔU 可能是负值，线路末端电压可能高于始端电压。

（4）由于一般情况下，$U_2+\Delta U \gg \delta U$，则线路始、末端电压的数值差（即电压损耗）主要取决于 ΔU；相位角 δ 主要取决于 δU。对于高压电网，由于元件的 $X \gg R$，则有

$$\left.\begin{aligned}\Delta U &\approx \frac{Q'_2X}{U_2}\\ \delta U &\approx \frac{P'_2X}{U_2}\end{aligned}\right\} \tag{3-17}$$

由式（3-17）可见，线路传输的无功功率主要影响线路的电压损耗，而线路传输的有功功率主要影响线路的始末端电压间的相位角。或者说，线路电压水平主要受无功功率分布的影响，相位角大小主要受有功功率分布的影响。对于高压电网，这是一个非常重要的结论。

（5）线路空载运行时，$\widetilde{S}_2=0$，而 $\widetilde{S}'_2=\Delta\widetilde{S}_{Y2}=-j\frac{1}{2}BU_2^2$。线路上的电压降落的纵、横分量分别为

$$\Delta U = -\frac{U_2BX}{2};\delta U = \frac{U_2BR}{2}$$

这时的电压相量图如图 3-4 所示。由图可见，这时的末端电压 U_2 将高于始端电压 U_1。当始端电压为额定值 U_N 时，末端电压将超过额定值，且随着线路长度的增加，末端电压升高越多（如图 3-4 中虚线所示）。

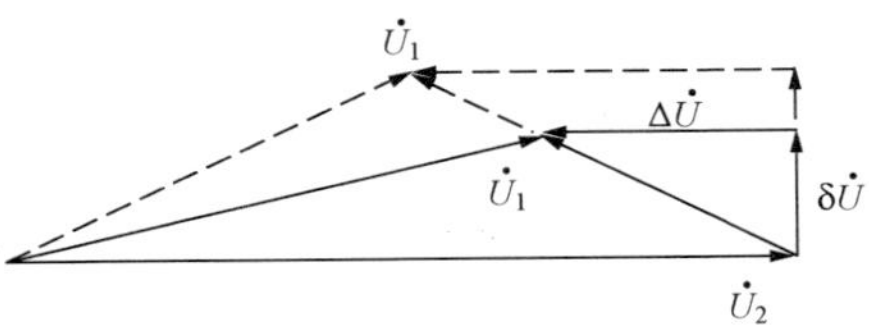

图 3-4 空载运行时的电压相量图

（三）电压质量指标与输电效率

某些标志电压质量的指标定义如下。

（1）电压损耗是指始末两端电压的有效值之差（U_1-U_2）。当 $\dot{U}_1$ 和 $\dot{U}_2$ 之间的相位差比

较小时，电压损耗近似等于电压降落的纵分量，即 $U_1-U_2\approx\Delta U$，它仅是一个数值。电压损耗常以百分值表示，即

$$\Delta U\%=\frac{U_1-U_2}{U_N}\times100 \tag{3-18}$$

式中：U_N 为线路额定电压。

（2）电压偏移是指始端或末端电压与线路额定电压的数值差（U_1-U_N）或（U_2-U_N）。电压偏移也常以百分值表示。始端电压偏移为

$$\Delta U_{1N}\%=\frac{U_1-U_N}{U_N}\times100\% \tag{3-19}$$

末端电压偏移为

$$\Delta U_{2N}\%=\frac{U_2-U_N}{U_N}\times100\% \tag{3-20}$$

（3）电压调整是指线路末端空载与负载时电压的数值差（$U_{20}-U_2$）。U_{20} 为线路末端空载电压，在不计线路导纳时，$U_{20}=U_1$，电压调整也就等于电压损耗，即 $U_{20}-U_2=U_1-U_2$。电压调整也常以百分值表示，即

$$\Delta U_0\%=\frac{U_{20}-U_2}{U_{20}}\times100\% \tag{3-21}$$

输电效率是标志电力线路经济性能的一个指标，它是指线路末端输出有功功率 P_2 与线路始端输入有功功率 P_1 的比值，常以百分值表示，即

$$\eta\%=\frac{P_2}{P_1}\times100\% \tag{3-22}$$

因线路始端有功功率 P_1 总大于末端有功功率 P_2，所以输电效率总小于100%。

二、变压器的功率损耗与电压降落

如图3-5所示为双绕组变压器的Γ型等效电路。图中，$Z_T=R_T+jX_T$、$Y_T=G_T-jB_T$ 分别为变压器每相阻抗和导纳。注意励磁导纳 Y_T 中的负号表明该支路为电感性。

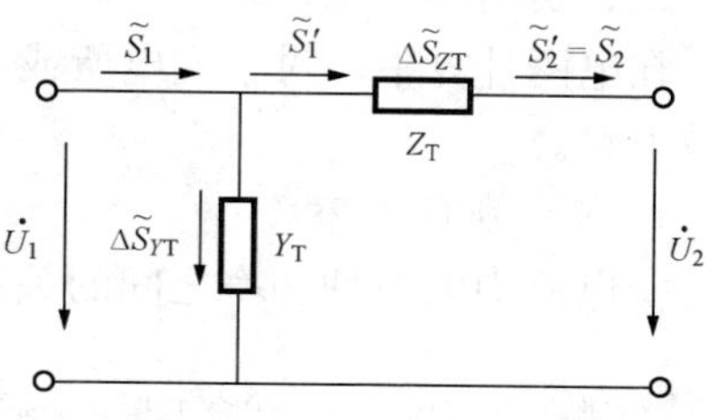

图3-5　变压器中的电压和功率

变压器阻抗支路中电压降落的计算与电力线路完全相同，此处就不再重述。

变压器的功率损耗包括阻抗支路中的功率损耗和导纳支路（对应励磁支路）中的功率损耗。其中，阻抗支路功率损耗 $\Delta\widetilde{S}_{ZT}$ 的计算与电力线路相同，其计算公式类似式（3-1）～式（3-3），只是用 R_T、X_T 和 Z_T 分别代替 R、X、Z 即可，此处不再列出。变压器导纳支路功率 $\Delta\widetilde{S}_{YT}$ 为

$$\Delta\widetilde{S}_{YT}=\dot{U}_1(Y_T\dot{U}_1)^*=\overset{*}{Y}_TU_1^2=(G_T+jB_T)U_1^2=G_TU_1^2+jB_TU_1^2=\Delta P_{YT}+j\Delta Q_{YT}$$

其中

$$\left.\begin{aligned}\Delta P_{YT}&=G_TU_1^2\\ \Delta Q_{YT}&=B_TU_1^2\end{aligned}\right\} \tag{3-23}$$

变压器功率损耗也可直接由试验数据计算出。为此，将式（2-34）～式（2-37）代入式（3-2）、式（3-3）、式（3-23），经整理得

$$\Delta P_{ZT}=\frac{P_s U_N^2 S_2'^2}{1000U_2^2 S_N^2};\Delta Q_{ZT}=\frac{U_s\% U_N^2 S_2'^2}{100U_2^2 S_N} \tag{3-24}$$

或

$$\Delta P_{ZT}=\frac{P_s U_N^2 S_1'^2}{1000U_1^2 S_N^2};\Delta Q_{ZT}=\frac{U_s\% U_N^2 S_1'^2}{100U_1^2 S_N} \tag{3-25}$$

$$\Delta P_{YT}=\frac{P_0 U_1^2}{1000U_N^2};\Delta Q_{YT}=\frac{I_0\% S_N U_1^2}{100U_N^2} \tag{3-26}$$

在近似计算中，取 $S_1\approx S_1'$、$U_1\approx U_2\approx U_N$，并计及 $S_2=S_2'$，式（3－24）～式（3－26）可简化为

$$\Delta P_{ZT}=\frac{P_s}{1000}\frac{S_2^2}{S_N^2};\Delta Q_{ZT}=\frac{U_s\% S_N}{100}\frac{S_2^2}{S_N^2} \tag{3-27}$$

$$\Delta P_{ZT}=\frac{P_s}{1000}\frac{S_1^2}{S_N^2};\Delta Q_{ZT}=\frac{U_s\% S_N}{100}\frac{S_1^2}{S_N^2} \tag{3-28}$$

$$\Delta P_{YT}=\frac{P_0}{1000};\Delta Q_{YT}=\frac{I_0\% S_N}{100} \tag{3-29}$$

由式（3－24）～式（3－26）或式（3－27）～式（3－29）可见，变压器阻抗支路的功率损耗与所带负荷功率或传输功率有关，随负荷功率增大而增大。所以，该功率损耗也称为变压器的可变损耗。励磁支路的功率损耗取决于电压的大小，基本上与负荷功率无关。考虑到在稳态运行情况下，变压器电压接近额定电压，即 $U_1\approx U_N$ 成立，则励磁支路的功率损耗基本不变，近似等于空载损耗，所以励磁支路损耗也称为固定损耗或不变损耗。

需要强调的是式（3－24）～式（3－29）中试验数据 P_s、P_0 单位为 kW，而功率损耗单位为 MW，Mvar。

三、负荷和电源功率

在电网计算中，对于变电所或发电厂，根据计算需要，可采用不同处的功率来简化电网等效电路。

1．变电所的功率

变电所中的各种功率之间的关系如图 3－6 所示。

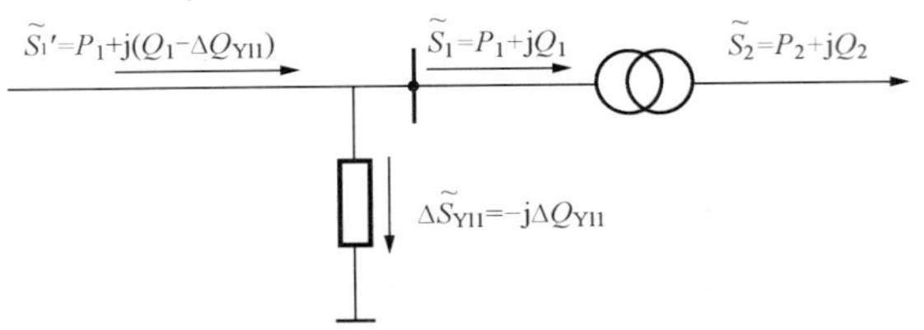

图 3－6　变电所的功率

（1）负荷功率。变电所（变压器）负荷侧的功率，即 $\tilde{S}_2=P_2+jQ_2$。

（2）等效负荷功率。从网络输入到变电所（变压器）的功率，或从网络中吸取的功率，即 $\tilde{S}_1=P_1+jQ_1$。等效负荷功率 $\tilde{S}_1=\tilde{S}_2+\Delta\tilde{S}_{ZT}+\Delta\tilde{S}_{YT}$。

（3）运算负荷。为等效负荷功率 $\tilde{S}_1$ 加上进线末端导纳功率，即 $\tilde{S}_1'=\tilde{S}_1+\Delta\tilde{S}_{Yl1}$。在手算时，往往将等效负荷功率加上与该变电所高压母线所连电力线路导纳功率的一半定义为运算负荷，即 $\tilde{S}_1'=\tilde{S}_1+\frac{1}{2}\Delta\tilde{S}_{Yl}$。如果该变电所高压母线接有多回电力线路，此时电力线路导纳功率的一半，应包括与该变电所高压母线所连接的全部电力线路导纳功率的一半。

2. 发电厂的功率

发电厂中的各种功率之间的关系如图 3－7 所示。

（1）电源功率。发电厂电源侧的功率，即 $\widetilde{S}_1=P_1+jQ_1$。

（2）等效电源功率。为发电机高压母线向系统送出的功率，即 $\widetilde{S}_2=P_2+jQ_2$。等效电源功率 $\widetilde{S}_2=\widetilde{S}_1-\Delta\widetilde{S}_{ZT}-\Delta\widetilde{S}_{YT}$。

（3）运算功率。为等效电源功率减去出线始端导纳功率，即 $\widetilde{S}_2'=\widetilde{S}_2-\Delta\widetilde{S}_{Y12}$。在手算时，往往将等效电源功率减去与该发电厂高压母线所连电力线路导纳功率的一半的功率 $\widetilde{S}_2'$ 定义为运算功率，即 $\widetilde{S}_2'=\widetilde{S}_2-\frac{1}{2}\Delta\widetilde{S}_{Y1}$。如果该发电厂高压母线接有多回电力线路，此时电力线路导纳功率的一半，应包括与该发电厂高压母线所连接的全部电力线路导纳功率的一半。

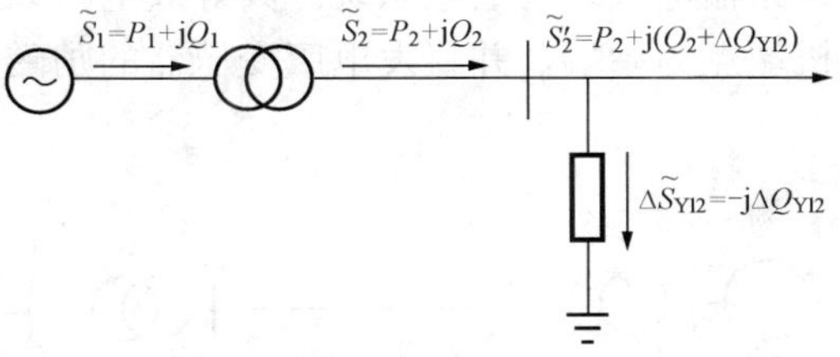

图 3－7　发电厂的功率

3. 运算负荷与运算功率的应用

在手算潮流时，常引入运算负荷与运算功率来简化电网等效电路。例如，图 3－8 所示的某电力系统，按第二章方法制定等效电路，该等效电路较大，读者可自行练习。若求得各发电厂的运算功率和变电所的运算负荷，其对应等效电路如图 3－9 所示，达到了简化等效电路的目的。

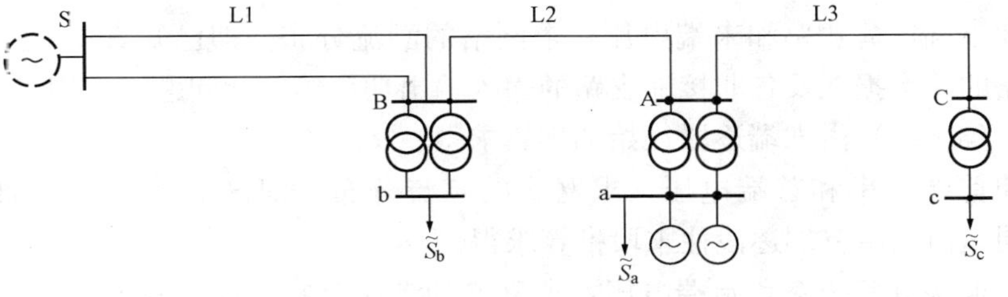

图 3－8　电力系统接线

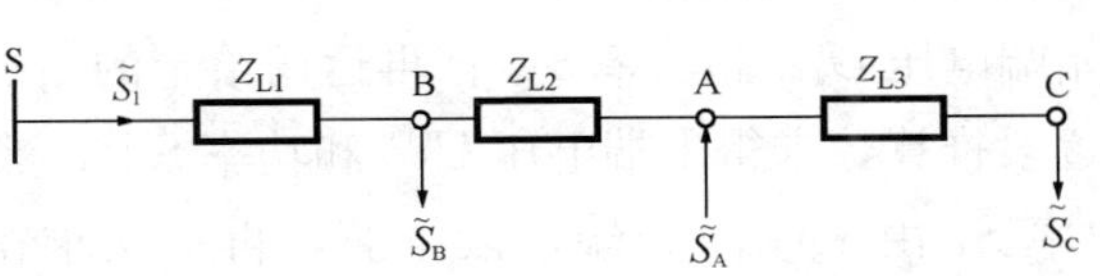

图 3－9　具有运算负荷和运算功率的等效电路

在计算负荷功率或电源功率时，常采用工程近似方法，即令电网为额定电压计算变压器损耗和电力线路导纳功率。

第二节　开式网络的潮流计算

电力系统的接线方式一般包括开式网络和闭式网络。其中开式网络包括第一章介绍的无备用和有备用的放射式、干线式和链式网络。

在给定开式网络的接线和各元件的原始数据的情况下，首先计算各元件参数，并作出网络等效电路图。然后根据给定的运行条件，进行开式网络潮流计算。

如图 3 - 10（a）所示为一最简单的开式网络，它是一个只包含升、降压变压器和一段单回路输电线路的输电系统。其等效电路如图 3 - 10（b）所示。作图 3 - 10（b）时，以发电机端点为始端，并将发电厂变压器的励磁支路移至负荷侧以简化分析。

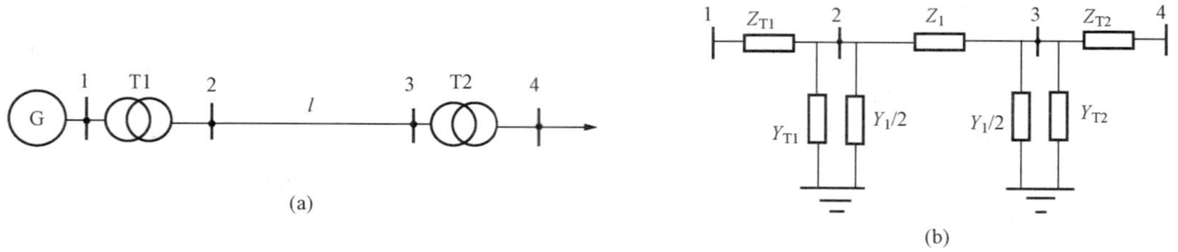

图 3 - 10　简单开式网络

(a) 网络接线图；(b) 等效电路

实际计算电力系统潮流分布时，往往已知的是节点注入功率。若运用节点电压法、回路电流法等方法进行计算，所列出的方程式组将是非线性方程式组，一般不能直接求得解析解，只能迭代求近似解。运用计算机计算，这种迭代求解并不困难。但手算时，因反复迭代解复数方程式组计算量很大，所以不宜采用这种方法。

手算开式网络潮流分布时，可利用计算电力线路和变压器功率损耗及电压降落的公式进行计算。工程中，简单开式网络的潮流计算可以归纳为下述几种情况之一，并以图 3 - 10（b）为例说明之。

（1）已知末端负荷功率和末端电压，求网络的潮流分布。即已知 $\widetilde{S}_4$、$\dot{U}_4$，求各节点的电压和各支路的功率损耗及各非接地支路的输入输出功率等。此问题可利用式（3 - 1）～式（3 - 13）、式（3 - 23）由末端逐段往始端推算求得。

（2）已知首端功率和首端电压，求网络的潮流分布。即已知 $\widetilde{S}_1$、$\dot{U}_1$，此问题与问题（1）情况相同，但应由首端逐段往末段推算求得。

（3）已知末端负荷功率和始端电压，求网络的潮流分布。即已知 $\widetilde{S}_4$、$\dot{U}_1$，其计算步骤原则上是：先假定末端电压为 $\dot{U}_4^{(0)}$；运用假定的末端电压 $\dot{U}_4^{(0)}$ 和给定的末端功率 $\widetilde{S}_4$ 由末端向始端逐段推算，求得始端电压 $\dot{U}_1^{(1)}$ 和功率 $\widetilde{S}_1^{(1)}$；再运用给定的始端电压 $\dot{U}_1$ 和求得的始端功率 $\widetilde{S}_1^{(1)}$ 由始端向末端逐段推算，求得末端电压 $\dot{U}_4^{(1)}$ 和功率 $\widetilde{S}_4^{(1)}$；然后再运用求得的末端电压 $\dot{U}_4^{(1)}$ 和给定的末端功率 $\widetilde{S}_4$ 由末端向始端逐段推算，再一次求得始端电压 $\dot{U}_1^{(2)}$ 和功率 $\widetilde{S}_1^{(2)}$，以此类推逐步逼近，直到同时满足已给出的末端负荷功率及始端电压为止。经过一、二次往返就可获得足够精确的结果。实际计算中，通常采用如下更进一步简化的计算步骤：设全网电压都为额定电压，推算电网的功率分布，即由末端向始端逐段推算各元件中的功率损耗与功率分布而不计电压降落；推算电压分布，即在求得始端功率后，运用给定的始端电压和求得的始端功率由始端向末端逐段推算电压降落与节点电压，此时不再重复计算功率损耗与功率分布。

上述计算方法适用于任意开式网络。当网络中变电所较多时，往往先用额定电压求出变电所的运算负荷或发电厂的运算功率（对固定出力发电厂），并作出具有运算负荷或运算功率的等效网络，再进行潮流计算。

【例 3-1】 有一 110kV 的输电线路，长 140km，末端接一容量为 31.5MVA，变比为 110/11kV 的降压变压器，如图 3-11 所示。线路参数为：$r_1=0.21\Omega/\text{km}$，$x_1=0.4\Omega/\text{km}$，$b_1=2.84\times10^{-6}\text{S/km}$。变压器的铭牌数据为：$S_N=31.5\text{MVA}$，110/11kV，$P_s=190\text{kW}$，$U_s\%=10.5$，$P_0=31\text{kW}$，$I_0\%=0.7$。

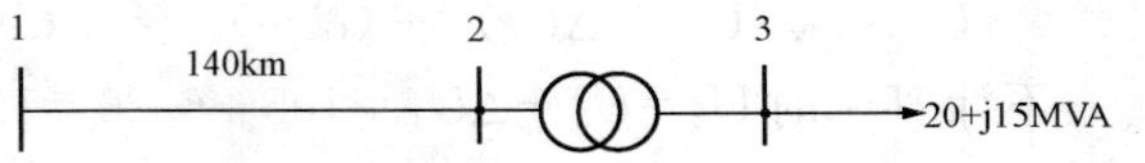

图 3-11　例 3-1 的简单电力网

（1）当已知变压器低压侧负荷为 20+j15MVA，正常运行低压侧实际电压为 10.5kV，求电源处母线应有的电压和功率。

（2）当已知变压器低压侧负荷为 20+j15MVA，电源处电压为 115kV，求变压器低压侧的实际运行电压。

解： 首先计算网络元件参数（归算至 110kV 侧）。

电力线路：

$$R=r_1l=0.21\times140=29.4(\Omega)$$
$$X=x_1l=0.4\times140=56(\Omega)$$
$$B=b_1l=2.84\times10^{-6}\times140=3.976\times10^{-4}(\text{S})$$

变压器：

$$R_T=\frac{P_sU_N^2}{1000S_N^2}=\frac{190\times110^2}{1000\times31.5^2}=2.317(\Omega)$$
$$X_T=\frac{U_s\%U_N^2}{100S_N}=\frac{10.5\times110^2}{100\times31.5}=40.3(\Omega)$$
$$G_T=\frac{P_0}{1000U_N^2}=\frac{31}{1000\times110^2}=2.562\times10^{-6}(\text{S})$$
$$B_T=\frac{I_0\%S_N}{100U_N^2}=\frac{0.7\times31.5}{100\times110^2}=18.2\times10^{-6}(\text{S})$$

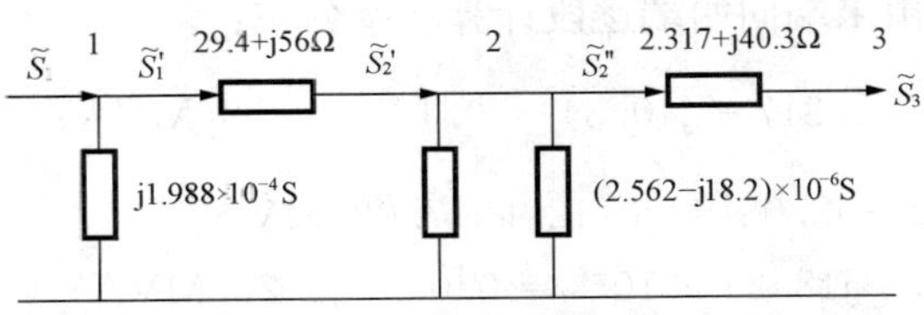

图 3-12　简单电力网的等效电路

作出等效电路，如图 3-12 所示。

（1）问题一：已知 $\tilde{S}_3=20+\text{j}15\text{MVA}$，低压侧实际电压为 10.5kV，归算至 110kV 侧电压

$$U_3=10.5\times\frac{110}{11}=105(\text{kV})$$

由末端向首端逐段推算功率分布和电压分布。

变压器串联阻抗上的功率损耗为

$$\Delta\tilde{S}_{ZT}=\frac{P_3^2+Q_3^2}{U_3^2}(R_T+\text{j}X_T)=\frac{20^2+15^2}{105^2}(2.317+\text{j}40.3)=0.13+\text{j}2.28(\text{MVA})$$
$$\tilde{S}_2''=\tilde{S}_3+\Delta\tilde{S}_{ZT}=20+\text{j}15+0.13+\text{j}2.28=20.13+17.28(\text{MVA})$$

变压器的电压降落为

$$\Delta U_T=\frac{P_3R_T+Q_3X_T}{U_3}=\frac{20\times2.317+15\times40.3}{105}=6.20(\text{kV})$$
$$\delta U_T=\frac{P_3X_T-Q_3R_T}{U_3}=\frac{20\times40.3-15\times2.317}{105}=7.35(\text{kV})$$

节点 2 的电压为

$$U_2=\sqrt{(U_3+\Delta U_T)^2+(\delta U_T)^2}=\sqrt{(105+6.20)^2+7.35^2}=111.44(\text{kV})$$

不计 δU_T 时 $U_2=U_3+\Delta U_T=105+6.20=111.2$（kV）

$$\Delta\widetilde{S}_{YT}=U_2^2\ (G_T+\text{j}B_T)\ =111.2^2\times\ (2.562\times10^{-6}+\text{j}18.2\times10^{-6})\ =0.032+\text{j}0.23\ (\text{MVA})$$

$$\Delta\widetilde{S}_{Yl2}=-\text{j}\frac{1}{2}BU_2^2=-\text{j}\frac{1}{2}\times3.976\times10^{-4}\times111.2^2=-\text{j}2.458\ (\text{MVA})$$

$$\widetilde{S}_2'=\widetilde{S}_2''+\Delta\widetilde{S}_{YT}+\Delta\widetilde{S}_{Yl2}=20.13+\text{j}17.28+0.032+\text{j}0.23-\text{j}2.458=20.16+\text{j}15.05\ (\text{MVA})$$

线路串联阻抗上的功率损耗为

$$\Delta\widetilde{S}_{Zl}=\frac{P_2'^2+Q_2'^2}{U_2^2}(R+\text{j}X)=\frac{20.16^2+15.05^2}{111.2^2}(29.4+\text{j}56)=1.51+\text{j}2.87(\text{MVA})$$

$$\widetilde{S}_1'=\widetilde{S}_2'+\Delta\widetilde{S}_{Zl}=20.16+\text{j}15.05+1.51+\text{j}2.87=21.67+\text{j}17.92(\text{MVA})$$

线路上的电压降落为

$$\Delta U_l=\frac{P_2'R+Q_2'X}{U_2}=\frac{20.16\times29.4+15.05\times56}{111.2}=12.9(\text{kV})$$

$$\delta U_l=\frac{P_2'X-Q_2'R}{U_2}=\frac{20.16\times56-15.05\times29.4}{111.2}=6.17(\text{kV})$$

线路始端电压，即节点 1 的电压为

$$U_1=\sqrt{(U_2+\Delta U_l)^2+(\delta U_l)^2}=\sqrt{(111.2+12.9)^2+6.17^2}=124.25(\text{kV})$$

不计 δU_l 时 $U_1=U_2+\Delta U_l=111.2+12.9=124.1$（kV）

$$\Delta\widetilde{S}_{Yl1}=-\text{j}\frac{1}{2}BU_1^2=-\text{j}\frac{1}{2}\times3.976\times10^{-4}\times124.1^2=-\text{j}3.06(\text{MVA})$$

线路始端的输入功率

$$\widetilde{S}_1=\widetilde{S}_1'+\Delta\widetilde{S}_{Yl1}=21.67+\text{j}17.92-\text{j}3.06=21.67+\text{j}14.86(\text{MVA})$$

（2）问题二：已知末端负荷功率 $\widetilde{S}_3=20+\text{j}15$MVA 和始端电压 $U_1=115$kV。

1）设全网为额定电压，即 $U_N=110$kV，由末端向始端逐段计算功率分布：

$$\Delta\widetilde{S}_{ZT}=\frac{P_3^2+Q_3^2}{U_N^2}(R_T+\text{j}X_T)=\frac{20^2+15^2}{110^2}(2.317+\text{j}40.3)=0.12+\text{j}2.08(\text{MVA})$$

$$\widetilde{S}_2''=\widetilde{S}_3+\Delta\widetilde{S}_{ZT}=20+\text{j}15+0.12+\text{j}2.08=20.12+\text{j}17.08(\text{MVA})$$

$$\Delta\widetilde{S}_{YT}=U_N^2(G_T+\text{j}B_T)=110^2\times(2.562+\text{j}18.2)\times10^{-6}=0.03+\text{j}0.22(\text{MVA})$$

$$\Delta\widetilde{S}_{Yl2}=-\text{j}\frac{1}{2}BU_N^2=-\text{j}\frac{1}{2}\times3.976\times10^{-4}\times110^2=-\text{j}2.41(\text{MVA})$$

$$\widetilde{S}_2'=\widetilde{S}_2''+\Delta\widetilde{S}_{YT}+\Delta\widetilde{S}_{Yl2}=20.12+\text{j}17.08+0.03+\text{j}0.22-\text{j}2.41=20.15+\text{j}14.89(\text{MVA})$$

$$\Delta\widetilde{S}_{Zl}=\frac{P_2'^2+Q_2'^2}{U_N^2}(R+\text{j}X)=\frac{20.15^2+14.89^2}{110^2}(29.4+\text{j}56)=1.53+\text{j}2.91(\text{MVA})$$

$$\widetilde{S}_1'=\widetilde{S}_2''+\Delta\widetilde{S}_{Zl}=20.15+\text{j}14.89+1.53+\text{j}2.91=21.68+\text{j}17.8(\text{MVA})$$

$$\Delta\widetilde{S}_{Yl1}=-\text{j}\frac{1}{2}BU_N^2=-\text{j}\frac{1}{2}\times3.976\times10^{-4}\times110^2=-\text{j}2.41(\text{MVA})$$

$$\widetilde{S}_1=\widetilde{S}_1'+\Delta\widetilde{S}_{Yl1}=21.68+\text{j}17.8-\text{j}2.41=21.68+\text{j}15.39(\text{MVA})$$

2）根据给定的始端电压 $U_1=115$kV，从始端向末端求电压分布：

$$\Delta U_l=\frac{P_1'R+Q_1'X}{U_1}=\frac{21.68\times29.4+17.8\times56}{115}=14.2(\text{kV})$$

$$\delta U_l = \frac{P_1'X - Q_1'R}{U_1} = \frac{21.68\times 56 - 17.8\times 29.4}{115} = 6(\mathrm{kV})$$

节点 2 电压为

$$U_2 = \sqrt{(U_1 - \Delta U_l)^2 + (\delta U_l)^2} = \sqrt{(115-14.2)^2+6^2} = 100.98(\mathrm{kV})$$

不计 δU_l 时 $U_2 = U_1 - \Delta U_l = 115 - 14.2 = 100.8$ (kV)

$$\Delta U_\mathrm{T} = \frac{P_2''R_\mathrm{T} + Q_2''X_\mathrm{T}}{U_2} = \frac{20.12\times 2.317 + 17.08\times 40.3}{100.8} = 7.29(\mathrm{kV})$$

$$\delta U_\mathrm{T} = \frac{P_2''X_\mathrm{T} - Q_2''R_\mathrm{T}}{U_2} = \frac{20.12\times 40.3 - 17.08\times 2.317}{100.8} = 7.65(\mathrm{kV})$$

节点 3 电压为

$$U_3 = \sqrt{(U_2 - \Delta U_\mathrm{T})^2 + (\delta U_\mathrm{T})^2} = \sqrt{(100.8-7.29)^2+7.65^2} = 93.82(\mathrm{kV})$$

不计 δU_T 时，$U_3 = U_2 - \Delta U_\mathrm{T} = 100.8 - 7.29 = 93.51$ (kV)

则母线 3 的实际电压为 $93.51\times\frac{11}{110} = 9.35$ (kV)

【例 3-2】 110kV 系统如图 3-13 所示。图中，发电厂 A 装有 QF2-12-2 型发电机两台，均满载运行，即 $P_\mathrm{N} = 12\mathrm{MW}$，$\cos\varphi_\mathrm{N} = 0.8$，除供应发电机负荷 10+j8MVA 外，余下均通过两台 SF7-10000/110 型变压器输入系统，变比为 121/6.3kV。变电所 B 装设两台 SF7-16000/110 型变压器，变比为 115.5/11kV；变电所 C 装设一台 SF7-10000/110 型变压器，变比为 110/11kV。各变电所的负荷，电力线路长度和选用导线截面积均示于图 3-13 中。设图中与等效系统 S 连接处的母线电压为 116kV，试求各变电所和发电厂的低压母线电压。

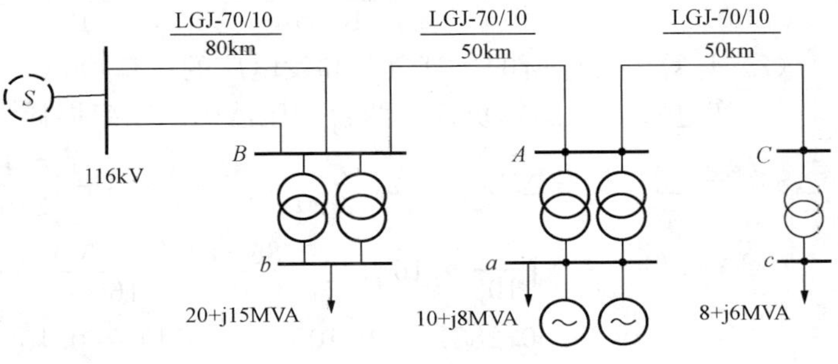

图 3-13　例 3-2 电力系统图

SF7-16000/110 型变压器的试验数据为 $P_\mathrm{s} = 86\mathrm{kW}$，$U_\mathrm{s}\% = 10.5$，$P_0 = 23.5\mathrm{kW}$，$I_0\% = 0.9$。

SF7-10000/110 型变压器的试验数据（升降压型相同）为 $P_\mathrm{s} = 59\mathrm{kW}$，$U_\mathrm{s}\% = 10.5$，$P_0 = 16.5\mathrm{kW}$，$I_0\% = 1.0$。

110kV 电力线路 LGJ-70 线间几何均距为 4m。

解：（1）计算电力网络元件参数（归算至 110kV 侧）。

1）电力线路的参数。查表得：

$$r_1 = 0.422\Omega/\mathrm{km}; x_1 = 0.429\Omega/\mathrm{km}; g_1 = 0; b_1 = 2.66\times 10^{-6}\mathrm{S/km}$$

S-B 段线路参数为 $R = r_1 l_{S-B}/2 = 0.422\times 80/2 = 16.88$ (Ω)

$X = x_1 l_{S-B}/2 = 0.429\times 80/2 = 17.16$ (Ω)

$B = 2b_1 l_{S-B} = 2\times 2.66\times 10^{-6}\times 80 = 4.256\times 10^{-4}$ (S)

B-A 段和 A-C 段相同，为

$$R = r_1 l_{B-A} = 0.422\times 50 = 21.1(\Omega)$$

$$X = x_1 l_{B-A} = 0.429 \times 50 = 21.45(\Omega)$$
$$B = b_1 l_{B-A} = 2.66 \times 10^{-6} \times 50 = 1.33 \times 10^{-4}(\mathrm{S})$$

2）变压器的参数。变电所 B 中的 SF7-16000/110 型变压器的参数为

$$R_{\mathrm{T}} = \frac{P_{\mathrm{s}} U_{\mathrm{N}}^2}{1000 S_{\mathrm{N}}^2} = \frac{86 \times 115.5^2}{1000 \times 16^2} = 4.48(\Omega)$$

$$X_{\mathrm{T}} = \frac{U_{\mathrm{s}}\% U_{\mathrm{N}}^2}{100 S_{\mathrm{N}}} = \frac{10.5 \times 115.5^2}{100 \times 16} = 87.55(\Omega)$$

变电所 C 中的 SF7 - 10000/110 型变压器的参数为

$$R_{\mathrm{T}} = \frac{P_{\mathrm{s}} U_{\mathrm{N}}^2}{1000 S_{\mathrm{N}}^2} = \frac{59 \times 110^2}{1000 \times 10^2} = 7.14(\Omega)$$

$$X_{\mathrm{T}} = \frac{U_{\mathrm{s}}\% U_{\mathrm{N}}^2}{100 S_{\mathrm{N}}} = \frac{10.5 \times 110^2}{100 \times 10} = 127.1(\Omega)$$

发电厂 A 中的 SF7 - 10000/110 型变压器的参数为

$$R_{\mathrm{T}} = \frac{P_{\mathrm{s}} U_{\mathrm{N}}^2}{1000 S_{\mathrm{N}}^2} = \frac{59 \times 121^2}{1000 \times 10^2} = 8.64(\Omega)$$

$$X_{\mathrm{T}} = \frac{U_{\mathrm{s}}\% U_{\mathrm{N}}^2}{100 S_{\mathrm{N}}} = \frac{10.5 \times 121^2}{100 \times 10} = 153.7(\Omega)$$

（2）计算各变电所的运算负荷和发电厂的运算功率。

1）变电所 B 的运算负荷。两台变压器中的功率损耗为

$$\Delta \widetilde{S}_{\mathrm{T}B} = \Delta \widetilde{S}_{\mathrm{YT}B} + \Delta \widetilde{S}_{Z\mathrm{T}B} = 2\left(\frac{P_0}{1000} + \mathrm{j}\frac{I_0\%}{100} S_{\mathrm{N}}\right) + 2\left[\frac{P_{\mathrm{s}}}{1000}\frac{(S/2)^2}{S_{\mathrm{N}}^2} + \mathrm{j}\frac{U_{\mathrm{s}}\%}{100} S_{\mathrm{N}} \frac{(S/2)^2}{S_{\mathrm{N}}^2}\right]$$
$$= 2\left(\frac{23.5}{1000} + \mathrm{j}\frac{0.9}{100} \times 16\right) + 2\left[\frac{86}{1000}\frac{(20^2+15^2)/4}{16^2} + \mathrm{j}\frac{10.5}{100} \times 16 \times \frac{(20^2+15^2)/4}{16^2}\right]$$
$$= (0.047 + \mathrm{j}0.288) + (0.105 + \mathrm{j}2.051) = 0.152 + \mathrm{j}2.34(\mathrm{MVA})$$

变电所 B 母线上所连线路电纳中无功功率的一半为

$$\Delta \widetilde{S}_{\mathrm{Yl}B} = -\mathrm{j}\frac{1}{2}(B_{S-B} + B_{B-A}) U_{\mathrm{N}}^2 = -\mathrm{j}\frac{1}{2}(4.256 \times 10^{-4} + 1.33 \times 10^{-4}) \times 110^2$$
$$= -\mathrm{j}3.38\ (\mathrm{Mvar})$$

变电所 B 的运算负荷为

$$\widetilde{S}_B = \widetilde{S}_b + \Delta \widetilde{S}_{\mathrm{T}B} + \Delta \widetilde{S}_{\mathrm{Yl}B} = (20 + \mathrm{j}15) + (0.152 + \mathrm{j}2.34) - \mathrm{j}3.38 = 20.15 + \mathrm{j}13.96(\mathrm{MVA})$$

2）变电所 C 的运算负荷。变压器的功率损耗为

$$\Delta \widetilde{S}_{\mathrm{T}C} = \Delta \widetilde{S}_{\mathrm{YT}C} + \Delta \widetilde{S}_{Z\mathrm{T}C} = \left(\frac{P_0}{1000} + \mathrm{j}\frac{I_0\%}{100} S_{\mathrm{N}}\right) + \left(\frac{P_{\mathrm{s}}}{1000}\frac{S^2}{S_{\mathrm{N}}^2} + \mathrm{j}\frac{U_{\mathrm{s}}\%}{100} S_{\mathrm{N}} \frac{S^2}{S_{\mathrm{N}}^2}\right)$$
$$= \left(\frac{16.5}{1000} + \mathrm{j}\frac{1}{100} \times 10\right) + \left(\frac{59}{1000} \times \frac{8^2+6^2}{10^2} + \mathrm{j}\frac{10.5}{100} \times 10 \times \frac{8^2+6^2}{10^2}\right)$$
$$= (0.0165 + \mathrm{j}0.1) + (0.059 + \mathrm{j}1.05) = 0.0755 + \mathrm{j}1.15(\mathrm{MVA})$$

变电所 C 母线上所连线路电纳中无功功率的一半为

$$\Delta \widetilde{S}_{\mathrm{Yl}C} = -\mathrm{j}\frac{1}{2} B_{A-C} U_{\mathrm{N}}^2 = -\mathrm{j}\frac{1}{2} \times 1.33 \times 10^{-4} \times 110^2 = -\mathrm{j}0.805(\mathrm{Mvar})$$

变电所 C 的运算负荷为

$$\widetilde{S}_C = \widetilde{S}_c + \Delta \widetilde{S}_{\mathrm{T}C} + \Delta \widetilde{S}_{\mathrm{Yl}C} = (8 + \mathrm{j}6) + (0.0755 + \mathrm{j}1.15) - \mathrm{j}0.805 = 8.08 + \mathrm{j}6.35(\mathrm{MVA})$$

3）发电厂 A 的运算功率。两台发电机发出的功率为 24+j18MVA，从而通过升压变压

器阻抗支路低压端（升压变压器导纳支路放在低压电源侧）的功率为

$$\widetilde{S}=(24+j18)-(10+j8)-2\left(\frac{P_0}{1000}+j\frac{I_0\%}{100}S_N\right)$$

$$=(24+j18)-(10+j8)-2\left(\frac{16.5}{1000}+j\frac{1}{100}\times10\right)=13.97+j9.80\ (MVA)$$

变压器的功率损耗为

$$\Delta\widetilde{S}_{ZTA}=2\left[\frac{P_s}{1000}\frac{(S/2)^2}{S_N^2}+j\frac{U_s\%}{100}S_N\frac{(S/2)^2}{S_N^2}\right]$$

$$=2\left[\frac{59}{1000}\times\frac{(13.97^2+9.80^2)/4}{10^2}+j\frac{10.5}{100}\times10\times\frac{(13.97^2+9.80^2)/4}{10^2}\right]$$

$$=0.086+j1.53\ (MVA)$$

发电厂 A 母线上所连线路电纳中无功功率的一半为

$$\Delta\widetilde{S}_{YIA}=-j\frac{1}{2}(B_{B-A}+B_{A-C})U_N^2=-j\frac{1}{2}(1.33\times10^{-4}+1.33\times10^{-4})\times110^2$$

$$=-j1.61\ (Mvar)$$

则发电厂 A 的运算功率为

$$\widetilde{S}_A=\widetilde{S}-\Delta\widetilde{S}_{ZTA}-\Delta\widetilde{S}_{YIA}=(13.97+j9.80)-(0.086+j1.53)-(-j1.61)$$

$$=13.88+j9.88\ (MVA)$$

（3）作具有运算负荷和运算功率的等效电路，如图 3 - 14 所示。各线段阻抗的编号示于图中。

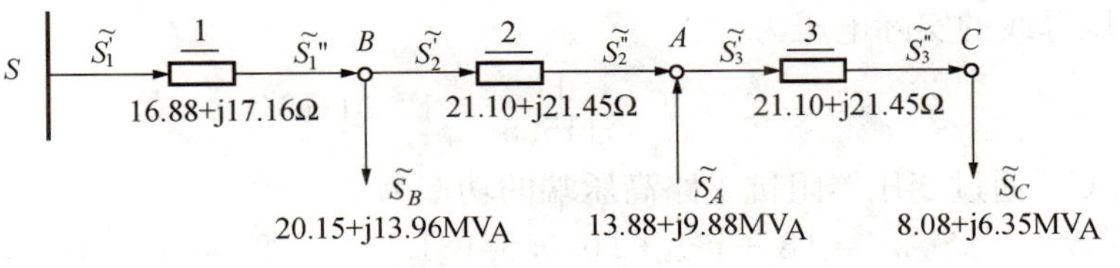

图 3 - 14　等效电路

（4）设全网电压为额定电压，即 $U_N=110$ kV，计算功率损耗，并求功率分布。

线段 3 阻抗中的功率损耗为

$$\Delta\widetilde{S}_3=\frac{8.08^2+6.35^2}{110^2}(21.10+j21.45)=0.184+j0.187(MVA)$$

从而求得

$$\widetilde{S}_3'=(8.08+j6.35)+(0.184+j0.187)=8.26+j6.54(MVA)$$

$$\widetilde{S}_2''=(8.26+j6.54)-(13.88+j9.88)=-(5.62+j3.34)(MVA)$$

线段 2 阻抗中的功率损耗为

$$\Delta\widetilde{S}_2=\frac{(-5.62)^2+(-3.34)^2}{110^2}(21.10+j21.45)=0.0745+j0.0758(MVA)$$

从而求得

$$\widetilde{S}_2'=-(5.62+j3.34)+(0.0745+j0.0758)=-5.55-j3.26(MVA)$$

$$\widetilde{S}_1''=-(5.55+j3.26)+(20.15+j13.96)=14.60+j10.70(MVA)$$

线段 1 阻抗中的功率损耗为

$$\Delta\widetilde{S}_1=\frac{14.60^2+10.70^2}{110^2}(16.88+j17.16)=0.457+j0.465(MVA)$$

从而求得

$$\widetilde{S}'_1=(14.60+j10.70)+(0.457+j0.465)=15.06+j11.16(\text{MVA})$$

（5）用给定的始端电压和求得的功率分布，计算各线段中的电压降落（略去横分量）和发电厂、变电所高压母线电压。

$$\Delta U_1=\frac{15.06\times16.88+11.16\times17.16}{116}=3.84(\text{kV})$$

$$U_B=116-3.84=112.16(\text{kV})$$

$$\Delta U_2=\frac{(-5.55)\times21.10+(-3.26)\times21.45}{112.16}=-1.68(\text{kV})$$

$$U_A=112.16-(-1.68)=113.84(\text{kV})$$

$$\Delta U_3=\frac{8.26\times21.10+6.54\times21.45}{113.84}=2.76(\text{kV})$$

$$U_C=113.83-2.76=111.07(\text{kV})$$

（6）计算变压器中的电压降落（略去横分量）及低压母线的实际电压。

1）变电所 B。通过变压器阻抗支路高压端的功率为

$$\widetilde{S}'_B=\widetilde{S}_b+\Delta\widetilde{S}_{ZTB}=(20+j15)+(0.105+j2.051)=20.11+j17.05(\text{MVA})$$

$$\Delta U_{\text{TB}}=\frac{20.11\times(4.48/2)+17.05\times(87.55/2)}{112.16}=7.06(\text{kV})$$

归算到高压侧的低压母线电压为

$$U'_b=112.16-7.06=105.1(\text{kV})$$

则变电所 B 低压母线的实际电压为

$$U_b=105.1\times\frac{11}{115.5}=10.01(\text{kV})$$

2）变电所 C。通过变压器阻抗支路高压端的功率为

$$\widetilde{S}'_C=\widetilde{S}_c+\Delta\widetilde{S}_{ZTC}=(8+j6)+(0.059+j1.05)=8.06+j7.05(\text{MVA})$$

$$\Delta U_{\text{TC}}=\frac{8.06\times7.14+7.05\times127.1}{111.07}=8.59(\text{kV})$$

归算到高压侧的低压母线电压为

$$U'_c=111.07-8.59=102.48(\text{kV})$$

则变电所 C 低压母线的实际电压为

$$U_c=102.48\times\frac{11}{110}=10.25(\text{kV})$$

3）发电厂 A。通过升压变压器阻抗支路高压端的功率为

$$\widetilde{S}'=\widetilde{S}-\Delta\widetilde{S}_{ZTA}=(13.97+j9.80)-(0.086+j1.53)=13.88+j8.27(\text{MVA})$$

$$\Delta U_{\text{TA}}=\frac{13.88\times(8.64/2)+8.27\times(153.7/2)}{113.83}=6.11(\text{kV})$$

归算到高压侧的低压母线电压为

$$U'_a=(113.83+6.11)=119.94(\text{kV})$$

则发电厂 A 低压母线的实际电压为

$$U_a=119.94\times\frac{6.3}{121}=6.24(\text{kV})$$

第三节　闭式网络的潮流计算

闭式网络包括第一章介绍的环式网络和两端供电网络。本节将分别介绍这两种网络的潮流分布计算的原理和方法。

一、环式网络中的基本功率分布

最简单的环式网络如图 3 - 15（a）所示，它只有一个单一的环。计算各变电所的运算负荷和各发电厂的运算功率后，可作出它的简化等效电路，如图 3 - 15（b）所示，其中 $\widetilde{S}_1$ 为运算功率，$\widetilde{S}_2$、$\widetilde{S}_3$ 为运算负荷。将节点 1 一分为二，可得等效两端供电网络的等效电路，如图 3 - 15（c）所示。其两端电压大小相等，相位相同。

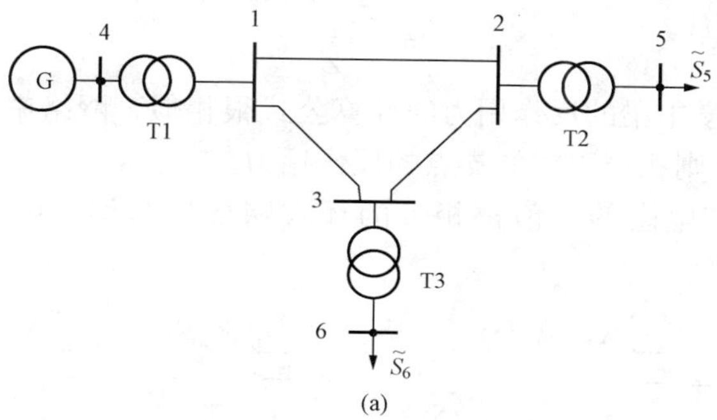

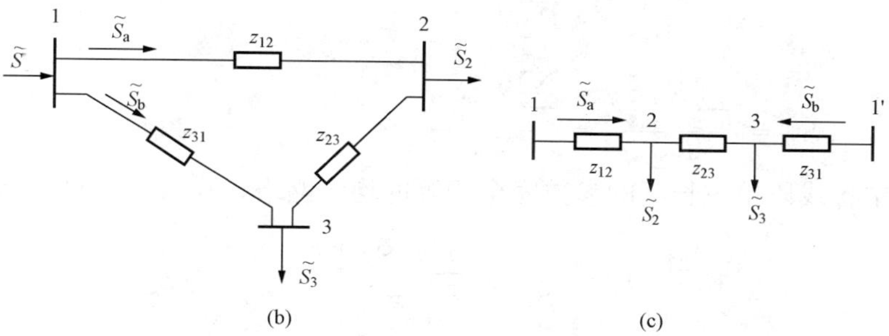

图 3 - 15　最简单环式网络

（a）网络接线图；（b）简化等效电路图；（c）等效两端供电网络的等效电路

运用支路电流列回路方程，由图 3 - 15（b）可得

$$z_{12}\dot{I}_a + z_{23}(\dot{I}_a - \dot{I}_2) + z_{31}(\dot{I}_a - \dot{I}_2 - \dot{I}_3) = 0 \tag{3-30}$$

式中：$\dot{I}_a$ 为流经阻抗 z_{12} 的电流；$\dot{I}_2$、$\dot{I}_3$ 分别为节点 2、3 的运算负荷电流。

式（3 - 30）为精确式。但是在电力网中，由于沿线有电压降落，即使线路中通过同一电流，沿线各点的功率也不一样。在潮流计算中，已知和待求量一般是功率，而不是电流。在手算潮流中，为了便于求取网络中的功率分布，可采用近似的算法，即先忽略网络中的功率损耗，设全网电压为网络额定电压 U_N，将 $\dot{I}=\dfrac{\overset{*}{S}}{\sqrt{3}\overset{*}{U}_N}$ 代入式（3 - 30）中，可得

$$z_{12}\overset{*}{S}_a + z_{23}(\overset{*}{S}_a - \overset{*}{S}_2) + z_{31}(\overset{*}{S}_a - \overset{*}{S}_2 - \overset{*}{S}_3) = 0$$

解得流经阻抗 z_{12} 的功率为

$$\widetilde{S}_a = \frac{(\overset{*}{z}_{23} + \overset{*}{z}_{31})\widetilde{S}_2 + \overset{*}{z}_{31}\widetilde{S}_3}{\overset{*}{z}_{12} + \overset{*}{z}_{23} + \overset{*}{z}_{31}} = \frac{\overset{*}{Z}_2\widetilde{S}_2 + \overset{*}{Z}_3 S_3}{\overset{*}{Z}_{\Sigma}} \tag{3-31}$$

式中：$Z_2=z_{23}+z_{31}$、$Z_3=z_{31}$分别为节点2、3与节点$1'$之间的阻抗；Z_Σ为环网的总阻抗。

同理，可推导出流经阻抗z_{31}的功率为

$$\widetilde{S}_b=\frac{(\overset{*}{z}_{23}+\overset{*}{z}_{12})\widetilde{S}_3+\overset{*}{z}_{12}\widetilde{S}_2}{\overset{*}{z}_{12}+\overset{*}{z}_{23}+\overset{*}{z}_{31}}=\frac{\overset{*}{Z}'_2\widetilde{S}_2+\overset{*}{Z}'_3 S_3}{\overset{*}{Z}_\Sigma} \tag{3-32}$$

式中：$Z'_2=z_{12}$、$Z'_3=z_{23}+z_{12}$分别为节点2、3与节点1之间的阻抗。

式（3-31）和式（3-32）可推广到具有n个节点的环式网络，即

$$\left.\begin{aligned}\widetilde{S}_a&=\frac{\sum\limits_{m=2}^{n}\overset{*}{Z}_m\widetilde{S}_m}{\overset{*}{Z}_\Sigma}\\ \widetilde{S}_b&=\frac{\sum\limits_{m=2}^{n}\overset{*}{Z}'_m\widetilde{S}_m}{\overset{*}{Z}_\Sigma}\end{aligned}\right\} \tag{3-33}$$

式（3-33）与力学中梁的反作用力的计算公式很相似，网络中的负荷相当于梁的集中载荷，电源供应的功率则相当于梁的支点的反作用力。

各段线路的电抗和电阻的比值都相等的环式网络称为均一电力网。此种情况下，式（3-33）可简化为

$$\left.\begin{aligned}\widetilde{S}_a&=\frac{\sum\limits_{m=2}^{n}R_m\left(1-\mathrm{j}\dfrac{X_m}{R_m}\right)\widetilde{S}_m}{R_\Sigma\left(1-\mathrm{j}\dfrac{X_\Sigma}{R_\Sigma}\right)}=\frac{\sum\limits_{m=2}^{n}R_m\widetilde{S}_m}{R_\Sigma}=\frac{\sum\limits_{m=2}^{n}X_m\widetilde{S}_m}{X_\Sigma}\\ \widetilde{S}_b&=\frac{\sum\limits_{m=2}^{n}R'_m\widetilde{S}_m}{R_\Sigma}=\frac{\sum\limits_{m=2}^{n}X'_m\widetilde{S}_m}{X_\Sigma}\end{aligned}\right\} \tag{3-34}$$

对于网络中各线段单位长度的参数完全相等的均一网络，式（3-33）可简化为

$$\left.\begin{aligned}\widetilde{S}_a&=\frac{\sum\limits_{m=2}^{n}l_m\widetilde{S}_m}{l_\Sigma}\\ \widetilde{S}_b&=\frac{\sum\limits_{m=2}^{n}l'_m\widetilde{S}_m}{l_\Sigma}\end{aligned}\right\} \tag{3-35}$$

式中：l_m、l'_m、l_Σ分别为与Z_m、Z'_m、Z_Σ相对应的线路长度。

式（3-35）是在全网电压为网络额定电压且相位相同的假设条件下导出的，也就是略去了功率损耗的情况，因此这种不考虑功率损耗的功率分布称为基本功率分布。对于基本功率分布应有$\widetilde{S}_a+\widetilde{S}_b=\sum\limits_{m=2}^{n}\widetilde{S}_m$，此式可用来校验计算结果是否正确。

求得$\widetilde{S}_a$或$\widetilde{S}_b$后，即可根据节点功率平衡关系求取环网各线段中流通的功率，并确定功率分点。所谓功率分点是指功率由两侧流入的节点，通常在功率分点上加▼示出。如果有功功率和无功功率分点在不同节点，则以▼和▽分别表示有功功率和无功功率分点。无功功率分点常是网络中最低电压点，确定无功功率分点的目的就是要确定网络中的最低电压点，并在该点将环网解开，使之成为两个开式电力网，再按开式电力网的潮流计算方法计算出环式网络的潮流分布，具体内容后面介绍。

二、两端供电网络中的基本功率分布

两端电压大小不等、相位不同的两端供电网络的等效电路如图 3-16 所示。

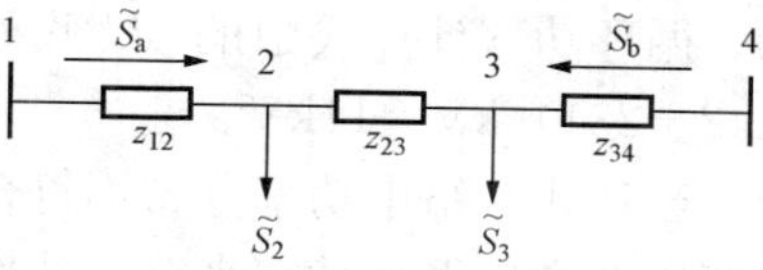

图 3-16　两端供电网络

设两端线电压 $\dot{U}_1 \neq \dot{U}_4$，并令电压降落 $\dot{U}_1 - \dot{U}_4 = \mathrm{d}\dot{U}$，可写出如下线电压形式的回路方程式

$$\sqrt{3}z_{12}\dot{I}_a + \sqrt{3}z_{23}(\dot{I}_a - \dot{I}_2) + \sqrt{3}z_{34}(\dot{I}_a - \dot{I}_2 - \dot{I}_3) = \mathrm{d}\dot{U} \tag{3-36}$$

设全网电压为网络额定电压，不计功率损耗，将 $\dot{I} = \dfrac{\overset{*}{S}}{\sqrt{3}U_N}$ 代入式（3-36）可得

$$z_{12}\overset{*}{S}_a + z_{23}(\overset{*}{S}_a - \overset{*}{S}_2) + z_{34}(\overset{*}{S}_a - \overset{*}{S}_2 - \overset{*}{S}_3) = U_N\mathrm{d}\dot{U} \tag{3-37}$$

由式（3-37）可解得流经阻抗 z_{12} 的三相功率 $\widetilde{S}_a$ 为

$$\widetilde{S}_a = \frac{(\overset{*}{z}_{23} + \overset{*}{z}_{34})\widetilde{S}_2 + \overset{*}{z}_{34}\widetilde{S}_3}{\overset{*}{z}_{12} + \overset{*}{z}_{23} + \overset{*}{z}_{34}} + \frac{U_N\mathrm{d}\overset{*}{U}}{\overset{*}{z}_{12} + \overset{*}{z}_{23} + \overset{*}{z}_{34}} = \frac{\overset{*}{Z}_2\widetilde{S}_2 + \overset{*}{Z}_3\widetilde{S}_3}{\overset{*}{Z}_\Sigma} + \frac{U_N\mathrm{d}\overset{*}{U}}{\overset{*}{Z}_\Sigma} \tag{3-38}$$

其中，$Z_2 = z_{23} + z_{34}$；$Z_3 = z_{34}$；$Z_\Sigma = z_{12} + z_{23} + z_{34}$。

同理，可推导出流经阻抗 z_{34} 的功率 $\widetilde{S}_b$ 为

$$\widetilde{S}_b = \frac{(\overset{*}{z}_{23} + \overset{*}{z}_{12})\ \widetilde{S}_3 + \overset{*}{z}_{12}\widetilde{S}_2}{\overset{*}{z}_{12} + \overset{*}{z}_{23} + \overset{*}{z}_{34}} - \frac{U_N\mathrm{d}\overset{*}{U}}{\overset{*}{z}_{12} + \overset{*}{z}_{23} + \overset{*}{z}_{34}} = \frac{\overset{*}{Z}{}'_2\widetilde{S}_2 + \overset{*}{Z}{}'_3\widetilde{S}_3}{\overset{*}{Z}_\Sigma} - \frac{U_N\mathrm{d}\overset{*}{U}}{\overset{*}{Z}_\Sigma} \tag{3-39}$$

由式（3-38）和式（3-39）可见，两端电源电压不等的两端供电网络中，各线段上的基本功率可以看成是两个功率的叠加。其一为两端电压相等时仅与负荷及网络阻抗有关的自然分布功率，也即 $\mathrm{d}\dot{U}=0$ 时的功率；其二为与负荷无关、由两端电压降落 $\mathrm{d}\dot{U}$ 和网络总阻抗 Z_Σ 决定的、仅在网络阻抗中流动的功率，称为循环功率，以 $\widetilde{S}_c$ 表示为

$$\widetilde{S}_c = \frac{U_N\mathrm{d}\overset{*}{U}}{\overset{*}{Z}_\Sigma} \tag{3-40}$$

上述关系可推广到多个负荷节点的情况，即

$$\left.\begin{aligned} \widetilde{S}_a &= \frac{\sum\overset{*}{Z}_m\widetilde{S}_m}{\overset{*}{Z}_\Sigma} + \widetilde{S}_c \\ \widetilde{S}_b &= \frac{\sum\overset{*}{Z}{}'_m\widetilde{S}_m}{\overset{*}{Z}_\Sigma} - \widetilde{S}_c \end{aligned}\right\} \tag{3-41}$$

循环功率的正方向与 $\mathrm{d}\dot{U}$ 的方向一致。当 $\mathrm{d}\dot{U} = \dot{U}_1 - \dot{U}_4$ 时，$\widetilde{S}_c$ 的正方向为从 1 经 2、3 流向 4。若 $\mathrm{d}\dot{U} = \dot{U}_4 - \dot{U}_1$，则 $\widetilde{S}_c$ 方向相反。

循环功率不仅在两端供电网络中可能出现，在环式网络中也有可能出现。如图 3-17 所示，当变压器 T1、T2 变比不等（组别相同）时，例如分别为 242/10.5kV、231/10.5kV，则在环式网络中会产生循环功率。循环功率的正方向判定如下：令网络空载，断开断路器 QF1，其左侧电压 $U_A = 10.5\times242/10.5\text{kV} = 242\text{kV}$，右侧电压为 $U_B = 10.5\times231/10.5\text{kV} = 231\text{kV}$，即 $U_A > U_B$；断路器 QF1 闭合时，将有顺时针方向的循环功率流动，如图 3-17 所

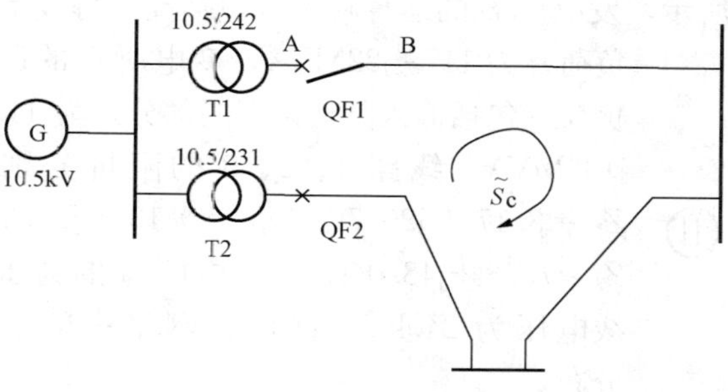

图 3-17　环式网络的循环功率

示。循环功率计算式中的 $d\dot{U}$ 此处为环网开环时断路器 QF1 开口两侧的电压差，即 $d\dot{U}=(242-231)$ kV=11kV。

当环式网络中功率分布不符合要求时，可人为地利用环网中变压器变比的调整或利用特殊变压器产生循环功率来改变功率分布。

三、闭式网络的分解与潮流分布计算

在求得闭式网络的基本功率分布、确定功率分点后，还必须计算网络中各线段的功率损耗和电压降落，才能获得闭式网络潮流分布的最终结果。

可在功率分点处将闭式网络分解成两个开式网络。若有功功率与无功功率的分点不在一起，原则上应在电压最低点的分点处进行分解。考虑到在高压网络中电压损耗主要是由无功功率流动引起的，无功功率分点处往往是闭式网络中的电压最低点，通常在无功功率分点处进行分解。

如图 3-18（a）所示，若功率分点在节点 4 处，则可在节点 4 处将网络分解，如图 3-18（b)所示。两个开式网络的末端负荷分别为 $\tilde{S}_{34}$、$\tilde{S}_b$，且 $\tilde{S}_{34}+\tilde{S}_b=\tilde{S}_4$。注意，功率分点的功率必须是由两侧实际流入，不能单纯根据功率参考流向确定，需根据功率参考流向和数值符号确定。

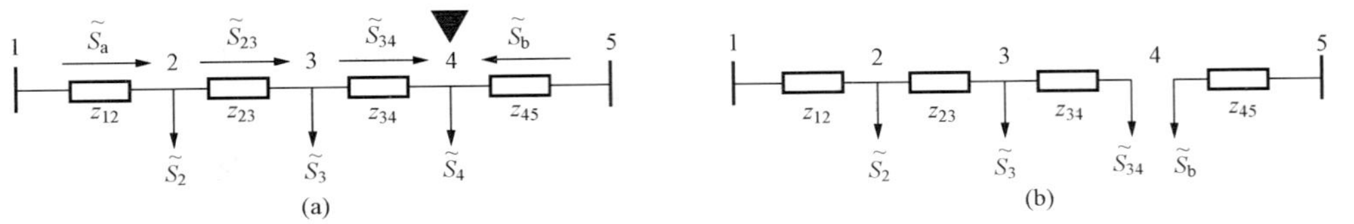

图 3-18　闭式网络的分解

（a）原电路；（b）分解后电路

闭式网络被分解成两个开式网络后，其潮流分布计算即可按开式网络的潮流计算方法进行，包括以下两种情况。

（1）已知电源端电压。在这种情况下，分解后的两个网络均可按已知首端电压与末端负荷的开式网络进行计算，即设全网为额定电压，由功率分点分别从两侧向电源端推算功率损耗，将由此求得的功率分布作为最终的功率分布，再由电源端向功率分点逐段推算电压降落及电压分布。

（2）已知功率分点电压。在这种情况下，分解后的两个网络均可按已知末端电压与末端负荷的开式网络进行计算，即从该分点分别由两侧逐段向电源端推算电压降落和功率损耗。

【例 3-3】　电力系统的接线如图 3-19 所示，发电厂 B 的运算功率（包括高压母线上的负荷）为 117-j22MVA，变电所 C 的运算负荷（包括输入其他系统的部分）为 440+j136MVA，线路 1、2、3 的阻抗分别为 $Z_1=3.17+j20.7\Omega$，$Z_2=5.13+j27.2\Omega$，$Z_3=7.33+j48.0\Omega$。设发电厂 A 的高压母线电压为 240kV，试计算网络中的潮流分布。

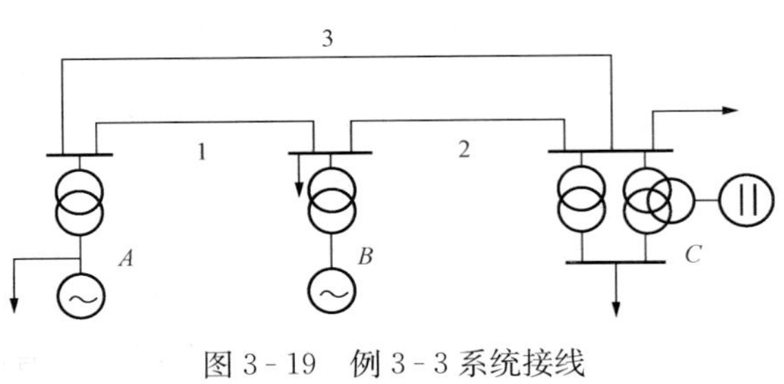

图 3-19　例 3-3 系统接线

解：将系统从发电厂 A 高压母线处解开，得等效电路，如图 3-20 所示。

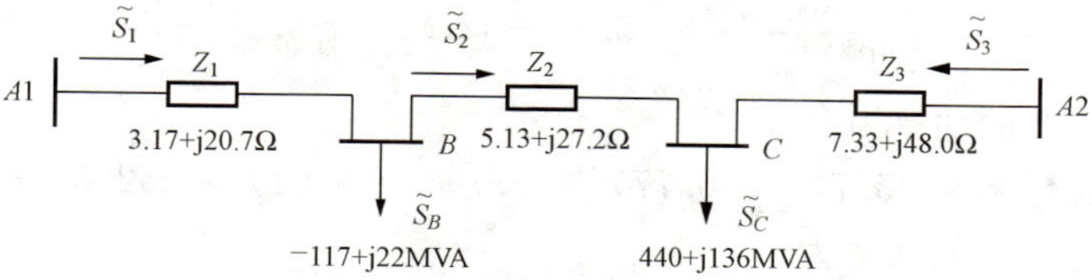

图 3-20　例 3-3 网络的等效电路

（1）计算基本功率分布

$$\widetilde{S}_1=\frac{(\overset{*}{Z}_2+\overset{*}{Z}_3)\widetilde{S}_B+\overset{*}{Z}_3\widetilde{S}_C}{\overset{*}{Z}_1+\overset{*}{Z}_2+\overset{*}{Z}_3}$$

$$=\frac{(5.13-j27.2+7.33-j48.0)(-117+j22)+(7.33-j48.0)(440+j136)}{3.17-j20.7+5.13-j27.2+7.33-j48.0}$$

$$=128.74+j82.77\ (\text{MVA})$$

$$\widetilde{S}_3=\frac{(\overset{*}{Z}_2+\overset{*}{Z}_1)\widetilde{S}_C+\overset{*}{Z}_1\widetilde{S}_B}{\overset{*}{Z}_1+\overset{*}{Z}_2+\overset{*}{Z}_3}$$

$$=\frac{(5.13-j27.2+3.17-j20.7)(440+j136)+(3.17-j20.7)(-117+j22)}{3.17-j20.7+5.13-j27.2+7.33-j48.0}$$

$$=194.26+j75.23\ (\text{MVA})$$

校核

$$\widetilde{S}_1+\widetilde{S}_3=(128.74+j82.77)+(194.26+j75.23)=323.0+j158.0(\text{MVA})$$

$$\widetilde{S}_B+\widetilde{S}_C=(-117+j22)+(440+j136)=323.0+j158.0(\text{MVA})$$

可见计算无误。

线段 2 上的基本功率为

$$\widetilde{S}_2=\widetilde{S}_1-\widetilde{S}_B=(128.74+j82.77)-(-117+j22)=245.74+j60.77(\text{MVA})$$

网络中的基本功率分布如图 3-21 所示，有功功率和无功功率分点均在 C 点。

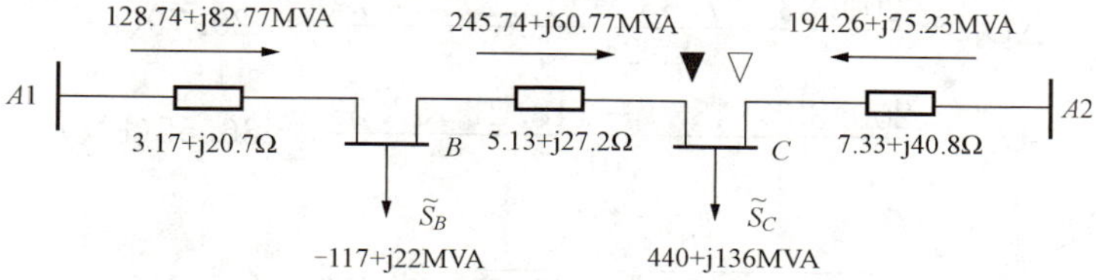

图 3-21　例 3-3 网络的基本功率分布

（2）分解网络，计算功率分布。在功率分点 C 处，将网络分解成两个开式网络，如图 3-22 所示。其中

$$\widetilde{S}_{C1}=245.74+j60.77\text{MVA};\widetilde{S}_{C2}=194.26+j75.23\text{MVA}$$

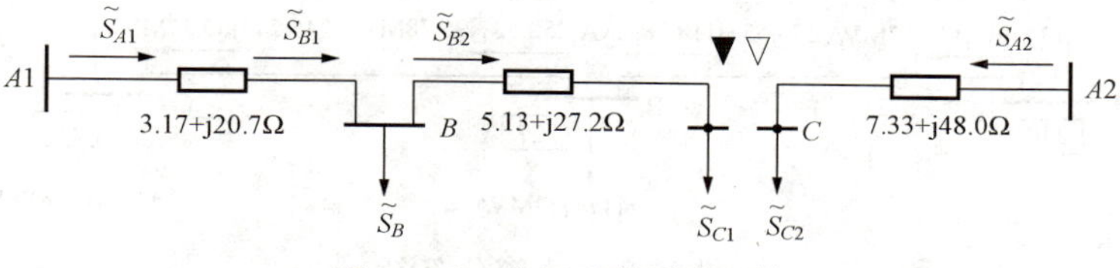

图 3-22　分解后的开式网络

设全网为额定电压 $U_N=220kV$，线路 2 的功率损耗为

$$\Delta\widetilde{S}_2=\frac{245.74^2+60.77^2}{220^2}\times(5.13+j27.2)=6.79+j36.01(MVA)$$

由 B 输入线路 2 的功率为

$$\widetilde{S}_{B2}=\widetilde{S}_{C1}+\Delta\widetilde{S}_2=(245.74+j60.77)+(6.79+j36.01)=252.53+j96.78(MVA)$$

从线路 1 送入 B 处的功率为

$$\widetilde{S}_{B1}=\widetilde{S}_B+\widetilde{S}_{B2}=(-117+j22)+(252.53+j96.78)=135.53+j118.78(MVA)$$

线路 1 的功率损耗为

$$\Delta\widetilde{S}_1=\frac{135.53^2+118.78^2}{220^2}\times(3.17+j20.7)=2.13+j13.89(MVA)$$

由 $A1$ 输入线路 1 的功率为

$$\widetilde{S}_{A1}=\widetilde{S}_{B1}+\Delta\widetilde{S}_1=(135.53+j118.78)+(2.13+j13.89)=137.66+j132.67(MVA)$$

线路 3 的功率损耗为

$$\Delta\widetilde{S}_3=\frac{194.26^2+75.23^2}{220^2}\times(7.33+j48.0)=6.57+j43.04(MVA)$$

由 $A2$ 输入线路 3 的功率为

$$\widetilde{S}_{A2}=\widetilde{S}_{C2}+\Delta\widetilde{S}_3=(194.26+j75.23)+(6.57+j43.04)=200.83+j118.27(MVA)$$

（3）计算电压降落和各母线电压。由 $U_{A1}=240kV$，$\widetilde{S}_{A1}$计算线路 1 的电压降落分量为

$$\Delta U_1=\frac{137.66\times3.17+132.67\times20.7}{240}=13.26(kV)$$

$$\delta U_1=\frac{137.66\times20.7-132.67\times3.17}{240}=10.12(kV)$$

B 点电压为

$$U_B=\sqrt{(240-13.26)^2+10.12^2}=226.97\approx227(kV)$$

由 $U_{A2}=240kV$，$\widetilde{S}_{A2}$计算线路 3 的电压降落分量为

$$\Delta U_3=\frac{200.83\times7.33+118.27\times48.0}{240}=29.79(kV)$$

$$\delta U_3=\frac{200.83\times48.0-118.27\times7.33}{240}=36.55(kV)$$

C 点的电压为

$$U_C=\sqrt{(240-29.79)^2+36.55^2}=213.36\approx213(kV)$$

C 点的电压也可通过求线路 2 的电压降落后加以确定（略）。

（4）将计算结果标于图上，如图 3 - 23 所示。

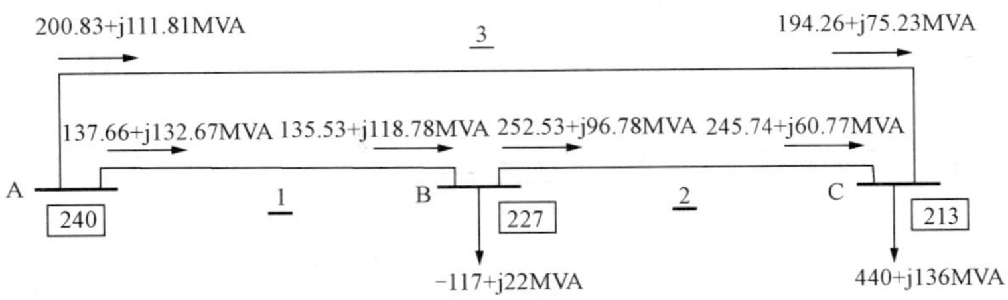

图 3 - 23　潮流分布图

习　　题

3-1　某双回 220kV 线路长 100km，单回线参数 $r_1=0.13\Omega/\text{km}$，$x_1=0.421\Omega/\text{km}$，$b_1=2.7\times10^{-6}\text{S/km}$，线路末端电压 $U_2=210\text{kV}$，如图 3-24 所示。

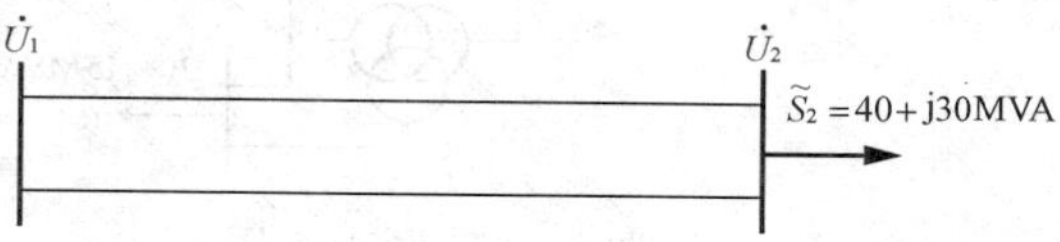

图 3-24　题 3-1 图

（1）当线路末端负荷为 $\tilde{S}_2=40+\text{j}30\text{MVA}$ 时，求始端电压和始端功率，并画出电压相量图。

（2）当线路空载时，求线路始端电压和始端功率，并画出电压相量图。

3-2　某 500kV 变电所一台 ODFPS-250000/500 户外单相自耦式无励磁调压变压器，容量比为 250/250/60MVA，额定电压为 $\frac{500}{\sqrt{3}}/\frac{230}{\sqrt{3}}\pm2\times2.5\%/35\text{kV}$，$P_{s(1-2)}=406.1\text{kW}$，$P'_{s(1-3)}=94.9\text{kW}$，$P'_{s(2-3)}=93.1\text{kW}$，$U_{s(1-2)}\%=10.8$，$U_{s(1-3)}\%=44.6$，$U_{s(2-3)}\%=29.2$，$P_0=98.9\text{kW}$，$I_0\%=0.08$，变压器中压侧负荷 $400+\text{j}194\text{MVA}$，低压侧负荷 $90+\text{j}56\text{MVA}$。变压器实际变比为 $\frac{500}{\sqrt{3}}\Big/\frac{230}{\sqrt{3}}(1-2.5\%)/35$，低压母线电压为 35kV，试计算中、高压侧电压。

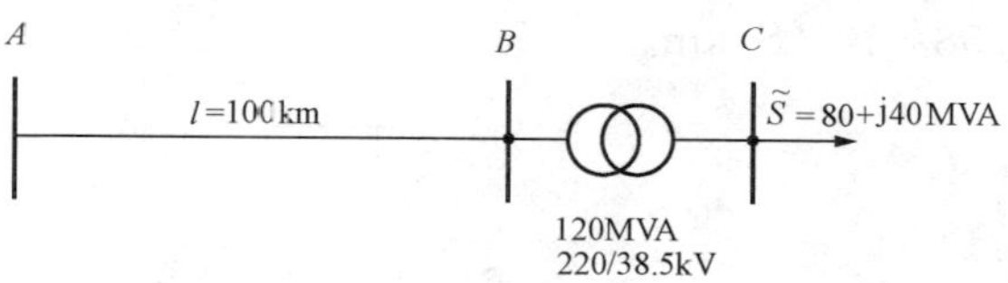

图 3-25　题 3-3 图

3-3　某一简单电力系统如图 3-25 所示，元件参数如下。线路 L：$r_1=0.13\Omega/\text{km}$，$x_1=0.4\Omega/\text{km}$，$b_1=2.8\times10^{-6}\text{S/km}$，$l=100\text{km}$；变压器归算到高压侧的参数：$R_T=3.025\Omega$，$X_T=50.4\Omega$，$G_T=2.07\times10^{-6}\text{S}$，$B_T=29.7\times10^{-6}\text{S}$。已知末端负荷为 $80+\text{j}40\text{MVA}$，末端电压 $U_c=35\text{kV}$，求始端电压、始端功率。

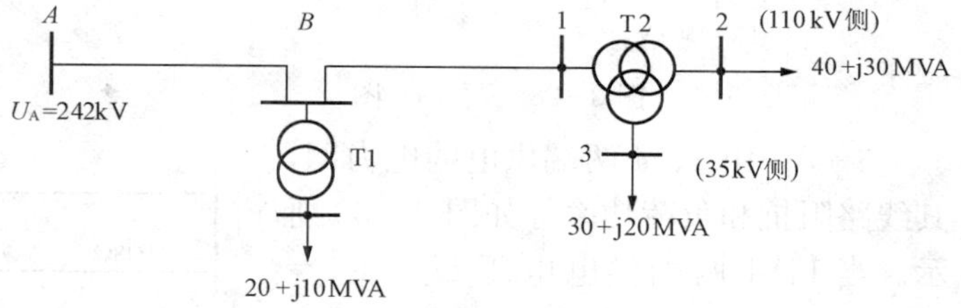

图 3-26　题 3-4 图

3-4　某电力系统如图 3-26 所示，元件参数如下。线路 AB：65km，$r_1=0.08\Omega/\text{km}$，$x_1=0.41\Omega/\text{km}$，$b_1=2.7\times10^{-6}\text{S/km}$；B1：80km，$r_1=0.108\Omega/\text{km}$，$x_1=0.42\Omega/\text{km}$，$b_1=2.69\times10^{-6}\text{S/km}$；变压器 T1：31.5MVA，220/38.5kV，$R_T=13.95\Omega$，$X_T=218.2\Omega$，$G_T=1.729\times10^{-6}\text{S}$，$B_T=5.86\times10^{-6}\text{S}$；T2：90MVA，220/121/38.5kV，$R_{T1}=R_{T2}=1.46\Omega$，$R_{T3}=2.92\Omega$，$X_{T1}=48.9\Omega$，$X_{T2}=0$，$X_{T3}=117.7\Omega$，$G_T=0.847\times10^{-6}\text{S}$，$B_T=3.53\times10^{-6}\text{S}$；上述变压器 T1、T2 的参数为归算到高压侧的值，母线 A 的运行电压 $U_A=242\text{kV}$，试计算网络的潮流分布。

3-5　某电力系统如图 3-27 所示，元件参数如下。单回线路：$R=16.86\Omega$，$X=33.25\Omega$，$B=218.8\times10^{-6}\text{S}$；单台变压器归算到高压侧的参数：$R_{T1}=R_{T2}=2.84\Omega$，$R_{T3}=5.68\Omega$，$X_{T1}=41.29\Omega$，$X_{T2}=1.92\Omega$，$X_{T3}=24\Omega$，试求系统潮流分布。

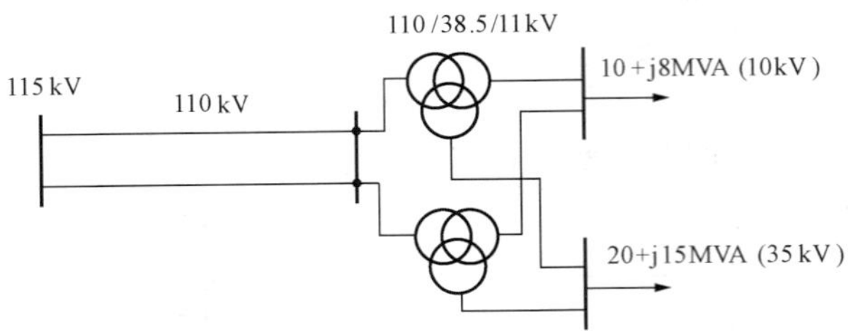

图 3-27 题 3-5 图

3-6 某电力系统如图 3-28 所示，其中有 2×300MW 的发电机并列运行，$\cos\varphi=0.85$，单元机组厂用电率为 8%；单回输电线路参数：$r_1=0.054\Omega/km$，$x_1=0.302\Omega/km$，$b_1=3.75\times10^{-6}S/km$，$l_1=130km$，$l_2=70km$。单台变压器参数：$S_N=360MVA$，242/18kV，$P_s=860kW$，$U_s\%=14.3$，$P_0=190kW$，$I_0\%=0.28$。母线 A 的电压 $U_A=230kV$，试求：

(1) B、C 点的电压；

(2) 发电机的发电负荷。

3-7 如图 3-29 所示为一 110kV 的简单环网，导线均采用 LGJ-95 型，图中所示负荷均为变电所运算负荷。

(1) 若不计功率损耗，试计算该网络的功率分布，并计算正常运行（闭环）和故障切除一条线路后运行的最大电压损耗；

(2) 若 $U_A=115kV$，计及功率损耗，重作 (1) 所规定的计算；

(3) 若将 BC 段导线换为 LGJ-70，重作 (1) 所规定的计算，并将计算结果加以比较。导线参数如下。LGJ-95：$r_1=0.33\Omega/km$，$x_1=0.429\Omega/km$，$b_1=2.65\times10^{-6}S/km$；LGJ-70：$r_1=0.45\Omega/km$，$x_1=0.44\Omega/km$，$b_1=2.58\times10^{-6}S/km$。

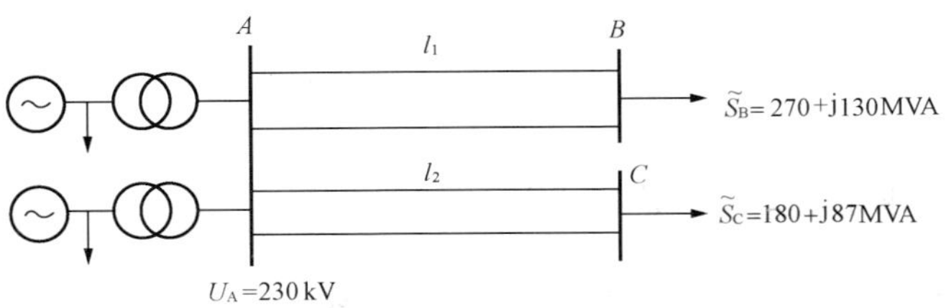

图 3-28 题 3-6 图

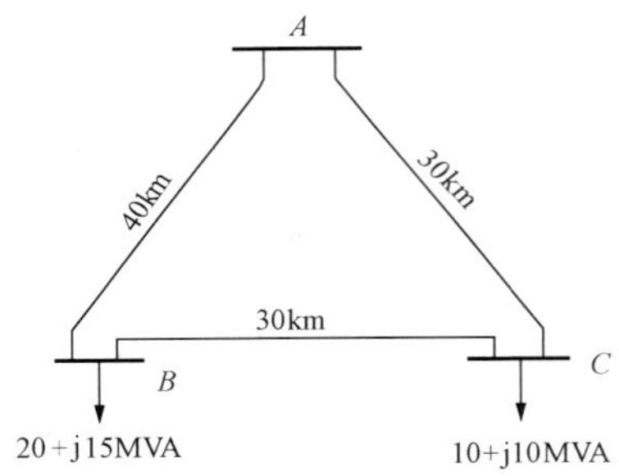

图 3-29 题 3-7 图

3-8 由 1、4 两端供电的电力网，其线路阻抗和负荷功率等如图 3-30 所示。当 1、4 两端供电电压 $\dot{U}_1=\dot{U}_4=115\angle0°$时，试求潮流分布。

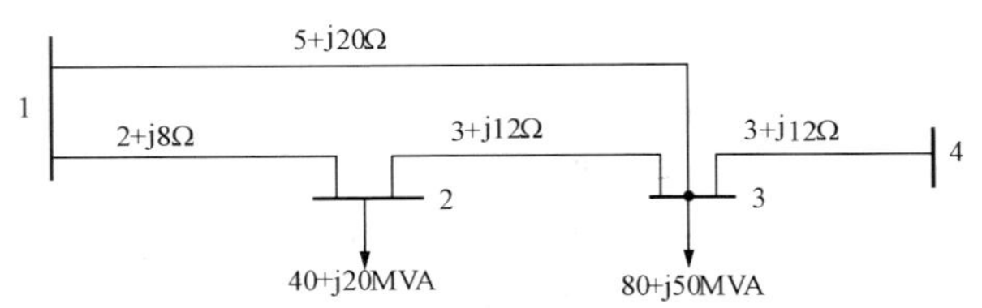

图 3-30 题 3-8 图

3-9 有一系统接线如图 3-31 所示，元件参数如下。发电机 G1、G2：100MW，$\cos\varphi_N=0.85$，10.5kV，$x_d=1.2$，$x'_d=0.35$；线路 L1：220kV，$r_1=0.08\Omega/km$，$x_1=0.4\Omega/km$；L2：220kV，$r_1=0.06\Omega/km$，$x_1=0.42\Omega/km$；L3：220kV，$r_1=0.08\Omega/km$，$x_1=0.42\Omega/km$。变压器 T1：150MVA，10.5/242kV，$U_s\%=14$，$P_s=800kW$；T2：150MVA，10.5/230kV，$U_s\%=14$，$P_s=800kW$；T3：80MVA，220/11，$U_s\%=10.5$，$P_s=300kW$；T4：

80MVA，220/11，$U_s\%=10.5$，$P_s=300$kW；T5：80MVA，220/11，$U_s\%=10.5$，$P_s=300$kW。发电机端电压为10.5kV，试求：

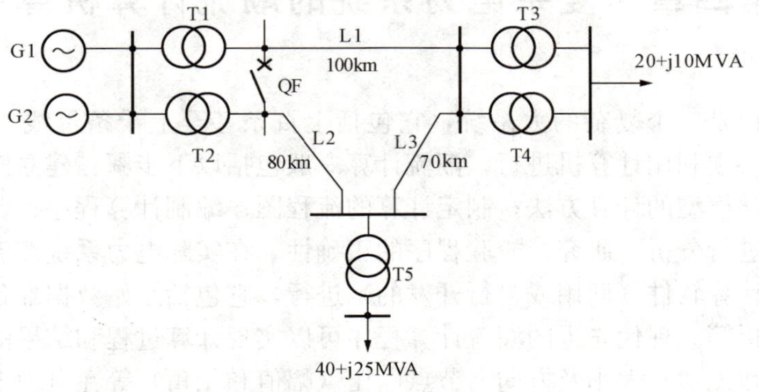

图3-31　题3-9图

（1）当断路器QF合上时，网络中的功率分布（不计网损及并联导纳）；

（2）当断路器QF打开后，网络中的功率分布（不计网损及并联导纳）。

3-10　电力网络如图3-32所示，在 A 处由系统输入功率。线路及变压器参数均为归算至220kV的值，不计变压器励磁功率损耗，变压器变比及各负荷值已标于图中，A 点运行电压为230kV，试求网络基本功率分布。

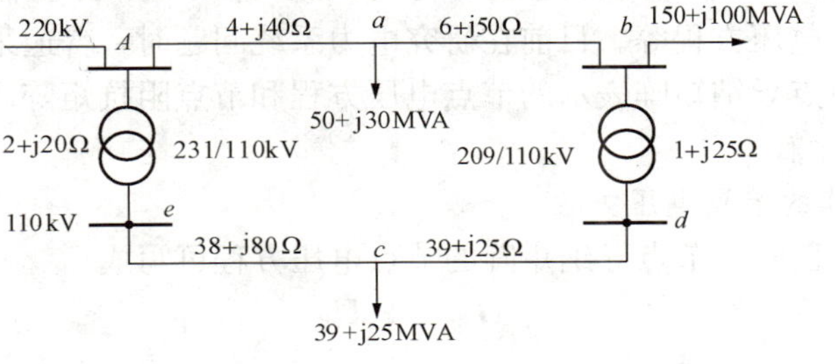

图3-32　题3-10图

第四章 复杂电力系统的潮流计算机算法

实际电力系统是一个复杂的大系统，它包括上百条甚至上千条母线，且网络结构也复杂，其潮流计算必须利用计算机进行。潮流计算一般包括以下步骤：建立潮流计算的数学模型；确定求解数学模型的计算方法；制定计算的流程图；编制计算程序；调试和运行计算程序；对计算结果进行分析、研究，校验程序的正确性。在实际电力系统潮流计算中，多采用已开发出的潮流计算软件（商用或自行开发的）进行，它包括原始数据准备和录入、潮流计算、计算结果分析等。现代先进的潮流计算程序可以实现计算过程和结果的可视化，即可将网络潮流（有功和无功）大小及方向、节点电压（幅值和相角）等在电力系统图形上动态地显示。本章重点介绍潮流计算的数学模型和常用的计算方法。

第一节 电力系统潮流计算的数学模型

一、电力网络的数学模型

电力网络的数学模型是描述电力网络的运行状态、变量和网络参数之间的相互关系，并能反映网络状态、性能的数学方程式组，即电力网络方程。电力网络方程有节点电压方程、回路电流方程、割集电压方程等。目前在研究电力系统问题时，普遍采用节点电压方程。节点电压方程又分为节点导纳矩阵表示的节点电压方程和节点阻抗矩阵表示的节点电压方程。

（一）节点电压方程

1. 节点导纳矩阵的节点电压方程

由电路理论课程已知，节点导纳矩阵的节点电压方程可写成

$$\boldsymbol{I}_{\mathrm{B}}=\boldsymbol{Y}_{\mathrm{B}}\boldsymbol{U}_{\mathrm{B}} \tag{4-1}$$

其展开形式为

$$\begin{bmatrix}\dot{I}_1\\ \dot{I}_2\\ \vdots\\ \dot{I}_n\end{bmatrix}=\begin{bmatrix}Y_{11} & Y_{12} & \cdots & Y_{1n}\\ Y_{21} & Y_{22} & \cdots & Y_{2n}\\ \vdots & \vdots & \vdots & \vdots\\ Y_{n1} & Y_{n2} & \cdots & Y_{nn}\end{bmatrix}\begin{bmatrix}\dot{U}_1\\ \dot{U}_2\\ \vdots\\ \dot{U}_n\end{bmatrix} \tag{4-2}$$

式中：$\boldsymbol{I}_{\mathrm{B}}$ 为 n 维节点注入电流列向量。在电力系统计算中，节点注入电流可理解为节点电源电流和负荷电流之代数和，并规定注入网络节点的电流为正。那么，仅有负荷的节点的注入电流为负，而仅起联络作用的联络节点的注入电流为零。$\boldsymbol{U}_{\mathrm{B}}$ 为 n 维节点电压列向量。网络有接地支路时，通常以大地作为参考点，且编号为零，节点电压就是各节点的对地电压。$\boldsymbol{Y}_{\mathrm{B}}$ 是 $n\times n$ 阶的节点导纳矩阵，其阶数等于网络中除参考节点外的节点数。

节点导纳矩阵 $\boldsymbol{Y}_{\mathrm{B}}$ 的对角元素 $Y_{ii}(i=1,2,\cdots,n)$ 称为节点 i 的自导纳。由式（4-2）可见，自导纳 Y_{ii} 等于在节点 i 加单位电压，其他节点都接地时，经节点 i 向网络中注入的电流；也等于在节点 i 加电压，其他节点都接地时，从节点 i 注入网络的电流同施加于节点 i 的电压之比，可表示为

$$Y_{ii}=\left.\frac{\dot{I}_i}{\dot{U}_i}\right|_{\dot{U}_j=0(j=1,2,\cdots,n,j\neq i)} \tag{4-3}$$

式（4-3）表明，自导纳Y_{ii}是节点i以外的所有节点都接地时节点i对地的总导纳。它等于与节点i相接的各支路导纳之和，即

$$Y_{ii}=\sum_{j\in i}y_{ij} \tag{4-4}$$

式中：y_{ij}为节点i与节点j之间的支路导纳；$j\in i$表示只包括与节点i相关联（即有直接支路连接）的节点，当节点i有接地支路时，还应包括$j=0$的情况。

节点导纳矩阵$\boldsymbol{Y}_{\mathbf{B}}$的非对角元素$Y_{ji}$（$j=1$，2，…，$n$，$i=1$，2，…，$n$；$j\neq i$）称为节点$j$、$i$间的互导纳。由式（4-2）可见，互导纳$Y_{ji}$等于在节点$i$加单位电压，其他节点都接地时，经节点$j$注入网络的电流；也等于在节点$i$加电压，其他节点都接地时，从节点$j$注入网络的电流同施加于节点$i$的电压之比，可表示为

$$Y_{ji}=\left.\frac{\dot{I}_j}{\dot{U}_i}\right|_{\dot{U}_j=0(j=1,2,\cdots,n,j\neq i)} \tag{4-5}$$

这种情况下，节点j的电流实际上是自网络流出并进入地中的电流，所以Y_{ji}应等于节点j、i之间的支路导纳的负值，即

$$Y_{ji}=-y_{ji}=-y_{ij} \tag{4-6}$$

显然有$Y_{ij}=Y_{ji}$，因此网络节点导纳矩阵为对称矩阵。若节点i、j之间没有支路直接相连时，则有$Y_{ij}=Y_{ji}=0$。这样$\boldsymbol{Y}_{\mathbf{B}}$非对角元素中将有大量的零元素，因而节点导纳矩阵为稀疏矩阵。对于实际电力系统，节点平均出线数一般为3～5，因此在节点导纳矩阵的非对角线元素中每行平均仅有3～5个非零元素，其余的都是零元素，导纳矩阵的稀疏度很高。在程序设计中，利用导纳矩阵的稀疏性，可以大大地节省储存单元和提高计算速度。

2. 节点阻抗矩阵的节点电压方程

在电力系统计算中，节点电压方程也常写成节点阻抗形式，即

$$\boldsymbol{Z}_{\mathbf{B}}\boldsymbol{I}_{\mathbf{B}}=\boldsymbol{U}_{\mathbf{B}} \tag{4-7}$$

其展开式为

$$\begin{bmatrix}Z_{11} & Z_{12} & \cdots & Z_{1n}\\ Z_{21} & Z_{22} & \cdots & Z_{2n}\\ \vdots & \vdots & \vdots & \vdots\\ Z_{n1} & Z_{n2} & \cdots & Z_{nn}\end{bmatrix}\begin{bmatrix}\dot{I}_1\\ \dot{I}_2\\ \vdots\\ \dot{I}_n\end{bmatrix}=\begin{bmatrix}\dot{U}_1\\ \dot{U}_2\\ \vdots\\ \dot{U}_n\end{bmatrix} \tag{4-8}$$

式中：$\boldsymbol{Z}_{\mathbf{B}}=\boldsymbol{Y}_{\mathbf{B}}^{-1}$是$n\times n$阶节点阻抗矩阵，等于节点导纳矩阵的逆阵。

节点阻抗矩阵中的对角元素Z_{ii}（$i=1$，2，…，n）称为节点i的自阻抗或输入阻抗。由式（4-8）可见，自阻抗Z_{ii}等于在节点i注入单位电流，其他节点全部开路（即节点注入电流等于零）时，节点i的电压；也等于在节点i注入电流，其他节点全部开路时，在节点i产生的电压同注入电流之比，可写成

$$Z_{ii}=\left.\frac{\dot{U}_i}{\dot{I}_i}\right|_{\dot{I}_j=0(j=1,2,\cdots,n,j\neq i)} \tag{4-9}$$

可将自阻抗Z_{ii}看成从节点i向整个网络看进去的对地等效阻抗。只要网络有接地支路，且节点i与电力网络相连，则Z_{ii}为非零的有限值。

节点阻抗矩阵中的非对角元素Z_{ji}（$j=1$，2，…，n，$i=1$，2，…，n；$j\neq i$）称为节点j、i间的互阻抗。由式（4-8）可见，互阻抗Z_{ji}等于在节点i注入单位电流，其他节点

全部开路（即节点注入电流等于零）时，节点 j 的电压；也等于在节点 i 注入电流，其他节点全部开路时，在节点 j 产生的电压同节点 i 注入的电流之比，可写成

$$Z_{ji}=\left.\frac{\dot{U}_j}{\dot{I}_i}\right|_{\dot{I}_j=0(j=1,2,\cdots,n,j\neq i)} \tag{4-10}$$

根据互易原理，可知 $Z_{ij}=Z_{ji}$，故节点阻抗矩阵为对称矩阵。由于电力网络一般是连通的，网络各部分之间存在着电的或磁的联系。在节点 i 注入电流，总会在任一节点处出现电压，因此，互阻抗皆为非零元素，节点阻抗矩阵是一个满矩阵。

求取节点阻抗矩阵的方法有两种：一是由节点导纳矩阵求取逆阵的方法；另一种是基于物理概念的支路追加法。下面具体讨论节点导纳矩阵的形成和修改方法。

（二）节点导纳矩阵的形成

节点导纳矩阵可根据自导纳和互导纳的定义，很容易地由网络接线图（即拓扑结构）和支路参数直接求取，形成节点导纳矩阵的程序比较简单，归纳总结如下。

（1）导纳矩阵的阶数等于电力网络的节点数。

（2）导纳矩阵各行非对角元素中非零元素的个数等于相关联（有支路连接）的节点数。

（3）导纳矩阵各对角元素，即各节点的自导纳等于相应节点所连支路导纳之和，即

$$Y_{ii}=\sum_{j\in i}y_{ij}$$

（4）导纳矩阵非对角元素 Y_{ij} 等于节点 i 与节点 j 间支路导纳的负值，即

$$Y_{ij}=-y_{ij}$$

（5）节点导纳矩阵是对称方阵，因此一般只求取这个矩阵的上三角或下三角部分。

（6）对于变压器支路，从原理上说，可先将变压器支路用图 2-19（d）所示的 Π 型等效电路代替，再按以上原则形成导纳矩阵。但在实际应用程序中，往往直接计算变压器支路对导纳矩阵的影响。当节点 i、j 间为变压器支路时，如果采用图 2-19 所示的等效电路，且 i，j 分别与图中 1，2 相对应，则可求得该支路对导纳矩阵的影响：

1）增加非零非对角元素

$$Y_{ij}=Y_{ji}=-\frac{y_{\mathrm{T}}}{K_*} \tag{4-11}$$

2）改变节点 i 的自导纳，其改变量为

$$\Delta Y_{ii}=\frac{K_*-1}{K_*}y_{\mathrm{T}}+\frac{1}{K_*}y_{\mathrm{T}}=y_{\mathrm{T}} \tag{4-12}$$

3）改变节点 j 的自导纳，其改变量为

$$\Delta Y_{jj}=\frac{1}{K_*}y_{\mathrm{T}}+\frac{1-K_*}{K_*^2}y_{\mathrm{T}}=\frac{y_{\mathrm{T}}}{K_*^2} \tag{4-13}$$

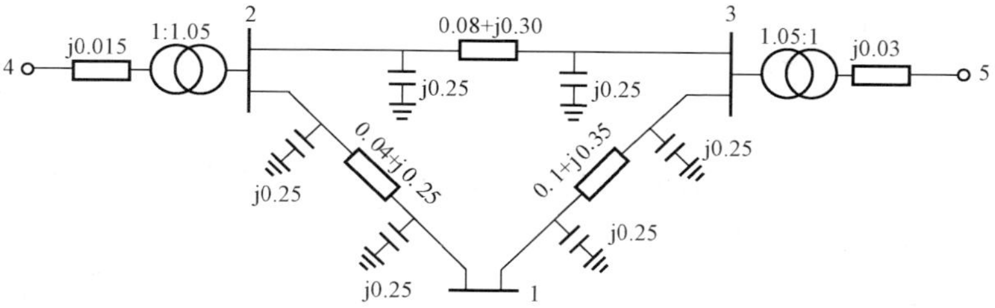

图 4-1　系统等效电路图

注意，利用计算机进行潮流计算时，通常采用标幺制。因此，本章在无特殊声明情况下，一律采用标幺制。

【例 4-1】　某电力系统的等效电路如图

4－1所示。图中给出了支路阻抗和对地导纳的标幺值。其中节点2和4间、节点3和5间为变压器支路，变压器漏抗和变比也示于图中。试求节点导纳矩阵。

解：根据前面介绍的方法，按节点顺序逐行逐列地求出导纳矩阵的有关元素如下。

$$Y_{11}=y_{10}+y_{12}+y_{13}=(\mathrm{j}0.25+\mathrm{j}0.25)+\frac{1}{0.04+\mathrm{j}0.25}+\frac{1}{0.1+\mathrm{j}0.35}$$
$$=1.3787-\mathrm{j}6.0417$$

$$Y_{12}=Y_{21}=-y_{12}=-\frac{1}{0.04+\mathrm{j}0.25}=-0.6240+\mathrm{j}3.9002$$

$$Y_{13}=Y_{31}=-y_{13}=-\frac{1}{0.1+\mathrm{j}0.35}=-0.7547+\mathrm{j}2.6415$$

$$Y_{22}=y_{20}+y_{12}+y_{23}+\frac{y_{42}}{k_{42}^2}$$
$$=(\mathrm{j}0.25+\mathrm{j}0.25)+\frac{1}{0.04+\mathrm{j}0.25}+\frac{1}{0.08+\mathrm{j}0.30}+\frac{1}{\mathrm{j}0.015}\times\frac{1}{1.05^2}$$
$$=1.4539-\mathrm{j}66.9808$$

$$Y_{23}=Y_{32}=-y_{23}=-\frac{1}{0.08+\mathrm{j}0.30}=-0.8299+\mathrm{j}3.1120$$

$$Y_{24}=Y_{42}=-\frac{y_{42}}{k_{42}}=-\frac{1}{\mathrm{j}0.015}\times\frac{1}{1.05}=\mathrm{j}63.4921$$

$$Y_{33}=y_{30}+y_{13}+y_{23}+\frac{y_{53}}{k_{53}^2}$$
$$=(\mathrm{j}0.25+\mathrm{j}0.25)+\frac{1}{0.1+\mathrm{j}0.35}+\frac{1}{0.08+\mathrm{j}0.30}+\frac{1}{\mathrm{j}0.03}\times\frac{1}{1.05^2}$$
$$=1.5846-\mathrm{j}35.4879$$

$$Y_{35}=Y_{53}=-\frac{y_{53}}{k_{53}}=-\frac{1}{\mathrm{j}0.03}\times\frac{1}{1.05}=\mathrm{j}31.7460$$

$$Y_{44}=\frac{1}{\mathrm{j}0.015}=-\mathrm{j}66.6667$$

$$Y_{55}=\frac{1}{\mathrm{j}0.03}=-\mathrm{j}33.3333$$

得到节点导纳矩阵为

$$\boldsymbol{Y}_{\mathrm{B}}=\begin{bmatrix}
1.3787-\mathrm{j}6.0417 & -0.6240+\mathrm{j}3.9002 & -0.7547+\mathrm{j}2.6415 & & \\
-0.6240+\mathrm{j}3.9002 & 1.4539-\mathrm{j}66.9808 & -0.8299+\mathrm{j}3.1120 & 0.0000+\mathrm{j}63.4921 & \\
-0.7547+\mathrm{j}2.6415 & -0.8299+\mathrm{j}3.1120 & 1.5846-\mathrm{j}35.4879 & & 0.0000+\mathrm{j}31.7460 \\
 & 0.0000+\mathrm{j}63.4921 & & 0.0000-\mathrm{j}66.6667 & \\
 & & 0.0000+\mathrm{j}31.7460 & & 0.0000-\mathrm{j}33.3333
\end{bmatrix}$$

（三）节点导纳矩阵的修改

在电力系统的运行分析中，往往要计算不同接线方式情况的运行状态，例如某台变压器或某条输电线路的投入或切除、对某些元件的参数进行变更等。由于改变一条支路的参数或开、合支路只会影响该支路两端节点的自导纳与互导纳，因此在这种情况下不必重新形成与新运行状态相对应的节点导纳矩阵，仅仅需要在原有导纳矩阵的基础上进行必要的修改即可。下面就几种典型的接线变化，介绍导纳矩阵的修改方法。

（1）从原有网络的节点 i 引出一条导纳为 y_{ij} 的新支路，同时增加一个新的节点 j，如图 4-2（a）所示。由于增加了一个新的节点，因而导纳矩阵将增加一行一列（即增加一阶）。新增加的对角元素 Y_{jj} 为

$$Y_{jj}=y_{ij}$$

新增加的非对角元素只有

$$Y_{ij}=Y_{ji}=-y_{ij}$$

其余元素都为零。导纳矩阵的原有部分，只有节点 i 的自导纳应有如下的增量

$$\Delta Y_{ii}=y_{ij}$$

其余元素保持不变。

（2）在原有网络节点 i 和 j 间增加一条导纳为 y_{ij} 的新支路，如图 4-2（b）所示。由于只增加支路不增加节点，故导纳矩阵的阶数不变。只需对与节点 i 和 j 有关的元素进行修正，即增加以下的增量

$$\Delta Y_{ii}=y_{ij};\Delta Y_{jj}=y_{ij};\Delta Y_{ij}=\Delta Y_{ji}=-y_{ij}$$

其余元素不变。

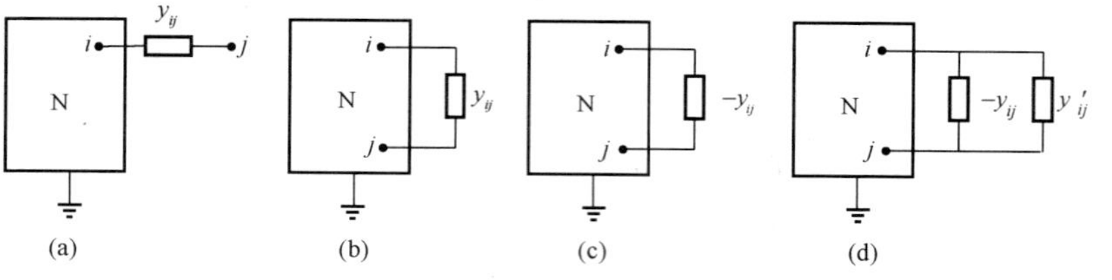

图 4-2　电力网络接线改变示意图

（a）增加新支路和节点；（b）只增加支路；（c）切除支路；（d）改变支路参数

（3）在原有网络节点 i 和 j 间切除一条导纳为 y_{ij} 的支路。这种情况相当于在节点 i 和 j 间增加一条导纳为 $-y_{ij}$ 的新支路，如图 4-2（c）所示。因此，导纳矩阵中的有关元素应作以下修改

$$\Delta Y_{ii}=-y_{ij};\Delta Y_{jj}=-y_{ij};\Delta Y_{ij}=\Delta Y_{ji}=y_{ij}$$

（4）原有网络节点 i 和 j 之间的支路导纳由 y_{ij} 改变为 y'_{ij}。这种情况可看成首先在节点 i 和 j 之间切除一条导纳为 y_{ij} 的支路，再在节点 i 和 j 间增加一条导纳为 y'_{ij} 的支路，如图 4-2（d）所示。因此，导纳矩阵中的有关元素应作以下修改

$$\Delta Y_{ii}=y'_{ij}-y_{ij};\Delta Y_{jj}=y'_{ij}-y_{ij};\Delta Y_{ij}=\Delta Y_{ji}=-y'_{ij}+y_{ij}$$

（5）原有网络节点 i 和 j 之间变压器的变比由 k_* 改变为 k'_*。这种情况也可看成是首先切除一变比为 k_* 的变压器，再增加一变比为 k'_* 的变压器。若变压器的等效电路如图 2-19 表示，且 i、j 分别与图中节点 1、2 相对应，则导纳矩阵中的有关元素应作以下修改

$$\Delta Y_{ii}=0;\Delta Y_{jj}=\left(\frac{1}{k'^2_*}-\frac{1}{k^2_*}\right)y_{\mathrm{T}};\Delta Y_{ij}=\Delta Y_{ji}=-\left(\frac{1}{k'_*}-\frac{1}{k_*}\right)y_{\mathrm{T}}$$

【例 4 - 2】 在例 4 - 1 的电力系统中，将接于节点 2、4 之间的变压器的变比由 $k_{42}=1.05$ 调整为 $k'_{42}=1.025$，试修改节点导纳矩阵。

解： 只需修改与节点 2、4 有关的自导纳和互导纳，修改量为

$$\Delta Y_{22}=\left(\frac{1}{k'^2_{42}}-\frac{1}{k^2_{42}}\right)y_T=\left(\frac{1}{1.025^2}-\frac{1}{1.05^2}\right)\times\frac{1}{\mathrm{j}0.015}=-\mathrm{j}2.9857$$

$$\Delta Y_{24}=\Delta Y_{42}=-\left(\frac{1}{k'_*}-\frac{1}{k_*}\right)y_T=-\left(\frac{1}{1.025}-\frac{1}{1.05}\right)\times\frac{1}{\mathrm{j}0.015}=\mathrm{j}1.5486$$

$$\Delta Y_{44}=0$$

因此，修改后的节点导纳矩阵中

$$Y_{22}=(1.4539-\mathrm{j}66.9808)+(-\mathrm{j}2.9857)=1.4539-\mathrm{j}69.9665$$

$$Y_{24}=Y_{42}=\mathrm{j}63.4921+\mathrm{j}1.5486=\mathrm{j}65.0407$$

其余的元素都保持原值不变。

二、功率方程、节点分类与约束条件

（一）功率方程

建立起电力网络的数学模型——节点电压方程 $\boldsymbol{I}_B=\boldsymbol{Y}_B\boldsymbol{U}_B$ 后，如果已知节点注入电流 $\boldsymbol{I}_B$，可直接求解线性代数方程 $\boldsymbol{I}_B=\boldsymbol{Y}_B\boldsymbol{U}_B$，求得电压分布和电流分布。但是，在电力系统潮流计算中，给定的是节点注入功率，而不是节点注入电流。两者之间有如下关系

$$\overset{*}{\boldsymbol{S}}_B=\overset{*}{\dot{\boldsymbol{U}}}_B\boldsymbol{I}_B \tag{4-14}$$

式中：$\overset{*}{\boldsymbol{S}}_B$ 是节点注入功率的共轭，是 $n\times1$ 维列向量：$\overset{*}{\dot{\boldsymbol{U}}}_B=\mathrm{diag}\,(\overset{*}{\dot{U}}_i)$，是由节点电压的共轭组成的 $n\times n$ 阶对角矩阵。由式（4 - 14）与节点电压方程可以写出

$$\overset{*}{\boldsymbol{S}}_B=\overset{*}{\dot{\boldsymbol{U}}}_B\boldsymbol{I}_B=\overset{*}{\dot{\boldsymbol{U}}}_B\boldsymbol{Y}_B\boldsymbol{U}_B$$

也可以写成展开的形式

$$P_i-\mathrm{j}Q_i=\overset{*}{\dot{U}}_i\sum_{j=1}^{n}Y_{ij}\dot{U}_j\quad(i=1,2,\cdots,n) \tag{4-15}$$

式（4 - 15）含有 n 个非线性代数复数方程式，称为功率方程或潮流方程，是潮流计算的基本方程。根据节点电压相量表示形式的不同，可以得到不同形式的功率方程。如果电压相量表示为直角坐标的形式：

$$\dot{U}_i=e_i+\mathrm{j}f_i$$

式中：e_i、f_i 为节点电压相量的实部和虚部。

导纳矩阵中元素表示为

$$Y_{ij}=G_{ij}+\mathrm{j}B_{ij}$$

这样，式（4 - 15）可以写成

$$P_i-\mathrm{j}Q_i=(e_i-\mathrm{j}f_i)\sum_{j=1}^{n}(G_{ij}+\mathrm{j}B_{ij})(e_j+\mathrm{j}f_j)\quad(i=1,2,\cdots,n) \tag{4-16}$$

将式（4 - 16）按实部和虚部展开，得到

$$\left.\begin{aligned}P_i&=e_i\sum_{j=1}^{n}(G_{ij}e_j-B_{ij}f_j)+f_i\sum_{j=1}^{n}(G_{ij}f_j+B_{ij}e_j)\\Q_i&=f_i\sum_{j=1}^{n}(G_{ij}e_j-B_{ij}f_j)-e_i\sum_{j=1}^{n}(G_{ij}f_j+B_{ij}e_j)\end{aligned}\right\}\quad(i=1,2,\cdots,n) \tag{4-17}$$

令式中

$$\left.\begin{aligned}\sum_{j=1}^{n}(G_{ij}e_j - B_{ij}f_j) = a_i\\ \sum_{j=1}^{n}(G_{ij}f_j + B_{ij}e_j) = b_i\end{aligned}\right\}$$

式中：a_i、b_i 实际上是节点 i 注入电流的实部和虚部。因此，式（4－17）可简写成

$$\left.\begin{aligned}P_i = e_ia_i + f_ib_i\\ Q_i = f_ia_i - e_ib_i\end{aligned}\right\}\quad (i = 1,2,\cdots,n) \tag{4-18}$$

这就是直角坐标形式的功率方程。

如果节点电压以极坐标表示为

$$\dot{U}_i = U_i\angle\delta_i = U_i\cos\delta_i + \mathrm{j}U_i\sin\delta_i$$

代入式（4－15）并按实部和虚部展开，得到

$$\left.\begin{aligned}P_i = U_i\sum_{j=1}^{n}U_j(G_{ij}\cos\delta_{ij} + B_{ij}\sin\delta_{ij})\\ Q_i = U_i\sum_{j=1}^{n}U_j(G_{ij}\sin\delta_{ij} - B_{ij}\cos\delta_{ij})\end{aligned}\right\} \tag{4-19}$$

式中：$\delta_{ij}=\delta_i-\delta_j$，为 i、j 节点电压的相角差。

式（4－19）就是极坐标形式的功率方程。

（二）节点分类

由式（4－16）、式（4－17）和式（4－19）可见，对于具有 n 个节点的电力系统，功率方程有 $2n$ 个。每个节点都有 4 个变量，即 P_i、Q_i、U_i、δ_i，或 P_i、Q_i、e_i、f_i，其中注入有功功率中包括了节点电源的有功功率 P_{Gi} 和节点负荷的有功功率 P_{Li}，注入无功功率中包括了节点电源的无功功率 Q_{Gi} 和节点负荷的有功功率 Q_{Li}，而节点负荷功率 P_{Li}、Q_{Li} 是已知的。因此，全系统共有 $4n$ 个运行变量。由于功率方程只有 $2n$ 个，只能求解 $2n$ 个变量，其余 $2n$ 个应作为原始数据事先给定。

在电力系统潮流计算中，根据系统的实际运行条件，每个节点往往有两个运行变量作为已知条件给定，而另外两个则作为待求量。按给定变量的不同，可将节点分为 3 种类型。

1. PQ 节点

这类节点给定的是该节点的注入功率 P_i、Q_i，待求量为节点电压的幅值 U_i 和相位角 δ_i。通常变电所母线作为 PQ 节点；某些出力给定的发电厂母线也作为 PQ 节点。在潮流计算中，系统中绝大部分节点属于这类节点。

2. PV 节点

这类节点给定的是该节点的注入有功功率 P_i 和节点电压幅值 U_i，待求量为节点的无功功率 Q_i 和电压的相位角 δ_i。这类节点必须有一定可调节的无功电源，用以维持给定的电压值。一般选择有一定无功储备的发电厂和具有可调无功补偿设备的变电所母线作为 PV 节点。在电力系统中，这一类节点的数目较少。

3. 平衡节点

在潮流计算中，这类节点必不可少，但一般只设一个。这一节点给定的是该节点的电压幅值和相位，待求量为节点的注入有功功率和无功功率，所以也称之 Vδ 节点。由于在潮流

计算未得到结果之前，网络中的功率损耗是未知的，因此，网络中至少有一个节点的功率不能预先给定，其值要待潮流计算结束后才能确定，整个系统的功率平衡由这一节点来完成，故称之为平衡节点或松弛节点。此外，必须选定一个节点的电压相位为零，作为计算各节点电压相位的参考，称之为基准节点。为了计算上的方便，常将平衡节点和基准节点选为同一个节点，习惯上称之为平衡节点。一般选择主调频厂的母线作为平衡节点比较合理。有时为了提高计算方法的收敛性，也可选择出线最多的发电厂母线作为平衡节点或按其他原则选择平衡节点。

（三）约束条件

根据给定条件，求解非线性功率方程，可得所谓的潮流解，但这只是数学意义上的解。在实际系统中，无论给定量、待求量都需满足一定的条件，不能是任意值，只有满足一定条件的解才是合理的、符合实际要求的潮流结果，这类条件称为约束条件。电力系统分析中的约束条件应根据系统的技术经济要求确定，常用的约束条件有以下几个。

1. 有功功率和无功功率的约束条件

电源设备都有额定功率和最小运行功率，运行中电源发出的功率应保持在这一限度内，即应满足

$$\left.\begin{aligned}P_{Gi\min} \leqslant P_{Gi} \leqslant P_{Gi\max}\\Q_{Gi\min} \leqslant Q_{Gi} \leqslant Q_{Gi\max}\end{aligned}\right\} \quad (i=1,2,\cdots,n) \tag{4-20}$$

2. 节点电压的约束条件

根据电能质量和供电安全的要求，系统中各节点的电压存在上限值$U_{i\max}$和下限值$U_{i\min}$。运行中节点的实际电压应满足

$$U_{i\min} \leqslant U_i \leqslant U_{i\max} \quad (i=1,2,\cdots,n) \tag{4-21}$$

3. 节点间电压相位角的约束条件

为了保证系统运行的稳定性，要求某些输电线路两端的电压相位差不应超过某一数值，即

$$|\delta_i - \delta_j| < |\delta_i - \delta_j|_{\max} \tag{4-22}$$

除上述约束条件之外，还可根据某些要求考虑其他一些约束，如某些线路的功率限制等。

满足约束条件的功率方程的解才是工程意义上的潮流解。因此，潮流计算是求解一组非线性的功率方程，并使得解答满足一定的约束条件。如果不能满足，则应调整某些变量的给定值，甚至修改系统的运行方式，再重新进行计算。

功率方程是一组非线性代数方程，直接求解非常困难。数学上常通过两种途径来解决，一是线性化，即经过某些假设条件将非线性方程化为线性方程，再进行计算；二是迭代方法求出数值解。自20世纪50年代中期应用计算机进行电力系统潮流计算以来，出现过许多计算方法，这些方法主要围绕下面几点进行：

（1）计算方法的可靠性或收敛性。

（2）对计算速度和内存量的要求。

（3）计算的方便性和灵活性。

本章后两节将分别介绍两种常用的潮流计算方法：牛顿—拉夫逊法和P—Q分解法。

第二节　潮流计算的牛顿—拉夫逊法

牛顿—拉夫逊法是目前广泛采用的解非线性方程式组的迭代方法，也是当前广泛采用的电力系统潮流的计算机算法。这个方法把对非线性方程式的求解变成反复对相应的线性方程式的求解过程，通常称为逐次线性化过程，这是牛顿—拉夫逊法的核心。这个算法收敛性好，但对初始值要求比较严格。

一、牛顿—拉夫逊法

设有非线性方程组为

$$\left.\begin{aligned} f_1(x_1,x_2,\cdots,x_n) &= 0 \\ f_2(x_1,x_2,\cdots,x_n) &= 0 \\ &\vdots \\ f_n(x_1,x_2,\cdots,x_n) &= 0 \end{aligned}\right\} \tag{4-23}$$

其近似解为 $x_1^{(0)}$、$x_2^{(0)}$、…、$x_n^{(0)}$，设近似解与精确解分别相差 $\Delta x_1^{(0)}$、$\Delta x_2^{(0)}$、…、$\Delta x_n^{(0)}$，它们为近似解的修正量。于是有

$$\left.\begin{aligned} f_1(x_1^{(0)}-\Delta x_1^{(0)},x_2^{(0)}-\Delta x_2^{(0)},\cdots,x_n^{(0)}-\Delta x_n^{(0)}) &= 0 \\ f_2(x_1^{(0)}-\Delta x_1^{(0)},x_2^{(0)}-\Delta x_2^{(0)},\cdots,x_n^{(0)}-\Delta x_n^{(0)}) &= 0 \\ &\vdots \\ f_n(x_1^{(0)}-\Delta x_1^{(0)},x_2^{(0)}-\Delta x_2^{(0)},\cdots,x_n^{(0)}-\Delta x_n^{(0)}) &= 0 \end{aligned}\right\} \tag{4-24}$$

将以上 n 个方程式分别按泰勒级数展开时，如果近似解与精确解相差不大，则可忽略包含 $\Delta x_1^{(0)}$、$\Delta x_2^{(0)}$、…、$\Delta x_n^{(0)}$ 所组成的二次项和高次项。由此可得

$$\left.\begin{aligned} f_1(x_1^{(0)},x_2^{(0)},\cdots,x_n^{(0)})-\left[\frac{\partial f_1}{\partial x_1}\bigg|_0\Delta x_1^{(0)}+\frac{\partial f_1}{\partial x_2}\bigg|_0\Delta x_2^{(0)}+\cdots+\frac{\partial f_1}{\partial x_n}\bigg|_0\Delta x_n^{(0)}\right] &= 0 \\ f_2(x_1^{(0)},x_2^{(0)},\cdots,x_n^{(0)})-\left[\frac{\partial f_2}{\partial x_1}\bigg|_0\Delta x_1^{(0)}+\frac{\partial f_2}{\partial x_2}\bigg|_0\Delta x_2^{(0)}+\cdots+\frac{\partial f_2}{\partial x_n}\bigg|_0\Delta x_n^{(0)}\right] &= 0 \\ &\vdots \\ f_n(x_1^{(0)},x_2^{(0)},\cdots,x_n^{(0)})-\left[\frac{\partial f_n}{\partial x_1}\bigg|_0\Delta x_1^{(0)}+\frac{\partial f_n}{\partial x_2}\bigg|_0\Delta x_2^{(0)}+\cdots+\frac{\partial f_n}{\partial x_n}\bigg|_0\Delta x_n^{(0)}\right] &= 0 \end{aligned}\right\} \tag{4-25}$$

式中：$\dfrac{\partial f_i}{\partial x_j}\bigg|_0$ 为函数 $f_i(x_1,x_2,\cdots,x_n)$ 在点 $(x_1^{(0)},x_2^{(0)},\cdots,x_n^{(0)})$ 处对自变量 x_j 的偏导数值。

将式（4－25）改写成以下矩阵形式

$$\begin{bmatrix} f_1(x_1^{(0)},x_2^{(0)},\cdots,x_n^{(0)}) \\ f_2(x_1^{(0)},x_2^{(0)},\cdots,x_n^{(0)}) \\ \vdots \\ f_n(x_1^{(0)},x_2^{(0)},\cdots,x_n^{(0)}) \end{bmatrix} = \begin{bmatrix} \frac{\partial f_1}{\partial x_1}\Big|_0 & \frac{\partial f_1}{\partial x_2}\Big|_0 & \cdots & \frac{\partial f_1}{\partial x_n}\Big|_0 \\ \frac{\partial f_2}{\partial x_1}\Big|_0 & \frac{\partial f_2}{\partial x_2}\Big|_0 & \cdots & \frac{\partial f_2}{\partial x_n}\Big|_0 \\ \vdots & \vdots & \vdots & \vdots \\ \frac{\partial f_n}{\partial x_1}\Big|_0 & \frac{\partial f_n}{\partial x_2}\Big|_0 & \cdots & \frac{\partial f_n}{\partial x_n}\Big|_0 \end{bmatrix} \begin{bmatrix} \Delta x_1^{(0)} \\ \Delta x_2^{(0)} \\ \vdots \\ \Delta x_n^{(0)} \end{bmatrix} \tag{4-26}$$

这是一组线性方程组或线性化了的方程组，称为牛顿—拉夫逊法的修正方程，也可简写为

$$\boldsymbol{F}(\boldsymbol{X}^{(0)}) = \boldsymbol{J}^{(0)}\Delta\boldsymbol{X}^{(0)} \tag{4-27}$$

式中：$\boldsymbol{J}^{(0)}$为非线性函数在点（$x_1^{(0)}$，$x_2^{(0)}$，…，$x_n^{(0)}$）处的雅可比矩阵；$\Delta\boldsymbol{X}^{(0)}$是由$\Delta x_i^{(0)}$（$i=1$，2，…，$n$）组成的修正量列向量；$\boldsymbol{F}(\boldsymbol{X}^{(0)})$是函数的误差列向量。

通过修正方程式（4－27）可以解出修正量$\Delta x_i^{(0)}$（$i=1$，2，…，n），并对近似解进行修正（第一次迭代）得

$$\boldsymbol{X}^{(1)} = \boldsymbol{X}^{(0)} - \Delta\boldsymbol{X}^{(0)} \tag{4-28}$$

式中$\boldsymbol{X}^{(1)}=[x_1^{(1)}, x_2^{(1)}, \cdots, x_n^{(1)}]^{\mathrm{T}}$向真正解逼近了一步，再以它们作为初值重新构成式（4－26）修正方程，求解后再按式（4－28）对变量进行修正。如此循环迭代，直至满足收敛条件，得到足够精确的解，这就构成了牛顿—拉夫逊法的迭代过程。

一般第k次迭代时的修正方程式为

$$\begin{bmatrix} f_1(x_1^{(k)}, x_2^{(k)}, \cdots, x_n^{(k)}) \\ f_2(x_1^{(k)}, x_2^{(k)}, \cdots, x_n^{(k)}) \\ \vdots \\ f_n(x_1^{(k)}, x_2^{(k)}, \cdots, x_n^{(k)}) \end{bmatrix} = \begin{bmatrix} \left.\dfrac{\partial f_1}{\partial x_1}\right|_k & \left.\dfrac{\partial f_1}{\partial x_2}\right|_k & \cdots & \left.\dfrac{\partial f_1}{\partial x_n}\right|_k \\ \left.\dfrac{\partial f_2}{\partial x_1}\right|_k & \left.\dfrac{\partial f_2}{\partial x_2}\right|_k & \cdots & \left.\dfrac{\partial f_2}{\partial x_n}\right|_k \\ \vdots & \vdots & \vdots & \vdots \\ \left.\dfrac{\partial f_n}{\partial x_1}\right|_k & \left.\dfrac{\partial f_n}{\partial x_2}\right|_k & \cdots & \left.\dfrac{\partial f_n}{\partial x_n}\right|_k \end{bmatrix} \begin{bmatrix} \Delta x_1^{(k)} \\ \Delta x_2^{(k)} \\ \vdots \\ \Delta x_n^{(k)} \end{bmatrix} \tag{4-29}$$

或简写为

$$\boldsymbol{F}(\boldsymbol{X}^{(k)}) = \boldsymbol{J}^{(k)}\Delta\boldsymbol{X}^{(k)} \tag{4-30}$$

式中：$\boldsymbol{F}(\boldsymbol{X}^{(k)})$为第$k$次迭代时函数的误差列向量；$\boldsymbol{J}^{(k)}$为第$k$次迭代时的雅可比矩阵；$\Delta\boldsymbol{X}^{(k)}$为第$k$次迭代时的修正量向量。

第$k+1$次迭代值可按下式求得

$$\boldsymbol{X}^{(k+1)} = \boldsymbol{X}^{(k)} - \Delta\boldsymbol{X}^{(k)} \tag{4-31}$$

迭代收敛条件可采用以下两个不等式中的一个：

$$\|\Delta\boldsymbol{X}^{(k)}\| < \varepsilon_1 \tag{4-32}$$

$$\|\boldsymbol{F}(\boldsymbol{X}^{(k)})\| < \varepsilon_2 \tag{4-33}$$

式中：$\|\Delta\boldsymbol{X}^{(k)}\|$及$\|\boldsymbol{F}(\boldsymbol{X}^{(k)})\|$分别表示向量$\Delta\boldsymbol{X}^{(k)}$及$\boldsymbol{F}(\boldsymbol{X}^{(k)})$的最大分量的绝对值；$\varepsilon_1$和$\varepsilon_2$为预先给出的表征收敛误差的很小正数。

运用牛顿—拉夫逊法计算时，变量$x_i(i=1,2,\cdots,n)$的初值要选择得比较接近它们的精确解，否则迭代过程可能不收敛。例如，设函数$f(x)$的图形如图4－3所示，运用这种方法解$f(x)=0$时的修正方程式为$f(x^{(k)})=\left.\dfrac{\partial f}{\partial x}\right|_k \Delta x^{(k)}$，其迭代求解的过程如图中由$x^{(0)}$求$x^{(1)}, x^{(2)}$，…的过程。由图可见，如果$x$的初值$x^{(0)}$选择得接近于精确解，迭代过程将迅速收敛。反之，将不收敛。

运用这种方法计算时，每次迭代过程都要计算雅可比矩阵中的各元素，计算量较大。如果每次迭代所得的$x_i(i=1,2,\cdots,n)$变化不大时，也可经过若干次迭代后再重新计算一次。

二、牛顿—拉夫逊法潮流计算

运用牛顿—拉夫逊法进行潮流计算，首先需要将功率方程改写为式（4－23）的标准形式，再求得对应的修正方程。

功率方程有直角坐标与极坐标两种形式，在处理方式上略有不同，下面分别叙述。

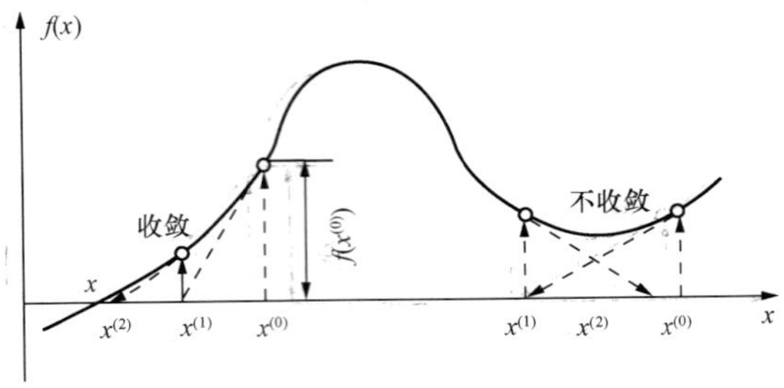

图 4-3 牛顿—拉夫逊法的解算过程

(一) 直角坐标形式

1. 功率方程

直角坐标形式的功率方程如式（4-17）所示，要改写为式（4-23）的标准形式。由于各节点给定量不同，其相应的方程式也有所不同。

对于具有 n 个节点的网络，设其中有 m 个 PQ 节点，$(n-m-1)$ 个 PV 节点，平衡节点排在最后，即设为第 n 个节点。对于 PQ 节点（$i=1, 2, \cdots, m$），给定量为节点注入功率，记为 P_{is}、Q_{is}，则可得

$$\left.\begin{aligned}\Delta P_i &= P_{is} - e_i\sum_{j=1}^{n}(G_{ij}e_j - B_{ij}f_j) - f_i\sum_{j=1}^{n}(G_{ij}f_j + B_{ij}e_j) = 0\\ \Delta Q_i &= Q_{is} - f_i\sum_{j=1}^{n}(G_{ij}e_j - B_{ij}f_j) + e_i\sum_{j=1}^{n}(G_{ij}f_j + B_{ij}e_j) = 0\end{aligned}\right\} \tag{4-34}$$

式中：ΔP_i、ΔQ_i 分别代表节点 i 的有功功率误差、无功功率误差，其物理意义是节点功率的不平衡量。式（4-34）也称为功率误差方程。

对于 PV 节点（$i=m+1, m+2, \cdots, n-1$），节点注入有功功率和节点电压数值是给定的，记为 P_{is}、U_{is}，则有节点有功功率误差方程和电压误差方程，即

$$\left.\begin{aligned}\Delta P_i &= P_{is} - e_i\sum_{j=1}^{n}(G_{ij}e_j - B_{ij}f_j) - f_i\sum_{j=1}^{n}(G_{ij}f_j + B_{ij}e_j) = 0\\ \Delta U_i^2 &= U_{is}^2 - (e_i^2 + f_i^2) = 0\end{aligned}\right\} \tag{4-35}$$

对于平衡节点（$i=n$），电压 e_n、f_n 是给定的，故不需要参加迭代计算。

上述的功率误差方程和电压误差方程所构成的方程组即为牛顿—拉夫逊法潮流计算所要求解的非线性方程组。非线性方程组中的待求量为各节点电压的实部 e_i 和虚部 f_i（除平衡节点外），共有 $2(n-1)$ 个未知数待求。上述非线性方程组中共有 $2(n-1)$ 个，其中有功功率误差方程共有 $(n-1)$ 个，无功功率误差方程共有 m 个，电压误差方程共有 $(n-m-1)$ 个。

2. 修正方程

将上述 $2(n-1)$ 个非线性方程按泰勒级数展开，并略去高次项，可得线性的修正方程式：

$$
\begin{bmatrix} \Delta P_1 \\ \Delta Q_1 \\ \Delta P_2 \\ \Delta Q_2 \\ \vdots \\ \Delta P_i \\ \Delta U_i^2 \\ \vdots \end{bmatrix} = \begin{bmatrix}
\frac{\partial \Delta P_1}{\partial e_1} & \frac{\partial \Delta P_1}{\partial f_1} & \frac{\partial \Delta P_1}{\partial e_2} & \frac{\partial \Delta P_1}{\partial f_2} & \cdots & \frac{\partial \Delta P_1}{\partial e_i} & \frac{\partial \Delta P_1}{\partial f_i} & \cdots \\
\frac{\partial \Delta Q_1}{\partial e_1} & \frac{\partial \Delta Q_1}{\partial f_1} & \frac{\partial \Delta Q_1}{\partial e_2} & \frac{\partial \Delta Q_1}{\partial f_2} & \cdots & \frac{\partial \Delta Q_1}{\partial e_i} & \frac{\partial \Delta Q_1}{\partial f_i} & \cdots \\
\frac{\partial \Delta P_2}{\partial e_1} & \frac{\partial \Delta P_2}{\partial f_1} & \frac{\partial \Delta P_2}{\partial e_2} & \frac{\partial \Delta P_2}{\partial f_2} & \cdots & \frac{\partial \Delta P_2}{\partial e_i} & \frac{\partial \Delta P_2}{\partial f_i} & \cdots \\
\frac{\partial \Delta Q_2}{\partial e_1} & \frac{\partial \Delta Q_2}{\partial f_1} & \frac{\partial \Delta Q_2}{\partial e_2} & \frac{\partial \Delta Q_2}{\partial f_2} & \cdots & \frac{\partial \Delta Q_2}{\partial e_i} & \frac{\partial \Delta Q_2}{\partial f_i} & \cdots \\
 & \vdots & & \vdots & & \vdots & & \\
\frac{\partial \Delta P_i}{\partial e_1} & \frac{\partial \Delta P_i}{\partial f_1} & \frac{\partial \Delta P_i}{\partial e_2} & \frac{\partial \Delta P_i}{\partial f_2} & \cdots & \frac{\partial \Delta P_i}{\partial e_i} & \frac{\partial \Delta P_i}{\partial f_i} & \cdots \\
0 & \cdots & \cdots & \cdots & 0 & \frac{\partial \Delta U_i^2}{\partial e_i} & \frac{\partial \Delta U_i^2}{\partial f_i} & \cdots \\
 & \vdots & & \vdots & & \vdots & &
\end{bmatrix} \begin{bmatrix} \Delta e_1 \\ \Delta f_1 \\ \Delta e_2 \\ \Delta f_2 \\ \vdots \\ \Delta e_i \\ \Delta f_i \\ \vdots \end{bmatrix} \tag{4-36}
$$

根据式（4-34）、式（4-35），对待求变量求偏导，即可得到上式雅可比矩阵中的各元素表达式。当 $j \neq i$ 时，矩阵中的非对角块元素为

$$
\left.\begin{aligned}
\frac{\partial \Delta P_i}{\partial e_j} &= -\frac{\partial \Delta Q_i}{\partial f_j} = -(G_{ij}e_i + B_{ij}f_i) \\
\frac{\partial \Delta P_i}{\partial f_j} &= \frac{\partial \Delta Q_i}{\partial e_j} = B_{ij}e_i - G_{ij}f_i \\
\frac{\partial \Delta U_i^2}{\partial e_j} &= \frac{\partial \Delta U_i^2}{\partial f_j} = 0
\end{aligned}\right\} \tag{4-37}
$$

当 $j = i$ 时，对角块元素为

$$
\left.\begin{aligned}
\frac{\partial \Delta P_i}{\partial e_i} &= -\sum_{j=1}^{n}(G_{ij}e_j - B_{ij}f_j) - G_{ii}e_i - B_{ii}f_i = -a_i - G_{ii}e_i - B_{ii}f_i \\
\frac{\partial \Delta P_i}{\partial f_i} &= -\sum_{j=1}^{n}(G_{ij}f_j + B_{ij}e_j) + B_{ii}e_i - G_{ii}f_i = -b_i + B_{ii}e_i - G_{ii}f_i \\
\frac{\partial \Delta Q_i}{\partial e_i} &= \sum_{j=1}^{n}(G_{ij}f_j + B_{ij}e_j) + B_{ii}e_i - G_{ii}f_i = b_i + B_{ii}e_i - G_{ii}f_i \\
\frac{\partial \Delta Q_i}{\partial f_i} &= -\sum_{j=1}^{n}(G_{ij}e_j - B_{ij}f_j) + G_{ii}e_i + B_{ii}f_i = -a_i + G_{ii}e_i + B_{ii}f_i \\
\frac{\partial \Delta U_i^2}{\partial e_i} &= -2e_i \\
\frac{\partial \Delta U_i^2}{\partial f_i} &= -2f_i
\end{aligned}\right\} \tag{4-38}
$$

从表达式（4-37）、式（4-38）可见，直角坐标的雅可比矩阵有以下特点：

（1）雅可比矩阵是 $2(n-1)$ 阶方阵，是一个不对称矩阵。

（2）雅可比矩阵中各元素都是节点电压的函数，因此在迭代过程中，它们将随着各节点电压的变化而不断地改变。这一点是影响牛顿—拉夫逊法潮流程序计算效率的最重要的

因素。

(3) 由表达式 (4-37) 可知，雅可比矩阵的非对角块元素与节点导纳矩阵中相应的非对角元素有关，当 $Y_{ij}=0$ 时，雅可比矩阵中的 $\partial\Delta P_i/\partial e_j$、$\partial\Delta P_i/\partial f_j$、$\partial\Delta Q_i/\partial e_j$、$\partial\Delta Q_i/\partial f_j$ 也都等于零，此外，$\dfrac{\partial\Delta U_i^2}{\partial e_j}=\dfrac{\partial\Delta U_i^2}{\partial f_j}=0$。因此，雅可比矩阵也是一个稀疏矩阵，解修正方程时可以应用稀疏矩阵的求解技巧。

3. 牛顿—拉夫逊法潮流求解过程

运用牛顿—拉夫逊法计算潮流时，主要步骤如下：

(1) 形成节点导纳矩阵。

(2) 给定各节点电压的初值 $e_i^{(0)}$、$f_i^{(0)}$。

(3) 将电压初值代入式 (4-34)、式 (4-35) 计算各节点的不平衡量 $\Delta P_i^{(0)}$、$\Delta Q_i^{(0)}$、$(\Delta U_i^2)^{(0)}$。

(4) 将电压初值代入式 (4-37)、式 (4-38) 中求雅可比矩阵各元素。

(5) 解修正方程式 (4-36)，求出各节点电压的修正量 $\Delta e_i^{(0)}$、$\Delta f_i^{(0)}$。

(6) 修正各节点电压，其公式为

$$\left.\begin{aligned}e_i^{(1)}&=e_i^{(0)}-\Delta e_i^{(0)}\\f_i^{(1)}&=f_i^{(0)}-\Delta f_i^{(0)}\end{aligned}\right\}\tag{4-39}$$

(7) 将 $e_i^{(1)}$、$f_i^{(1)}$ 代入式 (4-34)、式 (4-35) 计算各节点的不平衡量 $\Delta P_i^{(1)}$、$\Delta Q_i^{(1)}$、$(\Delta U_i^2)^{(1)}$。

(8) 校验是否收敛，若不收敛则以 $e_i^{(1)}$、$f_i^{(1)}$ 为初值，返回第 (4) 步进行下一次迭代。

(9) 若收敛，计算平衡节点功率、线路功率分布和线路功率损耗。其中，平衡节点功率为

$$\widetilde{S}_n=P_n+\mathrm{j}Q_n=\dot{U}_n\sum_{j=1}^{n}\overset{*}{Y}_{nj}\overset{*}{U}_j\tag{4-40}$$

线路功率计算式可从图 4-4 所示的关系推导出

$$\left.\begin{aligned}\widetilde{S}_{ij}&=P_{ij}+\mathrm{j}Q_{ij}=\dot{U}_i\overset{*}{I}_{ij}=\dot{U}_i[\overset{*}{U}_i\overset{*}{y}_{i0}+(\overset{*}{U}_i-\overset{*}{U}_j)\overset{*}{y}_{ij}]\\\widetilde{S}_{ji}&=P_{ji}+\mathrm{j}Q_{ji}=\dot{U}_j\overset{*}{I}_{ji}=\dot{U}_j[\overset{*}{U}_j\overset{*}{y}_{j0}+(\overset{*}{U}_j-\overset{*}{U}_i)\overset{*}{y}_{ji}]\end{aligned}\right\}\tag{4-41}$$

线路上损耗的功率为

$$\Delta\widetilde{S}_{ij}=\widetilde{S}_{ij}+\widetilde{S}_{ji}=\Delta P_{ij}+\mathrm{j}\Delta Q_{ij}\tag{4-42}$$

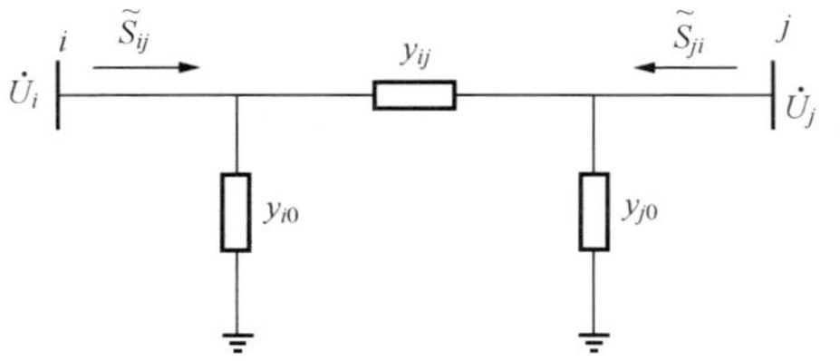

图 4-4 线路功率分布

以上步骤可概括为图 4-5 所示的程序框图。

对于牛顿—拉夫逊法潮流计算需要说明几点：

(1) 牛顿—拉夫逊法对初值要求严格。如果初值和真正解相差较大时，可能不收敛或收敛于不切实际的解。一般电力系统在正常运行情况下，各节点运行在额定电压附近，各节点电压相角差不会很大。所以，正常运行时，初值采用“平启动”方式，即取 $e_i^{(0)}=1, f_i^{(0)}=0(i=1,2,\cdots,n)$，能给出比较满意的结果。当系统出现无功电源紧张、电压质量较差、各点电压相差较大等病态情况时，可用对初值无要求的其它迭代方法先算一、二次，以其结果作为牛顿—拉夫逊法的初值。

(2) 牛顿—拉夫逊法具有平方收敛的特性。一般潮流计算迭代 6～7 次就能收敛到非常

精确的解，且迭代次数与电力系统规模关系不大。

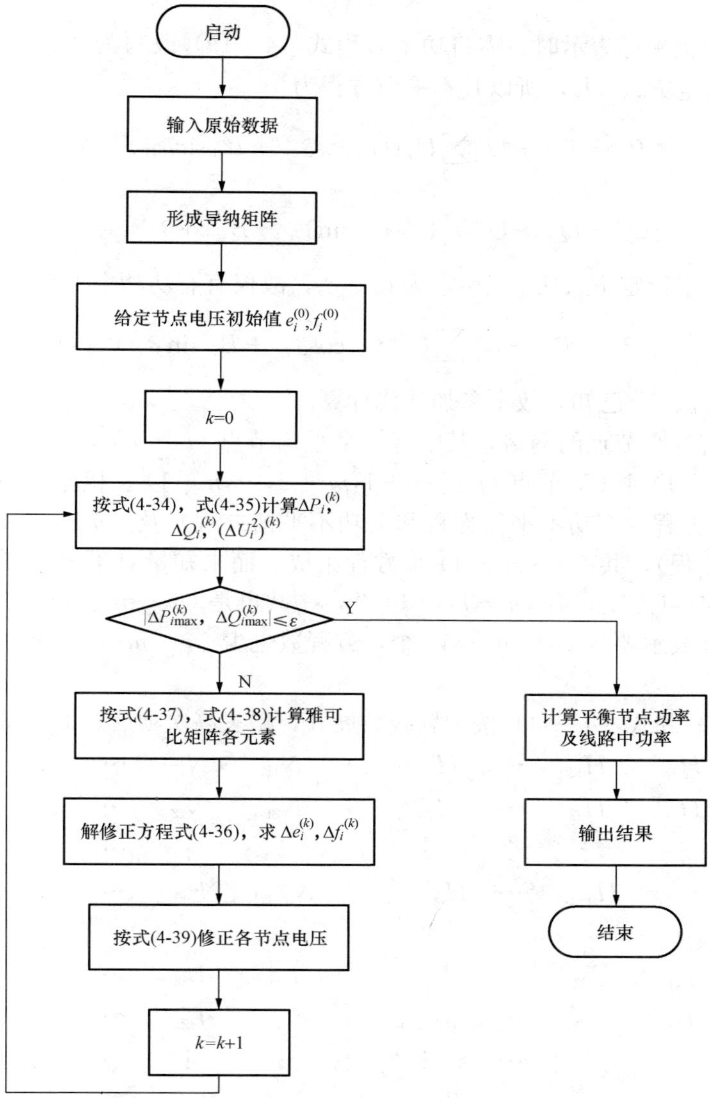

图 4-5　直角坐标形式的牛顿—拉夫逊潮流计算程序原理框图

（3）PV 节点与 PQ 节点一起迭代，在迭代过程中要监视 PV 节点的无功功率。若越限，即 $Q_i \geqslant Q_{i\max}$ 或 $Q_i \leqslant Q_{i\min}$，此时将 PV 节点转换为 PQ 节点，在不平衡方程式中须把该节点的 ΔU_i^2 方程去掉，代之以 ΔQ_i 方程式，其中无功功率的给定量 Q_{is} 取该节点的 $Q_{i\max}$ 或 $Q_{i\min}$。

（4）对于 PQ 节点，若迭代计算结果 U_i 越限，即 $U_i \geqslant U_{i\max}$ 或 $U_i \leqslant U_{i\min}$，需要修正该节点无功功率使电压维持在某一范围之内，实质上也就是将该 PQ 节点转换为 PV 节点进行处理。

（二）极坐标形式

1. 功率方程

节点电压采用极坐标表示时，需将功率方程式（4-19）改写为 $f_i(x)=0$ 的形式。对于 PQ 节点，因给定 P_{is}、Q_{is}，所以其不平衡方程为

$$\left.\begin{aligned}\Delta P_i &= P_{is}-U_i\sum_{j=1}^{n}U_j(G_{ij}\cos\delta_{ij}+B_{ij}\sin\delta_{ij})=0\\ \Delta Q_i &= Q_{is}-U_i\sum_{j=1}^{n}U_j(G_{ij}\sin\delta_{ij}-B_{ij}\cos\delta_{ij})=0\end{aligned}\right\} \tag{4-43}$$

对于 PV 节点，由于给定 P_{is}、U_{is}，待求为 Q_i、δ_i，故仅有有功功率不平衡方程，即

$$\Delta P_i = P_{is}-U_i\sum_{j=1}^{n}U_j(G_{ij}\cos\delta_{ij}+B_{ij}\sin\delta_{ij})=0 \tag{4-44}$$

对于平衡点，因 U_n、δ_n 已知，故不参加迭代计算。

对于一个具有 n 个节点的网络，其中有一个平衡节点（$i=n$），m 个 PQ 节点（$i=1,2,\cdots,m$），$(n-m-1)$ 个 PV 节点（$i=m+1,m+2,\cdots,n-1$）。极坐标的不平衡功率方程由 $2m$ 个 PQ 节点方程（有功不平衡方程和无功不平衡方程）及（$n-m-1$）个 PV 节点方程（有功不平衡方程），共 $(m+n-1)$ 个方程组成。而未知量对于 PQ 节点为 U_i、δ_i，有 $2m$ 个；对于 PV 节点为 δ_i，有 $(n-m-1)$ 个，一共也是 $(m+n-1)$ 个。极坐标表示时，未知量比直角坐标表示要少 $(n-m-1)$ 个，方程数也少 $(n-m-1)$ 个。

2. 修正方程

将式（4-43）和式（4-44）按泰勒级数展开，略去高次项后，即可得到修正方程式为

$$\begin{bmatrix}\Delta P_1\\ \Delta P_2\\ \vdots\\ \Delta P_{n-1}\\ \hline \Delta Q_1\\ \Delta Q_2\\ \vdots\\ \Delta Q_m\end{bmatrix}=\left[\begin{array}{cccc|cccc}H_{11} & H_{12} & \cdots & H_{1,n-1} & N_{11} & N_{12} & \cdots & N_{1m}\\ H_{21} & H_{22} & \cdots & H_{2,n-1} & N_{21} & N_{22} & \cdots & N_{2m}\\ \vdots & \vdots & \vdots & \vdots & \vdots & \vdots & \cdots & \vdots\\ H_{n-1,1} & H_{n-1,2} & \cdots & H_{n-1,n-1} & N_{n-1,1} & N_{n-1,2} & \cdots & N_{n-1,m}\\ \hline J_{11} & J_{12} & \cdots & J_{1,n-1} & L_{11} & L_{12} & \cdots & L_{1m}\\ J_{21} & J_{22} & \cdots & J_{2,n-1} & L_{21} & L_{22} & \cdots & L_{2m}\\ \vdots & \vdots & \cdots & \vdots & \vdots & \vdots & \cdots & \vdots\\ J_{m1} & J_{m2} & \cdots & J_{m,n-1} & L_{m1} & L_{m2} & \cdots & L_{mm}\end{array}\right]\begin{bmatrix}\Delta\delta_1\\ \Delta\delta_2\\ \vdots\\ \Delta\delta_{n-1}\\ \hline \Delta U_1/U_1\\ \Delta U_2/U_2\\ \vdots\\ \Delta U_m/U_m\end{bmatrix} \tag{4-45}$$

式中，电压幅值的修正量采用 $\Delta U_1/U_1$，$\Delta U_2/U_2$，…，$\Delta U_m/U_m$ 的形式并没有什么特殊意义，只不过为了使雅可比矩阵中各元素具有比较相似的表达式。

雅可比矩阵中各元素的计算式如下

$$\left.\begin{aligned}H_{ij} &= \frac{\partial\Delta P_i}{\partial\delta_j}=-U_iU_j(G_{ij}\sin\delta_{ij}-B_{ij}\cos\delta_{ij}),j\neq i\\ H_{ii} &= \frac{\partial\Delta P_i}{\partial\delta_i}=U_i\sum_{\substack{j=1\\ j\neq i}}^{n}U_j(G_{ij}\sin\delta_{ij}-B_{ij}\cos\delta_{ij})\end{aligned}\right\} \tag{4-46a}$$

$$\left.\begin{aligned}N_{ij}&=\frac{\partial\Delta P_i}{\partial U_j}U_j=-U_iU_j(G_{ij}\cos\delta_{ij}+B_{ij}\sin\delta_{ij}),j\neq i\\N_{ii}&=\frac{\partial\Delta P_i}{\partial U_i}U_i=-U_i\sum_{\substack{j=1\\j\neq i}}^{n}U_j(G_{ij}\cos\delta_{ij}+B_{ij}\sin\delta_{ij})-2U_i^2G_{ii}\end{aligned}\right\}\tag{4-46b}$$

$$\left.\begin{aligned}J_{ij}&=\frac{\partial\Delta Q_i}{\partial\delta_j}=U_iU_j(G_{ij}\cos\delta_{ij}+B_{ij}\sin\delta_{ij}),j\neq i\\J_{ii}&=\frac{\partial\Delta Q_i}{\partial\delta_i}=-U_i\sum_{\substack{j=1\\j\neq i}}^{n}U_j(G_{ij}\cos\delta_{ij}+B_{ij}\sin\delta_{ij})\end{aligned}\right\}\tag{4-46c}$$

$$\left.\begin{aligned}L_{ij}&=\frac{\partial\Delta Q_i}{\partial U_j}U_j=-U_iU_j(G_{ij}\sin\delta_{ij}-B_{ij}\cos\delta_{ij}),j\neq i\\L_{ii}&=\frac{\partial\Delta Q_i}{\partial U_i}U_i=-U_i\sum_{\substack{j=1\\j\neq i}}^{n}U_j(G_{ij}\sin\delta_{ij}-B_{ij}\cos\delta_{ij})+2U_i^2B_{ii}\end{aligned}\right\}\tag{4-46d}$$

修正方程式（4－45）可写成下式的分块矩阵形式

$$\begin{bmatrix}\boldsymbol{\Delta P}\\\boldsymbol{\Delta Q}\end{bmatrix}=\begin{bmatrix}\boldsymbol{H}&\boldsymbol{N}\\\boldsymbol{J}&\boldsymbol{L}\end{bmatrix}\begin{bmatrix}\boldsymbol{\Delta\delta}\\\boldsymbol{\Delta U/U}\end{bmatrix}\tag{4-47}$$

式中：雅可比矩阵中的 $\boldsymbol{H}$ 为 $(n-1)\times(n-1)$ 阶矩阵；$\boldsymbol{L}$ 为 $m\times m$ 阶矩阵；$\boldsymbol{N}$ 为 $(n-1)\times m$ 阶矩阵，；$\boldsymbol{J}$ 为 $m\times(n-1)$ 阶矩阵。

3. 潮流计算的求解过程

极坐标形式的牛顿—拉夫逊潮流计算的主要步骤总结如下：

（1）形成节点导纳矩阵 $\mathbf{Y_B}$；

（2）给定各节点电压的初值 $U_i^{(0)}$、$\delta_i^{(0)}$；

（3）将各节点电压的初值代入式（4－43）、式（4－44），求出修正方程式中的不平衡量 $\Delta P_i^{(0)}$、$\Delta Q_i^{(0)}$；

（4）将各节点电压的初值代入式（4－46a）、式（4－46b）、式（4－46c）、式（4－46d），求出雅可比矩阵中各元素；

（5）解修正方程式（4－45），求出修正量 $\Delta\delta_i^{(0)}$、$\Delta U_i^{(0)}$；

（6）修正各节点电压，即

$$\left.\begin{aligned}U_i^{(1)}&=U_i^{(0)}-\Delta U_i^{(0)}\\\delta_i^{(1)}&=\delta_i^{(0)}-\Delta\delta_i^{(0)}\end{aligned}\right\}\tag{4-48}$$

（7）将 $U_i^{(1)}$、$\delta_i^{(1)}$ 代入式（4－43）、式（4－44），求 $\Delta P_i^{(1)}$、$\Delta Q_i^{(1)}$；

（8）检验是否收敛，如收敛，则进一步计算平衡节点功率和线路功率等，并输出结果；如果不收敛，则再以 $U_i^{(1)}$、$\delta_i^{(1)}$ 取代 $U_i^{(0)}$、$\delta_i^{(0)}$ 进行下一次迭代计算，即转到步骤（4），直到收敛为止。

极坐标形式的牛顿—拉夫逊法潮流计算程序原理框图如图 4－6 所示。

【例 4－3】 如图 4－7 所示的 4 母线电力系统中，网络各元件参数的标幺值如下：$z_{12}=0.10+\mathrm{j}0.40$，$y_{120}=y_{210}=\mathrm{j}0.01528$，$z_{13}=\mathrm{j}0.3$，$k=1.1$，$z_{14}=0.12+\mathrm{j}0.50$，$y_{140}=y_{410}=\mathrm{j}0.01920$，$z_{24}=0.08+\mathrm{j}0.40$，$y_{240}=y_{420}=\mathrm{j}0.01413$ 。系统中，节点 1、2 为 PQ 节点，给定 $P_{1s}+\mathrm{j}Q_{1s}=-0.30-\mathrm{j}0.18$，$P_{2s}+\mathrm{j}Q_{2s}=-0.55-\mathrm{j}0.13$；节点 3 为 PV 节点，给定 $P_{3s}=$

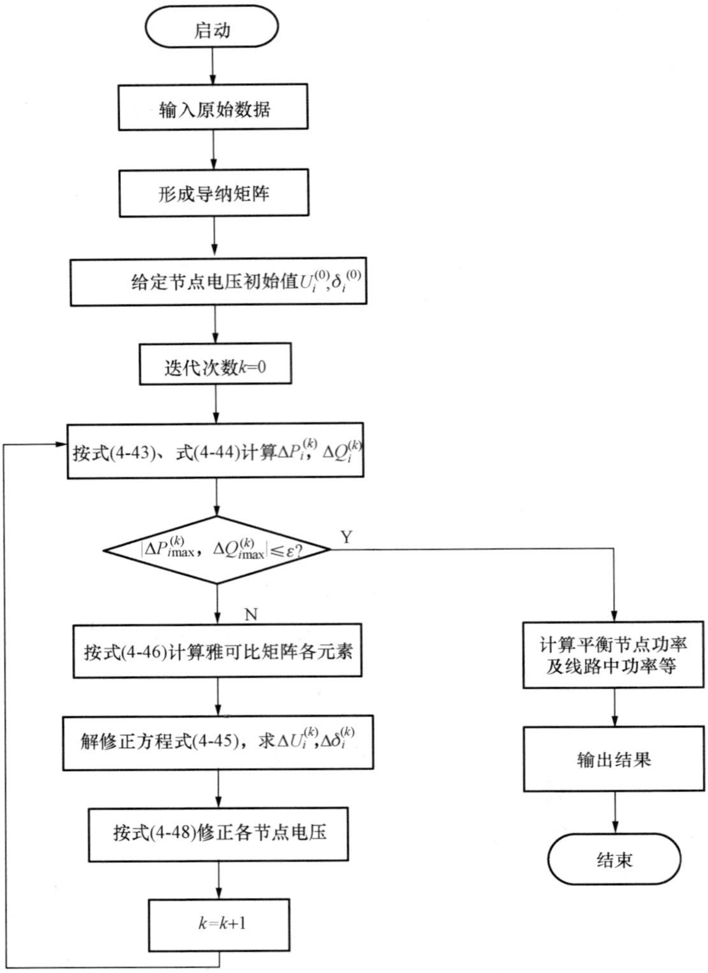

图 4-6 极坐标形式的牛顿—拉夫逊潮流计算程序原理框图

0.5，$U_{3s}=1.10$；节点 4 为平衡节点，给定 $\dot{U}_{4s}=1.05\angle 0°$。试用牛顿—拉夫逊法计算潮流分布。迭代精度取 $\varepsilon=10^{-5}$。

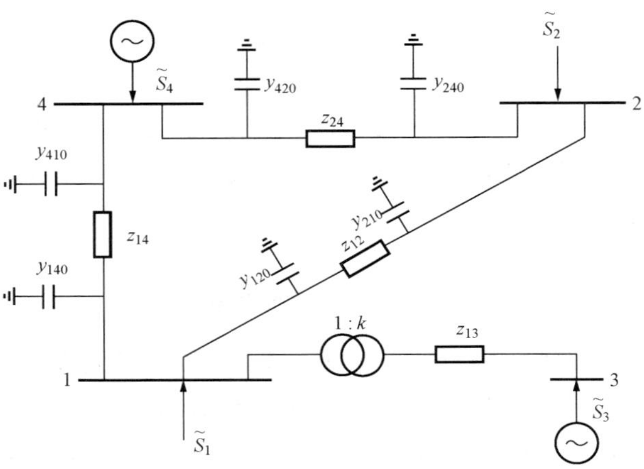

图 4-7 例 4-3 电力系统等效电路

解： 1. 用直角坐标形式的牛顿—拉夫逊法计算如下。

（1）根据网络元件参数和网络拓扑结构形成节点导纳矩阵为

$$\mathbf{Y}_{\mathrm{B}}=\begin{bmatrix}1.042093-\mathrm{j}8.242876 & -0.588235+\mathrm{j}2.352941 & \mathrm{j}3.666667 & -0.453858+\mathrm{j}1.8910747\\ -0.588235+\mathrm{j}2.352941 & 1.069005-\mathrm{j}4.727377 & 0 & -0.480769+\mathrm{j}2.403846\\ \mathrm{j}3.666667 & 0 & -\mathrm{j}3.333333 & 0\\ -0.453858+\mathrm{j}1.891074 & -0.480769+\mathrm{j}2.403846 & 0 & 0.934627-\mathrm{j}4.261590\end{bmatrix}$$

（2）给定节点电压初值为

$$e_1^{(0)}=e_2^{(0)}=1.0, e_3^{(0)}=1.1, f_1^{(0)}=f_2^{(0)}=f_3^{(0)}=0, e_4^{(0)}=1.05, f_4^{(0)}=0$$

（3）按式（4 - 34）和式（4 - 35）计算 ΔP_i、ΔQ_i 和 ΔU_i^2 为

$$\Delta P_1^{(0)}=P_{1\mathrm{s}}-\left[e_1^{(0)}\sum_{j=1}^{4}(G_{1j}e_j^{(0)}-B_{1j}f_j^{(0)})+f_1^{(0)}\sum_{j=1}^{4}(G_{1j}f_j^{(0)}+B_{1j}e_j^{(0)})\right]=-0.277307$$

$$\Delta Q_1^{(0)}=Q_{1\mathrm{s}}-\left[f_1^{(0)}\sum_{j=1}^{4}(G_{1j}e_j^{(0)}-B_{1j}f_j^{(0)})-e_1^{(0)}\sum_{j=1}^{4}(G_{1j}f_j^{(0)}+B_{1j}e_j^{(0)})\right]=-0.050967$$

同样地可以求出

$$\Delta P_2^{(0)}=-0.525962, \Delta Q_2^{(0)}=0.019602, \Delta P_3^{(0)}=0.5$$

$$\Delta U_3^{2(0)}=U_{3\mathrm{s}}^2-[(e_3^{(0)})^2+(f_3^{(0)})^2]=1.1^2-(1.1^2+0^2)=0$$

（4）按式（4 - 37）和式（4 - 38）计算雅可比矩阵各元素，得修正方程式为

$$\begin{bmatrix}-1.019400 & -8.371902 & 0.588235 & 2.352941 & 0 & 3.666667\\ -8.113836 & 1.064786 & 2.352941 & -0.588235 & 3.666667 & 0\\ 0.588235 & 2.352941 & -1.044966 & -4.876980 & 0 & 0\\ 2.352941 & -0.588235 & -4.577775 & 1.093043 & 0 & 0\\ 0 & 4.033333 & 0 & 0 & 0 & -3.666667\\ 0 & 0 & 0 & 0 & -2.200000 & 0\end{bmatrix}\begin{bmatrix}\Delta e_1^{(0)}\\ \Delta f_1^{(0)}\\ \Delta e_2^{(0)}\\ \Delta f_2^{(0)}\\ \Delta e_3^{(0)}\\ \Delta f_3^{(0)}\end{bmatrix}$$

$$=\begin{bmatrix}-0.277307\\ -0.050967\\ -0.525962\\ 0.019602\\ 0.5\\ 0\end{bmatrix}$$

由上述方程式可以看出，各行元素中绝对值最大的都不在对角线上。为了减少计算过程的舍入误差，应该把绝对值最大的元素排列在对角线上。为此，把第一行和第二行，第三行和第四行，第五行和第六行对调，得如下方程：

$$\begin{bmatrix}-8.113836 & 1.064786 & 2.352941 & -0.588235 & 3.666667 & 0\\ -1.019400 & -8.371902 & 0.588235 & 2.352941 & 0 & 3.666667\\ 2.352941 & -0.588235 & -4.577775 & 1.093043 & 0 & 0\\ 0.5882350 & 2.352941 & -1.044966 & -4.876980 & 0 & 0\\ 0 & 0 & 0 & 0 & -2.200000 & 0\\ 0 & 4.0333330 & 0 & 0 & 0 & -3.666667\end{bmatrix}\begin{bmatrix}\Delta e_1^{(0)}\\ \Delta f_1^{(0)}\\ \Delta e_2^{(0)}\\ \Delta f_2^{(0)}\\ \Delta e_3^{(0)}\\ \Delta f_3^{(0)}\end{bmatrix}$$

$$
= \begin{bmatrix} -0.050967 \\ -0.277307 \\ 0.019602 \\ -0.525962 \\ 0 \\ 0.5 \end{bmatrix}
$$

（5）求解修正方程式，得

$$
\begin{bmatrix} \Delta e_1^{(0)} \\ \Delta f_1^{(0)} \\ \Delta e_2^{(0)} \\ \Delta f_2^{(0)} \\ \Delta e_3^{(0)} \\ \Delta f_3^{(0)} \end{bmatrix} = \begin{bmatrix} 0.006485 \\ 0.008828 \\ 0.023660 \\ 0.107818 \\ 0.000000 \\ -0.126652 \end{bmatrix}
$$

（6）按式（4-39），修正节点电压，求得第一次迭代后各节点电压为

$$
\begin{bmatrix} e_1^{(1)} \\ f_1^{(1)} \\ e_2^{(1)} \\ f_2^{(1)} \\ e_3^{(1)} \\ f_3^{(1)} \end{bmatrix} = \begin{bmatrix} 0.993515 \\ -0.008828 \\ 0.976340 \\ -0.107818 \\ 1.100000 \\ 0.126652 \end{bmatrix}
$$

返回第（3）步，计算 ΔP_i、ΔQ_i、ΔU_i^2，检验是否收敛。若收敛，则转入计算平衡节点功率和线路潮流分布，否则重复（4）、（5）、（6），直至收敛。迭代过程中，节点电压和不平衡量的变化情况如表4-1和表4-2所示。

表4-1　迭代过程中节点电压的变化情况

迭代次数	e_1	f_1	e_2	f_2	e_3	f_3
0	1.0	0.0	1.0	0.0	1.1	0.0
1	0. 993515	−0.008828	0.976340	−0.107818	1.100000	0.126652
2	0.984749	−0.008585	0.959003	−0.108374	1.092446	0.128933
3	0.984637	−0.008596	0.958690	−0.108387	1.092415	0.128955

表4-2　迭代过程中节点不平衡量的变化情况

迭代次数	ΔP_1	ΔQ_1	ΔP_2	ΔQ_2	ΔP_3	ΔQ_3
0	-2.77307×10^{-1}	-5.09669×10^{-2}	-5.25962×10^{-1}	1.96024×10^{-2}	5.0×10^{-1}	0
1	-1.33276×10^{-3}	-2.77691×10^{-3}	-1.35287×10^{-2}	-5.77115×10^{-2}	3.01149×10^{-3}	-1.60408×10^{-2}
2	-3.60906×10^{-5}	-3.66420×10^{-5}	-2.53856×10^{-4}	-1.06001×10^{-3}	6.65784×10^{-5}	-6.22030×10^{-5}
3	5.96046×10^{-8}	-7.45058×10^{-8}	-5.96046×10^{-8}	-3.42727×10^{-7}	2.98023×10^{-8}	3.17568×10^{-8}

由表中数值可见，经过3次迭代计算即可满足收敛条件。收敛后，节点电压为

$\dot{U}_1 = 0.984675\angle -0.500172°, \dot{U}_2 = 0.964798\angle -6.450306°, \dot{U}_3 = 1.100000\angle 6.732347°$

(7) 按式 (4-40) 计算平衡节点功率

$$P_4 + jQ_4 = 0.367883 + j0.264698$$

线路功率计算结果如表 4-3 所示。

表 4-3 线路功率

线路	线路功率
L12	0.246244−j0.014651
L21	−0.239990+j0.010627
L13	−0.500001−j0.029264
L31	0.500000+j0.093409
L14	−0.046244−j0.136088
L41	0.048216−j0.104522
L24	−0.310010−j0.140627
L42	0.319666+j0.160176

2. 用极坐标形式的牛顿—拉夫逊法计算。

节点导纳矩阵同 (1)。

给定节点电压初值为:

$$U_1^{(0)} = U_2^{(0)} = 1.0, \delta_1^{(0)} = \delta_2^{(0)} = \delta_3^{(0)} = 0.0$$

迭代过程从略。

迭代过程中节点电压和节点功率平衡量的变化分别如表 4-4 和表 4-5 所示。

表 4-4 迭代过程中节点电压的变化情况

迭代次数	δ_1	U_1	δ_2	U_2	δ_3
0	0.0°	1.0	0.0°	1.0	0.0°
1	−0.505834°	0.993515	−6.177500°	0.976340	6.596945°
2	−0.500797°	0.984775	−6.445191°	0.964952	6.729830°
3	−0.500171°	0.984675	−6.450304°	0.964798	6.732349°

表 4-5 迭代过程中节点功率不平衡量的变化情况

迭代次数	ΔP_1	ΔP_2	ΔP_3	ΔQ_1	ΔQ_2
0	-2.7731×10^{-1}	-5.2596×10^{-1}	5.0×10^{-1}	-5.0966×10^{-2}	1.9602×10^{-2}
1	-3.8631×10^{-5}	-2.0471×10^{-2}	4.5138×10^{-3}	-4.3798×10^{-2}	-2.4539×10^{-2}
2	9.9542×10^{-5}	-4.1948×10^{-4}	7.9285×10^{-5}	-4.5033×10^{-3}	-3.1812×10^{-4}
3	4.1742×10^{-8}	-1.1042×10^{-7}	1.3511×10^{-8}	-6.6572×10^{-8}	-6.6585×10^{-8}

由表中数值可见，计算结果与 (1) 吻合，迭代次数也是 3 次。平衡节点功率和线路功率与 (1) 基本相同，不再详述。

第三节 潮流计算的 P-Q 分解法

P-Q 分解法是以极坐标形式的牛顿—拉夫逊法为基础，结合电力系统的特点，加以简化、改进，使有功功率和无功功率的迭代计算分开进行。

一、P-Q 分解法的建立基础

极坐标形式的牛顿—拉夫逊法修正方程为式 (4-45) 或式 (4-47)。可将式 (4-47) 展开为

$$\left.\begin{aligned}\boldsymbol{\Delta P} &= \boldsymbol{H}\boldsymbol{\Delta\delta} + \boldsymbol{N}\boldsymbol{\Delta U}/\boldsymbol{U}\\ \boldsymbol{\Delta Q} &= \boldsymbol{J}\boldsymbol{\Delta\delta} + \boldsymbol{L}\boldsymbol{\Delta U}/\boldsymbol{U}\end{aligned}\right\} \tag{4-49}$$

结合电力系统自身的特点，可作以下 3 方面的简化。

(1) 在交流高压电网中，网络元件参数的电抗远大于电阻，各节点电压相位角的改变主要影响各元件输送的有功功率，从而影响各节点注入的有功功率；各节点电压大小的改变主

要影响各元件输送的无功功率，从而影响各节点注入的无功功率。它们反映到修正方程中，是 $\boldsymbol{N}$、$\boldsymbol{J}$ 中各元素的数值相对于 $\boldsymbol{H}$、$\boldsymbol{L}$ 的元素来说很小。因此，可略去 $\boldsymbol{N}$、$\boldsymbol{J}$，即近似为 0，则式（4-49）简化为

$$\left.\begin{aligned}\boldsymbol{\Delta P} &= \boldsymbol{H}\,\boldsymbol{\Delta\delta}\\ \boldsymbol{\Delta Q} &= \boldsymbol{L}\,\boldsymbol{\Delta U}/\boldsymbol{U}\end{aligned}\right\} \tag{4-50}$$

这样，实现了有功功率与无功功率的解耦迭代，大大地节省了计算机的内存和计算时间。

（2）一般线路两端电压的相角差不大（通常不超过 10°～20°），且 $G_{ij} \ll B_{ij}$。因此有

$$\cos\delta_{ij} \approx 1, G_{ij}\sin\delta_{ij} \ll B_{ij}$$

于是，$\boldsymbol{H}$、$\boldsymbol{L}$ 中非对角元素 H_{ij}、L_{ij} 的表达式（4-46a）和式（4-46d）可简化为

$$\left.\begin{aligned}H_{ij} &= U_iU_jB_{ij}(i,j = 1,2,\cdots,n-1,j \neq i)\\ L_{ij} &= U_iU_jB_{ij}(i,j = 1,2,\cdots,m,j \neq i)\end{aligned}\right\} \tag{4-51}$$

对角元素 H_{ii}、L_{ii} 可简化为

$$\left.\begin{aligned}H_{ii} &= Q_i + U_i^2B_{ii}\\ L_{ii} &= -Q_i + U_i^2B_{ii}\end{aligned}\right\} \tag{4-52}$$

式中：$Q_i = -U_i\sum_{j=1}^{n}U_jB_{ij}$ 为正常运行时节点 i 注入的无功功率（不计 G_{ij}）。

（3）根据自导纳的定义，式（4-52）中的 $U_i^2B_{ii}$ 项应为各元件电抗远大于电阻的前提下，除节点 i 外其他节点都接地时，由节点 i 注入的无功功率。它必然远大于正常情况注入节点 i 的无功功率 Q_i，即有 $U_i^2B_{ii} \gg Q_i$，则式（4-52）中的 H_{ii}、L_{ii} 可进一步简化为

$$\left.\begin{aligned}H_{ii} &= U_i^2B_{ii}\\ L_{ii} &= U_i^2B_{ii}\end{aligned}\right\} \tag{4-53}$$

二、P-Q 分解法的修正方程

由式（4-51）和式（4-53）可知，$\boldsymbol{H}$、$\boldsymbol{L}$ 的元素具有相同的表达式，只是它们的阶数不同，前者为 $(n-1)$ 阶，后者为 m 阶。

矩阵 $\boldsymbol{H}$、$\boldsymbol{L}$ 可以表示为

$$\begin{aligned}&\begin{bmatrix}U_1B_{11}U_1 & U_1B_{12}U_2 & U_1B_{13}U_3 & \cdots\\ U_2B_{21}U_1 & U_2B_{22}U_2 & U_2B_{23}U_3 & \cdots\\ U_3B_{31}U_1 & U_3B_{32}U_2 & U_3B_{33}U_3 & \cdots\\ \vdots & \vdots & \vdots & \ddots\end{bmatrix}\\ &= \begin{bmatrix}U_1 & & & \\ & U_2 & & \\ & & U_3 & \\ & & & \ddots\end{bmatrix}\begin{bmatrix}B_{11} & B_{12} & B_{13} & \cdots\\ B_{21} & B_{22} & B_{23} & \cdots\\ B_{31} & B_{32} & B_{33} & \cdots\\ \vdots & \vdots & \vdots & \ddots\end{bmatrix}\begin{bmatrix}U_1 & & & \\ & U_2 & & \\ & & U_3 & \\ & & & \ddots\end{bmatrix}\end{aligned} \tag{4-54}$$

将式（4-54）代入式（4-50），可得

$$\begin{bmatrix}\Delta P_1\\ \Delta P_2\\ \vdots\\ \Delta P_{n-1}\end{bmatrix} = \begin{bmatrix}U_1 & & & \\ & U_2 & & \\ & & \ddots & \\ & & & U_{n-1}\end{bmatrix}\begin{bmatrix}B_{11} & B_{12} & \cdots & B_{1,n-1}\\ B_{21} & B_{22} & \cdots & B_{2,n-1}\\ \vdots & \vdots & \ddots & \cdots\\ B_{n-1,1} & B_{n-1,2} & \cdots & B_{n-1,n-1}\end{bmatrix}\begin{bmatrix}U_1\,\Delta\delta_1\\ U_2\,\Delta\delta_2\\ \vdots\\ U_{n-1}\,\Delta\delta_{n-1}\end{bmatrix} \tag{4-55}$$

$$\begin{bmatrix}\Delta Q_1\\\Delta Q_2\\\vdots\\\Delta Q_m\end{bmatrix}=\begin{bmatrix}U_1&&&\\&U_2&&\\&&\ddots&\\&&&U_m\end{bmatrix}\begin{bmatrix}B_{11}&B_{12}&\cdots&B_{1,m}\\B_{21}&B_{22}&\cdots&B_{2,m}\\\vdots&\vdots&\ddots&\cdots\\B_{m,1}&B_{m,2}&\cdots&B_{m,m}\end{bmatrix}\begin{bmatrix}\Delta U_1\\\Delta U_2\\\vdots\\\Delta U_m\end{bmatrix}\tag{4-56}$$

上两式两边分别左乘以下矩阵

$$\begin{bmatrix}U_1&&&\\&U_2&&\\&&U_3&\\&&&\ddots\end{bmatrix}^{-1}=\begin{bmatrix}\frac{1}{U_1}&&&\\&\frac{1}{U_2}&&\\&&\frac{1}{U_3}&\\&&&\ddots\end{bmatrix}$$

可得

$$\begin{bmatrix}\Delta P_1/U_1\\\Delta P_2/U_2\\\vdots\\\Delta P_{n-1}/U_{n-1}\end{bmatrix}=\begin{bmatrix}B_{11}&B_{12}&\cdots&B_{1,n-1}\\B_{21}&B_{22}&\cdots&B_{2,n-1}\\\vdots&\vdots&\ddots&\cdots\\B_{n-1,1}&B_{n-1,2}&\cdots&B_{n-1,n-1}\end{bmatrix}\begin{bmatrix}U_1\Delta\delta_1\\U_2\Delta\delta_2\\\vdots\\U_{n-1}\Delta\delta_{n-1}\end{bmatrix}\tag{4-57}$$

$$\begin{bmatrix}\Delta Q_1/U_1\\\Delta Q_2/U_2\\\vdots\\\Delta Q_m/U_m\end{bmatrix}=\begin{bmatrix}B_{11}&B_{12}&\cdots&B_{1,m}\\B_{21}&B_{22}&\cdots&B_{2,m}\\\vdots&\vdots&\ddots&\cdots\\B_{m,1}&B_{m,2}&\cdots&B_{m,m}\end{bmatrix}\begin{bmatrix}\Delta U_1\\\Delta U_2\\\vdots\\\Delta U_m\end{bmatrix}\tag{4-58}$$

或简写成

$$\boldsymbol{\Delta P/U}=\boldsymbol{B'U\Delta\delta}\tag{4-59}$$

$$\boldsymbol{\Delta Q/U}=\boldsymbol{B''\Delta U}\tag{4-60}$$

以上两式就是P-Q分解法的修正方程式。其中，系数矩阵$\boldsymbol{B'}$、$\boldsymbol{B''}$的元素是取自系统节点导纳矩阵的虚部，是对称、稀疏的常数矩阵。它们在迭代过程中保持不变，可节省存储量，减少运算量，提高计算速度。实际中为了改善收敛性，$\boldsymbol{B'}$、$\boldsymbol{B''}$一般并不简单地是电力系统导纳矩阵的虚部。通常，在$\boldsymbol{B'}$中去除那些与有功功率、电压相位关系较小的因素，如去掉充电电容和变压器非标准变比的影响；在$\boldsymbol{B''}$中去除那些与无功功率、电压大小关系较小的因素，如去掉输电线路电阻的影响等。这样，$\boldsymbol{B'}$与$\boldsymbol{B''}$不仅阶数不同，而且它们相应元素的数值也不完全相同。

三、P-Q分解法潮流计算的基本步骤

P-Q分解法进行潮流计算的基本步骤是：

（1）形成系数矩阵$\boldsymbol{B'}$、$\boldsymbol{B''}$；

（2）给定各节点电压的初值$\delta_i^{(0)}$（$i=1，2，\cdots，n-1$）和$U_i^{(0)}$（$i=1，2，\cdots，m$）；

（3）根据式（4-43）计算各节点有功功率不平衡量$\Delta P_i^{(0)}$，并求出$\Delta P_i^{(0)}/U_i^{(0)}$（$i=1，2，\cdots，n-1$）；

（4）解修正方程式（4-57），求各节点电压相位角的修正量$\Delta\delta_i^{(0)}$（$i=1，2，\cdots，n-1$）；

（5）修正各节点电压相位角，得新值$\delta_i^{(1)}=\delta_i^{(0)}-\Delta\delta_i^{(0)}$（$i=1，2，\cdots，n-1$）；

(6) 根据式 (4-43) 计算各 PQ 节点无功功率不平衡量 $\Delta Q_i^{(0)}$，并求出 $\Delta Q_i^{(0)}/U_i^{(0)}$ ($i=1, 2, \cdots, m$)；

(7) 解修正方程式 (4-58)，求各 PQ 节点电压大小的修正量 $\Delta U_i^{(0)}$ ($i=1, 2, \cdots, m$)；

(8) 修正 PQ 节点电压大小，得新值 $U_i^{(1)}=U_i^{(0)}-\Delta U_i^{(0)}$ ($i=1, 2, \cdots, m$)；

(9) 返回步骤 (3) 进行迭代，直到所有节点功率不平衡量 ΔP_i 和 ΔQ_i 都满足收敛条件；若收敛，则转入步骤 (10)；

(10) 计算平衡节点功率和线路功率等。

P-Q 分解法潮流计算程序原理框图如图 4-8 所示。图中，K_P、K_Q 分别为有功功率和无功功率迭代状态的标志。收敛时，置 0；未收敛时，置 1。

对于 P-Q 分解法需作以下几点说明：

(1) P-Q 分解法所作的种种简化只影响迭代过程，而不影响计算结果的精度。这是因为其采用的迭代收敛条件与牛顿—拉夫逊法是一样的，即为 $\|\Delta P_i, \Delta Q_i\| \leqslant \varepsilon$，其中的 ΔP_i、ΔQ_i 仍是按式 (4-43) 计算。

(2) P-Q 分解法的迭代次数一般多于牛顿—拉夫逊法，但其每次迭代所需的时间比牛顿—拉夫逊法少得多，以致 P-Q 分解法总的计算时间少于牛顿—拉夫逊法。

(3) P-Q 分解法是建立在前述的 3 个简化条件基础上的，它们是应用 P-Q 分解法的前提条件。若不满足这些条件，P-Q 分解法的迭代过程的收敛性要恶化，甚至不收敛。例如，在 35kV 及以下电压等级的电力网或电缆网络中，因 r/x 比值较大，就有可能出现不收敛的情况。

【例 4-4】 对例 4-3 的电力系统用 P-Q 分解法进行潮流计算。电力网络参数和给定条件与例 4-3 相同。

解： (1) 导纳矩阵 $\boldsymbol{Y}_\mathbf{B}$ 与例 4-3 相同。

(2) 形成 P-Q 分解法修正方程的系数矩阵 $\boldsymbol{B}'$、$\boldsymbol{B}''$。本例直接取用 $\boldsymbol{Y}_\mathbf{B}$ 阵有关元素的虚部，为

$$\boldsymbol{B}'=\begin{bmatrix}-8.242877 & 2.352941 & 3.666667\\ 2.352941 & -4.727377 & 0.000000\\ 3.666667 & 0.000000 & -3.333333\end{bmatrix}$$

$$\boldsymbol{B}''=\begin{bmatrix}-8.242877 & 2.352941\\ 2.352941 & -4.727377\end{bmatrix}$$

(3) 取初值为

$$U_1^{(0)}=U_2^{(0)}=1.0, \delta_1^{(0)}=\delta_2^{(0)}=0, U_3=1.1, \delta_3^{(0)}=0, U_4=1.0, \delta_4=0$$

(4) 计算节点有功功率不平衡量 ΔP_i 和 $\Delta P_i/U_i$ 为

$$\Delta P_i^{(0)}=P_{is}-U_i^{(0)}\sum_{j=1}^{n}U_j^{(0)}(G_{ij}\cos\delta_{ij}^{(0)}+B_{ij}\sin\delta_{ij}^{(0)})$$

$$\begin{aligned}\Delta P_1^{(0)}=&-0.3-1.0\times1.0\times(1.042093\cos0-8.242876\sin0)-1.0\times1.0\times(-0.588235\cos0\\&+2.352941\sin0)-1.0\times1.1\times(0\times\cos0+3.666667\sin0)-1.0\times1.0\\&\times(-0.453858\cos0+1.8910747\sin0)=-0.277307\end{aligned}$$

采用同样的方法，可得

$$\Delta P_2^{(0)}=-0.525962, \Delta P_3^{(0)}=0.5$$

则

$$\Delta P_1^{(0)}/U_1^{(0)}=-0.277307, \Delta P_2^{(0)}/U_2^{(0)}=-0.525962, \Delta P_3^{(0)}/U_3^{(0)}=0.454545$$

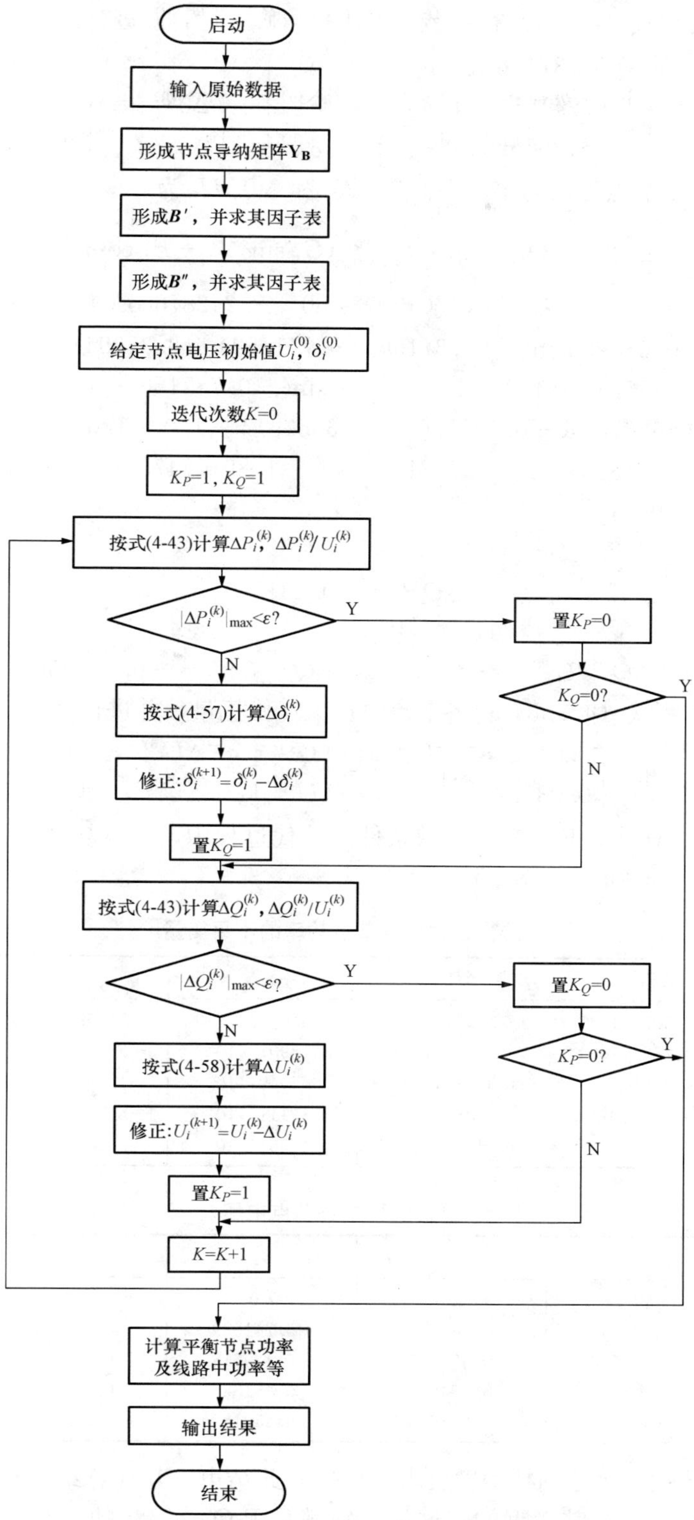

图 4-8　P-Q 分解法潮流计算程序原理框图

(5) 解修正方程式 (4 - 57) 得各节点电压相角修正量，并进行修正

$$\begin{bmatrix}\Delta\delta_1^{(0)}\\ \Delta\delta_2^{(0)}\\ \Delta\delta_3^{(0)}\end{bmatrix}=\begin{bmatrix}0.737156\\ 6.741552\\ -6.365626\end{bmatrix},\begin{bmatrix}\delta_1^{(1)}\\ \delta_2^{(1)}\\ \delta_3^{(1)}\end{bmatrix}=\begin{bmatrix}\delta_1^{(0)}\\ \delta_2^{(0)}\\ \delta_3^{(0)}\end{bmatrix}-\begin{bmatrix}\Delta\delta_1^{(0)}\\ \Delta\delta_2^{(0)}\\ \Delta\delta_3^{(0)}\end{bmatrix}=\begin{bmatrix}-0.737156\\ -6.741552\\ 6.365626\end{bmatrix}$$

(6) 计算各 PQ 节点无功功率不平衡量 ΔQ_i 和 $\Delta Q_i/U_i$ 为

$$\Delta Q_i^{(0)}=Q_{is}-U_i^{(0)}\sum_{j=1}^{n}U_j^{(0)}(G_{ij}\sin\delta_{ij}^{(1)}-B_{ij}\cos\delta_{ij}^{(1)})$$

$$\begin{aligned}\Delta Q_1^{(0)}=&-0.18-1.0\times1.0\times(1.042093\sin0+8.242876\cos0)-1.0\times1.0\\&\times[-0.588235\sin(-0.737156+6.741552)-2.352941\times\cos(-0.737156\\&+6.741552)]-1.0\times1.1\times[0\times\sin(-0.737156-6.365626)\\&-3.666667\cos(-0.737156-6.365626)]-1.0\times1.0\\&\times[-0.453858\sin(-0.737156-0)-1.8910747\cos(-0.737156-0)]\\=&-0.039594\end{aligned}$$

采用相同的方法，可求得 $\Delta Q_2^{(0)}$ 为

$$\Delta Q_2^{(0)}=-0.131550$$

则

$$\Delta Q_1^{(0)}/U_1^{(0)}=-0.039594,\Delta Q_2^{(0)}/U_2^{(0)}=-0.131550$$

(7) 解修正方程式 (4 - 58) 得各节点电压大小修正量，并进行修正

$$\begin{bmatrix}\Delta U_1^{(0)}\\ \Delta U_2^{(0)}\end{bmatrix}=\begin{bmatrix}0.014858\\ 0.035222\end{bmatrix},\begin{bmatrix}U_1^{(1)}\\ U_2^{(1)}\end{bmatrix}=\begin{bmatrix}U_1^{(0)}\\ U_2^{(0)}\end{bmatrix}-\begin{bmatrix}\Delta U_1^{(0)}\\ \Delta U_2^{(0)}\end{bmatrix}=\begin{bmatrix}0.985142\\ 0.964778\end{bmatrix}$$

返回 (4) 继续迭代，直到满足收敛条件。迭代过程中，节点功率的平衡量和电压的变化情况分别如表 4 - 6 和表 4 - 7 所示。

表 4 - 6　迭代过程中各节点功率的不平衡量

迭代次数	ΔP_1	ΔP_2	ΔP_3	ΔQ_1	ΔQ_2
0	-2.77307×10^{-1}	-5.25962×10^{-1}	5.0×10^{-1}	-3.95941×10^{-2}	-1.31550×10^{-1}
1	-3.36263×10^{-3}	1.44463×10^{-2}	8.68907×10^{-3}	-3.69753×10^{-3}	1.58264×10^{-3}
2	-3.47263×10^{-4}	-1.39825×10^{-3}	6.55549×10^{-4}	-1.38740×10^{-4}	-4.41963×10^{-4}
3	2.90953×10^{-6}	7.51808×10^{-5}	3.32111×10^{-5}	-8.66194×10^{-6}	1.34870×10^{-5}
4	-3.04319×10^{-6}	-7.14078×10^{-6}	2.41368×10^{-6}	8.69475×10^{-8}	3.99482×10^{-7}

表 4 - 7　迭代过程中各节点电压

迭代次数	δ_1	U_1	δ_2	U_2	δ_3
0	0.0°	1.0	0.0°	1.0	0.0°
1	−0.737156°	0.985142	−6.741552°	0.964778	6.365626°
2	−0.493512°	0.984727	−6.429618°	0.964918	6.729083°
3	−0.501523°	0.984675	−6.451888°	0.964795	6.730507°
4	−0.500088°	0.984675	−6.450180°	0.964798	6.732392°

由表可见，迭代 4 次达到精确度要求，迭代到此结束。其计算结果与例 4 - 3 的计算结果相比较，可以看出是非常接近的，这说明在满足 P-Q 分解法的 3 个简化条件的基础上，P-Q 分解法计算的结果准确性是有保证的。

平衡节点功率及线路功率分布的计算略去。

习　　题

4-1　如图 4-9 所示的简单电力系统。图中标示出了各线路的阻抗标幺值，线路对地导纳支路略去。

（1）试建立节点导纳矩阵；

（2）当切除线路 1-2 时，节点导纳矩阵如何修改？

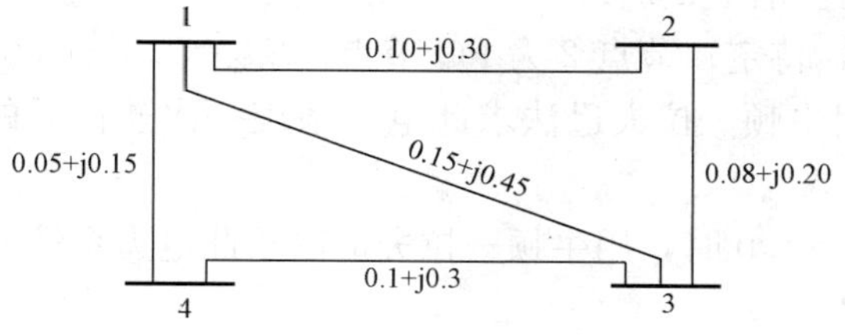

图 4-9　题 4-1 图

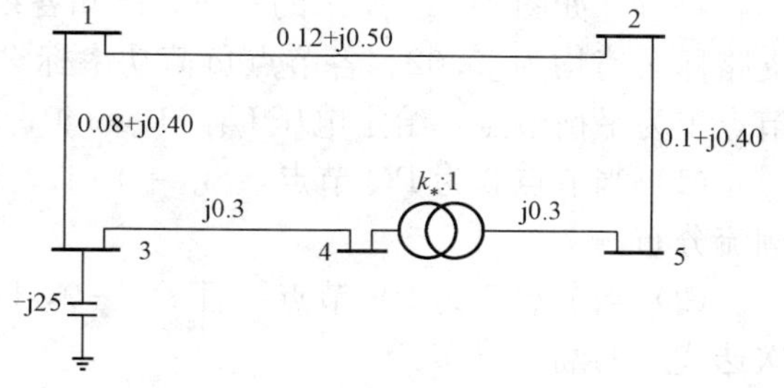

图 4-10　题 4-2 图

4-2　如图 4-10 所示电力系统，各支路阻抗标幺值标示在图中。试求：

（1）变压器非标准变比为 $k_*=1.0$ 时，节点导纳矩阵；

（2）变压器非标准变比为 $k_*=1.1$ 时，节点导纳矩阵。

4-3　电力系统接线如图 4-11 所示。变压器 T1 的变比为 $121\pm2\times2.5\%/38.5$kV，运行分接头 -5%，按额定电压折算至 110kV 侧的参数 $Z_{T1}=0.8+j23\Omega$，变压器 T2 的变比为 $121\pm2\times2.5\%/38.5$kV，运行分接头 -2.5%，按额定电压折算至 110kV 侧的参数 $Z_{T2}=6.8+j44\Omega$，线路参数均为 $10.5+j40\Omega$，试分别求有名制和标幺制下的网络节点导纳矩阵（基准电压取各级平均额定电压）。

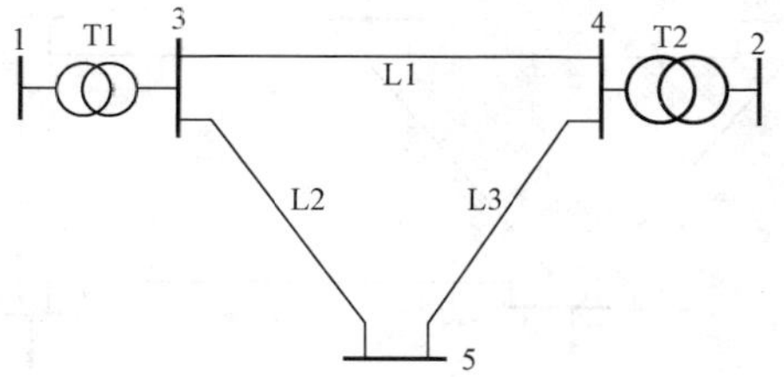

图 4-11　题 4-3 图

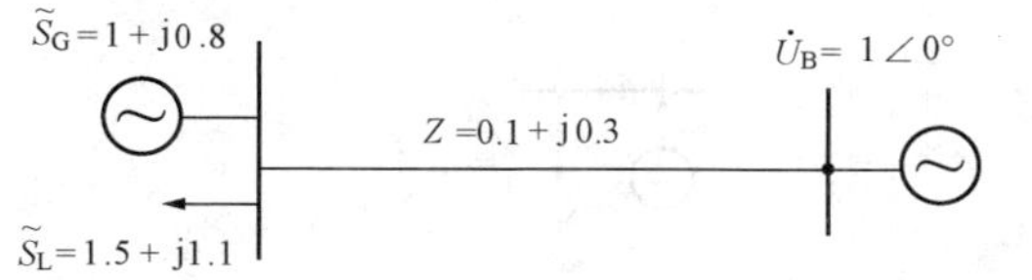

图 4-12　题 4-4 图

4-4　如图 4-12 所示为一电力系统，图中参数均为标幺值，试用牛顿—拉夫逊法计算第一次迭代后的修正方程式。

4-5　双母线系统如图 4-13 所示，图中参数均为标幺值。

（1）写出节点 1、2 的类型；

（2）写出网络节点导纳矩阵；

（3）试用直角坐标表示的牛顿—拉夫逊法，写出功率方程和第一次迭代的

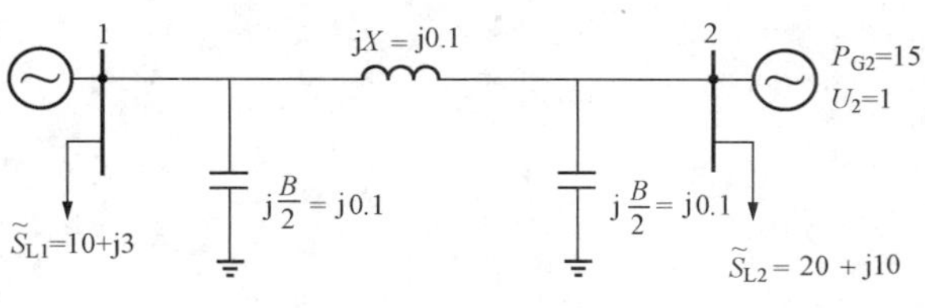

图 4-13　题 4-5 图

修正方程式。

4-6　如图 4-14 所示的电力系统，用牛顿—拉夫逊迭代法迭代一次计算节点 3 的电压。

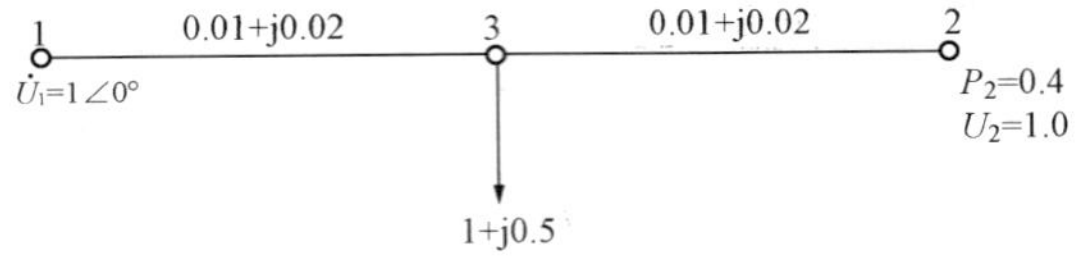

图 4-14　题 4-6 图

4-7　如图 4-15 所示的网络，已知各线路串联阻抗标幺值为 0.02+j0.08，并联导纳支路标幺值均为 j0.02。各节点负荷功率标幺值 $\widetilde{S}_{L1}=2+j1$，$\widetilde{S}_{L2}=0+j0$，$\widetilde{S}_{L3}=1.5+j0.6$。节点 1 为平衡节点，给定电压 $\dot{U}_1=1.0+j0$，$\widetilde{S}_{G1}$待定；节点 2 为 PQ 节点，$\widetilde{S}_{G2}=0.5+j1.0$。

（1）当节点 3 为 PQ 节点，$\widetilde{S}_{G3}=0+j1$，用牛顿—拉夫逊法求此电力系统一次迭代后的潮流分布。

（2）当节点 3 为 PV 节点，且 $P_{G3}=0$，$U_3=1.0$ 时，用牛顿—拉夫逊法求此电力系统一次迭代后的潮流分布。

4-8　如图 4-16 所示的电力系统中，节点 1 为平衡节点 $\dot{U}_1=1\angle0°$，节点 2、3 为 PV 节点，$U_2=U_3=1$，$P_2=0.9$，$P_3=0.2$，节点 4、5 为 PQ 节点，$\widetilde{S}_4=1.72+j0.6$，$\widetilde{S}_5=1.75+j0.55$。线路所有阻抗均为 $Z=j0.1$（略去导纳支路），设各节点电压初始值均为 $1\angle0°$，试用牛顿—拉夫逊法（极坐标形式），求解第一次迭代后的潮流分布。

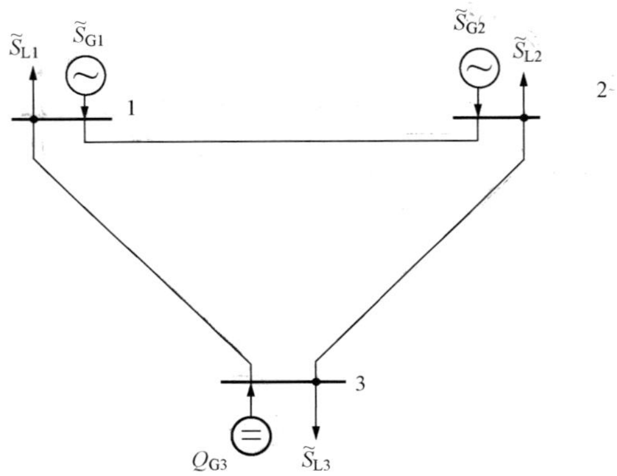

图 4-15　题 4-7 图

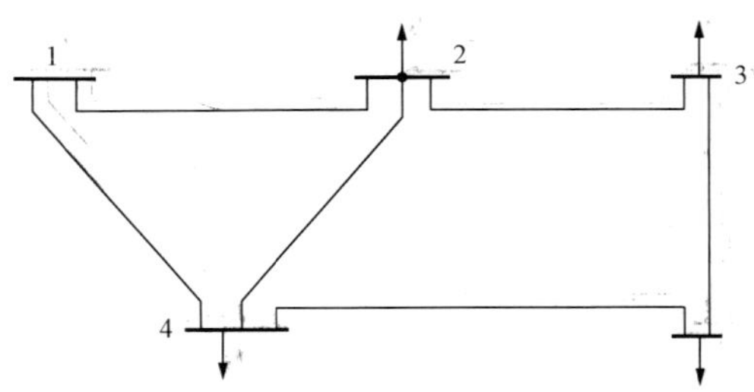

图 4-16　题 4-8 图

第五章　电力系统正常运行方式的调整与控制

电力系统正常稳态运行方式是指在一定的接线方式和设备参数下，各原动机输入的机械功率和发电机输出的电磁功率恒定且平衡，发电机的转速及相应的频率恒定；系统中各节点功率、电压恒定。然而系统总是不断存在各种扰动，例如负荷波动。在这种扰动作用下，系统状态将发生变化，即引起系统频率和各点电压变化。为了保证合格的频率质量，必须调整原动机输入的机械功率，使之与负荷的有功功率平衡；为了保证合格的电压质量，必须调整包括发电机在内的无功电源的无功功率，使之与负荷的无功功率平衡。在上述的调整和控制中，还要考虑各电气设备和系统的安全运行条件和经济运行条件，从而保证电力系统安全、优质、经济运行。

第一节　电力系统有功功率和频率的调整与控制

一、频率调整的必要性

频率是衡量电力系统电能质量的一个重要指标。在稳态运行情况下，系统所有发电机保持同一转速同步运行，全系统频率为统一频率。

电力系统的频率与有功功率密切相关。当系统有功功率负荷发生变化，打破系统有功功率平衡时，将引起系统频率的变化。如不及时进行频率的调整与控制，可能出现频率大范围内的变化，对用户和电力系统本身都会带来极大的危害。

对用户来说，由于电动机的转速与系统频率近似成正比，因此频率的变化将引起电动机转速的变化，从而使得由这些电动机驱动的纺织、造纸等机械的产品质量受到影响甚至出现残、次品。而且，频率的降低将使一些工厂的产量减少。特别是现代工业、国防和科学技术都广泛使用电子设备，系统频率的不稳定将影响它们的正常工作，当频率过低时甚至无法运行。

频率变化对发电机组和电力系统本身的影响更为重要。当频率下降时，汽轮机叶片的振动将增大，从而影响其使用寿命甚至产生裂纹。当频率低到45Hz附近时，一些汽轮机的叶片可能因发生共振而断裂，造成重大事故。在火力发电厂中，送风机、引风机、给水泵、循环水泵和磨煤机等厂用设备会由于电动机的转速下降而使它们的机械出力减少，引起锅炉和汽轮机出力的降低，从而可能使频率继续下降而产生恶性循环。特别是当频率降低到47Hz以下时，上述恶性循环发展得十分激烈，可能在几分钟内使系统频率下降到不能允许的程度，这种现象称为频率崩溃，将造成大面积停电，甚至使整个系统瓦解。在核电厂中，反应堆的冷却介质泵对于频率的要求比较严格，当频率降到一定程度时，冷却介质泵将自动跳开，使反应堆停止运行。此外，频率下降将引起系统无功功率增大，从而造成系统电压水平的下降。

为了保持系统的频率以减少频率变化造成的影响和危害，在负荷变化的同时，必须自动调节发电机发出的有功功率，使系统的频率保持在（50±0.2）Hz范围内，而在采用频率自动调整装置的情况下，频率的误差应为0.05～0.15Hz。而且，为了防止频率崩溃的发生，在系统中必须设置自动低频减负荷装置（简称低频减载装置），当频率降低到一定程度时，按频率的高低自动分级切除部分负荷，使系统频率尽快恢复到49.5Hz以上。

二、电力系统有功功率的平衡

如前所述，电力系统的频率与有功功率密切相关。实现电力系统在额定频率下的有功功率平衡，并留有必要的备用容量，是保证频率质量的前提。

1. 有功功率平衡和备用容量

电力系统中的有功功率电源是各类发电厂的发电机。在电力系统运行中，所有有功功率电源发出的功率必须与电力系统的发电负荷相平衡，即

$$\sum_{i=1}^{n} P_{Gi} = \sum_{i=1}^{n} P_{LDi} + \Delta P_{\Sigma} \tag{5-1}$$

式中：$\sum_{i=1}^{n} P_{Gi}$ 为系统中所有有功功率电源发出的功率；$\sum_{i=1}^{n} P_{LDi}$ 为系统中所有负荷消耗的有功功率；ΔP_{Σ} 为系统中各元件总的有功功率损耗。

电力系统中发电机组额定容量的总和，称为电力系统的装机容量。由于各发电设备并不都是按额定容量运行的，所以系统调度部门必须随时准确掌握可投入的各发电设备的可发功率——系统电源容量。为保证电力系统运行的可靠性和具有良好的电能质量，系统电源容量应大于发电负荷，大于的部分称为备用容量。

备用容量按发电设备的运行状态可分为热备用和冷备用。热备用是运行中的备用，冷备用是未运转的备用。

备用容量按发电设备的用途分为负荷备用、事故备用、检修备用和国民经济备用。负荷备用是为调整系统中短时负荷波动并担负计划外的负荷增加而设置的备用，一般取总负荷的2%～5%；事故备用是使电力用户在发电设备发生偶然性事故时不受严重影响、维持系统正常供电所需的备用，一般取系统最大负荷的5%～10%，且应大于系统最大机组容量；检修备用是为使系统中的发电设备能定期检修而设置的备用；国民经济备用是计及负荷的超计划增长而设置的备用。

上述4种备用是以热备用和冷备用的形式存在着的。其中负荷备用和一部分事故备用需为热备用，其余备用视需要确定为热备用或冷备用。

2. 有功功率负荷的变动及其调整

电力系统的总负荷根据变化规律可分为以下3种：第一种是变化幅度很小、变化周期很短的负荷；第二种是变化幅度较大、变化周期较长的负荷；第三种是变化幅度很大、变化周期很长的负荷。

根据有功功率平衡关系式（5-1），负荷功率变化时，发电机发出的电磁功率将随之变化，以达到有功功率平衡。又根据发电机的转子运动方程（将在第十章中介绍）

$$\frac{d\omega_*}{dt} = \frac{1}{T_J}(P_{m*} - P_{e*}) \tag{5-2}$$

可知，发电机电磁功率 P_{e*} 变化，而机械功率 P_{m*} 由于机组惯性不能马上变化，功率平衡破坏，发电机转速 ω 发生变化（偏离额定转速 ω_N），即系统频率发生变化。

由第一种负荷变化引起的频率偏移将由发电机组调速系统的调速器进行调整，称为频率的

一次调整；第二种负荷变化引起的频率偏移将由发电机组调速系统的调频器进行调整，称为频率的二次调整；第三种负荷变化引起的频率偏移将在有功功率平衡的基础上，责成各发电设备按最优（经济）分配原则进行有功功率的分配，称为频率的三次调整（将在第六章介绍）。

三、电力系统的频率特性

电力系统处于稳态运行时，系统有功功率随频率变化的特性称为电力系统的有功功率—频率静态特性。它可以分为负荷的有功功率—频率静态特性和发电机组（电源）的有功功率—频率静态特性，简称功—频静特性。负荷和发电机组的功率—频率静态特性可用来分析频率的调整过程和调整结果。

（一）负荷的有功功率—频率静态特性

在电力系统的总有功负荷中，有与频率变化无关的负荷，如照明、整流设备等；有与频率的一次方成正比的负荷，如球磨机、往复式水泵等；有与频率的二次方成正比的负荷，如变压器的涡流损耗；有与频率的三次方成正比的负荷，如通风机、循环水泵等；有与频率的更高次方成正比的负荷，如给水泵等。

整个系统的有功功率负荷与频率的关系可写成

$$P_{LD}=a_0P_{LDN}+a_1P_{LDN}\left(\frac{f}{f_N}\right)+a_2P_{LDN}\left(\frac{f}{f_N}\right)^2+a_3\left(\frac{f}{f_N}\right)^3+\cdots \tag{5-3}$$

式中：P_{LD}为频率等于f时系统的有功负荷；P_{LDN}为频率等于额定频率f_N时系统的有功负荷；系数a_i（$i=0$，1，2，…）为与频率的i次方成正比的负荷在P_{LDN}中所占的份额，且有

$$a_0+a_1+a_2+\cdots=1$$

将式（5-3）两边同除以P_{LDN}，即得到标幺值表示的负荷的功—频静特性：

$$P_{LD*}=a_0+a_1f_*+a_2f_*^2+a_3f_*^3+\cdots \tag{5-4}$$

当频率偏差不大时，负荷的功—频静特性常用一条直线近似表示，如图5-1所示。

图中直线的斜率为

$$K_{LD}=\frac{\Delta P_{LD}}{\Delta f} \tag{5-5}$$

式中：K_{LD}称为负荷的频率调节效应系数，也称负荷的单位调节功率，以MW/Hz为单位。它的标幺值是

$$K_{LD*}=\frac{\Delta P_{LD}/P_{LDN}}{\Delta f/f_N}=K_{LD}\frac{f_N}{P_{LDN}} \tag{5-6}$$

负荷的频率调节效应系数表征负荷的频率调节特性，即随着频率的升高和降低，负荷消耗的功率增加或减少的多少。

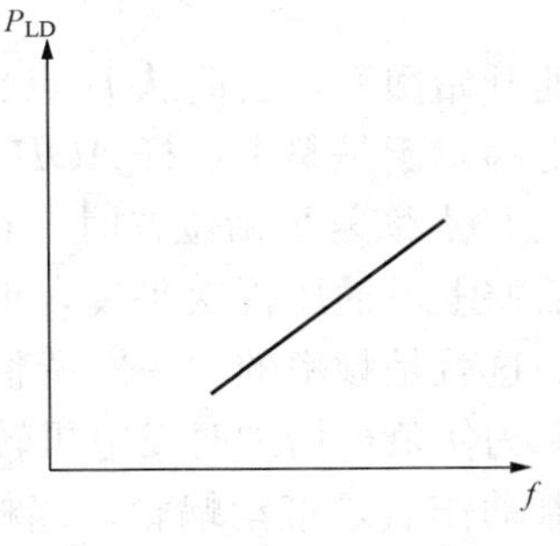

图5-1 负荷的有功频率静态特性

需要注意的是，负荷的频率调节效应系数不能整定，其K_{LD*}的大小取决于全系统各类负荷所占的比重，不同系统或同一系统的不同时刻K_{LD*}可能不同。在实际系统中，K_{LD*}取1～3。此外，作为反映系统进行一次调整性能的一个重要数据，负荷的频率调节效应系数是调度部门确定按频率减负荷方案以及低频事故切负荷来恢复频率的计算依据。

（二）发电机组的有功功率—频率静态特性

1. 发电机组的自动调速系统

发电机组的自动调速系统根据转速测量元件的不同，基本上可分为机械液压式和电气液

压式两大类。机械液压式是将转速变化信号转变为液压信号；电气液压式是将转速变化信号转变为电信号，再通过电液转换器转换为液压信号。前者由于结构复杂且失灵区较大，在大型机组上很少采用。但由于调节过程直观，调节原理与电液式无本质区别，所以首先介绍离心飞摆式机械液压调速系统，其结构示意图如图 5 - 2 所示。

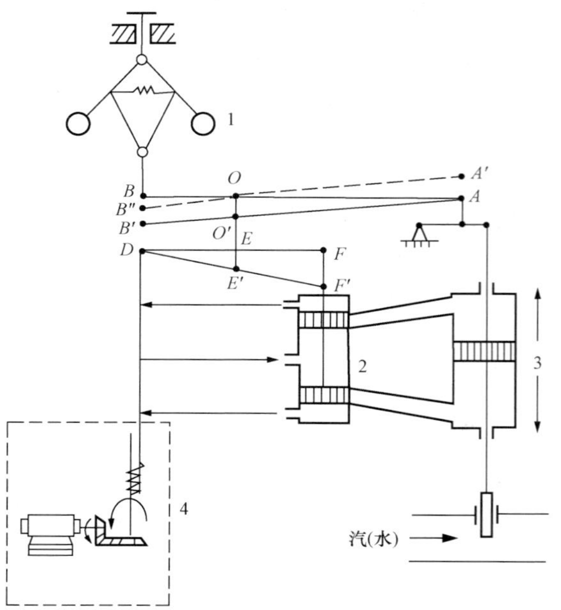

图 5 - 2　离心飞摆式机械液压调速系统

1—转速测量元件—离心飞摆及其附件；2—放大元件—错油门（或称配压阀）；3—执行机构—油动机（或称接力器）；4—转速控制结构—调频器（或称同步器）

调速系统由 4 个部分组成，即转速测量元件（离心飞摆、弹簧和套筒）、放大元件（错油门）、执行元件（油动机）、控制元件（调频器）。离心飞摆由原动机主轴带动，直接反映原动机转速的变化。在稳态情况下，原动机为一恒定转速，杠杆 AOB 的 O 点及杠杆 DEF 的 E 点处于平衡位置，错油门活塞正好堵住两个油口，使压力油不能进入油动机，并使油动机活塞的上下油压相等且保持在某一位置，从而使汽轮机进气阀开度固定在某一位置，当负荷增加时，发电机转速下降，离心飞摆的离心力减小，套筒下移，即 B 点下移至 B'，O 点下移至 O'，油动机未动作，A 点仍在原位。杠杆 DEF 的 D 点固定，E 点下移至 E'，F 点下移至 F'，错油门活塞下移，两个油门打开，压力油进入油动机活塞下部，油动机活塞上移，增大汽阀开度，增大进汽量，使原动机输入的机械功率增大，转速开始回升，套筒从 B' 点也跟着回升。与此同时，随着油动机活塞上移，杠杆 AOB 的 A 端上移，于是整个杠杆 AOB 上移，并带动杠杆 DEF 以 D 点为支点逆时针方向转动。当 O 点及 E 点恢复平衡位置时（杠杆 AOB 在 $A'OB''$ 位置），错油门活塞油口重新被堵位，油动机活塞上下油压再次平衡，调速系统处于新的平衡状态，此时，发电机转速低于原来的转速。这就是频率的“一次调整”，这种调整为有差调节。

为使负荷增加时发电机转速更接近原始转速或回到原始转速，要求有“二次调整”。调频器动作后，带动蜗轮、蜗杆将 D 点抬高。D 点上升，杠杆 DEF 以 E 点为支点顺时针转动，错油门油口再次打开，油动机活塞再次上移，进汽量进一步增加。转速上升，套筒从 B'' 点上升，油动机活塞上移，A 点由 A' 上移，带动 O、E、F 向上移动，错油门油口再次堵住，调节过程结束。只要 D 点上升位置合适，套筒就可以回到原来位置，转速恢复原始转速。可见，二次调整既可做到有差调节，又可做到无差调节。

电气液压式调速系统又可分模拟和数字两种形式，它们各自又有不少的类型。下面只简要介绍其中的一种功率—频率电气液压调速系统，简称功频电液调速系统，其原理如图 5 - 3 所示。它由转速测量、转速给定、频差放大、功率测量、功率给定、综合放大器、PID 校正（调节）、功率放大器、电液转换器和油动机组成。转速测量环节将机组的转速转换成电压信号，与给定转速值相减（经频差放大器）得出频率误差信号。功率测量环节将发电机发出的有功功率转换成电压信号，与给定功率值相减并与频率误差同时送入综合放大器进行综合和放大，得出综合误差信号为

$$\Delta U=(P_s-P_G)+K_G(f_s-f) \tag{5-7}$$

式中：P_s 为功率给定值；P_G 为发电机发出有功功率的测量值；f_s 为频率给定值，一般为额定频率 f_N；f 为与机组转速相应的频率测量值；K_G 为某一设定的系数。

综合误差信号经过 PID（比例—积分—微分）调节环节，用以实现功率偏差和转速偏差之间的稳态线性关系，并改善控制系统的性能。所得出的信号经过功率放大使之有足够的功率来驱动电液转换器，将电信号转换成油压信号使油动机动作，从而改变汽门的开度。

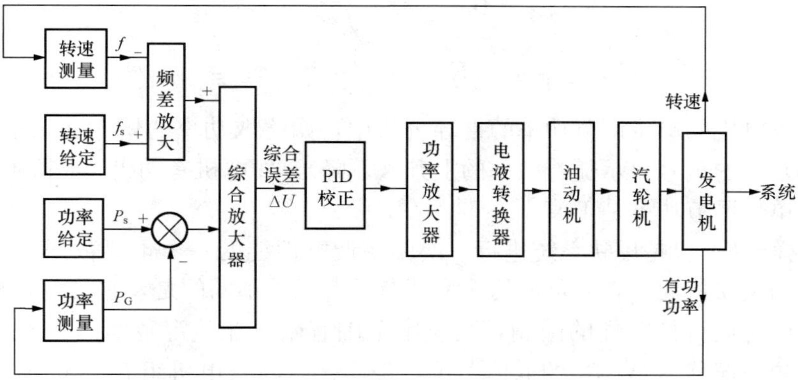

图 5-3　功频电液调速系统原理框图

2. 发电机组的有功功率—频率静态特性

当电力系统负荷发生变化打破发电机组输入的机械功率和输出的电磁功率之间的平衡时，发电机组转速发生变化，发电机调速系统中的调速器动作，改变原动机的进汽（水）量，使发电机的输入、输出功率达到新的平衡，实现转速或频率的调整。所以根据发电机调速系统的调节原理，即负荷增大，发电机出力增加，频率降低；负荷减少，发电机出力减少，频率增加，发电机组的有功功率—频率静态特性可近似表示为一条折线，如图 5-4 所示。

图中线段 2-3 表示发电机出力已达最大值，调速器不再起作用。图中的斜线部分表示发电机频率的调节过程，其斜率为

$$K_G=-\frac{\Delta P_G}{\Delta f} \tag{5-8}$$

式中：K_G 称为发电机组的单位调节功率，以 MW/Hz 为单位。

K_G 的标幺值是

$$K_{G*}=-\frac{\Delta P_G/P_{GN}}{\Delta f/f_N}=K_G\frac{f_N}{P_{GN}} \tag{5-9}$$

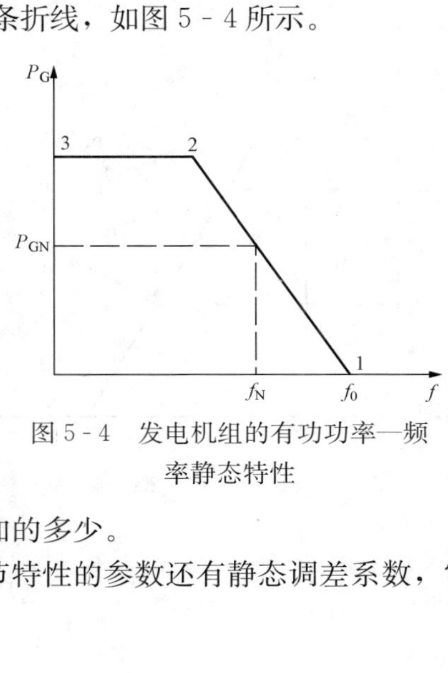

图 5-4　发电机组的有功功率—频率静态特性

发电机的单位调节功率表征电源的频率调节特性，即随着频率的升高或降低，发电机组有功出力减少或增加的多少。

除发电机的单位调节功率外，表征系统电源频率调节特性的参数还有静态调差系数，它

定义为

$$\delta_* = \frac{f_0 - f_N}{f_N} \tag{5-10}$$

式中：f_0 表示发电机空载运行时的频率。

调差系数表明发电机由空载运行到额定运行时频率偏移的大小，它与发电机的单位调节功率的关系如下

$$\delta_* = \frac{f_0 - f_N}{f_N} = \frac{f_0 - f_N}{P_{GN} - 0}\frac{P_{GN}}{f_N} = \frac{1}{K_G}\frac{P_{GN}}{f_N} = \frac{1}{K_{G*}}$$

即有

$$K_G = \frac{1}{\delta_*}\frac{P_{GN}}{f_N} \tag{5-11}$$

$$K_{G*} = \frac{1}{\delta_*} \tag{5-12}$$

在负荷和发电机的单位调节功率的推导公式中，始终取功率的增大和频率的上升为正，所以式（5-8）中的负号表示随着频率的上升（下降），发电机有功出力是降低（增大）的，也即发电机的单位调节功率是正值。

与 K_{LD}一样，K_G 也是反映系统进行一次频率调整性能的一个重要数据，它是并联机组进行负荷分配的重要依据，它与负荷的频率调节效应系数不同的是，它是可以整定的。但受发电机组调速机构运行稳定性的限制，其整定范围有限。在整定范围内，K_G 越大或 δ_* 越小，调整结果频率偏移越小。δ_* 的取值范围一般是：汽轮发电机组 $\delta_*=0.04\sim0.06$，水轮发电机组 $\delta_*=0.02\sim0.04$。当发电机组满载后，受调速机构的限制，发电机组不再具有调频能力，即此时 K_G 为零，δ_* 为无限大。

（三）电力系统的有功功率—频率静态特性

当电力系统负荷发生变化引起频率变化时，频率的调整是由负荷和发电机组两者的调节效应共同承担的，其调整过程正是频率的一次调整。图 5-5 示出了电力系统的功—频静特性（以一个负荷和一台发电机为例）。

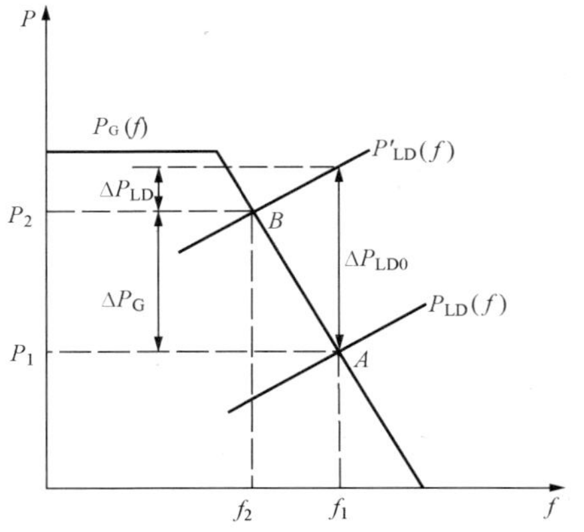

图 5-5　电力系统有功功率—频率静态特性

图中原始运行点为 A 点，即当系统负荷为 P_1 时，负荷的功—频静特性为 P_{LD}（f），与发电机的功—频静特性 P_G（f）相交于 A 点，此时系统频率为 f_1。当系统负荷增加 ΔP_{LD0}时，负荷的功—频静特性由 P_{LD}（f）跃变为 P'_{LD}（f）。这时，一方面发电机组的输入输出功率平衡被打破，转速变化引起频率下降，调速器动作，发电机出力增加 ΔP_G；另一方面由于转速变化引起频率下降又使负荷所需的有功功率按自身的调节效应减少 ΔP_{LD}。P'_{LD}（f）与 P_G（f）重新相交于 B 点，即在发电机和负荷调节效应的共同作用下，运行点由 A 移至 B，运行频率由 f_1 下降至 f_2，即有

$$\Delta P_{LD0} = \Delta P_G - \Delta P_{LD}$$

也即

$$\Delta P_{LD0} = -(K_G + K_{LD})\Delta f \tag{5-13}$$

或

$$\Delta P_{LD0}=-K\Delta f \tag{5-14}$$

$$K=(K_G+K_{LD})=-\frac{\Delta P_{LD0}}{\Delta f}$$

式中：K 为电力系统的单位调节功率，单位为 MW/Hz。

K 的标幺值为

$$K_*=-\frac{\Delta P_{LD0}/P_{LDN}}{\Delta f/f_N}=\frac{P_{GN}}{P_{LDN}}K_{G*}+K_{LD*}$$

或

$$K_*=K_rK_{G*}+K_{LD*} \tag{5-15}$$

式中：K_r 称为备用系数，表示发电机组额定容量与系统在额定频率时的总有功负荷之比，正常情况下，系统总有一定的备用容量，故 $K_r>1$。

电力系统的单位调节功率表征系统的频率调节特性，即系统负荷增加或减少时，在发电机和负荷调节效应的共同作用下系统频率下降或上升的多少。

系统的单位调节功率 K 的调整只能通过调整发电机的单位调节功率 K_G 实现。K_G 越大，K 越大，负荷增减引起的频率变化越小，系统频率也就越稳定。但当发电机满载（即 $K_G=0$）时，$K_*=K_{LD*}$，即负荷增加时其增量只能靠负荷本身的调节效应承担，而 K_{LD*} 的数值很小，所以负荷增加引起的频率下降非常严重。这就要求发电机出力不仅应满足额定频率下系统对有功功率的要求，而且应设有一定的备用容量。

四、电力系统的频率调整

1. 频率的一次调整

频率的一次调整正如图 5-5 所示电力系统有功功率—频率静态特性反映的调节过程，即负荷的增量 ΔP_{LD0} 是由调速器作用使发电机有功出力增加和负荷功率随频率的下降而自动减少两个方面共同调节来平衡的。一次调整的调节特性方程式即式（5-13）或式（5-14）。

当有 n 台装有调速器的机组并联运行时，等效发电机组的单位调节功率为

$$K_{G\Sigma}=\sum_{i=1}^{n}K_{Gi} \tag{5-16}$$

一次调整的调节特性方程变为

$$\Delta P_{LD0}=-(K_{G\Sigma}+K_{LD})\Delta f \tag{5-17}$$

或

$$\Delta P_{LD0}=-K\Delta f \tag{5-18}$$

需要注意的是，式（5-16）中的 n 台机组均未满载，一旦机组已满载运行，应取 $K_{Gi}=0$。由此也可见，参加并联的未满载机组越多，系统的单位调节功率 K 越大。

由调节特性方程可知，对一定的负荷变化量 ΔP_{LD0}，系统的单位调节功率 K 越大，频率变化 Δf 越小，系统频率就越稳定。但受调速机构稳定性的影响，发电机的单位调节功率不可整定得过大（或调差系数整定得过小）。假设调差系数整定为零，这时，虽然负荷的变动不会引起频率的变动，似乎可确保频率恒定，但这样将会出现负荷变化量在各发电机组间的分配无法固定，从而出现各发电机组的调速系统不能稳定工作的问题。

具有一次调整的各机组间负荷的分配，按其单位调节功率或调差系数自然分配，即各机组承担的功率增量为

$$\Delta P_{Gi}=-K_{Gi}\Delta f=-\frac{1}{\delta_*}\times\frac{P_{GN}}{f_N}\Delta f \tag{5-19}$$

调差系数越小的机组承担的有功出力变化（相对于本身的额定容量）就越多，增加的数量与机组本身的额定功率有关。

从上面的分析可知，频率的一次调整是有差调整，即调整后的频率不可能回到原来的值。因此频率的一次调整只能适应负荷变化幅度小、周期短的不规则变化情况。

【例 5-1】 某系统中有容量为 100MW 的 4 台发电机并联运行，每台发电机的调差系数为 4%，系统频率为 50Hz 时，系统总负荷为 320MW。当负荷增加 50MW 时，在下列情况下系统频率为多少（负荷的频率调节效应系数为 1.5）？

（1）机组平均分配负荷；

（2）两台机组满载，余下的负荷由另两台机组承担；

（3）两台机组各带 85MW，另两台机组各带 75MW；

（4）一台机组满载，另 3 台机组平均分配其余负荷，但这 3 台机组因故只能各自承担 80MW 负荷；

（5）4 台机组平均分配负荷，但 3 台机组因故只能各自承担 80MW 负荷。

解：（1）机组平均分配负荷时。首先计算每台机组的单位调节功率和负荷的频率调节效应系数：

$$K_G=\frac{1}{\delta_*}\times\frac{P_{GN}}{f_N}=\frac{1}{0.04}\times\frac{100}{50}=50(\text{MW/Hz})$$

$$K_{LD}=K_{LD*}\times\frac{P_{LDN}}{f_N}=1.5\times\frac{320}{50}=9.6(\text{MW/Hz})$$

由于 4 台发电机组平均分配负荷，即每台机组承担 80MW 负荷，发电机未满载，全部参加一次调整，发电机总的单位调节功率为

$$K_{G\Sigma}=4K_G=4\times 50=200(\text{MW/Hz})$$

根据频率一次调整的调节特性方程

$$\Delta P_{LD0}=-(K_{G\Sigma}+K_{LD})\Delta f$$

得

$$\Delta f=-\frac{50}{200+9.6}=-0.239(\text{Hz})$$

即频率变为 50−0.239=49.761Hz。

（2）两台机组满载，余下的负荷由另外两台机组承担时。两台满载的机组不再参加一次调整，即有 $K_{G\Sigma}=2K_G=2\times 50=100$MW/Hz，此时

$$\Delta f=-\frac{\Delta P_{LD0}}{(K_{G\Sigma}+K_{LD})}=-\frac{50}{(100+9.6)}=-0.456(\text{Hz})$$

即频率变为（50−0.456）Hz=49.54Hz。

（3）两台机组各带 85MW，另两台机组各带 75MW 时。由于每台机组均未满载，全部参加一次调整，计算过程与“（1）”相同，即 $\Delta f=-0.239$Hz，频率为 49.761Hz。

（4）一台机组满载，另三台机组平均分配其余负荷，但这三台机组因故只能各自承担 80MW 负荷时。一台机组满载，不再参加一次调整。其余 3 台机组各承担负荷（320−100）/3=220/3MW，即 3 台机的可调容量 $\Delta P_{G\Sigma}=3\times\left(80-\frac{220}{3}\right)=20$MW，而负荷增加 50MW，于

是有 $\Delta P_{LD1}=50-20=30$MW 的功率完全由负荷的频率调节效应承担，如图 5-6 所示。

图中，$P_{G\Sigma}(f)$ 为 3 台机组的功—频静特性，$P_{LD}(f)$ 为负荷的功—频静特性，在额定频率 f_N 下 3 台机承担负荷 220MW，正常时运行在 A 点。当负荷增加 50MW 后，负荷的功—频静特性平行移动至 $P'_{LD}(f)$，运行点变为 B 点，频率为 f_1。由图可知

$$\Delta f=\frac{\Delta P_{LD1}}{K_{LD}}=\frac{30}{9.6}=3.125(\text{Hz})$$

频率变为（50－3.125）Hz＝46.875Hz，频率严重下降。

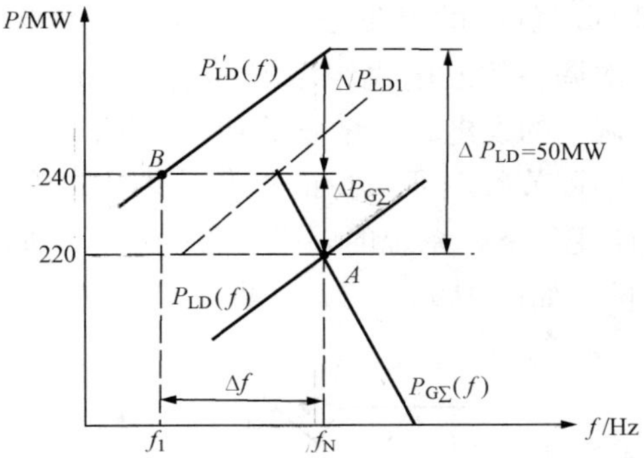

图 5-6　例 5-1（4）功—频静特性

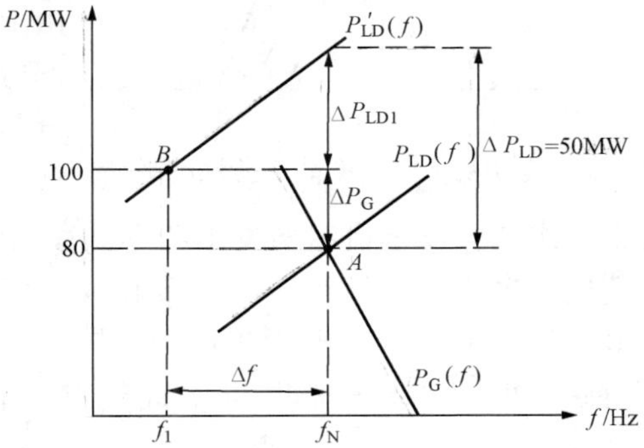

图 5-7　例 5-1（5）功—频静特性

（5）4 台机组平均分配负荷，但 3 台机组因故只能承担 80MW 负荷时。4 台机组平均分配负荷，各承担 80MW 负荷。但其中 3 台机组不再参加调整，负荷增量全部由一台机组及负荷的调节效应来承担，如图 5-7 所示。

图中 $P_G(f)$ 为一台机组的功—频静特性，$P_{LD}(f)$ 为负荷的功—频静特性。在额定频率下一台机组承担 80MW 的负荷，即正常运行在 A 点。当负荷增加 50MW 后，负荷的功频静特性平移至 $P'_{LD}(f)$，运行点变为 B 点，频率为 f_1。由图可知

$$\Delta P_{LD}=\Delta P_{LD1}+\Delta P_G$$

$$\Delta P_{LD1}=50-20=30(\text{MW})$$

$$\Delta f=\frac{\Delta P_{LD1}}{K_{LD}}=\frac{30}{9.6}=3.125(\text{Hz})$$

与（4）相同，频率严重下降为 50－3.125＝46.875Hz。

由例 5-1 可以看出，参加一次调整的机组越多，机组可调整的容量越大，系统调频的效果越好。

2. 频率的二次调整

对于负荷变化幅度较大，周期较长的情况，仅靠一次调整不一定能保证频率偏移在允许的范围内。此时需由发电机调速系统的调频器动作进行频率的二次调整。

频率的二次调整是当负荷变化引起频率变化时，通过调频器的动作，使发电机组的功—频静特性平行移动，从而改变发电机的有功出力，以保持系统频率不变或在允许范围内。例如在图 5-8 中，负荷增加使频率降低，调频器动作（自动或手动）增大原动机的进汽（水）量，发电机有功出力增加，使频率增加，功—频静特性由 2 平行右移至 3；反之，如果负荷降低使频率升高，调频器动作减少进汽（水）量，使频率降低，功—频静特性由 2 平行右移为 1。

频率的二次调整过程如图 5-9 所示。系统的原始运行点为 A 点，系统频率为 f_1。系统

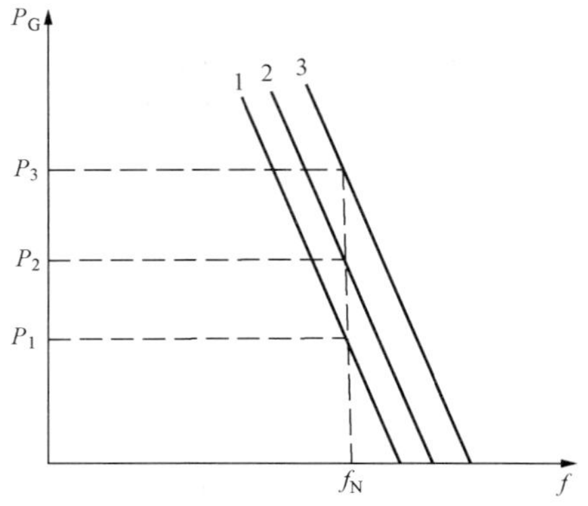

图 5-8 有功功率—频率静态特性的平移

负荷增加 ΔP_{LD0}后，仅有一次调整时运行点到 B 点，系统频率为 f_2。在发电机调速系统的调频器作用下，发电机的功—频静特性平移至 P'_G（f），运行点随之移至 B'点，系统频率为 f'_2。其频率调节特性方程为

$$\Delta P_{LD0} - \Delta P_G = -(K_G + K_{LD})\Delta f \tag{5-20}$$

由上式可见，负荷的增量 ΔP_{LD0} 由 3 部分承担，一部分是二次调整的发电机组增发的功率 ΔP_G，一部分是一次调整的发电机组增发的功率 $-K_G\Delta f$，一部分是负荷的调节效应所减少的负荷功率 $K_{LD}\Delta f$。而且由于二次调整发电机组增发了功率，在相同负荷变化下，系统的频率偏移变小了。如果二次调整使发电机组增发的功率全部承担了负荷增量［如图中 P''_G（f）］，即 $\Delta P_G = \Delta P_{LD0}$，则 $\Delta f = 0$，即实现了系统频率的无差调节。

由此可见，二次调整既可实现频率的有差调节，又可实现频率的无差调节。但二次调整并不能改变系统的单位调节功率的数值。

在多台均装配调速器的机组并联运行的系统中，当负荷变化时，只要机组不满载，则均参加频率的一次调整；而频率的二次调整一般只由一台（一个）或少数几台（n 个）发电机组（发电厂）承担。

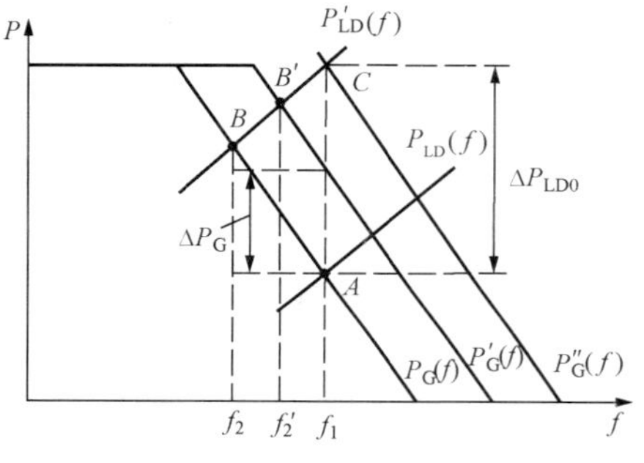

图 5-9 频率的二次调整

【例 5-2】 在例 5-1（1）中，如果机组二次调整增发 20MW 有功功率，系统频率变为多少？如果要使频率仍维持在 50Hz，二次调整应增发多少有功功率？

解： 根据二次调整的频率调节特性方程

$$\Delta P_{LD0} - \Delta P_G = -(K_{G\Sigma} + K_{LD})\Delta f$$

有

$$\Delta f = -\frac{50-20}{200+9.6}\text{Hz} = -0.143\ (\text{Hz})$$

所以二次调整后系统频率为（50－0.143）Hz＝49.857Hz。要使频率为 50Hz，即实现无差调节，$\Delta f = 0$，则有

$$\Delta P_{LD0} = \Delta P_G = 50\text{MW}$$

即二次调整增发 50MW 的有功功率（二次调整承担全部负荷增量）可实现无差调节。

3. 互联系统的频率调整

随着电力系统规模的不断扩大，跨省的电力系统间逐步互联，形成大型互联电力系统。对由若干地区系统组成的联合电力系统，如果某一分系统因负荷变化进行频率调整时，将会伴随着与其他系统交换功率的变化，此时不仅需要控制系统频率使其偏差更小，而且需要控制系统联络线上的交换功率，使其按照事先约定的协议执行。适应这一要求的控制称为频率

和联络线控制，也称负荷频率控制。

图 5 - 10 示出了由 A、B 两系统组成的互联系统。图中 ΔP_{LDA}、ΔP_{LDB} 分别为 A、B 两系统的负荷增量，ΔP_{GA}、ΔP_{GB} 为 A、B 两系统二次调整增发的功率，K_A、K_B 为 A、B 两系统的单位调节功率，ΔP_{AB} 为 A、B 两系统联络线上交换的功率。在图中的参考方向下（由 A 流向 B 时为正值），对 A 系统而言，ΔP_{AB} 相当于负荷，对 B 系统而言，ΔP_{AB} 相当于电源。根据二次调整特性方程，有

$$\Delta P_{LDA} + \Delta P_{AB} - \Delta P_{GA} = -K_A \Delta f_A \tag{5-21}$$

$$\Delta P_{LDB} - \Delta P_{AB} - \Delta P_{GB} = -K_B \Delta f_B \tag{5-22}$$

两系统负荷变化引起的频率偏移应相同，即 $\Delta f_A = \Delta f_B = \Delta f$。联立求解以上两个方程，可得

$$\Delta f = -\frac{(\Delta P_{LDA} - \Delta P_{GA}) + (\Delta P_{LDB} - \Delta P_{GB})}{K_A + K_B} = -\frac{\Delta P_A + \Delta P_B}{K_A + K_B} \tag{5-23}$$

$$\Delta P_{AB} = \frac{K_A(\Delta P_{LDB} - \Delta P_{GB}) - K_B(\Delta P_{LDA} - \Delta P_{GA})}{K_A + K_B} = \frac{K_A \Delta P_B - K_B \Delta P_A}{K_A + K_B} \tag{5-24}$$

式中：$\Delta P_A = \Delta P_{LDA} - \Delta P_{GA}$ 和 $\Delta P_B = \Delta P_{LDB} - \Delta P_{GB}$ 分别称为 A、B 两系统的功率缺额。

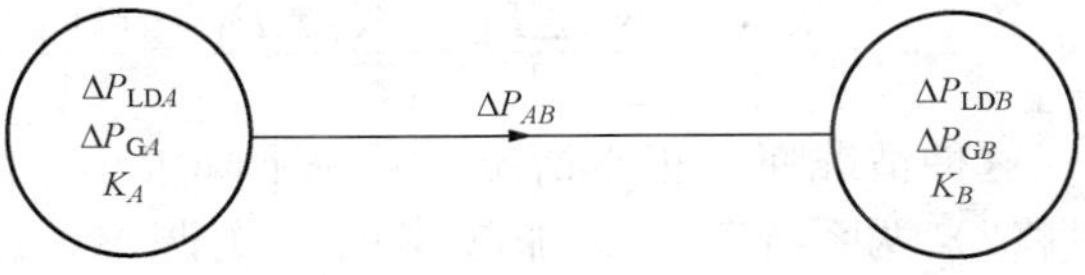

图 5 - 10　互联系统的频率调整

对互联系统的频率调整作以下几点讨论：

(1) 从式 (5 - 23) 可知，若 B 系统的功率缺额完全由 A 系统增发的功率所抵偿，即 $\Delta P_A = -\Delta P_B$ 或互联系统增发功率的总和与负荷增量的总和相平衡，即 $\Delta P_{LDA} + \Delta P_{LDB} = \Delta P_{GA} + \Delta P_{GB}$，则可实现无差调节，即 $\Delta f = 0$，否则将出现频率偏移。

(2) 当 A、B 两系统都进行二次调整，且两系统满足条件

$$\frac{\Delta P_A}{K_A} = \frac{\Delta P_B}{K_B}$$

时，联络线上的交换功率 $\Delta P_{AB} = 0$，其值达最小。

(3) 当 A、B 两系统中任一系统（如系统 B）不参加二次调整，即 $\Delta P_{GB} = 0$，且两系统的负荷增量全部由 A 系统的二次调整承担，即 $\Delta P_{LDA} + \Delta P_{LDB} - \Delta P_{GA} = 0$，此时联络线的交换功率 $\Delta P_{AB} = \Delta P_{LDB}$，其值达到最大。

【例 5 - 3】 现有 A、B 两子系统经一条联络线连接成互联系统，各系统的发电机单位调节功率及负荷的频率调节效应系数以基准功率为 500MW 的标幺值表示，它们分别是：$K_{GA*} = 50$，$K_{LDA*} = 1.5$，$K_{GB*} = 50$，$K_{LDB*} = 1.0$。系统原频率为 50Hz。如果 A 系统负荷增加 100MW，求下列情况下系统的频率变化量及联络线上流过的交换功率：

(1) A、B 两系统都参加频率的一次调整；

(2) A、B 两系统都不参加频率的一次调整；

(3) B 系统不参加频率的一次调整；

(4) A 系统不参加频率的一次调整。

解：将以标幺值表示的单位调节功率折算成有名值为

$$K_{GA}=K_{GA*}\frac{P_B}{f_N}=50\times\frac{500}{50}=500(\text{MW/Hz})$$

$$K_{LDA}=K_{LDA*}\frac{P_B}{f_N}=1.5\times\frac{500}{50}=15(\text{MW/Hz})$$

$$K_{GB}=K_{GB*}\frac{P_B}{f_N}=50\times\frac{500}{50}=500(\text{MW/Hz})$$

$$K_{LDB}=K_{LDB*}\frac{P_B}{f_N}=1.0\times\frac{500}{50}=10(\text{MW/Hz})$$

（1）两系统都参加频率的一次调整，$\Delta P_{GA}=\Delta P_{GB}=\Delta P_{LDB}=0$；$\Delta P_{LDA}=100\text{MW}$；$K_A=K_{GA}+K_{LDA}=500+15=515\text{MW/Hz}$；$K_B=K_{GB}+K_{LDB}=500+10=510\text{MW/Hz}$；$\Delta P_A=\Delta P_{LDA}-\Delta P_{GA}=100-0=100\text{MW}$；$\Delta P_B=\Delta P_{LDB}-\Delta P_{GB}=0$，根据式（5-23）、式（5-24）可得

$$\Delta f=-\frac{\Delta P_A+\Delta P_B}{K_A+K_B}=-\frac{100+0}{515+510}=-0.09756(\text{Hz})$$

$$\Delta P_{AB}=\frac{K_A\Delta P_B-K_B\Delta P_A}{K_A+K_B}=\frac{515\times0-510\times100}{515+510}=-49.756(\text{MW})$$

这种情况属于正常情况，频率下降很小，由 B 向 A 输送的功率也不大。

（2）两系统都不参加频率的一次调整，$\Delta P_{GA}=\Delta P_{GB}=\Delta P_{LDB}=0$；$\Delta P_{LDA}=100\text{MW}$；$K_{GA}=K_{GB}=0$；$K_A=K_{LDA}=15\text{MW/Hz}$；$K_B=K_{LDB}=10\text{MW/Hz}$；$\Delta P_A=100\text{MW}$；$\Delta P_B=0$，此时

$$\Delta f=-\frac{\Delta P_A+\Delta P_B}{K_A+K_B}=-\frac{100}{25}=-4(\text{Hz})$$

$$\Delta P_{AB}=\frac{K_A\Delta P_B-K_B\Delta P_A}{K_A+K_B}=\frac{-10\times100}{25}=-40(\text{MW})$$

这种情况最严重，由于 A、B 两系统机组均已满载，负荷的增量只能依靠负荷的频率调节效应，这时系统的频率质量根本不能保证。

（3）B 系统机组不参加频率的一次调整，$\Delta P_{GA}=\Delta P_{GB}=\Delta P_{LDB}=0$；$\Delta P_{LDA}=100\text{MW}$；$K_{GB}=0$；$K_A=K_{GA}+K_{LDA}=515\text{MW/Hz}$；$K_B=K_{LDB}=10\text{MW/Hz}$；$\Delta P_A=100\text{MW}$；$\Delta P_B=0$，此时

$$\Delta f=-\frac{\Delta P_A+\Delta P_B}{K_A+K_B}=-\frac{100+0}{515+10}=-0.190(\text{Hz})$$

$$\Delta P_{AB}=\frac{K_A\Delta P_B-K_B\Delta P_A}{K_A+K_B}=\frac{-10\times100}{515+10}=-1.90(\text{MW})$$

这种情况说明，由于 B 系统机组不参加一次调整，A 系统的负荷增量由 A 系统发电机一次调整增发的功率和 A 系统与 B 系统因频率下降减少的负荷这 3 方面共同承担了。由于频率略有下降，B 系统负荷略有减少，使 B 系统向 A 系统供应了 1.91MW 的功率。

（4）A 系统不参加频率的一次调整，$\Delta P_{GA}=\Delta P_{GB}=\Delta P_{LDB}=0$；$\Delta P_{LDA}=100\text{MW}$；$K_{GA}=0$；$K_A=K_{LDA}=15\text{MW/Hz}$；$K_B=K_{GB}+K_{LDB}=500+10=510\text{MW/Hz}$；$\Delta P_A=100\text{MW}$；$\Delta P_B=0$，此时

$$\Delta f=-\frac{\Delta P_A+\Delta P_B}{K_A+K_B}=-\frac{100+0}{510+15}=-0.190(\text{Hz})$$

$$\Delta P_{AB}=\frac{K_A\Delta P_B-K_B\Delta P_A}{K_A+K_B}=\frac{-510\times100}{510+15}=-97.14(\text{MW})$$

这种情况说明，由于 A 系统机组不参加一次调整，该系统的功率缺额主要由 B 系统提供，以致联络线上可能流过超过允许值的交换功率。

【例 5-4】　例 5-3 中，试计算下列情况下系统的频率变化量及联络线上流过的交换功率：

(1) A、B 两系统机组都参加频率的一、二次调整，且两系统二次调整增发 50MW；

(2) A、B 两系统机组都参加频率的一次调整，A 系统部分机组参加频率的二次调整增发 50MW；

(3) A、B 两系统机组都参加频率的一次调整，B 系统部分机组参加频率的二次调整增发 50MW。

解：(1) A、B 两系统机组都参加频率的一、二次调整，且都增发 50MW 时，$\Delta P_{GA}=\Delta P_{GB}=50\text{MW}$；$\Delta P_{LDA}=100\text{MW}$；$\Delta P_{LDB}=0$；$K_A=K_{GA}+K_{LDA}=500+15=515\text{MW/Hz}$；$K_B=K_{GB}+K_{LDB}=500+10=510\text{MW/Hz}$；$\Delta P_A=\Delta P_{LDA}-\Delta P_{GA}=100-50=50\text{MW}$；$\Delta P_B=\Delta P_{LDB}-\Delta P_{GB}=-50\text{MW}$，此时

$$\Delta f=-\frac{\Delta P_A+\Delta P_B}{K_A+K_B}=-\frac{50-50}{515+510}=0$$

$$\Delta P_{AB}=\frac{K_A\Delta P_B-K_B\Delta P_A}{K_A+K_B}=\frac{515\times(-50)-510\times50}{515+510}=-50(\text{MW})$$

这种情况说明，由于进行二次调整发电机增发的功率正好与负荷增量相平衡，系统频率无偏移，B 系统增发的功率全部通过联络线供给 A 系统。

(2) A、B 两系统都参加频率的一次调整，且 A 系统有二次调整增发 50MW 功率时，$\Delta P_{GA}=50\text{MW}$；$\Delta P_{GB}=0$；$\Delta P_{LDA}=100\text{MW}$；$\Delta P_{LDB}=0$；$K_A=K_{GA}+K_{LDA}=500+15=515\text{MW/Hz}$；$K_B=K_{GB}+K_{LDB}=500+10=510\text{MW/Hz}$；$\Delta P_A=\Delta P_{LDA}-\Delta P_{GA}=100-50=50\text{MW}$；$\Delta P_B=\Delta P_{LDB}-\Delta P_{GB}=0$，此时

$$\Delta f=-\frac{\Delta P_A+\Delta P_B}{K_A+K_B}=-\frac{50}{515+510}=-0.049(\text{Hz})$$

$$\Delta P_{AB}=\frac{K_A\Delta P_B-K_B\Delta P_A}{K_A+K_B}=\frac{-510\times50}{515+510}=-24.88(\text{MW})$$

这种情况也较为理想，频率偏移以及联络线上的交换功率都较小。

(3) A、B 两系统都参加频率的一次调整，且 B 系统有二次调整增发 50MW 功率时，$\Delta P_{GA}=0$；$\Delta P_{GB}=50\text{MW}$；$\Delta P_{LDA}=100\text{MW}$；$\Delta P_{LDB}=0$；$K_A=K_{GA}+K_{LDA}=500+15=515\text{MW/Hz}$；$K_B=K_{GB}+K_{LDB}=500+10=510\text{MW/Hz}$；$\Delta P_A=\Delta P_{LDA}-\Delta P_{GA}=100\text{MW}$；$\Delta P_B=\Delta P_{LDB}-\Delta P_{GB}=-50\text{MW}$，此时

$$\Delta f=-\frac{\Delta P_A+\Delta P_B}{K_A+K_B}=-\frac{100-50}{515+510}=-0.049(\text{Hz})$$

$$\Delta P_{AB}=\frac{K_A\Delta P_B-K_B\Delta P_A}{K_A+K_B}=\frac{515\times(-50)-510\times100}{515+510}=-74.88(\text{MW})$$

这种情况与上一种情况相比，频率偏移相同，这是因为系统功率缺额均为 50MW。联络线上的交换功率增加了 B 系统二次调整增发的 50MW 功率。显然这种情况不是理想的。

从例 5-3、例 5-4 可以看出，联合系统的调频方案，可采用分区就地调整的方法，即

局部的功率盈亏尽可能就地调整。这样既可以保证频率质量，又可最大限度地减少联络线上流过的交换功率，减轻联络线的负担。

五、主调频厂的选择

全系统有调整频率能力的发电机组都参与频率的一次调整，但只有少数发电厂（机组）承担频率的二次调整。按照是否承担二次调整可将电厂分为主调频厂、辅助调频厂、非调频厂 3 类，其中，主调频厂（一般是 1～2 个电厂）负责全系统的频率的二次调整；辅助调频厂只在系统频率超过某一规定的偏移范围时才参与频率调整，这样的电厂一般也只有少数几个；非调频厂在系统正常运行情况下则按预先给定的负荷曲线发电。

在选择主调频厂（机组）时，主要应考虑：

（1）应拥有足够的调整容量及调整范围；

（2）调频机组具有与负荷变化速度相适应的调整速度；

（3）调整出力时应符合安全及经济的原则。此外，还应考虑由于调频引起的联络线上功率的波动，以及网络中某些中枢点的电压波动是否超出允许范围。

水轮机组具有较宽的出力调整范围，一般可达额定容量的 50%，负荷的增长速度也较快，一般在 1min 以内即可从空载过渡到满载状态，而且操作方便、安全。

火力发电厂的锅炉和汽轮机都受允许的最小技术负荷的限制，其中锅炉约为 25%（中温中压）至 70%（高温高压）的额定容量，汽轮机为 10%～15%的额定容量。因此，火力发电厂的出力调整范围不大；而且发电机组的负荷增减速度也受汽轮机各部分热膨胀的限制，不能过快，在 50%～100%额定负荷范围内，每分钟仅能上升 2%～5%。

所以，从出力调整范围和调整速度来看，水电厂最适宜承担调频任务。但是在安排各类电厂的负荷时，还应考虑整个电力系统运行的经济性。在枯水季节，宜选水电厂作为主调频厂，火电厂中效率较低的机组则承担辅助调频的任务；在丰水季节，水电厂宜带稳定的负荷，而由效率不高的中温中压凝汽式火电厂承担调频任务。

第二节　电力系统无功功率和电压的调整与控制

一、电压调整的必要性

电压是衡量电力系统电能质量的另一项重要指标。电力系统各电力设备都是按照额定电压来设计的。当它们在额定电压运行时，具有最好的运行性能、最高的效率，并能达到预期的寿命。所以在稳态运行情况下，要求系统各节点电压必须在各自允许的范围内。

电力系统的电压与无功功率密切相关。当无功功率负荷发生变化，引起系统无功功率分布变化时，将引起系统各节点电压偏离额定值，对用户和系统本身造成不良影响。

当电压低于额定电压时，对于负荷中占比重较大的感应电动机来说，其转差率将增大，从而使绕组中的电流增加，使绕组电阻中的损耗加大，引起效率降低、温升增加并使寿命缩短。而且，由于转差率的增大，其转速下降，使电动机的输出功率减少，从而使产品的产量和质量降低。对于火力发电厂来说，由电动机所驱动的风机和给水泵等厂用机械的出力将因为转速的降低而减少，结果使锅炉和汽轮机的出力降低。同时，电动机的起动过程将因电压低而加长，在电压过低的情况下有可能在起动过程中因温度过高而烧毁。另外，当电压过低时，电弧炉所消耗的有功功率减少，使金属在其中的冶炼时间增加从而影响产量；对于白炽灯来说，其发光效率将降低；各种电子设备将不能正常工作等。

当运行电压高于额定电压时，将引起电气设备的绝缘性能降低，使用寿命减小，甚至引起绝缘击穿，从而使设备损坏。另外，当电压高于额定电压时，变压器和电动机铁芯的饱和程度增大，使铁芯损耗增加，造成铁芯发热。

为了避免电压偏移造成很大的影响，必须调整系统无功功率使其达到平衡，在此基础上，再采取适当的电压调整措施，使各节点的电压偏移在容许范围之内。例如，在电力系统正常运行情况下，各个电压等级用户的容许电压偏移如表 5 - 1 所示。在事故运行情况下，由于部分元件退出运行使电压损耗增加，但考虑到事故不经常发生而且持续时间较短，因此电压偏移可以允许比正常低 5%。

对于发电厂和变电所的母线，容许电压偏移范围为：330kV 和 500kV 母线最高不高于额定电压的 110%；发电厂和 500kV 变电所的 220kV 母线的容许电压偏移为 0%～10%；110kV 和 35kV 母线的容许电压偏移为 −3%～−7%，10kV 母线的电压则应使所供给的全部高压和低压用户满足表 5 - 1 所规定的要求。

表 5 - 1　各电压等级用户的容许电压偏移

用户电压等级	容许电压偏移	用户电压等级	容许电压偏移
35kV 及以上用户	±10%	380V 电力用户	±7%
10kV 用户	±7%	220V 电力用户	−10%～5%

二、电力系统无功功率的平衡

如前所述，电力系统的电压和无功功率密切相关。正如有功功率的平衡和频率调整一样，实现电力系统在正常电压水平下的无功功率平衡，并留有必要的备用容量，则是保证电压质量的前提。

（一）无功功率负荷

在电力系统的各种用电设备中，除一小部分照明负荷消耗有功功率、为数不多的同步电动机发出一部分无功功率外，大量的异步电动机消耗无功功率。异步电动机的等效电路如图 5 - 11 所示，其消耗的无功功率为

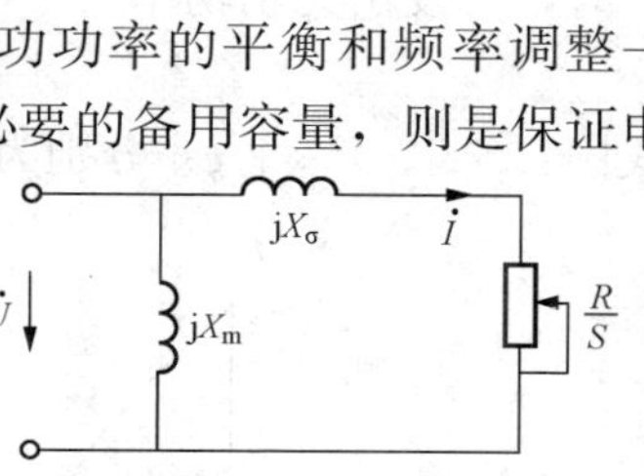

图 5 - 11　异步电动机的等效电路

$$Q_M = Q_m + Q_\sigma = \frac{U^2}{X_m} + I^2 X_\sigma \tag{5 - 25}$$

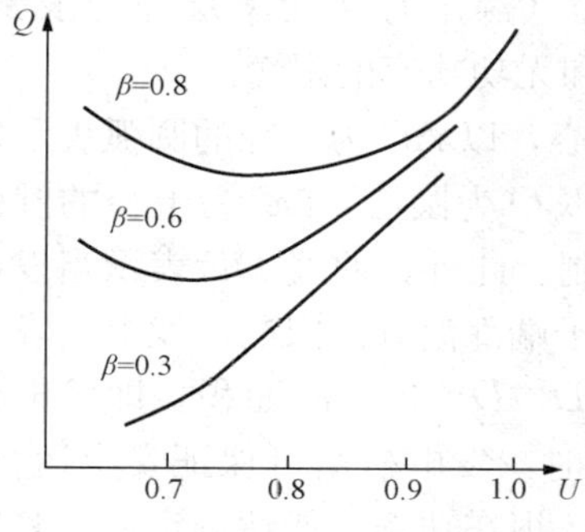

图 5 - 12　异步电动机的无功功率—电压特性

式中：Q_m 为励磁电抗的无功功率，与电压 U 近似成二次曲线关系（因为电压较高时，由于磁饱和使 X_m 有所下降）；Q_σ 为漏抗的无功功率，随着电压的降低而增大（因为电压降低，负荷功率不变的情况下，电流增大）。

对应的负荷的无功功率—电压特性如图 5 - 12 所示。

图 5 - 12 中，β 为电动机的载荷系数（实际负荷与额定负荷之比）。由图可见，在额定电压附近，电动机的无功功率随电压的升高或降低而增大或减小；当电压明显低于额定值时，无功功率随电压的下降而增大（Q_σ 起主要作用）。

（二）线路和变压器的无功功率

变压器的无功包括励磁无功 Q_0 和漏抗中的无功 ΔQ_σ，它们都是感性无功功率，即

$$\Delta Q_T = Q_0 + \Delta Q_\sigma = U^2 B_T + \left(\frac{S}{U}\right)^2 X_T \tag{5-26}$$

可见，变压器的无功—电压特性与异步电动机类似。

线路的无功包括线路串联电抗中的无功 ΔQ_X 与线路电容的充电功率 ΔQ_B，即

$$\Delta Q_L = \Delta Q_X + \Delta Q_B = \left(\frac{S}{U}\right)^2 X + \left(-\frac{B}{2}U^2\right) \tag{5-27}$$

对 35kV 及以下的线路，充电功率甚小，线路无功功率为感性。对 110kV 及以上线路，当线路传输功率较大时，线路电抗的无功功率大于充电功率，线路无功成为无功负荷；当传输功率较小（小于自然功率）时，充电功率大于线路电抗的无功，线路无功成为无功电源。

（三）无功功率电源

电力系统的无功电源，除发电机外，还有同步调相机、并联移相电容器、静止无功补偿器及近年来发展起来的静止无功发生器等。后 4 种装置又称无功补偿装置。并联移相电容器只能发出感性无功功率（即吸收容性无功功率），其余几类补偿装置既可发出感性无功功率，又能发出容性无功功率。

1. 发电机

发电机既是唯一的有功功率电源，又是最基本的无功功率电源。发电机在额定状态下运行时，可发出无功功率为

$$Q_{GN} = S_{GN}\sin\varphi_N = P_{GN}\tan\varphi_N \tag{5-28}$$

式中：S_{GN}、P_{GN}、φ_N 分别为发电机的额定视在功率、额定有功功率和额定功率因数角。

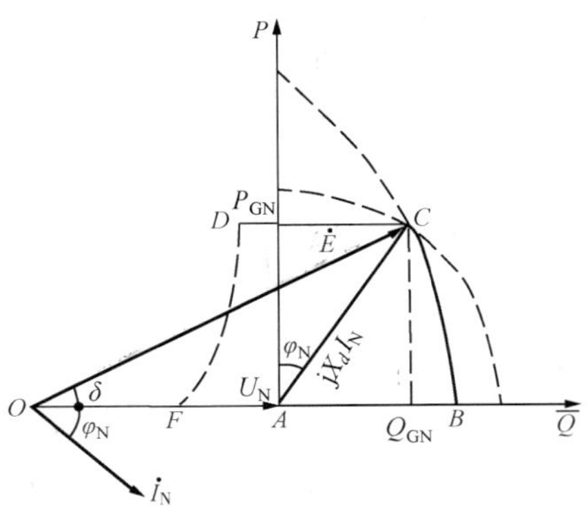

图 5-13 发电机的运行极限图

图 5-13 示出了发电机的运行相量图（额定运行条件下的），图中相量 $jX_d\dot{I}_N$ 正比于定子额定电流，也可按比例表示发电机的额定视在功率 S_{GN}，其在纵、横轴上的投影即为 P_{GN}、Q_{GN}；相量 $\dot{E}$ 正比于转子额定电流。据此相量图作出了发电机的运行极限图。运行极限图表明在不同功率因数下，发电机受定子额定电流（额定视在功率）、转子额定电流（空载电动势）、原动机出力（额定有功功率）等的限制，即发电机发有功功率和无功功率的限额。

图中，以 A 为圆心，以 AC 为半径的圆弧表示定子额定电流的限制；以 O 为圆心，OC 为半径的圆弧表示转子额定电流的限制；水平线 DC 表示原动机出力的限制。此外，曲线 DF 表示当发电机超前功率因数运行即进相运行时，发电机静态稳定性和定子端部温升的限制。发电机发有功功率、无功功率的限额在图中体现为曲线段 AB、BC、CD、DF 包围的面积，即发电机发出的有功功率和无功功率所对应的运行点位于这一面积内时，发电机组可保证安全运行。发电机只有在额定电压、额定电流、额定功率因数下运行时，视在功率才能达额定值，其容量才能最充分利用。当发电机发出的有功功率小于额定值 P_{GN}时，发出的无功功率允许略大

于额定值 Q_{GN}。

2. 同步调相机

同步调相机实质上是只能发无功功率的发电机。过励运行时向系统供给感性无功功率起无功电源的作用；欠励运行时从系统吸收感性无功功率起无功负荷的作用。欠励运行时的容量约为过励运行时容量的 50%～65%。装有自动调节励磁装置的调相机可以平滑调节供给或吸收的无功功率，进行电压调节。但由于它的有功损耗较大，响应速度较慢，投资较大，运行维护较复杂，除特殊需要场合，现已逐渐被静止无功补偿装置所取代。

3. 并联移相电容器

并联移相电容器只能向系统供应感性无功功率，其值为

$$Q_C = \frac{U^2}{X_C} \tag{5-29}$$

由式（5-29）可见，当系统电压降低时，电容器输出无功功率将减少。当系统故障电压降低时，电容器无功输出的减少将导致电压继续下降。因此电容器的无功功率调节性能较差。此外，在运行中为了调节电容器的输出功率，电容器可成组投入或退出，因而其调节方式为不连续调节。

然而，由于电容器运行方式较灵活（既可集中使用，又可分散安装），单位容量投资较低，维护检修方便，因而得到较为广泛的应用。

4. 静止无功补偿器

静止无功补偿器由电容器与电抗器并联组成。它利用电容器可发出感性无功功率、电抗器可吸收感性无功功率的特点，再配以适当的调节装置，即可成为平滑调节输出无功功率的装置。常见的静止无功补偿器有晶闸管控制电抗器型（TCR 型）、晶闸管开关电容器型（TSC 型）和饱和电抗器型（SR 型），其电路原理图如图 5-14（a）、（b）、（c）所示，其伏安特性如图 5-15（a）、（b）、（c）所示。

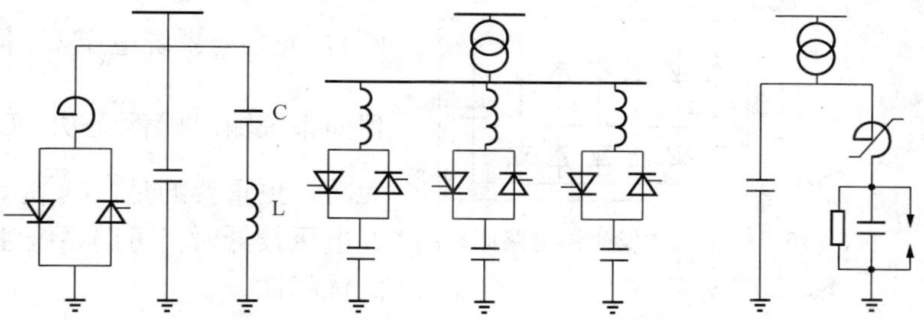

图 5-14　静止无功补偿器原理图

（a）TCR 型；（b）TSC 型；（c）SR 型

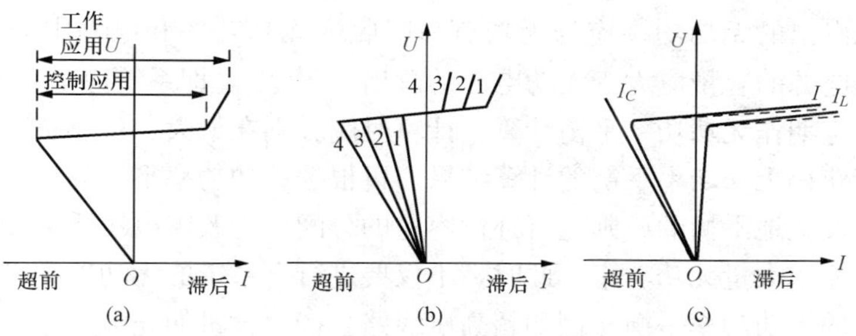

图 5-15　静止无功补偿器的伏安特性

（a）TCR 型；（b）TSC 型；（c）SR 型

TCR 型补偿器由晶闸管控制电抗器 TCR 与固定电容器并联组成，通过控制晶闸管触发角的大小来改变通过电抗器的电流，就可以平滑地调节电抗器吸收的无功功率，从而达到连续调节补偿无功功率的目的。补偿器中的电容器 C 与串联电感用来消除 TCR 中产生的高次谐波。

TSC 型补偿器是以晶闸管开关取代常规电容器配置的机械式开关，它只能发出感性无功，不能平滑调节输出的功率。但由于晶闸管对控制信号的响应极为迅速，通断次数又不受限制，其运行性能还是明显优于机械开关投切的电容器。TSC 型和 TCR 型也可以并联组成补偿器，以改善其调节性能。

SR 型补偿器由饱和电抗器和固定电容器并联组成，利用 SR 的饱和特性，即电压大于某值后，随着电压增大，铁芯急剧饱和，从而引起电流大幅度变化，实现无功功率的平滑调节。

静止补偿器能在系统电压变化时快速、平滑地调节无功功率，能满足动态无功补偿的要求，而且运行维护简单、功率损耗小。但各型补偿器的核心元件仍是电容器，电容器发出的感性无功与端电压的平方成正比。所以当系统电压水平过低，急需向系统供应无功功率时，补偿器往往无法增加，这是静止补偿器的缺点。

5. 静止无功发生器

静止无功发生器是一种更为先进的静止无功补偿装置，其电路原理图如图 5 - 16 所示。

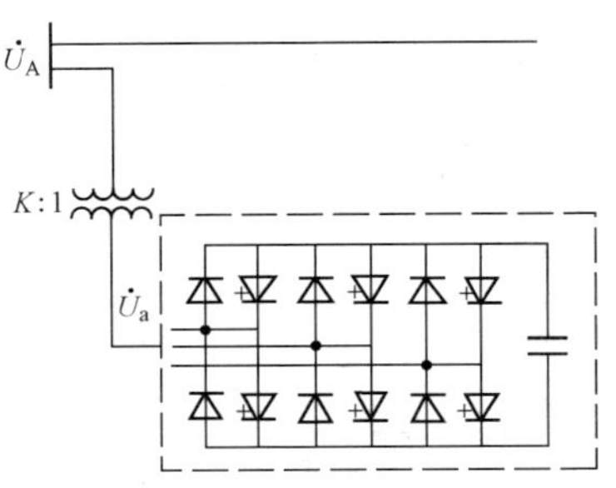

图 5 - 16 静止无功发生器电路原理图

其工作原理是：以电容器为电压源，利用由 6 个可关断晶闸管（GTO 或 IGBT）和 6 个二极管反向并联组成的逆变器控制其交流侧的电压 $\dot{U}_a$（适当控制 GTO 的通断），使之与系统电压 $\dot{U}_A$ 同相位，当 $U_a > \frac{U_A}{K}$ 时，发生器向系统输出感性无功；$U_a < \frac{U_A}{K}$ 时，由系统输入感性无功。更重要的是，U_a 完全可控，不依赖于系统电压，在电压较低时仍可向系统注入无功功率，因而具有更大的优越性。

（四）无功功率平衡

电力系统无功功率的平衡关系是

$$\sum Q_{GC} - \Delta Q_{\Sigma} - \sum Q_{LD} = 0 \tag{5 - 30}$$

即所有无功电源发出的无功功率应与无功负荷吸收的无功功率和电网中的无功损耗之和相等。当然，无功电源的容量应大于无功电源的总出力 $\sum Q_{GC}$，即系统应留有无功备用容量。

电力系统应定期作无功功率平衡计算。计算时应分别在最大、最小负荷的运行方式下通过潮流分布计算获得无功功率平衡的计算结果。再根据无功功率平衡的计算结果，确定补偿设备的容量，并按就地平衡的原则进行补偿容量的分配。为改善电压质量和降低网损，应尽量避免通过电网输送大量无功功率。此时，不仅要进行全系统的无功功率平衡，更要进行分地区、分电压级的无功功率平衡。例如超高压线路会产生大量的充电功率，系统应配置并联电抗器予以吸收；较低电压等级网络则可配置并联电容器予以补偿。

值得注意的是，无功功率平衡是在一定电压水平下的平衡，通常无功功率平衡计算的前提是系统的电压水平正常。如果不能在正常电压水平下保证无功功率平衡，系统的电压质量就不能保证。如图5-17所示，当系统无功电源不足时（$\sum Q_{GC}<\sum Q_{GCN}$），无功功率平衡所对应的电压将低于额定电压。事实上这种平衡正是由于系统电压下降、负荷无功的需求降低（无功负荷具有正的电压调节效应）而达到的。

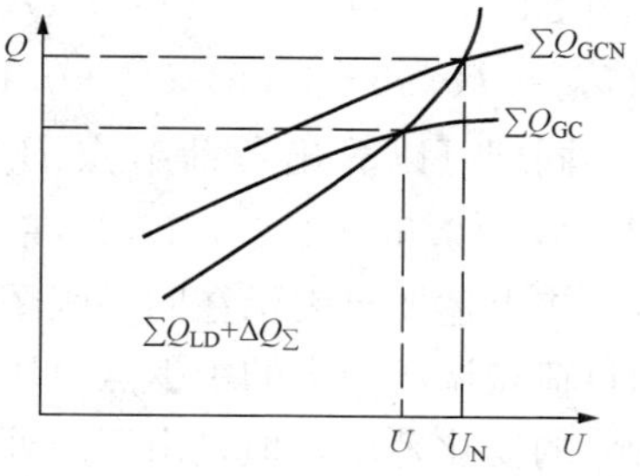

图5-17 无功功率平衡和电压水平的关系

三、电力系统的电压调整

（一）中枢点的电压调整

由于电力系统中各节点电压不相同，容许的变化范围也不同，所以与电力系统频率调整不同的是，电力系统电压调整的目标是控制系统各节点电压在各容许的范围内。而电力系统负荷点数目众多并且分散，不可能也没有必要对每个负荷点电压进行监视调整。系统中经常选择一些有代表性的发电厂和变电所母线作为电压监视点，又称电压中枢点，控制这些点的电压使之符合要求，其他各点的电压质量也就得以保证。控制中枢点电压的方法是作出最大、最小负荷下满足各负荷点电压要求的中枢点电压曲线，控制中枢点电压使之运行在电压曲线的公共部分（满足各负荷点电压的部分），即可满足各负荷点电压要求了。

下面讨论如何确定中枢点电压的容许变化范围。

假定由中枢点O向负荷点A和B供电［见图5-18（a）］，两负荷点电压U_A和U_B的允许变化范围相同，都是（0.95～1.05）U_N。当线路参数一定时，线路上电压损耗ΔU_{OA}和ΔU_{OB}分别与A点和B点的负荷有关。为简单起见，假定两处的日负荷曲线呈阶梯形［见图5-18（b）］，相应地，两段线路的电压损耗的变化曲线如图5-18（c）所示。

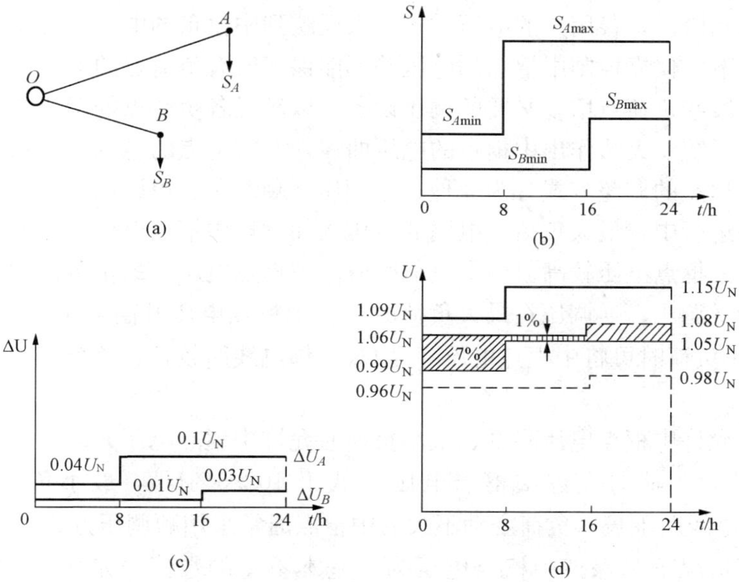

图5-18 中枢点电压允许变化范围的确定

（a）简单网络；（b）A、B点的日负荷曲线；（c）电压损耗曲线；（d）中枢点电压允许变化范围

为了满足负荷节点A的调压要求，中枢点电压应该控制的变化范围：在0～8时，$U_O=$

$U_A+\Delta U_{OA}=(0.95\sim1.05)U_N+0.04U_N=(0.99\sim1.09)U_N$；在 8～24 时，$U_O=U_A+\Delta U_{OA}=(0.95\sim1.05)U_N+0.1U_N=(1.05\sim1.15)U_N$。

同理可以算出负荷节点 B 对中枢点电压变化范围的要求：在 0～16 时，$U_O=U_B+\Delta U_{OB}=(0.96\sim1.06)U_N$；在 16～24 时，$U_O=U_B+\Delta U_{OB}=(0.98\sim1.08)U_N$。

将上述要求表示在同一张图上［见图 5－18（d)］。图中的阴影部分就是同时满足 A、B 两负荷点调压要求的中枢点电压的允许变化范围。由图可见，尽管 A、B 两负荷点的电压有 10%的变化范围，但是由于两处负荷大小和变化规律不同，两段线路的电压损耗数值及变化规律亦不相同。为同时满足两负荷点的电压质量要求，中枢点电压的允许变化范围就大大地缩小了，最大时为 7%，最小时仅有 1%。

在制定中枢点电压曲线时，要注意以下几点。

（1）对于向多个负荷点供电的中枢点，其电压允许变化范围可按两种极端情况确定：在地区负荷最大时，电压最低的负荷点的允许电压下限加上到中枢点的电压损耗等于中枢点的最低电压；在地区负荷最小时，电压最高负荷点的允许电压上限加上到中枢点的电压损耗等于中枢点的最高电压。当中枢点的电压能满足这两个负荷点的要求时，其他各点的电压基本上都能满足。

（2）如果中枢点是发电机电压母线，则除了上述要求外，还应受厂用电设备与发电机的最高允许电压以及为保持系统稳定的最低允许电压的限制。

（3）如果在任何时候，各负荷点所要求的中枢点电压允许变化范围都有公共部分，那么，调整中枢点的电压，使其在公共的允许范围内变动，就可以满足各负荷点的调压要求，而不必在各负荷点再装设调压设备。

（4）如果由同一中枢点供电的各用户负荷的变化规律差别很大，调压要求也很不相同，就可能在某些时间段内，各用户的电压质量要求反映到中枢点的电压允许变化范围没有公共部分。这种情况下，仅靠控制中枢点的电压并不能保证所有负荷点的电压偏移都在允许范围内。此时必须在某些负荷点增设必要的调压设备，以满足各负荷点的调压要求。

对规划中的系统，无法作出中枢点的电压曲线，对中枢点的电压调整则提出原则性的要求。为此，将中枢点的调整方式分为 3 种：逆调压、顺调压、恒调压。

在电力网络运行中，最大负荷下电网的电压损耗大，中枢点电压较低；最小负荷下电网的电压损耗小，中枢点电压较高。最大负荷时升高中枢点电压、最小负荷时降低中枢点电压的调压方式称为逆调压。逆调压在最大负荷时可将中枢点电压升高至 105%U_N（U_N 为线路额定电压)，最小负荷时可将中枢点电压降为 U_N。供电线路较长、负荷变动较大的中枢点往往采用逆调压方式。

最大负荷时允许中枢点电压降低、最小负荷时允许中枢点电压升高的调压方式称为顺调压。顺调压在最大负荷时允许中枢点电压不低于 102.5%U_N，最小负荷时允许不高于 107.5%U_N。供电线路不长，负荷变动不大的中枢点通常采用顺调压方式。

在任何负荷情况下都保持中枢点电压为一基本不变的数值，如（102%～105%）U_N，称为恒（常）调压。

上述的调压要求值为正常运行时的值，系统发生事故时，允许的电压偏移较正常情况大 5%。

（二）电压调整的措施

随着运行方式的改变、电网中电压损耗的作用有可能出现无论中枢点电压取什么范围，都不能满足所有负荷对电压的要求。当发生这种情况时，只靠控制中枢点电压就不能满足所有负荷点的电压要求。因此必须采取其他调压措施来保证电压质量。

各种调压措施所依据的基本原理说明如下。

图 5-19 示出一简单电力系统以及略去元件导纳支路和功率损耗后归算至基本级的等效电路。要求调整的负荷节点 b 的电压为

$$U_b = U'_b/k_2 = (U'_G - \Delta U)/k_2 = \left(U_G k_1 - \frac{PR+QX}{U_G k_1}\right)/k_2 \tag{5-31}$$

式中：U_b、U_G 分别是 b 点、G 点的实际电压；U'_b、U'_G 分别是 b 点、G 点的归算电压；k_1、k_2 分别是变压器 T1、T2 的变比；R、X 分别是电力网的等效电阻、等效电抗。

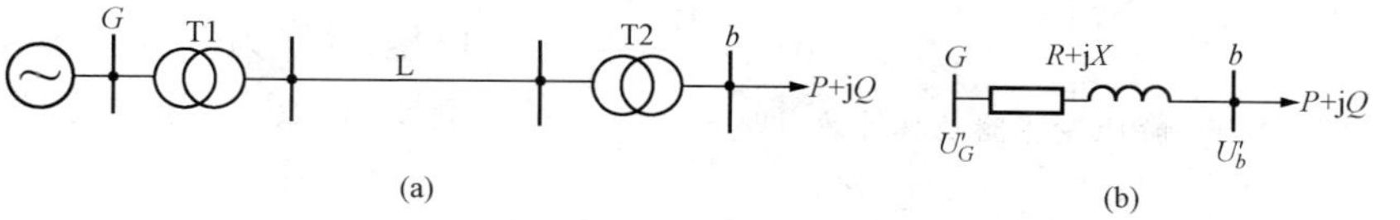

图 5-19　简单电力系统及其等效电路

（a）简单电力系统接线；（b）电力系统等效电路

由公式（5-31）可见，调整负荷节点 b 的电压可以采取以下措施：

（1）调节发电机励磁电流以改变发电机端电压 U_G；

（2）选择适当的变压器变比；

（3）改变线路的电抗参数；

（4）改变无功功率分布。

需要说明的是，为了调压改变有功功率的分配以及增大导线截面积以减小电阻是不恰当的。

1. 改变发电机端电压调压

大中型同步发电机都装有自动励磁调节装置，根据运行情况调节发电机励磁电流以改变发电机机端电压以达到调压的目的。这是一种不需耗费投资而且最直接的调压手段。这种调压措施对供电线路不长的直配电网是最经济合理的调压措施。但对供电线路较长、供电范围较大的多电压等级电网，由于不同运行方式下电压损耗的变化幅度太大，靠发电机调压不能满足负荷点电压的需求。如图 5-20 所示为一多级变压供电系统，其各元件在最大和最小负荷时的电压损耗已注明于图中。从发电机机端到最远负荷点在最大负荷时的总电压损耗达 35%，最小负荷时为 15%，其变化幅度达 20%，这时调压的困难不仅在于电压损耗的绝对值过大，而且更主要的是在于不同运行方式下电压损耗之差（即变化幅度）太大。因而单靠发电机调压是不能解决问题的。在上述情况下，发电机调压（一般采用逆调压）主要是为了满足近处机端负荷的电压质量要求，同时对于解决多级变压供电系统的调压问题也是有利的。需要注意的是，对大型电力系统中有众多处于并联运行的发电机，个别发电机进行机端电压的调整，会引起系统无功功率的重新分配，并可能与无功功率经济分配发生矛盾。在这两种情况下，改变发电机端电压调压只能作为一种辅助性的调压措施。

2. 改变变压器变比调压

改变变压器变比调压就是根据调压要求适当选择变压器的分接头电压。变压器的低压绕

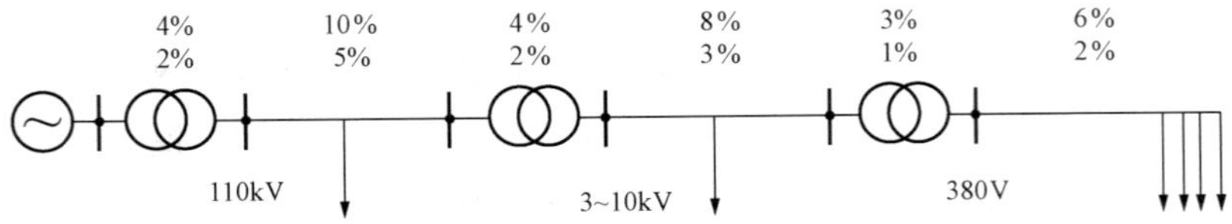

图 5-20 多级变压器供电系统的电压损耗分布

组不设分接头，双绕组变压器分接头设在高压绕组，三绕组变压器分接头设在高、中压绕组上。对于普通变压器（即无励磁调压变压器），有 3 个或 5 个分接头可供选择，例如 $U_N\pm5\%$或 $U_N\pm2\times2.5\%$。下面介绍普通双绕组变压器分接头的选择方法。

（1）降压变压器分接头的选择。降压变压器的接线及等效电路如图 5-21 所示。

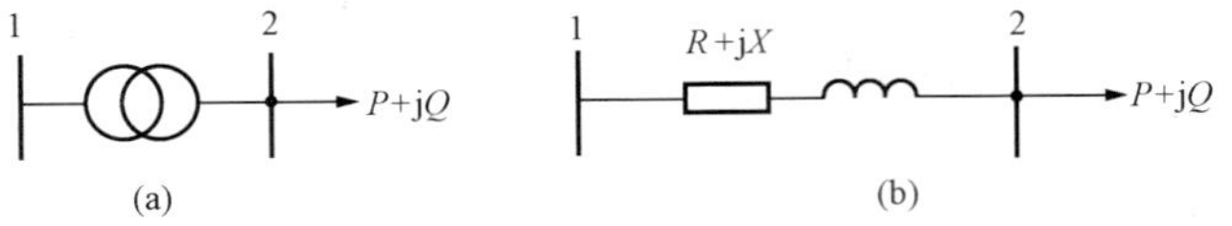

图 5-21 降压变压器及其等效电路

（a）接线图；（b）等效电路

设 U_1 为高压侧母线电压；U_2' 为低压侧母线归算至高压侧的归算电压；U_2 为低压侧母线电压（要求电压）；ΔU_T 为变压器的电压损耗；U_{1t}为变压器高压绕组的分接头电压；U_{2N}为变压器低压绕组的额定电压；k 为变压器的变比。根据等效电路有（略去功率损耗）

$$U_2' = U_1 - \Delta U_T$$

其中

$$\Delta U_T = \frac{PR+QX}{U_1}$$

也即

$$U_2 k = U_1 - \Delta U_T$$

而

$$k = \frac{U_{1t}}{U_{2N}}$$

由于普通变压器只能停电时调整分接头位置，在运行中分接头位置不变，所以应在最大、最小负荷下分别求出变压器的分接头电压的计算值，为

$$U_{1t\max} = \frac{U_{1\max} - \Delta U_{T\max}}{U_{2\max}} U_{2N} \tag{5-32}$$

$$U_{1t\min} = \frac{U_{1\min} - \Delta U_{T\min}}{U_{2\min}} U_{2N} \tag{5-33}$$

然后取其平均值

$$U_{1t} = \frac{(U_{1t\max} + U_{1t\min})}{2} \tag{5-34}$$

再根据计算值 U_{1t}，选择一个与它数值最接近的分接头电压 $U_{1t\cdot s}$。

分接头电压选择后，还要进行校验，即根据所选择的分接头电压计算最大、最小负荷下低压母线的实际电压，并校验其是否满足调压要求。

$$U_{2\max\cdot s} = (U_{1\max} - \Delta U_{T\max}) \frac{U_{2N}}{U_{1t\cdot s}} \tag{5-35}$$

$$U_{2\min\cdot s} = (U_{1\min} - \Delta U_{T\min}) \frac{U_{2N}}{U_{1t\cdot s}} \tag{5-36}$$

（2）升压变压器分接头的选择。升压变压器的接线及等效电路如图 5-22 所示。图中 1 仍为高压侧，2 仍为低压侧。

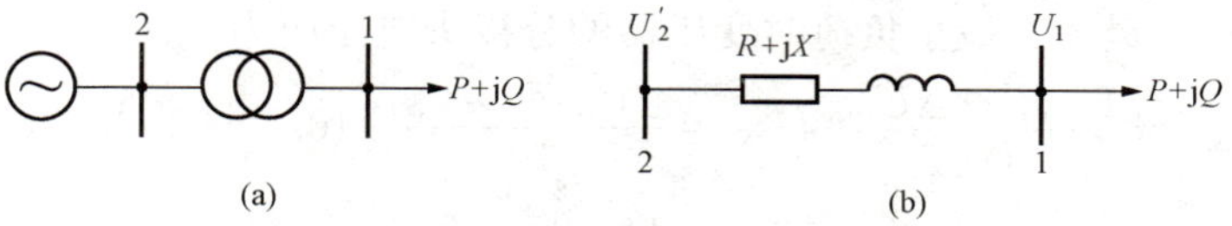

图 5-22　升压变压器及其等效电路

(a) 接线图；(b) 等效电路

根据等效电路，有

$$U_2' = U_1 + \Delta U_T$$

其中

$$\Delta U_T = \frac{PR+QX}{U_1}$$

即

$$U_2 k = U_1 + \Delta U_T$$

而

$$k = \frac{U_{1t}}{U_{2N}}$$

则有

$$U_{1t} = \frac{U_1 + \Delta U_T}{U_2} U_{2N} \tag{5-37}$$

升压变压器分接头电压的计算、选择及校验方法与降压变压器相同。但需注意的是：①升压变压器与降压变压器的额定电压是有区别的；②升压变压器的功率方向与降压变压器不同，因而在上述计算公式中电压损耗 ΔU_T 前的符号应相反；③发电机机端接有地区负荷时，式（5-32）、式（5-33）中的 U_{2max}、U_{2min} 应按地区负荷的调压要求（一般为逆调压）计算，如没有地区负荷，则按发电机机端电压的要求计算。

采用改变变压器变比调压时，当最大、最小负荷时电压变化幅度超过了分接头的调整范围（±5%），或者调压要求的变化趋势与实际的相反（例如逆调压）时，靠选普通变压器的分接头的方法就无法满足调压要求，这时就得采用有载调压变压器。采用有载调压变压器时，可对不同的运行方式（最大负荷下和最小负荷下）分别选择各自合适的分接头。有载调压变压器可带负荷切换分接头，调压灵活方便，调节范围大，调压效果好，在无功功率充足的系统中提倡使用。

对于三绕组变压器，同样按上述方法选择分接头电压，但需分两步进行。首先按低压母线的调压要求，由高—低压侧计算高压绕组的分接头电压 U_{1t}，然后按中压母线的调压要求，由高—中压侧计算中压绕组的分接头电压 U_{2t}。这样根据计算值选择与之最接近的高、中压绕组分接头电压，从而确定了三绕组变压器的变比。校验时也应分别按选定变比计算中、低压侧母线电压并判断是否满足调压要求。

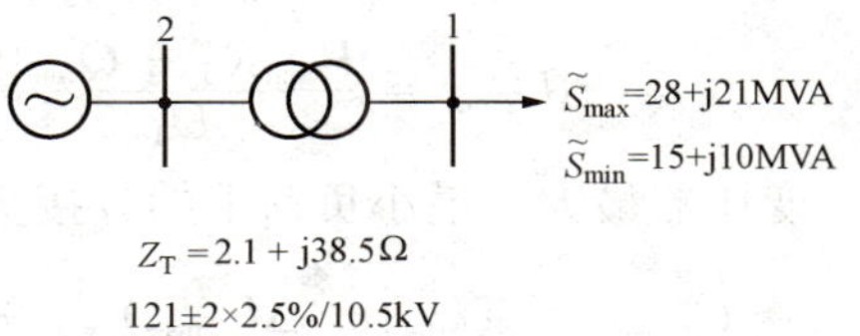

图 5-23　升压变压器接线图

【例 5-5】　某水电厂通过升压变压器 SFL1—40000 与系统相连（如图 5-23 所示），高压母线电压最大负荷时为 112.09kV，最小负荷时为 115.45kV。要求低压母线采用逆调压，试选择变压器分接头电压。

解： 最大、最小负荷时变压器的电压损耗为

$$\Delta U_{T\max} = \frac{P_{\max} R_T + Q_{\max} X_T}{U_{1\max}} = \frac{28 \times 2.1 + 38.5 \times 21}{112.09} = 7.74(\text{kV})$$

$$\Delta U_{T\min} = \frac{P_{\min} R_T + Q_{\min} X_T}{U_{1\min}} = \frac{15 \times 2.1 + 10 \times 38.5}{115.45} = 3.61(\text{kV})$$

根据逆调压的要求，最大、最小负荷时变压器的分接头电压应为

$$U_{1\mathrm{tmax}}=\frac{U_{1\max}+\Delta U_{\mathrm{Tmax}}}{U_{2\max}}U_{2\mathrm{N}}=\frac{112.09+7.74}{10.5}10.5=119.83(\mathrm{kV})$$

$$U_{1\mathrm{tmin}}=\frac{U_{1\min}+\Delta U_{\mathrm{Tmin}}}{U_{2\min}}U_{2\mathrm{N}}=\frac{115.45+3.61}{10}10.5=125.01(\mathrm{kV})$$

然后取其平均值

$$U_{1\mathrm{t}}=\frac{U_{1\mathrm{tmax}}+U_{1\mathrm{tmin}}}{2}=122.42(\mathrm{kV})$$

选取与$U_{1\mathrm{t}}$最接近的分接头电压121kV，并按所选分接头电压校验低压母线实际电压，即

$$U_{2\max\cdot\mathrm{s}}=(U_{1\max}+\Delta U_{\mathrm{Tmax}})\frac{U_{2\mathrm{N}}}{U_{1\mathrm{t}\cdot\mathrm{s}}}=119.83\times\frac{10.5}{121}=10.4(\mathrm{kV})<10.5\mathrm{kV}$$

$$U_{2\min\cdot\mathrm{s}}=(U_{1\min}+\Delta U_{\mathrm{Tmin}})\frac{U_{2\mathrm{N}}}{U_{1\mathrm{t}\cdot\mathrm{s}}}=119.06\times\frac{10.5}{121}=10.33(\mathrm{kV})>10\mathrm{kV}$$

可见所选分接头电压满足调压要求。

【例 5-6】 某变电所装设一台双绕组变压器，型号为 SFL-31500/110，变比为 110±2×2.5%/38.5kV，空载损耗 $P_0=86\mathrm{kW}$，短路损耗 $P_s=200\mathrm{kW}$，短路电压百分值 $U_s\%=10.5$，空载电流百分值 $I_0\%=2.7$。变电所低压侧所带负荷为 $\widetilde{S}_{\max}=20+\mathrm{j}10\mathrm{MVA}$，$\widetilde{S}_{\min}=10+\mathrm{j}7\mathrm{MVA}$，高压母线电压最大负荷时为 102kV，最小负荷时为 105kV，低压母线要求逆调压，试选择变压器分接头电压。

解： 计算中略去变压器的励磁支路、功率损耗及电压降落的横分量。

变压器的阻抗参数为

$$R_{\mathrm{T}}=\frac{P_sU_{\mathrm{N}}^2}{1000S_{\mathrm{N}}^2}=\frac{200\times110^2}{1000\times31.5^2}=2.44(\Omega)$$

$$X_{\mathrm{T}}=\frac{U_s\%U_{\mathrm{N}}^2}{100S_{\mathrm{N}}}=\frac{10.5\times110^2}{100\times31.5}=40.3(\Omega)$$

变压器最大、最小负荷下的电压损耗为

$$\Delta U_{\mathrm{Tmax}}=\frac{P_{\max}R_{\mathrm{T}}+Q_{\max}X_{\mathrm{T}}}{U_{1\max}}=\frac{20\times2.44+10\times40.3}{102}=4.43(\mathrm{kV})$$

$$\Delta U_{\mathrm{Tmin}}=\frac{P_{\min}R_{\mathrm{T}}+Q_{\min}X_{\mathrm{T}}}{U_{1\min}}=\frac{10\times2.44+7\times40.3}{105}=2.92(\mathrm{kV})$$

变压器最大、最小负荷下的分接头电压为

$$U_{1\mathrm{tmax}}=(U_{1\max}-\Delta U_{\mathrm{Tmax}})\frac{U_{2\mathrm{N}}}{U_{2\max}}=(102-4.43)\times\frac{38.5}{35\times105\%}=102.2(\mathrm{kV})$$

$$U_{1\mathrm{tmin}}=(U_{1\min}-\Delta U_{\mathrm{Tmin}})\frac{U_{2\mathrm{N}}}{U_{2\min}}=(105-2.92)\times\frac{38.5}{35}=112.3(\mathrm{kV})$$

$$U_{1\mathrm{t}}=(102.2+112.3)/2=107.25(\mathrm{kV})$$

选择与$U_{1\mathrm{t}}$最接近的分接头为 110−2.5%，即分接头电压为 107.25kV。此时，低压母线按所选分接头电压计算的实际电压为

$$U_{2\max\cdot\mathrm{s}}=(U_{1\max}-\Delta U_{\mathrm{Tmax}})\frac{U_{2\mathrm{N}}}{U_{1\mathrm{t}\cdot\mathrm{s}}}=97.57\times\frac{38.5}{107.25}=35(\mathrm{kV})<35\times105\%=36.7(\mathrm{kV})$$

$$U_{2\min\cdot s}=(U_{1\min}-\Delta U_{T\min})\frac{U_{2N}}{U_{1t\cdot s}}=102.08\times\frac{38.5}{107.25}=36.6(\text{kV})>35(\text{kV})$$

可见，所选分接头满足调压要求。

3. 改变无功功率分布调压

无功功率的产生基本上不消耗能源，但无功功率沿电网传输则会引起网络的有功功率损耗和电压损耗。改变无功功率分布或合理地进行无功功率的分配，以减少有功功率损耗，涉及到的是系统的经济运行问题，第六章将予以介绍。改变无功功率分布以减少电压损耗，从而改善用户的电压质量，正是调压的目的所在。改变无功功率分布调压的方法，是在用户处就地补偿（并联补偿）无功功率负荷，以减少电网传输的无功功率。调压计算的内容是按调压要求确定应设置的无功功率补偿容量。确定补偿容量时，要结合考虑变压器变比的选择，使之既充分发挥变压器的调压作用，又充分利用无功补偿容量，达到在满足调压要求的前提下，使用的补偿容量最少。

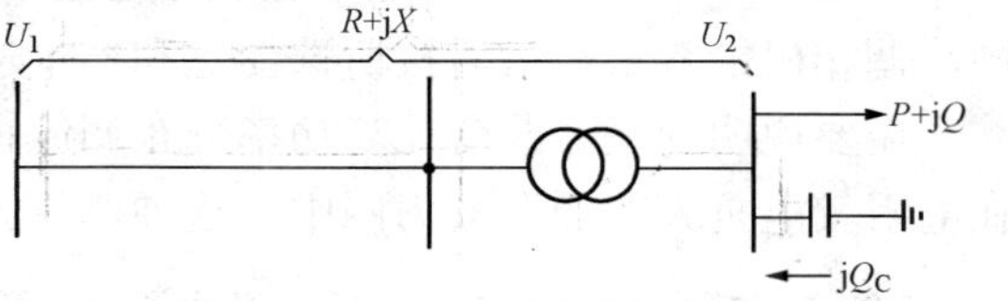

图 5 - 24　简单电力网的无功功率补偿

图 5 - 24 所示为一简单电力网。设U_2'和U_{2C}'分别为补偿前后归算至高压侧的变电所低压母线电压，补偿前后供电点电压U_1维持不变，不计线路充电功率和变压器的励磁功率，忽略电压降落的横分量，可推导出补偿设备的容量为

$$Q_C=\frac{U_{2C}'}{X}(U_{2C}'-U_2') \tag{5-38}$$

该式未能反映变电所低压母线的调压要求。无功补偿的目的就是要满足低压母线的调压要求而不影响线路首端的电压。

设变电所低压侧的实际电压（调压要求值）为U_{2C}，变压器变比为k，则式（5 - 38）可变为

$$Q_C=\frac{U_{2C}}{X}\left(U_{2C}-\frac{U_2'}{k}\right)k^2 \tag{5-39}$$

由此可见，补偿容量与调压要求和降压变压器的变比选择有关。

当无功补偿电源为并联移相电容器时，考虑到大负荷时降压变电所电压偏低，小负荷时电压偏高，而电容器只能发出感性无功功率以提高电压，不能吸收无功功率以降低电压，所以为了充分利用补偿容量，在最大负荷时电容器应全部投入，在最小负荷时则全部退出。具体计算步骤如下。

第一步，在最小负荷无补偿情况下计算变压器分接头电压$U_{1t}=\frac{U_{2\min}'U_{2N}}{U_{2\min}}$并选择与之最接近的分接头电压$U_{1t\cdot s}$，由此确定变压器的变比$k=\frac{U_{1t\cdot s}}{U_{2N}}$。

第二步，在最大负荷时由式（5 - 39）确定补偿容量。

第三步，根据确定的变比和选定的电容器容量校验变电所低压母线的实际电压是否满足调压要求。

当无功补偿电源为同步调相机时，考虑到调相机既能过励运行提高电压，又能欠励运行降低电压，所以为了充分利用补偿容量，在最大负荷时按额定容量过励运行，在最小负荷时按（0.5～0.65）额定容量欠励运行。具体计算步骤为：

最大负荷下

$$Q_{\mathrm{C}} = \frac{U_{2\mathrm{C}\max}}{X}\left(U_{2\mathrm{C}\max} - \frac{U'_{2\max}}{k}\right)k^2 \tag{5-40}$$

最小负荷下

$$-\alpha Q_{\mathrm{C}} = \frac{U_{2\mathrm{Cmin}}}{X}\left(U_{2\mathrm{C}\min} - \frac{U'_{2\min}}{k}\right)k^2 \tag{5-41}$$

式中：α 的取值范围为 0.5～0.65。

由式（5-40）、式（5-41）可求出变压器变比

$$k = \frac{\alpha U_{2\mathrm{Cmax}}U'_{2\max} + U_{2\mathrm{Cmin}}U'_{2\min}}{\alpha U^2_{2\mathrm{Cmax}} + U^2_{2\mathrm{Cmin}}} \tag{5-42}$$

按式（5-42）的计算值 k 选取与之最接近的变压器变比并代入式（5-40），即可求出同步调相机的容量，最后按所选变比和容量进行电压校验。

需要说明的是，改变无功功率分布调压在电抗远大于电阻的高压电网中效果较显著，而在电阻较电抗大的低压电力网中，这种调压方法不适合。

【例 5-7】 降压变电所低压母线 j 要求恒调压，其电压保持 10.5kV，试配合降压变压器分接头的选择确定 j 母线上装设的电容器的容量。系统接线如图 5-25 所示，忽略系统的功率损耗。

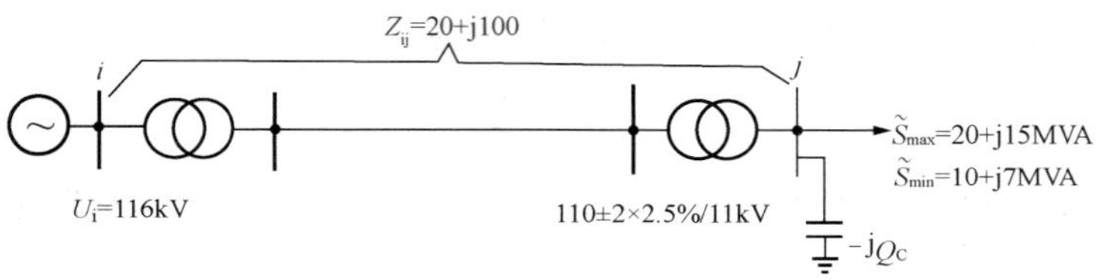

图 5-25 110kV 输电系统的并联补偿

解： 设置补偿设备前，变电所低压侧归算到高压侧的电压为

$$U'_{j\max} = U_i - \frac{P_{j\max}R_{ij} + Q_{j\max}X_{ij}}{U_i} = 116 - \frac{20 \times 20 + 15 \times 100}{116} = 99.62(\mathrm{kV})$$

$$U'_{j\min} = U_i - \frac{P_{j\min}R_{ij} + Q_{j\min}X_{ij}}{U_i} = 116 - \frac{10 \times 20 + 7 \times 100}{116} = 108.2(\mathrm{kV})$$

装设电容器，按恒调压要求确定最小负荷时补偿设备全部退出运行条件下降压变压器的分接头电压

$$U_t = \frac{U_{2\mathrm{N}}U'_{j\min}}{U_{j\min}} = 108.2 \times \frac{11}{10.5} = 113.35(\mathrm{kV})$$

选用 110+2.5%分接头，即分接头电压为 112.75kV，并按最大负荷时的调压要求确定补偿容量 Q_{C} 为

$$Q_{\mathrm{C}} = \frac{U_{j\mathrm{Cmax}}}{X_{ij}}\left(U_{j\mathrm{Cmax}} - \frac{U'_{j\max}}{k}\right)k^2$$

$$= \frac{10.5}{100}\left(10.5 - 99.62 \times \frac{11}{112.75}\right) \times \left(\frac{112.75}{11}\right)^2 = 8.62(\mathrm{Mvar})$$

选取补偿容量为 9Mvar，校验变电所低压侧实际电压

$$U_{j\mathrm{Cmax}} = U'_{j\mathrm{Cmax}}/k = \left[116 - \frac{20 \times 20 + (15 - 9) \times 100}{116}\right] \times \frac{11}{112.75} = 10.48(\mathrm{kV})$$

$$U_{jC\min} = U'_{jC\min}/k = 108.2 \times \frac{11}{112.75} = 10.56(\text{kV})$$

可见所选电容器能满足调压要求。

4. 改变线路电抗参数调压

在输电线路中串联接入电容器补偿线路的电抗，从而降低线路的电压损耗达到调压的目的。

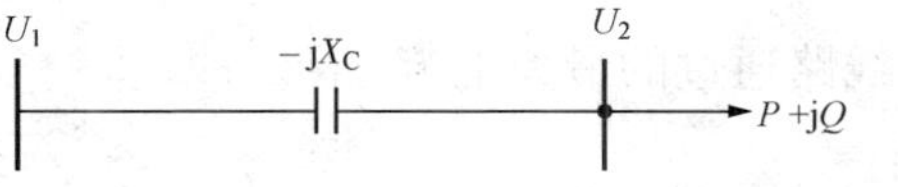

图 5 - 26　输电线路的串联补偿

如图 5 - 26 所示的输电线路中，线路首端电压 U_1 保持恒定，加装电容器前后线路上的电压损耗分别为 ΔU 和 ΔU_C（略去电压降落的横分量且不计功率损耗），即

$$\Delta U = \frac{PR + QX}{U_1}$$

$$\Delta U_C = \frac{PR + Q(X - X_C)}{U_1}$$

式中：R、X 为线路电阻和电抗；X_C 为电容器的容抗值。由此可得

$$X_C = \frac{U_1(\Delta U - \Delta U_C)}{Q} \tag{5 - 43}$$

当通过电容器的最大负荷电流为 $I_{\max}$ 时，串联电容器的计算容量为

$$Q_C = 3I_{\max}^2 X_C \tag{5 - 44}$$

设电容器组由许多单个电容器串、并联组成，单个电容器的额定电流、额定电压为 I_{NC} 和 U_{NC}，串、并联的个数为 n、m

$$mI_{NC} \geqslant I_{\max}$$

$$nU_{NC} \geqslant I_{\max} X_C$$

则所选电容器的总容量为

$$Q_{NC} = 3mnU_{NC}I_{NC} \geqslant 3I_{\max}^2 X_C \tag{5 - 45}$$

需要说明的是，对负荷功率因数大或导线截面积小的线路，$\frac{PR}{U}$分量较大，串联电容器调压效果$\left(\frac{QX_C}{U}\right)$很小，所以串联电容器改变线路电抗调压一般用于 35kV 或 10kV 负荷波动大而频繁、功率因数又很低的配电线路。而高压、超高压线路中的串联电容补偿的作用主要在于提高传输功率和电力系统的稳定性。

【例 5 - 8】　有一条 35kV 的供电线路，线路末端负荷为 8 + j6MVA，线路阻抗为 12.54 + j15.2Ω，线路首端电压保持 37kV。现在线路上装设串联电容器以便使线路末端电压维持 34kV，若选用 YL1.05-30-1 单相油浸纸质移相电容器，其额定电压为 1.05kV、Q_{NC} = 30kvar，需装设多少个电容器，其总容量是多少？

解： 补偿前线路的功率损耗为

$$\Delta \widetilde{S}_L = \frac{8^2 + 6^2}{35^2} \times (12.54 + \mathrm{j}15.2) = 1.024 + \mathrm{j}1.241(\text{MVA})$$

线路首端功率为

$$\widetilde{S} = 8 + \mathrm{j}6 + 1.024 + \mathrm{j}1.241 = 9.024 + \mathrm{j}7.241(\text{MVA})$$

线路的电压降落为

$$\Delta U=\frac{9.024\times 12.54+7.241\times 15.2}{37}=6.03(\text{kV})$$

补偿后要求的压降为 37－34＝3（kV）。补偿容抗计算值为

$$X_C=\frac{37\times(6.03-3)}{7.241}=15.48(\Omega)$$

线路通过的最大电流

$$I_{max}=\frac{\sqrt{9.024^2+7.241^2}}{\sqrt{3}\times 37}=0.181(\text{kA})$$

选用额定电压为 $U_{NC}=1.05\text{kV}$，容量为 30kvar 的电容器，其单个电容器的额定电流为

$$I_{NC}=\frac{30}{1.05}=28.57(\text{A})$$

单个电容器的容抗为

$$X_{NC}=\frac{1050}{28.57}=36.75(\Omega)$$

需要并联的支路数计算为

$$m\geqslant\frac{I_{max}}{I_{NC}}=\frac{181}{28.57}=6.34$$

需要串联的个数计算为

$$n\geqslant\frac{I_{max}X_C}{U_{NC}}=\frac{181\times 15.48}{1050}=2.67$$

取 $m=7$、$n=3$，则总的补偿容量为

$$Q_C=3mnQ_{NC}=3\times 7\times 3\times 30=1890(\text{kvar})$$

对应的补偿容抗为

$$X_C=\frac{3X_{NC}}{7}=\frac{3\times 36.75}{7}=15.75(\Omega)$$

补偿后线路末端的电压为

$$U_{2C}=37-\frac{9.024\times 12.54+(15.2-15.75)\times 7.241}{37}=34.05(\text{kV})$$

满足调压要求。

（三）电力系统调压措施综述

在前述的各种调压措施中，利用发电机调压不需要增加费用，是发电机直接供电的系统的主要调压手段。在多机系统中，由于调节发电机的励磁电流要引起发电机间无功功率的重新分配，应该根据发电机与系统的连接方式和承担有功负荷的情况，合理地规定各发电机调压装置的整定值。此时利用发电机调压只作为一种辅助性的调压手段。

当系统的无功功率供应比较充裕时，各变电所的调压问题可以通过选择变压器的分接头来解决。当最大负荷和最小负荷两种情况下的电压变化幅度不很大又不要求逆调压时，适当调整普通变压器的分接头一般就可满足要求。当电压变化幅度比较大或要求逆调压时，宜采用带负荷调压的变压器。有载调压变压器可以装设在枢纽变电所，也可以装设在大容量的用户处。加压调压变压器还可以串联在线路上，对于辐射形线路，其主要目的是为了调压，对于环网，还能改善功率分布。装设在系统间联络线上的串联加压器，还可起隔离作用，使两

个系统的电压调整互不影响。

在系统的无功功率不足的条件下，不宜采用调整变压器分接头的办法来提高电压。因为当某一地区的电压由于变压器分接头的改变而升高后，该地区所需的无功功率也增大了，这就可能扩大系统的无功缺额，从而导致整个系统的电压水平更加下降。从全局来看，这样做的效果是不好的。此时应采用能改变无功功率分布的并联补偿（如并联电容器、调相机或静止补偿器）或能改变线路参数的串联补偿（串电容器）调压。需要指出的是，对于35kV或10kV的较长线路，导线截面积较大（在70mm^{2}以上）、负荷波动大而频繁、功率因数又偏低时，采用串联补偿调压可能比较适宜。这两种调压措施都需要增加设备费用，采用并联补偿时可以从网损节约中得到抵偿。

对于10kV及以下电压级的电力网，由于负荷分散、容量不大，常按允许电压损耗来选择导线截面积以解决电压质量问题，具体做法略。

上述各种调压措施的具体运用，只是一种粗略的概括。对于实际电力系统的调压问题，需要根据具体的情况对可能采用的措施进行技术经济比较后，才能找出合理的解决方案。

最后还要指出，在处理电压调整问题时，保证系统在正常运行方式下有合乎标准的电压质量是最基本的要求。此外还要使系统在某些特殊（例如检修或故障后）运行方式下的电压偏移不超出允许的范围。如果正常状态下的调压措施不能满足这一要求，还应考虑采取特殊运行方式下的补充调压手段。

习　　题

5-1　系统有水轮发电机组100MW5台，$\delta_*=0.025$；75MW5台，$\delta_*=0.0275$；汽轮发电机组100MW6台，$\delta_*=0.035$；50MW20台，$\delta_*=0.04$；较小容量发电机组合计1000MW，$\delta_*=0.04$。系统额定频率50Hz，总负荷3000MW，负荷的频率调节效应系数$K_{D*}=1.5$。试计算在以下3种情况下，系统总负荷增大到3300MW，系统新的稳定频率各是多少。

（1）全部机组都参加一次调整；

（2）全部机组都不参加一次调整；

（3）仅有水轮发电机组参加一次调整。

5-2　系统条件同题5-1（3），试求：

（1）要求频率无差调节时，发电机的二次调整增发的功率为多少？

（2）要求系统频率不低于49.8Hz时，发电机二次调整增发的功率为多少？

5-3　系统中有5台100MW（$\delta_*=0.03$）和5台200MW（$\delta_*=0.04$）的发电机组对1200MW的负荷供电，系统额定频率为50Hz。当一台满载运行的200MW发电机自动跳闸切除后，系统频率的变化量为多少？（负荷的频率调节效应系数$K_{D*}=2$）

5-4　并联运行的两台等值发电机组A、B，额定功率分别为1600MW和3000MW，调差系数为0.05和0.03。当系统频率为50Hz时两机组的出力分别为1000MW和2400MW。当系统负荷减少了20%时，系统的频率及两机组的出力各是多少？（不计负荷的频率调节效应）

5-5　由A、B、C3个系统组成的联合系统如图5-27所示。系统容量、发电机组的单位调节功率及负荷的频率调节效应系数均示于图中。在正常情况下，联络线功率均为零。试

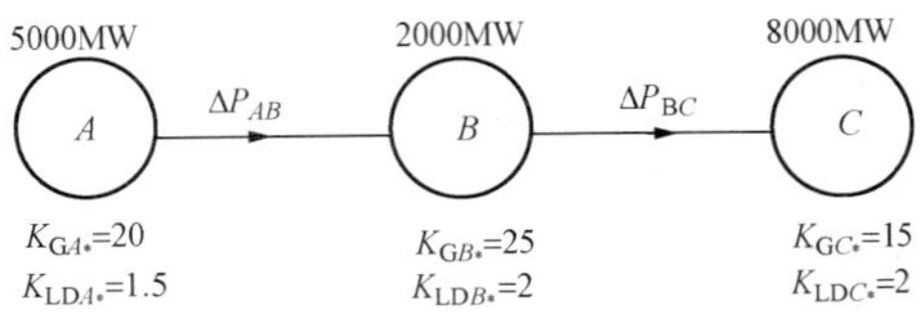

图 5-27　题 5-5 图

按下列 3 种情况计算系统频率变化量及联络线上交换的功率：

（1）A 系统突增负荷 300MW，3 个系统均参加频率的一次调整；

（2）A 系统突增负荷 300MW，除 3 个系统有一次调整外，C 系统单独承担无差调节的频率二次调整；

（3）B 系统突增负荷 300MW，但 B 系统已满载，其他两系统均参加一次调整。

5-6　有两系统 A 和 B 互联，当系统 A 负荷增加 500MW 时，B 系统经联络线向 A 系统输送功率 300MW。如果 A 系统负荷增加 500MW 时，联络线处于开断状态，此时 A 系统频率降为 49Hz，B 系统频率仍维持 50Hz。试求 A、B 两系统的单位调节功率。

5-7　A、B 两系统互联。各系统的系统额定容量、系统负荷、电源及负荷的单位调节功率如图 5-28 所示。当系统运行频率为 50Hz 时，系统 A 经联络线向系统 B 输送 500MW 功率。试求：

（1）联络线因故障切除后，A、B 两系统的频率变化量；

（2）要使 B 系统的频率变化不超过 0.5Hz，B 系统应减负荷多少？

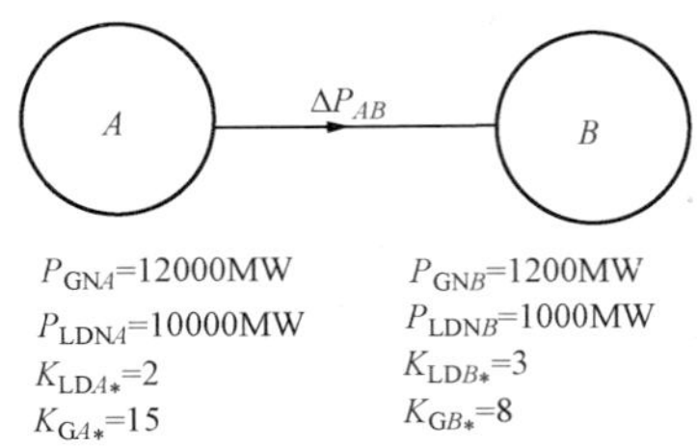

图 5-28　题 5-7 图

5-8　某升压变电所有一台容量为 240MVA 的变压器，电压为 242±2×2.5%/10.5kV。变电所高压母线电压最大负荷时为 235kV，最小负荷时为 226kV，变电所归算到高压侧的电压损耗最大负荷时为 8kV，最小负荷时为 4kV，变电所母线电压为逆调压，试选择变压器分接头电压。

5-9　某一降压变压器，变比为 110±2×2.5%/6.3kV，归算至高压侧的阻抗为 $Z_T=2.44+j40\Omega$，在最大负荷时，变压器通过的功率为 24+j10MVA，高压母线电压为 112kV；在最小负荷时，变压器通过的功率为 10+j5MVA，高压母线电压为 115kV。低压母线电压要求最大负荷时不低于 6kV，最小负荷时不高于 6.6kV。试选择变压器分接头电压。

5-10　两台容量为 31.5MVA 的有载调压变压器并联运行于 110/10kV 的降压变电所，单台变压器归算至高压侧的等效阻抗为 $Z_T=1.8+j40.3\Omega$。变电所在最大负荷时高压母线电压为 105kV，低压侧负荷为 $\tilde{S}_{max}=40+j30$MVA；在最小负荷时高压母线电压为 108.5kV，低压侧负荷为 $\tilde{S}_{min}=20+j15$MVA。变压器的变比为 110±8×1.25%/10.5kV。试求变压器以满足变电所低压母线为逆调压要求的变比。（计算中要求计及变压器功率损耗。）

5-11　试选择如图 5-29 所示的三绕组变压器的分接头电压。变压器各绕组等效阻抗、中压和低压侧接带的负荷、高压母线电压均示于图中。变压器的变比为 110±2×2.5%/38.5±2×2.5%/6.6kV，中压、低压母线的电压变化范围分别要求为 35～38kV 和 6～6.5kV。（不计变压器功率损耗）

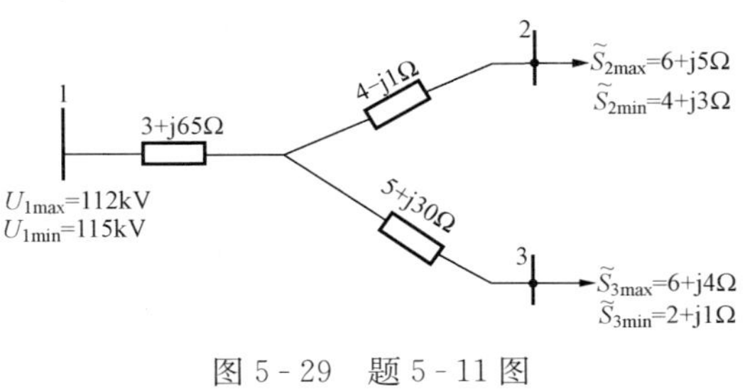

图 5-29　题 5-11 图

5-12　如图 5-30 所示的供电系统，若 A 点电压保持 36kV 不变，B 点调压要求为 $10.2\text{kV} \leqslant U_B \leqslant 10.5\text{kV}$，试配合选择变压器分接头电压确定并联补偿电容器的容量。（不计变压器及线路的功率损耗。）

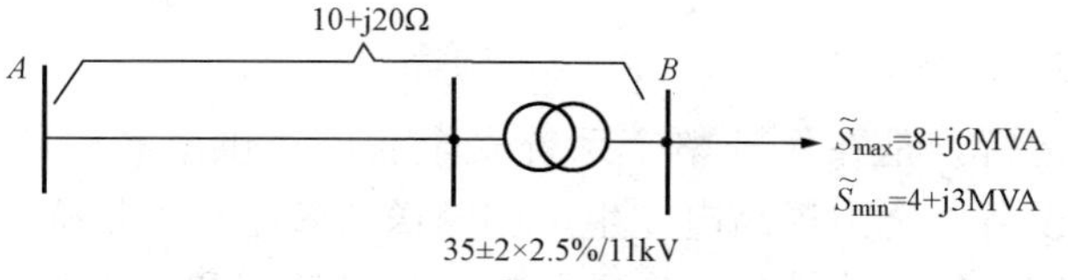

图 5-30　题 5-12 图

5-13　某地区降压变电所，由双回 110kV、长 70km 的线路供电，导线参数 $r_1 = 0.27\Omega/\text{km}$，$x_1 = 0.416\Omega/\text{km}$。变电所装有两台容量为 31.5MVA、电压为 $110 \pm 2 \times 2.5\%/11\text{kV}$ 的变压器，其短路电压百分值为 10.5。最大负荷时，变电所低压母线归算至高压侧的电压为 100.5kV；最小负荷时为 112.0kV。变电所低压母线允许电压偏移为 $+2.5\% \sim +7.5\%$。当变电所低压母线上的补偿设备为并联电容器时，试确定补偿设备的最小容量。

5-14　某电源中心通过 110kV、长 80km 的单回线路向降压变电所供电。其线路阻抗为 $21+\text{j}34\Omega$，在最大负荷为 $22+\text{j}20\text{MVA}$ 运行时，要求线路电压降小于 6%。为此，线路上需串联电容器。若采用 0.66kV、40kvar 的单相电容器，求电容器的数量及设置的容量。（不计线路的功率损耗。）

第六章　电力系统的经济运行

电力系统的经济运行，是在保证整个系统安全、可靠供电和电能质量满足需求的前提下，合理利用能源和设备，努力提高电能生产和输送的效率，尽量降低发电的燃料消耗和供电成本。考核电力系统运行经济性的两个重要指标是煤耗率和网损率。

煤耗率是指每生产1kWh电能所消耗的标准煤重，以g/(kWh)为单位，而标准煤则是指含热量为29.31MJ/kg的煤。

网损率是指电力网中损耗的电能与向电力网供应的电能的百分比。

本章就是以降低煤耗率和网损率为目标，从技术的角度分析电力系统经济运行。

第一节　电力网络的电能损耗

电力网络的电能损耗主要包括：与电流平方成正比的变压器绕组和输电线路导线电阻的电能损耗；与运行电压有关的变压器铁芯、电容器和电缆的绝缘介质以及电晕等的损耗。

一、输电线路的电能损耗计算

设某段线路的等效电阻为R，给定时段T内的功率和电压瞬时值为$s(t)$、$u(t)$，该段线路在给定时段内的电能损耗为

$$\Delta A=\int_0^T \Delta p(t)\mathrm{d}t=\int_0^T \frac{s^2(t)}{u^2(t)}R\mathrm{d}t=\int_0^T 3i^2(t)R\mathrm{d}t \tag{6-1}$$

这是一个精确的计算公式，但$s(t)$、$u(t)$、$i(t)$很难用解析式给出。因此，将时段T分成步长为Δt_i的n等分，认为每段内功率、电压或电流为定值，然后用求和的方法近似计算

$$\Delta A\approx\sum_{i=1}^{n}\Delta P_i\Delta t_i=\sum_{i=1}^{n}\frac{S_i^2}{U_i^2}R\Delta t_i=\sum_{i=1}^{n}3I_i^2R\Delta t_i \tag{6-2}$$

式中：n为时段T内划分的段数；Δt_i为第i个时段的时间，h；ΔP_i、S_i、I_i分别为第i个时段对应的功率损耗、输送功率、输送电流。

事实上，即使是求和方法，计算也很复杂，特别是在规划设计阶段负荷曲线未知的情况下，数据更为欠缺，计算更为粗略。下面介绍两种工程上常采用的简化方法。

1. 最大负荷损耗时间法

若线路中输送的功率一直保持最大负荷功率S_{max}，在τ_{max}时间内的电能损耗恰好等于该线路全年的实际电能损耗，则称τ_{max}为最大负荷损耗时间，单位为h。当最大负荷利用小时数T_{max}与功率因数$\cos\varphi$已知时，可由表6-1查出τ_{max}。这时该线路的年电能损耗为

$$\Delta A=\Delta P_{max}\tau_{max} \tag{6-3}$$

需要注意的是，如果线路上有几个负荷点时，如图6-1所示，则线路的总电能损耗就等于各段线路电能损耗之和，即

$$\Delta A = \left(\frac{S_1}{U_a}\right)^2 R_1 \tau_{max1} + \left(\frac{S_2}{U_b}\right)^2 R_2 \tau_{max2} + \left(\frac{S_3}{U_c}\right)^2 R_3 \tau_{max3}$$

式中：S_1、S_2、S_3 分别为各段最大负荷功率；τ_{max1}、τ_{max2}、τ_{max3} 分别为各段最大负荷损耗时间。

表 6-1　　最大负荷损耗小时数 τ_{max} 与最大负荷的利用小时数 T_{max} 的关系

T_{max}/h	τ_{max}/h				
	cosφ=0.80	cosφ=0.85	cosφ=0.90	cosφ=0.95	cosφ=1.00
2000	1500	1200	1000	800	700
2500	1700	1500	1250	1100	950
3000	2000	1800	1600	1400	1250
3500	2350	2150	2000	1800	1600
4000	2750	2600	2400	2200	2000
4500	3150	3000	2900	2700	2500
5000	3600	3500	3400	3200	3000
5500	4100	4000	3950	3750	3600
6000	4650	4600	4500	4350	4200
6500	5250	5200	5100	5000	4850
7000	5950	5900	5800	5700	5600
7500	6650	6600	6550	6500	6400
8000	7400	—	7350	—	7250

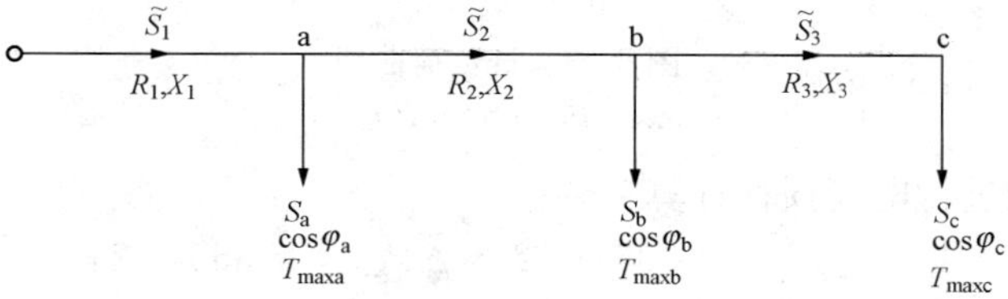

图 6-1　多个负荷点的线路

欲求各线段的 τ_{max1}、τ_{max2}、τ_{max3}，应先求出各段线路的 $\cos\varphi_1$、T_{max1}、$\cos\varphi_2$、T_{max2}、$\cos\varphi_3$、T_{max3}。计算式为

$$\cos\varphi_1 = \frac{S_a\cos\varphi_a + S_b\cos\varphi_b + S_c\cos\varphi_c}{S_a + S_b + S_c}$$

$$\cos\varphi_2 = \frac{S_b\cos\varphi_b + S_c\cos\varphi_c}{S_b + S_c}$$

$$\cos\varphi_3 = \cos\varphi_c$$

$$T_{max1} = \frac{P_a T_{maxa} + P_b T_{maxb} + P_c T_{maxc}}{P_a + P_b + P_c}$$

$$T_{max2} = \frac{P_b T_{maxb} + P_c T_{maxc}}{P_b + P_c}$$

$$T_{max3} = T_{maxc}$$

然后通过查表 6-1 即可求出相应的 τ_{max1}、τ_{max2}、τ_{max3}。

用最大负荷损耗时间计算电能损耗精确度十分低，仅适合系统规划设计阶段。

【例 6-1】 某 10kV 配电系统如图 6-2 所示，两条线路电阻均为 1Ω，日负荷曲线如图 6-3 所示，负荷功率因数 $\cos\varphi=0.8$。设全年功率因数和日负荷曲线不变，试分别利用负荷曲线和最大负荷损耗时间法计算年电能损耗。

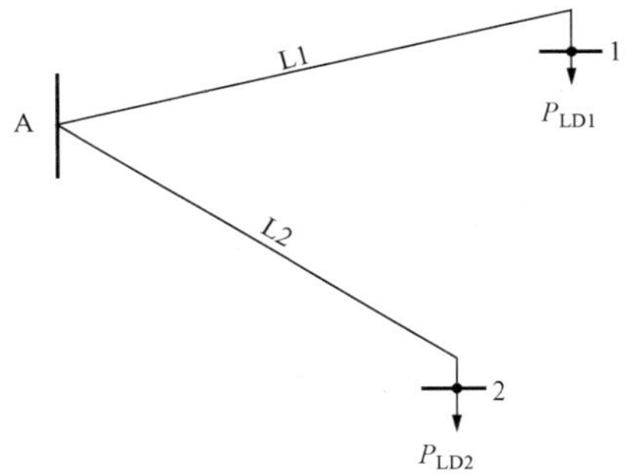

图 6-2 10kV 配电系统

解： 最大负荷下的有功功率损耗为

$$\Delta P_{L1max}=\frac{P_{LD1max}^2+Q_{LD1max}^2}{U_N^2}R=\frac{2^2+(2\times\tan\varphi)^2}{10^2}\times 1=0.0625(\text{MW})$$

$$\Delta P_{L2max}=\frac{P_{LD2max}^2+Q_{LD2max}^2}{U_N^2}R=\frac{1^2+(1\times\tan\varphi)^2}{10^2}\times 1=0.015625(\text{MW})$$

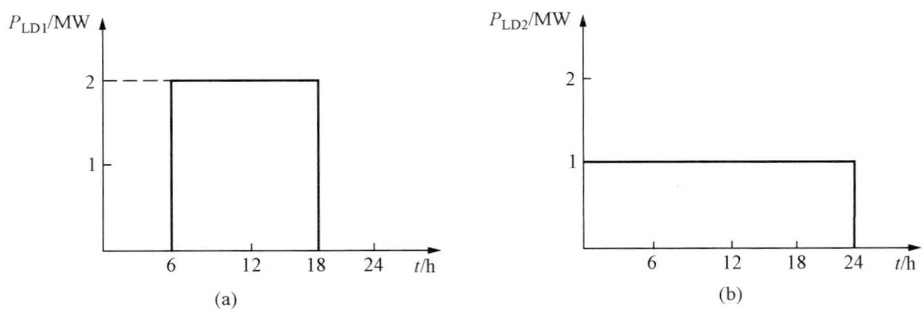

图 6-3 日负荷曲线

(a) P_{LD1}；(b) P_{LD2}

利用日负荷曲线进行电能损耗计算

$$\begin{aligned}\Delta A&=\Delta A_{L1}+\Delta A_{L2}=365\times 12\times\Delta P_{L1max}+365\times 24\times\Delta P_{L2max}\\&=365\times 12\times 0.0625+365\times 24\times 0.015625\\&=410.625(\text{MWh})\end{aligned}$$

利用最大负荷损耗时间法进行计算：

线路 L1 年输送电能 $A_{L1}=365\times 12\times P_{LD1max}=8760\text{MWh}$，对应的 $T_{max1}=\frac{A_{L1}}{P_{max}}=4380\text{h}$，查表 6-1 得 $\tau_{max1}\approx 3060\text{h}$。

线路 L2 年输送电能 $A_{L2}=365\times 24\times P_{LD2max}=8760\text{MWh}$，对应的 $T_{max2}=\frac{A_{L2}}{P_{max}}=8760\text{h}$，显然 $\tau_{max2}=8760\text{h}$。

所以有

$$\begin{aligned}\Delta A&=\Delta A_{L1}+\Delta A_{L2}=\Delta P_{L1max}\tau_{max1}+\Delta P_{L2max}\tau_{max2}\\&=0.0625\times 3060+0.015625\times 8760=328.125(\text{MWh})\end{aligned}$$

可见，最大负荷损耗时间法精确度较低。

2. 等值功率法

若线路在给定的时段 T 内，通过电阻为 R 的线路供电的电流、有功功率、无功功率分别

为 I_{eq}、P_{eq}、Q_{eq}，对应的 T 时段内的电能损耗恰好为该线路 T 时段内实际的电能损耗，即

$$\Delta A = 3\int_0^T i^2(t)R\mathrm{d}t = 3I_{eq}^2RT = \frac{P_{eq}^2 + Q_{eq}^2}{U^2}RT \tag{6-4}$$

则称 I_{eq}、P_{eq}、Q_{eq} 为等值电流、等值有功功率、等值无功功率，利用它们求出线路电能损耗的方法称等值功率法。其中

$$I_{eq} = \sqrt{\frac{1}{T}\int_0^T i^2(t)\mathrm{d}t} \tag{6-5}$$

P_{eq}、Q_{eq} 也有相同的表达式。工程计算中，I_{eq}、P_{eq}、Q_{eq} 可用各自的平均值表示，即

$$\left.\begin{aligned} I_{eq} &= GI_{av} \\ P_{eq} &= KP_{av} \\ Q_{eq} &= LQ_{av} \end{aligned}\right\} \tag{6-6}$$

此时，电能损耗计算公式变为

$$\Delta A = \frac{RT}{U^2}(K^2P_{av}^2 + L^2Q_{av}^2) \tag{6-7}$$

$$K^2 = \frac{1}{2} + \frac{(1+\alpha)^2}{8\alpha} \tag{6-8}$$

式中，P_{av}、Q_{av} 可用 T 时段内有功电量和无功电量 A_P、A_Q（这两个值可从电能表直接读取）求得，即 $P_{av} = \frac{A_P}{T}$，$Q_{av} = \frac{A_Q}{T}$；K、L 分别称为有功负荷曲线和无功负荷曲线的形状系数；α 为最小负荷率。L 与 K 的计算类似，当负荷功率因数不变时，L 与 K 相等。

等值功率法对原始数据要求不多，方法简单易懂，在已运行的系统中进行电能损耗计算是非常有效的。

【例 6-2】 某元件的电阻为 10Ω，在 720h 内通过的电量为 $A_P = 80200$kWh，$A_Q = 40100$kvarh，最小负荷率为 $\alpha = 0.4$，平均运行电压为 10.3kV，假定功率因数不变，求该元件的电能损耗。

解：通过该元件的平均功率为

$$P_{av} = \frac{A_P}{T} = \frac{80200}{720} = 111.4(\mathrm{kW})$$

$$Q_{av} = \frac{A_Q}{T} = \frac{40100}{720} = 55.7(\mathrm{kvar})$$

当 $\alpha = 0.4$ 时，形状系数的平均值为

$$K = L = \sqrt{\frac{1}{2} + \frac{(1+0.4)^2}{8 \times 0.4}} = 1.055$$

则该元件的电能损耗为

$$\begin{aligned} \Delta A &= \frac{RT}{U^2}(K^2P_{av}^2 + L^2Q_{av}^2) \\ &= \frac{10 \times 720}{10.3^2} \times 1.055^2 \times (111.4^2 + 55.7^2) \times 10^{-3} \\ &= 1171.77(\mathrm{kWh}) \end{aligned}$$

二、变压器的电能损耗计算

变压器的电能损耗由绕组电阻损耗的电能和铁芯损耗的电能两部分构成。以最大负荷损

耗时间法为例，双绕组变压器的年电能损耗应由下式计算

$$\Delta A = P_0 T + \Delta P_{max}\tau_{max} \tag{6-9a}$$

式中：P_0 为变压器的空载损耗，kW；T 为变压器的年运行小时数，h；ΔP_{max}为最大负荷下变压器电阻损耗的有功功率，kW；τ_{max}为最大负荷损耗时间，h，其求法与线路的 τ_{max}相同。

根据 $\Delta P = P_s\left(\dfrac{S}{S_N}\right)^2$（$S$ 表示变压器承担的负荷），式（6-9a）也可写成

$$\Delta A = P_0 T + P_s\left(\frac{S_{max}}{S_N}\right)^2\tau_{max} \tag{6-9b}$$

三绕组变压器的电能损耗为空载损耗加 3 个绕组的负荷损耗，其计算式为

$$\Delta A = P_0 T + P_{s1}\left(\frac{S_1}{S_N}\right)^2\tau_{max1} + P_{s2}\left(\frac{S_2}{S_N}\right)^2\tau_{max2} + P_{s3}\left(\frac{S_3}{S_N}\right)^2\tau_{max3} \tag{6-10a}$$

式中：S_1、S_2、S_3 分别为变压器一、二、三次侧承担的实际负荷；τ_{max1}、τ_{max2}、τ_{max3}分别为变压器一、二、三次侧的最大负荷损耗时间；P_{s1}、P_{s2}、P_{s3}分别为变压器一、二、三次侧的等效短路损耗。

当变压器给出的参数为最大短路损耗 P_{smax}时，式（6-10a）可写成

$$\Delta A = P_0 T + \frac{1}{2}P_{smax}\left[\left(\frac{S_1}{S_N}\right)^2\tau_{max1} + \left(\frac{S_2}{S_N}\right)^2\tau_{max2} + \left(\frac{S_3}{S_N}\right)^2\tau_{max3}\right] \tag{6-10b}$$

三、降低网损的技术措施

为了降低供电网的电能损耗，可采取各种技术措施和管理措施。主要的技术措施如下所述。

1. 提高用户的功率因数，减少电网输送的无功功率

提高用户的功率因数，首先要提高用户的自然功率因数。用户的自然功率因数大约为 0.6～0.9。以占系统负荷大多数的异步电动机为例，其无功功率为

$$Q = Q_0 + (Q_N - Q_0)\left(\frac{P}{P_N}\right)^2 \tag{6-11}$$

式中：Q_0 为电动机空载时的无功功率；P_N、Q_N 分别为电动机额定负荷时的有功功率和无功功率；P 为电动机实际输出的负荷功率；$\dfrac{P}{P_N}$为负荷率（载荷系数）。

由式（6-11）可见，电动机负荷率越低，功率因数越低。所以，防止电动机空载或轻载运行，是提高自然功率因数的重要措施。此外，在技术条件许可的情况下，可采用同步电动机代替异步电动机运行（前者可向系统输出无功功率）、使用户中已运行的同步电动机过励运行等措施。

将负荷的自然功率因数尽可能提高后，才可以考虑就地补偿无功，人为提高用户的功率因数，以降低电网输送的无功功率。实现无功功率的就地补偿，不仅可以改善电压质量，而且可以减少网络的有功损耗，提高电网运行的经济性。

2. 改善闭式网络的功率分布

在由非均一线路组成的闭式环网中，功率的自然分布不同于经济分布。电网的不均一程度越大，两者的差别越大。为了降低网损，对于环形网络，第一可以考虑开环运行，特别是低压配电网，但要注意合理选择开环点；第二在环网中引入环路电动势进行潮流控制，使功率分布更接近经济分布。

3. 合理确定电力网的运行电压水平

35kV 及以上电力网，线路导线和变压器绕组的负荷功率损耗大于铁芯中的不变功率损耗。适当提高运行电压水平就可以使绕组的功率损耗降低，从而降低电网总的电能损耗；对 6～10kV 的农村配电网，变压器的铁损在配电网总损失中占 60%～80%，甚至更高，适当降低运行电压水平可以降低铁芯的功率损耗。当然，改变运行电压水平，必须以电压偏移在允许范围内为前提。

4. 合理组织变压器的经济运行

在电力网中，变压器的损耗约占电网总损耗的 50%左右。在多台变压器运行的变电所，合理组合运行是降低网损的一项重要措施。

如前所述，变压器的功率损耗有两部分，绕组损耗与负荷的平方成正比，铁芯损耗与运行电压的平方成正比，后者基本不变，前者则随负荷的变化而变化。当变压器负荷率较高时前者占的比重较大，多台变压器并联运行有利于降低功率损耗；反之，当变压器负荷率较低时，停运若干台变压器有利于降低功率损耗。

变压器的运行台数 n 与功率损耗的关系为（设 n 台变压器容量相同）

$$\Delta P_{T(n)} = nP_0 + nP_s\left(\frac{S}{nS_N}\right)^2 \tag{6-12}$$

图 6 - 4 示出了 n 台变压器并联运行和 $n-1$ 台变压器并联运行时，功率损耗随负荷功率变化的曲线，两条曲线有一个交点，交点处功率损耗大小相等，对应的负荷功率称为临界功率。即当 $\Delta P_{T(n)}=\Delta P_{T(n-1)}$ 时，可求出投入 n 台变压器运行或减为 $n-1$ 台变压器并联运行的临界负荷功率为

$$S_{cr} = S_N\sqrt{n(n-1)\frac{P_0}{P_s}} \tag{6-13}$$

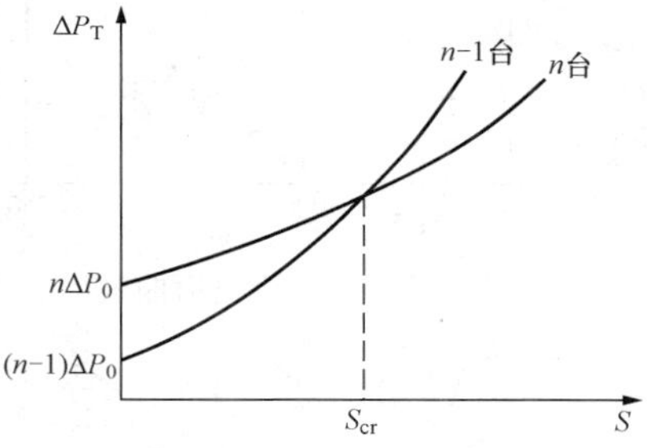

图 6 - 4　并联运行变压器的损耗曲线

关于变压器的经济运行，需要注意以下 3 点：

（1）当变压器容量不同时，仍可利用 $\Delta P_{T(n)}=\Delta P_{T(n-1)}$ 求临界负荷功率。

（2）以上所指的变压器经济运行方式是以降低变压器有功损耗从而降低网损为目的。事实上，变压器在运行中无功损耗远大于有功损耗，如果在组织变压器经济运行时，既能降低有功损耗，又能降低无功损耗，则降损效果更为明显，且能减少系统无功补偿容量。此时变压器经济运行方式应以降低综合功率损耗为目标。n 台并联运行变压器的综合功率损耗为

$$\Delta P_{T(n)} = n(P_0 + KQ_0) + n(P_s + KQ_s)\left(\frac{S}{nS_N}\right)^2 \tag{6-14}$$

式中：K 称为“无功经济当量”，即 1kvar 的无功损耗引起网络有功损耗的千瓦数。一般发电厂取 0.02，变电所取 0.1～0.15。

此时，仍以 $\Delta P_{T(n)}=\Delta P_{T(n-1)}$ 求取临界功率。

（3）对三绕组变压器，其综合功率损耗的表达式为

$$\begin{aligned}\Delta P_{T(n)} =& n(P_0 + KQ_0) + \frac{1}{n}\Big[(P_{s1} + KQ_{s1})\left(\frac{S_1}{S_N}\right)^2 + (P_{s2} + KQ_{s2})\\ &\times\left(\frac{S_2}{S_N}\right)^2 + (P_{s3} + KQ_{s3})\left(\frac{S_3}{S_N}\right)^2\Big]\end{aligned} \tag{6-15a}$$

或

$$\Delta P_{T(n)} = n(P_0 + KQ_0) + \frac{1}{2n}(P_{smax} + KQ_{smax})\left[\left(\frac{S_1}{S_N}\right)^2 + \left(\frac{S_2}{S_N}\right)^2 + \left(\frac{S_3}{S_N}\right)^2\right] \tag{6-15b}$$

式中：S_1、S_2、S_3 分别为 n 台变压器一、二、三次侧承担的负荷。

临界功率仍以 $\Delta P_{T(n)} = \Delta P_{T(n-1)}$ 求取。

最后需要指出，实际运行时，对一昼夜内多次大幅度变化的负荷，为避免频繁操作，不宜按上述临界功率来投切变压器。对季节性变化的负荷，按临界功率投切变压器则是切实可行的，但对供电可靠性的要求要做必要的分析和计算。

5. 对原有电网进行技术改造

为了满足日益增长的负荷需要，应对原有电网进行技术改造，例如增设电源点、提升线路电压等级、简化网络结构、减少变电层次、增大导线截面积等，都可明显减少网络损耗。

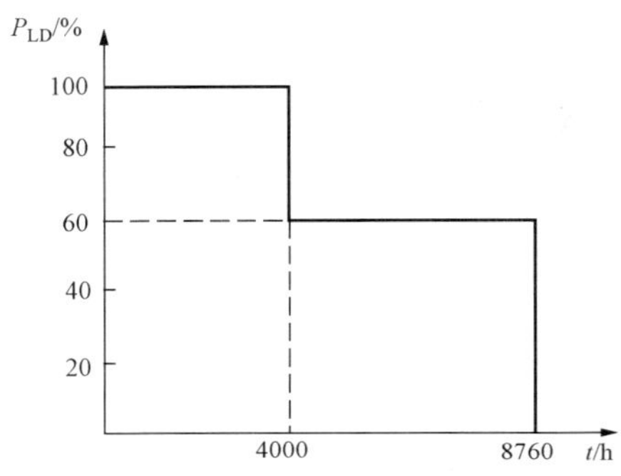

图 6-5 年负荷曲线

【例 6-3】 某变电所两台容量为 20MVA、变比为 110/11kV 的降压变压器并联运行，其最大负荷为 30MW，$\cos\varphi = 0.85$，变压器的参数 $P_s = 104$kW，$P_0 = 27.5$kW，年负荷曲线如图 6-5 所示，求下列情况下变压器的电能损耗。

（1）两台变压器全年并联运行；

（2）当负荷降至 60%时，立即切除一台变压器运行。

解：（1）两台变压器全年并联运行。最大负荷下两台变压器绕组的损耗为

$$\Delta P_{max} = 2P_s\left(\frac{S}{2S_N}\right)^2 = 2\times104\times\left(\frac{30/0.85}{2\times20}\right)^2 = 161.94(\text{kW})$$

在 60%负荷下两台变压器绕组的损耗为

$$\Delta P_{max60} = 2P_s\left(\frac{0.6S}{2S_N}\right)^2 = 2\times104\times\left(\frac{0.6\times30/0.85}{2\times20}\right)^2 = 58.3(\text{kW})$$

全年电能损耗为

$$\begin{aligned}\Delta A &= 2\times8760\times P_0 + 4000\times\Delta P_{max} + 4760\times\Delta P_{max\cdot60}\\ &= 2\times8760\times27.5 + 4000\times161.8 + 4760\times58.3\\ &= 14.07\times10^5(\text{kWh})\end{aligned}$$

（2）当负荷降至 60%时，立即切除一台变压器运行。这时最大负荷的损耗不变，而在 60%最大负荷下一台变压器的损耗为

$$\Delta P'_{max60} = P_s\left(\frac{0.6S}{S_N}\right)^2 = 104\times\left(\frac{0.6\times30/0.85}{20}\right)^2 = 116.59(\text{kW})$$

全年电能损耗为

$$\begin{aligned}\Delta A' &= 4000(\Delta P_{max} + 2P_0) + 4760(\Delta P'_{max\cdot60} + P_0)\\ &= 4000(161.8 + 2\times27.5) + 4760(116.59 + 27.5)\\ &= 15.54\times10^5(\text{kWh})\end{aligned}$$

可见，第一种运行方式比第二种方式节能 1.47×10^5kWh。事实上，由式（6-12）可求

出临界负荷功率

$$S_{cr}=S_N\sqrt{n(n-1)\frac{P_0}{P_s}}=20\sqrt{2\times1\times\frac{27.5}{104}}=14.5(\mathrm{kVA})$$

而负荷降低至60%的最大负荷（0.6×30/0.85=21kVA）大于 S_{cr}，即两台变压器运行更经济。

第二节　电力系统有功功率的经济分配

电力系统的煤耗率与发电机之间的有功功率分配密切相关。而有功功率的经济分配主要有有功功率电源的最优组合和有功功率负荷的经济分配。本节只介绍后一种。

一、火电厂间有功功率负荷的经济分配

1. 耗量特性

发电厂生产电能消耗一次能源的经济性，取决于各发电厂的耗量特性及有功功率在各发电厂间的分配情况。耗量特性是指发电厂或机组单位时间内输入能源量（火电厂为燃料，吨/小时，t/h；水电厂为水，立方米/秒，m^3/s）与输出有功功率（MW）之间的关系，如图6-6所示。图中，F 表示火电厂中的燃料耗量；W 表示水电厂中的耗水量。耗量特性也可用数学式表示，如利用多项式进行耗量特性曲线拟合，耗量特性表示为

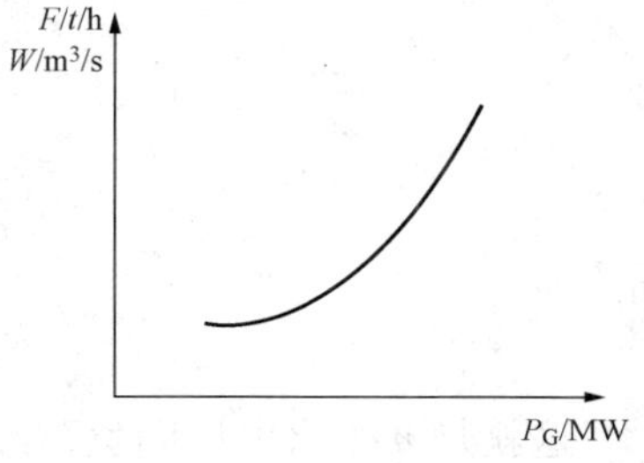

图6-6　火力发电机组的耗量特性曲线

$$F=a_0+a_1P_G+a_2P_G^2+\cdots$$

式中：a_0，a_1，a_2，…为已知系数。

耗量特性曲线上某点的纵坐标与横坐标的比，即输入与输出之比称为比耗量 $\mu=\frac{F}{P}\left(水电厂为\frac{W}{P}\right)$。

耗量特性曲线上某点切线的斜率称为耗量微增率 $\lambda=\frac{dF}{dP}\left(或\lambda=\frac{dW}{dP}\right)$，它表示在该点运行时输入增量与输出增量之比。

2. 等耗量微增率准则

有功功率负荷经济分配的基本思想是：在满足一定的约束条件下，各发电厂之间合理分配系统的有功功率负荷，使整个系统的燃料耗量或费用最小。

设系统有 n 个火力发电厂节点，上述问题可描述为：在满足下列等式约束和不等式约束条件

$$\sum_{i=1}^{n}P_{Gi}-\Delta P_{\Sigma}-\sum_{i=1}^{n}P_{LDi}=0 \tag{6-16}$$

$$P_{Gi\min}\leqslant P_{Gi}\leqslant P_{Gi\max} \tag{6-17a}$$

$$Q_{Gi\min}\leqslant Q_{Gi}\leqslant Q_{Gi\max} \tag{6-17b}$$

$$U_{i\min}\leqslant U_i\leqslant U_{i\max} \tag{6-17c}$$

的情况下，使目标函数

$$F = \sum_{i=1}^{n} F_i(P_{Gi})$$

最小。

这是多元函数求条件极值的问题，可应用拉格朗日乘数法求解。为此，构造拉格朗日函数

$$L = F - \lambda\left(\sum_{i=1}^{n} P_{Gi} - \Delta P_{\Sigma} - \sum_{i=1}^{n} P_{LDi}\right) \tag{6-18}$$

函数 L 取得极值的必要条件是

$$\frac{\partial L}{\partial P_{Gi}} = \frac{\partial F}{\partial P_{Gi}} - \lambda\left(1 - \frac{\partial \Delta P_{\Sigma}}{\partial P_{Gi}}\right) = 0 \tag{6-19}$$

当略去网损 ΔP_{Σ} 时，式（6 - 19）变为

$$\frac{dF_i}{dP_{Gi}} - \lambda = 0 \tag{6-20}$$

或

$$\frac{dF_i}{dP_{Gi}} = \lambda \quad (i = 1,2,3,\cdots,n) \tag{6-21}$$

即

$$\lambda_1 = \lambda_2 = \cdots = \lambda_n = \lambda \tag{6-22}$$

这就是 n 个火电厂间负荷经济分配的等耗量微增率准则，即各电厂按相等的耗量微增率进行有功功率负荷分配消耗的能源最少。

当计及网损 ΔP_{Σ} 时，式（6 - 19）可变为

$$\frac{dF_i}{dP_{Gi}} - \lambda\left(1 - \frac{\partial \Delta P_{\Sigma}}{\partial P_{Gi}}\right) = 0$$

或

$$\frac{dF_i}{dP_{Gi}} \cdot \frac{1}{\left(1 - \dfrac{\partial \Delta P_{\Sigma}}{\partial P_{Gi}}\right)} = \frac{dF_i}{dP_{Gi}}\alpha_i = \lambda \tag{6-23}$$

这就是经过网损修正后的等耗量微增率准则。式（6 - 23）也称为 n 个发电厂负荷经济分配的协调方程式。其中，α_i 称为网损修正系数，$\alpha_i = 1/\left(1 - \dfrac{\partial \Delta P_{\Sigma}}{\partial P_{Gi}}\right)$；$\dfrac{\partial \Delta P_{\Sigma}}{\partial P_{Gi}}$称为网损微增率。

需要注意的是，在应用等耗量微增率准则计算发电厂间经济分配时，暂不考虑不等式约束条件，待算出结果后，再按式（6 - 17a）进行校验。对于越限的发电厂，可按其限值分配负荷。至于约束条件式（6 - 17b）、式（6 - 17c）可留在有功功率负荷已基本确定以后的潮流计算中再作处理。

应用等耗量微增率准则计算多个发电厂间的负荷经济分配时，一般是通过迭代的方法求解，方法为：

（1）根据耗量特性 $F_i = F_i(P_{Gi})$，得 $\lambda_i = \lambda_i(P_{Gi})$，可写成

$$\lambda_i = b_0 + b_1 P_{Gi} + b_2 P_{Gi}^2 + \cdots$$

式中：b_0、b_1、b_2、…为已知系数。

（2）设耗量微增率初值 $\lambda^{(0)}$。

（3）根据等耗量微增率准则，求与 $\lambda^{(0)}$ 对应的 $P_{Gi}^{(0)}$。

（4）检验求得的 $P_{Gi}^{(0)}$ 是否满足等约束条件

$$\sum_{i=1}^{n} P_{Gi}^{(0)} - \sum_{i=1}^{n} P_{LDi} = 0$$

（5）如不满足，若 $\sum P_{Gi}^{(0)} > \sum P_{LDi}$，取 $\lambda^{(1)} < \lambda^{(0)}$；若 $\sum P_{Gi}^{(0)} < \sum P_{LDi}$，取 $\lambda^{(1)} > \lambda^{(0)}$。以 $\lambda^{(1)}$ 作为 $\lambda^{(0)}$，自（2）开始重新计算。

（6）循环计算，直至满足约束条件

$$\sum_{i=1}^{n} P_{Gi}^{(k)} - \sum_{i=1}^{n} P_{LDi} = 0$$

在应用经网损修正后的等耗量微增率准则时，由于各发电厂在网络中所处的位置不同，各厂的网损微增率不同，当 $\frac{\partial \Delta P_{\Sigma}}{\partial P_{Gi}} > 0$ 时，$\alpha_i > 1$，即发电厂 i 出力增加会引起网损的增加，这时 $\frac{dF_i}{dP_{Gi}}$ 应取较小的值；当 $\frac{\partial \Delta P_{\Sigma}}{\partial P_{Gi}} < 0$ 时，$\alpha_i < 1$，即发电厂 i 出力增加会引起网损的减小，这时 $\frac{dF_i}{dP_{Gi}}$ 应取较大的值。

【例 6-4】 已知两台机组的耗量特性为

$$F_1 = 3.5 + 0.7P_{G1} + 0.0015P_{G1}^2 (t/h)$$
$$F_2 = 2.5 + 0.5P_{G2} + 0.0020P_{G2}^2 (t/h)$$

两机组容量为 100MW，功率极限 $P_{G1max} = 100$MW，$P_{G1min} = 40$MW，$P_{G2max} = 100$MW，$P_{G2min} = 40$MW。试求负荷的最优分配方案，并作出两台机组的综合耗量微增率曲线。

解： 两台机组的耗量微增率为

$$\lambda_1 = 0.7 + 0.0030P_{G1} (t/MWh)$$
$$\lambda_2 = 0.5 + 0.0040P_{G2} (t/MWh)$$

当负荷为 80MW 时，两套机组都按下限发电即各承担 40MW，相应的耗量微增率为

$$\lambda_1 = 0.7 + 0.0030 \times 40 = 0.82; \lambda_2 = 0.5 + 0.0040 \times 40 = 0.66$$

负荷增加时，机组 2 应首先增加负荷，机组 1 仍按下限发电。这时，两台机组的综合耗量微增率取决于机组 2。例如，当 $P_{LD} = 90$MW 时，$P_{G1} = 40$MW，$P_{G2} = 50$MW，则

$$\lambda_2 = 0.5 + 0.0040 \times 50 = 0.7$$

只有当负荷增加使 $\lambda_2 = 0.82$ 即 $P_{G2} = \frac{0.82 - 0.5}{0.004} = 80$MW 时，机组 1 才开始增加负荷。此时负荷 $P_{LD} = 40 + 80 = 120$MW，也即当负荷大于 120MW 后才能按等耗量微增率准则进行负荷的经济分配。

根据等耗量微增率准则，随着负荷的变化，通过如下计算公式可算出不同负荷下的各机组承担的负荷及相应的耗量微增率 λ。

$$0.7 + 0.0030P_{G1} = 0.5 + 0.0040P_{G2}$$
$$P_{G1} + P_{G2} = P_{LD}$$

计算结果如表 6-2 所示，对应的综合耗量微增率曲线如图 6-7 所示。

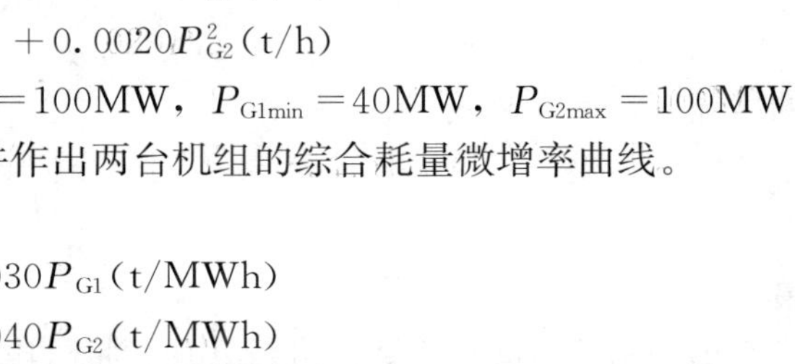

图 6-7　综合耗量微增率曲线

表 6-2 负荷的经济分配方案 MW

P_D	80	100	120	130	140	150	160	170	180	190	200
λ	0.66	0.74	0.82	0.84	0.85	0.87	0.89	0.91	0.94	0.97	1
P_{G1}	40	40	40	45.71	51.43	57.14	62.86	70	80	90	100
P_{G2}	40	60	80	84.29	88.57	92.86	97.14	100	100	100	100

二、水、火电厂间有功功率负荷的经济分配

为了简化分析，设有功功率负荷的经济分配局限于一个火力发电厂和一个水电厂，并略去网络损耗，且不计水电厂水头变化（即认为耗量特性不变）。水电厂的特点是在较短运行周期（一日、一周或一月）内总发电用水量 W_Σ 为定值。水、火电间经济分配的基本思想是：在给定的运行周期 T 内满足一定的约束条件下，合理分配水、火电厂的负荷，使全系统火电厂总燃料耗量最小。

设 P_T、$F(P_T)$ 表示火电厂的功率和耗量特性；P_H、$W(P_H)$ 表示水电厂的功率和耗量特性。上述问题的基本形式为：在满足等式约束条件（不等式约束条件只用作校验）

$$P_H(t)+P_T(t)-P_{LD}(t)=0 \tag{6-24}$$

$$\int_0^T W[P_H(t)]\mathrm{d}t=W_\Sigma \tag{6-25}$$

的情况下，目标函数

$$F_\Sigma=\int_0^T F[P_T(t)]\mathrm{d}t \tag{6-26}$$

最小。

仍然用拉格朗日乘数法进行处理。将时段 T 分隔成 s 个更短的时间段，任一时段 Δt_k 内 P_T、P_H、P_{LD}不变，则式（6-24）、式（6-25）变为

$$P_{Hk}+P_{Tk}-P_{LDk}=0 \quad (k=1,2,\cdots,s) \tag{6-27}$$

$$\sum_{k=1}^{s}W(P_{Hk})\Delta t_k=W_\Sigma \tag{6-28}$$

式（6-26）则变为

$$F_\Sigma=\sum_{k=1}^{s}F(P_{Tk})\Delta t_k \tag{6-29}$$

相应的拉格朗日函数为

$$L=\sum_{k=1}^{s}F(P_{Tk})\Delta t_k-\sum_{k=1}^{s}\lambda_k(P_{Hk}+P_{Tk}-P_{LDk})\Delta t_k+\gamma\left[\sum_{k=1}^{s}W(P_{Hk})\Delta t_k-W_\Sigma\right]$$

式中：λ_1，λ_2，…，λ_s，γ 均为拉格朗日乘数。L 取得最小值的条件为

$$\frac{\partial L}{\partial P_{Tk}}=0;\frac{\partial L}{\partial P_{Hk}}=0;\frac{\partial L}{\partial \lambda_k}=0;\frac{\partial L}{\partial \gamma}=0$$

即可得到

$$\frac{\mathrm{d}F_k}{\mathrm{d}P_{Tk}}=\gamma\frac{\mathrm{d}W_k}{\mathrm{d}P_{Hk}}=\lambda_k \tag{6-30}$$

$$P_{Hk}+P_{Tk}-P_{LDk}=0 \tag{6-31}$$

$$\sum_{k=1}^{s} W(P_{Hk})\Delta t_k = W_\Sigma \tag{6-32}$$

如果时间段 Δt_k 取得足够短，式（6－30）也可表示任何瞬间水、火电间经济分配的条件，它可以改写为

$$\frac{dF}{dP_T} = \gamma \frac{dW}{dP_H} = \lambda \tag{6-33}$$

这就是水、火电厂间经济分配的等耗量微增率准则，其中 γ 又称为水煤换算系数。

需要注意的是，应用等耗量微增率准则计算水、火电厂间负荷的经济分配时，应适当选取 γ 的值。γ 一般与水电厂在指定运行期内给定的用水量有关，丰水期给定用水量较多，水电厂可以多带负荷，γ 应取较小值，此时水耗量微增率就较大；反之，在枯水期给定用水量较少，水电厂应少带负荷，γ 应取较大值，此时水耗量微增率较小。γ 的取值应使给定用水量在运行期正好用完。

具体的计算步骤为：

（1）给定初值 $\gamma^{(0)}$。

（2）求与 $\gamma^{(0)}$ 对应的、各个不同时刻的有功功率负荷最优分配方案。

（3）计算与分配方案对应的耗水量 $W_\Sigma^{(0)}$，并判断是否满足

$$W_\Sigma^{(0)} = W_\Sigma$$

（4）若不满足，当 $W_\Sigma^{(0)} > W_\Sigma$ 时，取 $\gamma^{(1)} > \gamma^{(0)}$；当 $W_\Sigma^{(0)} < W_\Sigma$ 时，取 $\gamma^{(1)} < \gamma^{(0)}$，自（2）步重新计算。

（5）循环计算，直至满足 $W_\Sigma^{(k)} = W_\Sigma$。

【例 6－5】 某电力系统有一个火电厂和一个水电厂联合运行，其耗量特性分别为

$$F = 4 + 0.3P_T + 0.0003P_T^2 \quad (t/h)$$

$$W = 0.5P_H + 0.001P_H^2 \quad (m^3/s)$$

设水电厂给定日用水量为 $K = 10^7 m^3$，系统的日负荷曲线如图 6－8 所示。火电厂容量 700MW，水电厂容量 400MW，试确定火、水电厂的经济负荷分配。

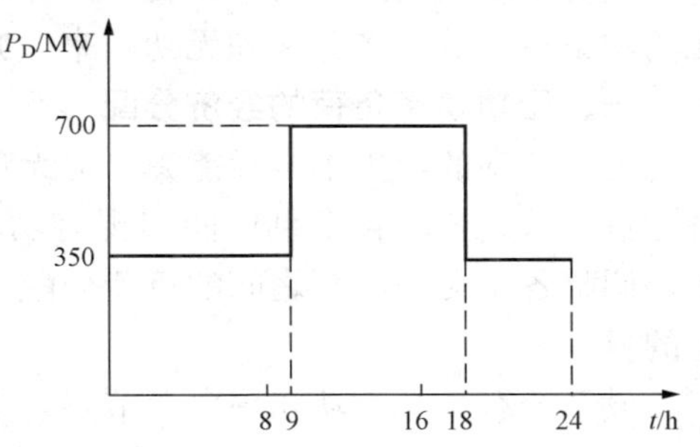

图 6－8 日负荷曲线

解： 由水、火电耗量特性可得协调方程式为

$$0.3 + 0.0006P_T = \gamma(0.5 + 0.002P_H)$$

对于每一时段，均有

$$P_T + P_H = P_{LD}$$

由上面两方程可得

$$P_H = \frac{0.3 - 0.5\gamma + 0.0006P_{LD}}{0.0006 + 0.002\gamma}$$

$$P_T = P_{LD} - P_H$$

取 $\gamma = 0.60$，可得

在下午 18 时至次日上午 9 时（$P_{LD} = 350$MW）

$$P'_H = 116.7\text{MW}; \quad P'_T = 233.3\text{MW}$$

在上午 9 时至下午 18 时（$P_{LD} = 700$MW）

$$P''_H = 233.3\text{MW}; \quad P''_T = 466.7\text{MW}$$

水电厂的全日耗水量为

$$\begin{aligned}K&=W'\times15\times3600+W''\times9\times3600\\&=(0.5\times116.7+0.001\times116.7^2)\times15\times3600\\&\quad+(0.5\times233.3+0.001\times233.3^2)\times9\times3600\\&=0.9429\times10^7(\mathrm{m}^3)\end{aligned}$$

可见，$\gamma=0.6$ 过大，以致水电厂分担负荷过小，不能耗尽应消耗的水量。

另取 $\gamma=0.54$，重复如上计算，可得 $K=1.1626\times10^7\mathrm{m}^3$。显然 $\gamma=0.54$ 取值又过小。

重复上述计算，直至求得的 K 值接近于 $10^7\mathrm{m}^3$。计算结果如表 6-3 所示。

表 6-3 负荷经济分配方案

γ	P'_T/MW	P'_H/MW	$W'/\mathrm{m^3/s}$	P''_T/MW	P''_H/MW	$W''/(\mathrm{m^3/s})$	$K/\times10^3\mathrm{m}^3$
0.60	233.3	116.7	71.97	466.7	233.3	171.08	0.9429
0.54	207.1	142.9	91.87	432.1	267.9	205.72	1.1626
0.5844	226.9	123.1	76.70	458.1	241.9	179.47	0.9566
0.5829	226.3	123.7	77.15	457.3	242.7	180.25	1.0006
0.5832	226.4	123.6	77.08	457.5	242.5	180.05	0.9996

第三节 电力系统无功功率的经济分配

电力系统的网损率与无功功率的分配密切相关。而无功功率的经济分配主要包括发电机无功功率负荷的经济分配和无功功率电源的经济配置。

一、无功功率负荷的经济分配

无功功率的产生不消耗能源，但无功功率的传输则会产生有功功率损耗。电力系统的经济运行，首先要求各发电厂间实现有功功率负荷的经济分配，在有功负荷分配确定的前提下，调整各个无功电源之间的负荷分配，使有功网损达到最小。这就是无功功率负荷经济分配的目标。

设系统有 n 个无功功率电源节点，上述问题的基本形式为：在满足约束条件

$$\sum_{i=1}^{n}Q_{Gi}-\Delta Q_{\Sigma}-\sum_{i=1}^{n}Q_{LDi}=0 \tag{6-34}$$

$$Q_{Gi\min}\leqslant Q_{Gi}\leqslant Q_{Gi\max} \tag{6-35}$$

$$U_{i\min}\leqslant U_i\leqslant U_{i\max} \tag{6-36}$$

的情况下，目标函数

$$\Delta P_{\Sigma}=\Delta P_{\Sigma}(Q_{G1},Q_{G2},\cdots,Q_{Gn})$$

最小。

应用拉格朗日乘数法，构造拉格朗日函数

$$L=\Delta P_{\Sigma}-\lambda\left(\sum_{i=1}^{n}Q_{Gi}-\Delta Q_{\Sigma}-\sum_{i=1}^{n}Q_{LDi}\right)$$

函数 L 取得极值的必要条件是

$$\frac{\partial L}{\partial Q_{Gi}}=\frac{\partial \Delta P_{\Sigma}}{\partial Q_{Gi}}-\lambda\left(1-\frac{\partial \Delta Q_{\Sigma}}{\partial Q_{Gi}}\right)=0 \tag{6-37}$$

当略去网损 ΔQ_{Σ} 时，式（6-37）变为

$$\frac{\partial \Delta P_{\Sigma}}{\partial Q_{Gi}}=\lambda \quad (i=1,2,\cdots,n)$$

这就是 n 个无功电源间无功负荷经济分配的等网损微增率准则，即各无功电源按相等的网损微增率分配发电机无功负荷而使有功网损最小。

当计及网损 ΔQ_{Σ} 时，式（6-37）变为

$$\frac{\partial \Delta P_{\Sigma}}{\partial Q_{Gi}}\times\frac{1}{\left(1-\frac{\partial \Delta Q_{\Sigma}}{\partial Q_{Gi}}\right)}=\frac{\partial \Delta P_{\Sigma}}{\partial Q_{Gi}}\beta_i=\lambda \tag{6-38}$$

这就是经网损修正过的等网损微增率准则。式中 β_i 称为无功网损修正系数，$\beta_i=1/\left(1-\frac{\partial \Delta Q_{\Sigma}}{\partial Q_{Gi}}\right)$。

需要提出的是，对式（6-35）、式（6-36）的不等式约束条件的处理与有功功率负荷经济分配的情况相同。

【例 6-6】　简化后的 35kV 系统网络如图 6-9 所示，各负荷及线路参数示于图上。无功功率补偿设备总容量为 5Mvar。试确定不计无功功率损耗时，这些无功功率补偿设备的最优分布。

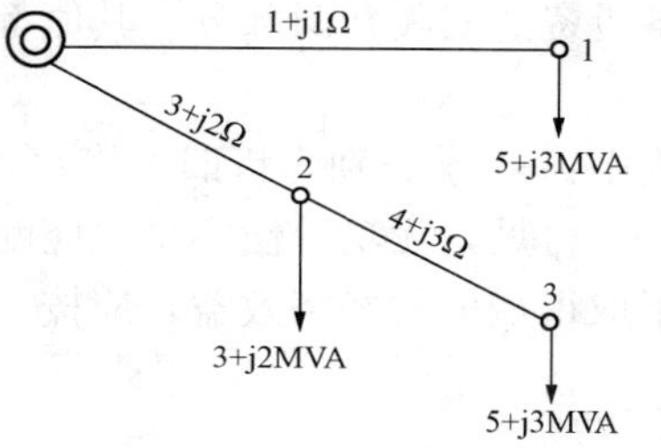

图 6-9　35kV 系统接线

解： 列出因无功功率流动而产生的有功功率网损表达式，其中无功补偿容量在负荷点的分布分别设为 Q_{C1}、Q_{C2}、Q_{C3} 则

$$\Delta P_{\Sigma}=\frac{1}{U_N^2}[(3-Q_{C1})^2\times 1+(2-Q_{C2}+3-Q_{C3})^2\times 3+(3-Q_{C3})^2\times 4]$$

然后求网损微增率

$$\frac{\partial \Delta P_{\Sigma}}{\partial Q_{C1}}=-\frac{1}{35^2}\times 2\times(3-Q_{C1})$$

$$\frac{\partial \Delta P_{\Sigma}}{\partial Q_{C2}}=-\frac{1}{35^2}\times 6\times(5-Q_{C2}-Q_{C3})$$

$$\frac{\partial \Delta P_{\Sigma}}{\partial Q_{C3}}=-\frac{1}{35^2}\times[6\times(5-Q_{C2}-Q_{C3})+8\times(3-Q_{C3})]$$

不计无功功率网损时按等网损微增率准则有

$$\frac{\partial \Delta P_{\Sigma}}{\partial Q_{C1}}=\frac{\partial \Delta P_{\Sigma}}{\partial Q_{C2}}=\frac{\partial \Delta P_{\Sigma}}{\partial Q_{C3}}$$

即

$$2\times(3-Q_{C1})=6\times(5-Q_{C2}-Q_{C3})=6\times(5-Q_{C2}-Q_{C3})+8\times(3-Q_{C3})$$

且有

$$Q_{C1}+Q_{C2}+Q_{C3}=5$$

解上两个方程可得

$$Q_{C1}=0.75\text{Mvar};\quad Q_{C2}=1.25\text{Mvar};\quad Q_{C3}=3\text{Mvar}$$

二、无功功率补偿电源的经济配置

无功功率负荷的经济分配问题可理解为在现有无功电源间经济分配系统无功负荷的问

题。在实际中，还会遇到另一类问题，即哪些节点需要设置无功补偿电源、设置多大容量的无功电源才最经济，即无功功率补偿的经济配置问题。当然，确定经济配置后，这些无功补偿电源又如何分配负荷才最经济，则为等网损微增率准则要解决的问题。

无功功率补偿电源经济配置的基本思想是：在节点 i 设置补偿容量 Q_{Ci}，应使因电能损耗减少而节约的年运行费用大于相应的与投资有关的年支出费用，并使大于的费用达到最大，获得最大的经济效益。

上述问题的基本形式为：在节点 i 设置补偿设备 Q_{Ci}，可节约的费用为

$$\Delta C_{ei}(Q_{Ci}) = C_{ei}(Q_{Ci}) - C_{di}(Q_{Ci}) \tag{6-39}$$

由于设置补偿设备每年节约的电能损耗费为 $C_{ei}(Q_{Ci})$，其值为

$$C_{ei}(Q_{Ci}) = \beta(\Delta P_{\Sigma 0} - \Delta P_{\Sigma})\tau_{max} \tag{6-40}$$

式中：β 为单位电能损耗价格，元/（kW·h）；$\Delta P_{\Sigma 0}$、ΔP_{Σ} 分别为设置补偿设备前后全网最大负荷下的有功功率损耗，kW；τ_{max} 为全网最大负荷损耗小时数。

由于设置补偿设备每年支出的费用为 $C_{di}(Q_{Ci})$，包括补偿设备的折旧维修费和补偿设备投资的回收费两部分，其值都与补偿设备的投资成正比：

$$C_{di}(Q_{Ci}) = (\alpha + \gamma)K_C Q_{Ci} \tag{6-41}$$

式中：α、γ 分别为折旧维修率和投资回收率；K_C 为单位容量补偿设备投资，元/kvar。

可见，无功补偿容量只应配置给 $\Delta C_{ei}>0$ 的节点，而不应配置给 $\Delta C_{ei}<0$ 的节点。而为了取得最大的经济效益，应按

$$\frac{\partial \Delta C_{ei}(Q_{Ci})}{\partial Q_{Ci}} = 0$$

即

$$\frac{\partial \Delta P_{\Sigma}}{\partial Q_{Ci}} = -\frac{(\alpha + \gamma)K_C}{\beta \tau_{max}} \tag{6-42}$$

来确定应配置的补偿容量。

经济的补偿容量确定后（工程中，有时也会给定补偿容量），须利用等网损微增率准则寻求补偿容量的经济分配方案。需要指出的是，如果经济分配方案不满足节点的调压要求时，相应节点应按调压要求配置补偿容量，而其余补偿点仍按等网损微增率分配补偿容量。

【例 6-7】　例 6-6 中，已知最大负荷损耗时间 $\tau_{max}=4500$h，无功功率补偿设备采用电容器，其单位容量投资 K_C 与单位电能损耗费 β 的比值为 $K_C/\beta=100$，折旧维修率 α 和投资回收率 γ 分别为 0.022 和 0.08，试计算：

（1）补偿设备总容量分别为 4、6、7、8Mvar 时的最优分布；

（2）求经济补偿容量及其分配。

解：（1）与例 6-6 相同，仍按等网损微增率准则和约束条件建立方程

$$2\times(3-Q_{C1}) = 6\times(5-Q_{C2}-Q_{C3}) = 6\times(5-Q_{C2}-Q_{C3}) + 8\times(3-Q_{C3})$$

$$Q_{C1} + Q_{C2} + Q_{C3} = Q_{C\Sigma}$$

其中，$Q_{C\Sigma}$ 分别为 4、6、7、8Mvar。将不同的 $Q_{C\Sigma}$ 分别代入上述方程，可得到不同补偿容量下的经济分配方案及对应的网损微增率，如表 6-4 所示，对应的曲线如图 6-10 所示。

表 6-4　　网损微增率

$Q_{C\Sigma}$	Q_{C1}	Q_{C2}	Q_{C3}	$\partial\Delta P_{\Sigma}/\partial Q_{Ci}$
4	0	1	3	−0.0049
6	1.5	1.5	3	−0.0025
7	2.25	1.75	3	−0.0012
8	3	2	3	0

（2）根据式（6-41）可求出最优网损微增率

$$\frac{\partial\Delta P_{\Sigma}}{\partial Q_{Ci}}=-\frac{(\alpha+\gamma)K_C}{\beta\tau_{max}}$$

$$=-\frac{0.022+0.08}{4500}\times100=-0.0023$$

由求得的 $\frac{\partial\Delta P_{\Sigma}}{\partial Q_{Ci}}$ 按图 6-10 得 $Q_{C\Sigma}$ = 5.8Mvar，对应的各负荷点的经济补偿容量分布为

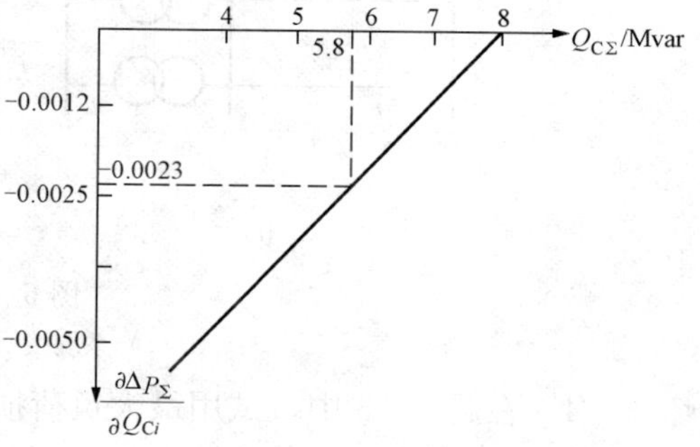

图 6-10　网损微增率曲线

$$Q_{C1}=1.35\text{Mvar};Q_{C2}=1.45\text{Mvar};Q_{C3}=3\text{Mvar}$$

习　　题

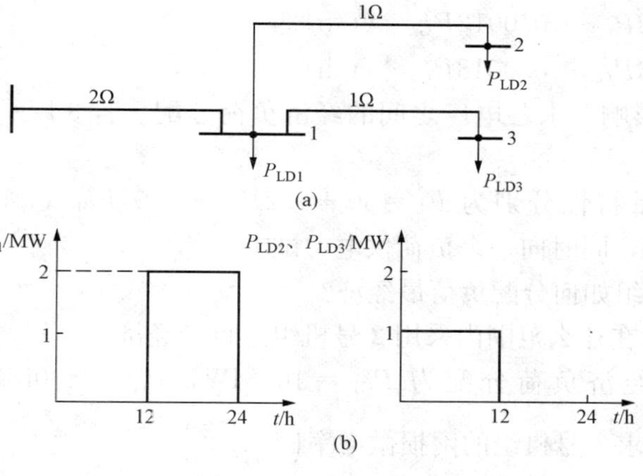

图 6-11　题 6-1 图

（a）系统接线；（b）日负荷曲线

6-1　如图 6-11（a）所示为某 10kV 配电系统，线路电阻如图中所示，其负荷的日负荷曲线全年相同，其中 $P_{LD1}(t)$、$P_{LD2}(t)$ 如图 6-11（b）所示，$P_{LD3}(t)$ 与 $P_{LD2}(t)$ 相同，负荷功率因数 $\cos\varphi=0.8$。试分别利用负荷曲线和最大负荷损耗时间法计算年电能损耗。

6-2　两台型号为 SFLl-40000/110 型的变压器并联运行，变压器的每台参数为 $P_0=41.5$kW，$P_s=203.4$kW，$U_s\%=10.5$，$I_0\%=0.7$，变压器所带最大负荷 $\tilde{S}_{max}=(50+j36)$ MVA，$T_{max}=4000$h。试求：

（1）两台变压器并联运行时的年电能损耗；

（2）单台变压器运行的临界功率值。

6-3　如图 6-12（a）所示为某 110kV 供电网络。输电线路参数为：$l=100$km，$r_1=0.17\Omega$/km，$x_1=0.409\Omega$/km，$b_1=2.82\times10^{-6}$ S/km；单台变压器参数为：$S_N=31.5$MVA，$P_0=38.5$kW，$P_s=148$kW，$U_s\%=10.5$，$I_0\%=0.8$。变压器低压侧最大负荷

$P_{LD}=40$MW，$\cos\varphi=0.85$，最大负荷利用小时数为 $T_{max}=4500$h，年持续负荷曲线如图 6－12（b）所示。试计算下列情况下电网中全年的电能损耗。

（1）两台变压器并联运行；

（2）当负荷低于 50％的最大负荷时，切除一台变压器运行。

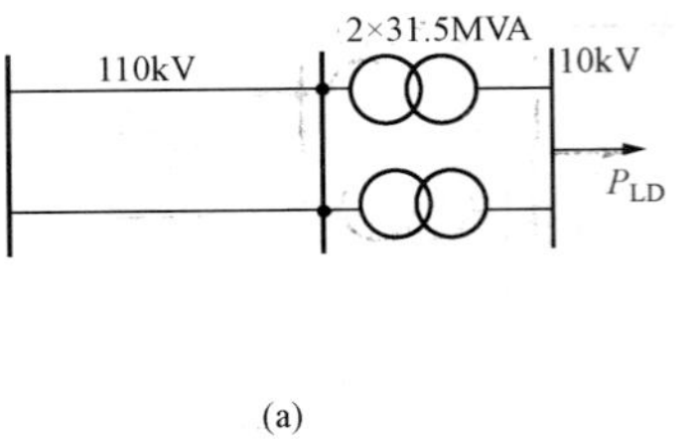

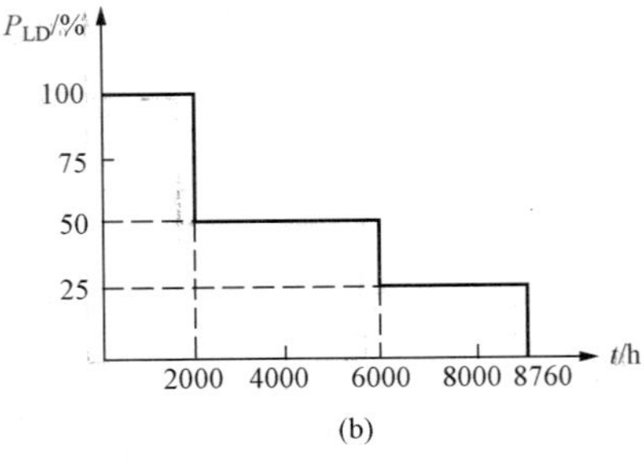

图 6－12　题 6－3 图

（a）系统接线；（b）年持续负荷曲线

6－4　在题 6－3 中，试用最大负荷损耗时间法计算双台变压器运行情况下电网的全年电能损耗。

6－5　变电所两台变压器并联运行。一台为 SP7-16000/35 型，$P_0=19$kW，$P_s=77$kW；另一台为 SF-20000/35 型，$P_0=22.5$kW，$P_s=93$kW，其余参数两台变压器全部相同。为减少损耗，试根据负荷功率的变化合理安排变压器的运行方式。

6－6　已知 3 个电厂的耗量特性为

$$F_1=3+0.1P_{G1}+0.0012P_{G1}^2\quad(\text{t/h})$$

$$F_2=2.5+0.13P_{G2}+0.0012P_{G2}^2\quad(\text{t/h})$$

$$F_3=1.2+0.16P_{G3}+0.0018P_{G3}^2\quad(\text{t/h})$$

如果总负荷 $P_{LD}=300$MW，不计网损的影响，求各电厂之间的经济负荷分配。若 3 厂平均分担负荷，8000h 内浪费多少煤？

6－7　两台容量均为 100MW、耗量特性分别为 $F_1=30+1.2P_{G1}+0.01P_{G1}^2$（t/h）、$F_2=15+1.5P_{G2}+0.01P_{G2}^2$（t/h）的机组，同时向一个负荷供电，试求：

（1）当系统负荷为 120MW 时，两机组如何分配负荷最经济？

（2）当只有一台发电机运行时，负荷在什么范围内采用 2 号机组运行最经济？

（3）当计及网损时，若两机组的经济负荷分配为 $P_{G1}=100$MW，$P_{G2}=100$MW，$\dfrac{\partial\Delta P_2}{\partial P_{G2}}=0.2$ 机组的最小出力为 50MW。求 1 号机组的网损微增率$\left(\dfrac{\partial\Delta P_\Sigma}{\partial P_{G1}}\right)$。

6－8　电力系统中有一个火电厂、一个水电厂，火、水电厂的耗量特性为

$$F=3+0.3P_T+0.0015P_T^2\quad(\text{t/h})$$

$$W=5+P_H+0.002P_H^2\quad(\text{m}^3/\text{s})$$

水电厂日用水量恒定为 $K=1.5\times10^7\text{m}^3$，系统的日负荷曲线如图 6－13 所示。火电厂容量为 900MW，水电厂容量为 400MW，求在给定的用水量下，水、火电厂间的经济负荷分配。

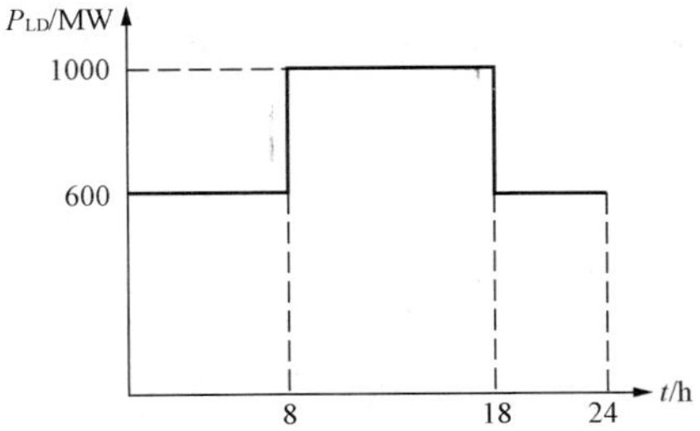

图 6－13　日负荷曲线

6-9　两电厂联合向一负荷供电，如图 6-14 所示。设发电厂母线电压均为 1.0，负荷功率 $\tilde{S}_{LD}=P_{LD}+jQ_{LD}=1.2+j0.7$MVA，其有功部分由两发电厂平均分担。试计算下列情况下的无功功率负荷经济分配。

（1）不计无功功率网损修正系数；

（2）计及无功功率网损修正系数。

6-10　某 35kV 电力网络的等效电路如图 6-15 所示，最大负荷损耗时间为 5400h，无功补偿设备单位容量投资与单位电能损耗费的比值 $K_C/\beta=200$，补偿设备的折旧维修率 α 和投资回收率 γ 均为 0.15。试计算：

（1）总补偿容量为 1.4、1.5、1.6、1.8、2.0、2.2Mvar 时的经济分配；

（2）经济补偿容量及其分配。

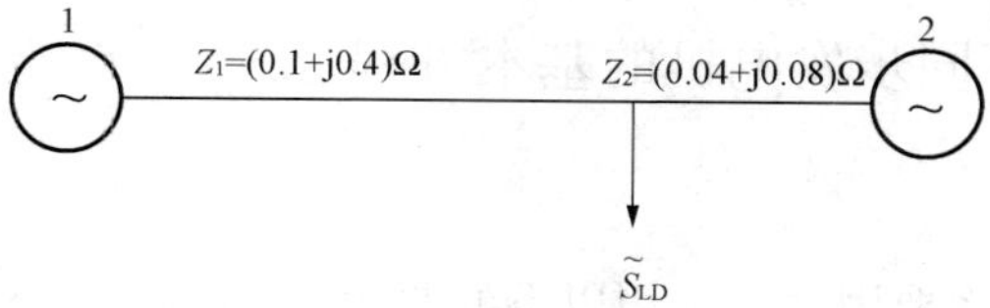

图 6-14　题 6-9 图

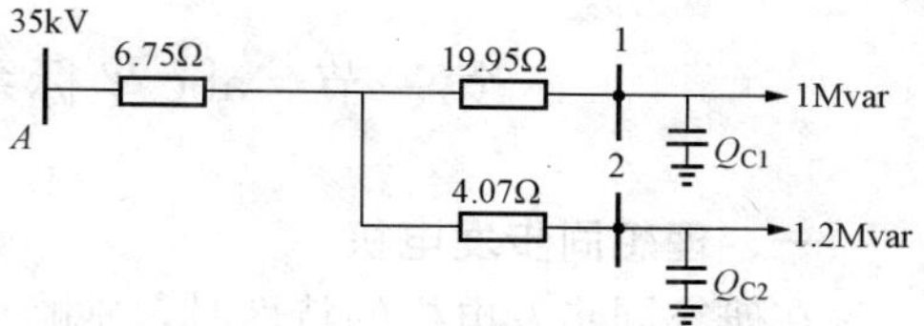

图 6-15　题 6-10 图

第七章 同步发电机的基本方程

同步发电机是电力系统中最重要的元件，其运行特性直接影响到电力系统的运行状态。电力系统电磁暂态和机电暂态都与同步发电机的暂态过程有着密切的关系。同步发电机的数学模型是分析电力系统电磁暂态和机电暂态的基础。它包括描述电磁特性的电压方程和磁链方程，以及描述转子转速与转矩变化规律的转子运动方程，后者将在第十章中讨论。本章根据理想同步发电机内部的电磁关系，建立同步发电机的电压方程和磁链方程。

第一节 abc坐标系统下同步发电机的基本方程

一、理想同步发电机

在研究同步发电机的特性时，常略去一些次要因素，采用以下的假设：

（1）定子三相绕组的结构完全相同，在空间位置互差120°电角度；转子绕组和铁芯在结构上对于直轴和交轴完全对称。

（2）定子各绕组电流在空气隙中产生正弦分布的磁动势，定子绕组和转子绕组间的互感磁通也在气隙中按正弦规律分布。

（3）电机铁芯部分的导磁系数为常数，即忽略磁路饱和、磁滞和涡流等的影响。

（4）定子及转子的槽和通风沟不影响定子和转子绕组的电感，即认为电机的定子和转子具有光滑的表面。

符合上述假定的同步发电机称为理想同步发电机。将理想同步发电机分析的结果与实际发电机试验的结果相比较，其准确度可以满足工程的要求。

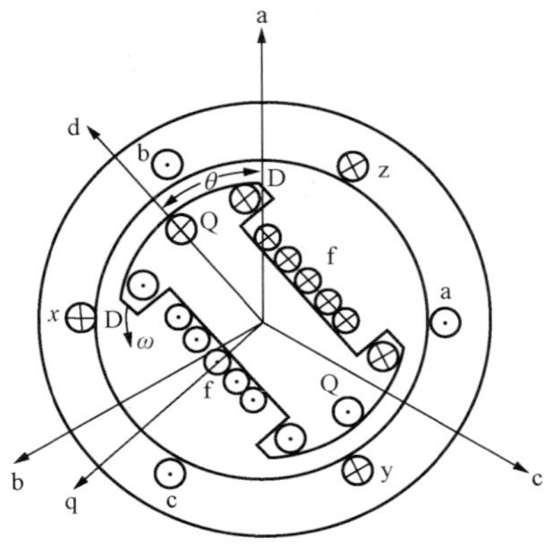

图7-1 同步发电机各绕组的示意图

图7-1给出了凸极式同步发电机各绕组位置的示意图。定子三相绕组分别用集中绕组a-x，b-y，c-z表示，绕组的轴线a、b和c彼此逆时针相差120°。转子极中心线为d轴，称为直轴或纵轴；极间轴为q轴，称为交轴或横轴，依转子旋转方向，q轴超前d轴90°。励磁绕组f-f的轴线与d轴重合。端部短接的阻尼条采用了两个互相正交的短接绕组等效，轴线与d轴重合的称为直轴阻尼绕组，用D-D绕组表示；轴线与q轴重合的称为交轴阻尼绕组，用Q-Q绕组表示。对于隐极式同步发电机，它的实心转子中的涡流效应可以用直轴和交轴阻尼绕组来等效，只不过其转子横截面为圆形，所以，可作为凸极式同步发电机的特例来对待。

二、正方向的规定

同步发电机有6个磁耦合的绕组和对应的6个绕组回路。为了分析同步发电机的电磁特性，需要列写出这些绕组和回路的基本电磁关系式，即同步发电机基本方程。在建立基本方程前，必须选择磁链、电流、电压等量的正方向。如图 7 - 1 所示，本书中选择定子各相绕组轴线的正方向作为各绕组磁链的正方向；励磁绕组和直轴阻尼绕组磁链的正方向与 d 轴正方向相同；交轴阻尼绕组磁链的正方向与 q 轴正方向相同。定子各相绕组正方向电流产生的磁通方向与该相绕组轴线的正方向相反；转子各绕组正方向电流产生的磁通方向与 d 轴或 q 轴正方向相同。转子与定子的相对位置用 d 轴与 a 相绕组轴线间的夹角 θ 表示，正方向与转子旋转方向（逆时针）相同。图 7 - 2 示出了各回路的电路，其中标明了电动势和电压的正方向。各绕组的感应电动势的正方向与各自电流的正方向相同。在定子回路中，向负荷侧观察，电压降的正方向和定子电流的正方向一致。在励磁回路中，向励磁绕组侧观察，电压降的正方向与励磁电流的正方向一致。阻尼绕组为短接回路，电压为零。

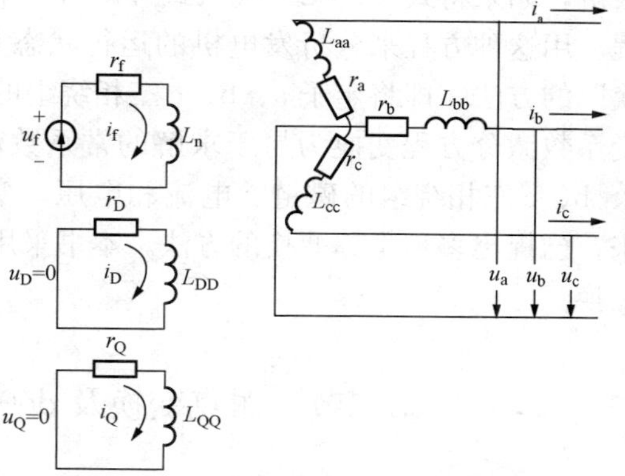

图 7 - 2　同步发电机各回路电路图

三、abc 坐标系统下的发电机基本方程

根据图 7 - 2，对于理想同步发电机，三相定子绕组电阻相等，即 $r_a=r_b=r_c=r$，可列出如下的同步发电机电压方程：

$$\begin{bmatrix} u_a \\ u_b \\ u_c \\ u_f \\ 0 \\ 0 \end{bmatrix} = \begin{bmatrix} r & & & & & \\ & r & & & & \\ & & r & & & \\ & & & r_f & & \\ & & & & r_D & \\ & & & & & r_Q \end{bmatrix} \begin{bmatrix} -i_a \\ -i_b \\ -i_c \\ i_f \\ i_D \\ i_Q \end{bmatrix} + \begin{bmatrix} \dot{\psi}_a \\ \dot{\psi}_b \\ \dot{\psi}_c \\ \dot{\psi}_f \\ \dot{\psi}_D \\ \dot{\psi}_Q \end{bmatrix} \tag{7-1}$$

式中：ψ 为各绕组的合成磁链；$\dot{\psi}=\dfrac{d\psi}{dt}$ 为磁链对时间的导数。

同步发电机各绕组的磁链是由本绕组的自感磁链和其他绕组在本绕组产生的互感磁链组合而成的。磁链方程为

$$\begin{bmatrix} \psi_a \\ \psi_b \\ \psi_c \\ \psi_f \\ \psi_D \\ \psi_Q \end{bmatrix} = \begin{bmatrix} L_{aa} & M_{ab} & M_{ac} & M_{af} & M_{aD} & M_{aQ} \\ M_{ba} & L_{bb} & M_{bc} & M_{bf} & M_{bD} & M_{bQ} \\ M_{ca} & M_{cb} & L_{cc} & M_{cf} & M_{cD} & M_{cQ} \\ M_{fa} & M_{fb} & M_{fc} & L_{ff} & M_{fD} & M_{fQ} \\ M_{Da} & M_{Db} & M_{Dc} & M_{Df} & L_{DD} & M_{DQ} \\ M_{Qa} & M_{Qb} & M_{Qc} & M_{Qf} & M_{QD} & L_{QQ} \end{bmatrix} \begin{bmatrix} -i_a \\ -i_b \\ -i_c \\ i_f \\ i_D \\ i_Q \end{bmatrix} \tag{7-2}$$

式中：电感系数矩阵的对角元素 L 为各绕组的自感系数，非对角元素 M 为两绕组间的互感系数。绕组间的互感系数是可逆的，即有 $M_{ab}=M_{ba}$、$M_{af}=M_{fa}$、$M_{fD}=M_{Df}$ 等关系。

对于凸极式同步发电机，由于转子的直轴和交轴两方向的铁芯结构不同，定子绕组在空间静止，而转子绕组旋转，使定子绕组的自感和互感磁通路径以及转子绕组与定子绕组间互

感磁通路径上的磁导周期性地变化，因此凸极式同步发电机大部分自感和互感系数随转子转动而周期性地变化，也即随时间周期变化。对于隐极式同步发电机，可以分析出其定子绕组与转子绕组间的互感随转子转动而周期性地变化，也随时间周期变化。无论是凸极机还是隐极机，如果将式（7－2）代入式（7－1）中，发电机的电压方程将变成一组变系数的微分方程。用这种方程来分析发电机的运行状态是相当困难的。为了便于分析，可采用“变量变换”的方法，即将定子a、b、c三相绕组的磁链、电流和电压用一组新的变量替换，从而将变系数微分方程变换为易于求解的常系数微分方程。求解出新变量后，再利用反变换求得a、b、c三相绕组的磁链、电流和电压。变量变换也称为坐标变换，自20世纪20年代以来，已提出多种坐标变换的方法，本书采用最常用的一种坐标变换，即所谓的派克（Park）变换。

第二节　派克变换及dq0坐标系统下的同步发电机方程

派克变换是一种线性变换，它是将静止的a、b、c三相坐标系统表示的电磁量变换为在空间随转子一起旋转的两相直角坐标d、q系统和静止的0轴系统（合称为dq0坐标系统）表示的电磁量。坐标变换并不改变发电机内部的电磁关系，下面从物理上说明dq0坐标系统。

一、派克变换及dq0坐标系统

设定子三相绕组中的三相对称电流分别为

$$\left.\begin{aligned} i_a &= I_m\cos\alpha \\ i_b &= I_m\cos(\alpha-120^\circ) \\ i_c &= I_m\cos(\alpha+120^\circ) \end{aligned}\right\} \tag{7-3}$$

式中：I_m为相电流幅值；$\alpha=\omega t+\alpha_0$，ω为交流电流的角频率，α_0为初相角。式（7－3）的三相电流可以用一个模值为I_m，角速度为ω的旋转综合相量$\dot{I}_m$表示，如图7－3（a）所示。图中，$\dot{I}_m$与a相绕组轴线的夹角为α，以角速度ω逆时针方向旋转，它在静止的a、b、c三相坐标轴上的投影就是式（7－3）所示的对称三相电流的瞬时值。

三相绕组流过式（7－3）的对称三相电流时，在空气隙中产生一个旋转磁动势。其旋转的角转速与交流电流的角速度相同，旋转方向和转子相同，对于转子相对静止。该磁势可用一个以ω角速度旋转的向量$\dot{F}_a$表示，它的幅值恒定，为每一相脉动磁动势幅值的3/2倍，每相脉动磁动势的幅值与电流的幅值I_m成正比，则三相合成旋转磁动势的幅值为

$$F_{am}=\frac{3}{2}wI_m$$

式中：w为每相绕组的等效匝数。根据交流电机原理可知，在图7－3（b）中空间向量$\dot{F}_a$与定子电流的综合相量$\dot{I}_m$同方向，数值上成比例。可见，综合相量$\dot{I}_m$作为时间相量可以代表三相电流，把它看作空间向量可代表定子合成磁动势。

依照合成磁动势的分解方法，也可将综合电流相量$\dot{I}_m$分解为直轴分量i_d和交轴分量i_q，见图7－3，可得

$$\left.\begin{aligned} i_d &= I_m\cos(\alpha-\theta) \\ i_q &= I_m\sin(\alpha-\theta) \end{aligned}\right\} \tag{7-4}$$

利用三角恒等式

$$\cos(\alpha-\theta)=\frac{2}{3}[\cos\alpha\cos\theta+\cos(\alpha-120^\circ)\cos(\theta-120^\circ)+\cos(\alpha+120^\circ)\cos(\theta+120^\circ)]$$

$$\sin(\alpha-\theta)=\frac{2}{3}[-\cos\alpha\sin\theta-\cos(\alpha-120^\circ)\sin(\theta-120^\circ)-\cos(\alpha+120^\circ)\sin(\theta+120^\circ)]$$

可从式（7－3）和式（7－4）得到

$$\left.\begin{aligned}i_d&=\frac{2}{3}[i_a\cos\theta+i_b\cos(\theta-120^\circ)+i_c\cos(\theta+120^\circ)]\\i_q&=\frac{2}{3}[-i_a\sin\theta-i_b\sin(\theta-120^\circ)-i_c\sin(\theta+120^\circ)]\end{aligned}\right\}\tag{7-5}$$

通过式（7－5）的变换，将三相电流 i_a、i_b、i_c 变换成了等效的两相电流 i_d、i_q。这两个电流可设想为是定子的两个等效绕组 dd 和 qq 中的电流。这组等效的 dd 和 qq 绕组轴线分别与转子的 d 轴和 q 轴相同，且随转子一起旋转，对转子相对静止，图 7－4 示出了同步发电机假想的等效绕组模型。与等效绕组有关的磁通路径的磁导恒定不变，相应的电感系数也就变为常数。

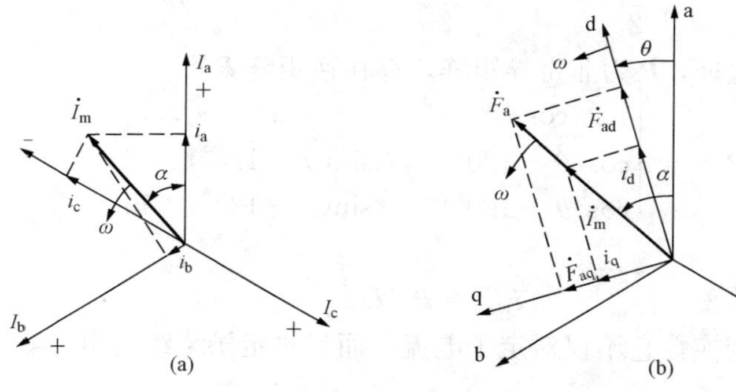

图 7－3　定子电流综合相量及投影

（a）综合电流相量；（b）合成磁动势与综合电流相量

如果定子绕组中流过三相不对称电流，只要是三相平衡系统，即满足 $i_a+i_b+i_c=0$，仍然可以用一个综合相量来代表三相电流，不过这时综合相量的幅值和转速都不是恒定的，综合相量 $\dot{I}_m$ 的 d、q 轴分量仍与式（7－5）所确定的相同。

当定子三相电流不平衡时，即 $i_a+i_b+i_c\neq0$，各相电流可分解为两个成分：$i_a=i'_a+i_{a0}$，$i_b=i'_b+i_{b0}$，$i_c=i'_c+i_{c0}$，其中 $i'_a+i'_b+i'_c=0$，仍可用一个综合相量 $\dot{I}_m$ 来代表；$i_{a0}=i_{b0}=i_{c0}=i_0$ 为定子电流的零轴分量，显然有

$$i_0=\frac{1}{3}(i_a+i_b+i_c)\tag{7-6}$$

由于定子三相绕组完全对称，在空间互差 120° 电角度，三相零轴分量在空气隙中产生的合成磁势为零，所以三相合成磁势只取决于 i'_a，i'_b 和 i'_c，因此 $\dot{I}_m$ 仍可以代表 $\dot{F}_a$，即式（7－5）仍然成立。

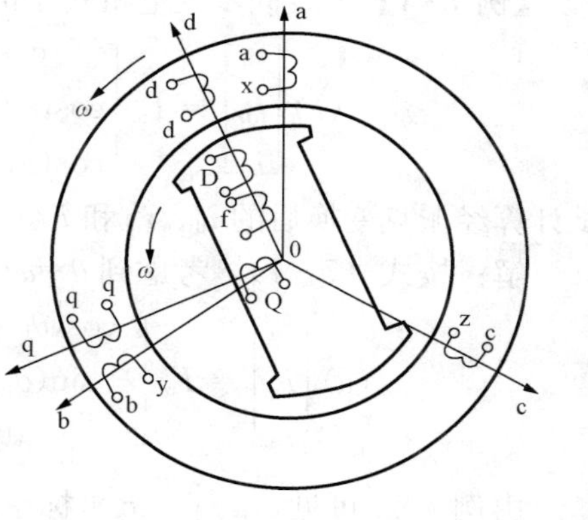

图 7－4　同步发电机假想等效绕组模型

由上述讨论可知，对于一般情况而言，可用

i_d、i_q、i_0 替换 i_a、i_b、i_c。i_a、i_b 和 i_c 可看作定子 a、b、c 轴坐标系的量；i_d、i_q 和 i_0 可看作 d、q、0 轴坐标系的量，d、q 坐标轴和转子一起旋转，0 坐标轴则是抽象的。因此这种替换又称为坐标变换。

式（7 - 5）和式（7 - 6）构成了一个从 a、b、c 坐标系列到 d、q、0 坐标系的变换，表示为矩阵形式为

$$\begin{bmatrix} i_d \\ i_q \\ i_0 \end{bmatrix} = \frac{2}{3}\begin{bmatrix} \cos\theta & \cos(\theta-120°) & \cos(\theta+120°) \\ -\sin\theta & -\sin(\theta-120°) & -\sin(\theta+120°) \\ \frac{1}{2} & \frac{1}{2} & \frac{1}{2} \end{bmatrix}\begin{bmatrix} i_a \\ i_b \\ i_c \end{bmatrix} \tag{7-7}$$

或简写为

$$\boldsymbol{i}_{dq0} = \boldsymbol{P}\boldsymbol{i}_{abc} \tag{7-8}$$

式中

$$\boldsymbol{P} = \frac{2}{3}\begin{bmatrix} \cos\theta & \cos(\theta-120°) & \cos(\theta+120°) \\ -\sin\theta & -\sin(\theta-120°) & -\sin(\theta+120°) \\ \frac{1}{2} & \frac{1}{2} & \frac{1}{2} \end{bmatrix} \tag{7-9}$$

为派克变换矩阵。可以验证，$\boldsymbol{P}$ 为非奇异矩阵，存在逆矩阵 $\boldsymbol{P}^{-1}$

$$\boldsymbol{P}^{-1} = \begin{bmatrix} \cos\theta & -\sin\theta & 1 \\ \cos(\theta-120°) & -\sin(\theta-120°) & 1 \\ \cos(\theta+120°) & -\sin(\theta+120°) & 1 \end{bmatrix} \tag{7-10}$$

利用逆矩阵可得

$$\boldsymbol{i}_{abc} = \boldsymbol{P}^{-1}\boldsymbol{i}_{dq0} \tag{7-11}$$

上述变换即为派克变换，它不仅对定子电流，而且对定子绕组的电压和磁链等物理量都可以进行这种变换，即

$$\left.\begin{aligned} \boldsymbol{U}_{dq0} &= \boldsymbol{P}\boldsymbol{U}_{abc} \\ \boldsymbol{U}_{abc} &= \boldsymbol{P}^{-1}\boldsymbol{U}_{dq0} \end{aligned}\right\} \tag{7-12}$$

$$\left.\begin{aligned} \psi_{dq0} &= \boldsymbol{P}\psi_{abc} \\ \psi_{abc} &= P^{-1}\psi_{dq0} \end{aligned}\right\} \tag{7-13}$$

【例 7 - 1】 设同步发电机转子的转速为 ω，定子三相电流分别为

$$(a)\begin{bmatrix} i_a \\ i_b \\ i_c \end{bmatrix} = I_m\begin{bmatrix} \cos(\omega t+\alpha_0) \\ \cos(\omega t+\alpha_0-120°) \\ \cos(\omega t+\alpha_0+120°) \end{bmatrix};(b)\begin{bmatrix} i_a \\ i_b \\ i_c \end{bmatrix} = I_m\begin{bmatrix} 1 \\ -0.25 \\ -0.25 \end{bmatrix}$$

试计算经派克变换后的 i_d、i_q 和 i_0。

解： 按式（7 - 7），考虑到 $\theta=\omega t+\theta_0$，（略去中间验算过程）可得

$$(a)\begin{bmatrix} i_d \\ i_q \\ i_0 \end{bmatrix} = I_m\begin{bmatrix} \cos(\theta_0-\alpha_0) \\ -\sin(\theta_0-\alpha_0) \\ 0 \end{bmatrix};(b)\begin{bmatrix} i_d \\ i_q \\ i_0 \end{bmatrix} = \frac{I_m}{6}\begin{bmatrix} 5\cos(\omega t+\theta_0) \\ -5\sin(\omega t+\theta_0) \\ 1 \end{bmatrix}$$

由例 7 - 1 可见，a、b、c 坐标系统的三相对称交流电流，经派克变换后，在 d、q、0 坐标系统中的 i_d、i_q 为一组直流电流，由于是三相平衡系统，所以 $i_0=0$；如果 a、b、c 坐标

系统的三相电流为三相不平衡的直流电流，经派克变换后，在 d、q、0 坐标系统中的 i_d、i_q 为一组交流电流，且 $i_0 \neq 0$。可得以下结论：用 a、b、c 坐标系统和用 d、q、0 坐标系统表示的电流或电压是交直流互换的。

二、dq0 坐标系的磁链方程

将式（7－2）写成分块矩阵的形式为

$$\begin{bmatrix}\psi_{abc}\\ \psi_{fDQ}\end{bmatrix}=\begin{bmatrix}\boldsymbol{L}_{SS} & \boldsymbol{L}_{SR}\\ \boldsymbol{L}_{RS} & \boldsymbol{L}_{RR}\end{bmatrix}\begin{bmatrix}-\boldsymbol{i}_{abc}\\ \boldsymbol{i}_{fDQ}\end{bmatrix} \tag{7-14}$$

式中：L 表示各类电感系数，下标 SS 表示定子侧各量，RR 表示转子侧各量，SR 和 RS 则表示定子和转子间各量。

对式（7－14）两边左乘$\begin{bmatrix}\boldsymbol{P} & \boldsymbol{0}\\ \boldsymbol{0} & \boldsymbol{U}\end{bmatrix}$，其中 $\boldsymbol{U}$ 为单位矩阵，整理可得

$$\begin{aligned}\begin{bmatrix}\boldsymbol{\psi}_{dq0}\\ \boldsymbol{\psi}_{fDQ}\end{bmatrix}&=\begin{bmatrix}\boldsymbol{P} & \boldsymbol{0}\\ \boldsymbol{0} & \boldsymbol{U}\end{bmatrix}\begin{bmatrix}\boldsymbol{L}_{SS} & \boldsymbol{L}_{SR}\\ \boldsymbol{L}_{RS} & \boldsymbol{L}_{RR}\end{bmatrix}\begin{bmatrix}\boldsymbol{P}^{-1} & \boldsymbol{0}\\ \boldsymbol{0} & \boldsymbol{U}\end{bmatrix}\begin{bmatrix}-\boldsymbol{i}_{dq0}\\ \boldsymbol{i}_{fDQ}\end{bmatrix}\\ &=\begin{bmatrix}\boldsymbol{P}\boldsymbol{L}_{SS}\boldsymbol{P}^{-1} & \boldsymbol{P}\boldsymbol{L}_{SR}\\ \boldsymbol{L}_{RS}\boldsymbol{P}^{-1} & \boldsymbol{L}_{RR}\end{bmatrix}\begin{bmatrix}-\boldsymbol{i}_{dq0}\\ \boldsymbol{i}_{fDQ}\end{bmatrix}\end{aligned} \tag{7-15}$$

可以验证，经过上述派克变换后的磁链方程为

$$\begin{bmatrix}\psi_d\\ \psi_q\\ \psi_0\\ \psi_f\\ \psi_D\\ \psi_Q\end{bmatrix}=\begin{bmatrix}L_d & 0 & 0 & m_{af} & m_{aD} & 0\\ 0 & L_q & 0 & 0 & 0 & m_{aQ}\\ 0 & 0 & L_0 & 0 & 0 & 0\\ \frac{3}{2}m_{af} & 0 & 0 & L_f & m_r & 0\\ \frac{3}{2}m_{aD} & 0 & 0 & m_r & L_D & 0\\ 0 & \frac{3}{2}m_{aQ} & 0 & 0 & 0 & L_Q\end{bmatrix}\begin{bmatrix}-i_d\\ -i_q\\ -i_0\\ i_f\\ i_D\\ i_Q\end{bmatrix} \tag{7-16}$$

这就是变换到 d、q、0 坐标系的磁链方程。式中 m_{af}、m_{aD}、m_{aQ}为定子绕组与转子绕组间互感系数幅值，为常数；m_r 为励磁绕组与直轴阻尼绕组间的互感系数，为常数；对角元的电感为各绕组的自感系数，也为常数。可见，经派克变换后的磁链方程中，电感系数矩阵中的各电感系数均为常数。这是因为定子三相绕组已被假想的随转子一起旋转的等效绕组 dd 和 qq 所代替，这两个绕组轴线分别与 d 轴和 q 轴一致，直轴方向的绕组 dd、f、D，交轴方向的绕组 qq、Q 之间保持相对静止，而 d 轴向和 q 轴向的磁导与转子位置无关，因此它们的自感系数和互感系数亦就与转子位置无关，自然为常数。零轴绕组是一个抽象绕组，可理解为与上述各等效定子、转子绕组都垂直，无互感。

L_d 为定子等效绕组 dd 的电感系数，称为直轴同步电感。根据《电机学》中的讨论可知，L_d 是同步发电机只有直轴电枢反应时定子各相的等效电感，它为每相绕组的漏感 L_σ 和直轴电枢反应电感 L_{ad}之和，即 $L_d=L_\sigma+L_{ad}$。与 L_d 相应的电抗 $x_d=x_\sigma+x_{ad}$，称为直轴同步电抗，x_σ 为漏抗，x_{ad}为直轴电枢反应电抗。

L_q 为定子等效绕组 qq 的电感系数，称为交轴同步电感。它是同步发电机只有交轴电枢反应时定子各相的等效电感，为每相绕组的漏感 L_σ 和交轴电枢反应电感 L_{aq}之和，即 $L_q=$

$L_\sigma+L_{aq}$。与 L_q 相应的电抗 $x_q=x_\sigma+x_{aq}$，称为交轴同步电抗，x_{aq}为交轴电枢反应电抗。

L_0 为等效的零轴绕组的电感系数，称为零轴电感。它是同步发电机在励磁绕组开路、定子三相绕组通过零轴电流时，任一相的自感系数，与之对应的电抗 x_0 称为零序电抗。

由式（7-16）可看出，经派克变换后的磁链方程中的电感系数矩阵出现了不对称问题，即定子等效绕组和转子绕组间的互感不能互易。从数学上讲，这是由于上述采用的变换矩阵 $\boldsymbol{P}$ 不是正交矩阵的缘故。从物理意义上讲，定子对转子的互感中出现系数$\frac{3}{2}$，是由于定子三相合成磁势的幅值为一相磁势的$\frac{3}{2}$倍，当互感磁链用 i_d、i_q（其大小为定子三相电流的一相电流幅值）表示时，互感要增大到$\frac{3}{2}$倍。为解决互感系数不互易的问题，可将变换矩阵 $\boldsymbol{P}$ 改造成一个正交矩阵，再进行变换。另外，各量以标幺值表示，通过适当选择基准值也可解决互感系数不互易的问题，具体请参考有关文献。采用标幺制，电感的标幺值等于相应电抗标幺值，同时考虑到 m_{af*}、m_{aD*} 和 m_{r*} 三者差别很小，则取 $m_{af*}=m_{aD*}=m_{r*}=L_{ad*}=x_{ad*}$。同样，$m_{aQ*}=L_{aq*}=x_{aq*}$。式（7-16）所示磁链方程在标幺制下，若略去下标“*”，可表示为

$$\begin{bmatrix}\psi_d\\\psi_q\\\psi_0\\\psi_f\\\psi_D\\\psi_Q\end{bmatrix}=\begin{bmatrix}x_d&0&0&x_{ad}&x_{ad}&0\\0&x_q&0&0&0&x_{aq}\\0&0&x_0&0&0&0\\x_{ad}&0&0&x_f&x_{ad}&0\\x_{ad}&0&0&x_{ad}&x_D&0\\0&x_{aq}&0&0&0&x_Q\end{bmatrix}\begin{bmatrix}-i_d\\-i_q\\-i_0\\i_f\\i_D\\i_Q\end{bmatrix}\tag{7-17}$$

三、dq0 坐标系的电压方程

将电压方程式（7-1）简写成

$$\begin{bmatrix}\boldsymbol{u}_{abc}\\\boldsymbol{u}_{fDQ}\end{bmatrix}=\begin{bmatrix}\boldsymbol{r}_S&\boldsymbol{0}\\\boldsymbol{0}&\boldsymbol{r}_R\end{bmatrix}\begin{bmatrix}-\boldsymbol{i}_{abc}\\\boldsymbol{i}_{fDQ}\end{bmatrix}+\begin{bmatrix}\dot{\psi}_{abc}\\\dot{\psi}_{fDQ}\end{bmatrix}\tag{7-18}$$

式中
$$\boldsymbol{r}_S=\begin{bmatrix}r&0&0\\0&r&0\\0&0&r\end{bmatrix};\quad \boldsymbol{r}_R=\begin{bmatrix}r_f&0&0\\0&r_D&0\\0&0&r_Q\end{bmatrix}$$

以$\begin{bmatrix}\boldsymbol{P}&\boldsymbol{0}\\\boldsymbol{0}&\boldsymbol{U}\end{bmatrix}$左乘式（7-18）等号两侧进行派克变换，经推导（略去推导过程）可得：

$$\begin{bmatrix}\boldsymbol{u}_{dq0}\\\boldsymbol{u}_{fDQ}\end{bmatrix}=\begin{bmatrix}\boldsymbol{r}_S&\boldsymbol{0}\\\boldsymbol{0}&\boldsymbol{r}_R\end{bmatrix}\begin{bmatrix}-\boldsymbol{i}_{dq0}\\\boldsymbol{i}_{fDQ}\end{bmatrix}+\begin{bmatrix}\dot{\psi}_{dq0}\\\dot{\psi}_{fDQ}\end{bmatrix}+\begin{bmatrix}\boldsymbol{S}\\\boldsymbol{0}\end{bmatrix}\tag{7-19}$$

式中：$\boldsymbol{S}=\begin{bmatrix}-\omega\psi_q\\\omega\psi_d\\\boldsymbol{0}\end{bmatrix}$，$\omega$ 为转子角速度，其标幺值为 $1+s$，s 为转差率。当转子以同步速度旋转时，ω 标幺值为 1。

将式（7-19）展开为

$$
\begin{bmatrix} u_d \\ u_q \\ u_0 \\ u_f \\ 0 \\ 0 \end{bmatrix} = \begin{bmatrix} r & & & & & \\ & r & & & & \\ & & r & & & \\ & & & r_f & & \\ & & & & r_D & \\ & & & & & r_Q \end{bmatrix} \begin{bmatrix} -i_d \\ -i_q \\ -i_0 \\ i_f \\ i_D \\ i_Q \end{bmatrix} + \begin{bmatrix} \dot{\psi}_d \\ \dot{\psi}_q \\ \dot{\psi}_0 \\ \dot{\psi}_f \\ \dot{\psi}_D \\ \dot{\psi}_Q \end{bmatrix} + \begin{bmatrix} -\omega\psi_q \\ \omega\psi_d \\ 0 \\ 0 \\ 0 \\ 0 \end{bmatrix} \tag{7-20}
$$

这就是d、q、0坐标系的电压方程，它由3部分组成。第一部分是各绕组电阻中的电压降落；第二部分是各绕组合成磁链变化而感生的电动势，称为变压器电动势或脉动电动势；第三部分是由于将静止不动的参考坐标转换为随转子一同旋转的参考坐标而引起的电动势，称为发电机电动势或旋转电动势。在发电机作稳态对称运行时，i_d、i_q、i_f 均为常数，i_0、i_D、i_Q 为零，故磁链 ψ_d、ψ_q 和 ψ_f 为常数，变压器电动势为零，只有发电机电动势。

式（7-17）和式（7-20）构成了同步发电机d、q、0坐标系的基本方程，也称为派克方程，是分析同步发电机电磁特性的数学模型。它共有12个方程式。在电磁暂态分析中，一般认为发电机转速不发生变化，仍以同步转速旋转，则 $\omega=1$。在此条件下，方程有16个运行参数：在定子方面有3个电压、3个电流、3个磁链；在转子方面有1个电压、3个电流和3个磁链。因此，在实际应用中，要结合具体条件给定4个运行参数，其他运行参数可利用方程求解得到。在有些情况下，其给定运行参数更多，所需求解的方程数减少，例如对于不计阻尼绕组的情况，方程和变量均减少4个。

第三节　同步发电机基本方程的拉氏运算形式

同步发电机基本方程的求解可用常微分方程的数值计算方法，也可以通过拉氏变换将原函数的微分方程转换为象函数的代数方程，最后由象函数的解经反变换求得。在实际应用中，往往只需要计算定子绕组电流，为此，可由基本方程将转子绕组的电流消去。另外，零轴分量的计算同d、q轴分量无关，可另行处理。

一、有阻尼绕组同步发电机基本方程的拉氏运算形式

对式（7-17）和式（7-20）进行拉氏变换，取消零轴分量方程后，可得

$$
\left.\begin{aligned}
U_d(p) &= -rI_d(p) + [p\psi_d(p) - \psi_{d0}] - \psi_q(p) \\
U_q(p) &= -rI_q(p) + [p\psi_q(p) - \psi_{q0}] + \psi_d(p) \\
U_f(p) &= r_f I_f(p) + [p\psi_f(p) - \psi_{f0}] \\
0 &= r_D I_D(p) + [p\psi_D(p) - \psi_{D0}] \\
0 &= r_Q I_Q(p) + [p\psi_Q(p) - \psi_{Q0}]
\end{aligned}\right\} \tag{7-21}
$$

$$
\left.\begin{aligned}
\psi_d(p) &= -x_d I_d(p) + x_{ad} I_f(p) + x_{ad} I_D(p) \\
\psi_q(p) &= -x_q I_q(p) + x_{aq} I_Q(p) \\
\psi_f(p) &= -x_{ad} I_d(p) + x_f I_f(p) + x_{ad} I_D(p) \\
\psi_D(p) &= -x_{ad} I_d(p) + x_{ad} I_f(p) + x_D I_D(p) \\
\psi_Q(p) &= -x_{aq} I_q(p) + x_Q I_Q(p)
\end{aligned}\right\} \tag{7-22}
$$

一般，各绕组的电压作为已知量，磁链初值由初始条件给出，定子电流为待分析量。为

此，需要消去转子绕组变量。由式（7－21）和式（7－22）第三、四式可求得

$$\left.\begin{aligned}I_{\mathrm{f}}(p)&=\frac{(r_{\mathrm{D}}+px_{\mathrm{D}})[U_{\mathrm{f}}(p)+\psi_{\mathrm{f0}}]-px_{\mathrm{ad}}\psi_{\mathrm{D0}}+[p^2(x_{\mathrm{D}}-x_{\mathrm{ad}})+pr_{\mathrm{D}}]x_{\mathrm{ad}}I_{\mathrm{d}}(p)}{p^2(x_{\mathrm{D}}x_{\mathrm{f}}-x_{\mathrm{ad}}^2)+p(x_{\mathrm{D}}r_{\mathrm{f}}+x_{\mathrm{f}}r_{\mathrm{D}})+r_{\mathrm{D}}r_{\mathrm{f}}}\\I_{\mathrm{D}}(p)&=\frac{-px_{\mathrm{ad}}[U_{\mathrm{f}}(p)+\psi_{\mathrm{f0}}]+(r_{\mathrm{f}}+px_{\mathrm{f}})\psi_{\mathrm{D0}}+[p^2(x_{\mathrm{f}}-x_{\mathrm{ad}})+pr_{\mathrm{f}}]x_{\mathrm{ad}}I_{\mathrm{d}}(p)}{p^2(x_{\mathrm{D}}x_{\mathrm{f}}-x_{\mathrm{ad}}^2)+p(x_{\mathrm{D}}r_{\mathrm{f}}+x_{\mathrm{f}}r_{\mathrm{D}})+r_{\mathrm{D}}r_{\mathrm{f}}}\end{aligned}\right\}\tag{7-23}$$

再由式（7－21）和式（7－22）第五式可求得

$$I_{\mathrm{Q}}(p)=\frac{\psi_{\mathrm{Q0}}+px_{\mathrm{aq}}I_{\mathrm{q}}(p)}{r_{\mathrm{Q}}+px_{\mathrm{Q}}}\tag{7-24}$$

将 $I_{\mathrm{f}}(p)$、$I_{\mathrm{D}}(p)$ 和 $I_{\mathrm{Q}}(p)$ 分别代入 $\psi_{\mathrm{d}}(p)$ 和 $\psi_{\mathrm{q}}(p)$ 方程，可得下面的式（7－25），它仅包含定子变量和励磁电压象函数的代数方程，可求得 $I_{\mathrm{d}}(p)$ 和 $I_{\mathrm{q}}(p)$，经拉氏反变换即可得定子电流的 d、q 轴分量的时间函数。

$$\left.\begin{aligned}U_{\mathrm{d}}(p)&=-rI_{\mathrm{d}}(p)+[p\psi_{\mathrm{d}}(p)-\psi_{\mathrm{d0}}]-\psi_{\mathrm{q}}(p)\\U_{\mathrm{q}}(p)&=-rI_{\mathrm{q}}(p)+[p\psi_{\mathrm{q}}(p)-\psi_{\mathrm{q0}}]+\psi_{\mathrm{d}}(p)\\\psi_{\mathrm{d}}(p)&=G_{\mathrm{f}}(p)[U_{\mathrm{f}}(p)+\psi_{\mathrm{f0}}]+G_{\mathrm{D}}(p)\psi_{\mathrm{D0}}-X_{\mathrm{d}}(p)I_{\mathrm{d}}(p)\\\psi_{\mathrm{q}}(p)&=G_{\mathrm{Q}}(p)\psi_{\mathrm{Q0}}-X_{\mathrm{q}}(p)I_{\mathrm{q}}(p)\end{aligned}\right\}\tag{7-25}$$

式中

$$G_{\mathrm{f}}(p)=\frac{[p(x_{\mathrm{D}}-x_{\mathrm{ad}})+r_{\mathrm{D}}]x_{\mathrm{ad}}}{p^2(x_{\mathrm{D}}x_{\mathrm{f}}-x_{\mathrm{ad}}^2)+p(x_{\mathrm{D}}r_{\mathrm{f}}+x_{\mathrm{f}}r_{\mathrm{D}})+r_{\mathrm{D}}r_{\mathrm{f}}}\tag{7-26}$$

$$G_{\mathrm{D}}(p)=\frac{[p(x_{\mathrm{f}}-x_{\mathrm{ad}})+r_{\mathrm{f}}]x_{\mathrm{ad}}}{p^2(x_{\mathrm{D}}x_{\mathrm{f}}-x_{\mathrm{ad}}^2)+p(x_{\mathrm{D}}r_{\mathrm{f}}+x_{\mathrm{f}}r_{\mathrm{D}})+r_{\mathrm{D}}r_{\mathrm{f}}}\tag{7-27}$$

$$G_{\mathrm{Q}}(p)=\frac{x_{\mathrm{aq}}^2}{r_{\mathrm{Q}}+px_{\mathrm{Q}}}\tag{7-28}$$

$$X_{\mathrm{d}}(p)=x_{\mathrm{d}}-\frac{[p(x_{\mathrm{D}}+x_{\mathrm{f}}-2x_{\mathrm{ad}})+(r_{\mathrm{D}}+r_{\mathrm{f}})]px_{\mathrm{ad}}^2}{p^2(x_{\mathrm{D}}x_{\mathrm{f}}-x_{\mathrm{ad}}^2)+p(x_{\mathrm{D}}r_{\mathrm{f}}+x_{\mathrm{f}}r_{\mathrm{D}})+r_{\mathrm{D}}r_{\mathrm{f}}}\tag{7-29}$$

$$X_{\mathrm{q}}(p)=x_{\mathrm{q}}-\frac{px_{\mathrm{aq}}^2}{r_{\mathrm{Q}}+px_{\mathrm{Q}}}\tag{7-30}$$

式中：$G_{\mathrm{f}}(p)$、$G_{\mathrm{D}}(p)$ 和 $G_{\mathrm{Q}}(p)$ 都称为运算常数；$X_{\mathrm{d}}(p)$ 和 $X_{\mathrm{q}}(p)$ 分别称为同步发电机的直轴和交轴运算电抗。

定子、转子的各绕组电抗可写成

$$\left.\begin{aligned}x_{\mathrm{d}}&=x_\sigma+x_{\mathrm{ad}}\\x_{\mathrm{f}}&=x_{\mathrm{f}\sigma}+x_{\mathrm{ad}}\\x_{\mathrm{D}}&=x_{\mathrm{D}\sigma}+x_{\mathrm{ad}}\\x_{\mathrm{q}}&=x_\sigma+x_{\mathrm{aq}}\\x_{\mathrm{Q}}&=x_{\mathrm{Q}\sigma}+x_{\mathrm{aq}}\end{aligned}\right\}\tag{7-31}$$

式中：$x_{\mathrm{f}\sigma}$、$x_{\mathrm{D}\sigma}$和 $x_{\mathrm{Q}\sigma}$分别为励磁绕组、直轴阻尼绕组和交轴阻尼绕组的漏抗。根据上式关系，直轴运算电抗 $X_{\mathrm{d}}(p)$ 可简化为

$$X_{\mathrm{d}}(p)=x_\sigma+\frac{1}{\dfrac{1}{x_{\mathrm{ad}}}+\dfrac{1}{x_{\mathrm{f}\sigma}+r_{\mathrm{f}}/p}+\dfrac{1}{x_{\mathrm{D}\sigma}+r_{\mathrm{D}}/p}}\tag{7-32}$$

其对应的等效电路如图 7－5（a）所示。交轴运算电抗可简化为

$$X_q(p)=x_\sigma+\cfrac{1}{\cfrac{1}{x_{aq}}+\cfrac{1}{x_{Q\sigma}+r_Q/p}} \tag{7-33}$$

其对应的等效电路如图 7－5（b）所示。

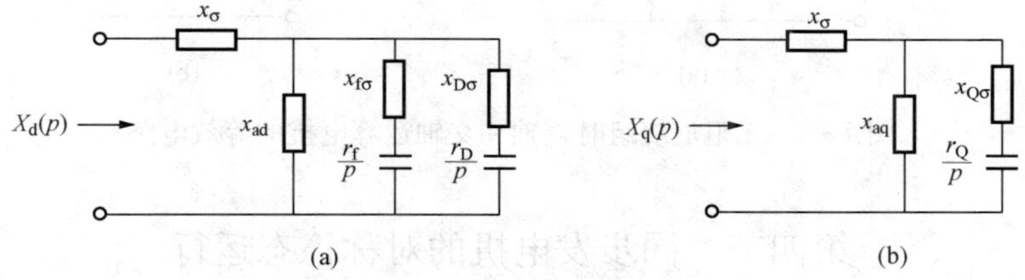

图 7－5　直轴和交轴运算电抗的等效电路

（a）直轴；（b）交轴

二、无阻尼绕组同步发电机基本方程的拉氏运算形式

对于无阻尼绕组或不计阻尼绕组影响的同步发电机，可看成是有阻尼绕组同步发电机的特例。式(7－21）和式(7－22）第四、五式可取消，并且 $I_D(p)=I_Q(p)=0$，表示为

$$\left.\begin{aligned}U_d(p)&=-rI_d(p)+[p\psi_d(p)-\psi_{d0}]-\psi_q(p)\\U_q(p)&=-rI_q(p)+[p\psi_q(p)-\psi_{q0}]+\psi_d(p)\\U_f(p)&=r_fI_f(p)+[p\psi_f(p)-\psi_{f0}]\end{aligned}\right\} \tag{7-34}$$

$$\left.\begin{aligned}\psi_d(p)&=-x_dI_d(p)+x_{ad}I_f(p)\\\psi_q(p)&=-x_qI_q(p)\\\psi_f(p)&=-x_{ad}I_d(p)+x_fI_f(p)\end{aligned}\right\} \tag{7-35}$$

同样，可推导出仅包含定子变量和励磁电压象函数的代数方程为

$$\left.\begin{aligned}U_d(p)&=-rI_d(p)+[p\psi_d(p)-\psi_{d0}]-\psi_q(p)\\U_q(p)&=-rI_q(p)+[p\psi_q(p)-\psi_{q0}]+\psi_d(p)\\\psi_d(p)&=G_f(p)[U_f(p)+\psi_{f0}]-X_d(p)I_d(p)\\\psi_q(p)&=-X_q(p)\dot{I}_q(p)\end{aligned}\right\} \tag{7-36}$$

式中

$$\left.\begin{aligned}G_f(p)&=\frac{x_{ad}}{r_f+px_f}\\X_d(p)&=x_d-\frac{px_{ad}^2}{r_f+px_f}\\X_q(p)&=x_q\end{aligned}\right\} \tag{7-37}$$

直轴和交轴运算电抗可简化为

$$\left.\begin{aligned}X_d(p)&=x_\sigma+\cfrac{1}{\cfrac{1}{x_{ad}}+\cfrac{1}{x_{f\sigma}+r_f/p}}\\X_q(p)&=x_\sigma+x_{aq}\end{aligned}\right\} \tag{7-38}$$

对应的等效电路如图 7－6 所示。

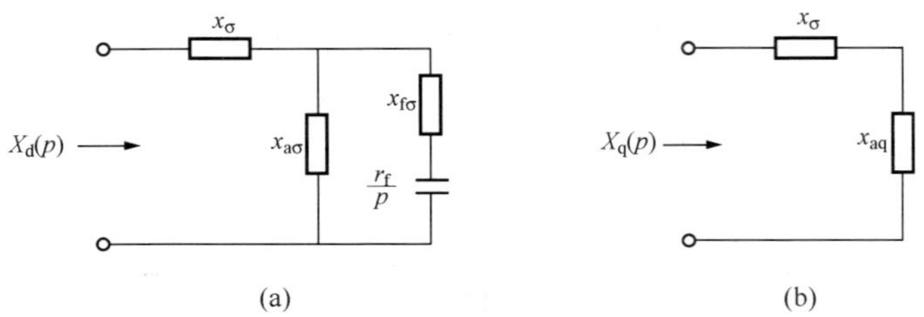

图 7-6　无阻尼绕组时直轴和交轴运算电抗的等效电路

第四节　同步发电机的对称稳态运行

本节将应用基本方程来分析同步发电机对称稳态运行的情况。

在对称稳态运行时，$\omega=1$，定子三相电压、电流、磁链都是对称的，且为正弦波形，设三相电流为

$$i_a = I_m\cos(\omega t+\alpha)$$
$$i_b = I_m\cos(\omega t+\alpha-120°)$$
$$i_c = I_m\cos(\omega t+\alpha+120°)$$

在例 7-1 中求得对应的 i_d、i_q 为常数。同理，u_d、u_q 和 ψ_d、ψ_q 都是常数。各零轴分量 i_0、u_0、ψ_0 都为零。

另外，稳态时，励磁电流 i_f 为常数，而阻尼绕组 D 和 Q 中的电流 i_D、i_Q 均为零。因此，发电机对称稳态运行时派克方程为

$$\left.\begin{aligned}\psi_d &= -x_d i_d + x_{ad} i_f\\ \psi_q &= -x_q i_q\\ \psi_f &= -x_{ad} i_d + x_f i_f\end{aligned}\right\}\qquad(7-39)$$

$$\left.\begin{aligned}u_d &= -r i_d - \psi_q\\ u_q &= -r i_q + \psi_d\\ u_f &= r_f i_f\end{aligned}\right\}\qquad(7-40)$$

定子电压方程可表示为

$$\left.\begin{aligned}u_d &= -r i_d + x_q i_q\\ u_q &= -r i_q - x_d i_d + x_{ad} i_f = -r i_q - x_d i_d + E_q\end{aligned}\right\}\qquad(7-41)$$

式中：$E_q = x_{ad} i_f = \psi_{fd}$，$\psi_{fd}$ 和 E_q 分别代表励磁电流对定子绕组产生的互感磁链和相应的感应电动势，E_q 也称为空载电动势。

由于定子电压和电流的 d、q 轴分量是三相交流系统中电压和电流综合相量在旋转 d、q 轴上的投影。若令 q 轴为虚轴，d 轴为实轴，则有 $\dot{U}_d = u_d$、$\dot{U}_q = ju_q$、$\dot{I}_d = i_d$、$\dot{I}_q = ji_q$，即将这些量当作相量。空载电动势的相量应超前直轴励磁主磁通相量 90°，即在 q 轴方向，可写成：$\dot{E}_q = jE_q$。

式（7-41）可改写成相量形式：

$$\left.\begin{aligned}\dot{U}_d &= -r\dot{I}_d - jx_q\dot{I}_q\\ \dot{U}_q &= -r\dot{I}_q - jx_d\dot{I}_d + \dot{E}_q\end{aligned}\right\}\qquad(7-42)$$

令机端电压 $\dot{U}=\dot{U}_d+\dot{U}_q$，机端电流 $\dot{I}=\dot{I}_d+\dot{I}_q$，式（7-42）可合写成下面形式的电压、电流相量关系：

$$\dot{U}=-r\dot{I}-jx_d\dot{I}_d-jx_q\dot{I}_q+\dot{E}_q \tag{7-43}$$

式（7-42）和式（7-43）描述了同步发电机稳态运行时的电压与电流关系。同步发电机空载运行时，由于定子电流为零，即 $\dot{I}_d$、$\dot{I}_q$ 和 $\dot{I}$ 均为零，则 $\dot{U}_d=0$、$\dot{U}_q=\dot{E}_q$、$\dot{U}=\dot{U}_q=\dot{E}_q$。

关于同步发电机对称稳态运行的等效电路和相量图已经在第二章中讨论过。

习　　题

7-1　同步发电机三相电源电压：

（1）$u_a=-U_m\sin(\omega t+\alpha_0)$，$u_b=-U_m\sin(\omega t+\alpha_0-120°)$，$u_c=-U_m\sin(\omega t+\alpha_0+120°)$

（2）$u_a=U_m$，$u_b=-U_m$，$u_c=3U_m$

试计算经派克变换后的 u_d、u_q、u_0（设 d 轴超前 a 轴的角度为 $\theta=\omega t+\theta_0$）。

7-2　同步发电机定子三相电流经派克变换后为：

（1）$i_d=I_m\cos(30°-\theta_0)$，$i_q=I_m\sin(30°-\theta_0)$，$i_0=0$

（2）$i_d=I_m\cos(\omega t+\theta_0-30°)$，$i_q=-I_m\sin(\omega t+\theta_0-30°)$，$i_0=0$

试分别计算对应的 i_a、i_b、i_c（设 d 轴超前 a 轴的角度为 $\theta=\omega t+\theta_0$）。

7-3　同步电机定子 a、b、c 通以正弦电流 i_a、i_b、i_c，且 $i_a+i_b+i_c=0$，转子各绕组均开路，求 $\theta=0°$、$\theta=90°$时，a、b、c 三相定子绕组的等效电感 $L_a=\dfrac{\psi_a}{i_a}$，$L_b=\dfrac{\psi_b}{i_b}$，$L_c=\dfrac{\psi_c}{i_c}$的表达式是什么？现 $i_a=0$，$i_b=-i_c=\sin\omega t$，上述结果改变吗？

7-4　同步电机定子 a、b、c 通以正弦电流 i_a、i_b、i_c，且 $i_a=i_b=i_c$，转子各绕组开路，求 a、b、c 三相定子绕组的等效电感 $L_a=\dfrac{\psi_a}{i_a}$，$L_b=\dfrac{\psi_b}{i_b}$，$L_c=\dfrac{\psi_c}{i_c}$的表达式是什么？

7-5　隐极式同步发电机 $x_d=1.8$，$\cos\varphi_N=0.85$，发电机额定满载运行，试求其电动势 E_q 和 δ，并画出相量图。

7-6　凸极式同步发电机 $x_d=0.95$，$x_q=0.56$，$\cos\varphi_N=0.85$，发电机额定满载运行，试求其电动势 E_Q、E_q 和 δ，并画出相量图。

第八章　电力系统三相短路的分析与计算

在电力系统的运行过程中，可能发生各种故障，其中对电力系统运行和设备安全危害最大、出现最多的是短路故障。短路故障中又以三相短路故障产生的后果最为严重，而且三相短路计算是其他短路计算的基础。本章着重讨论突然短路时的电磁暂态现象和对其分析计算的原理和方法。

第一节　短路的基本概念

短路是电力系统中的一种故障形态，是处于运行中的线路和电气设备相与相之间或相与地之间发生的直接或经过外部阻抗的非正常接通。在电力系统正常运行时，除中性点外，相与相或相与地之间是绝缘的。如果由于某种原因使其绝缘破坏而构成了通路，我们就称电力系统发生了短路故障。

一、短路的原因

产生短路的原因很多，主要有以下几个方面。

(1) 电气设备载流部分的绝缘损坏，例如绝缘材料的自然老化、脏污、直接的机械损伤、设计、安装和运行维护不良所带来的设备缺陷，在过电压甚至在正常电压下发生绝缘介质击穿，以及因雷击、过电压引起绝缘损坏（如闪络放电等）。

(2) 气象条件恶化，例如架空线路因大风或导线覆冰引起电杆倒塌等。

(3) 运行人员误操作，例如带负荷拉隔离开关，线路检修后未拆除临时接地线就加上电压，或在带电设备、线路附近施工不慎而引起短路等。

(4) 鼠、鸟兽等动物跨接裸露导体而引起短路。

二、短路的类型

三相交流系统中，短路的基本类型有三相短路、两相短路、单相接地短路和两相短路接地。表 8-1 示出了各种短路的示意图和代表符号。其中，三相短路是三相同时短接的情况，因各相阻抗相同，三相对称，所以又称为对称短路。其余三类短路都使三相回路不对称，故称为不对称短路。

表 8-1　各种短路的示意图和代表符号

短路种类	示意图	符号	短路种类	示意图	符号
三相短路		$f^{(3)}$	单相接地短路	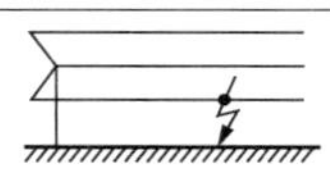	$f^{(1)}$
两相短路		$f^{(2)}$	两相短路接地		$f^{(1,1)}$

运行经验表明，电力系统发生的各种短路故障中，单相接地短路占大多数，约为 65%，两相短路接地约占 20%，两相短路约占 10%，三相短路最少约为 5%。电力系统短路故障

大多数发生在架空线路部分，约占70%以上。

三相短路故障虽然发生的几率最小，但产生的后果最严重，且其计算又是其他短路计算的基础，所以必须予以足够的重视。

短路处，相与相或相与地的接通，往往通过一定的电阻（如电弧电阻、接地电阻、外物电阻等），一般称之为“过渡电阻”。若过渡电阻很小，略去不计（认为过渡电阻等于零），这种短路称为金属性短路。在一般情况下，不计过渡电阻的影响工程上是允许的，只是在某些继电保护计算时，才需要考虑它的影响。

上述各种短路均是指在同一地点短路，对于在不同地点同时发生的短路故障，称为多重短路或复杂故障。

三、短路的现象及后果

电力系统发生短路时，电源供电回路的阻抗减小，并伴随着突然短路时的电磁暂态过程，使短路回路的电流值大大增加，可能达到该回路额定电流的几倍至十几倍。短路点距发电机的电气距离愈近（即阻抗愈小），短路电流愈大。在电流急剧增加的同时，系统中的电压也将大幅度下降，例如系统发生三相短路时，短路点的电压将降到零，距短路点愈近电压下降愈明显。

短路对电力系统的正常运行和电气设备有很大的危害，它所造成的危险后果具体表现在以下几个方面：

（1）短路点的电弧有可能烧坏电气设备，同时很大短路电流通过电气设备中的导体，当短路持续时间较长时，其热效应有可能使设备因过热而损坏。

（2）由于短路电流的电动力效应，导体间将产生很大的机械应力，可能使导体、绕组或支架变形以致损坏。

（3）短路时系统电压大幅度下降，对用户影响很大。系统中最主要的电力负荷异步电动机，它的电磁转矩与它的端电压的平方成正比，电压下降时电磁转矩将显著降低，使电动机转速减慢甚至停转，从而造成产品报废及设备损坏等严重后果。

（4）电力系统中发生短路，有可能使并联运行的发电机失去同步，破坏系统的稳定，引起系统解列，造成大面积地区停电。这是短路造成的最严重的后果。

（5）不对称接地短路所造成的不平衡电流产生的不平衡磁通，会在邻近平行架设的通信线路上感应出相当大的电动势，造成对通信系统的干扰，甚至危及设备和人身安全。

短路所造成的后果与短路类型、发生地点和持续时间有关。

四、短路计算的目的和内容

由上可见，对短路过程的研究具有十分重要的意义。在发电厂、变电所以及整个电力系统的设计和运行的许多工作中，都必须以短路计算的结果作依据。这些工作主要是：

（1）在设计和选择合理的发电厂、变电所和电力系统电气主接线时，需要根据短路电流计算的结果比较各种不同的电气接线方案，确定短路电流水平，并决定是否需要采取限制短路电流的措施等。

（2）选择有足够机械稳定度和热稳定度的电气设备和载流导体时，需要根据短路计算的结果校验电气设备和载流导体的机械稳定度、热稳定度和断路器的断流能力等。

（3）在电力系统中合理配置各种继电保护和自动装置并整定其参数时，需要短路计算提供可靠的依据。

(4) 在电力系统稳定性分析中，短路故障被作为大干扰，需要分析和计算在短路故障情况下电力系统的稳定问题，其中有一部分短路计算的内容。

在上述应用中，需要进行的短路计算包括：工频周期分量短路电流计算；短路容量计算；短路电流的非周期分量计算；冲击电流与冲击系数计算和电压分布计算等。

因此，深入掌握短路问题的理论和计算方法是很有必要的。由于短路所产生的电磁暂态过程较复杂，在实际短路计算中，往往根据不同的任务和计算目的，采取不同的简化假设，以简化计算。

第二节　无限大功率电源供电的三相短路电流分析

所谓无限大功率电源是指其容量为无限大，内阻抗为零的电源。对于这种电源，外电路发生短路而引起的有功功率和无功功率的改变对其来说很小，因而电源的频率和电压保持恒定。

实际中是没有无限大功率电源的，它只是一个相对概念，往往以供电电源的内阻抗与短路回路总阻抗的相对大小来判断。若供电电源的内阻抗小于短路回路总阻抗的10%时，则可认为该供电电源为无限大功率电源。

由于无限大功率电源的端电压和频率在短路后的暂态过程中保持不变，因此在分析由此种电源供电的电路的暂态过程时，不需要考虑电源内部的电磁暂态过程。

一、暂态过程分析

如图8-1所示为无限大功率电源供电的三相对称电路，短路前电路处于稳态。由于电路三相对称，可只写出其中一相（a相）的电流表达式

$$i_a = I_{m|0|}\sin(\omega t + \alpha - \varphi_{|0|}) \tag{8-1}$$

式中　$I_{m|0|} = \dfrac{U_m}{\sqrt{(R+R')^2+\omega^2(L+L')^2}}$；　$\varphi_{|0|} = \arctan\dfrac{\omega(L+L')}{R+R'}$

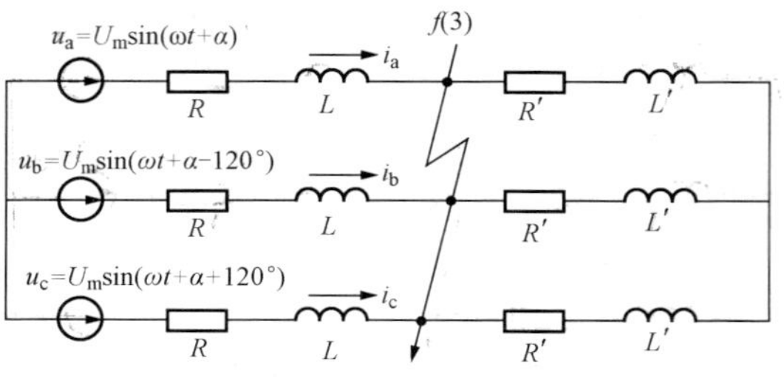

图8-1　无限大功率电源供电的三相短路

当f点发生三相短路时，此电路被分成两个独立的电路。其中，右边的电路变为没有电源的短接电路，该电路中的电流将从发生短路瞬间的初始值按指数规律衰减到零。与电源相连的左边电路，每相阻抗由$(R+R')+j\omega(L+L')$减少到$R+j\omega L$，其电流将由短路前的数值逐渐变化到由阻抗$R+j\omega L$所决定的新稳态值。短路暂态过程的分析和计算就是针对后一个回路进行的。

假设短路是在$t=0$s时发生，由于短路后左边电路仍然对称，因此可以只研究其中一相，例如a相。为此，由a相回路可写出如下微分方程式

$$L\frac{di_a}{dt} + Ri_a = U_m\sin(\omega t + \alpha) \tag{8-2}$$

这是一个一阶常系数线性非齐次微分方程。它的解就是短路时的全电流，称为短路电流，它由两部分组成：第一部分是方程式（8-2）的特解，第二部分是方程式（8-2）对应的齐次

方程

$$L\frac{di_a}{dt}+Ri_a=0 \tag{8-3}$$

的通解。

稳态短路电流即为方程式（8-2）的特解，根据短路后三相稳态电路的其中一相（例如 a 相）回路，可写出稳态短路电流 $i_{\infty a}$ 的表达式

$$i_{\infty a}=i_{pa}=\frac{U_m}{Z}\sin(\omega t+\alpha-\varphi)=I_{pm}\sin(\omega t+\alpha-\varphi) \tag{8-4}$$

式中：$Z=\sqrt{R^2+(\omega L)^2}$ 为短路回路每相阻抗 $R+j\omega L$ 的模值；$I_{pm}=\frac{U_m}{Z}$ 为稳态短路电流的幅值；$\varphi=\arctan\frac{\omega L}{R}$ 为短路回路每相阻抗的阻抗角；α 为电源电压的初始相角，即 $t=0$ 时的相位角，亦称合闸角。由式（8-4）可见，稳态短路电流是由电源电压作用所产生的周期性变化的电流，其幅值只由电源电压幅值和短路回路阻抗模值决定，在暂态过程中保持不变，是短路电流的强制分量，也称为周期分量。

齐次方程式（8-3）通解的表达式为

$$i_{apa}=Ce^{pt}=Ce^{-\frac{t}{T_a}} \tag{8-5}$$

式中：p 为齐次方程的特征根；$T_a=\frac{L}{R}$ 为短路回路的时间常数，s；C 为积分常数，其值由初始条件决定，作为该电流的初值。由式（8-5）可见，这一电流与外加电源电压无关，将随着时间按指数规律由初值衰减到零，是短路电流的自由分量，通常称为直流分量或非周期分量。

短路的全电流为

$$i_a=i_{pa}+i_{apa}=I_{pm}\sin(\omega t+\alpha-\varphi)+Ce^{-\frac{t}{T_a}} \tag{8-6}$$

在含有电感的电路中，根据楞次定律，电感中的电流是不能突变的，即短路后瞬间的电流值（用下标 0 表示）必须与短路前瞬间的电流值（用下标|0|表示）相等，即

$$i_{a0}=i_{pa0}+i_{apa0}=i_{a|0|}$$

令式（8-1）和式（8-6）中的 $t=0$ 后代入上式，可得

$$I_{pm}\sin(\alpha-\varphi)+C=I_{m|0|}\sin(\alpha-\varphi_{|0|})$$

则

$$C=i_{apa0}=i_{a|0|}-i_{pa0}=I_{m|0|}\sin(\alpha-\varphi_{|0|})-I_{pm}\sin(\alpha-\varphi) \tag{8-7}$$

将式（8-7）代入式（8-6）中，便得

$$i_a=I_{pm}\sin(\omega t+\alpha-\varphi)+[I_{m|0|}\sin(\alpha-\varphi_{|0|})-I_{pm}\sin(\alpha-\varphi)]e^{-\frac{t}{T_a}} \tag{8-8}$$

这就是 a 相短路电流的计算式。由于三相电路对称，只要将（$\alpha-120°$）和（$\alpha+120°$）代替式（8-8）中的 α 就可得到 b 相和 c 相的短路电流计算式。

短路电流中各分量之间的关系也可用相量图来表示，如图 8-2 所示。图中旋转相量 $\dot{U}_{ma}$、$\dot{I}_{ma|0|}$ 和 $\dot{I}_{pma}$ 在静止时间轴上的投影分别代表 a 相的电源电压、短路前电流和短路后周期分量电流的瞬时值。图中所示出的是 $t=0$ 时的情况。此时，短路前电流相量 $\dot{I}_{ma|0|}$ 在时间轴上的投影为 $I_{m|0|}\sin$（$\alpha-\varphi_{|0|}$），就是 $i_{a|0|}$。而短路后周期分量电流相量 $\dot{I}_{pma}$ 在时间轴上的投影为 $I_{pm}\sin$（$\alpha-\varphi$），是 i_{pa0}。一般情况下，$i_{pa0}\neq i_{a|0|}$。为了保持电感中的电流在

短路前后瞬间不发生突变，在电路中便产生了一个自由的直流电流，它的初值 i_{apa0} 应等于 $i_{a|0|}$ 与 i_{pa0} 之差。在相量图上，短路发生瞬间相量差 $\dot{I}_{ma|0|}-\dot{I}_{pma}$ 在时间轴上的投影就是 i_{apa0}。由此可见，直流电流初值的大小同短路发生的时刻有关，亦即与短路发生时电源电压的初始相角 α 有关。当相量差 $\dot{I}_{ma|0|}-\dot{I}_{pma}$ 与时间轴平行时，i_{apa0} 的值最大；而当它与时间轴相垂直时，$i_{apa0}=0$，直流分量电流不存在，即在短路瞬间短路前电流的瞬时值刚好等于短路后周期电流的瞬时值，这种情况下，电路将由一种稳态直接进入到另一种稳态，而不经历过渡过程。图 8－3 所示为短路瞬间三相电流相量图。由此图可以看出，三相的直流电流初值并不相等，不可能同时最大或同时为零，因此直流分量有最大初值或零值的情况只可能在一相出现。

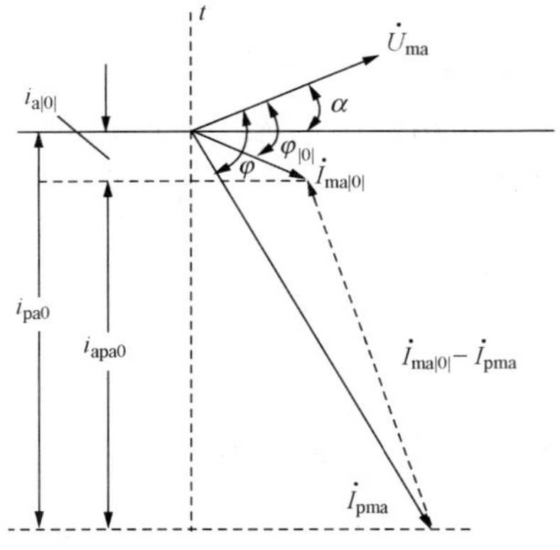

图 8－2 短路瞬间 a 相电流相量图

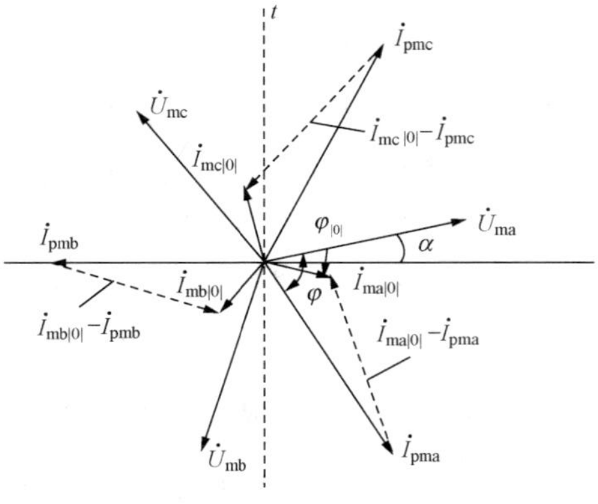

图 8－3 短路瞬间三相电流相量图

由上述讨论可知，三相短路时，只有短路电流的工频周期分量是三相对称的，且幅值保持恒定，而各相短路电流的直流分量并不相等，且按指数规律衰减。通常短路电流计算是指短路发生后 $t=0$ 瞬间工频周期分量的计算。

二、短路冲击电流

短路电流最大可能的瞬时值称为短路冲击电流，用 i_M 表示。

当短路回路的参数一定时，短路电流的周期分量的幅值恒定，而直流分量是按指数规律衰减的。因此，直流分量电流的初值越大，暂态过程中短路电流的最大瞬时值也就越大。由上面的分析可知，使直流分量电流（以 a 相为例）有最大初值的条件应为：

（1）相量差 $\dot{I}_{ma|0|}-\dot{I}_{pma}$ 有最大可能值；

（2）相量差 $\dot{I}_{ma|0|}-\dot{I}_{pma}$ 在 $t=0$ 时与时间轴平行。

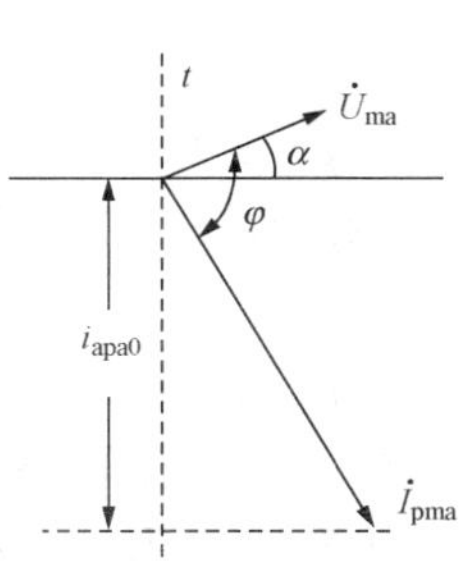

图 8－4 短路前空载的初始状态电流相量图

也就是说，在电路的参数一定时，直流分量电流的初值既与短路前的负荷情况有关，又与短路的发生时刻（合闸角 α）有关。

电力系统中一般是电感性负荷，对于电感性负荷短路时的相量图如图 8－2 所示。电感性负荷的系统中，也可能会出现空载情况，图 8－4 示出了空载短路时的相量图。由图 8－2 和图 8－4 可以看出，空载情况下短路时的相量差 $\dot{I}_{ma|0|}-\dot{I}_{pma}=-\dot{I}_{pma}$ 的值比电感性负荷情况下短路时大。在空载情况下短路，当 α 满足 $|\alpha-\varphi|=90°$ 时，相量差与时间轴平行。为此，我们得到电感电路中直流分量电流有最大初值的条件为：

（1）短路前为空载状态；

（2）合闸角 α 满足 $|\alpha-\varphi|=90°$。

一般在短路回路中，感抗要比电阻大的多，即 $\omega L \gg R$，因此可以近似认为 $\varphi=90°$，则直流分量电流出现最大初值的合闸角 $\alpha=0$ 或 $\alpha=180°$。

将 $I_{m|0|}=0$，$\varphi=90°$和 $\alpha=0$ 代入式（8-8），可得

$$i_a = -I_{pm}\cos\omega t + I_{pm}e^{-\frac{t}{T_a}} \tag{8-9}$$

i_a 电流波形如图 8-5 所示。图中实线是实际短路电流波形，虚线是非周期（直流）分量和工频周期分量。由图可见，短路电流的最大瞬时值在短路发生后半个周期出现。若 $f=50Hz$，此时间为 0.01s。由此可得冲击电流的计算式如下

$$i_M = I_{pm} + I_{pm}e^{-\frac{0.01}{T_a}} = (1+e^{-\frac{0.01}{T_a}})I_{pm} = K_M I_{pm} \tag{8-10}$$

式中：$K_M=1+e^{-\frac{0.01}{T_a}}$ 称为冲击系数，表示冲击电流为短路电流周期分量幅值的倍数。当时间常数 T_a 的数值由零变到无限大时，K_M 的变化范围为 $1\leqslant K_M\leqslant 2$。在实用计算中，当短路发生在发电机母线上时，取 $K_M=1.9$；当短路发生在发电厂高压侧母线时，取 $K_M=1.85$；当短路发生在其他点时，取 $K_M=1.8$。

短路冲击电流主要用于校验电气设备和载流导体的电动力稳定度。

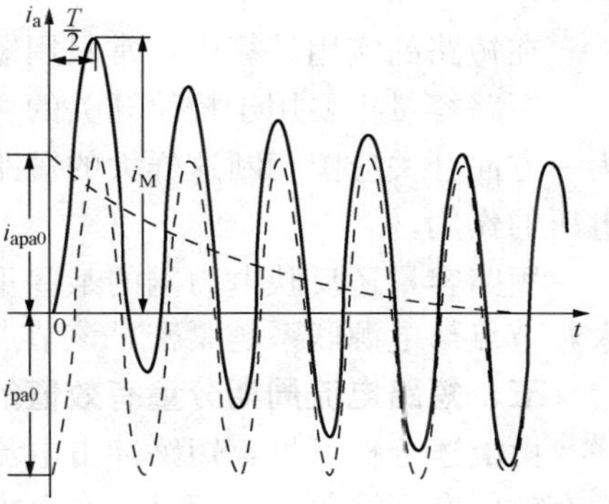

图 8-5　直流分量最大时短路电流波形

三、短路电流的最大有效值

在短路过程中，任一时刻 t 的短路电流有效值 I_t，是指以时刻 t 为中心的一个周期内瞬时电流的均方根值，即

$$I_t = \sqrt{\frac{1}{T}\int_{t-\frac{T}{2}}^{t+\frac{T}{2}} i_t^2 dt} = \sqrt{\frac{1}{T}\int_{t-\frac{T}{2}}^{t+\frac{T}{2}} (i_{pt}+i_{apt})^2 dt} \tag{8-11}$$

式中：i_t，i_{pt}和 i_{apt}分别为 t 时刻短路电流、短路的周期分量和直流分量。

在实用计算中，通常假设：直流分量电流在以时间 t 为中心的周期内恒定不变，并且等于时间 t 时的瞬时值，即 $I_{apt}=i_{apt}$。则由式（8-11）可得

$$I_t = \sqrt{(I_{pm}/\sqrt{2})^2 + I_{apt}^2} \tag{8-12}$$

短路电流的最大有效值出现在短路后的第一个周期。在最不利的情况下，第一个周期的中心（$t=0.01s$）时刻直流分量的瞬时值为

$$I_{ap(t=0.01)} = i_M - I_{pm} = (K_M-1)I_{pm} \tag{8-13}$$

将式（8-13）结果代入式（8-12）中，便可得到短路电流的最大有效值计算式如下

$$\begin{aligned} I_M &= \sqrt{(I_{pm}/\sqrt{2})^2 + (K_M-1)^2 I_{pm}^2} = \frac{I_{pm}}{\sqrt{2}}\sqrt{1+2(K_M-1)^2} \\ &= I_p\sqrt{1+2(K_M-1)^2} \end{aligned} \tag{8-14}$$

式中：I_p 为短路电流周期分量的有效值。

当冲击系数 $K_M=1.9$ 时，$I_M=1.62I_p$；当 $K_M=1.8$ 时，$I_M=1.52I_p$。

短路电流的最大有效值常用于校验某些电气设备的断流能力或耐力强度。

四、短路容量

短路容量，亦称短路功率，等于短路电流有效值同短路处的正常电压（一般用平均额定电压）的乘积，即

$$S_t = \sqrt{3}U_{av}I_t \tag{8-15}$$

这里 S_t 是表示 t 时刻的短路容量，如用标幺值表示，则为

$$S_{t*} = \frac{S_t}{S_B} = \frac{\sqrt{3}U_{av}I_t}{\sqrt{3}U_{av}I_B} = I_{t*} \tag{8-16}$$

表明短路容量的标幺值和短路电流的标幺值相等。利用这一关系，可以直接由短路电流求取短路容量的有名值，即

$$S_t = I_{t*}S_B \tag{8-17}$$

在短路的实用计算中，常只用短路电流的周期分量初始有效值来计算短路容量。

短路容量主要用于校验开关的切断能力。把它定义为工作电压与短路电流的乘积，是因为一方面开关应能切断这样大的短路电流，另一方面，在开关断流时其触头应能经受住工作电压的作用。

短路容量还反映电力网的某些重要特性，节点（母线）短路容量越大，表明电源容量越大，节点与电源联系越紧密，该节点承受扰动的能力越强。

五、短路电流周期分量有效值的计算

由上述分析可见，短路冲击电流、最大有效值和短路容量的计算都与短路电流周期分量的有效值有直接关系。而且，在电力系统短路电流计算中，主要任务也是计算短路电流的周期分量。在无限大功率电源供电系统条件下，短路电流周期分量有效值的计算就是一个交流稳态电路的求解问题。

如果采用平均额定电压进行计算，并略去负荷不计，可利用网络化简等方法求得整个系统对短路点的组合阻抗 $z_\Sigma = r_\Sigma + jx_\Sigma$。无限大功率电源电压也取其平均额定电压，则待求短路电流周期分量 I_p 可由下式算出

$$I_p = \frac{U_{av}}{\sqrt{3}Z_\Sigma} \tag{8-18}$$

式中：U_{av} 为短路点所在段的平均额定电压。

若不计元件的电阻，则式（8-18）可写成

$$I_p = \frac{U_{av}}{\sqrt{3}x_\Sigma} \tag{8-19}$$

式中：x_Σ 为整个系统到短路点的组合电抗。

若用标幺值计算，并取 $U_B = U_{av}$，则式（8-19）可变成

$$I_{p*} = \frac{1}{x_{\Sigma *}} \tag{8-20}$$

【例 8-1】 在如图 8-6 所示的电力网络中，将系统 S 视为无限大功率电源，试求当降压变电所 10kV 母线上发生三相短路时短路点的冲击电流和短路功率。

解： 取 $S_B = 100\text{MVA}$，$U_B = U_{av}$

（1）元件参数标幺值为

$$x_1=0.105\times\frac{100}{20}=0.525$$

$$x_2=0.4\times10\times\frac{100}{37^2}=0.292$$

$$x_3=x_4=0.07\times\frac{100}{3.2}=2.188$$

$$U=1.0$$

（2）等效网络如图 8 - 6（b）所示，系统到短路点的等效电抗为

$$x_\Sigma=0.525+0.292+\frac{1}{2}\times2.188=1.911$$

（3）短路电流周期分量的有效值为

$$I=\frac{1}{x_\Sigma}=\frac{1}{1.911}=0.523$$

有名值为 $0.523\times\dfrac{100}{\sqrt{3}\times10.5}=2.88\text{kA}$

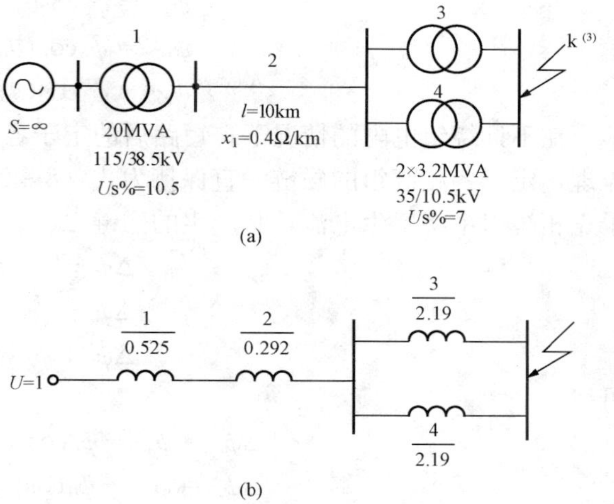

图 8 - 6　例 8 - 1 图

（4）冲击电流，远方短路，取 $K_M=1.8$，则

$$i_M=\sqrt{2}\times1.8\times2.88=7.33(\text{kA})$$

（5）短路功率为

$$S_t=0.523\times100=52.3(\text{MVA})$$

第三节　同步发电机突然三相短路的物理分析

电力系统中发生短路时，实际上同步发电机内部也存在暂态过程，并不能保持端电压和频率恒定。由于发电机转子的转动惯量较大，在分析短路电流时，近似认为转子仍保持同步转速，即不计机械暂态过程，频率保持恒定，只需要考虑发电机内部的电磁暂态过程。另外，为了便于分析，假定：①发生短路后励磁电压始终保持不变，即不考虑短路后发电机端电压降低引起强行励磁的作用；②短路发生在发电机出线端口。

本节应用同步发电机的双反应理论和超导体闭合回路磁链守恒原理，分析其三相短路后的物理过程。为使物理现象的分析更加清晰，设发电机在短路前为空载运行。

一、无阻尼绕组电机的三相短路

短路前，发电机空载运行，定子绕组中电流为零，只有励磁绕组中有电流 $i_{f|0|}$。励磁绕组的磁链 $\psi_{f|0|}$ 为定值。由 $i_{f|0|}$ 产生的主磁通交链定子 3 个相绕组，构成各相绕组的磁链。由于转子以同步转速旋转，定子各相绕组的磁链将随 $\theta=\omega t+\theta_0$ 作正弦变化，即

$$\left.\begin{aligned}\psi_a&=\psi_0\cos(\omega t+\theta_0)\\\psi_b&=\psi_0\cos(\omega t+\theta_0-120^\circ)\\\psi_c&=\psi_0\cos(\omega t+\theta_0+120^\circ)\end{aligned}\right\}\qquad(8-21)$$

式中：ψ_0 为与主磁通对应的主磁链；θ_0 为 d 轴与 a 相绕组轴线间夹角的初始位置角。

如果在 $t=0$ 时刻发生突然三相短路，定子三相绕组突变为闭合绕组，各相绕组的磁链为

$$\left.\begin{aligned}\psi_{a0} &= \psi_0\cos\theta_0\\ \psi_{b0} &= \psi_0\cos(\theta_0-120°)\\ \psi_{c0} &= \psi_0\cos(\theta_0+120°)\end{aligned}\right\} \tag{8-22}$$

在不计绕组电阻的情况下，短路后的定子各相绕组构成超导体闭合回路，根据磁链守恒原理，定子各相绕组的磁链一直保持为式（8 - 22）所示的数值。为了维持磁链不变，在定子三相绕组中将感生电流，其产生的磁链 $\Delta\psi_a$、$\Delta\psi_b$ 和 $\Delta\psi_c$ 必须满足

$$\left.\begin{aligned}\Delta\psi_a+\psi_a &= \psi_{a0}\\ \Delta\psi_b+\psi_b &= \psi_{b0}\\ \Delta\psi_c+\psi_c &= \psi_{c0}\end{aligned}\right\} \tag{8-23}$$

可得

$$\left.\begin{aligned}\Delta\psi_a &= \psi_{a0}-\psi_0\cos(\omega t+\theta_0)\\ \Delta\psi_b &= \psi_{b0}-\psi_0\cos(\omega t+\theta_0-120°)\\ \Delta\psi_c &= \psi_{c0}-\psi_0\cos(\omega t+\theta_0+120°)\end{aligned}\right\} \tag{8-24}$$

因此，定子绕组中将同时产生基频（50Hz）交流电流 i'_ω 和恒定直流电流 Δi_{ap} 两种电流。其中，三相的基频交流电流显然也是三相对称的，即幅值相等，相位互差 120°，这一分量是对应励磁电流 $i_{f|0|}$ 的定子绕组空载电动势在短路回路中所产生的强制分量，在短路后一直存在。定子各绕组的直流电流只能在空间产生一个静止不变的磁动势，而在空间旋转的转子，其直轴和交轴磁路的磁阻是不相同的，所以静止磁动势所对应的磁路的磁阻是周期性变化的，其周期为 180°电角度，频率为两倍基频。其磁动势中必须还有以两倍基频随磁阻作相应的变化的部分，才能维持恒定的磁链。为此，在定子各相绕组中除了有恒定的直流分量外，还应有一个两倍基频的交流电流 $\Delta i_{2\omega}$，简称为倍频分量。倍频分量源于发电机转子直、交轴磁路的不对称，并始终伴随着定子绕组电流的直流分量。

定子三相基频交流电流产生一个与转子同步旋转的合成电枢反应磁动势。若忽略定子绕组电阻，该磁动势将产生纯去磁性的电枢反应，即所产生的电枢反应磁通将穿过励磁绕组，方向与主磁通反向。不考虑励磁绕组的电阻，它也属于超导体闭合绕组，要维持磁链不变，励磁绕组中必将产生一个直流电流分量 $\Delta i_{f\alpha}$，其方向与原有的励磁电流 $i_{f|0|}$ 方向相同，增加励磁绕组的磁链，从而抵消定子基频交流电流电枢反应的作用。励磁绕组中的 $\Delta i_{f\alpha}$ 具有和 $i_{f|0|}$ 相似的作用，它也会产生交链定子各相绕组的正弦变化磁链，与此对应，在定子绕组中必将产生一附加的基频交流电流 $\Delta i_{\omega f}$。

定子电流中的直流分量产生一个在空间静止的磁场，而励磁绕组以同步转速旋转，它们的相对速度为同步转速；定子电流中的倍频分量产生以两倍同步转速旋转的磁场，与励磁绕组的相对速度也是同步转速。这两种电枢反应将交链励磁绕组，要维持磁链不变，励磁绕组中必有一个基频交流电流 $\Delta i_{f\omega}$，以抵消穿入的交变磁场。励磁绕组中的这一基频交流电流也要反作用于定子。这个基频电流在转子上产生一个以同步频率脉动的磁场，可分解为两个以同步转速向相反方向旋转的磁场。其中，与转子转向相反的旋转磁场对于定子绕组相对静止，正是这一磁场与定子绕组中直流电流的磁场相对应，抵制了后者的磁通穿越励磁绕组；与转子转向相同的旋转磁场对于定子绕组为两倍同步转速相对运动，并对定子绕组产生两倍同步频率的交变磁链，为此定子绕组中应有另一组倍频交流电流 $\Delta i_{2\omega2}$，以抵制这一磁链。$\Delta i_{2\omega2}$ 与 $\Delta i_{2\omega1}$，除相位相反外，所产生磁场的旋转方向相同，因此，将它们统称为倍频分量，

并以 $\Delta i_{2\omega}$表示。

从以上的分析可知，短路后定子绕组电流包含有基频交流分量（$i'_{\omega}+\Delta i_{\omega f}$）、直流分量（$\Delta i_{ap}$）和倍频交流分量（$\Delta i_{2\omega}$），而励磁绕组电流包含直流分量（$i_{f|0|}+\Delta i_{f\alpha}$）和基频交流分量（$\Delta i_{f\omega}$）。如果电机是超导体绕组，上述所有电流分量都不衰减。并且，这些电流分量是同时出现、相互依存、相互影响的。

实际上，电机所有绕组都是有电阻的。因此，所有没有电源供应的电流分量，即所谓自由电流分量，都将按对应的时间常数进行衰减。定子绕组中的直流分量 Δi_{ap}属于自由电流分量，其衰减时间常数 T_a 取决于计及闭合的励磁绕组影响后的定子绕组的电阻和等效电感。与 Δi_{ap}对应的励磁绕组基频交流电流 $\Delta i_{f\omega}$，以及伴随 Δi_{ap}和由它派生的定子绕组中的倍频分量 $\Delta i_{2\omega}$都将随 Δi_{ap}的衰减而衰减，即按相同的时间常数 T_a 而衰减。励磁绕组中为维持磁链不变而出现的直流分量 $\Delta i_{f\alpha}$，也属于自由电流分量，也将衰减。其衰减时间常数 T'_d 取决于计及闭合的定子绕组影响后的励磁绕组的电阻和等效电感。与 $\Delta i_{f\alpha}$对应的定子绕组基频交流电流 $\Delta i_{\omega f}$也将随 $\Delta i_{f\alpha}$的衰减而衰减，即按相同的时间常数 T'_d 衰减。

当所有自由电流分量都衰减至零后，暂态过程结束，进入稳态短路状态。在稳态短路状态，励磁绕组中将只有直流电流 $i_{f|0|}$，定子绕组中只有稳态值 i_{∞}，对应强制分量 i'_{ω}。

二、有阻尼绕组电机的三相短路

设其他条件不变，只是发电机转子上直轴、交轴方向各增加一个阻尼绕组。由于有阻尼绕组发电机中的磁耦合绕组数量增加，其三相短路暂态过程要比无阻尼绕组时复杂。但短路后各绕组电流分量产生的原理和物理过程的分析方法基本上与无阻尼情况相同，下面主要分析考虑阻尼绕组后所带来的差别。

短路前，空载运行电机只有励磁绕组中有电流 $i_{f|0|}$，而定子绕组和直轴、交轴阻尼绕组中都没有电流。由 $i_{f|0|}$ 产生并交链定子各相绕组的磁链，交链直轴阻尼绕组的磁链，而交轴阻尼绕组的磁链为零。

突然三相短路后，为保持定子绕组磁链不变，定子绕组电流中将有基频交流分量 i_{ω}、直流分量 Δi_{ap}和倍频分量 $\Delta i_{2\omega}$。为保持励磁绕组磁链不变，励磁绕组电流中将有直流分量（$i_{f|0|}+\Delta i_{f\alpha}$）和基频交流分量 $\Delta i_{f\omega}$。同样，为了保持阻尼绕组磁链不变，直轴阻尼绕组电流中将有直流分量 $\Delta i_{D\alpha}$和基频交流分量 $\Delta i_{D\omega}$，而交轴阻尼绕组电流只有基频交流分量 $\Delta i_{Q\omega}$。有必要提一下，定子绕组基频交流分量 $i_{\omega}=i'_{\omega}+\Delta i_{\omega f}+\Delta i_{\omega D}$，$i'_{\omega}$ 和 $\Delta i_{\omega f}$与无阻尼情况下的含义一样，$\Delta i_{\omega D}$是为抵消由 $\Delta i_{D\alpha}$产生交链定子绕组的磁链而出现的基频交流分量。

计及绕组电阻后，所有为保持磁链不变而出现的自由分量都将衰减。定子绕组中的 $\Delta i_{2\omega}$、转子绕组中的 $\Delta i_{f\omega}$、$\Delta i_{D\omega}$和 $\Delta i_{Q\omega}$都将随定子绕组直流分量 Δi_{ap}的衰减而衰减，它们具有相同的衰减时间常数 T_a。时间常数 T_a 取决于计及闭合的励磁绕组和阻尼绕组影响后的定子绕组的电阻和等效电感。

转子直轴有相互耦合的励磁绕组和直轴阻尼绕组，其直流自由分量 $\Delta i_{D\alpha}$和 $\Delta i_{f\alpha}$的衰减过程有两个衰减时间常数，其大小与两个回路的参数均有关。同步发电机的实际情况往往是，较小的一个时间常数 T''_d 主要与直轴阻尼绕组的电阻和等效电感有关，而较大的一个时间常数 T'_d 主要与励磁绕组的电阻和等效电感有关。因此，在工程实际分析中，认为 $\Delta i_{D\alpha}$按时间常数 T''_d 衰减，而 $\Delta i_{f\alpha}$按时间常数 T'_d 衰减。与 $\Delta i_{D\alpha}$和 $\Delta i_{f\alpha}$对应的定子绕组自由基频交流分量也将按这两个时间常数 T''_d、T'_d 衰减。

需要说明的是，上面的讨论是针对空载下的突然短路。在这种情况下，因短路前没有交链交轴阻尼绕组的磁链，而短路后又无交轴电枢反应，所以交轴阻尼绕组中不会有直流电流。如果短路前发电机带负荷运行，一般有直轴和交轴电枢反应，有交链交轴阻尼绕组的磁链。短路后，为保持交轴阻尼绕组磁链不变，在交轴阻尼绕组电流中除了前面分析的基频交流分量 $\Delta i_{Q\omega}$外，还应有直流分量 $\Delta i_{Q\alpha}$。在定子绕组中必将出现一个与 $\Delta i_{Q\alpha}$对应的基频交流分量 $\Delta i_{\omega Q}$，并且会随 $\Delta i_{Q\alpha}$一同衰减，其衰减时间常数 T''_{q} 取决于交轴阻尼绕组的电阻和等效电感。

按时间常数 T''_{d}、T''_{q} 衰减的定子基频交流分量常称为次暂态分量，按 T'_{d} 衰减的定子基频交流分量称为暂态分量。通常 T'_{d} 要比 T''_{d}、T''_{q} 大几倍至几十倍，因此次暂态分量衰减要比暂态分量的衰减快得多。为此，我们将短路后定子绕组中的电磁过程（针对基频交流分量）近似分为 3 个阶段，即次暂态过程、暂态过程和稳态短路。在次暂态过程中，次暂态分量迅速衰减，而暂态分量变化甚小；在暂态过程中，暂态分量以 T'_{d} 衰减；当自由分量衰减为零时，便进入稳态短路过程。

表 8 - 2 列出了定子和转子回路中的各种电流分量的对应关系。

表 8 - 2　　定子和转子绕组中的各种电流分量的对应关系

定子回路	稳态短路电流 i_{∞}	基频自由电流 $i_{\omega}-i_{\infty}$	直流电流 Δi_{ap} 倍频电流 $\Delta i_{2\omega}$
励磁回路 直轴阻尼回路 交轴阻尼回路	励磁电流 $i_{f\|0\|}$	自由直流电流 $\Delta i_{f\alpha}$ 自由直流电流 $\Delta i_{D\alpha}$ 自由直流电流 $\Delta i_{Q\alpha}$	基频交流电流 $\Delta i_{f\omega}$ 基频交流电流 $\Delta i_{D\omega}$ 基频交流电流 $\Delta i_{Q\omega}$

在以上分析中，将短路电流分解成各种分量，只是为了分析的方便，实际上每个绕组都只有一个总电流。

第四节　同步发电机的暂态和次暂态参数

在电力系统短路分析计算中，针对发电机，主要是分析计算发电机定子绕组的基频交流量。第二章中所给出的发电机参数和等效电路，只适合于稳态分析，而不适合于暂态分析。这是因为等效电路中的空载电动势 $E_{q}=x_{ad}i_{f}$，在短路瞬间，由上节分析可知 i_{f} 将由 $i_{f|0|}$ 变为 $i_{f|0|}+\Delta i_{f\alpha}$（直流分量），则 E_{q} 也将由 $E_{q|0|}$ 变为 $E_{q|0|}+\Delta E_{q}$，其变化量与短路瞬间定子电流增加的多少有关，此时定子电流是待求的未知量，当然短路瞬间 E_{q} 也是未知量。用未知的空载电动势计算定子电流显然是不可行的。因此，必须建立适合于暂态分析的等效电路。

下面应用同步发电机的基本方程，引出用于同步发电机暂态分析的一系列参数和等效电路。

一、暂态参数与等效电路

根据式（7 - 17），无阻尼绕组同步发电机的磁链平衡方程如下：

$$\left.\begin{aligned}\psi_{d}&=-x_{d}i_{d}+x_{ad}i_{f}\\\psi_{q}&=-x_{q}i_{q}\\\psi_{f}&=-x_{ad}i_{d}+x_{f}i_{f}\end{aligned}\right\}\tag{8-25}$$

从 ψ_d 和 ψ_f 方程式中消去 i_f，可得：

$$\psi_d = \frac{x_{ad}}{x_f}\psi_f - \left(x_d - \frac{x_{ad}^2}{x_f}\right)i_d$$

如果定义

$$E'_q = \frac{x_{ad}}{x_f}\psi_f \tag{8-26}$$

$$x'_d = x_d - \frac{x_{ad}^2}{x_f} = x_\sigma + \frac{x_{f\sigma}x_{ad}}{x_{f\sigma}+x_{ad}} \tag{8-27}$$

可得下列方程

$$\psi_d = E'_q - x'_d i_d \tag{8-28}$$

通常称 E'_q 为暂态电动势，它与励磁绕组的总磁链 ψ_f 成正比。根据磁链守恒原理，在短路瞬间，励磁绕组的总磁链 ψ_f 不能突变，所以暂态电动势 E'_q 也不能突变。x'_d 称为暂态电抗，如果沿直轴将同步发电机看作一个双绕组变压器，当二次绕组（即励磁绕组）短路时，从一次绕组（即定子绕组）测得的电抗即是 x'_d，其等效电路如图 8-7 所示。

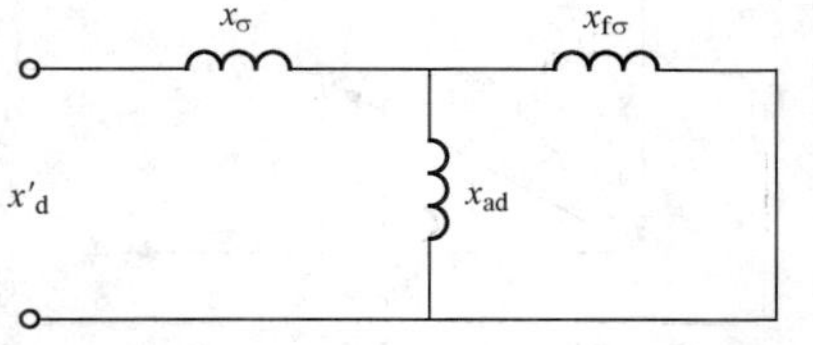

图 8-7　暂态电抗 x'_d 的等效电路

当变压器电动势 $\dot{\psi}_d = \dot{\psi}_q = 0$（只计基频交流分量）时，不计定子绕组电阻，根据派克电压方程式（7-20）有，$u_q = \psi_d$ 和 $u_d = -\psi_q$，可得定子电压方程：

$$\left.\begin{aligned} u_q &= E'_q - x'_d i_d \\ u_d &= x_q i_q \end{aligned}\right\} \tag{8-29}$$

这组方程反映了定子方面电动势、电压和电流的基频分量之间的关系，它既适合于稳态分析，也适合于暂态分析中将变压器电动势略去或另作处理的场合。与之对应的等效电路如图 8-8 所示。

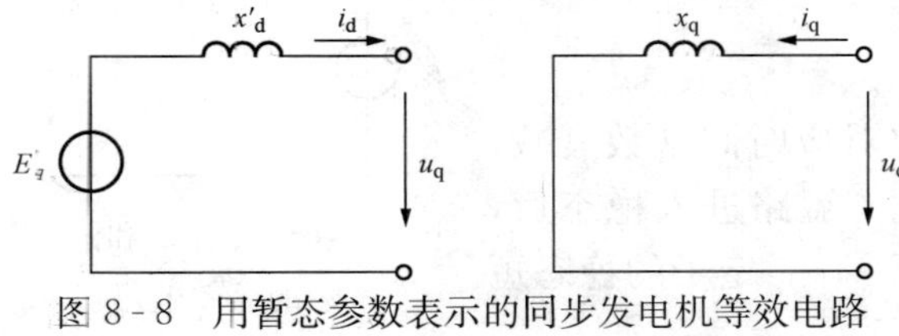

图 8-8　用暂态参数表示的同步发电机等效电路

式（8-29）写成相量形式为

$$\left.\begin{aligned} \dot{U}_q &= \dot{E}_q' - \mathrm{j}x'_d\dot{I}_d \\ \dot{U}_d &= -\mathrm{j}x_q\dot{I}_q \end{aligned}\right\} \tag{8-30}$$

与之对应的等效电路如图 8-9 所示。将式（8-30）两方程相加得

$$\dot{U} = \dot{E}_q' - \mathrm{j}x'_d\dot{I}_d - \mathrm{j}x_q\dot{I}_q \tag{8-31}$$

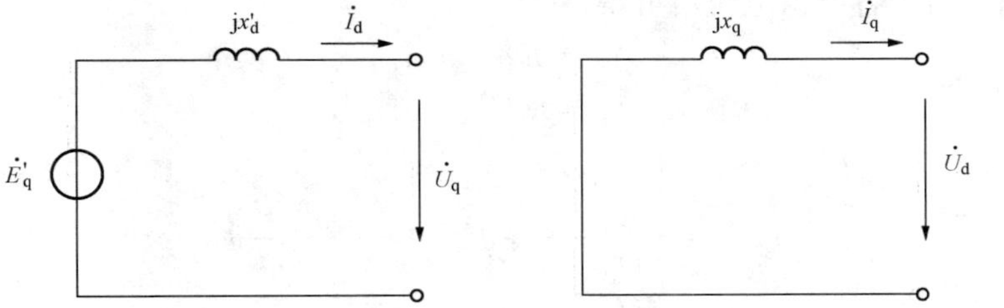

图 8-9　用暂态参数表示的相量形式同步发电机等效电路

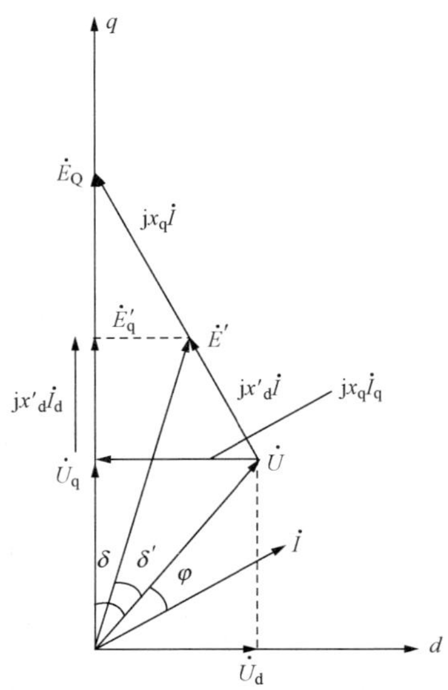

图 8-10 同步发电机的相量图

引入虚构电动势 $\dot{E}_Q=\dot{E}_q'+j(x_q-x'_d)\dot{I}_d$ 后，式（8-31）可写成

$$\dot{U}=\dot{E}_Q-jx_q\dot{I} \tag{8-32}$$

采用暂态参数时，同步发电机的相量图如图 8-10 所示。在工程实际中，为了简化分析计算，常引入电动势 $\dot{E}'$，它满足

$$\dot{U}=\dot{E}'-jx'_d\dot{I} \tag{8-33}$$

电动势 $\dot{E}'$ 称为暂态电抗 x'_d 后的电动势，没有明确的物理意义。从图 8-10 所示的相量图中可以看出，$\dot{E}_q'$ 可看成是 $\dot{E}'$ 在 q 轴的投影。从本质上来讲，E' 并不守恒，但在不要求精确计算的场合，常认为电动势 E' 在短路瞬间是守恒的。同步发电机采用 E' 和 x'_d 表示的等效电路如图 8-11 所示。

根据暂态电动势 E'_q 在短路前后瞬间保持不变的特点，我们可以利用短路前的稳态运行情况求得 $E'_{q|0|}$。短路时 $u_d=u_q=0$，且短路后瞬间 $E'_{q0}=E'_{q|0|}$，由式（8-29）或如图 8-8 所示的等效电路可得

$$\left.\begin{aligned} i'_d &= \frac{E'_{q0}}{x'_d}=\frac{E'_{q|0|}}{x'_d} \\ i_q &= 0 \end{aligned}\right\} \tag{8-34}$$

则定子的基频交流电流起始值为

$$I'=i'_d=\frac{E'_{q|0|}}{x'_d} \tag{8-35}$$

一般也称 I' 为暂态电流。

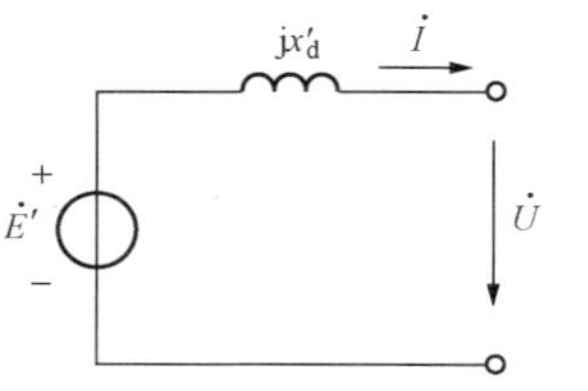

图 8-11 采用 E' 和 x'_d 表示的等效电路

在暂态过程中，绕组中的各自由分量按对应时间常数衰减，空载电动势 E_q 和暂态电动势 E'_q 也是如此。短路进入稳态后，$E'_q=E'_{q\infty}$；若励磁电压不变，则 $E_q=E_{q\infty}=E_{q|0|}$。定子的稳态短路电流为

$$I_\infty=i_{d\infty}=\frac{E'_{q\infty}}{x'_d}=\frac{E_{q\infty}}{x_d}=\frac{E_{q|0|}}{x_d} \tag{8-36}$$

二、次暂态参数与等效电路

类似于无阻尼绕组同步发电机，对于有阻尼绕组同步发电机，由式（7-17）的磁链平衡方程，经消去转子各绕组电流后可得

$$\left.\begin{aligned} \psi_d &= E''_q-x''_d i_d \\ \psi_q &= -E''_d-x''_q i_q \end{aligned}\right\} \tag{8-37}$$

式中

$$\begin{aligned} E''_q &= \frac{x_{ad}x_{D\sigma}}{x_f x_D-x_{ad}^2}\psi_f+\frac{x_{ad}x_{f\sigma}}{x_f x_D-x_{ad}^2}\psi_D \\ &= \frac{\psi_f/x_{f\sigma}+\psi_D/x_{D\sigma}}{\dfrac{1}{x_{ad}}+\dfrac{1}{x_{f\sigma}}+\dfrac{1}{x_{D\sigma}}} \end{aligned} \tag{8-38}$$

$$E''_{d}=-\frac{x_{aq}}{x_{Q}}\psi_{Q} \tag{8-39}$$

$$x''_{d}=x_{d}-\frac{x_{D}x^{2}_{ad}-2x^{3}_{ad}+x_{f}x^{2}_{ad}}{x_{D}x_{f}-x^{2}_{ad}}=x_{\sigma}+\frac{1}{\dfrac{1}{x_{ad}}+\dfrac{1}{x_{f\sigma}}+\dfrac{1}{x_{D\sigma}}} \tag{8-40}$$

$$x''_{q}=x_{q}-\frac{x^{2}_{aq}}{x_{Q}}=x_{\sigma}+\frac{1}{\dfrac{1}{x_{aq}}+\dfrac{1}{x_{Q\sigma}}} \tag{8-41}$$

E''_{q} 称为交轴次暂态电动势，不计磁路饱和时，它同励磁绕组的总磁链 ψ_{f} 和直轴阻尼绕组的总磁链 ψ_{D} 呈线性关系；E''_{d} 称为直轴次暂态电动势，它同交轴阻尼绕组的总磁链 ψ_{Q} 成正比。在运行状态突变瞬间，ψ_{f}、ψ_{D} 和 ψ_{Q} 都不能突变，所以电动势 E''_{q} 和 E''_{d} 也都不能突变。x''_{d} 称为直轴次暂态电抗，如果沿同步发电机直轴，把发电机看作是三绕组变压器，次暂态电抗 x''_{d} 就是在两个二次绕组（励磁绕组和直轴阻尼绕组）都短路时从一次侧（定子绕组侧）测得的电抗，其对应的等效电路如图 8 - 12（a）所示。x''_{q} 称为交轴次暂态电抗，同样，如果沿交轴将同步发电机看作一个双绕组变压器，当二次绕组（交轴阻尼绕组）短路时，从一次侧（定子绕组侧）测得的电抗即 x''_{q}，其等效电路如图 8 - 12（b）所示。

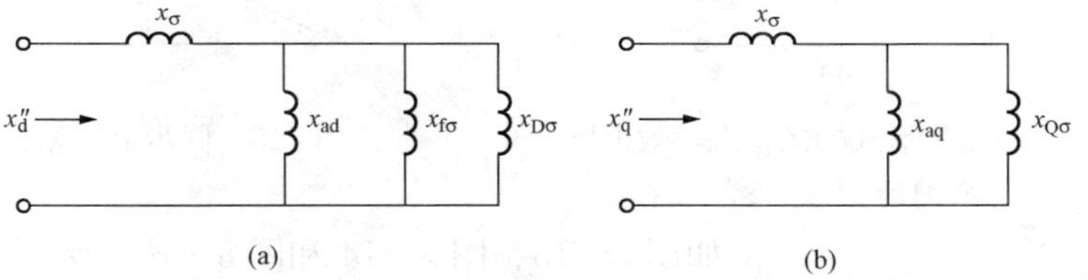

图 8 - 12　次暂态电抗的等效电路

（a）直轴次暂态电抗；（b）交轴次暂态电抗

当发电机处于稳态或忽略变压器电动势时，$u_{q}=\psi_{d}$，$u_{d}=-\psi_{q}$，可得定子电压方程式如下：

$$\left.\begin{aligned}u_{q}&=E''_{q}-x''_{d}i_{d}\\u_{d}&=E''_{d}+x''_{q}i_{q}\end{aligned}\right\} \tag{8-42}$$

与此对应的直轴、交轴等效电路如图 8 - 13 所示。式（8 - 42）采用相量形式可写成

$$\left.\begin{aligned}\dot{U}_{q}&=\dot{E}''_{q}-jx''_{d}\dot{I}_{d}\\\dot{U}_{d}&=\dot{E}''_{d}-jx''_{q}\dot{I}_{q}\end{aligned}\right\} \tag{8-43}$$

相量形式的等效电路如图 8 - 14 所示。将上两式相加可得

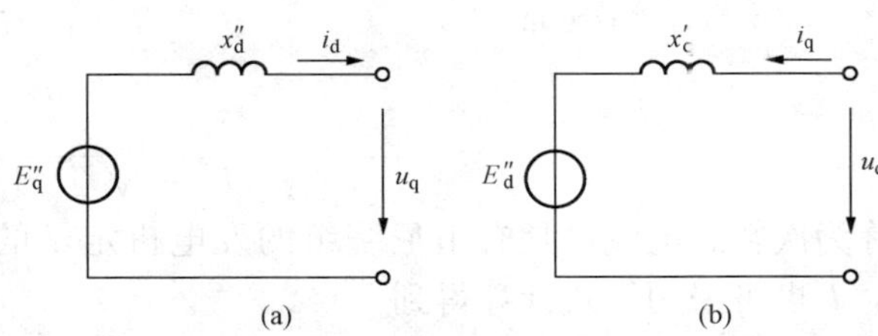

图 8 - 13　同步发电机的次暂态等效电路

（a）直轴；（b）交轴

$$\dot{U}=(\dot{E}''_{d}+\dot{E}''_{q})-jx''_{d}\dot{I}_{d}-jx''_{q}\dot{I}_{q}=\dot{E}''-jx''_{d}\dot{I}_{d}-jx''_{q}\dot{I}_{q} \tag{8-44}$$

式中：$\dot{E}''$为次暂态电动势，相量图如图 8 - 15 所示。

式（8 - 44）可进一步改写成

$$\dot{U}=\dot{E}''-jx''_{d}\dot{I}-j(x''_{q}-x''_{d})\dot{I}_{q}$$

由于 x''_{d} 和 x''_{q} 相差不大，所以在实用分析中，常略去上式右端的第三项，得到

$$\dot{U} = \dot{E}'' - jx_d''\dot{I} \tag{8-45}$$

这样确定的次暂态电动势在图 8-15 中用虚线示出，它与由式（8-44）所确定的次暂态电势相差很小。因此，在实用计算中，常采用根据式（8-45）所作出的次暂态等效电路（如图 8-16 所示），并认为次暂态电动势 E'' 不突变。

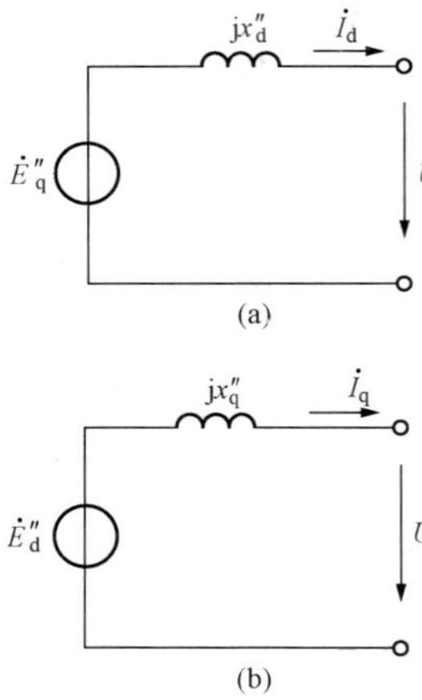

图 8-14 相量形式的次暂态等效电路

（a）直轴；（b）交轴

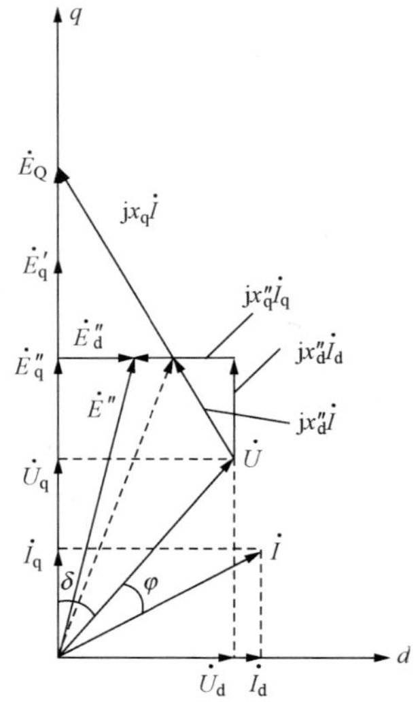

图 8-15 同步电机相量图

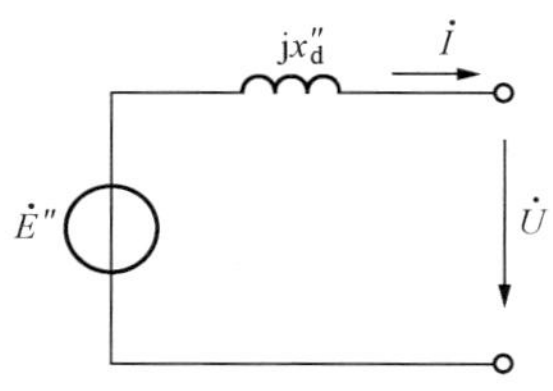

图 8-16 实用计算用的次暂态等效电路

如图 8-13、图 8-14 和图 8-16 所示的等效电路既能应用于暂态分析，也能应用于稳态分析。根据 E_q'' 和 E_d'' 的不突变性，可由短路前的稳态运行状态计算出 $E''_{q|0|}$ 和 $E''_{d|0|}$。短路后，$E''_{q0}=E''_{q|0|}$，$E''_{d0}=E''_{d|0|}$，由图 8-13 可得

$$\left.\begin{aligned} i_d'' &= \frac{E''_{q0}}{x_d''} = \frac{E''_{q|0|}}{x_d''} \\ i_q'' &= -\frac{E''_{d0}}{x_q''} = -\frac{E''_{d|0|}}{x_q''} \end{aligned}\right\} \tag{8-46}$$

则

$$I'' = \sqrt{i_d''^2 + i_q''^2} \tag{8-47}$$

I'' 称为次暂态电流，是有阻尼绕组的发电机定子的短路基频交流分量起始值。在实用计算中，I'' 也可采用下式计算得到

$$I'' = \frac{E_0''}{x_d''} = \frac{E''_{|0|}}{x_d''} \tag{8-48}$$

【例 8-2】 已知同步发电机的参数标幺值为：$x_d=1.0$，$x_q=0.6$，$x_d'=0.3$，$x_d''=0.21$，$x_q''=0.31$，$\cos\varphi_N=0.85$。试求在额定满载运行下的 E_q'、E'、E_q''、E_d''、E''。

解：额定满载下，$U=1.0$，$I=1.0$，$\cos\varphi=\cos\varphi_N=0.85$，则 $\varphi=31.8°$。

（1）计算 E_Q 及 δ。

方法一：根据图 8-10 或图 8-15 可知

$$E_Q = \sqrt{(U + x_q I\sin\varphi)^2 + (x_q I\cos\varphi)^2}$$

$$=\sqrt{(1+0.6\times1\times\sin31.8^\circ)^2+(0.6\times1\times0.85)^2}=1.41$$

$$\delta=\arctan\frac{x_q I\cos\varphi}{U+x_q I\sin\varphi}=\arctan\frac{0.6\times1\times0.85}{1+0.6\times1\times\sin31.8^\circ}=21^\circ$$

$$\delta+\varphi=21^\circ+31.8^\circ=52.8^\circ$$

方法二：

令 $\dot{U}=1\angle0^\circ,\dot{I}=1\angle-31.8^\circ$,则

$$\dot{E}_Q=\dot{U}+\mathrm{j}x_q\dot{I}=1+\mathrm{j}0.6\times1\angle-31.8^\circ=1.41\angle21^\circ$$

$$\delta+\varphi=21^\circ+31.8^\circ=52.8^\circ$$

(2) 计算电流和电压的直轴、交轴分量。

$$I_d=I\sin(\delta+\varphi)=1\times\sin52.8^\circ=0.8$$

$$I_q=I\cos(\delta+\varphi)=1\times\cos52.8^\circ=0.6$$

$$U_d=U\sin\delta=1\times\sin21^\circ=0.36$$

$$U_q=U\cos\delta=1\times\cos21^\circ=0.93$$

(3) 计算 E'_q。

$$E'_q=U_q+x'_d I_d=0.93+0.3\times0.8=1.17$$

(4) 计算 E'。根据相量图 8 - 10，可知

$$E'=\sqrt{(U+x'_d I\sin\varphi)^2+(x'_d I\cos\varphi)^2}$$

$$=\sqrt{(1+0.3\times1\times\sin31.8^\circ)^2+(0.3\times1\times0.85)^2}=1.186$$

(5) 计算 E''_q、E''_d。

$$E''_q=U_q+x''_d I_d=0.93+0.21\times0.8=1.098$$

$$E''_d=U_d-x''_q I_q=0.36-0.31\times0.6=0.174$$

(6) 计算 E''。

$$E''=\sqrt{E''^2_q+E''^2_d}=\sqrt{1.098^2+0.174^2}=1.112$$

根据相量图 8 - 15，可近似计算 E''。

$$E''=\sqrt{(U+x''_d I\sin\varphi)^2+(x''_d I\cos\varphi)^2}$$

$$=\sqrt{(1+0.21\times1\times\sin31.8^\circ)^2+(0.21\times1\times0.85)^2}=1.125$$

前面所介绍的 x''_d、x''_q、x'_d、x_d、x_q 等电抗都是同步发电机实实在在的参数，一般同步发电机各电抗标幺值取值范围如表 8 - 3 所示。

表 8 - 3　同步发电机的电抗

机型	汽轮发电机		水轮发电机		同步调相机	
电抗	范围	平均	范围	平均	范围	平均
x_d	1.5～2.3	1.9	0.8～1.3	0.98	1.5～2.5	1.8
x_q	1.5～2.3	1.9	0.45～0.88	0.64	0.7～1.3	0.96
x'_d	0.18～0.3	0.22	0.24～0.35	0.30	0.23～0.44	0.32
x''_d	0.1～0.2	0.14	0.16～0.25	0.20	0.12～0.25	0.17
x''_q	0.1～0.2	0.14	0.16～0.32	0.23	0.12～0.25	0.17

第五节　同步发电机的三相短路电流

本节将应用第七章导出的同步发电机拉氏形式基本方程来分析同步发电机突然三相短路后的电流。在分析中假定：①同步发电机转速恒为同步转速，标幺值 $\omega=1$；②同步电机为理想发电机，可应用叠加原理进行分析；③不计励磁调节作用，励磁电压保持不变。

一、无阻尼绕组同步发电机突然三相短路的电流

短路前，同步发电机处于稳态运行，如图 8 - 17（a）所示，其各量可求解稳态方程式（7 - 39）、式（7 - 40）得到。发电机机端突然三相短路［如图 8 - 17（b）所示］可看作是在发电机端电压上突然加上 3 个与原端电压大小相等、方向相反的电压，如图 8 - 17（c）所示。将图 8 - 17（c）看作是图 8 - 17（d）和图 8 - 17（e）的叠加，其中图 8 - 17（d）是短路前的正常运行情况，对应的量为正常分量，图 8 - 17（e）是故障分量（以后用 Δ 表示）所对应的等效电路。故障分量可看作是在励磁绕组短接的空载同步发电机上，突然加三相电压 $-u_{a|0|}$、$-u_{b|0|}$ 和 $-u_{c|0|}$ 所产生的结果。

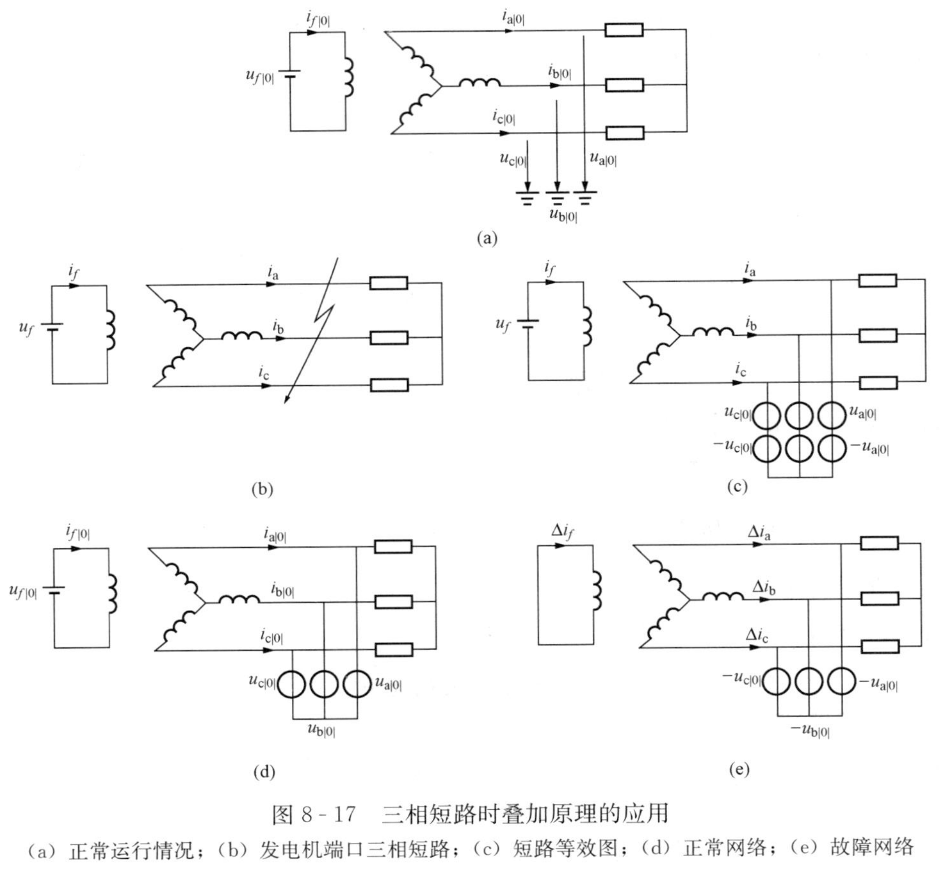

图 8 - 17　三相短路时叠加原理的应用

（a）正常运行情况；（b）发电机端口三相短路；（c）短路等效图；（d）正常网络；（e）故障网络

对于定子电流的正常分量，根据式（7 - 41）或稳态等效电路，在略去定子绕组电阻的情况下，可得

$$\left.\begin{aligned} i_{d|0|} &= \frac{E_{q|0|} - u_{q|0|}}{x_d} \\ i_{q|0|} &= \frac{u_{d|0|}}{x_q} \end{aligned}\right\} \tag{8-49}$$

对于定子电流的故障分量，我们首先根据条件求解 Δi_d、Δi_q 的象函数 $\Delta I_d(p)$、$\Delta I_q(p)$，再求 Δi_d、Δi_q。由图 8-17（e）可知，$\Delta u_f=0$，$\Delta\psi_{d0}=\Delta\psi_{q0}=\Delta\psi_{f0}=0$，再根据 $-u_{a|0|}$、$-u_{b|0|}$、$-u_{c|0|}$ 可得

$$\left.\begin{aligned} \Delta u_d &= -u_{d|0|}\cdot 1(t) \\ \Delta u_q &= -u_{q|0|}\cdot 1(t) \end{aligned}\right\} \tag{8-50}$$

对应的象函数为 $\Delta U_d(p)=-u_{d|0|}/p$，$\Delta U_q(p)=-u_{q|0|}/p$，代入式(7-36)可得

$$\left.\begin{aligned} -u_{d|0|}/p &= -r\Delta I_d(p) + p\Delta\psi_d(p) - \Delta\psi_q(p) \\ -u_{q|0|}/p &= -r\Delta I_q(p) + p\Delta\psi_q(p) + \Delta\psi_d(p) \\ \Delta\psi_d(p) &= -X_d(p)\Delta I_d(p) \\ \Delta\psi_q(p) &= -X_q(p)\Delta I_q(p) \end{aligned}\right\} \tag{8-51}$$

式中：$X_d(p)$ 和 $X_q(p)$ 的表达式见式（7-37）。

由式（8-51）可求得 $\Delta I_d(p)$ 和 $\Delta I_q(p)$

$$\left.\begin{aligned} \Delta I_d(p) &= \frac{[r+pX_q(p)]u_{d|0|} + X_q(p)u_{q|0|}}{[r+pX_d(p)][r+pX_q(p)] + X_d(p)X_q(p)}\cdot\frac{1}{p} \\ \Delta I_q(p) &= \frac{-X_d(p)u_{d|0|} + [r+pX_d(p)]u_{q|0|}}{[r+pX_d(p)][r+pX_q(p)] + X_d(p)X_q(p)}\cdot\frac{1}{p} \end{aligned}\right\} \tag{8-52}$$

上面两式经拉氏逆变换后即可得到时域解 Δi_d、Δi_q。由于上两式的逆变换仍然相当复杂，下面将从物理概念出发作一些简化，以求得工程实用解。

（一）不计各绕组电阻分析各分量起始值

在不计各绕组电阻时，各绕组为超导绕组，绕组中的各自由分量不衰减。

在 $r=0$ 和 $r_f=0$ 时，由式（7-37）可得

$$\left.\begin{aligned} X_d(p) &= x_d - \frac{x_{ad}^2}{x_f} = x'_d \\ X_q(p) &= x_q \end{aligned}\right\} \tag{8-53}$$

式（8-52）简化为

$$\left.\begin{aligned} \Delta I_d(p) &= \frac{pu_{d|0|} + u_{q|0|}}{(p^2+1)x'_d}\cdot\frac{1}{p} \\ \Delta I_q(p) &= \frac{-u_{d|0|} + pu_{q|0|}}{(p^2+1)x_q}\cdot\frac{1}{p} \end{aligned}\right\} \tag{8-54}$$

对式（8-54）进行拉氏逆变换，可得

$$\left.\begin{aligned} \Delta i_d &= \frac{u_{q|0|}}{x'_d} - \frac{u_{q|0|}}{x'_d}\cos t + \frac{u_{d|0|}}{x'_d}\sin t \\ \Delta i_q &= \frac{u_{q|0|}}{x_q}\sin t - \frac{u_{d|0|}}{x_q} + \frac{u_{d|0|}}{x_q}\cos t \end{aligned}\right\} \tag{8-55}$$

短路后的电流为正常分量与故障分量之和，所以

$$\left.\begin{aligned} i_d &= \Delta i_d + i_{d|0|} = \frac{u_{q|0|}}{x'_d} + i_{d|0|} - \frac{u_{q|0|}}{x'_d}\cos t + \frac{u_{d|0|}}{x'_d}\sin t \\ i_q &= \Delta i_q + i_{q|0|} = -\frac{u_{d|0|}}{x_q} + i_{q|0|} + \frac{u_{q|0|}}{x_q}\sin t + \frac{u_{d|0|}}{x_q}\cos t \end{aligned}\right\}$$

由于 $u_{q|0|}+x'_d i_{d|0|}=E'_{q|0|}$，$\frac{u_{d|0|}}{x_q}=i_{q|0|}$，以及 $u_{q|0|}=U_{|0|}\cos\delta_0$，$u_{d|0|}=U_{|0|}\sin\delta_0$，上式经整理后可写成

$$\left.\begin{aligned} i_d &= \frac{E'_{q|0|}}{x'_d} - \frac{U_{|0|}}{x'_d}\cos(t+\delta_0) \\ i_q &= \frac{U_{|0|}}{x_q}\sin(t+\delta_0) \end{aligned}\right\} \tag{8-56}$$

i_d 和 i_q 经坐标反变换，即可得到定子三相短路电流 i_a、i_b、i_c。例如 a 相短路电流 i_a 表达式为

$$\begin{aligned} i_a = &\frac{E'_{q|0|}}{x'_d}\cos(t+\theta_0) - \frac{U_{|0|}}{2}\left(\frac{1}{x'_d}+\frac{1}{x_q}\right)\cos(\delta_0-\theta_0) \\ &- \frac{U_{|0|}}{2}\left(\frac{1}{x'_d}-\frac{1}{x_q}\right)\cos(2t+\delta_0+\theta_0) \end{aligned} \tag{8-57}$$

由式（8-57）短路电流表达式可以看出，定子的短路电流包括 3 个分量，即基频交流电流分量（周期分量）、直流电流分量和两倍基频交流电流分量，这与本章第三节中三相短路物理分析结果相吻合。其中倍频交流电流与 x'_d 和 x_q 的差有关，若两者数值差愈小，倍频交流电流就愈小。

（二）计及绕组电阻时的三相短路电流

前面在不计绕组电阻情况下推导了短路电流的各个分量，它们实际上只是各分量的起始值。绕组都有电阻，所以各自由分量都将按相应的时间常数进行衰减。严格地讲，只有通过对式（8-52）进行反变换才能得到短路电流的准确变化规律，或求解式（8-52）中分母等于零的方程的根来确定各衰减时间常数，然而这样处理十分复杂。理论分析和实践表明：

（1）在短路瞬间为保持定子绕组磁链不变而出现的定子直流自由电流，其衰减主要取决于定子绕组电阻，可以忽略转子绕组的电阻。与其有依存关系的定子电流倍频分量及转子电流的基频分量均按相同的时间常数衰减。

（2）在短路瞬间为保持转子绕组磁链不变而出现的转子直流自由分量，其衰减主要取决于所在转子绕组的电阻，可以忽略其他绕组的电阻。与其有依存关系的定子电流基频分量按相同的时间常数衰减。

（3）上述绕组的衰减时间常数是该绕组的等效电感（考虑了与其他绕组的磁耦合关系的电感）和电阻之比。

下面根据上述近似原则来分析各自由分量的衰减。

1. 定子基频交流分量的衰减

它将随励磁绕组中直流自由电流一同衰减，衰减时间常数为 T'_d。T'_d 是励磁绕组在定子绕组短路情况下的时间常数。当励磁绕组旁边有一短路的 d 轴等效绕组 dd 时，其等效电路如图 8-18 所示。由图可求得时间常数 T'_d。

$$T'_d = \frac{1}{r_f}\left(x_{f\sigma} + \frac{x_\sigma x_{ad}}{x_\sigma + x_{ad}}\right) = \frac{x_f}{r_f}\cdot\frac{x_{f\sigma}x_\sigma + x_{f\sigma}x_{ad} + x_\sigma x_{ad}}{x_f(x_\sigma + x_{ad})}$$

$$= \frac{x_f}{r_f} \times \left(x_\sigma + \frac{x_{f\sigma} x_{ad}}{x_f} \right) = T'_{d0} \frac{x'_d}{x_d} \tag{8-58}$$

其中，$T'_{d0} = \frac{x_f}{r_f}$是定子绕组开路时励磁绕组的时间常数，也就是励磁绕组本身的时间常数，应用中也常采用 T_f 表示。

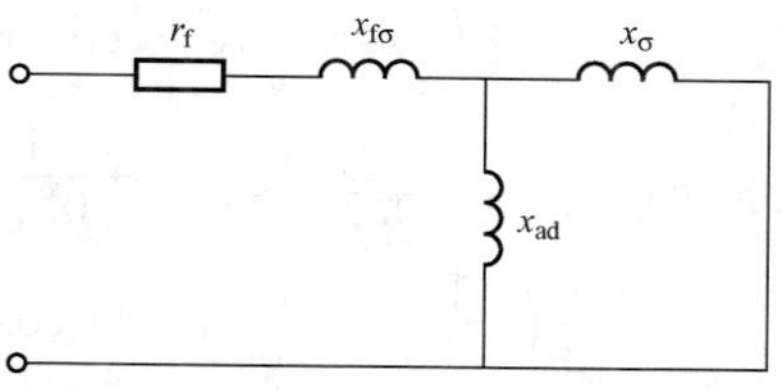

图 8-18　确定时间常数 T'_d 的等效电路

定子基频交流电流对应 i_d、i_q 中的直流分量。在短路稳态中，定子绕组只有强制的基频交流电流，可求得

$$\left.\begin{aligned} i_{d\infty} &= \frac{E_{q\infty}}{x_d} = \frac{E_{q|0|}}{x_d} \\ i_{q\infty} &= 0 \end{aligned}\right\} \tag{8-59}$$

计及自由分量的衰减，i_d 的直流分量可近似表示为

$$\left(\frac{E'_{q|0|}}{x'_d} - \frac{E_{q|0|}}{x_d} \right) e^{-\frac{t}{T'_d}} + \frac{E_{q|0|}}{x_d}$$

2. 定子直流分量和倍频交流分量的衰减

两者将以相同的时间常数 T_a 衰减。T_a 主要取决于定子电阻和其等效电感。由于定子直流分量的磁场在空间静止，而转子以同步转速旋转，使该磁通路径的磁导不断地变化，当直轴为该磁通路径时，定子等效电抗为 x'_d（励磁绕组闭合）；当交轴为该磁通路径时，定子等效电抗为 x_q，因此定子绕组的等效电抗是介于 x'_d 和 x_q 之间的。从式（8-57）可看出，限制直流电流分量的电抗为 x'_d 和 x_q 并联值的两倍，所以我们取该电抗为定子的等效电抗。因此，时间常数 T_a 的计算式为

$$T_a = \frac{2x'_d x_q}{r(x'_d + x_q)} \tag{8-60}$$

考虑电流的各自由分量衰减后，定子 a 相电流为

$$\begin{aligned} i_a = &\left[\left(\frac{E'_{q|0|}}{x'_d} - \frac{E_{q|0|}}{x_d} \right) e^{-\frac{t}{T'_d}} + \frac{E_{q|0|}}{x_d} \right] \cos(t + \theta_0) - \frac{U_{|0|}}{2} \left(\frac{1}{x'_d} + \frac{1}{x_q} \right) e^{-\frac{t}{T_a}} \cos(\delta_0 - \theta_0) \\ &- \frac{U_{|0|}}{2} \left(\frac{1}{x'_d} - \frac{1}{x_q} \right) e^{-\frac{t}{T_a}} \cos(2t + \delta_0 + \theta_0) \end{aligned} \tag{8-61}$$

以上讨论了同步发电机端部发生三相短路的电磁暂态过程。如果在外部电路中发生三相短路，短路点至发电机的电抗为 x_e，则可将 x_e 看作定子漏抗的一部分，上述分析结果仍然适用。但各电流及时间常数表达式中的电抗分别用 $x_{d\Sigma} = x_d + x_e$，$x_{q\Sigma} = x_q + x_e$ 和 $x'_{d\Sigma} = x'_d + x_e$ 代替，端电压 $u_{|0|}$ 用短路点的正常电压代替。

【例 8-3】　某同步发电机不计阻尼绕组时的参数为：$x_d = 0.76$，$x_q = 0.50$，$x'_d = 0.33$，$T'_d = 2.13$ s，$T_a = 0.13$ s。试写出下列情况下的短路电流表达式：

（1）短路前空载、机端额定电压下机端三相短路。

（2）短路前空载、机端额定电压下发电机经外电抗 $x_e = 0.6$ 处三相短路。

（3）短路前额定负荷，$\cos\varphi = 0.85$，机端三相短路。

解：（1）短路前空载机端额定电压下，则 $E_{q|0|} = 1$。

式（8-61）中：$\delta_0 = 0$；$U_{|0|} = u_{|0|} = u_{q|0|} = E_{q|0|}$；$E'_{q|0|} = u_{q|0|} + i_{d|0|} x'_d = E_{q|0|}$

$$i_a=\left[\left(\frac{E'_{q|0|}}{x'_d}-\frac{E_{q|0|}}{x_d}\right)e^{-\frac{t}{T'_d}}+\frac{E_{q|0|}}{x_d}\right]\cos(t+\theta_0)-\frac{U_{|0|}}{2}\left(\frac{1}{x'_d}+\frac{1}{x_q}\right)e^{-\frac{t}{T_a}}\cos(\delta_0-\theta_0)$$

$$-\frac{U_{|0|}}{2}\left(\frac{1}{x'_d}-\frac{1}{x_q}\right)e^{-\frac{t}{T_a}}\cos(2t+\delta_0+\theta_0)$$

$$=\left[\left(\frac{1}{0.33}-\frac{1}{0.76}\right)e^{-\frac{t}{2.13}}+\frac{1}{0.76}\right]\cos(100\pi t+\theta_0)-\frac{1}{2}\left(\frac{1}{0.33}+\frac{1}{0.50}\right)e^{-\frac{t}{0.13}}\cos\theta_0$$

$$-\frac{1}{2}\left(\frac{1}{0.33}-\frac{1}{0.50}\right)e^{-\frac{t}{0.13}}\cos(200\pi t+\theta_0)$$

$$=(1.72e^{-\frac{t}{2.13}}+1.32)\cos(100\pi t+\theta_0)-2.52e^{-\frac{t}{0.13}}\cos\theta_0-0.52e^{-\frac{t}{0.13}}\cos(200\pi t+\theta_0)$$

说明一下，因在拉氏变换中，假定 $\omega=1$，则 $t\leftrightarrow 100\pi t$。

（2）短路前空载机端额定电压下，则 $E_{q|0|}=1$。因为 $T'_d=T_f\dfrac{x'_d}{x_d}$，所以 $T_f=T'_d\dfrac{x_d}{x'_d}$。经外电抗后的 $T'_{d(\Sigma)}$ 为

$$T'_{d(\Sigma)}=T'_d\frac{x_d(x'_d+x_e)}{x'_d(x_d+x_e)}=2.13\times\frac{0.76}{0.33}\times\frac{(0.33+0.6)}{(0.76+0.6)}s=3.36s$$

因为 $T_a=\dfrac{2x'_dx_q}{2\pi fr(x'_d+x_q)}$，所以，经外电抗后的 $T_{a(\Sigma)}$ 为

$$T_{a(\Sigma)}=T_a\frac{(x'_d+x_q)}{x'_dx_q}\frac{(x'_d+x_e)(x_q+x_e)}{(x'_d+x_e+x_q+x_e)}=0.13\times\frac{(0.33+0.5)}{0.33\times0.5}\times\frac{(0.33+0.6)(0.5+0.6)}{(0.33+0.6+0.5+0.6)}s$$

$$=0.33s$$

$$i_a=\left[\left(\frac{1}{0.33+0.6}-\frac{1}{0.76+0.6}\right)e^{-\frac{t}{3.36}}+\frac{1}{0.75+0.6}\right]\cos(100\pi t+\theta_0)$$

$$-\frac{1}{2}\left(\frac{1}{0.33+0.6}+\frac{1}{0.5+0.6}\right)e^{-\frac{t}{0.34}}\cos\theta_0-\frac{1}{2}\left(\frac{1}{0.33+0.6}-\frac{1}{0.5+0.6}\right)e^{-\frac{t}{0.34}}\cos(200\pi t+\theta_0)$$

$$=(0.34e^{-\frac{t}{3.46}}+0.74)\cos(100\pi t+\theta_0)-0.98e^{-\frac{t}{0.34}}\cos\theta_0-0.08e^{-\frac{t}{0.34}}\cos(200\pi t+\theta_0)$$

（3）令 $\dot{U}_{|0|}=1\angle0°$，由 $\cos\varphi=0.85$，得 $\varphi=32°$，则 $\dot{I}_{|0|}=1\angle-32°$

根据 $\dot{E}_Q=\dot{U}_{|0|}+j\dot{I}_{|0|}x_q=1+j1\angle-32°\times0.5=1.3\angle19°$，$\delta_0=19°$

$$U_{d|0|}=U_{|0|}\sin\delta_0=1\times\sin19°=0.33$$
$$U_{q|0|}=U_{|0|}\cos\delta_0=1\times\cos19°=0.95$$
$$I_{d|0|}=I_{|0|}\sin(\delta_0+\varphi)=1\times\sin51°=0.78$$
$$I_{q|0|}=I_{|0|}\cos(\delta_0+\varphi)=1\times\cos51°=0.63$$
$$E_{q|0|}=U_{q|0|}+I_{d|0|}x_d=0.95+0.78\times0.76=1.54$$
$$E'_{q|0|}=U_{q|0|}+I_{d|0|}x'_d=0.95+0.78\times0.33=1.21$$

$$i_a=\left[\left(\frac{1.21}{0.33}-\frac{1.54}{0.76}\right)e^{-\frac{t}{2.13}}+\frac{1.54}{0.76}\right]\cos(100\pi t+\theta_0)-\frac{1}{2}\left(\frac{1}{0.33}+\frac{1}{0.5}\right)e^{-\frac{t}{0.13}}\cos(19°-\theta_0)$$

$$-\frac{1}{2}\left(\frac{1}{0.33}-\frac{1}{0.5}\right)e^{-\frac{t}{0.13}}\cos(200\pi t+19°+\theta_0)$$

$$=(1.64e^{-\frac{t}{2.13}}+2.03)\cos(100\pi t+\theta_0)-2.52e^{-\frac{t}{0.13}}\cos(19°-\theta_0)-0.52e^{-\frac{t}{0.13}}\cos(200\pi t+19°+\theta_0)$$

二、有阻尼绕组同步发电机突然三相短路的电流

和分析无阻尼绕组同步发电机突然三相短路的电流的方法类似。在故障等效电路中，

$\Delta u_f=0$，$\Delta\psi_{d0}=\Delta\psi_{q0}=\Delta\psi_{f0}=\Delta\psi_D=\Delta\psi_Q=0$，且 $\Delta U_d(p)=-u_{d|0|}/p$，$\Delta U_q(p)=-u_{q|0|}/p$，根据式（7-25）经整理后的 $\Delta I_d(p)$ 和 $\Delta I_q(p)$ 与式（8-52）基本形式一样，只是运算电抗 $X_d(p)$、$X_q(p)$ 的表示式分别为式（7-29）和式（7-30）。

（一）不计绕组电阻时短路电流各分量起始值

在 $r=0$ 和 $r_f=r_D=r_Q=0$ 时，由式（7-29）或式（7-32）可得

$$X_d(p)=x_\sigma+\frac{1}{\dfrac{1}{x_{ad}}+\dfrac{1}{x_{f\sigma}}+\dfrac{1}{x_{D\sigma}}}=x''_d$$

由式（7-30）或式（7-33）可得

$$X_q(p)=x_\sigma+\frac{1}{\dfrac{1}{x_{aq}}+\dfrac{1}{x_{Q\sigma}}}=x''_q$$

则

$$\left.\begin{aligned}\Delta I_d(p)&=\frac{pu_{d|0|}+u_{q|0|}}{(p^2+1)x''_d}\cdot\frac{1}{p}\\ \Delta I_q(p)&=\frac{-u_{d|0|}+pu_{q|0|}}{(p^2+1)x''_q}\cdot\frac{1}{p}\end{aligned}\right\}\tag{8-62}$$

其原函数为

$$\left.\begin{aligned}\Delta i_d&=\frac{u_{q|0|}}{x''_d}-\frac{u_{q|0|}}{x''_d}\cos t+\frac{u_{d|0|}}{x''_d}\sin t\\ \Delta i_q&=\frac{u_{q|0|}}{x''_q}\sin t-\frac{u_{d|0|}}{x''_q}+\frac{u_{d|0|}}{x''_q}\cos t\end{aligned}\right\}\tag{8-63}$$

加上正常电流可得

$$i_d=\Delta i_d+i_{d|0|}=\frac{u_{q|0|}}{x''_d}+i_{d|0|}-\frac{u_{q|0|}}{x''_d}\cos t+\frac{u_{d|0|}}{x''_d}\sin t$$

$$i_q=\Delta i_q+i_{q|0|}=-\frac{u_{d|0|}}{x''_q}+i_{q|0|}-\frac{u_{q|0|}}{x''_q}\sin t+\frac{u_{d|0|}}{x''_q}\cos t$$

由于 $u_{q|0|}+x''_d i_{d|0|}=E''_{q|0|}$，$u_{d|0|}-x''_q i_{q|0|}=E''_{d|0|}$，以及 $u_{q|0|}=U_{|0|}\cos\delta_0$，$u_{d|0|}=U_{|0|}\sin\delta_0$，上式经整理后可写成

$$\left.\begin{aligned}i_d&=\frac{E''_{q|0|}}{x''_d}-\frac{U_{|0|}}{x''_d}\cos(t+\delta_0)\\ i_q&=-\frac{E''_{d|0|}}{x''_q}+\frac{U_{|0|}}{x''_q}\sin(t+\delta_0)\end{aligned}\right\}\tag{8-64}$$

经反变换后可得三相短路电流，例如 a 相电流为

$$\begin{aligned}i_a=&\frac{E''_{q|0|}}{x''_d}\cos(t+\theta_0)+\frac{E''_{d|0|}}{x''_q}\sin(t+\theta_0)-\frac{U_{|0|}}{2}\times\left(\frac{1}{x''_d}+\frac{1}{x''_q}\right)\cos(\delta_0-\theta_0)\\ &-\frac{U_{|0|}}{2}\left(\frac{1}{x''_d}-\frac{1}{x''_q}\right)\cos(2t+\delta_0+\theta_0)\end{aligned}\tag{8-65}$$

（二）计及绕组电阻时的三相短路电流

下面根据式（8-52）中 $\Delta I_d(p)$ 和 $\Delta I_q(p)$ 两式分母的根确定各自由分量衰减的时间常数。

1. 定子直流分量和倍频分量的衰减时间常数

忽略转子绕组的电阻，即 $r_f=r_D=r_Q=0$，由式（8-52）可得

$$\left.\begin{aligned}\Delta I_{\mathrm{d}}(p) &= \frac{(r+px''_{\mathrm{q}})u_{\mathrm{d}|0|}+x''_{\mathrm{q}}u_{\mathrm{q}|0|}}{(r+px''_{\mathrm{d}})(r+px''_{\mathrm{q}})+x''_{\mathrm{d}}x''_{\mathrm{q}}}\cdot\frac{1}{p}\\ \Delta I_{\mathrm{q}}(p) &= \frac{-x''_{\mathrm{d}}u_{\mathrm{d}|0|}+(r+px''_{\mathrm{d}})u_{\mathrm{q}|0|}}{(r+px''_{\mathrm{d}})(r+px''_{\mathrm{q}})+x''_{\mathrm{d}}x''_{\mathrm{q}}}\cdot\frac{1}{p}\end{aligned}\right\}\tag{8-66}$$

式（8-66）分母的根的实部倒数的负值即为时间常数 T_{a}

$$T_{\mathrm{a}}=\frac{2x''_{\mathrm{d}}x''_{\mathrm{q}}}{r(x''_{\mathrm{d}}+x''_{\mathrm{q}})}\tag{8-67}$$

2. 定子基频交流分量的衰减时间常数

忽略定子绕组的电阻，即 $r=0$，由式（8-52）可得

$$\left.\begin{aligned}\Delta I_{\mathrm{d}}(p) &= \frac{pu_{\mathrm{d}|0|}+u_{\mathrm{q}|0|}}{p(p^2+1)X_{\mathrm{d}}(p)}\\ \Delta I_{\mathrm{q}}(p) &= \frac{-u_{\mathrm{d}|0|}+pu_{\mathrm{q}|0|}}{p(p^2+1)X_{\mathrm{q}}(p)}\end{aligned}\right\}\tag{8-68}$$

根据展开定理，$X_{\mathrm{d}}(p)$ 的根将决定 i_{d} 中直流分量的衰减，$X_{\mathrm{q}}(p)$ 的根将决定 i_{q} 中直流分量的衰减。

（1）i_{q} 中直流分量的衰减时间常数。

$$X_{\mathrm{q}}(p)=x_{\mathrm{q}}-\frac{px_{\mathrm{aq}}^2}{r_{\mathrm{Q}}+px_{\mathrm{Q}}}$$

它的根 $p=-x_{\mathrm{q}}r_{\mathrm{Q}}/(x_{\mathrm{q}}x_{\mathrm{Q}}-x_{\mathrm{aq}}^2)$，时间常数为

$$T''_{\mathrm{q}}=-\frac{1}{p}=\frac{x_{\mathrm{q}}x_{\mathrm{Q}}-x_{\mathrm{aq}}^2}{r_{\mathrm{Q}}x_{\mathrm{q}}}=\frac{x_{\mathrm{Q}}}{r_{\mathrm{Q}}}\cdot\frac{x''_{\mathrm{q}}}{x_{\mathrm{q}}}=T''_{\mathrm{q0}}\frac{x''_{\mathrm{q}}}{x_{\mathrm{q}}}\tag{8-69}$$

式中：$T''_{\mathrm{q0}}=x_{\mathrm{Q}}/r_{\mathrm{Q}}$ 为定子绕组开路时交轴阻尼绕组的时间常数，也就是交轴阻尼绕组自身的时间常数，也常采用 T_{Q} 表示。

式（8-69）可进一步整理得

$$T''_{\mathrm{q}}=\frac{x_{\mathrm{q}}x_{\mathrm{Q}}-x_{\mathrm{aq}}^2}{r_{\mathrm{Q}}x_{\mathrm{q}}}=\frac{1}{r_{\mathrm{Q}}}\left(x_{\mathrm{Q\sigma}}+x_{\mathrm{aq}}-\frac{x_{\mathrm{aq}}^2}{x_{\sigma}+x_{\mathrm{aq}}}\right)=\frac{1}{r_{\mathrm{Q}}}\left(x_{\mathrm{Q\sigma}}+\frac{x_{\sigma}x_{\mathrm{aq}}}{x_{\sigma}+x_{\mathrm{aq}}}\right)$$

与 T''_{q} 对应的等效电路如图 8-19 所示。因此，T''_{q} 是定子短路时交轴阻尼绕组的时间常数。

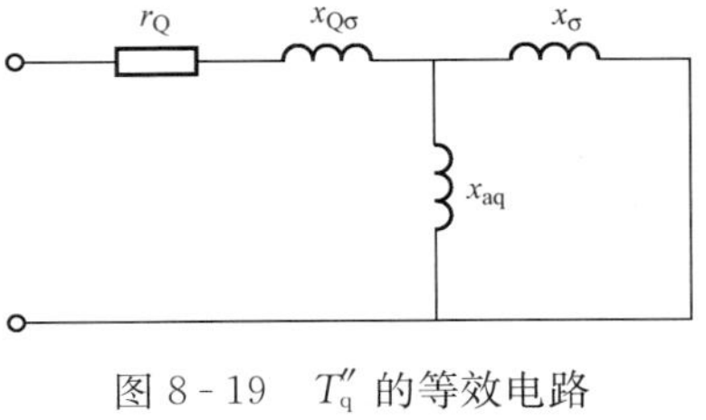

图 8-19　T''_{q} 的等效电路

（2）i_{d} 中直流分量的衰减时间常数。与此对应的时间常数需由 $X_{\mathrm{d}}(p)$ 的根来确定。通过推导（略去推导过程），可得

$$\left.\begin{aligned}T'_{\mathrm{d}} &= (T'_{\mathrm{f}}+T'_{\mathrm{D}})\frac{1+q'}{2}\\ T''_{\mathrm{d}} &= (T'_{\mathrm{f}}+T'_{\mathrm{D}})\frac{1-q'}{2}\end{aligned}\right\}\tag{8-70}$$

式中：$T'_{\mathrm{f}}=T'_{\mathrm{d0}}\dfrac{x'_{\mathrm{f}}}{x_{\mathrm{f}}}$；$T'_{\mathrm{D}}=T_{\mathrm{D}}\dfrac{x'_{\mathrm{D}}}{x_{\mathrm{D}}}$；$q'=\sqrt{1-\dfrac{4\sigma'_{\mathrm{fD}}T'_{\mathrm{f}}T'_{\mathrm{D}}}{(T'_{\mathrm{f}}+T'_{\mathrm{D}})^2}}$。

而 $x'_{\mathrm{f}}=x_{\mathrm{f\sigma}}+x'_{\mathrm{ad}}$；$x'_{\mathrm{D}}=x_{\mathrm{D\sigma}}+x'_{\mathrm{ad}}$；$T_{\mathrm{D}}=\dfrac{x_{\mathrm{D}}}{r_{\mathrm{D}}}$；$\sigma'_{\mathrm{fD}}=1-\dfrac{x'^2_{\mathrm{ad}}}{x'_{\mathrm{f}}x'_{\mathrm{D}}}$；$x'_{\mathrm{ad}}=\dfrac{x_{\sigma}x_{\mathrm{ad}}}{x_{\sigma}+x_{\mathrm{ad}}}$。

在上述各量中，T'_{f} 是定子绕组短路、阻尼绕组开路时，励磁绕组的时间常数；T'_{d0} 是定子绕组和阻尼绕组都开路时，励磁绕组的时间常数；T'_{D} 是定子绕组短路、励磁绕组开路时，直轴阻尼绕组的时间常数；T_{D} 是定子绕组和励磁绕组都开路时，直轴阻尼绕组的时间

常数；σ'_{fD}是定子绕组短路时励磁绕组和直轴阻尼绕组间的漏磁系数。

式（8-70）计算比较繁琐，实际中很少采用。考虑到σ'_{fD}通常很小，而一般同步发电机的阻尼绕组的电感较励磁绕组的电感小得多，存在 $T'_f \gg T'_D$ 的关系，所以式（8-70）可近似为

$$\left.\begin{aligned} T'_d &\approx T'_f = T'_{d0}\frac{x'_d}{x_d} \\ T''_d &\approx T''_{d0}\frac{x''_d}{x'_d} \end{aligned}\right\} \tag{8-71}$$

式中：T''_{d0}是定子绕组开路、励磁绕组短路时，直轴阻尼绕组的时间常数。

表8-4列出了同步发电机各时间常数的典型值，可见 $T''_d \ll T'_d$、$T''_d \approx T''_q$。

表8-4　**同步发电机的时间常数**　s

	汽轮发电机	水轮发电机	同步调相机
T'_{d0}	3.5～11.5	4～10	5～10
T''_{d0}	0.07～0.22	0.06～0.11	0.02～0.06
T'_d	0.6～1.6	1.3～3	0.8～2.4
$T''_d \approx T''_q$	0.04～0.13	0.02～0.06	0.007～0.03
T_a	0.08～0.4	0.08～0.4	0.1～0.3

由式（8-64）可知，i_d 中直流分量起始值为 $E''_{q|0|}/x''_d$，其稳态值经分析可知为 $E_{q|0|}/x_d$，则 i_d 中的直流自由分量为（$E''_{q|0|}/x''_d - E_{q|0|}/x_d$），将以时间常数 T''_d、T'_d 衰减。按 T''_d 衰减的分量很快衰减，而按 T'_d 衰减的分量衰减较慢。当衰减快的分量衰减消失时，慢衰减的分量仍基本不变，这一时刻的情况相当于直轴阻尼绕组开路，即无阻尼绕组发电机刚发生短路瞬间的状态。因此，按 T''_d 衰减的直流自由分量起始值为（$E''_{q|0|}/x''_d - E'_{q|0|}/x'_d$）；按 T'_d 衰减的自由分量与无阻尼绕组发电机相同。

计及各自由分量衰减后的 i_d、i_q 的表达式为

$$\left.\begin{aligned} i_d &= \left[\left(\frac{E''_{q|0|}}{x''_d} - \frac{E'_{q|0|}}{x'_d}\right)e^{-\frac{t}{T''_d}} + \left(\frac{E'_{q|0|}}{x'_d} - \frac{E_{q|0|}}{x_d}\right)e^{-\frac{t}{T'_d}} + \frac{E_{q|0|}}{x_d}\right] - \frac{U_{|0|}}{x''_d}e^{-\frac{t}{T_a}}\cos(t+\delta_0) \\ i_q &= -\frac{E''_{d|0|}}{x''_q}e^{-\frac{t}{T''_q}} + \frac{U_{|0|}}{x''_q}e^{-\frac{t}{T_a}}\sin(t+\delta_0) \end{aligned}\right\} \tag{8-72}$$

经反变换可得定子三相短路电流。例如，a相电流表达式为

$$\begin{aligned} i_a = &\left[\left(\frac{E''_{q|0|}}{x''_d} - \frac{E'_{q|0|}}{x'_d}\right)e^{-\frac{t}{T''_d}} + \left(\frac{E'_{q|0|}}{x'_d} - \frac{E_{q|0|}}{x_d}\right)e^{-\frac{t}{T'_d}} + \frac{E_{q|0|}}{x_d}\right]\cos(t+\theta_0) \\ &+ \frac{E''_{d|0|}}{x''_q}e^{-\frac{t}{T''_q}}\sin(t+\theta_0) - \frac{U_{|0|}}{2}\left(\frac{1}{x''_d} + \frac{1}{x''_q}\right)\cos(\delta_0-\theta_0)\, e^{-\frac{t}{T_a}} \\ &- \frac{U_{|0|}}{2}\left(\frac{1}{x''_d} - \frac{1}{x''_q}\right)e^{-\frac{t}{T_a}}\cos(2t+\theta_0+\delta_0) \end{aligned} \tag{8-73}$$

在前面的分析中，均假定同步发电机的励磁电压保持不变。实际上，电力系统中同步发电机都设有自动励磁调节装置，当机端电压波动时，它将自动调节励磁电压，改变励磁电流，以维持机端电压在允许范围内。当发电机端点或端点附近突然短路时，机端电压急剧下降，自动励磁调节装置中的强行励磁单元将迅速增大励磁到它的极限值，以尽快恢复系统的电压水平和保持电力系统的稳定性。在短路后，自动励磁调节装置将增大励磁电压，会使定

子短路电流中的基频交流分量增大。由于励磁电流的增加是一个逐渐变化的过程，因此短路电流基频交流分量的起始值是不会受到影响的。自动励磁调节装置对短路电流的具体影响请参看其他文献资料。

【例 8-4】 已知同步发电机参数如下：$x_d=2.16$，$x'_d=0.30$，$x''_d=0.22$，$x_q=2.10$，$x''_q=0.21$，$T'_d=1.02$，$T''_d=0.04$，$T''_q=0.04$，$T_a=0.26$，发电机在空载额定电压下机端发生三相短路，且 $\theta_0=15°$。试计算 $t=0.01$s 时 a 相短路电流。

解： 短路前空载额定电压下，有 $E_{q|0|}=1$。

式（8-73）中：$\delta_0=0$；$u_{|0|}=u_{q|0|}=E_{q|0|}$，$u_{d|0|}=0$；$E'_{q|0|}=u_{q|0|}+i_{d|0|}x'_d=E_{q|0|}$

$$E''_{q|0|}=u_{q|0|}+i_{d|0|}x''_d=E_{q|0|}\text{；}E''_{d|0|}=u_{d|0|}-i_{q|0|}x''_q=0$$

则

$$\begin{aligned}i_a&=\left[\left(\frac{1}{0.22}-\frac{1}{0.30}\right)e^{-\frac{t}{0.04}}+\left(\frac{1}{0.30}-\frac{1}{2.16}\right)e^{-\frac{t}{1.02}}+\frac{1}{2.16}\right]\cos(100\pi t+15°)\\&\quad-\frac{1}{2}\left(\frac{1}{0.22}+\frac{1}{0.21}\right)e^{-\frac{t}{0.26}}\cos15°-\frac{1}{2}\left(\frac{1}{0.22}-\frac{1}{0.21}\right)e^{-\frac{t}{0.26}}\cos(200\pi t+15°)\\&=(1.21e^{-\frac{t}{0.04}}+2.87e^{-\frac{t}{1.02}}+0.46)\cos(100\pi t+15°)-4.49e^{-\frac{t}{0.26}}\\&\quad+0.11e^{-\frac{t}{0.26}}\cos(200\pi t+15°)\end{aligned}$$

$t=0.01$s 时

$$\begin{aligned}i_a&=(1.21e^{-\frac{0.01}{0.04}}+2.87e^{-\frac{0.01}{1.02}}+0.46)\cos(\pi+15°)-4.49e^{-\frac{0.01}{0.26}}+0.11e^{-\frac{0.01}{0.26}}\cos(2\pi+15°)\\&=-8.31\end{aligned}$$

第六节 电力系统三相短路的实用计算

从前面的讨论可以看出，一台同步发电机三相短路电流的计算已经较为繁琐。对于含有许多同步发电机的电力系统，要准确计算三相短路电流是非常困难和复杂的。因此，在电力系统三相短路电流的实用计算中，在满足工程计算准确度的前提下，采取必要的简化方法，以求计算过程简便。本节结合工程计算的需要，讨论三相短路的起始次暂态电流和任意时刻短路电流周期分量的计算方法。

一、起始次暂态电流的计算

起始次暂态电流就是短路电流周期分量（即基频分量）的初值（幅值或有效值）。计算时，只要把系统中所有元件的参数都用次暂态参数代表，则起始次暂态电流的计算同交流稳态电流的计算完全一样。系统中所有静止元件的次暂态参数即等于其稳态参数，而旋转电机的次暂态参数与其稳态参数不同。不同的计算要求，采用不同的计算条件（简化条件）。

（一）计算条件

1. 同步发电机

在实用计算中，假设同步发电机的 $x''_d=x''_q$，这对汽轮发电机是接近实际的，对于凸极同步机误差也很小。各同步机采用 E'' 和 x''_d 的等效电路表示（见图 8-16），并近似认为 E'' 在短路瞬间不突变，即 $E''_0=E''_{|0|}$，可利用短路前的稳态运行状态确定。如果不能确知同步发电机短路前的运行参数，则近似地取 $E''_0=1.05\sim1.1$。不计负荷影响时，可按空载短路

处理，常取 $E_0''=1$。

不考虑同步发电机之间摇摆的影响，即认为短路暂态过程中各电机电动势间的相位保持不变。假定各发电机电动势 $\dot{E}_0''$ 同相位，这样算出的电流偏大。

2. 电力网络元件

电力网络中静止元件的次暂态参数和等效电路就等于其稳态参数和等效电路。可略去线路对地电容及变压器的励磁支路，因为短路时网络中电压一般较低，这些支路的电流较小。另外，在计算高压电力网络时还可忽略线路电阻。电缆和低压线路电阻与电抗的比值较大，用纯电抗表示时，电抗值可用阻抗模值（$\sqrt{r^2+x^2}$）代替。

3. 负荷

各节点的综合负荷一般用恒定阻抗表示，其阻抗值 z_{LD} 可用正常时负荷处的电压和功率按下式计算：

$$z_{LD}=r_{LD}+jx_{LD}=\frac{U_{LD}^2}{S_{LD}^2}(P_{LD}+jQ_{LD}) \tag{8-74}$$

式中：U_{LD}为短路前负荷节点的电压；P_{LD}、Q_{LD}和 S_{LD}分别为负荷的有功、无功和视在功率。

因为一般情况下负荷电流较短路电流要小得多，所以在简化的短路电流计算中可以忽略负荷电流的影响，即在计算用的等效电路中不计负荷。

对于接近短路点的大容量同步和异步电动机，要作为提供起始次暂态电流的电源来处理。异步电动机在定子和转子上都存在绕组，正常运行时，异步电动机的转速稍微低于同步速（转差率很小，约 2%～5%）。根据短路瞬间转子绕组磁链应保持不变的原则，异步电动机也可以用一个与转子绕组合成磁链成正比的次暂态电动势 E''以及相应的次暂态电抗 x''来表示，其等效电路如图 8－20 所示。异步电动机的次暂态电抗 x''与刚启动时的电抗 x_{st}相等，以标幺值表示时为

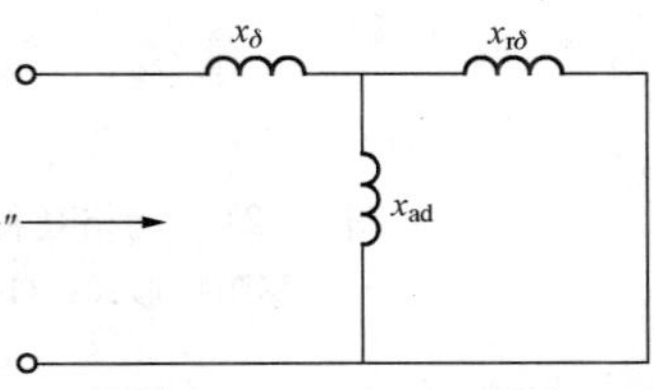

图 8－20　异步电动机的次暂态等效电路

$$x''=x_{st*}=\frac{1}{I_{st*}} \tag{8-75}$$

式中：I_{st*}为异步电动机启动电流的标幺值，一般为 4～7。因此，近似地可取 $x''=0.2$。

短路瞬间，异步电动机的次暂态电动势保持不变，即 $E_0''=E_{|0|}''$，可根据短路前运行状态确定 $E_{|0|}''$。短路前异步电动机额定运行时次暂态电动势的数值约为 0.9。在异步电动机附近短路时，其端电压 U_0 降低，一般 $E_0''>U_0$，异步电动机变成了一个临时电源向外供给短路电流。而当 $E_0''<U_0$（短路点远离电动机）时，它仍作为负荷从系统取用电流；当 $E_0''=U_0$ 时，无短路电流。由此可得出一个实用的结论，这就是在计算短路处及其附近支路的起始暂态电流时，只需计及短路点附近负荷的影响即可，而不会引起较大的误差。

（二）计算方法

根据前述的计算条件，我们可以作出系统以次暂态参数表示的等效电路。在此条件下，起始次暂态电流的计算就同稳态电流的计算完全一样。因此，我们可以使用一切适用于稳态电路的分析计算方法来计算起始次暂态电流。下面介绍其中两种常用方法：直接计算法和叠加计算法。

1. 直接计算法

起始次暂态电流的计算过程一般包括 3 个步骤：

（1）参数的计算及等效电路的制定。短路电流计算多采用标幺制计算，对于多电压级参数标幺值运算一般采用近似方法，即认为变压器变比为平均额定电压之比，各电压级的电压基准值为对应的平均额定电压。

（2）各电源次暂态电动势的计算。根据短路前的运行状态，通过潮流计算计算出各电源的次暂态电动势。如果不能确知同步发电机短路前的运行参数，则近似地取 $E_0''=1.05\sim1.1$。不计负荷影响时，取 $E_0''=1$。

（3）起始次暂态电流的计算。采用直接计算法计算，即根据所制定出的次暂态等效电路直接应用电路分析计算方法进行计算。根据计算任务要求，可能涉及短路处起始次暂态电流、通过元件电流和某些母线电压的计算。

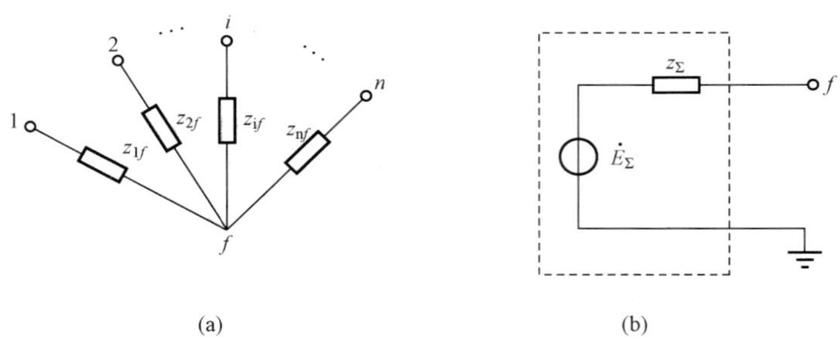

图 8-21 网络化简后的等效电路
（a）转移阻抗形式；（b）戴维南等效电路

在计算过程中，可利用电路课程中所介绍的各种网络的等效变换法进行网络化简，如串并联、星网变换、有源支路并联、分裂电动势源点和分裂短路点、利用网络对称性等。围绕短路点，将网络化简成如图 8-21 所示的两种形式。图 8-21（a）是保留电动势源点和短路点，将所有其他节点消去后，以短路点为中心的辐射形等效电路，图中是将各电动势源点间的支路略去，因为它们对短路点的短路电流没有影响。图中，z_{1f}、z_{2f}、…、z_{nf} 分别为各电源到短路点 f 的转移阻抗。图 8-21（b）是以短路点为端口将网络化简成戴维南等效电路。图中 z_Σ 为短路点 f 的组合阻抗或输入阻抗，$\dot E_\Sigma$ 为等效的组合电动势，且 $\dot E_\Sigma=\dot U_{f|0|}$，$\dot U_{f|0|}$ 为短路前 f 点的正常工作电压，也即 f 点的开路电压。由图 8-21 可得短路点的电流

$$\dot I_f=\frac{\dot E_1}{z_{1f}}+\frac{\dot E_2}{z_{2f}}+\cdots+\frac{\dot E_n}{z_{nf}} \tag{8-76}$$

$$\dot I_f=\frac{\dot E_\Sigma}{z_\Sigma}=\frac{\dot U_{f|0|}}{z_\Sigma} \tag{8-77}$$

由式（8-76）、式（8-77）可知，要求短路电流，关键是要根据网络化简求出电源到短路点的转移阻抗或输入阻抗。两者存在下式关系

$$z_\Sigma=\frac{1}{\dfrac{1}{z_{1f}}+\dfrac{1}{z_{2f}}+\cdots+\dfrac{1}{z_{nf}}} \tag{8-78}$$

即短路点的输入阻抗是各电源点到短路点转移阻抗的并联值。

求出短路点短路电流后，根据网络还原，可求得通过元件的电流和母线电压。

【例 8-5】 如图 8-22 所示的电力系统，已知各元件参数如下。发电机 G1：100MW，$\cos\varphi=0.85$，10.5kV，$x_d''=0.18$；G2：200MW，$\cos\varphi=0.85$，15.75kV，$x_d''=0.15$；变压器 T1：120MVA，10.5/242kV，$U_s\%=10.5$；T2：240MVA，15.75/242kV，$U_s\%=14$；

线路 L1、L2、L3：线路长度均为 100km，且 $x_1=0.4\Omega/\text{km}$；负荷：$\widetilde{S}_{LD1}=(50+j30)$ MVA，$\widetilde{S}_{LD2}=(25+j15)$ MVA。求母线 3 的三相短路瞬间的次暂态短路电流、母线 1、2 的电压及线路 1-3、2-3 上的短路电流。

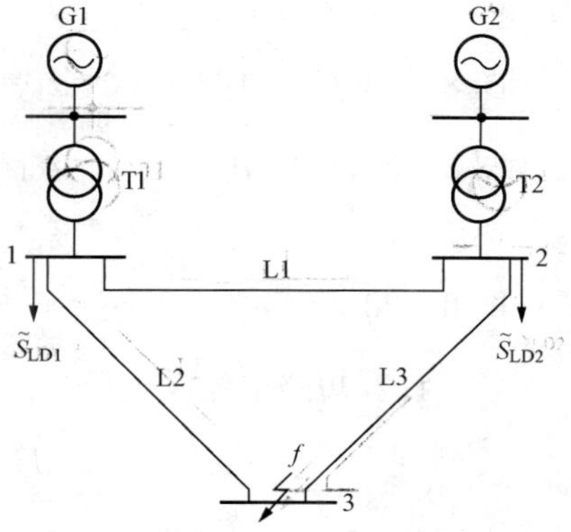

图 8-22　例 8-5 图

解：用直接计算法计算，且不计负荷的影响。

(1) 建立等效电路。取 $S_B=100$MVA，$U_B=U_{av}$

$$x_{G1}=0.18\times\frac{100}{100/0.85}=0.153$$

$$x_{G2}=0.15\times\frac{100}{200/0.85}=0.0638$$

$$x_{T1}=\frac{10.5}{100}\times\frac{100}{120}=0.0875$$

$$x_{T2}=\frac{14}{100}\times\frac{100}{240}=0.0583$$

$$x_{L1}=x_{L2}=x_{L3}=0.4\times100\times\frac{100}{230^2}=0.0756$$

绘制的等效电路如图 8-23（a）所示。

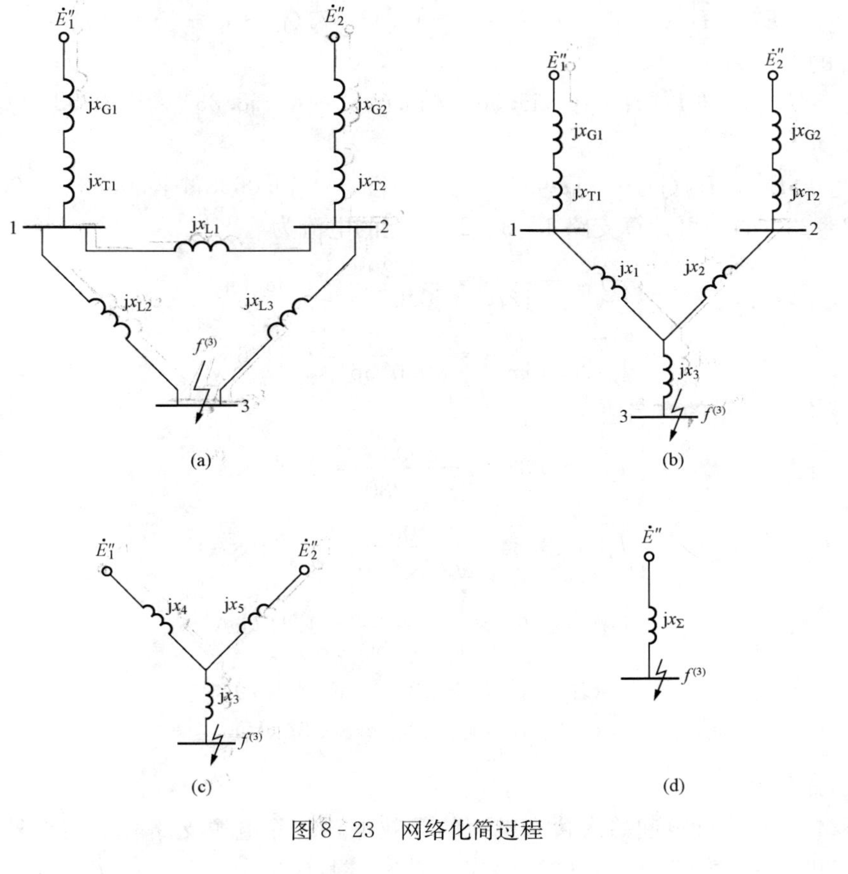

图 8-23　网络化简过程

（2）网络化简。

图 8－23（b）中 $x_1=x_2=x_3=\dfrac{0.0756}{3}=0.0252$

图 8－23（c）中 $x_4=x_{G1}+x_{T1}+x_1=0.153+0.0875+0.0252=0.2657$

$x_5=x_{G2}+x_{T2}+x_2=0.0638+0.0583+0.0252=0.1473$

图 8－23（d）中 $x_\Sigma=\dfrac{x_4x_5}{x_4+x_5}+x_3=\dfrac{0.2657\times0.1473}{0.2657+0.1473}+0.0252=0.120$

（3）计算短路电流及电压。由图 8－23（d）可计算短路点次暂态短路电流

$$\dot{I}''_f=\frac{\dot{E}''}{\mathrm{j}x_\Sigma}=\frac{1}{\mathrm{j}0.12}=-\mathrm{j}8.33$$

由图 8－23（b）或图 8－23（c）可计算

$$\dot{I}_{G1}=\frac{x_5}{x_4+x_5}\dot{I}''_f=\frac{0.1473}{0.2657+0.1473}\times(-\mathrm{j}8.33)=-\mathrm{j}2.97$$

$$\dot{I}_{G2}=\frac{x_4}{x_4+x_5}\dot{I}''_f=\frac{0.2657}{0.2657+0.1473}\times(-\mathrm{j}8.33)=-\mathrm{j}5.36$$

由图 8－23（b）可计算节点 1 的电压

$$\dot{U}_1=\dot{I}_{G1}\mathrm{j}x_1+\dot{I}''_f\mathrm{j}x_3=(-\mathrm{j}2.97)\times\mathrm{j}0.0252+(-\mathrm{j}8.33)\times\mathrm{j}0.0252=0.29$$

或

$$\dot{U}_1=\dot{E}''_1-\dot{I}_{G1}(\mathrm{j}x_{G1}+\mathrm{j}x_{T1})=1-(-\mathrm{j}2.97)(\mathrm{j}0.153+\mathrm{j}0.0875)=0.29$$

节点 2 的电压为

$$\dot{U}_2=\dot{I}_{G2}\mathrm{j}x_2+\dot{I}''_f\mathrm{j}x_3=(-\mathrm{j}5.36)\times\mathrm{j}0.0252+(-\mathrm{j}8.33)\times\mathrm{j}0.0252=0.35$$

或

$$\dot{U}_2=\dot{E}''_2-\dot{I}_{G2}(\mathrm{j}x_{G2}+\mathrm{j}x_{T2})=1-(-\mathrm{j}5.36)(\mathrm{j}0.0638+\mathrm{j}0.0583)=0.35$$

由图 8－23（a），可计算支路 1－3、2－3 上的电流为

$$\dot{I}_{13}=\frac{\dot{U}_1}{\mathrm{j}x_{L2}}=\frac{0.29}{\mathrm{j}0.0756}=-\mathrm{j}3.84$$

$$\dot{I}_{23}=\frac{\dot{U}_2}{\mathrm{j}x_{L3}}=\frac{0.35}{\mathrm{j}0.0756}=-\mathrm{j}4.63$$

（4）求各待求量的有名值。

$$I''_f=8.33\times\frac{100}{\sqrt{3}\times230}=2.09(\mathrm{kA})$$

$$I_{13}=3.84\times\frac{100}{\sqrt{3}\times230}=0.96(\mathrm{kA})$$

$$I_{23}=4.63\times\frac{100}{\sqrt{3}\times230}=1.16(\mathrm{kA})$$

$$U_1=0.29\times230=66.7(\mathrm{kV})$$

$$U_2=0.35\times230=80.5(\mathrm{kV})$$

2. 叠加计算法

图 8－24（a）为计算起始次暂态电流的等效电路，除电源支路和短路点外其他部分用方框表示，也可表示为图 8－24（b）形式。图 8－24（c）中，短路点 f 与地之间串接了两

个数值相等、相位相反的理想电压源，它们的电压分别为 $\dot{U}_{f|0|}$ 和 $-\dot{U}_{f|0|}$，$\dot{U}_{f|0|}$ 为短路点短路前的电压。这种表示保证了短路点电压为零，即相当于三相短路的条件。应用叠加原理，可将图 8-24（c）分为图 8-24（d）和图 8-24（e）。图 8-24（d）为短路前正常运行的等效电路，电路中的电压、电流称为正常分量，用下标|0|表示，例如 $\dot{U}_{k|0|}$、$\dot{I}_{ij|0|}$。图 8-24（e）中只有短路点处有一个电压为 $-\dot{U}_{f|0|}$ 的电压源作用，此电路中的电压、电流就是三相短路故障所引起的故障分量，一般在符号前加 Δ 表示，例如 $\Delta\dot{U}_k$，$\Delta\dot{I}_{ij}$。则图 8-24（a）、图 8-24（b）、图 8-24（c）电路中的节点电压、支路电流就等于相应的正常分量和故障分量的相量和（叠加），例如：k 节点电压 $\dot{U}_k$，i-j 支路电流 $\dot{I}_{ij}$ 可按下式计算

$$\dot{U}_k = \dot{U}_{k|0|} + \Delta\dot{U}_k \tag{8-79}$$

$$\dot{I}_{ij} = \dot{I}_{ij|0|} + \Delta\dot{I}_{ij} \tag{8-80}$$

由于短路点的正常电流为零，所以短路点的起始次暂态电流 $\dot{I}_f = \Delta\dot{I}_f$。由图 8-24（c）可知

$$\dot{I}_f = \Delta\dot{I}_f = \frac{\dot{U}_{f|0|}}{z_{\Sigma}} = \frac{\dot{U}_{f|0|}}{z_{ff}} \tag{8-81}$$

式中：$z_{ff}=z_{\Sigma}$ 为短路点的输入阻抗。

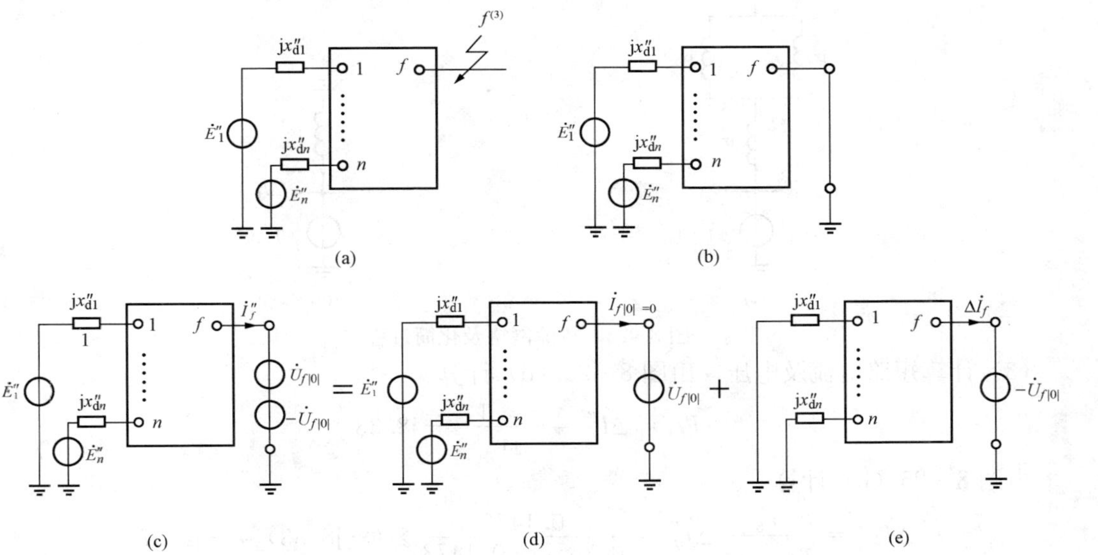

图 8-24　叠加计算法的等效电路

（a）计算用等效电路；（b）短路的表示；（c）正常分量网络；（d）正常分量；（e）故障分析

在不计负荷的简化计算情况下，各节点电压的正常分量取为 1，即 $\dot{U}_{k|0|}=\dot{U}_{f|0|}=1$；各支路电流的正常分量为 0，即 $\dot{I}_{ij|0|}=0$。

【例 8-6】　对例 8-5 应用叠加法进行计算。

解：（1）在正常时，不计负荷的影响有

$$\dot{E}''_{1|0|} = \dot{E}''_{2|0|} = 1\angle 0^\circ$$

$$\dot{U}_{1|0|} = \dot{U}_{2|0|} = \dot{U}_{3|0|} = 1\angle 0^\circ$$

$$\dot{I}_{1-3|0|} = \dot{I}_{2-3|0|} = 0$$

（2）计算故障分量。故障分量即在短路母线 3 对地之间加电压 $-\dot{U}_{f|0|}=-1\angle 0^\circ$，各电源电动势置 0，如图 8-25（a）所示。故障网络的化简过程如图 8-25（b）～图 8-25（d）

所示，其中各电抗值与例 8 - 5 相同。

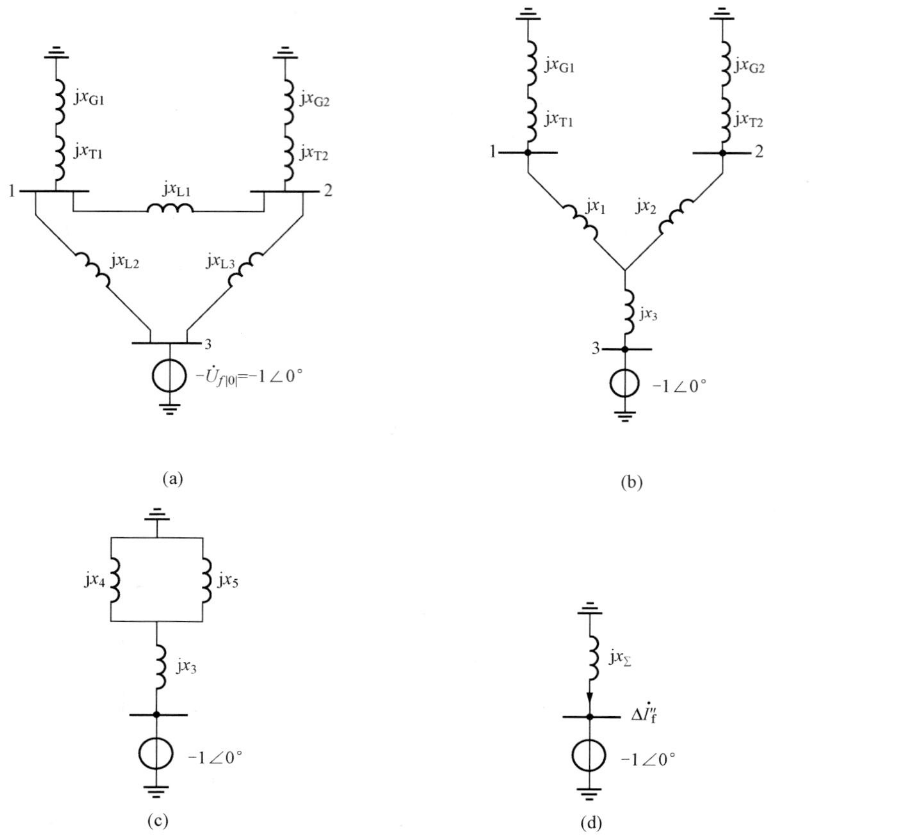

图 8 - 25 故障网络及化简过程

(3) 计算短路电流及电压。由图 8 - 25 (d) 计算

$$\dot{I}''_f = \Delta\dot{I}''_f = -\frac{-1}{\mathrm{j}x_\Sigma} = -\mathrm{j}8.33$$

由图 8 - 25 (b) 计算

$$\Delta\dot{I}_{G1} = \frac{x_5}{x_4+x_5}\Delta\dot{I}''_f = \frac{0.1473}{0.2657+0.1473}\times(-\mathrm{j}8.33) = -\mathrm{j}2.97$$

$$\Delta\dot{I}_{G2} = \frac{x_4}{x_4+x_5}\Delta\dot{I}''_f = \frac{0.2657}{0.2657+0.1473}\times(-\mathrm{j}8.33) = -\mathrm{j}5.36$$

$$\Delta\dot{U}_1 = -\Delta\dot{I}_{G1}(\mathrm{j}x_{G1}+\mathrm{j}x_{T1}) = -(-\mathrm{j}2.97)(\mathrm{j}0.153+\mathrm{j}0.0875) = -0.71$$

$$\Delta\dot{U}_2 = -\Delta\dot{I}_{G2}(\mathrm{j}x_{G2}+\mathrm{j}x_{T2}) = -(-\mathrm{j}5.36)(\mathrm{j}0.0638+\mathrm{j}0.0583) = -0.65$$

由图 8 - 25 (a) 计算

$$\Delta\dot{I}_{13} = \frac{\Delta\dot{U}_1-\Delta\dot{U}_3}{\mathrm{j}x_{L2}} = \frac{-0.71-(-1)}{\mathrm{j}0.0756} = -\mathrm{j}3.84$$

$$\Delta\dot{I}_{23} = \frac{\Delta\dot{U}_2-\Delta\dot{U}_3}{\mathrm{j}x_{L2}} = \frac{-0.65-(-1)}{\mathrm{j}0.0756} = -\mathrm{j}4.63$$

(4) 利用叠加计算，并求各量的有名值。

$$\dot{I}''_f = \Delta\dot{I}''_f = -\mathrm{j}8.33\times\frac{100}{\sqrt{3}\times230} = -\mathrm{j}2.09(\mathrm{kA})$$

$$\dot{I}_{13} = \Delta\dot{I}_{13} = -\mathrm{j}3.84 \times \frac{100}{\sqrt{3} \times 230} = -\mathrm{j}0.96(\mathrm{kA})$$

$$\dot{I}_{23} = \Delta\dot{I}_{23} = -\mathrm{j}4.63 \times \frac{100}{\sqrt{3} \times 230} = -\mathrm{j}1.16(\mathrm{kA})$$

$$\dot{U}_1 = \dot{U}_{1|0|} + \Delta\dot{U}_1 = (1-0.71) \times 230 = 66.7(\mathrm{kV})$$

$$\dot{U}_2 = \dot{U}_{2|0|} + \Delta\dot{U}_2 = (1-0.65) \times 230 = 80.5(\mathrm{kV})$$

（三）冲击电流、最大有效值电流和短路容量的计算

根据本章第二节冲击电流、最大有效值电流和短路容量的定义，对于电力系统短路时的冲击电流、最大有效值电流和短路容量的计算式可分别由式（8－10）、式（8－14）和式（8－15）修正而得

$$i_{\mathrm{M}} = K_{\mathrm{M}} I''_{\mathrm{m}} = K_{\mathrm{M}} \sqrt{2} I'' \tag{8-82}$$

$$I_{\mathrm{M}} = \frac{I''_{\mathrm{m}}}{\sqrt{2}} \sqrt{1+2(K_{\mathrm{M}}-1)^2} = I'' \sqrt{1+2(K_{\mathrm{M}}-1)^2} \tag{8-83}$$

$$S_{\mathrm{s}} = \sqrt{3} U_{\mathrm{av}} I'' \tag{8-84}$$

式中：I''_{m} 为起始次暂态电流幅值。

当短路点附近有大容量异步电动机时，它将作为电源向系统供给一部分短路电流。由于异步电动机电阻较大，在短路后，它所供给的短路电流的周期分量和非周期分量都将迅速衰减，而且衰减时间常数很接近，其数值约为百分之几秒。在实用计算中，异步电动机所提供的冲击电流可用下式表示

$$i_{\mathrm{MLD}} = K_{\mathrm{MLD}} \sqrt{2} I''_{\mathrm{LD}} \tag{8-85}$$

式中：I''_{LD}为异步电动机所提供的起始次暂态电流的有效值；K_{MLD}为电动机的冲击系数，可通过适当选取冲击系数的数值来把周期分量的衰减估计进去。一般对于小容量的电动机，取 $K_{\mathrm{MLD}}=1$；容量为 200～500kW 的异步电动机，取 $K_{\mathrm{MLD}}=1.3\sim1.5$；容量为 500～1000kW 的异步电动机，取 $K_{\mathrm{MLD}}=1.5\sim1.7$；容量为 1000kW 以上的异步电动机，取 $K_{\mathrm{MLD}}=1.7\sim1.8$。

当计及负荷影响时，短路点总的冲击电流应为

$$i_{\mathrm{M}} = K_{\mathrm{MG}} \sqrt{2} I'' + K_{\mathrm{MLD}} \sqrt{2} I''_{\mathrm{LD}} \tag{8-86}$$

式中：K_{MG}为发电机的冲击系数，对应式中的第一项为发电机提供的冲击电流。

（四）计算机算法

应用计算机计算电力系统三相短路起始次暂态电流，通常采用叠加原理计算。可分解为对正常分量和故障分量的计算，最后叠加在一起。在计算中，根据对正常分量采取的处理方法不同，分为基于潮流的三相短路计算和简化的实用计算。其中，基于潮流的三相短路计算是根据系统正常运行方式通过潮流计算求得各节点的正常电压 $\dot{U}_{k|0|}$；而简化的实用计算是忽略负荷，取各节点的正常电压 $\dot{U}_{k|0|}=1$，各支路电流 $\dot{I}_{ij|0|}=0$。两种方法对故障分量的计算就步骤和方法而言是一样的，只是对负荷的处理不同。

计算故障分量的等效网络［见图 8－24（c）］，可以利用潮流计算用的等效电路，在各发电机节点上接上电抗为 x''_{d} 的接地支路，在各负荷节点上接入代表负荷的接地阻抗 z_{LD}（在简化的实用计算中没有此阻抗）而形成。直接连于短路点的大型电动机或综合负荷所提供的起始次暂态电流可另行单独处理。该计算网络中，只有短路点处有电源，电压为 $-\dot{U}_{f|0|}$，

注入电流为$-\dot{I}_f$，而其他节点注入电流都为零。

对于故障分量网络，一般用节点电压方程描述，可采用节点阻抗矩阵或节点导纳矩阵表示。

1. 采用节点阻抗矩阵的计算方法

如果已形成了故障分量网络的节点阻抗矩阵，可得节点电压方程为

$$\begin{bmatrix} \Delta\dot{U}_1 \\ \vdots \\ \Delta\dot{U}_f \\ \vdots \\ \Delta\dot{U}_n \end{bmatrix} = \begin{bmatrix} Z_{11} & \cdots & Z_{1f} & \cdots & Z_{1n} \\ \cdots & \cdots & \cdots & \cdots & \cdots \\ Z_{f1} & \cdots & Z_{ff} & \cdots & Z_{fn} \\ \cdots & \cdots & \cdots & \cdots & \cdots \\ Z_{n1} & \cdots & Z_{nf} & \cdots & Z_{nn} \end{bmatrix} \begin{bmatrix} 0 \\ \vdots \\ -\dot{I}_f \\ \vdots \\ 0 \end{bmatrix} = \begin{bmatrix} Z_{1f} \\ \vdots \\ Z_{ff} \\ \vdots \\ Z_{nf} \end{bmatrix} (-\dot{I}_f) \tag{8-87}$$

对于短路点 f 有

$$\Delta\dot{U}_f = -\dot{U}_{f|0|} = Z_{ff}(-\dot{I}_f)$$

可求得短路点的短路电流

$$\dot{I}_f = \frac{\dot{U}_{f|0|}}{Z_{ff}} \tag{8-88}$$

将 $\dot{I}_f$ 代入式（8－87）可求得各节点电压的故障分量。例如，节点 k 有

$$\Delta\dot{U}_k = -Z_{kf}\dot{I}_f \tag{8-89}$$

各节点短路后的电压为

$$\dot{U}_k = \dot{U}_{k|0|} + \Delta\dot{U}_k, k = 1,2,\cdots,n \tag{8-90}$$

任一支路 $i-j$ 的电流为

$$\dot{I}_{ij} = \frac{\dot{U}_i - \dot{U}_j}{z_{ij}} \tag{8-91}$$

式中：z_{ij} 为 $i-j$ 支路的阻抗。

采用节点阻抗矩阵计算起始次暂态电流的步骤总结如下：

（1）形成计算故障分量用等效网络的节点阻抗矩阵。

（2）应用式（8－88）计算 $\dot{I}_f$。

（3）应用式（8－90）计算各节点的电压。

（4）应用式（8－91）计算各支路的起始次暂态电流。

由上可见，只要形成了节点阻抗矩阵，计算 f 点三相短路电流时，只需节点阻抗矩阵的第 f 列元素，计算容易，工作量也不大。但形成节点阻抗矩阵的工作量较大，网络变化时对其修改也较麻烦，而且是满矩阵，当网络节点数增加时，形成该矩阵所需机时和存储容量将大为增加，这就限制了计算系统的规模。由于节点导纳矩阵易于形成，网络结构变化时也容易修改，而且该矩阵是很稀疏的。因此，常采用先形成计算网络的节点导纳矩阵，再求节点阻抗矩阵中与短路点对应的一列阻抗元素。

2. 采用节点导纳矩阵的计算方法

根据节点阻抗矩阵元素的定义，当仅在短路点 f 注入单位电流，其他节点注入电流均为零时，短路点的电压即为它的自阻抗，其他节点的电压即为该节点与短路点间的互阻抗。因此，由导纳矩阵表示的节点电压方程式（8－92）所求的电压即为节点阻抗矩阵中第 f 列阻抗元素。

$$\begin{bmatrix} Y_{11} & \cdots & Y_{1f} & \cdots & Y_{1n} \\ \vdots & \vdots & \vdots & \vdots & \vdots \\ Y_{f1} & \cdots & Y_{ff} & \cdots & Y_{fn} \\ \vdots & \vdots & \vdots & \vdots & \vdots \\ Y_{n1} & \cdots & Y_{nf} & \cdots & Y_{nn} \end{bmatrix} \begin{bmatrix} \dot{U}_1 \\ \vdots \\ \dot{U}_f \\ \vdots \\ \dot{U}_n \end{bmatrix} = \begin{bmatrix} 0 \\ \vdots \\ 1 \\ \vdots \\ 0 \end{bmatrix} \tag{8-92}$$

节点阻抗矩阵中第 f 列阻抗元素为：

$$Z_{if} = \dot{U}_i \qquad (i = 1, 2, \cdots, f, \cdots, n) \tag{8-93}$$

计算出这些节点阻抗元素后，就可按前述节点阻抗矩阵的计算方法计算起始次暂态电流。

对式（8 - 92）的求解多采用高斯消去法进行，它包括消去和回代两个计算过程。在对某一电力系统进行短路分析时，往往要对一批节点逐个进行三相短路计算，需要反复求解式（8 - 92）。当短路点位置变化时，式（8 - 92）中的节点电流向量（即常数项）相应地变化。为了减小计算工作量，可先将节点导纳矩阵进行三角分解（或形成其因子表）并存储起来。在计算不同节点三相短路时，直接利用因子表进行计算。

二、任意时刻短路电流周期分量的计算

若采用本章第五节介绍的方法分析计算电力系统短路后 t 时刻的短路电流周期分量将会非常复杂。为此，在工程实用计算中，多应用运算曲线进行计算。

（一）运算曲线

在发电机参数和初始运行状态给定的情况下，短路电流将只是短路点距发电机的电气距离（用从短路点到发电机端的外电抗 x_e 表示）和时间 t 的函数。以发电机额定值为基准值的外电抗标幺值和发电机电抗标幺值之和定义为计算电抗 x_c，即 $x_c = x''_d + x_e$。这样，短路电流周期分量的标幺值可表示为：

$$I_f(t) = g(x_c, t)$$

反映这一函数关系的一组曲线就称为运算曲线。在曲线绘制时，对于不同的时间 t，以计算电抗 x_c为横坐标，该时刻的 I_f 为纵坐标，连成曲线。运算曲线也常作成数字表，便于计算机程序实现。

对于不同的发电机，由于其参数不相同，其运算曲线是不同的。为了使运算曲线具有通用性，制作运算曲线所用的参数是根据我国常用的各种容量汽轮发电机和水轮发电机参数，分别用概率统计方法计算得到的相应的“标准参数”。制作出两种类型的运算曲线，即汽轮发电机运算曲线和水轮机运算曲线，如附录所示。因此，可用这些运算曲线来计算具有不同容量、参数发电机的电力系统三相短路电流。只有当实际发电机的参数与“标准参数”有较大差别时，才考虑对所得的周期电流进行修正。

运算曲线只作到 $x_c = 3.45$ 为止。当 $x_c \geqslant 3.45$ 时，可以近似地认为短路周期电流的幅值已不随时间而变，直接按下式计算即可：

$$I_{fi} = \frac{1}{x_{ci}} \tag{8-94}$$

由于在制作运算曲线时，计及了强行励磁和负荷的影响。因此，在应用运算曲线计算时，应略去负荷，至于短路点附近的大容量异步电动机和综合负荷，它们提供的短路电流衰减很快，通常只考虑对短路点起始次暂态电流的影响。

（二）运算曲线的应用

应用运算曲线计算电力系统三相短路电流周期分量的步骤如下。

1. 元件参数的计算与等效网络的制定

(1) 选取基准功率 S_B 和电压基准电压 $U_B=U_{av}$（各电压级电压基准值选各自的平均额定电压）；

(2) 发电机用 x''_d 表示，略去网络中各元件的电阻、线路电容支路和变压器的励磁支路；

(3) 略去负荷；

(4) 采用近似计算法计算各元件电抗的标幺值。

2. 网络化简，计算各电源对短路点的转移电抗

保留短路点和所有电动势源点，通过网络化简将其他节点消去后，形成以短路点为中心的星形等效电路。此电路中，各电动势源点与短路点间的电抗就是各电源对短路点的转移电抗，即 x_{if} $(i=1, 2, \cdots, g)$，g 为电动势源点数。

3. 求各电源的计算电抗

转移电抗是系统基准值下的标幺值，而计算电抗是以发电机额定值为基准值的标幺值。因此，需将各转移电抗换算为按发电机额定值为基准值的标幺值，计算公式如下

$$x_{ci} = x_{if}\frac{S_{Ni}}{S_B} \qquad (i=1,2,\cdots,g) \tag{8-95}$$

式中：x_{ci}为电源 i 的计算电抗；x_{if}为电源 i 对短路点的转移电抗；S_{Ni}为发电机 i 的额定容量；S_B 为系统基准容量。

4. 查运算曲线，得到以发电机额定容量为基准值的周期分量电流标幺值

根据计算电抗和指定的时刻 t 查运算曲线，得到对应的 I_{fit} 值。如果计算电抗 $x_{ci}>3$，按无限大功率电源处理，其提供的短路电流周期分量为 $1/x_{ci}$。

5. 求各周期分量有名值之和，得短路点的周期分量电流

由运算曲线所得到的是以各发电机额定容量为基准值的周期分量电流标幺值，因此短路点的周期电流不能直接将它们相加，而是先转换成有名值后求和得到，即

$$I_{ft} = \sum_{i=1}^{g} I_{fit}\frac{S_{Ni}}{\sqrt{3}U_{av}} \tag{8-96}$$

式中：U_{av}应取短路处电压级的平均额定电压。

实际电力系统中发电机数目很多，如果每一台发电机都作为一个电源计算，则计算工作量很大，而且也没有必要。为减少发电机台数，可将短路电流变化规律大体相同的发电机合并成一台等效机，等效机的容量为各发电机容量之和。在化简中，可将与短路点的电气距离相差不大、容量相当的同类型发电机合并；当短路点的电气距离很大时，甚至不同类型的发电机也可以合并。这是因为随着电气距离的增大，汽轮发电机和水轮发电机短路电流的变化规律趋于一致。对于无限大功率电源或系统应该单独计算，因为它所提供的短路电流周期分量是不衰减的。

【例 8-7】 如图 8-26 所示为某 4×300MW 发电厂的电气系统图，元件的技术数据已知如下。发电机 G1～G4：300MW，$\cos\varphi=0.85$，$x''_d=0.17$，$U_N=18$kV；变压器 T1、T2：360MVA，18/525kV，$U_S\%=16$；T3、T4：360MVA，18/242kV，$U_S\%=14$；T（自耦变压器）：500MVA，$\frac{500}{\sqrt{3}}/\frac{242}{\sqrt{3}}/35$kV，$U_{S1-2}\%=11$，$U_{S1-3}\%=34$，$U_{S2-3}\%=21.2$；T5（低压分裂绕组变压器）：40/20/20，18/6.3kV，$U'_{S1-2}\%=15$（半穿越电抗），分裂数 $k_f=3.5$；

系统 S1、S2：无穷大容量，系统对 500kV 的短路电抗标幺值 $x_{S1}=0.1035$（基准容量 1000MVA），对 220kV 的短路电抗标幺值 0.288（基准容量 1000MVA）。求分别在 f_1、f_2 和 f_3 处发生三相短路情况下 $t=0$s 和 $t=0.2$s 时的短路电流。

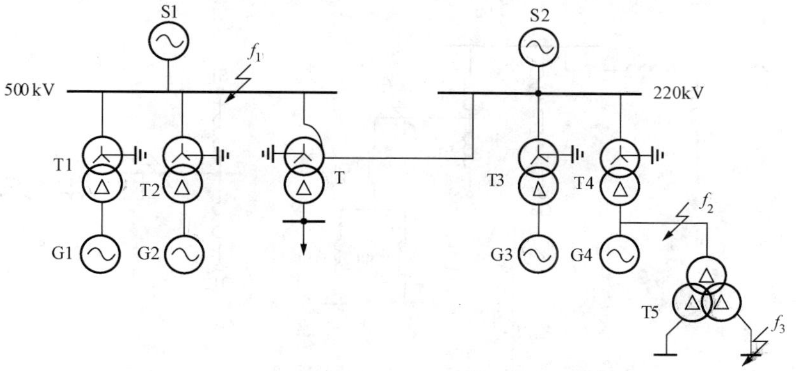

图 8-26　例 8-7 的发电厂电气系统图

解：（1）建立等效电路。

设 $S_B=1000$MVA，$U_B=U_{av}$，参数计算如下：

发电机 G1～G4：$x_{G1}=x_{G2}=x_{G3}=x_{G4}=x''_d\dfrac{S_B}{S_N}=0.17\times\dfrac{1000}{300/0.85}=0.482$

变压器 T1、T2：$x_{T1}=x_{T2}=\dfrac{U_s\%}{100}\dfrac{S_B}{S_N}=\dfrac{16}{100}\times\dfrac{1000}{360}=0.444$

变压器 T3、T4：$x_{T3}=x_{T4}=\dfrac{U_s\%}{100}\dfrac{S_B}{S_N}=\dfrac{14}{100}\times\dfrac{1000}{360}=0.389$

变压器 T：$x_{TI}=\dfrac{1}{2}(U_{S1-2}\%+U_{S1-3}\%-U_{S2-3}\%)\dfrac{1}{100}\dfrac{S_B}{S_N}=\dfrac{1}{2}(11+34-21.2)\times\dfrac{1}{100}\times\dfrac{1000}{500}$

$=0.238$

$x_{TII}=\dfrac{1}{2}(U_{S1-2}\%+U_{S2-3}\%-U_{S1-3}\%)\dfrac{1}{100}\dfrac{S_B}{S_N}=\dfrac{1}{2}(11+21.2-34)\times\dfrac{1}{100}\times\dfrac{1000}{500}$

$=-0.018$

$x_{TIII}=\dfrac{1}{2}(U_{S1-3}\%+U_{S2-3}\%-U_{S1-2}\%)\dfrac{1}{100}\dfrac{S_B}{S_N}=\dfrac{1}{2}(34+21.2-11)\times\dfrac{1}{100}\times\dfrac{1000}{500}$

$=0.442$

变压器 T5：分裂变压器的半穿越电抗 $U'_{S1-2}\%$ 是指高压绕组与一个低压绕组间的穿越电抗；分裂变压器的穿越电抗 $U_{S1-2}\%$ 是指高压绕组与总的低压绕组间的穿越电抗。

且有

$$U_{S1-2}\%=\frac{U'_{S1-2}\%}{1+\dfrac{K_f}{4}}=\frac{15}{1+\dfrac{3.5}{4}}=8$$

$$x_{T5I}=\frac{U_{S1-2}\%}{100}\left(1-\frac{K_f}{4}\right)\frac{S_B}{S_N}=\frac{8}{100}\times\left(1-\frac{3.5}{4}\right)\times\frac{1000}{40}=0.25$$

$$x'_{T5II}=x'_{T5III}=\frac{1}{2}K_f\frac{U_{S1-2}\%}{100}\frac{S_B}{S_N}=\frac{1}{2}\times3.5\times\frac{8}{100}\times\frac{1000}{40}=3.5$$

系统 S1、S2：$x_{S1}=0.1035$，$x_{S2}=0.288$

所建立的系统等效电路如图 8 - 27（a）所示。

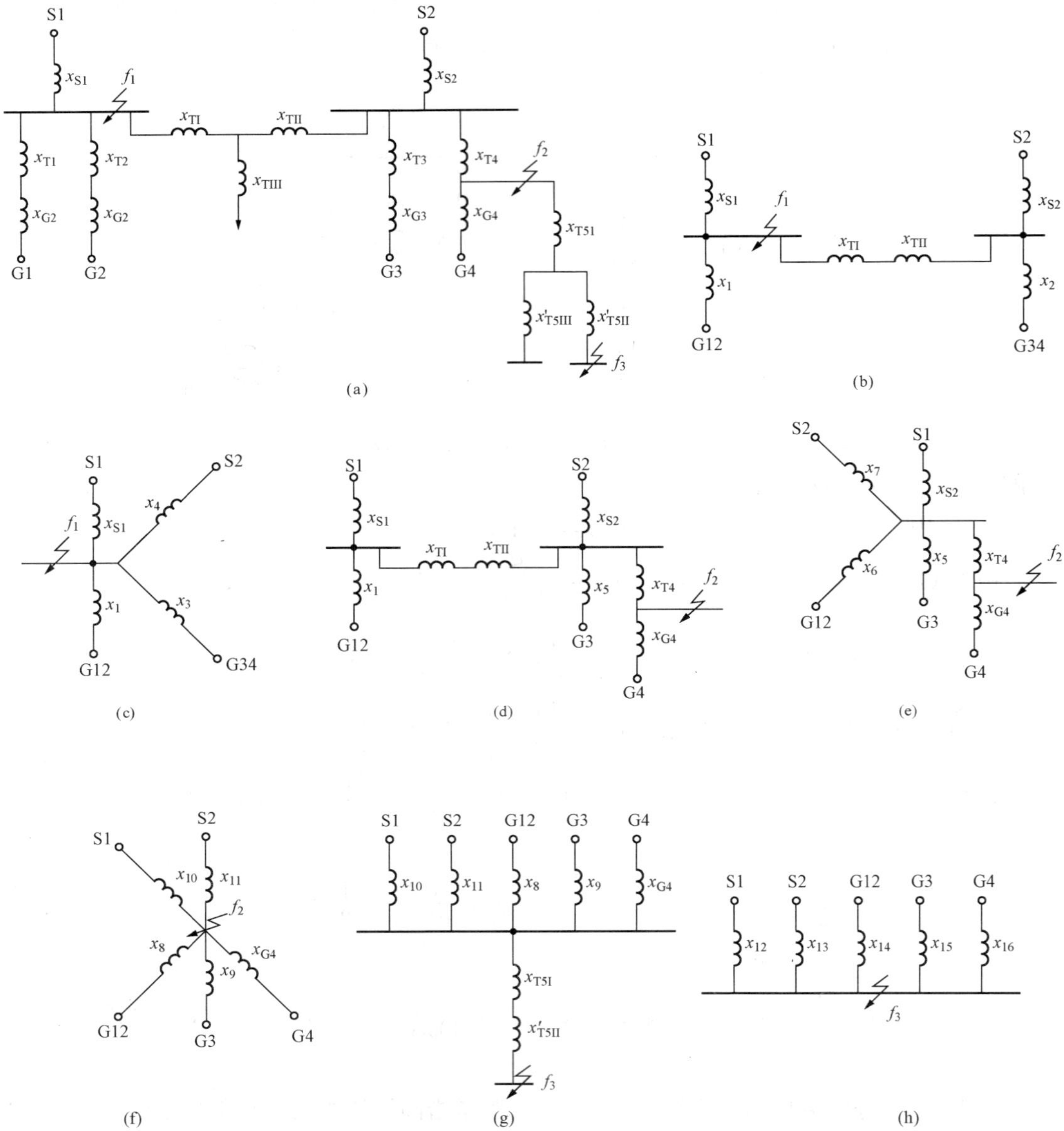

图 8 - 27　等效电路及化简过程

（2）f_1 短路时等效电路的化简及短路电流的计算。化简过程如图 8 - 27（b）、8 - 27（c）所示，图 8 - 27（b）中

$$x_1 = \frac{1}{2}(x_{G1} + x_{T1}) = \frac{1}{2}(0.482 + 0.444) = 0.463$$

$$x_2 = \frac{1}{2}(x_{G3} + x_{T3}) = \frac{1}{2}(0.482 + 0.389) = 0.436$$

图 8 - 27（c）中

$$x_3 = x_2 + (x_{TI} + x_{TII}) + \frac{x_2(x_{TI} + x_{TII})}{x_{S2}}$$

$$= 0.436 + (0.238 - 0.018) + \frac{0.436 \times (0.238 - 0.018)}{0.288}$$

$$= 0.989$$

$$x_4 = x_{S2} + (x_{TI} + x_{TII}) + \frac{x_{S2}(x_{TI} + x_{TII})}{x_2}$$

$$= 0.288 + (0.238 - 0.018) + \frac{0.288 \times (0.238 - 0.018)}{0.436}$$

$$= 0.654$$

计算运算电抗：

$$x_{c12} = x_1 \frac{S_N}{S_B} = 0.463 \times \frac{600/0.85}{1000} = 0.327$$

$$x_{c34} = x_3 \frac{S_N}{S_B} = 0.989 \times \frac{600/0.85}{1000} = 0.698$$

查运算曲线，可得

$$I''_{12} = 3.27, I''_{34} = 1.47; I_{12,0.2} = 2.6, I_{34,0.2} = 1.33$$

其短路电流有名值为

$$I''_{f1} = I''_{12}\frac{S_{N12}}{\sqrt{3}U_{av}} + I''_{34}\frac{S_{N34}}{\sqrt{3}U_{av}} + I_{S1}\frac{S_{S1N}}{\sqrt{3}U_{av}} + I_{S2}\frac{S_{S2N}}{\sqrt{3}U_{av}}$$

$$= \left(3.27 \times \frac{600/0.85}{\sqrt{3} \times 525} + 1.47 \times \frac{600/0.85}{\sqrt{3} \times 525} + \frac{1}{0.1035} \times \frac{1000}{\sqrt{3} \times 525} + \frac{1}{0.654} \times \frac{1000}{\sqrt{3} \times 525}\right) \text{kA}$$

$$= 15.99 \text{ (kA)}$$

$$I_{f1,0.2} = 2.6 \times \frac{600/0.85}{\sqrt{3} \times 525} + 1.33 \times \frac{600/0.85}{\sqrt{3} \times 525} + \frac{1}{0.1035} \times \frac{1000}{\sqrt{3} \times 525} + \frac{1}{0.654} \times \frac{1000}{\sqrt{3} \times 525}$$

$$= 15.36 \text{(kA)}$$

（3）f_2 短路时等效电路的化简及短路电流的计算。其化简过程如图 8-27（d）、图 8-27（e）、图 8-27（f）所示。图 8-27（d）中

$$x_5 = x_{T3} + x_{G3} = 0.482 + 0.389 = 0.871$$

图 8-27（e）中，有

$$x_6 = x_1 + (x_{TI} + x_{TII}) + \frac{x_1(x_{TI} + x_{TII})}{x_{S1}}$$

$$= 0.463 + (0.238 - 0.018) + \frac{0.463 \times (0.238 - 0.018)}{0.1035}$$

$$= 1.667$$

$$x_7 = x_{S1} + (x_{TI} + x_{TII}) + \frac{x_{S1}(x_{TI} + x_{TII})}{x_1}$$

$$= 0.1035 + (0.238 - 0.018) + \frac{0.1035 \times (0.238 - 0.018)}{0.463}$$

$$= 0.373$$

采用星角变换，可得图 8-27（f）中的电抗：

$$\sum Y = \frac{1}{x_5} + \frac{1}{x_6} + \frac{1}{x_7} + \frac{1}{x_{S2}} + \frac{1}{x_{T4}}$$

$$=\frac{1}{0.871}+\frac{1}{1.667}+\frac{1}{0.373}+\frac{1}{0.288}+\frac{1}{0.389}$$

$$=10.47$$

$$x_8=x_6x_{T4}\sum Y=1.667\times0.389\times10.47=6.789$$

$$x_9=x_5x_{T4}\sum Y=0.871\times0.389\times10.47=3.547$$

$$x_{10}=x_7x_{T4}\sum Y=0.373\times0.389\times10.47=1.519$$

$$x_{11}=x_{S2}x_{T4}\sum Y=0.288\times0.389\times10.47=1.173$$

计算运算电抗，可得

$$x_{c12}=x_8\frac{S_N}{S_B}=6.789\times\frac{600/0.85}{1000}=4.792$$

$$x_{c3}=x_9\frac{S_N}{S_B}=3.547\times\frac{300/0.85}{1000}=1.252$$

$$x_{c4}=x_{G4}\frac{S_N}{S_B}=0.482\times\frac{300/0.85}{1000}=0.170$$

查运算曲线，得

$$I''_{12}=\frac{1}{4.792}=0.208;I''_3=0.81;I''_4=6.38$$

$$I_{12,0.2}=\frac{1}{4.792}=0.208;I_{3,0.2}=0.74;I_{4,0.2}=4.18$$

求短路电流有名值；

$$I''=\left(0.208\times\frac{600/0.85}{\sqrt{3}\times18.9}+0.81\times\frac{300/0.85}{\sqrt{3}\times18.9}+6.38\times\frac{300/0.85}{\sqrt{3}\times18.9}+\frac{1}{1.519}\times\frac{1000}{\sqrt{3}\times18.9}\right.$$
$$\left.+\frac{1}{1.173}\times\frac{1000}{\sqrt{3}\times18.9}\right)$$
$$=128.16(\text{kA})$$

$$I_{0.2}=\left(0.208\times\frac{600/0.85}{\sqrt{3}\times18.9}+0.74\times\frac{300/0.85}{\sqrt{3}\times18.9}+4.18\times\frac{300/0.85}{\sqrt{3}\times18.9}+\frac{1}{1.519}\times\frac{1000}{\sqrt{3}\times18.9}\right.$$
$$\left.+\frac{1}{1.173}\times\frac{1000}{\sqrt{3}\times18.9}\right)$$
$$=103.69(\text{kA})$$

（4）f_3 短路时等效电路的化简及短路电流的计算。由图 8－27（f）可以化简到图 8－27（g）、图 8－27（h），图中参数计算如下：

$$\sum Y=\frac{1}{x_{10}}+\frac{1}{x_{11}}+\frac{1}{x_8}+\frac{1}{x_9}+\frac{1}{x_{G4}}+\frac{1}{x_{T5I}+x'_{T5II}}$$

$$=\frac{1}{1.519}+\frac{1}{1.173}+\frac{1}{6.789}+\frac{1}{3.547}+\frac{1}{0.482}+\frac{1}{3.75}$$

$$=4.282$$

$$x_{12}=x_{10}\ (x_{T5I}+x'_{T5II})\ \sum Y=1.519\times3.75\times4.282=24.391$$

$$x_{13}=x_{11}\ (x_{T5I}+x'_{T5II})\ \sum Y=1.173\times3.75\times4.282=18.835$$

$$x_{14}=x_8\ (x_{T5I}+x'_{T5II})\ \sum Y=6.789\times3.75\times4.282=109.014$$

$$x_{15}=x_9\ (x_{T5I}+x'_{T5II})\ \sum Y=3.547\times3.75\times4.282=56.955$$

$$x_{16}=x_{G4}\ (x_{T5\,\mathrm{I}}+x'_{T5\,\mathrm{II}})\ \sum Y=0.482\times3.75\times4.282=7.739$$

计算运算电抗，得

$$x_{c12}=109.014\times\frac{600/0.85}{1000}=79.95$$

$$x_{c3}=56.955\times\frac{300/0.85}{1000}=20.11$$

$$x_{c4}=7.739\times\frac{300/0.85}{1000}=2.731$$

对于 x_{c4}，查运算曲线得

$$I''_4=0.37;I_{4,0.2}=0.35$$

$$\begin{aligned}I''=&\frac{1}{79.95}\times\frac{600/0.85}{\sqrt{3}\times6.3}+\frac{1}{20.11}\times\frac{300/0.85}{\sqrt{3}\times6.3}+0.37\times\frac{300/0.85}{\sqrt{3}\times6.3}+\frac{1}{24.391}\times\frac{1000}{\sqrt{3}\times6.3}\\&+\frac{1}{18.835}\times\frac{1000}{\sqrt{3}\times6.3}\\=&23.00(\mathrm{kA})\end{aligned}$$

$$\begin{aligned}I_{0.2}=&\frac{1}{79.95}\times\frac{600/0.85}{\sqrt{3}\times6.3}+\frac{1}{20.11}\times\frac{300/0.85}{\sqrt{3}\times6.3}+0.35\times\frac{300/0.85}{\sqrt{3}\times6.3}+\frac{1}{24.391}\times\frac{1000}{\sqrt{3}\times6.3}\\&+\frac{1}{18.835}\times\frac{1000}{\sqrt{3}\times6.3}\\=&22.37(\mathrm{kA})\end{aligned}$$

习　　题

8-1　某变压器接在无限大功率电源上，以其额定条件为基准的电阻和电抗标幺值为 $R=0.02$，$X=0.4$，变压器低压侧发生三相短路，试求：

（1）短路前变压器空载运行，且 A 相电源电压在初相角为30°时发生三相短路，求 A 相短路全电流的表达式。

（2）短路前变压器空载运行，且 A 相非周期分量电流初始值为零或最大时发生短路，求 B、C 相非周期分量电流的瞬时值。

（3）短路前变压器满载运行，功率因数为 0.85，计算 A 相最大非周期分量初始值。

8-2　某台发电机短路前空载，其技术数据为：$S_N=62.5\mathrm{MVA}$，$U_N=10.5\mathrm{kV}$，$x_d=1.8$，$x''_d=0.12$。发电机经一外电抗为 $X=0.6$ 发生三相短路，试求发电机向短路点提供的起始次暂态电流和稳态电流的有名值。

8-3　某同步发电机短路前在额定端电压、额定负荷、$\cos\varphi=0.8$ 的情况下运行，已知发电机额定情况下的电抗标幺值为 $x_d=1.1$，$x_q=1.08$，$x'_d=0.23$，$x''_d=0.12$，$x''_q=0.15$。当机端发生三相短路时，试以端电压为参考向量，求：

（1）短路前瞬间的 $E_{q|0|}$，$E'_{q|0|}$，$E''_{q|0|}$，$E''_{d|0|}$，$E'_{|0|}$，$E''_{|0|}$；

（2）短路后瞬间的 E'_{q0}，E''_{q0}，E''_{d0} 及对应的 I'_d，I''_d，I''_q，I_∞，I' 及 I''。

8-4　某发电机参数为：$S_N=353\mathrm{MVA}$，$U_N=20\mathrm{kV}$，$x_d=1.80$，$x'_d=0.229$，$x''_d=0.174$，$x_q=1.75$，$x''_q=0.172$，$T''_d=0.04\mathrm{s}$，$T'_d=0.97\mathrm{s}$，$T_a=0.22\mathrm{s}$，在空载额定电压下，

机端突然三相短路，短路瞬间 $\theta_0=30°$，试写出三相短路电流的表达式。

8-5 如图 8-28 所示的电力系统中，元件的技术数据已知如下。发电机 G：100MW，$\cos\varphi=0.85$，10.5kV，$x_d''=0.24$；变压器 T1：120MVA，$U_s\%=10.5$，121/10.5kV；变压器 T2：63MVA，$U_s\%=10.5$，110/6.6kV；线路 L1：$x_1=0.4\Omega/\text{km}$，$l_1=100\text{km}$；线路 L2：$x_1=0.08\Omega/\text{km}$，$l_2=20\text{km}$；电抗器 R：6kV，0.4kA，$X_R\%=6$；求 f 点三相短路电流 I'' 及冲击电流 i_M。

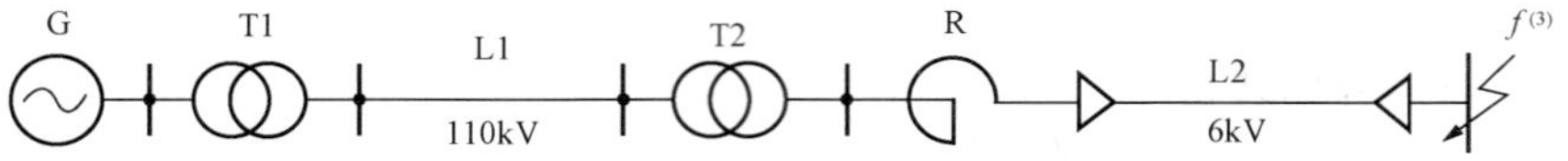

图 8-28 题 8-5 图

8-6 如图 8-29 所示的电力系统中，元件的技术数据已知如下。发电机 G1：200MW，$\cos\varphi=0.85$，15.75kV，$x_d''=0.14$，$E''=1.05$；发电机 G2：300MW，$\cos\varphi=0.85$，18kV，$x_d''=0.19$，$E''=1.05$；变压器 T1：240MVA，$U_s\%=14$，242/15.75kV；变压器 T2：360MVA，$U_s\%=14$，242/18kV；线路 L：$x_1=0.418\Omega/\text{km}$，$l=80\text{km}$。求 f 点三相短路电流 I'' 及冲击电流 i_M。

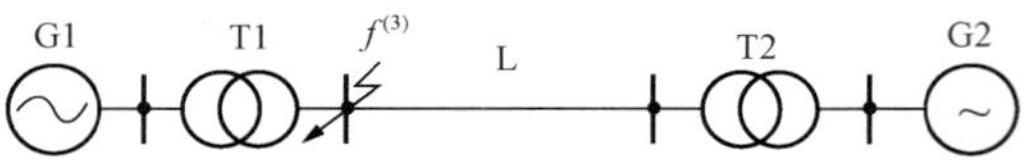

图 8-29 题 8-6 图

8-7 如图 8-30 所示的简单电力系统，不计负荷影响，各元件标幺参数如图 8-30 所示，试分别计算下列情况下 f 点发生三相短路时的起始次暂态电流、冲击电流和短路容量。

（1）线路 L3 断开时；

（2）线路 L3 投入时。

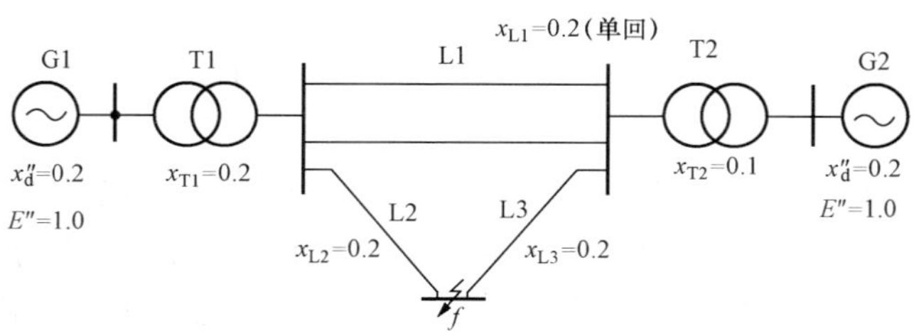

图 8-30 题 8-7 图

8-8 如图 8-31 所示的电力系统，其各元件的技术数据已知如下。发电机 G1、G2：30MVA，$x_d''=0.12$，$E''=1.05$；变压器 T1、T2：31.5MVA，$U_s\%=10.5$；T3：20MVA，$U_s\%=10.5$；T4：7.5MVA，$U_s\%=10.5$；线路 L1、L2、L3：$x_1=0.4\Omega/\text{km}$；负荷 LD1：18MVA；LD2：6MVA。已知 f_2 点三相短路时，断路器 QF 的开断容量为 1130MVA。系统电动势 $E''=1.05$，负荷以额定标幺电抗 0.35、电动势 0.8 计入，$K_M=1.8$，$K_{MLD}=1.0$。求在 f_1 点发生三相短路时的起始次暂态短路电流和冲击电流。

8-9 某中型发电厂电气系统如图 8-32 所示，其各元件的技术数据如下。发电机 G1～G4：100MW，$\cos\varphi=0.85$，$x_d''=0.24$，$U_N=10.5\text{kV}$；变压器 T1、T2：120MVA，242/10.5kV，$U_s\%=10.5$；变压器 T3：120MVA，242/121/10.5kV，$U_{s1-2}\%=23$，$U_{s1-3}\%=14$，$U_{s2-3}\%=8$；变压器 T4：120MVA，121/10.5kV，$U_s\%=10.5$；系统 S1：2000MVA，以系统额定容量为功率基准的标幺值 $x_{s1}=1.0$；系统 S2：1000MVA，以系统额定容量为功率基准的标幺值 $x_{s2}=0.5$。f_1、f_2、f_3 点分别发生三相短路时，试求：

（1）次暂态短路电流和冲击电流；

（2）0.2s 时的短路电流。

8－10　某500kV变电所如图8－33所示，变压器T1、T2电抗标幺值（基准功率 $S_B=1000$MVA）为 $X_{T\,I}=0.168$、$X_{T\,II}=-0.011$，$X_{T\,III}=0.381$。500kV系统容量18000MVA，500kV母线三相短路时本系统提供的短路容量为17000MVA；220kV系统容量为10000MVA，220kV母线三相短路时本系统提供的短路容量为8368MVA，求变电所35kV母线三相短路 $t=0.01$s时的短路电流。

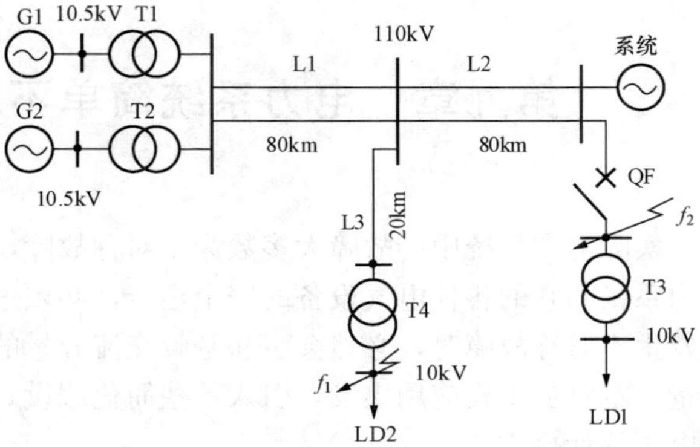

图8－31　题8－8图

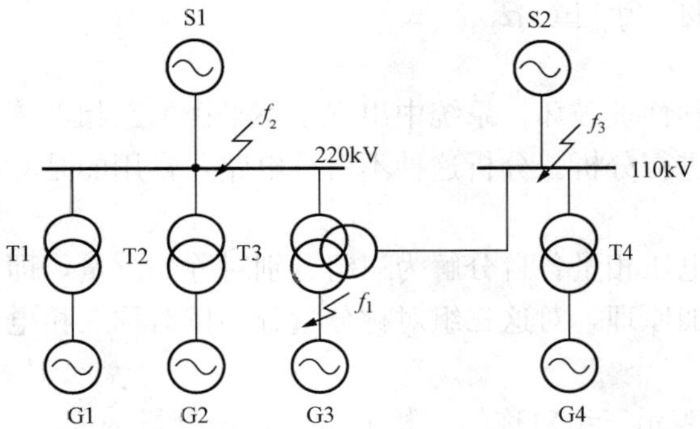

图8－32　题8－9图

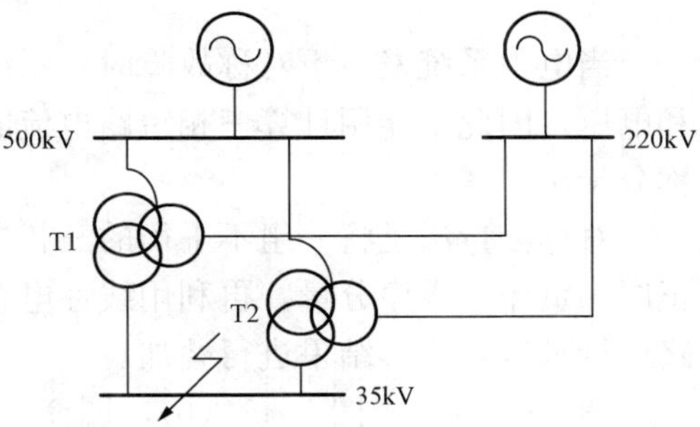

图8－33　题8－10图

第九章　电力系统简单不对称故障的分析计算

实际电力系统中的故障大多数为不对称故障，包括不对称短路和不对称断线。为了保证电力系统和它的各种电气设备的安全运行，必须进行各种不对称故障的分析和计算。电力系统发生不对称故障时，必然会引起基频交流分量的变化，并产生直流自由分量及一系列谐波分量。本章从工程应用出发，引入一些简化假设，介绍不对称故障时系统基频交流分量电流和电压的计算方法。

第一节　对 称 分 量 法

当电力系统发生不对称故障时，系统的对称性被破坏，系统中出现了不平衡的三相电流和电压，因此不能用计算三相短路电流的方法进行分析。分析这种不对称电路，常用的是对称分量法。

对称分量法是将一组不平衡的三相电流和电压相量各自分解为三组分别对称的分量，即正序、负序、零序分量，再利用线性电路的叠加原理，对这三组对称分量分别按对称三相电路进行求解，将其结果进行叠加。

图 9 - 1 (a)、图 9 - 1 (b)、图 9 - 1 (c) 表示三组对称的三相分量。正序分量为 $\dot{F}_{a(1)}$、$\dot{F}_{b(1)}$、$\dot{F}_{c(1)}$，它们大小相等，相位差 120°，相序与系统正常运行时相同；负序分量为 $\dot{F}_{a(2)}$、$\dot{F}_{b(2)}$、$\dot{F}_{c(2)}$，它们大小相等，相位差 120°，相序与正序相反；零序分量 $\dot{F}_{a(0)}$、$\dot{F}_{b(0)}$、$\dot{F}_{c(0)}$ 大小相等，相位相同。图 9 - 1 (d) 表示三组对称分量分别按相叠加，得到一组不对称的三相相量 $\dot{F}_a$、$\dot{F}_b$、$\dot{F}_c$，其数学表达式为：

$$\left.\begin{aligned}\dot{F}_a &= \dot{F}_{a(1)} + \dot{F}_{a(2)} + \dot{F}_{a(0)}\\ \dot{F}_b &= \dot{F}_{b(1)} + \dot{F}_{b(2)} + \dot{F}_{b(0)}\\ \dot{F}_c &= \dot{F}_{c(1)} + \dot{F}_{c(2)} + \dot{F}_{c(0)}\end{aligned}\right\} \tag{9-1}$$

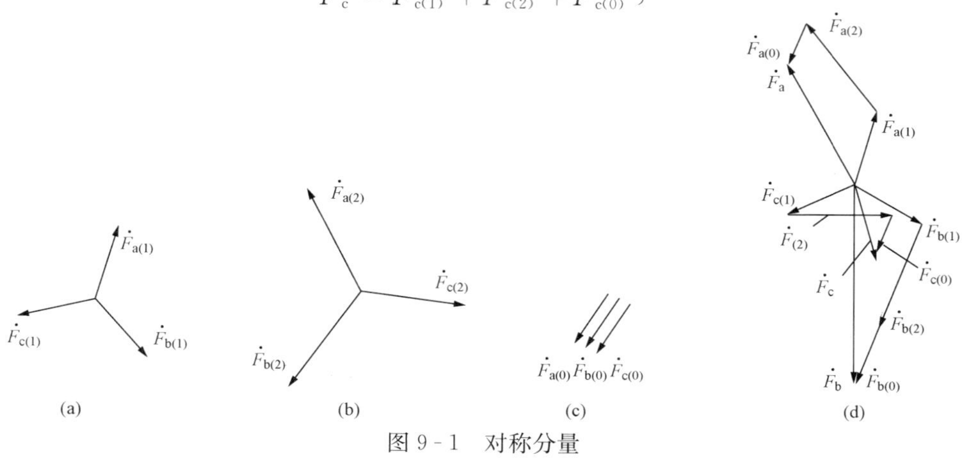

图 9 - 1　对称分量

(a)、(b)、(c) 三组对称的三相分量；(d) 三相对称分量叠加

引入算子 $a=e^{j120^\circ}=-\frac{1}{2}+j\frac{\sqrt{3}}{2}$；$a^2=e^{j240^\circ}=-\frac{1}{2}-j\frac{\sqrt{3}}{2}$，则式（9-1）变为

$$\left.\begin{aligned}\dot{F}_a&=\dot{F}_{a(1)}+\dot{F}_{a(2)}+\dot{F}_{a(0)}\\\dot{F}_b&=a^2\dot{F}_{a(1)}+a\dot{F}_{a(2)}+\dot{F}_{a(0)}\\\dot{F}_c&=a\dot{F}_{a(1)}+a^2\dot{F}_{a(2)}+\dot{F}_{a(0)}\end{aligned}\right\}\tag{9-2}$$

其矩阵形式为

$$\begin{bmatrix}\dot{F}_a\\\dot{F}_b\\\dot{F}_c\end{bmatrix}=\begin{bmatrix}1&1&1\\a^2&a&1\\a&a^2&1\end{bmatrix}\begin{bmatrix}\dot{F}_{a(1)}\\\dot{F}_{a(2)}\\\dot{F}_{a(0)}\end{bmatrix}\tag{9-3}$$

简写形式为

$$\boldsymbol{F}_P=\boldsymbol{T}\boldsymbol{F}_S\tag{9-4}$$

其中，矩阵 $\boldsymbol{T}$ 为变换矩阵。式（9-3）的逆关系为

$$\begin{bmatrix}\dot{F}_{a(1)}\\\dot{F}_{a(2)}\\\dot{F}_{a(0)}\end{bmatrix}=\frac{1}{3}\begin{bmatrix}1&a&a^2\\1&a^2&a\\1&1&1\end{bmatrix}\begin{bmatrix}\dot{F}_a\\\dot{F}_b\\\dot{F}_c\end{bmatrix}\tag{9-5}$$

其简写形式为

$$\boldsymbol{F}_S=\boldsymbol{T}^{-1}\boldsymbol{F}_P\tag{9-6}$$

式（9-3）和式（9-4）说明三组对称分量可以合成得到唯一的3个不对称分量；3个不对称分量可以分解得到唯一的三组对称分量。

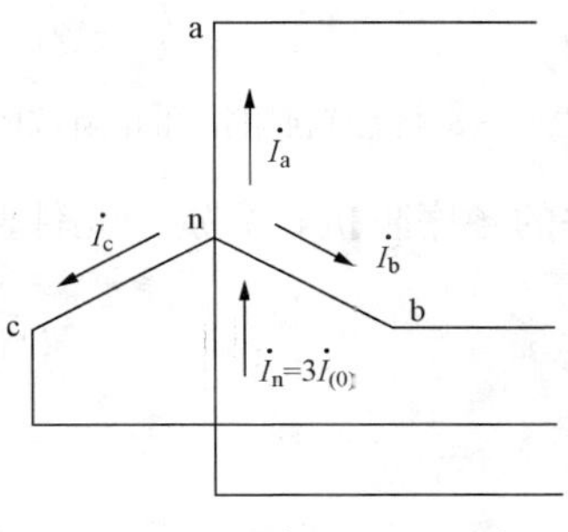

图9-2　零序电流的通路

由式（9-5）可知，若三相系统的三相相量之和为零，则对称的分量中无零序分量。由此可推出，三相系统的线电压（之和总为零）不含零序电压分量；三相系统为三角形接法或无中性线的星形接法（三相线电流之和总为零）无零序电流分量；三相系统为有中性线的星形接法（三相线电流之和有可能不为零）才有可能存在零序电流分量，即零序电流分量必须以中性线为回路，且中性线的零序电流为一相零序电流的3倍（见图9-2），即

$$\dot{I}_n=\dot{I}_a+\dot{I}_b+\dot{I}_c=3\dot{I}_{(0)}$$

第二节　对称分量法的应用

一、序阻抗的概念

如图9-3所示为一组三相参数完全对称的静止三相电路，每一相自阻抗为 z_s，相间互阻抗为 z_m。当电路中通过不对称的三相电流时，三相电压降为

$$\begin{bmatrix}\Delta\dot{U}_a\\\Delta\dot{U}_b\\\Delta\dot{U}_c\end{bmatrix}=\begin{bmatrix}z_s&z_m&z_m\\z_m&z_s&z_m\\z_m&z_m&z_s\end{bmatrix}\begin{bmatrix}\dot{I}_a\\\dot{I}_b\\\dot{I}_c\end{bmatrix}\tag{9-7}$$

简写为

$$\Delta\boldsymbol{U}_P=\boldsymbol{Z}_P\boldsymbol{I}_P\tag{9-8}$$

将式（9-8）的三相电压降和三相电流用式（9-4）变换为对称分量，得

$$\boldsymbol{T}\Delta\boldsymbol{U}_S = \boldsymbol{Z}_P\boldsymbol{T}\boldsymbol{I}_S$$

即

$$\Delta\boldsymbol{U}_S = \boldsymbol{T}^{-1}\boldsymbol{Z}_P\boldsymbol{T}\boldsymbol{I}_S = \boldsymbol{Z}_S\boldsymbol{I}_S \tag{9-9}$$

式中

$$\boldsymbol{Z}_S = \boldsymbol{T}^{-1}\boldsymbol{Z}_P\boldsymbol{T} = \begin{bmatrix} z_s - z_m & 0 & 0 \\ 0 & z_s - z_m & 0 \\ 0 & 0 & z_s + 2z_m \end{bmatrix} \tag{9-10}$$

将式（9-9）展开，得

$$\left.\begin{aligned} \Delta\dot{U}_{a(1)} &= (z_s - z_m)\dot{I}_{a(1)} = z_{(1)}\dot{I}_{a(1)} \\ \Delta\dot{U}_{a(2)} &= (z_s - z_m)\dot{I}_{a(2)} = z_{(2)}\dot{I}_{a(2)} \\ \Delta\dot{U}_{a(0)} &= (z_s + 2z_m)\dot{I}_{a(0)} = z_{(0)}\dot{I}_{a(0)} \end{aligned}\right\} \tag{9-11}$$

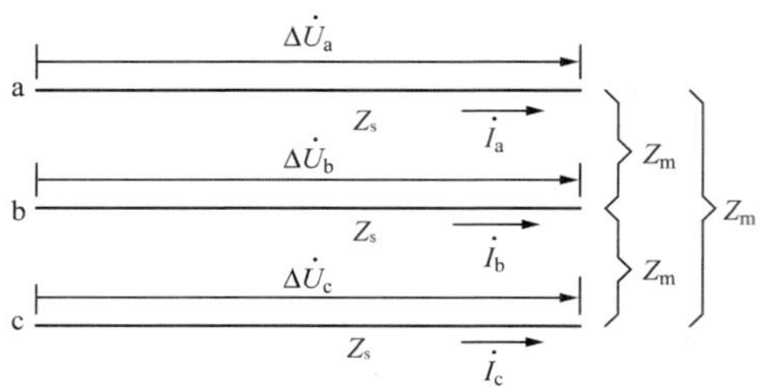

图 9-3 具有自阻抗和互阻抗的静止三相电路

式中：$z_{(1)}$，$z_{(2)}$，$z_{(0)}$分别称为此线路的正序、负序、零序阻抗。该式表明，在三相结构对称、参数相同的线性电路中，各序对称分量之间的电流、电压是相互独立的，这样就可以对正序、负序和零序分量分别进行计算。由于正序、负序、零序分量的三相是对称的，只需分析一相（a相），其他两相根据式（9-2）即可求出。

此外，根据式（9-11）可得出：三相对称元件的各序阻抗，分别为元件两端同一序的电压降与电流的比值，即

$$z_{(1)} = \frac{\Delta\dot{U}_{a(1)}}{\dot{I}_{a(1)}}$$

$$z_{(2)} = \frac{\Delta\dot{U}_{a(2)}}{\dot{I}_{a(2)}}$$

$$z_{(0)} = \frac{\Delta\dot{U}_{a(0)}}{\dot{I}_{a(0)}}$$

由此还可以得出，对于静止的元件，如变压器和线路，正序和负序阻抗是相等的。

二、对称分量法在不对称故障分析中的应用

现以图 9-4 所示的简单系统发生不对称短路为例，介绍用对称分量法分析短路电流和短路点电压的方法。

在图 9-4（a）中，发电机电动势为三相对称的正序电动势，各元件—发、变、线三相参数对称。在线路 f 点处发生了不对称短路，使 f 点的三相对地电压 $\dot{U}_{fa}$、$\dot{U}_{fb}$、$\dot{U}_{fc}$和 f 点的三相短路电流 $\dot{I}_{fa}$、$\dot{I}_{fb}$、$\dot{I}_{fc}$不再对称。根据对称分量法，将故障点处的电压和短路电流分解成三相对称的分量，如图 9-4（b）所示。根据叠加原理，可建立图 9-4（c）、图 9-4（d）、图 9-4（e）3 个图，它们的叠加与图 9-4（b）等效。

图 9-4（c）称为正序等效电路，其中只有正序电动势在作用（包括发电机电动势和故障点的正序分量电动势），网络中只有正序电流，各元件呈现的阻抗为正序阻抗。图 9-4（d）、图 9-4（e）分别称为负序和零序等效电路。因为发电机只产生正序电动势，所

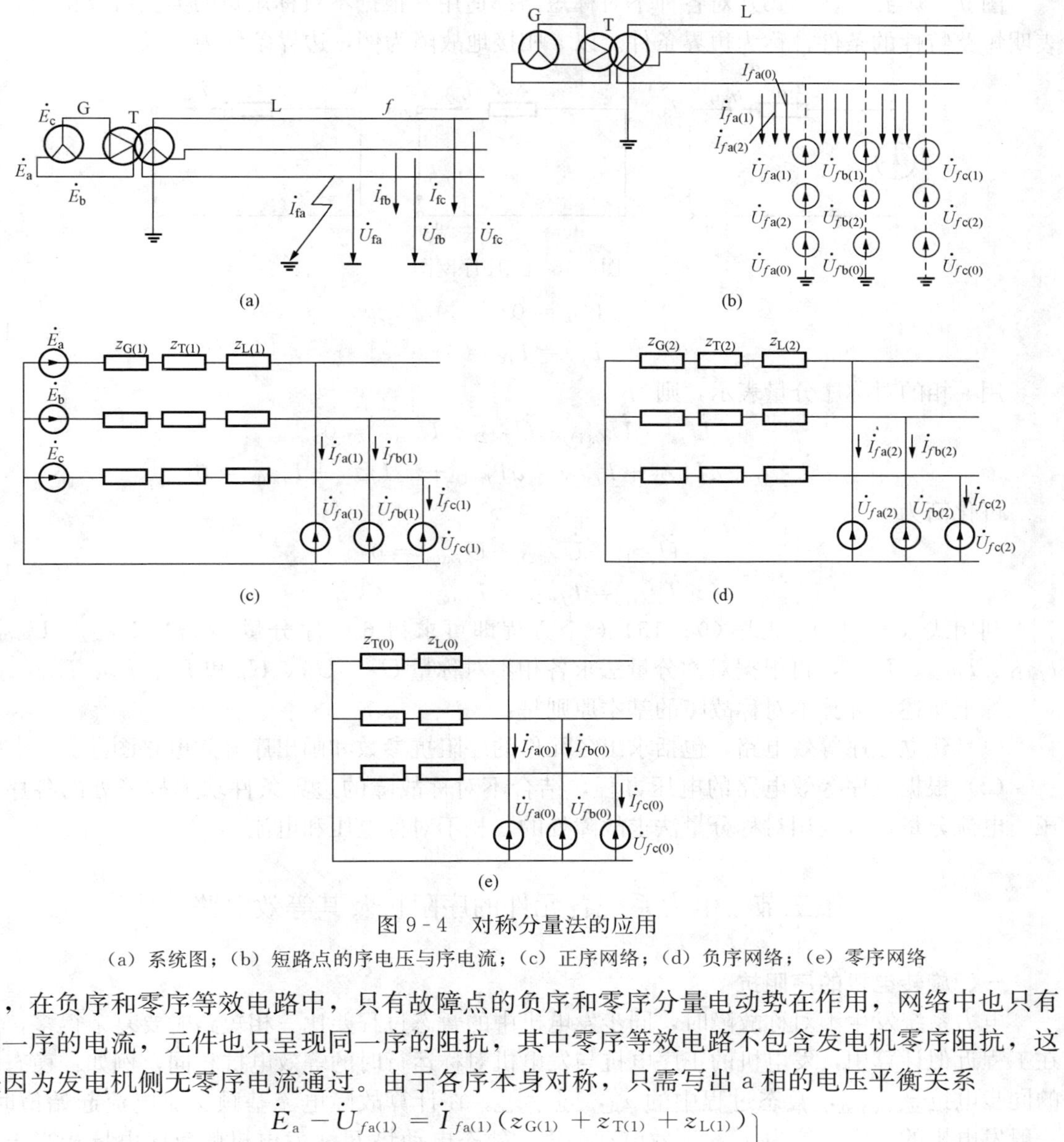

图 9-4　对称分量法的应用

(a) 系统图；(b) 短路点的序电压与序电流；(c) 正序网络；(d) 负序网络；(e) 零序网络

以，在负序和零序等效电路中，只有故障点的负序和零序分量电动势在作用，网络中也只有同一序的电流，元件也只呈现同一序的阻抗，其中零序等效电路不包含发电机零序阻抗，这是因为发电机侧无零序电流通过。由于各序本身对称，只需写出 a 相的电压平衡关系

$$\left.\begin{aligned}\dot{E}_{a}-\dot{U}_{fa(1)}&=\dot{I}_{fa(1)}(z_{G(1)}+z_{T(1)}+z_{L(1)})\\0-\dot{U}_{fa(2)}&=\dot{I}_{fa(2)}(z_{G(2)}+z_{T(2)}+z_{L(2)})\\0-\dot{U}_{fa(0)}&=\dot{I}_{fa(0)}(z_{T(0)}+z_{L(0)})\end{aligned}\right\}\tag{9-12}$$

根据式（9-12）画出各序一相的等效电路图，也称为三序等效电路（如图 9-5 所示）。显然，图中 $z_{\Sigma(1)}=z_{G(1)}+z_{T(1)}+z_{L(1)}$；$z_{\Sigma(2)}=z_{G(2)}+z_{T(2)}+z_{L(2)}$；$z_{\Sigma(0)}=z_{T(0)}+z_{L(0)}$ 为各序对短路点 f 的等效序阻抗。对应的各序电压方程式为

$$\left.\begin{aligned}\dot{E}_{a}-\dot{U}_{fa(1)}&=\dot{I}_{fa(1)}z_{\Sigma(1)}\\-\dot{U}_{fa(2)}&=\dot{I}_{fa(2)}z_{\Sigma(2)}\\-\dot{U}_{fa(0)}&=\dot{I}_{fa(0)}z_{\Sigma(0)}\end{aligned}\right\}\tag{9-13}$$

图 9-5 与式（9-13）对各种不对称短路都适用。根据不对称短路的类型可以得到 3 个表明短路特性的条件，称为边界条件。以 a 相接地故障为例，边界条件为

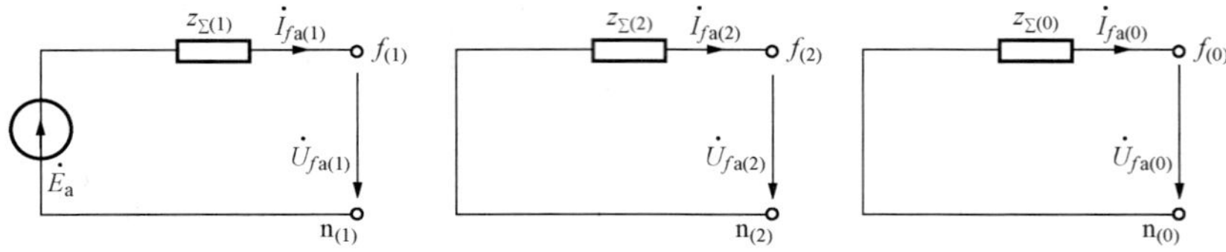

图 9-5 三序序网图

$$\left.\begin{aligned}\dot{U}_{fa}&=0\\ \dot{I}_{fb}&=\dot{I}_{fc}=0\end{aligned}\right\}\tag{9-14}$$

用 a 相的对称序分量表示，则为

$$\dot{U}_{fa}=\dot{U}_{fa(1)}+\dot{U}_{fa(2)}+\dot{U}_{fa(0)}=0$$
$$a^2\dot{I}_{fa(1)}+a\dot{I}_{fa(2)}+\dot{I}_{fa(0)}=a\dot{I}_{fa(1)}+a^2\dot{I}_{fa(2)}+\dot{I}_{fa(0)}=0$$

可化简为

$$\left.\begin{aligned}\dot{U}_{fa(1)}+\dot{U}_{fa(2)}+\dot{U}_{fa(0)}&=0\\ \dot{I}_{fa(1)}=\dot{I}_{fa(2)}&=\dot{I}_{fa(0)}\end{aligned}\right\}\tag{9-15}$$

利用式（9-13）和式（9-15）6 个方程即可求得 6 个序分量 $\dot{U}_{fa(1)}$、$\dot{U}_{fa(2)}$、$\dot{U}_{fa(0)}$、$\dot{I}_{fa(1)}$、$\dot{I}_{fa(2)}$、$\dot{I}_{fa(0)}$，再根据对称分量法求各相不对称量 $\dot{U}_{fa}$、$\dot{U}_{fb}$、$\dot{U}_{fc}$和 $\dot{I}_{fa}$、$\dot{I}_{fb}$、$\dot{I}_{fc}$。

综上所述，计算不对称故障的基本原则是：

（1）建立三序等效电路，包括求出各元件的序阻抗参数和画出序等效电路图。

（2）根据三序等效电路的电压方程，结合不对称故障的边界条件求解故障处的各序电压、电流分量，再利用对称分量法求故障处的三相不对称电压和电流。

第三节 电力系统各元件的序阻抗及其等效电路

一、旋转电机的序阻抗

电力系统发生不对称故障时，同步发电机中的暂态过程要比三相短路时要复杂得多，但在工程近似计算中，发电机的正序电抗与发电机对称运行时的等效电抗相同，例如：稳态时的同步电抗 x_d、x_q，暂态过程中的 x'_d，x''_d，x''_q。在计算故障电流基频交流电流起始值时，一般发电机的正序电抗为 x''_d，等效电动势为次暂态电动势 $\dot{E}''$。发电机的负序电抗相当于在发电机机端施加基频负序电压时，它与定子绕组流过的基频负序电流的比值。实际上，当定子绕组中流过基频负序电流时，其产生的旋转磁场与转子的旋转方向相反，且相对于转子为两倍同步转速，在一个周期内磁通最大值位置将两次在 d 轴和 q 轴之间变换，而同步发电机的负序电抗在 d 轴方向为 x''_d，在 q 轴方向为 x''_q，其等效的负序电抗取其算术平均值（$x''_d+x''_q$）/2。发电机的零序电抗相当于在发电机机端施加基频零序电压时，它与流入定子绕组的基频零序电流的比值。虽然定子绕组的零序电流在三相绕组中产生大小相等、相位相同的脉动磁场，但定子三相绕组在空间对称，零序磁场不可能在转子空间形成合成磁场，而只产生定子绕组漏磁通，这些漏磁通较正序小些，即同步发电机的零序电抗比 x''_d 小，一般为

$$x_{(0)}=(0.15\sim0.6)x''_d$$

异步电动机在不对称故障中的暂态过程与同步发电机相似，也十分复杂。在工程实用计算中，异步电动机的正序电抗也近似采用次暂态电抗 x''。由于异步电动机的转子完全对称，因此常认为其负序电抗与正序电抗相等。对于异步电动机的零序电抗，由于异步电动机的绕组通常接成三角形或不接地星形，因此零序电流无通路，即 $x_{(0)}=\infty$。

二、输电线路的序阻抗及其等效电路

输电线路发生不对称故障时的正序阻抗与其对称运行时的等效阻抗相同，由于输电线路为静止元件，流过正序电流和负序电流时相间电磁感应关系相同（正、负序电流三相之和为零，三相导线互为回路）。所以输电线路的负序阻抗与正序阻抗相同。而当输电线路流过零序电流时，由于零序电流必须经大地才能形成回路，因此，三相导线周围的磁场不仅取决于三相导线本身，同时还受到地中电流的影响。所以输电线路的零序阻抗与正、负序阻抗完全不同。下面介绍架空线路的零序阻抗及等效电路。

1. 单回路三相架空线

单回路三相架空线路可看作三相导线以大地为回路而形成的 3 个“导线——大地”回路。设 3 个回路的自阻抗为 z_s，回路间的互阻抗为 z_m，则其零序等效电路如图 9 - 6 所示。

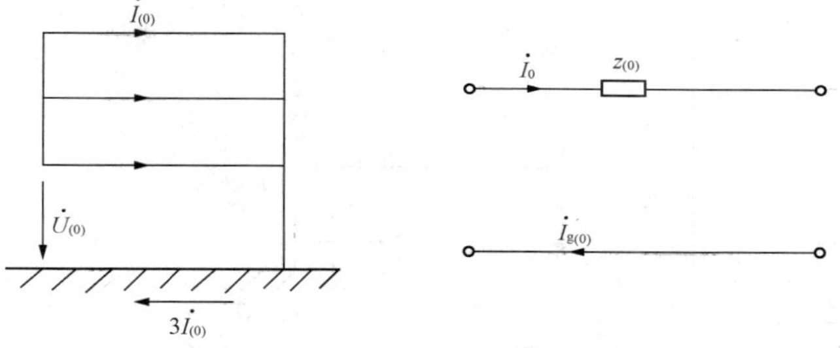

图 9 - 6　三相零序回路及其等效电路

图中，$z_{(0)}$ 为零序阻抗且有

$$z_{(0)}=z_s+2z_m \tag{9-16}$$

当单回路带有架空地线（避雷线）时，架空地线也形成一个“导线——大地”回路，且其两端直接接地，设架空地线的零序自阻抗为 $z_{\omega(0)}$，零序互阻抗为 $z_{c\omega(0)}$，则零序电流回路及零序等效电路如图 9 - 7 所示。

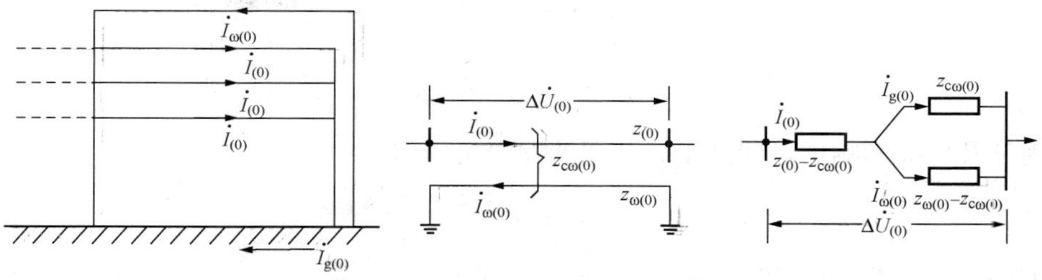

图 9 - 7　有架空地线的单回线路的零序等效电路

2. 平行架设的双回路架空线的零序阻抗及等效电路

平行架设的双回架空线可看作 6 个“导线——大地”回路（每回路 3 个）。设每回架空线每相的“导线——大地”回路的零序自阻抗为 $z_{\mathrm{I}(0)}$ 或 $z_{\mathrm{II}(0)}$，它们分别按式（9 - 16）求得，一回架空线的 3 个“导线——大地”回路对另一回线路中一相“导线——大地”回路的

互阻抗为 $z_{\mathrm{I-II}(0)}$，则其双回路零序等效电路如图 9 - 8 所示。

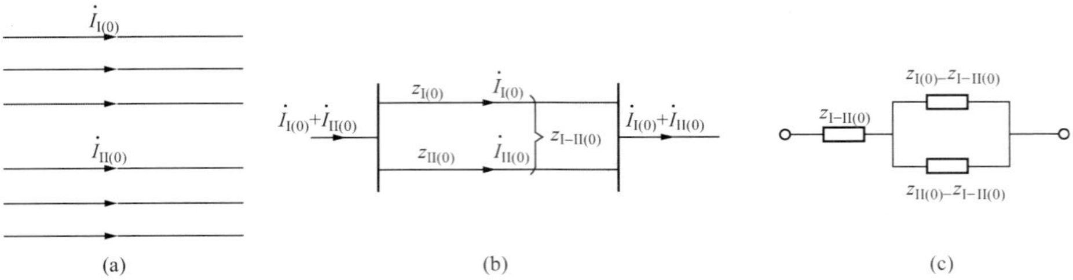

图 9 - 8 平行双回线的零序等效电路
(a) 平行双回线路；(b) 零序电流的流通；(c) 零序等效电路

设 $z_{\mathrm{I}(0)}=z_{\mathrm{II}(0)}$，则综合零序阻抗为

$$z_{(0)}=z_{\mathrm{I-II}(0)}+\frac{z_{\mathrm{I}(0)}-z_{\mathrm{I-II}(0)}}{2} \tag{9 - 17}$$

当双回路带有架空地线时，与单回路类似，架空地线的自阻抗为 $z_{\omega(0)}$，互阻抗为 $z_{\mathrm{I}-\omega(0)}$ 或 $z_{\mathrm{II}-\omega(0)}$，则其零序电流回路及等效电路如图 9 - 9 所示。

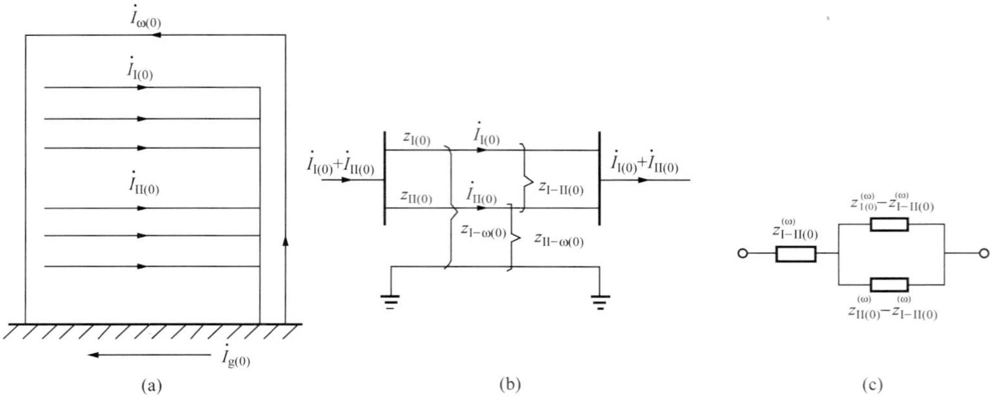

图 9 - 9 带架空地线的平行双回线的零序等效电路
(a) 带架空地线的平行双回线路；(b) 零序电流的流通；(c) 零序等效电路

图 9 - 9 中，$z_{\mathrm{I}(0)}^{(\omega)}$、$z_{\mathrm{II}(0)}^{(\omega)}$ 为计及架空地线影响后回路Ⅰ、Ⅱ的零序自阻抗，即

$$z_{\mathrm{I}(0)}^{(\omega)}=z_{\mathrm{I}(0)}-\frac{z_{\mathrm{I}-\omega(0)}^{2}}{z_{\omega(0)}} \tag{9 - 18}$$

$$z_{\mathrm{II}(0)}^{(\omega)}=z_{\mathrm{II}(0)}-\frac{z_{\mathrm{II}-\omega(0)}^{2}}{z_{\omega(0)}} \tag{9 - 19}$$

$z_{\mathrm{I-II}(0)}^{(\omega)}$ 为计及地线影响后，回路Ⅰ、Ⅱ间的互阻抗，即

$$z_{\mathrm{I-II}(0)}^{(\omega)}=z_{\mathrm{I-II}(0)}-\frac{z_{\mathrm{I}-\omega(0)}z_{\mathrm{II}-\omega(0)}}{z_{\omega(0)}} \tag{9 - 20}$$

式 (9 - 18)、式 (9 - 19)、式 (9 - 20) 中的 $z_{\mathrm{I}(0)}$、$z_{\mathrm{II}(0)}$、$z_{\mathrm{I-II}(0)}$ 为不计地线影响时的两回路自阻抗和互阻抗。设两回路参数对称，则零序综合阻抗为

$$z_{(0)}=z_{\mathrm{I-II}(0)}^{(\omega)}+\frac{z_{\mathrm{I}(0)}^{(\omega)}-z_{\mathrm{I-II}(0)}^{(\omega)}}{2} \tag{9 - 21}$$

在双回线（以架空线情况为例说明）运行中，某回线某处 ($l'+l''=1$) 发生不对称短路时，其零序等效电路如图 9 - 10 所示。

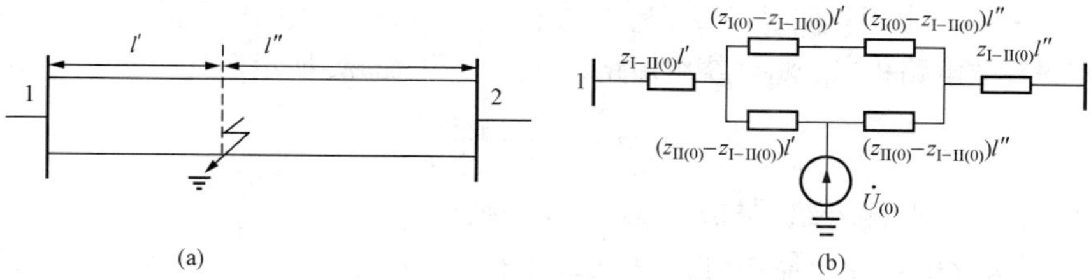

图 9-10　一回故障的零序等效电路

（a）回路图；（b）等效电路

需要说明的是，上述各种情况下自阻抗和互阻抗均有计算公式，但由于架空线路的实际情况（线路长、土壤电导系数、布置方式、平行线间距离变化等）复杂，运用计算公式结果误差较大。因此，对建成线路均通过实测确定零序阻抗（手册中也可查到）。当线路情况不明时，也可采用表 9-1 的数据。

表 9-1　　架空线路零序电抗与正序电抗比值

线路类型	$X_{(0)}/X_{(1)}$	线路类型	$X_{(0)}/X_{(1)}$
无架空地线单回线路	3.5	有铁磁导体架空地线双回线路	4.7
无架空地线双回线路	5.5	有良导体架空地线单回线路	2.0
有铁磁导体架空地线单回线路	3.0	有良导体架空地线双回线路	3.0

对于电缆线路的零序阻抗，一般也是通过实测或产品手册确定。在近似估算中，可取 $r_{(0)}=10r_{(1)}$，$x_{(0)}=(3.5\sim4.6)\ x_{(1)}$。

三、变压器的序阻抗及其等效电路

与输电线相同，变压器作为静止元件，当发生不对称故障时，变压器的负序电抗与正序电抗相同。而当在变压器端点施加零序电压时，绕组中有无零序电流以及零序电流大小与变压器三相绕组的接线方式和变压器的铁芯结构有关，所以变压器零序电抗与正、负序电抗很不相同。

（一）双绕组变压器的零序参数及等效电路

当不对称故障发生在变压器的三角形侧或不接地星形侧时，零序电压施加在变压器的故障侧。此时，无论另一侧绕组的接线方式如何，变压器中都没有零序电流流通。这种情况下，变压器的零序电抗 $x_{(0)}=\infty$。

当不对称故障发生在变压器的接地星形侧时，零序电压施加在变压器故障侧，将有大小相同、相位相同的零序电流通过三相绕组，并经中性点流入大地构成回路。至于变压器另一侧是否有零序电流流通，则因另一侧绕组的接线方式而异，下面就讨论故障发生在接地星形侧的情况。

1. YNd 接线变压器

对于 YNd 接线变压器，在 YN 侧施加零序电压，接地星形侧通过中性点流过零序电流，从而在 d 侧各相绕组中感应零序电动势，它们大小相等、相位相同，在 d 绕组中感应产生零序电动势，形成大小相等、相位相同的零序环流，而在线电流中则不存在零序电流，

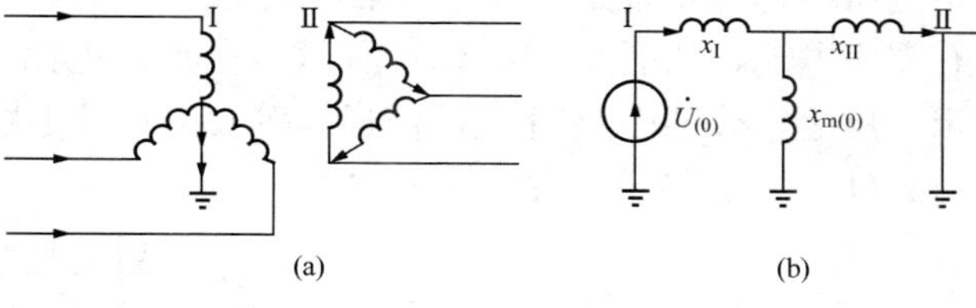

图 9-11　YNd 接线变压器的零序等效电路

（a）零序电流的流通；（b）零序等效电路

如图 9 - 11（a）所示。由于 d 侧绕组每相感应的电动势与该相绕组漏抗上的电压降相平衡，所以反映一相的零序等效电路相当于将 d 绕组短路，如图 9 - 11（b）所示，其零序等效电抗为：

$$x_{(0)}=x_{\mathrm{I}}+\frac{x_{\mathrm{II}}x_{\mathrm{m}(0)}}{x_{\mathrm{II}}+x_{\mathrm{m}(0)}}\tag{9-22}$$

式中：x_{I}、x_{II} 分别为两侧绕组漏抗；$x_{\mathrm{m}(0)}$ 为零序励磁电抗。

在实际电力系统中，变压器中性点往往经阻抗 z_n 接地。此时，零序电流在两侧绕组中的流通情况与直接接地情况一致，如图 9 - 12（a）所示。但由于中性点阻抗上流过 $3\dot{I}_{(0)}$ 电流，变压器中性点电位不再为零，而为 $3\dot{I}_{(0)}z_n$，所以在反映一相的零序等效电路中，其中性点应经 $3z_n$ 接地，如图 9 - 12（b）所示。

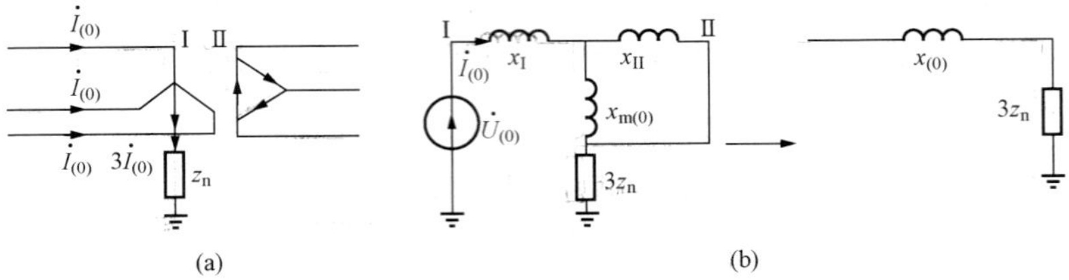

图 9 - 12　中性点经阻抗接地的 YNd 变压器及其等效电路

（a）中性点经阻抗接地的 YNd 变压器；（b）等效电路

其零序等效电抗为

$$x'_{(0)}=x_{\mathrm{I}}+\frac{x_{\mathrm{II}}x_{\mathrm{m}(0)}}{x_{\mathrm{II}}+x_{\mathrm{m}(0)}}+3z_n\tag{9-23}$$

2. YNy 接线变压器

在变压器 YN 侧施加零序电压，接地星形侧通过中性点流有零序电流，不接地星形各相绕组中感应零序电动势。但由于 y 侧中性点不接地，无零序电流通路，所以 y 侧没有零序电流，如图 9 - 13（a）所示。在零序等效电路中，变压器 y 侧相当于开路，如图 9 - 13（b）所示，其零序电抗为

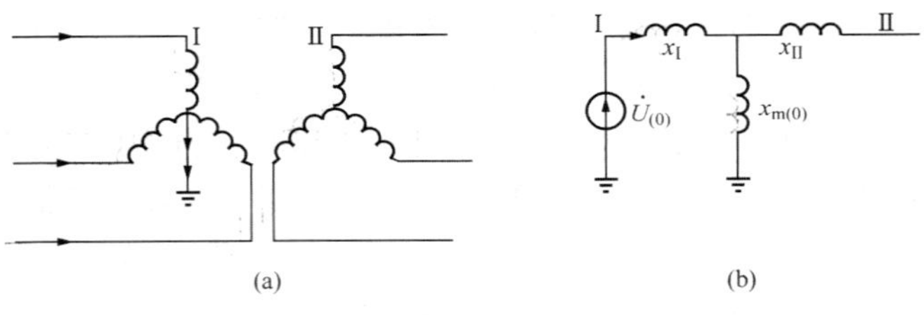

图 9 - 13　YNy 接线变压器的零序等效电路

（a）零序电流的流通；（b）等效电路

$$x_{(0)}=x_{\mathrm{I}}+x_{\mathrm{m}(0)}\tag{9-24}$$

3. YNyn 接线变压器

当变压器 YN 侧流过零序电流时，yn 侧感应零序电动势。该侧是否有零序电流流通，与该侧所接外电路中是否有另一个接地中性点有关。如果 yn 侧回路中有另一个接地中性点，则有零序电流，如图 9 - 14（a）所示。在等效电路中将包含外电路电抗，如图 9 - 14（b）所示。反之，yn 侧无零序电流流通，等效电路及零序等效电路与 YNy 接线变压器相同。图 9 - 14（b）中的零序等效电抗为

$$x_{(0)}=x_{\mathrm{I}}+\frac{(x_{\mathrm{II}}+x_e)x_{\mathrm{m}(0)}}{x_{\mathrm{II}}+x_e+x_{\mathrm{m}(0)}}\tag{9-25}$$

在上述变压器零序等效电路中，零序励磁电抗与变压器铁芯的结构有很大关系。

由 3 个单相变压器组成的单相变压器组，三相零序磁通均以本相铁芯作为通路；对三相

五柱式变压器，三相零序磁通均通过旁轭（柱）与本相铁芯形成通路；壳式变压器三相零序磁通分别通过没有绕组的分支铁芯形成通路。所以上述 3 种结构的变压器三相磁路各自独立且均以铁芯为通路，励磁磁阻很小，励磁电抗很大，可以近似认为 $x_{m(0)}=\infty$。

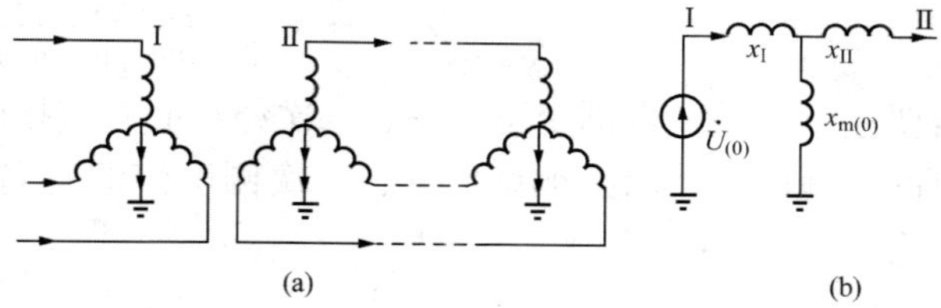

图 9-14 YNyn 接线变压器的零序等效电路
（a）零序电流的流通；（b）等效电路

对于三相三柱式变压器，由于三相零序磁通大小相等、相位相同，每相零序磁通不能以闭合铁芯作为通路，而是通过气隙由油箱壁返回。在这种情况下，零序磁通所得到的磁阻较大，励磁电抗较小，其值可用试验方法测定，它的标幺值一般不超过 1.0。

（二）三绕组变压器的零序参数及等效电路

在三绕组变压器中，为了消除三次谐波引起的变压器电动势波形畸变，一般至少有一个绕组为三角形接法。因而在等效电路中可以不计 $x_{m(0)}$。常用的绕组接线形式为 YNyd，YNynd 和 YNdd。如图 9-15 所示为它们的绕组接线图及零序等效电路。

图 9-15（a）中零序等效电抗为 $x_{(0)}=x_{\mathrm{I}}+x_{\mathrm{III}}$；图 9-15（b）中零序等效电抗为 $x_{(0)}=x_{\mathrm{I}}+\dfrac{x_{\mathrm{III}}(x_{\mathrm{II}}+x_e)}{x_{\mathrm{III}}+x_{\mathrm{II}}+x_e}$；图 9-15（c）中零序等效电抗为 $x_{(0)}=x_{\mathrm{I}}+\dfrac{x_{\mathrm{II}}x_{\mathrm{III}}}{x_{\mathrm{II}}+x_{\mathrm{III}}}$。

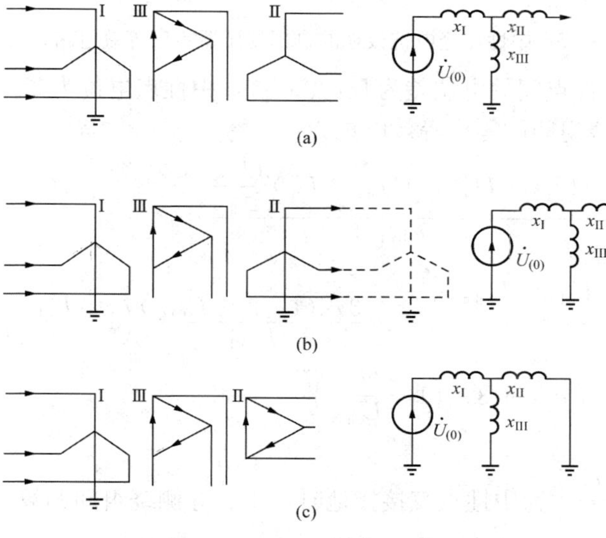

图 9-15 三绕组变压器零序等效电路
（a）YNyd 连接；（b）YNynd 连接；（c）YNdd 连接

（三）自耦变压器的零序参数和等效电路

目前，自耦变压器广泛应用于连接两个中性点接地系统（发电厂中用作联络变压器，变电所中用作主变压器），绕组接线形式为 YNa 和 YNad。其绕组中性点直接接地或经电抗接地。

1. 中性点直接接地的自耦变压器

如图 9-16 所示为这种变压器的绕组接线图及其零序等效电路。图中，不计 $x_{m(0)}$ 的影响，其零序等效电抗为

$$x_{(0)}=x_{\mathrm{I}}+\frac{x_{\mathrm{III}}(x_{\mathrm{II}}+x_{e})}{x_{\mathrm{III}}+x_{\mathrm{II}}+x_{e}} \tag{9-26}$$

需要注意的是，自耦变压器一、二次绕组间有直接电的联系，等效电路中不能直接求取中性点的入地电流，而必须算出一、二次侧电流的有名值 $I_{\mathrm{I}(0)}$、$I_{\mathrm{II}(0)}$，才能算出中性点的电流，为 3 $(\dot{I}_{(0)\mathrm{I}}-\dot{I}_{(0)\mathrm{II}})$。

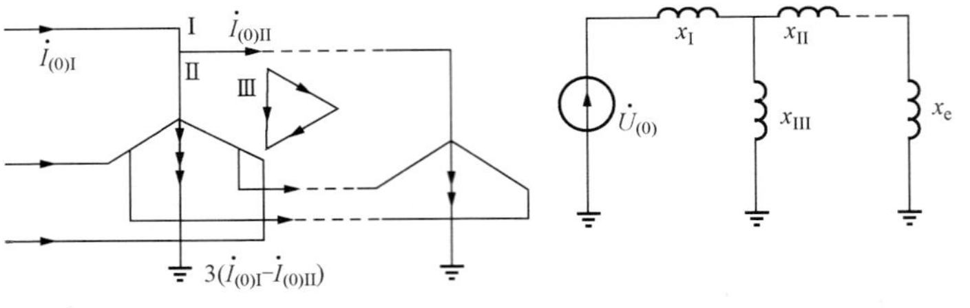

图 9-16 中性点直接接地的自耦变压器的零序等效电路

2. 中性点经电抗接地的自耦变压器

如图 9-17 所示为变压器的绕组接线和零序等效电路。

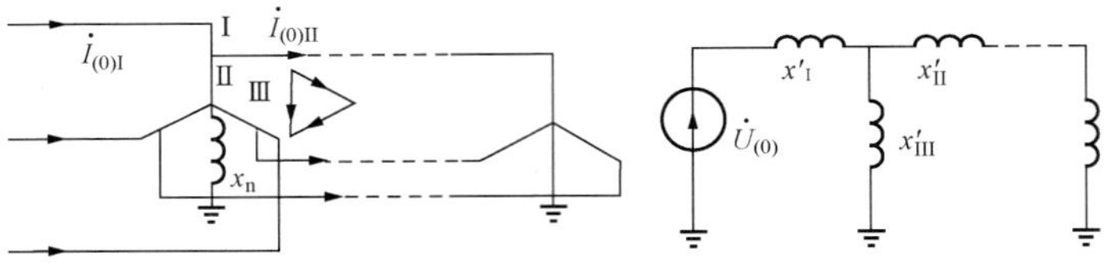

图 9-17 中性点经电抗接地的自耦变压器零序等效电路

设Ⅰ、Ⅱ侧端点与中性点间的电位差为 $U_{\mathrm{I}n}$、$U_{\mathrm{II}n}$，中性点电位为 U_n。当Ⅲ侧绕组断开时，折算到Ⅰ侧的Ⅰ-Ⅱ绕组间的零序等效电抗为：

$$\begin{aligned}x'_{\mathrm{I-II}}&=\frac{(U_{\mathrm{I}n}+U_n)-(U_{\mathrm{II}n}+U_n)\dfrac{U_{\mathrm{I}N}}{U_{\mathrm{II}N}}}{I_{(0)\mathrm{I}}}\\&=\frac{U_{\mathrm{I}n}-U_{\mathrm{II}n}\dfrac{U_{\mathrm{I}N}}{U_{\mathrm{II}N}}}{I_{(0)\mathrm{I}}}+\frac{3x_n(I_{(0)\mathrm{I}}-I_{(0)\mathrm{II}})}{I_{(0)\mathrm{I}}}\left(1-\frac{U_{\mathrm{I}N}}{U_{\mathrm{II}N}}\right)\\&=x_{\mathrm{I-II}}+3x_n\left(1-\frac{U_{\mathrm{I}N}}{U_{\mathrm{II}N}}\right)^2\end{aligned} \tag{9-27}$$

其中，$x_{\mathrm{I-II}}=\dfrac{U_{\mathrm{I}n}-U_{\mathrm{II}n}\dfrac{U_{\mathrm{I}N}}{U_{\mathrm{II}N}}}{I_{(0)\mathrm{I}}}$为中性点直接接地时，Ⅰ、Ⅱ侧绕组间归算至Ⅰ侧的零序等效电抗。

当Ⅱ侧绕组断开时（相当于中性点经电抗接地的 YNd 接线变压器），折算到Ⅰ侧的Ⅰ-Ⅲ绕组间的零序等效电抗为：

$$x'_{\mathrm{I-III}}=x_{\mathrm{I-III}}+3x_n$$

当Ⅰ侧绕组断开时（仍相当于中性点经电抗接地的 YNd 接线变压器），折算到Ⅰ侧的Ⅱ-Ⅲ绕组间的零序等效电抗为

$$x'_{\mathrm{II-III}}=x_{\mathrm{II-III}}+3x_n\left(\frac{U_{\mathrm{I}N}}{U_{\mathrm{II}N}}\right)^2 \tag{9-28}$$

则自耦变压器零序等效电路中折算到Ⅰ侧的各绕组零序等效电抗为

$$\left.\begin{aligned} x'_{\mathrm{I}} &= \frac{1}{2}(x'_{\mathrm{I-II}} + x'_{\mathrm{I-III}} - x'_{\mathrm{II-III}}) \\ x'_{\mathrm{II}} &= \frac{1}{2}(x'_{\mathrm{I-II}} + x'_{\mathrm{II-III}} - x'_{\mathrm{I-III}}) \\ x'_{\mathrm{III}} &= \frac{1}{2}(x'_{\mathrm{I-III}} + x'_{\mathrm{II-III}} - x'_{\mathrm{I-II}}) \end{aligned}\right\} \tag{9-29}$$

第四节　各序等效电路的建立

根据第二节的分析，利用对称分量法解不对称故障时，首先必须建立各序等效电路，即在故障点施加各序电压，再根据系统接线、中性点接地等情况，判明各序电流流通情况，并将序电流流通的元件用相应的序参数表示在序等效电路中。下面结合图 9 - 18 说明各序等效电路的建立。

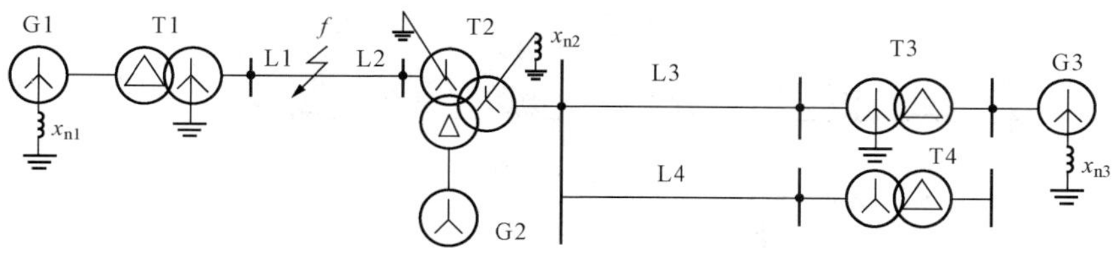

图 9 - 18　某电力系统图

（一）正序和负序等效电路的建立

正序等效电路就是通常计算三相对称短路时所用的等效电路，但需注意以下几点：

（1）所有的同步发电机、调相机及个别需用等效电源支路表示的综合负荷，都是正序等效电路的电源。一般用 E''、x''_{d}（负荷用 x''）表示。

（2）在短路点与地点之间（故障端口）引入代替故障条件的不对称电压源的正序分量，且从故障端口看进去为一有源网络，可以用戴维南定理简化。

（3）除中性点接地阻抗、空载线路、空载变压器外，电力系统各元件均应包括在正序等效电路中，并且用相应的正序参数表示。

由于负序电流流通情况与正序电流情况相同，所以负序等效电路与正序等效电路基本相同，主要区别在于发电机无负序电动势，所以电源支路直接经负序电抗接地；故障端口处施加不对称电压源的负序分量；等效电路中所有序电流流通的元件用负序参数表示。

如图 9 - 19（a）、图 9 - 19（b）所示为正、负序网等效电路。

（二）零序等效电路的建立

零序等效电路的建立，一般首先要从故障点开始，在零序电压源作用下，逐个判断零序电流流通情况（注意零序电流以大地为通路，且变压器中性点接地电抗中的零序电流是三倍的一相零序电流），然后再建立等效电路。凡是零序电流流通的元件，均用零序参数表示在等效电路中，其中发电机元件无零序电动势，故障端口施加不对称电压源的零序分量。

如图 9 - 20 所示为零序网等效电路。

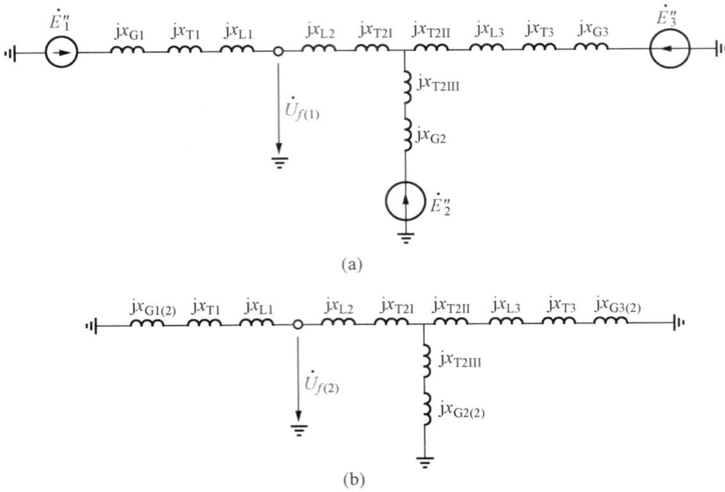

图 9-19　正、负序网等效电路

（a）正序网；（b）负序网

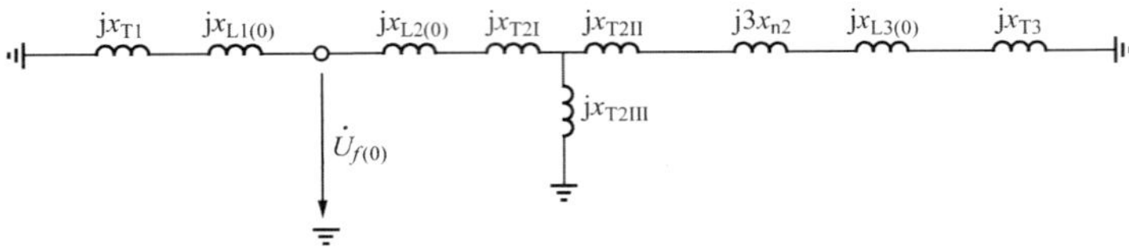

图 9-20　零序网等效电路

第五节　不对称短路情况下短路点的短路电流和电压计算

如前所述，任一复杂的电力系统，在任一处发生不对称故障，我们均可以建立正、负、零三序网的等效电路，并从故障端口处经戴维南简化得到如图 9-21 所示的等效电路，关于

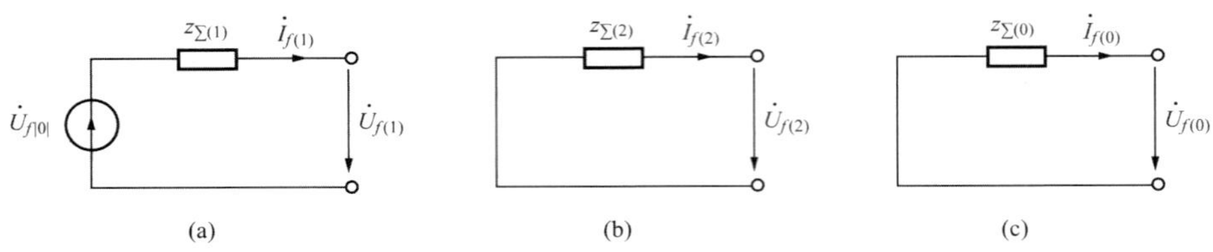

图 9-21　各序网的等效电路

（a）正序网等效电路；（b）负序网等效电路；（c）零序网等效电路

故障端口的电压方程为：

$$\left.\begin{aligned} \dot{U}_{f|0|} - \dot{I}_{f(1)} z_{\Sigma(1)} &= \dot{U}_{f(1)} \\ -\dot{I}_{f(2)} z_{\Sigma(2)} &= \dot{U}_{f(2)} \\ -\dot{I}_{f(0)} z_{\Sigma(0)} &= \dot{U}_{f(0)} \end{aligned}\right\} \tag{9-30}$$

这 3 个方程式共有 6 个未知量，需根据故障处的边界条件再建立 3 个方程式才能求解。下面以 a 相作为特殊相进行不对称故障的分析。

一、单相接地短路

（一）短路点直接接地

式（9-15）给出 a 相直接接地时的边界条件，现重写为（略去下标 a）

$$\left.\begin{aligned}&\dot{U}_{f(1)}+\dot{U}_{f(2)}+\dot{U}_{f(0)}=0\\&\dot{I}_{f(1)}=\dot{I}_{f(2)}=\dot{I}_{f(0)}\end{aligned}\right\}\tag{9-31}$$

联立求解方程式（9-30）和式（9-31）可得故障处的各序电流、电压分量。另外，根据式（9-31）各序分量间的关系，可将三序等效电路在故障端口处串联成一个复合序网，如图 9-22 所示。可求得故障处的各序电流、电压分量为

$$\dot{I}_{f(1)}=\dot{I}_{f(2)}=\dot{I}_{f(0)}=\frac{\dot{U}_{f|0|}}{z_{\Sigma(1)}+z_{\Sigma(2)}+z_{\Sigma(0)}}\tag{9-32}$$

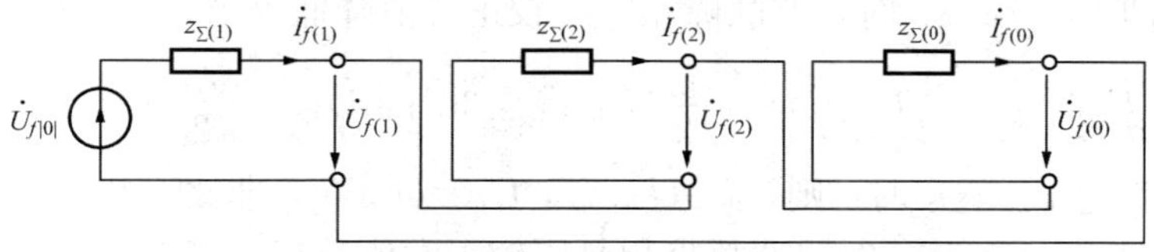

图 9-22　单相直接接地短路的复合序网

$$\left.\begin{aligned}&\dot{U}_{f(1)}=\dot{U}_{f|0|}-\dot{I}_{f(1)}z_{\Sigma(1)}=\dot{I}_{f(1)}(z_{\Sigma(2)}+z_{\Sigma(0)})\\&\dot{U}_{f(2)}=-\dot{I}_{f(1)}z_{\Sigma(2)}\\&\dot{U}_{f(0)}=-\dot{I}_{f(1)}z_{\Sigma(0)}\end{aligned}\right\}\tag{9-33}$$

则故障处的三相不对称电流、电压为

$$\left.\begin{aligned}&\dot{I}_{fa}=\dot{I}_{f(1)}+\dot{I}_{f(2)}+\dot{I}_{f(0)}=3\dot{I}_{f(1)}=\frac{3\dot{U}_{f|0|}}{z_{\Sigma(1)}+z_{\Sigma(2)}+z_{\Sigma(0)}}\\&\dot{I}_{fb}=0\\&\dot{I}_{fc}=0\end{aligned}\right\}\tag{9-34}$$

$$\left.\begin{aligned}&\dot{U}_{fa}=0\\&\dot{U}_{fb}=a^2\dot{U}_{f(1)}+a\dot{U}_{f(2)}+\dot{U}_{f(0)}\\&\dot{U}_{fc}=a\dot{U}_{f(1)}+a^2\dot{U}_{f(2)}+\dot{U}_{f(0)}\end{aligned}\right\}\tag{9-35}$$

图 9-23 画出了不计电阻，且 $x_{\Sigma(0)}>x_{\Sigma(1)}$ 的情况下，a 相接地短路时，故障点各序电流、电压的相量，以及各相电流、电压的相量。

下面对故障处的不对称电流和电压进行讨论与分析。

如果忽略电阻，由式（9-34）$\dot{I}_{fa}$ 中的表达式可知，在 $x_{\Sigma(1)}=x_{\Sigma(2)}$ 时［电力系统中 $x_{\Sigma(1)}$ 与 $x_{\Sigma(2)}$ 接近相等］，如果 $x_{\Sigma(0)}<x_{\Sigma(1)}$，单相短路电流大于同一地点三相短路电流，反之，则单相短路电流小于三相短路电流。由式

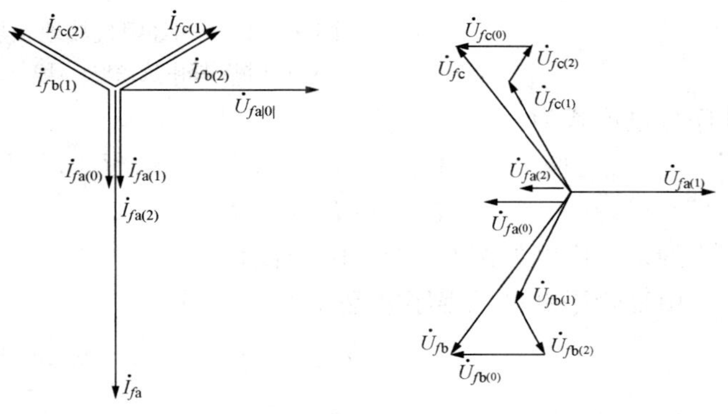

图 9-23　a 相接地故障处相量图

(9-33)、式 (9-35) 可知，在 $x_{\Sigma(1)}=x_{\Sigma(2)}$时，有

$$\begin{aligned}\dot{U}_{fb}&=a^2(\dot{U}_{f|0|}-\mathrm{j}x_{\Sigma(1)}\dot{I}_{f(1)})+a(-\mathrm{j}x_{\Sigma(2)}\dot{I}_{f(2)})-\mathrm{j}x_{\Sigma(0)}\dot{I}_{f(0)}\\&=\dot{U}_{fb|0|}-\mathrm{j}(x_{\Sigma(0)}-x_{\Sigma(1)})\dot{I}_{f(1)}\\&=\dot{U}_{fb|0|}-\frac{\dot{U}_{fa|0|}}{(2x_{\Sigma(1)}+x_{\Sigma(0)})}(x_{\Sigma(0)}-x_{\Sigma(1)})\\&=\dot{U}_{fb|0|}-\dot{U}_{fa|0|}\frac{k_0-1}{2+k_0}\end{aligned}\tag{9-36}$$

式中：$k_0=\dfrac{x_{\Sigma(0)}}{x_{\Sigma(1)}}$。同理可得

$$\dot{U}_{fc}=\dot{U}_{fc|0|}-\dot{U}_{fa|0|}\frac{k_0-1}{2+k_0}\tag{9-37}$$

当 $k_0<1$，即 $x_{\Sigma(0)}<x_{\Sigma(1)}$时，非故障相电压较正常值降低。当 $k_0=0$ 时有

$$\dot{U}_{fb}=\dot{U}_{fb|0|}+\frac{1}{2}\dot{U}_{fa|0|}=\frac{\sqrt{3}}{2}\dot{U}_{fb|0|}\angle 30^\circ;\quad \dot{U}_{fc}=\frac{\sqrt{3}}{2}\dot{U}_{fc|0|}\angle -30^\circ$$

当 $k_0=1$，即 $x_{\Sigma(0)}=x_{\Sigma(1)}$时，则 $\dot{U}_{fb}=\dot{U}_{fb|0|}$，$\dot{U}_{fc}=\dot{U}_{fc|0|}$，非故障电压仍为正常时的值。

当 $k_0>1$，即 $x_{\Sigma(0)}>x_{\Sigma(1)}$时，非故障相电压较正常值升高。当 $k_0=\infty$时有

$$\dot{U}_{fb}=\dot{U}_{fb|0|}-\dot{U}_{fa|0|}=\sqrt{3}\dot{U}_{fb|0|}\angle -30^\circ$$
$$\dot{U}_{fc}=\dot{U}_{fc|0|}-\dot{U}_{fa|0|}=\sqrt{3}\dot{U}_{fc|0|}\angle 30^\circ$$

即非故障相电压为正常值的$\sqrt{3}$倍，这就相当于中性点不接地系统发生单相接地的情况。

（二）短路点经阻抗接地

如果单相短路经阻抗接地（如接地点产生电弧，相当于短路点经阻抗接地），如图 9-24 (a)所示，则故障处的边界条件为

$$\dot{U}_{fa}=\dot{I}_{fa}z_f,\dot{I}_{fb}=\dot{I}_{fc}=0$$

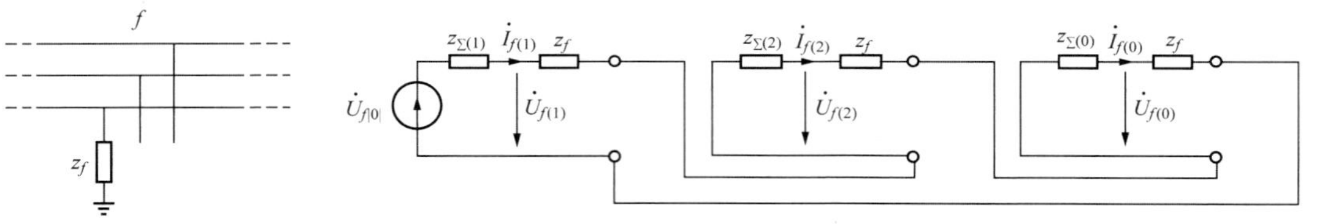

(a) (b)

图 9-24 a 相经阻抗接地及复合序网

(a) a 相短路阻抗接地；(b) 复合序网

其序分量形式为

$$\left.\begin{array}{l}\dot{U}_{f(1)}+\dot{U}_{f(2)}+\dot{U}_{f(0)}=(\dot{I}_{f(1)}+\dot{I}_{f(2)}+\dot{I}_{f(0)})z_f\\\dot{I}_{f(1)}=\dot{I}_{f(2)}=\dot{I}_{f(0)}\end{array}\right\}\tag{9-38}$$

相应的复合序网如图 9-24 (b) 所示。

由复合序网可求得序电流分量

$$\dot{I}_{f(1)}=\dot{I}_{f(2)}=\dot{I}_{f(0)}=\frac{\dot{U}_{f|0|}}{z_{\Sigma(1)}+z_{\Sigma(2)}+z_{\Sigma(0)}+3z_f}\tag{9-39}$$

序电压分量与式 (9-33) 相同。

二、两相短路

（一）两相直接短路

如果系统中 f 点发生 b、c 两相直接短路，如图 9 - 25（a）所示，则故障处的边界条件为

$$\dot{I}_{fa}=0;\dot{I}_{fb}=-\dot{I}_{fc};\dot{U}_{fb}=\dot{U}_{fc} \tag{9-40}$$

用 a 相序分量表示，则为

$$\left.\begin{aligned}&\dot{I}_{f(1)}+\dot{I}_{f(2)}+\dot{I}_{f(0)}=0\\&a^2\dot{I}_{f(1)}+a\dot{I}_{f(2)}+\dot{I}_{f(0)}=-(a\dot{I}_{f(1)}+a^2\dot{I}_{f(2)}+\dot{I}_{f(0)})\\&a^2\dot{U}_{f(1)}+a\dot{U}_{f(2)}+\dot{U}_{f(0)}=a\dot{U}_{f(1)}+a^2\dot{U}_{f(2)}+\dot{U}_{f(0)}\end{aligned}\right\}$$

可化简为

$$\left.\begin{aligned}&\dot{I}_{f(1)}=-\dot{I}_{f(2)}\\&\dot{I}_{f(0)}=0\\&\dot{U}_{f(1)}=\dot{U}_{f(2)}\end{aligned}\right\} \tag{9-41}$$

根据式（9 - 41）的关系，可画出对应的复合序网，如图 9 - 25（b）所示。

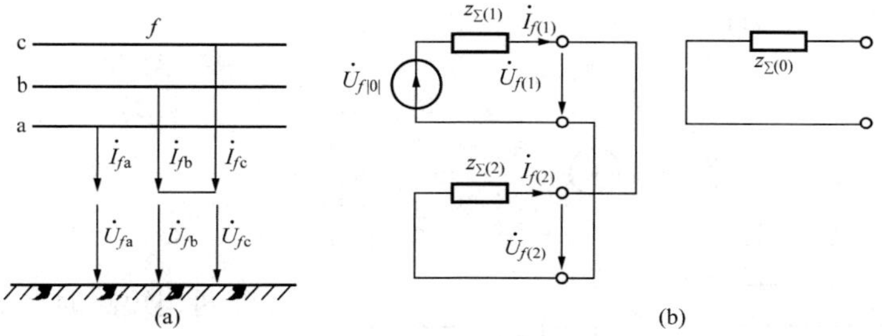

图 9 - 25　b、c 两相直接短路及复合序网

（a）b、c 两相直接短路；（b）相应的复合序网

由复合序网求得电流、电压序分量分别为

$$\dot{I}_{f(1)}=-\dot{I}_{f(2)}=\frac{\dot{U}_{f|0|}}{z_{\Sigma(1)}+z_{\Sigma(2)}} \tag{9-42}$$

$$\dot{U}_{f(1)}=\dot{U}_{f(2)}=-\dot{I}_{f(2)}z_{\Sigma(2)}=\frac{z_{\Sigma(2)}}{z_{\Sigma(1)}+z_{\Sigma(2)}}\dot{U}_{f|0|} \tag{9-43}$$

则故障处的三相不对称电流和电压为

$$\left.\begin{aligned}&\dot{I}_{fa}=0\\&\dot{I}_{fb}=a^2\dot{I}_{f(1)}+a\dot{I}_{f(2)}=-\mathrm{j}\sqrt{3}\frac{\dot{U}_{f|0|}}{z_{\Sigma(1)}+z_{\Sigma(2)}}\\&\dot{I}_{fc}=a\dot{I}_{f(1)}+a^2\dot{I}_{f(2)}=\mathrm{j}\sqrt{3}\frac{\dot{U}_{f|0|}}{z_{\Sigma(1)}+z_{\Sigma(2)}}\end{aligned}\right\} \tag{9-44}$$

$$\left.\begin{aligned}&\dot{U}_{fa}=2\dot{U}_{f(1)}=\frac{2z_{\Sigma(2)}}{z_{\Sigma(1)}+z_{\Sigma(2)}}\dot{U}_{f|0|}\\&\dot{U}_{fb}=\dot{U}_{fc}=(a^2+a)\dot{U}_{f(1)}=-\dot{U}_{f(1)}=-\frac{z_{\Sigma(2)}}{z_{\Sigma(1)}+z_{\Sigma(2)}}\dot{U}_{f|0|}\end{aligned}\right\} \tag{9-45}$$

图 9 - 26 画出了 b、c 两相接地短路时，不计电阻，且 $x_{\Sigma(1)}=x_{\Sigma(2)}$ 的情况下，故障点各序电流、电压的相量，以及各相电流、电压的相量。

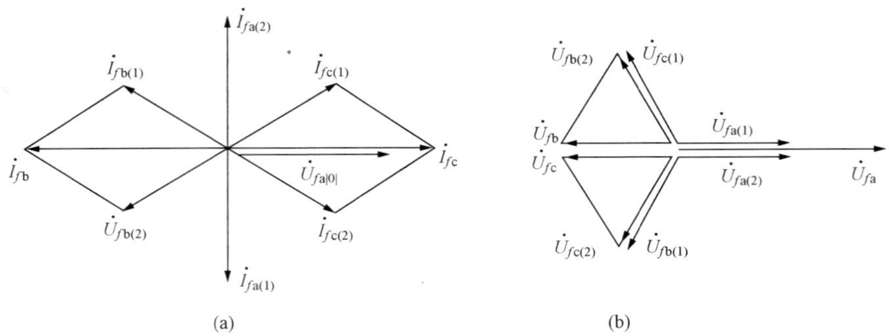

图 9-26 两相短路故障处相量图

(a) 电流相量图；(b) 电压相量图

下面再对故障处的不对称电流和电压进行分析讨论。

(1) 由式 (9-44) 可知，在 $z_{\Sigma(1)}=z_{\Sigma(2)}$ 时，两相短路电流是三相短路电流的 $\frac{\sqrt{3}}{2}$ 倍，即两相短路电流小于三相短路电流。

(2) 由式 (9-45) 可知，在 $z_{\Sigma(1)}=z_{\Sigma(2)}$ 时，有

$$\dot{U}_{fa}=\dot{U}_{fa|0|}$$

$$\dot{U}_{fb}=\dot{U}_{fc}=-\frac{1}{2}\dot{U}_{fa|0|}$$

即两相短路时非故障相电压等于故障前电压，故障相电压幅值降低一半。

(二) 两相经阻抗短路

如果 b、c 两相通过阻抗短路，如图 9-27 (a) 所示，则故障处的边界条件为

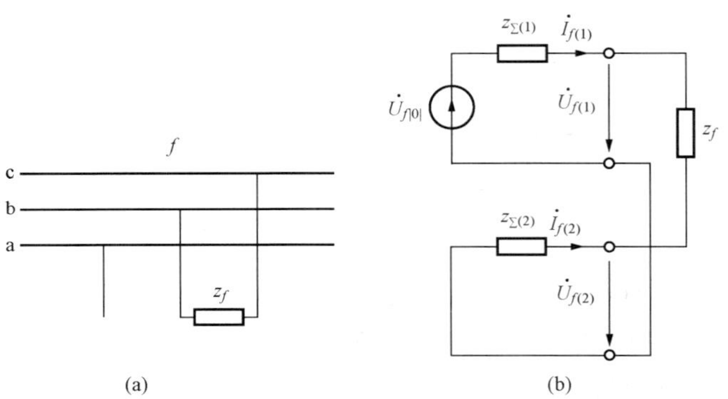

图 9-27 两相经阻抗短路及复合序网

(a) 两相经阻抗短路；(b) 相应的复合序网

$$\dot{I}_{fa}=0;\dot{I}_{fb}=-\dot{I}_{fc};\dot{U}_{fb}-\dot{U}_{fc}=\dot{I}_{fb}z_f$$

其序分量形式为

$$\dot{I}_{f(0)}=0;\dot{I}_{f(1)}=-\dot{I}_{f(2)};\dot{U}_{f(1)}-\dot{U}_{f(2)}=\dot{I}_{f(1)}z_f \tag{9-46}$$

根据式 (9-46) 故障处序分量的关系，可画出对应的复合序网，如图 9-27 (b) 所示。

由复合序网，可求得序分量电流为

$$\dot{I}_{f(1)}=-\dot{I}_{f(2)}=\frac{\dot{U}_{f|0|}}{z_{\Sigma(1)}+z_{\Sigma(2)}+z_f} \tag{9-47}$$

三、两相短路接地

(一) 两相直接短路接地

如果系统中 f 点发生 b、c 两相直接短路接地，如图 9-28 (a) 所示，则故障处的边界条件为

$$\dot{I}_{fa}=0;\dot{U}_{fb}=\dot{U}_{fc}=0 \tag{9-48}$$

其 a 相表示的序分量形式为

$$\left.\begin{aligned}&\dot{I}_{f(1)}+\dot{I}_{f(2)}+\dot{I}_{f(0)}=0\\&\dot{U}_{f(1)}=\dot{U}_{f(2)}=\dot{U}_{f(0)}\end{aligned}\right\}\tag{9-49}$$

根据式（9-49）序分量表示的故障边界条件，可以画出对应的复合序网，如图 9-28（b）所示。

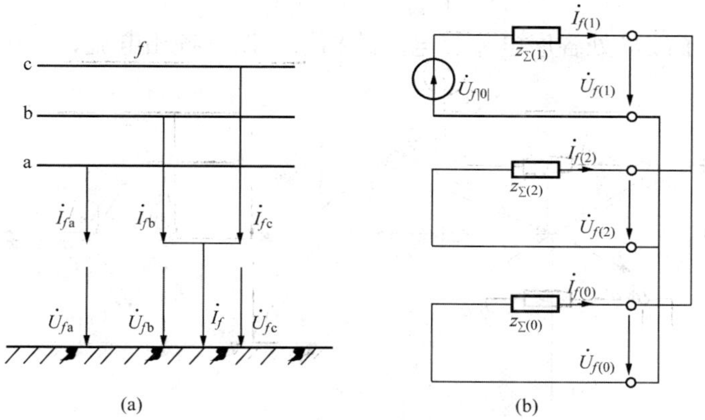

图 9-28　两相短路接地及复合序网

（a）两相短路接地；（b）相应的复合序网

由图 9-28（b），可求得故障处各序电流、电压为

$$\left.\begin{aligned}&\dot{I}_{f(1)}=\frac{\dot{U}_{f|0|}}{z_{\Sigma(1)}+\dfrac{z_{\Sigma(2)}z_{\Sigma(0)}}{z_{\Sigma(2)}+z_{\Sigma(0)}}}\\&\dot{I}_{f(2)}=-\dot{I}_{f(1)}\frac{z_{\Sigma(0)}}{z_{\Sigma(2)}+z_{\Sigma(0)}}\\&\dot{I}_{f(0)}=-\dot{I}_{f(1)}\frac{z_{\Sigma(2)}}{z_{\Sigma(2)}+z_{\Sigma(0)}}\end{aligned}\right\}\tag{9-50}$$

$$\dot{U}_{f(1)}=\dot{U}_{f(2)}=\dot{U}_{f(0)}=\dot{I}_{f(1)}\frac{z_{\Sigma(2)}z_{\Sigma(0)}}{z_{\Sigma(2)}+z_{\Sigma(0)}}\tag{9-51}$$

则故障处的三相不对称电流为

$$\left.\begin{aligned}&\dot{I}_{fa}=0\\&\dot{I}_{fb}=a^2\dot{I}_{f(1)}+a\dot{I}_{f(2)}+\dot{I}_{f(0)}\\&\quad=\dot{I}_{f(1)}\left(a^2-\frac{z_{\Sigma(2)}+az_{\Sigma(0)}}{z_{\Sigma(2)}+z_{\Sigma(0)}}\right)\\&\dot{I}_{fc}=a\dot{I}_{f(1)}+a^2\dot{I}_{f(2)}+\dot{I}_{f(0)}\\&\quad=\dot{I}_{f(1)}\left(a-\frac{z_{\Sigma(2)}+a^2z_{\Sigma(0)}}{z_{\Sigma(2)}+z_{\Sigma(0)}}\right)\end{aligned}\right\}\tag{9-52}$$

当各序阻抗中忽略电阻时，式（9-52）可表示为

$$\left.\begin{aligned}&\dot{I}_{fb}=\dot{I}_{f(1)}\left(a^2-\frac{x_{\Sigma(2)}+ax_{\Sigma(0)}}{x_{\Sigma(2)}+x_{\Sigma(0)}}\right)\\&\dot{I}_{fc}=\dot{I}_{f(1)}\left(a-\frac{x_{\Sigma(2)}+a^2x_{\Sigma(0)}}{x_{\Sigma(2)}+x_{\Sigma(0)}}\right)\end{aligned}\right\}\tag{9-53}$$

其模值为

$$I_{fb}=I_{fc}=\sqrt{3}\sqrt{1-\frac{x_{\Sigma(2)}x_{\Sigma(0)}}{(x_{\Sigma(2)}+x_{\Sigma(0)})^2}}I_{f(1)} \tag{9-54}$$

故障处三相电压为

$$\left.\begin{aligned}\dot{U}_{fa}&=3\dot{U}_{f(1)}\\ \dot{U}_{fb}&=\dot{U}_{fc}=0\end{aligned}\right\} \tag{9-55}$$

图 9 - 29 画出了故障处各序电流、电压的相量，以及各相电流、电压的相量。

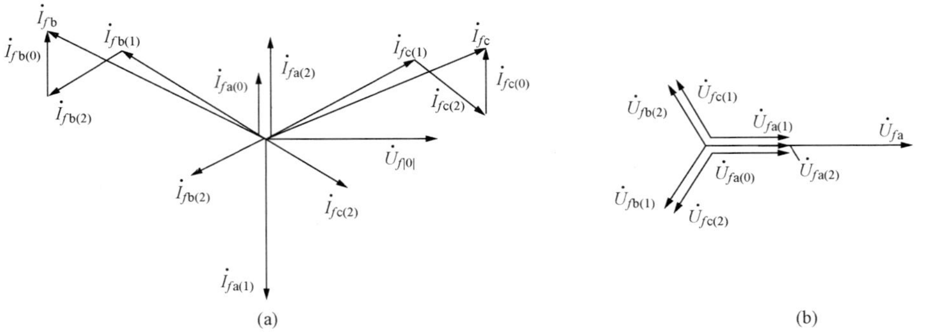

图 9 - 29 两相短路接地故障处相量图

(a) 电流相量图；(b) 电压相量图

下面对故障处的不对称电流和电压进行讨论与分析。

(1) 若为纯电抗，且 $x_{\Sigma(1)}=x_{\Sigma(2)}$，令 $k_0=\frac{x_{\Sigma(0)}}{x_{\Sigma(2)}}$，式 (9 - 54) 变为

$$I_{fb}=I_{fc}=\sqrt{3}\sqrt{1-\frac{k_0}{(1+k_0)^2}}\frac{1+k_0}{1+2k_0}I_f^{(3)} \tag{9-56}$$

当 $k_0=0$ 时，$I_{fb}=I_{fc}=\sqrt{3}I_f^{(3)}$

当 $k_0=1$ 时，$I_{fb}=I_{fc}=I_f^{(3)}$

当 $k_0=\infty$时，$I_{fb}=I_{fc}=\frac{\sqrt{3}}{2}I_f^{(3)}$

(2) 当 $x_{\Sigma(1)}=x_{\Sigma(2)}$，由式 (9 - 55) 可得

$$\dot{U}_{fa}=3\dot{U}_{f|0|}\frac{k_0}{1+2k_0} \tag{9-57}$$

当 $k_0=0$ 时，$\dot{U}_{fa}=0$

当 $k_0=1$ 时，$\dot{U}_{fa}=\dot{U}_{fa|0|}$

当 $k_0=\infty$时，$\dot{U}_{fa}=1.5\dot{U}_{fa|0|}$

即对中性点不接地系统 ($k_0=\infty$) 发生两相短路接地时，非故障相电压升高到正常值的 1.5 倍，但仍小于单相接地时电压的升高 ($\sqrt{3}$倍)。

(二) 两相经阻抗接地短路

如果 b、c 两相短路后通过阻抗 z_f 接地，如图 9 - 30 (a)，则故障处的边界条件为

$$\dot{I}_{fa}=0,\dot{U}_{fb}=\dot{U}_{fc}=(\dot{I}_{fb}+\dot{I}_{fc})z_f$$

由 $\dot{I}_{fa}=0$ 及 $\dot{U}_{fb}=\dot{U}_{fc}$得序分量关系

$$\dot{I}_{f(1)}+\dot{I}_{f(2)}+\dot{I}_{f(0)}=0$$

$$\dot{U}_{f(1)}=\dot{U}_{f(2)}$$

另外

$$\begin{aligned}\dot{U}_{fb}&=a^2\dot{U}_{f(1)}+a\dot{U}_{f(2)}+\dot{U}_{f(0)}=(a^2+a)\dot{U}_{f(1)}+\dot{U}_{f(0)}\\&=-\dot{U}_{f(1)}+\dot{U}_{f(0)}=3\dot{I}_{f(0)}z_f\end{aligned}$$

所以，边界条件的序分量形式为

$$\left.\begin{aligned}&\dot{I}_{f(1)}+\dot{I}_{f(2)}+\dot{I}_{f(0)}=0\\&\dot{U}_{f(1)}=\dot{U}_{f(2)}=\dot{U}_{f(0)}-3\dot{I}_{f(0)}z_f\end{aligned}\right\}\qquad(9-58)$$

根据式（9-58）所示故障处的序分量关系，可画出对应的复合序网，如图 9-30 所示。

由如图 9-30 所示的复合序网，可求得各序电流，其形式仍为式（9-50），只需将式中的 $z_{\Sigma(0)}$ 换成 $z_{\Sigma(0)}+3z_f$。

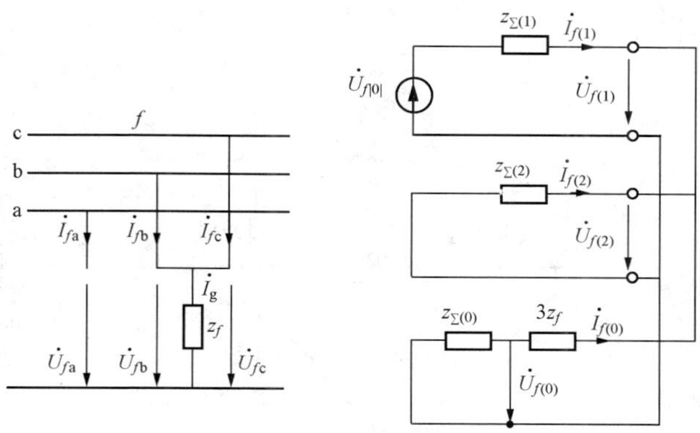

(a)　(b)

图 9-30　两相短路经阻抗接地及复合序网
（a）两相短路经阻抗接地；（b）相应复合序网

【例 9-1】　在例 8-5 的系统中，发电机正、负序电抗相等，三条线路零序电抗 $x_0=4x_1$。当节点 3 分别发生单相接地短路、两相短路和两相短路接地时，计算故障处的短路电流和电压。

解：（1）建立三序等效电路。元件参数计算过程同例 8-5。可建立正序、负序等效电路，如图 9-31（a）、图 9-31（b)所示，零序等效电路如图 9-31（c）所示。

由例 8-5 的计算可知：$x_{\Sigma(1)}=x_{\Sigma(2)}=0.120$，且 $\dot{U}_{f|0|}=1$。对于图 9-31（c）所示的零序网化简过程见图 9-31（d）、图 9-31（e），可求得 $x_{\Sigma(0)}=0.187$。

（2）计算故障处故障相的电流及电压。

1）a 相短路接地。

$$\dot{I}_{f(1)}=\dot{I}_{f(2)}=\dot{I}_{f(0)}=\frac{1}{j(0.12+0.12+0.187)}=-j2.34$$

$$\dot{U}_{f(2)}=-j2.34\times(-j0.12)=-0.281$$

$$\dot{U}_{f(0)}=-j2.34\times(-j0.187)=-0.438$$

$$\dot{U}_{f(1)}=-(-0.281-0.438)=0.719$$

$$\dot{I}_{fa}=3\dot{I}_{f(1)}=3\times(-j2.34)=-j7.02$$

$$\begin{aligned}\dot{U}_{fb}&=a^2\dot{U}_{f(1)}+a\dot{U}_{f(2)}+\dot{U}_{f(0)}\\&=(-0.5-j0.866)\times0.702+(-0.5+j0.866)(-0.281)-0.438\\&=-0.649-j0.851\end{aligned}$$

$$\dot{U}_{fc}=-0.649+j0.851$$

2）b、c 两相短路。

$$\dot{I}_{f(1)}=-\dot{I}_{f(2)}=\frac{1}{j(0.120+0.120)}=-j4.17$$

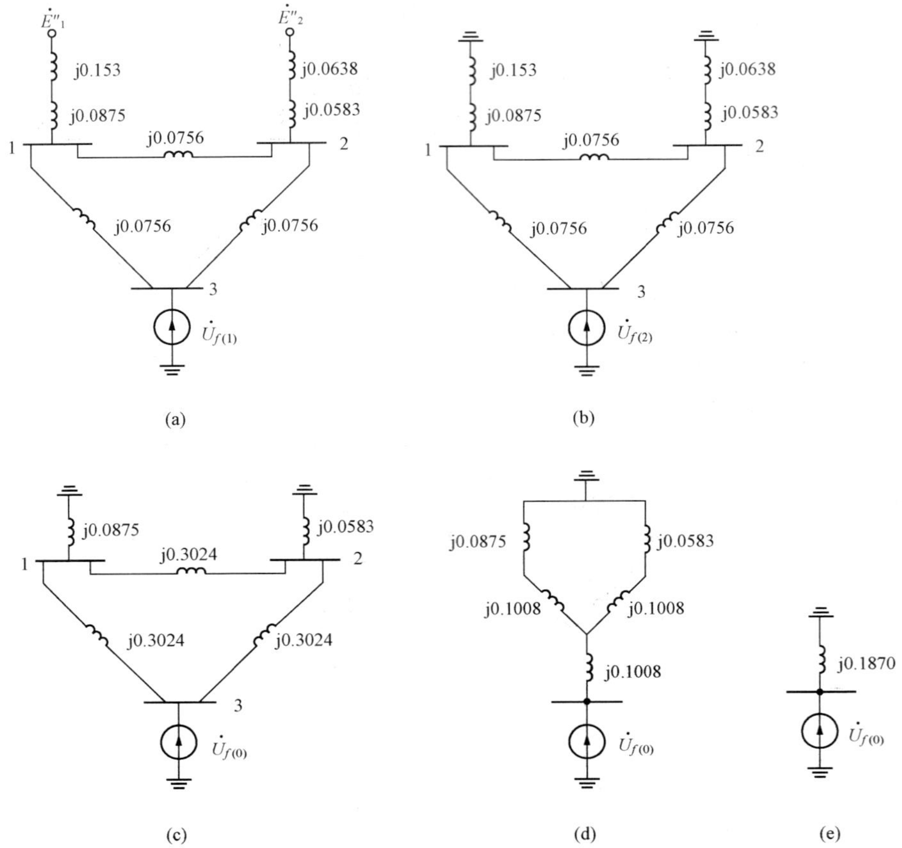

图 9-31 序网等效电路

$$\dot{U}_{f(1)}=\dot{U}_{f(2)}=-\mathrm{j}4.17\times \mathrm{j}0.12=0.5$$
$$\dot{I}_{fb}=-\mathrm{j}\sqrt{3}\times(-\mathrm{j}4.17)=-7.22$$
$$\dot{I}_{fc}=7.22$$
$$\dot{U}_{fa}=2\dot{U}_{f(1)}=1$$
$$\dot{U}_{fb}=(a^2+a)\dot{U}_{f(1)}=-0.5$$
$$\dot{U}_{fc}=-0.5$$

3）b、c 两相短路接地。

$$\dot{I}_{f(1)}=\frac{1}{\mathrm{j}0.120+\dfrac{\mathrm{j}0.120\times \mathrm{j}0.187}{\mathrm{j}0.120+\mathrm{j}0.187}}=-\mathrm{j}5.18$$

$$\dot{I}_{f(2)}=\mathrm{j}5.18\times\frac{\mathrm{j}0.187}{\mathrm{j}0.120+\mathrm{j}0.187}=\mathrm{j}3.16$$

$$\dot{I}_{f(0)}=\mathrm{j}5.18\times\frac{\mathrm{j}0.120}{\mathrm{j}0.120+\mathrm{j}0.187}=\mathrm{j}2.03$$

$$\dot{U}_{f(1)}=\dot{U}_{f(2)}=\dot{U}_{f(0)}=-\mathrm{j}3.16\times \mathrm{j}0.120=0.38$$
$$\dot{I}_{fb}=a^2\dot{I}_{f(1)}+a\dot{I}_{f(2)}+\dot{I}_{f(0)}$$

$$= (-0.5 - j0.866)(-j5.18) + (-0.5 + j0.866) \times j3.16 + j2.03$$
$$= -7.22 + j3.04$$
$$\dot{I}_{fc} = a\dot{I}_{f(1)} + a^2\dot{I}_{f(2)} + \dot{I}_{f(0)}$$
$$= 7.22 + j3.04$$
$$\dot{U}_{fa} = 3\dot{U}_{f(1)} = 3 \times 0.38 = 1.14$$

（3）计算故障处相电流及电压有名值。

1）a 相短路接地。

$$\dot{I}_{fa} = -j3 \times 2.34 \times \frac{100}{\sqrt{3} \times 230} = -j1.77 = 1.77\angle -90°(\text{kA})$$
$$\dot{U}_{fb} = (-0.647 - j0.851) \times 230 = -148.81 - j195.73 = 245.87\angle -127.2°(\text{kV})$$
$$\dot{U}_{fc} = -148.81 + j195.73 = 245.87\angle 127.2°(\text{kV})$$

2）b、c 两相短路。

$$\dot{I}_{fb} = -7.22 \times \frac{100}{\sqrt{3} \times 230} = -1.81(\text{kA})$$
$$\dot{I}_{fc} = 1.81(\text{kA})$$
$$\dot{U}_{fa} = 1 \times 230 = 230(\text{kV})$$
$$\dot{U}_{fb} = \dot{U}_{fc} = -0.5 \times 230 = -115(\text{kV})$$

3）b、c 两相短路接地。

$$\dot{I}_{fb} = (-7.22 + j3.04) \times \frac{100}{\sqrt{3} \times 230}$$
$$= -1.81 + j0.76 = 1.96\angle 157.2°(\text{kA})$$
$$\dot{I}_{fc} = 1.81 + j0.76 = 1.96\angle 22.8°(\text{kA})$$
$$\dot{U}_{fa} = 1.14 \times 230 = 262.2(\text{kV})$$

四、正序等效定则及其应用

从前面讨论的 3 种不对称短路分析结果可以看出，3 种情况下，正序电流分量的计算式（9 - 32）、式（9 - 42）、式（9 - 50）可统一表示为如下形式

$$\dot{I}_{f(1)} = \frac{\dot{U}_{f|0|}}{z_{\Sigma(1)} + z_{\Delta}} \tag{9-59}$$

式中：z_{Δ} 称为附加阻抗，其取值与短路类型有关，如表 9 - 2 所示。

式（9 - 59）表明：在简单不对称短路的情况下，故障处电流的正序分量，与在故障处每一相中加入附加阻抗 z_{Δ}，并在其后发生三相短路时的短路电流相等。这一定则称为正序等效定则。对应的等效电路称为正序增广网络，如图 9 - 32 所示。

此外，从故障相短路电流的计算式（9 - 34）、式（9 - 44）、式（9 - 54）可以看出，短路电流的绝对值与它的正序分量的绝对值成正比，即

$$I_f = mI_{f(1)} \tag{9-60}$$

式中：m 为比例系数，其值与短路类型有关，如表 9 - 2 所示。

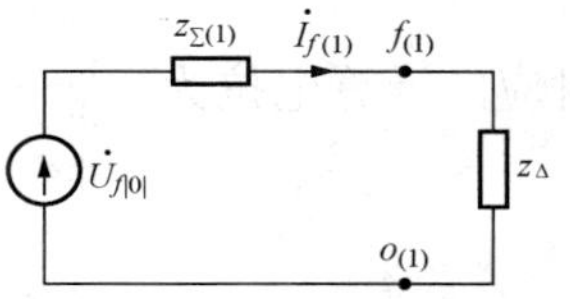

图 9 - 32　正序增广网络

表 9-2 各种短路时的 z_Δ 和 m 值

短路种类	z_Δ	m
三相短路	0	1
单相短路	$z_{\Sigma(2)}+(z_{\Sigma(0)}+3z_f)$	3
两相短路	$z_{\Sigma(2)}+z_f$	$\sqrt{3}$
两相短路接地	$\dfrac{z_{\Sigma(2)}(z_{\Sigma(0)}+3z_f)}{z_{\Sigma(2)}+z_{\Sigma(0)}+3z_f}$	$\sqrt{3}\sqrt{1-\dfrac{x_{\Sigma(2)}(x_{\Sigma(0)}+3x_f)}{(x_{\Sigma(2)}+x_{\Sigma(0)}+3x_f)^2}}$

利用正序等效定则，可以很方便地用运算曲线求任意时刻的不对称短路电流。首先建立系统对故障处的正、负、零序网，根据负序、零序网及短路类型求出 z_Δ，将它接入正序网的故障处，然后应用运算曲线求得经过 z_Δ 后发生三相短路的任意时刻的短路电流，即为故障处不对称短路时的正序电流。求得正序电流后，其他计算与前述完全相同。

【例 9-2】 应用运算曲线计算例 9-1 中节点 3 发生单相接地短路时 $t=0\text{s}$ 和 $t=0.15\text{s}$ 的短路电流。

解：(1) 建立正序增广网络，如图 9-33 所示。

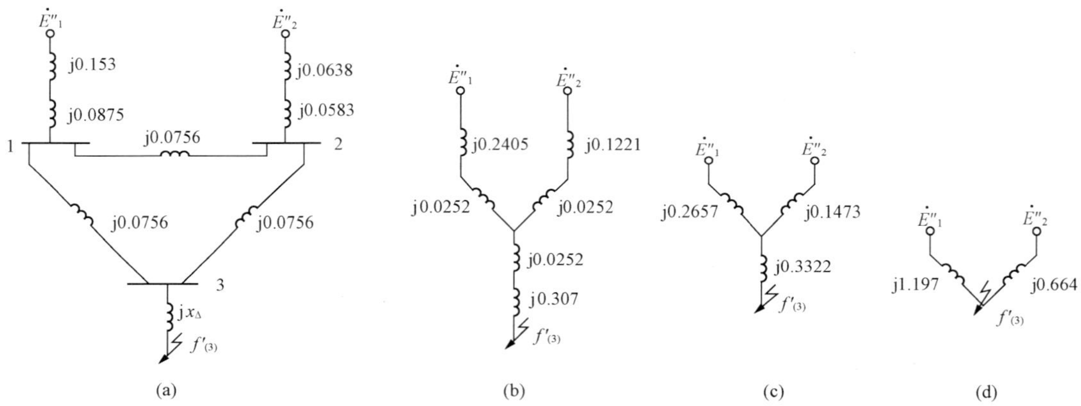

图 9-33 正序增广网络及化简过程

其中，$x_\Delta=x_{\Sigma(2)}+x_{\Sigma(0)}=0.12+0.187=0.307$

经网络化简 [见图 9-33 (b)、图 9-33 (c)、图 9-33 (d)] 得电源 1、2 对 f' 的转移电抗为

$$x_{1f'}=0.3322+0.2657+\frac{0.2657\times0.3322}{0.1473}=1.197$$

$$x_{2f'}=0.1473+0.3322+\frac{0.1473\times0.3322}{0.2657}=0.664$$

对应的计算电抗为

$$x_{1c}=1.197\times\frac{100/0.85}{100}=1.408$$

$$x_{2c}=0.664\times\frac{200/0.85}{100}=1.562$$

(2) 查运算曲线，求 f' 三相短路电流，也即 f 点的正序电流。

$$I''_{1(1)}=0.70, I''_{2(1)}=0.63$$

$$I_{1,0.15(1)}=0.65, I_{2,0.15(1)}=0.60$$

即有

$$I''_{(1)}=\left(0.70\times\frac{100/0.85}{\sqrt{3}\times230}+0.63\times\frac{200/0.85}{\sqrt{3}\times230}\right)=0.579(\text{kA})$$

$$I_{0.15(1)}=\left(0.65\times\frac{100/0.85}{\sqrt{3}\times230}+0.60\times\frac{200/0.85}{\sqrt{3}\times230}\right)=0.546(\text{kA})$$

（3）故障相电流为

$$I''=3\times0.579=1.737(\text{kA})$$

$$I_{0.15}=3\times0.546=1.638(\text{kA})$$

第六节　不对称短路情况下非故障处的电流和电压计算

在电力系统的设计、运行中，除需要计算故障处的短路电流和电压外，还需要计算非故障处的电流和电压。其计算方法是：首先求出故障处的正序、负序和零序短路电流和电压分量，然后由各序网求出相应支路的各序电流分量和相应节点的各序电压分量（一般按照逆着网络简化的顺序，在网络还原过程中逐步算出），最后将各序电流、电压合成求得各支路三相电流和各节点三相电压。需要注意的是，非故障处的电流、电压不满足边界条件。

上述求网络中各序电流和电压分布的方法中，若非故障处与故障处的电气连接元件为星形/三角形接法的变压器，则变压器两侧的各序电流和电压相位将不一致，即从各序网求得非故障处的正、负序电流、电压必须分别转动不同的相位才是该处的实际各序分量。应用实际的各序分量才可合成该处的不对称三相电流和电压。

如图 9 - 34 所示为 Yd11 型变压器的绕组接线及两侧电压、电流的示意图。

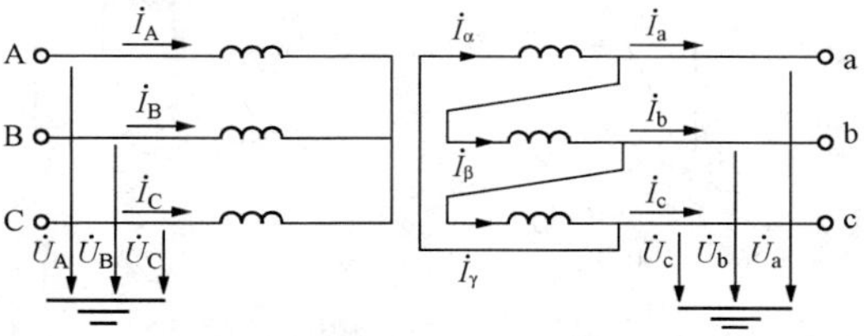

图 9 - 34　Yd11 变压器两侧电压、电流示意图

变压器的变比 $k=\frac{U_{AB}}{U_{ab}}=\frac{\sqrt{3}W_{Y}}{W_{\triangle}}$，其中 W_{Y}、$W_{\triangle}$ 分别为变压器星形侧和三角形侧绕组的匝数。变压器相电压之比 $\frac{U_{AX}}{U_{ax}}=\frac{k}{\sqrt{3}}=\frac{W_{Y}}{W_{\triangle}}$；相电流之比 $\frac{I_A}{I_\alpha}=\frac{W_{\triangle}}{W_{Y}}$，则有

$$\dot{I}_a=\dot{I}_\alpha-\dot{I}_\beta=(\dot{I}_A-\dot{I}_B)\frac{W_Y}{W_\triangle}=\frac{k}{\sqrt{3}}(\dot{I}_A-\dot{I}_B)$$

$$\dot{I}_b=\dot{I}_\beta-\dot{I}_\gamma=(\dot{I}_B-\dot{I}_C)\frac{W_Y}{W_\triangle}=\frac{k}{\sqrt{3}}(\dot{I}_B-\dot{I}_C)$$

$$\dot{I}_c=\dot{I}_\gamma-\dot{I}_\alpha=(\dot{I}_C-\dot{I}_A)\frac{W_Y}{W_\triangle}=\frac{k}{\sqrt{3}}(\dot{I}_C-\dot{I}_A)$$

根据对称分量法得

$$\begin{aligned}\dot{I}_a&=\frac{k}{\sqrt{3}}(\dot{I}_{A(1)}+\dot{I}_{A(2)}+\dot{I}_{A(0)}-a^2\dot{I}_{A(1)}-a\dot{I}_{A(2)}-\dot{I}_{A(0)})\\&=k(\dot{I}_{A(1)}e^{j30^\circ}+\dot{I}_{A(2)}e^{-j30^\circ})\end{aligned}\tag{9-61}$$

同理

$$\left.\begin{aligned}\dot{I}_{b} &= k(\dot{I}_{B(1)}e^{j30^\circ}+\dot{I}_{B(2)}e^{-j30^\circ})\\ \dot{I}_{c} &= k(\dot{I}_{C(1)}e^{j30^\circ}+\dot{I}_{C(2)}e^{-j30^\circ})\end{aligned}\right\} \tag{9-62}$$

对于电压则有

$$\begin{aligned}\dot{U}_{a} &= \frac{1}{\sqrt{3}}\dot{U}_{ab} = \frac{1}{\sqrt{3}k}\dot{U}_{AB} = \frac{1}{\sqrt{3}k}(\dot{U}_{A}-\dot{U}_{B})\\ &= \frac{1}{\sqrt{3}k}(\dot{U}_{A(1)}+\dot{U}_{A(2)}+\dot{U}_{A(0)}-a^2\dot{U}_{A(1)}-a\dot{U}_{A(2)}-\dot{U}_{A(0)})\\ &= \frac{1}{k}(\dot{U}_{A(1)}e^{j30^\circ}+\dot{U}_{A(2)}e^{-j30^\circ})\end{aligned} \tag{9-63}$$

同理

$$\left.\begin{aligned}\dot{U}_{b} &= \frac{1}{k}(\dot{U}_{B(1)}e^{j30^\circ}+\dot{U}_{B(2)}e^{-j30^\circ})\\ \dot{U}_{c} &= \frac{1}{k}(\dot{U}_{C(1)}e^{j30^\circ}+\dot{U}_{C(2)}e^{-j30^\circ})\end{aligned}\right\} \tag{9-64}$$

由以上分析可知，正序分量三角形侧较星形侧超前 30°，对于负序分量则正好相反，即落后 30°。如图 9-35 所示为 Yd11 变压器两侧电压对称分量的相位关系。

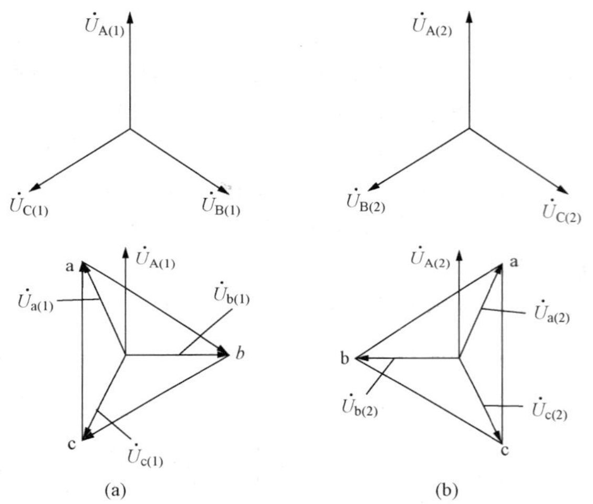

图 9-35 Yd11 变压器两侧电压对称分量的相位关系
（a）两侧正序电压相位关系；（b）两侧负序电压相位关系

【例 9-3】 对于例 9-1 的电力系统，在节点 3 单相接地短路瞬间，试计算：

（1）节点 1、2 电压；

（2）线路 1-3 电流；

（3）发电机 1、2 端电压。

解：（1）求节点 1、2 电压。由正序网等效电路及零序网等效电路（简化形式，见图 9-36），可求得两个发电机支路的正序电流、负序电流（与正序相同）为

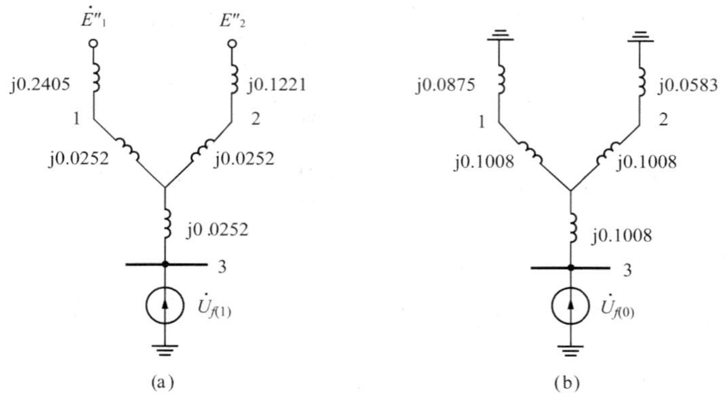

图 9-36 正序、零序网等效电路
（a）正序网；（b）零序网

$$\dot{I}_{G1(1)}=\dot{I}_{G1(2)}=\frac{0.1473}{0.2657+0.1473}(-j2.34)=-j0.835$$

$$\dot{I}_{G2(1)}=\dot{I}_{G2(2)}=\frac{0.2657}{0.2657+0.1473}(-j2.34)=-j1.505$$

节点 1、2 的各序电压为

$$\dot{U}_{1(1)}=1-(-j0.835)\times(j0.2405)=0.799$$
$$\dot{U}_{2(1)}=1-(-j1.505)\times(j0.1221)=0.816$$
$$\dot{U}_{1(2)}=-(-j0.835)\times(j0.2405)=-0.201$$
$$\dot{U}_{2(2)}=-(-j1.505)\times(j0.1221)=-0.184$$
$$\dot{U}_{1(0)}=-(-j2.34\times\frac{0.1591}{0.1883+0.1591})\times j0.0875=-0.094$$
$$\dot{U}_{2(0)}=-(-j2.34\times\frac{0.1883}{0.1883+0.1591})\times j0.0583=-0.074$$

节点 1、2 的三相电压为

$$\begin{bmatrix}\dot{U}_{1a}\\\dot{U}_{1b}\\\dot{U}_{1c}\end{bmatrix}=\begin{bmatrix}1&1&1\\a^2&a&1\\a&a^2&1\end{bmatrix}\begin{bmatrix}0.799\\-0.201\\-0.094\end{bmatrix}=\begin{bmatrix}0.504\\-0.393-j0.866\\-0.393+j0.866\end{bmatrix}$$

$$\begin{bmatrix}\dot{U}_{2a}\\\dot{U}_{2b}\\\dot{U}_{2c}\end{bmatrix}=\begin{bmatrix}1&1&1\\a^2&a&1\\a&a^2&1\end{bmatrix}\begin{bmatrix}0.816\\-0.184\\-0.074\end{bmatrix}=\begin{bmatrix}0.558\\-0.39-j0.866\\-0.39+j0.866\end{bmatrix}$$

（2）线路 1 - 3 的各序电流及三相电流为

$$\dot{I}_{1\text{-}3(1)}=\frac{\dot{U}_{1(1)}-\dot{U}_{3(1)}}{jx_{1-3(1)}}=\frac{0.799-0.719}{j0.0756}=-j1.058$$

$$\dot{I}_{1\text{-}3(2)}=\frac{\dot{U}_{1(2)}-\dot{U}_{3(2)}}{jx_{1-3(2)}}=\frac{-0.201+0.281}{j0.0756}=-j1.058$$

$$\dot{I}_{1\text{-}3(0)}=\frac{\dot{U}_{1(0)}-\dot{U}_{3(0)}}{jx_{1-3(0)}}=\frac{-0.094+0.438}{j0.3024}=-j1.138$$

$$\begin{bmatrix}\dot{I}_{1\text{-}3a}\\\dot{I}_{1\text{-}3b}\\\dot{I}_{1\text{-}3c}\end{bmatrix}=\begin{bmatrix}1&1&1\\a^2&a&1\\a&a^2&1\end{bmatrix}\begin{bmatrix}-j1.058\\-j1.058\\-j1.138\end{bmatrix}=\begin{bmatrix}-j3.254\\-j0.08\\-j0.08\end{bmatrix}$$

（3）机端电压为

$$\dot{U}_{G1(1)}=1-(-j0.835)\times j0.153=1-0.128=0.872$$
$$\dot{U}_{G1(2)}=-(-j0.835)\times j0.153=-0.128$$
$$\dot{U}_{G2(1)}=1-(-j1.505)\times j0.0638=0.904$$
$$\dot{U}_{G2(2)}=-(-j1.505)\times j0.0638=-0.096$$

$$\begin{bmatrix}\dot{U}_{G1a}\\\dot{U}_{G1b}\\\dot{U}_{G1c}\end{bmatrix}=\begin{bmatrix}1&1&1\\a^2&a&1\\a&a^2&1\end{bmatrix}\begin{bmatrix}0.872e^{j30^\circ}\\-0.128e^{-j30^\circ}\\0\end{bmatrix}=\begin{bmatrix}0.645+j0.5\\-j1\\-0.645+j0.5\end{bmatrix}=\begin{bmatrix}0.816\angle 37.8^\circ\\1\angle -90^\circ\\0.816\angle 142.2^\circ\end{bmatrix}$$

$$\begin{bmatrix}\dot{U}_{G2a}\\\dot{U}_{G2b}\\\dot{U}_{G2c}\end{bmatrix}=\begin{bmatrix}1&1&1\\a^2&a&1\\a&a^2&1\end{bmatrix}\begin{bmatrix}0.904e^{j30^\circ}\\-0.096e^{-j30^\circ}\\0\end{bmatrix}=\begin{bmatrix}0.7+j0.5\\-j1\\-0.7+j0.5\end{bmatrix}=\begin{bmatrix}0.860\angle 35.5^\circ\\1\angle -90^\circ\\0.860\angle 144.5^\circ\end{bmatrix}$$

以上计算所得数值都是标幺值，读者可自行练习计算它们所对应的有名值。

第七节 非全相运行的分析计算

电力系统非全相运行是指运行中的三相系统一相或两相断开。造成非全相运行的原因主要有：线路一相或两相断线；断路器合、跳闸操作中三相触头不同时动作；单相接地故障时保护动作跳开故障相等。非全相运行的主要危害是产生负序电流，使发电机转子过热或振动，或引起某些继电保护误动。

电力系统发生一相或两相断线的状态及故障处各序分量如图 9 - 37 所示。

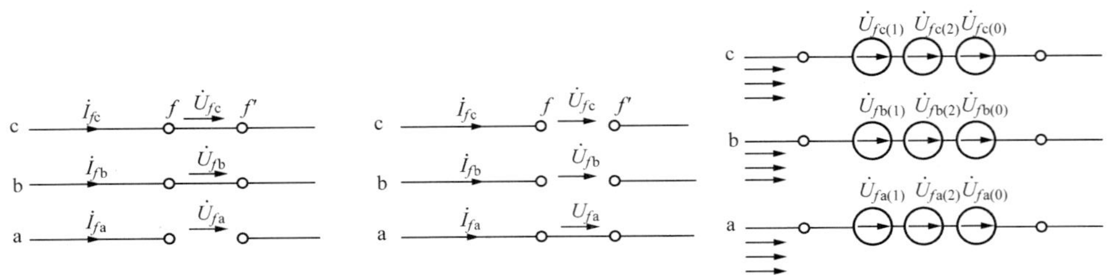

图 9 - 37 非全相运行及其故障处各序分量

(a) 单相断线；(b) 两相断线；(c) 断口处的序分量

与短路故障相比，断线故障的故障处变为断口处，一相或两相断线将引起故障处三相线路电流和三相断口间电压不对称，所以非全相运行也称为纵向故障。而短路故障的故障处为短路点与地之间，不对称短路时引起从短路点流出的三相电流和短路点对地的三相电压的不对称，所以短路故障称为横向故障。

根据对称分量法，非全相运行时故障处（断口处）的不对称电流和电压可以用对称的序分量表示，可建立以 a 相为特殊相的正、负、零序等效电路（略去下标 a)，如图 9 - 38 所示。

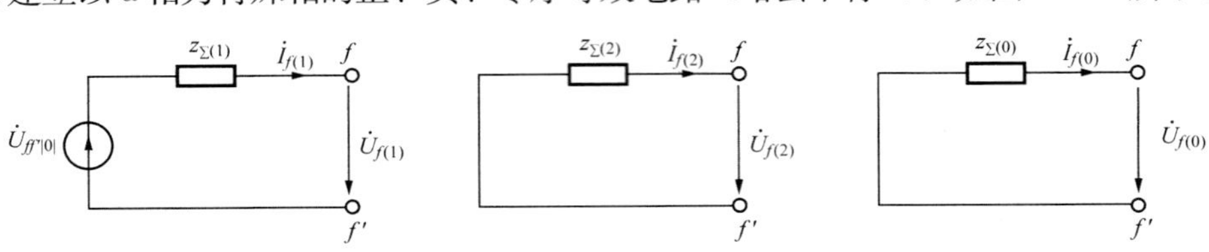

图 9 - 38 非全相运行的三序等效电路

对应的电压平衡方程式为

$$\left.\begin{aligned}\dot{U}_{ff'|0|}-\dot{I}_{f(1)}z_{\Sigma(1)}&=\dot{U}_{f(1)}\\-\dot{I}_{f(2)}z_{\Sigma(2)}&=\dot{U}_{f(2)}\\-\dot{I}_{f(0)}z_{\Sigma(0)}&=\dot{U}_{f(0)}\end{aligned}\right\}\tag{9-65}$$

再结合边界条件，建立 3 个有关序分量的方程，即可求出各电流、电压序分量。

一、单相断线

由图 9 - 37 (a) 可看出，单相断线断口处的边界条件为

$$\left.\begin{aligned}&\dot{I}_{fa}=0\\&\dot{U}_{fb}=\dot{U}_{fc}=0\end{aligned}\right\}\tag{9-66}$$

其序分量形式为

$$\left.\begin{aligned}&\dot{I}_{f(1)}+\dot{I}_{f(2)}+\dot{I}_{f(0)}=0\\&\dot{U}_{f(1)}=\dot{U}_{f(2)}=\dot{U}_{f(0)}\end{aligned}\right\}\tag{9-67}$$

即复合序网为三序网并联，如图 9 - 39（a）所示。

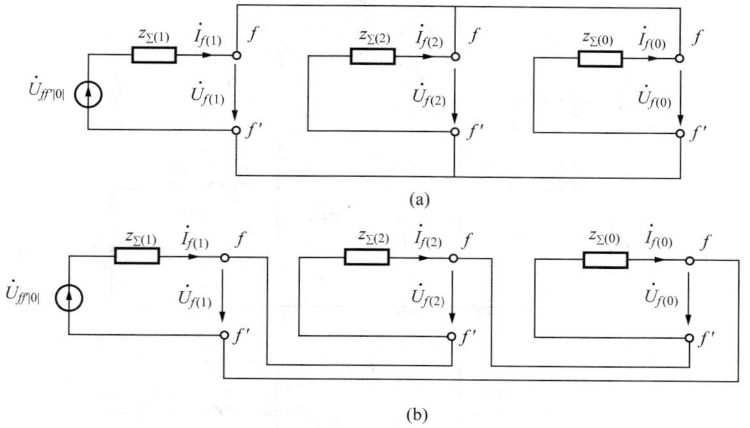

图 9 - 39　复合序网

（a）单相断线的复合序网；（b）两相断线的复合序网

根据复合序网，可得

$$\left.\begin{aligned}&\dot{I}_{f(1)}=\frac{\dot{U}_{ff'|0|}}{z_{\Sigma(1)}+\dfrac{z_{\Sigma(2)}z_{\Sigma(0)}}{z_{\Sigma(2)}+z_{\Sigma(0)}}}\\&\dot{I}_{f(2)}=-\frac{z_{\Sigma(0)}}{z_{\Sigma(2)}+z_{\Sigma(0)}}\dot{I}_{f(1)}\\&\dot{I}_{f(0)}=-\frac{z_{\Sigma(2)}}{z_{\Sigma(2)}+z_{\Sigma(0)}}\dot{I}_{f(1)}\end{aligned}\right\}\tag{9-68}$$

其余分量及故障相电流、电压与 b、c 两相短路接地故障类似，此处略。

二、两相断线

由图 9 - 37（b）可知，两相断线的边界条件为：

$$\left.\begin{aligned}&\dot{I}_{fb}=\dot{I}_{fc}=0\\&\dot{U}_{fa}=0\end{aligned}\right\}\tag{9-69}$$

其序分量的形式为

$$\left.\begin{aligned}&\dot{I}_{f(1)}=\dot{I}_{f(2)}=\dot{I}_{f(0)}\\&\dot{U}_{f(1)}+\dot{U}_{f(2)}+\dot{U}_{f(0)}=0\end{aligned}\right\}\tag{9-70}$$

即复合序网为三序网串联，如图 9 - 39（b）所示。根据复合序网，可得

$$\dot{I}_{f(1)}=\dot{I}_{f(2)}=\dot{I}_{f(0)}=\frac{\dot{U}_{ff'|0|}}{z_{\Sigma(1)}+z_{\Sigma(2)}+z_{\Sigma(0)}}\tag{9-71}$$

其余序分量及相电流、电压与 a 相接地故障相同。

【例 9-4】 如图 9-40 所示的电力系统，各元件的序电抗标幺值示于图中。如果在线路 L2 始端（f，f'处）发生 a 相断线。试求断开相的电压和非断开相的电流。

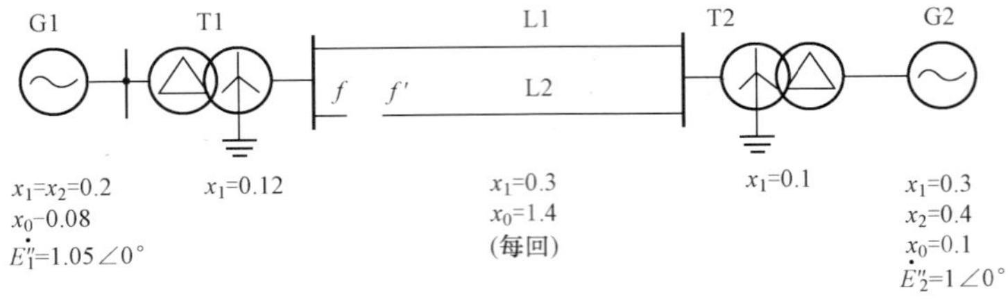

图 9-40 例 9-4 图

解： 建立正、负、零序网如图 9-41 所示。

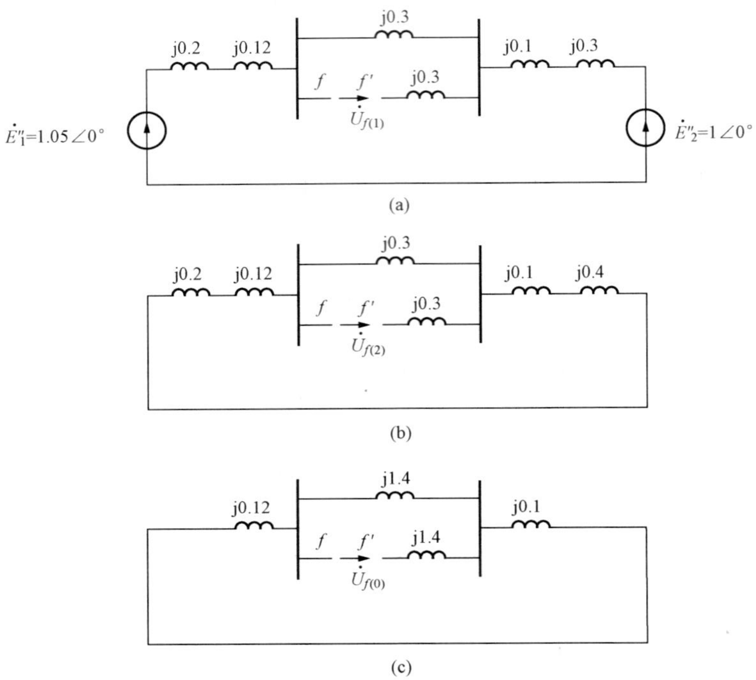

图 9-41 正、负、零序网

（a）正序网；（b）负序网；（c）零序网

故障端口的开路电压为

$$\dot{U}_{ff'|0|}=\frac{1.05-1}{\mathrm{j}(0.2+0.12+0.3+0.1+0.3)}\times \mathrm{j}0.3=0.015$$

故障端口的各序等效电抗为

$$x_{\Sigma(1)}=0.3+\frac{0.3\times(0.2+0.12+0.3+0.1)}{0.3+0.2+0.12+0.3+0.1}=0.512$$

$$x_{\Sigma(2)}=0.3+\frac{0.3\times(0.2+0.12+0.4+0.1)}{0.3+0.2+0.12+0.4+0.1}=0.522$$

$$x_{\Sigma(0)}=1.4+\frac{1.4\times(0.12+0.1)}{1.4+0.12+0.1}=1.590$$

各序电流分量为

$$\dot{I}_{f(1)}=\frac{0.015}{j0.512+\dfrac{j0.522\times j1.590}{j0.522+j1.590}}=-j0.017$$

$$\dot{I}_{f(2)}=-(-j0.017)\times\frac{j1.590}{j0.522+j1.590}=j0.013$$

$$\dot{I}_{f(0)}=-(-j0.017)\times\frac{j0.522}{j0.522+j1.590}=j0.004$$

各序电压分量为

$$\dot{U}_{f(1)}=\dot{U}_{f(2)}=\dot{U}_{f(0)}=-j1.590\times j0.004=0.006$$

故障处的相电压、电流为

$$\dot{U}_{fa}=3\dot{U}_{f(1)}=0.018$$

$$\begin{aligned}\dot{I}_{fb}&=a^2\dot{I}_{f(1)}+a\dot{I}_{f(2)}+\dot{I}_{f(0)}\\&=(-0.5-j0.866)(-j0.017)+(-0.5+j0.866)(j0.013)+j0.004\\&=-0.026+j0.006=0.027\angle 167^\circ\end{aligned}$$

$$\dot{I}_{fc}=0.026+j0.006=0.027\angle 13^\circ$$

习　　题

9 - 1　如图 9 - 42 所示的系统，当分别在 f_1，f_2，f_3 点发生不对称短路故障时，试画出它们的正、负、零序等效电路，并用戴维南定理化简等效电路，求出 $x_{\Sigma(1)}$、$x_{\Sigma(2)}$、$x_{\Sigma(0)}$［设变压器 $x_{m(0)}=\infty$］。

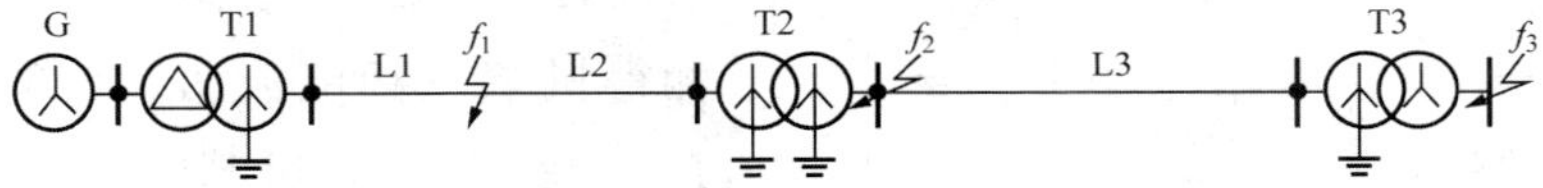

图 9 - 42　题 9 - 1 图

9 - 2　如图 9 - 43 所示电力系统，试作出：

（1）在 f 点发生不对称短路时的正、负、零序等效电路；

（2）线路 L1 在 f_1，f_1' 处发生两相断开后的正、负、零序等效电路（无需化简）。

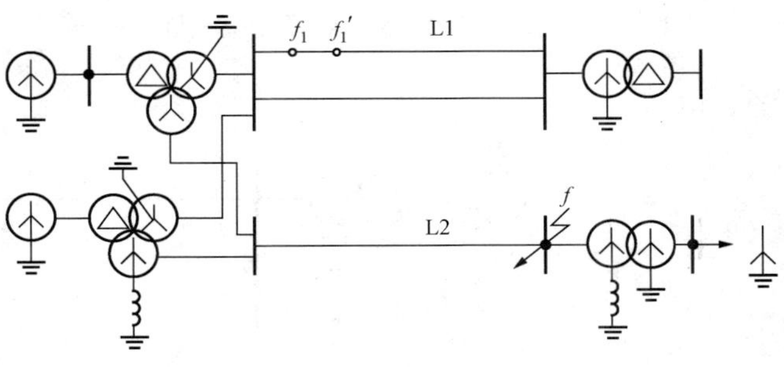

图 9 - 43　题 9 - 2 图

9 - 3　作出如图 9 - 44 所示的电力系统在 f 点发生不对称短路时的正、负、零序等效电路。

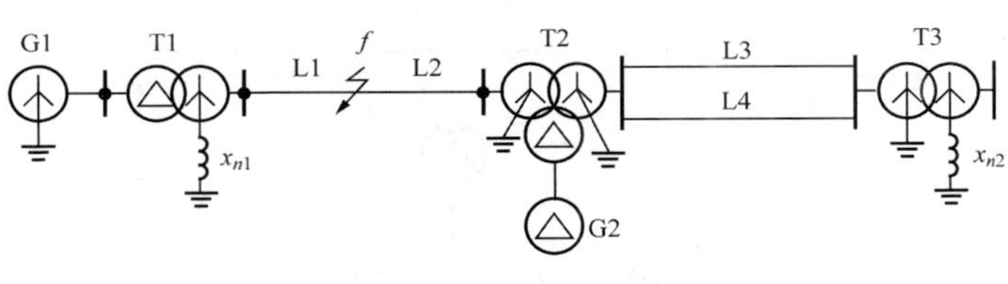

图 9 - 44　题 9 - 3 图

9－4　如图9－45所示的电力系统，图中示出各元件参数标幺值，若在f处分别发生单相断线和单相接地两种故障，试分别求故障处的三相电流和电压。

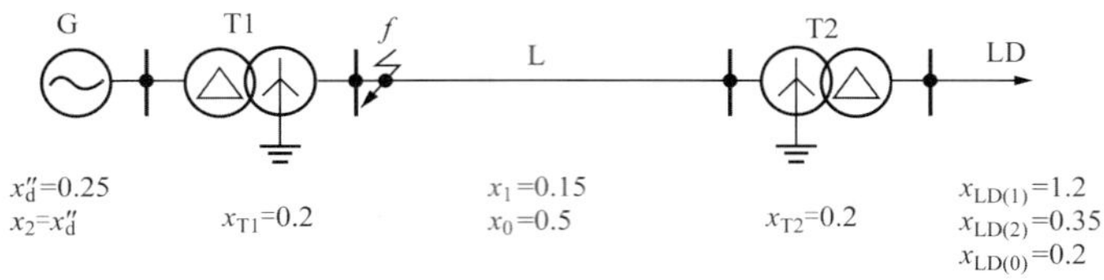

图9－45　题9－4图

9－5　已知如图9－46所示的电力系统及参数，输电线中点发生b相直接接地故障。求：

（1）故障点$t=0$s和$t=0.2$s时的相电流。

（2）机端$t=0$s时的三相电流，并画出电流相量图。

9－6　如图9－47所示的电力系统，在f点发生①b、c两相短路；②b、c两相短路接地，分别求两种情况下故障处的电流、电压，并画出相量图。

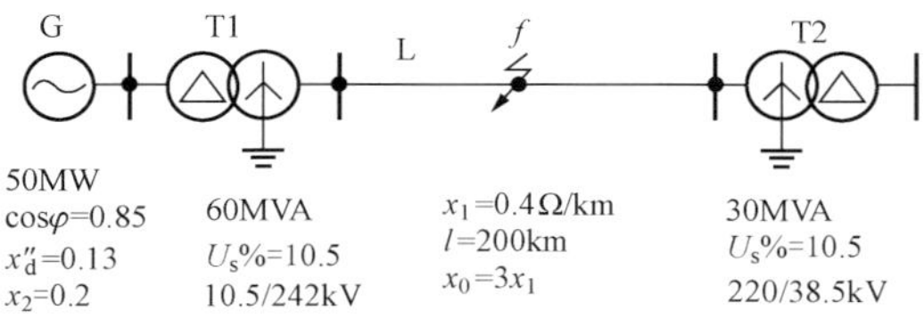

图9－46　题9－5图

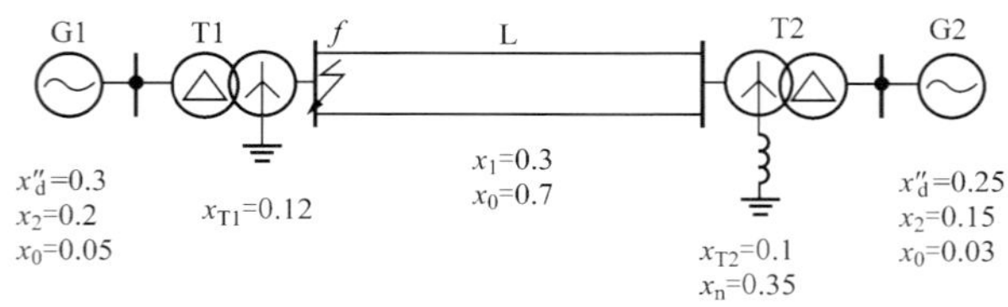

图9－47　题9－6图

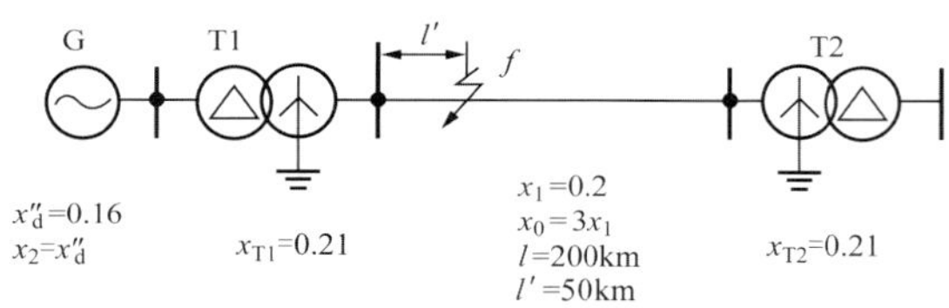

图9－48　题9－7图

注：图中所示元件参数为统一基准下的标幺值。

9－7　如图9－48所示线路空载时，距线路首端l'处的f点发生不对称故障，这时测得机端三相电流$\dot{I}_{Ga}=\sqrt{3}\angle 0°$，$\dot{I}_{Gb}=0$，$\dot{I}_{Gc}=\sqrt{3}\angle 180°$，试判断$f$点发生的是哪种短路故障，并计算其短路电流。

9－8　如图9－49所示的电力系统，求f点发生两相短路接地时故障处的三相电流、电压。

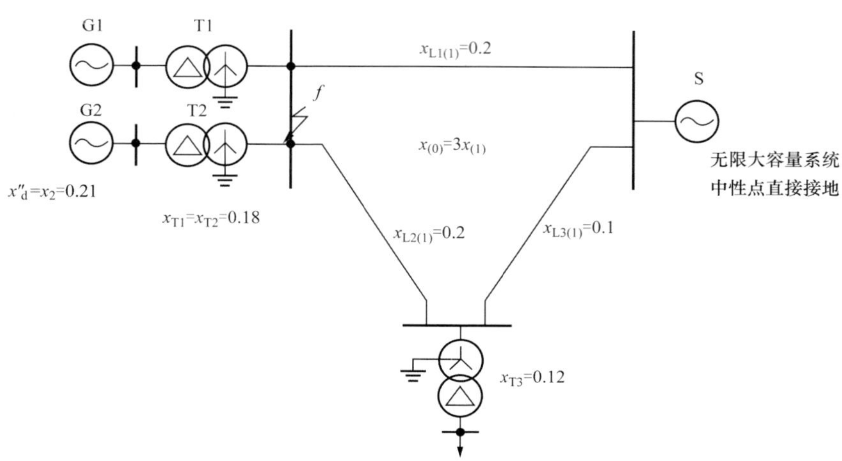

图9－49　题9－8图

9 - 9　如图 9 - 50 所示的系统，元件的技术数据如下。发电机 G：45MVA，10. 5kV，$x''_d = x_2 = 0.1$，$E'' = 1.1$；变压器 T1：31. 5MVA，10. 5/242kV，$U_s\% = 10.5$；变压器 T2、T3：20MVA，220/10. 5kV，$U_s\% = 10.5$，$x_n = 20\Omega$；线路 L1、L2：50km，$x_{(1)} = 0.4\Omega/\text{km}$，$x_{(0)} = 3x_{(1)}$，试求在 f 点发生 a 相接地时发电机母线上的三相电压（$S_B = 100\text{MVA}$）。

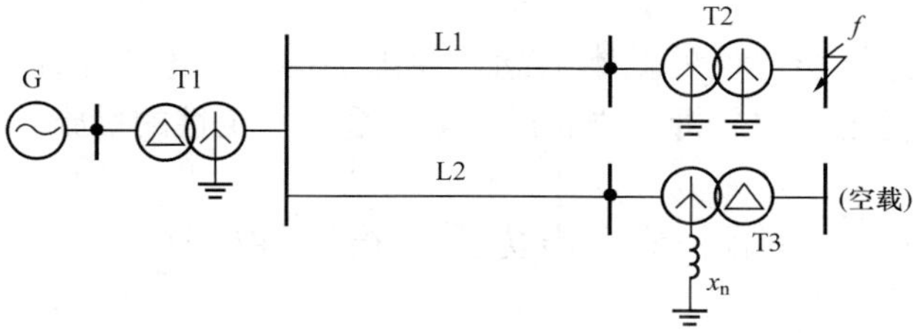

图 9 - 50　题 9 - 9 图

9 - 10　某 500kV 变电所主系统如图 9 - 51 所示。系统 $S1$ 容量为 18000MVA，系统电抗标幺值 $x_{(1)} = x_{(2)} = 0.5$，$x_{(0)} = 0.75$（以系统容量为基准）；系统 $S2$ 容量为 10000MVA，系统电抗标幺值 $x_{(1)} = x_{(2)} = 0.2$，$x_{(0)} = 0.65$（以系统容量为基准）；500kV 单相式自耦变压器 $S_N = 750\text{MVA}$，500/230/35kV，$U_{s1}\% = 12.6$，$U_{s2}\% = 0$，$U_{s3}\% = 28.55$（已折算为 100%容量下的值）。求 f 点发生单相接地时短路处的短路电流。

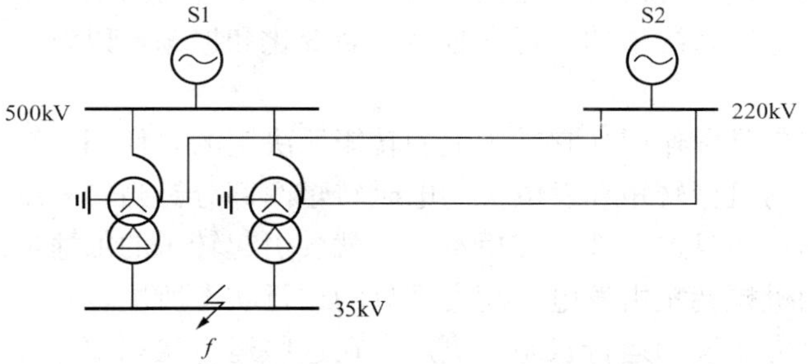

图 9 - 51　题 9 - 10 图

第十章　电力系统稳定性分析

本章叙述了电力系统稳定性的基本概念，导出了适合于电力系统稳定性分析的元件模型，介绍了电力系统稳定性的分析方法和提高电力系统稳定性的措施。

第一节　电力系统稳定性概述

电力系统稳定性是电力系统在某一正常运行状态下受到某种干扰后，经过一定的时间恢复到原来的运行状态或者过渡到一个新的稳定运行状态的能力。

电力系统中有大量并联运行的同步发电机，只有在同步运行状态下，其送出的电功率为定值，同时系统中各节点电压及支路的电流、功率潮流也都是定值，这种状态为电力系统的稳定运行状态。所谓同步运行状态是指所有并联运行的同步发电机都有相同的电角速度。如果电力系统中发电机间不能保持同步，则发电机送出的电功率不是定值，全系统各节点的电压及支路的电流、功率也不再保持为定值，而发生很大幅度的波动。如果不能使系统中各发电机恢复同步运行，上述系统中的运行参数将不断变化和振荡，以致系统不能正常工作，这种情况称为系统不稳定。

同步发电机的转速是由作用在它转子上的转矩所决定的。作用在转子上的转矩主要包括原动机作用在转子上的机械转矩和发电机的电磁转矩两部分。当转子维持同步转速时，上述两部分转矩是平衡的，一旦这两部分转矩不平衡就会引起转子的加速或减速，转子就偏离了同步转速。原动机的机械转矩由发电厂动力部分的运行状态所决定，发电机的电磁转矩是由发电机及其连接的电力系统的运行状态所决定，在这些运行状态中如发生任意干扰都会使作用在转子上的转矩不平衡，也就会使转速发生变化。在实际运行中，干扰是不可避免的，小的干扰经常发生，如负荷波动；大的干扰也是时常出现，如短路故障、切除机组等。因此，要求系统在受到各种干扰后，发电机组经过一段过程的运动变化后仍能恢复同步运行。能满足这一点，系统就是稳定的，否则就是不稳定的。电力系统稳定性的破坏，将造成大量用户供电中断，甚至导致整个系统瓦解，后果极为严重。

通常，把电力系统受到干扰后系统中同步发电机组间能否经过一定时间后恢复到同步运行的问题，称为电力系统同步稳定性问题。由于电力系统同步稳定性是根据受扰后系统中并联运行的同步发电机转子之间的相对位移角（或发电机电动势之间的相角差）的变化规律来判断的，因此，这种性质的稳定性又称为功角稳定性。

另外，在电力需求增加、电源远离负荷中心和输电系统带重负荷等情况下，当电力系统受到某一干扰后可能会出现不可逆转的电压持续下降，或者电压长期滞留在安全运行所不能容许的低水平上而不能恢复，这种情况称为电力系统电压不稳定。电压失稳将造成局部地区的供电中断，在严重的情况下还可能导致电力系统的功角稳定的丧失。通常，把电力系统在正常条件下和受到干扰后能否维持系统中所有母线电压在容许水平的问题，称为电力系统电压稳定性问题。本章主要介绍功角稳定性，只在第五节中介绍有关电压稳定性的问题。

电力系统稳定性本是一个问题，为了便于分析和研究，一般根据电力系统的特点对电力系统的稳定性进行定义及分类。但到目前为止，各种分类方法并不十分严格，也不十分统一。按所研究的物理问题的性质可分为功角稳定性、电压稳定性、低频振荡、次同步振荡等。对于功角稳定性，常根据干扰大小划分为小干扰（小信号）稳定性和暂态稳定性两大类。

小干扰稳定性是指电力系统在某一运行状态下受到小干扰后维持同步运行的能力。这里的小干扰一般是指正常的负荷和参数波动，如个别电动机的接入或切除、负荷的随机增减、汽机蒸汽压力的波动、发电机端电压发生小的偏移、架空线路因风吹摆动引起的线间距离（影响线路电抗）的微小变化等。小干扰对电力系统行为特性的影响一般与干扰的大小和发生的地点无关，且系统的状态变量的变化很小，因而允许将描述系统的状态方程线性化进行分析。小干扰稳定性的研究结果不是确定运行参数对原始运行状态的偏移值，而是确定运行参数变化的性质，得出系统稳定或不稳定的结论。在小干扰稳定性分析中，系统模型可以计及系统元件、自动调节和控制装置的动态特性，这种情况在有些文献中称之为动态稳定分析；而将忽略系统元件、自动调节和控制装置的动态特性，基于系统线性化代数方程，用代数判据进行的系统稳定性分析称为静态稳定分析，它实际上是简化的小干扰稳定分析。

暂态稳定性是指电力系统在某一运行状态下受到大干扰后维持同步运行的能力。电力系统运行中遭遇的大干扰包括发生各种短路和断线故障、大容量发电机等重要输电设备的投入或切除、大容量用户的投入或切除等。而且一些干扰发生后，可能伴随着一系列的操作，例如故障线路经保护装置和开关的动作而被切除。另外，为了使得电力系统不失去稳定或为了提高系统的稳定性，其间还可能伴随着切除发电机、切除负荷、投入强行励磁、快关汽门等控制措施。在大干扰和后续一系列操作的作用下，电力系统的状态量变化较大，因此不允许把系统的状态方程线性化，必须考虑系统状态方程的非线性，从系统的机电暂态过程中判断系统的暂态稳定性。

我国 2001 年颁发的 DL 755—2001《电力系统安全稳定导则》将电力系统功角稳定性分为静态稳定性、暂态稳定性、动态稳定性。其中，静态稳定性定义为电力系统受到小干扰后，不发生非周期失步，自动恢复到初始运行状态的能力；暂态稳定性定义为电力系统受到大干扰后，各同步发电机保持同步运行并过渡到新的或恢复到原来稳态运行方式的能力；动态稳定性定义为电力系统受到小的或大的干扰后，在自动调节和控制装置的作用下，保持长过程的运行稳定性的能力。而国际电气与电子工程师协会（IEEE）标准中将电力系统稳定性分为小干扰稳定性和暂态稳定性。本书采用后一种分类方法。

电力系统的稳定性问题还可根据需要按时间长短分为短期、中期和长期稳定，它们在分析时所用的系统元件的模型不相同。典型时间范围：短期稳定为 0～10s；中期稳定为 10s 至几分钟；长期稳定为几分钟至几十分钟。

第二节　电力系统元件的机电模型

要分析电力系统的功角稳定性，首先应该对电力系统元件的机电模型和特性有一基本了解。本节将分别介绍适合于电力系统稳定性分析的同步发电机的机电模型、励磁系统模型及负荷模型。原动机模型、调速系统模型及其他动态元件的数学模型请参阅有关文献。

（一）同步发电机的机电模型

1. 同步发电机的转子运动方程

电力系统稳定性问题主要是研究电力系统中同步发电机转子间的相对运动。这里所介绍的同步发电机转子运动方程是分析电力系统稳定性问题的基础。

根据旋转物体的力学定律，同步发电机转子的机械角加速度与作用在转子轴上的不平衡转矩之间有如下关系

$$J\alpha = J\frac{\mathrm{d}\Omega}{\mathrm{d}t} = \Delta M = M_{\mathrm{m}} - M_{\mathrm{e}} \tag{10-1}$$

式中：J 为发电机及原动机转子的转动惯量，$\mathrm{kg \cdot m^2}$（千克·米^2）；α 为转子的机械角加速度，$\mathrm{rad/s^2}$（弧度/秒^2）；Ω 为转子机械角速度，rad/s（弧度/秒）；ΔM 为作用在转子轴上的不平衡转矩，即净转矩，N·m（牛顿·米）；M_{m} 为原动机的转矩，N·m；M_{e} 为发电机的电磁转矩，N·m。

在电力系统稳定性分析中，常用惯性时间常数和电角速度等来描述转子的运动。所以，下面对式（10-1）作一些变换。

当转子以额定转速 Ω_0（即同步转速）旋转时，其旋转动能为

$$W_{\mathrm{k}} = \frac{1}{2}J\Omega_0^2 \tag{10-2}$$

可得

$$J = \frac{2W_{\mathrm{k}}}{\Omega_0^2}$$

代入式（10-1）中得

$$\frac{2W_{\mathrm{k}}}{\Omega_0^2} \cdot \frac{\mathrm{d}\Omega}{\mathrm{d}t} = \Delta M \tag{10-3}$$

把式（10-3）转换成用标幺值表示的形式。设发电机的额定容量和额定转矩分别为 S_{N} 和 M_{N}，取 M_{N} 作为转矩的基准值，即

$$M_{\mathrm{B}} = M_{\mathrm{N}} = \frac{S_{\mathrm{N}}}{\Omega_0}$$

用 M_{B} 除式（10-3）两端，得

$$\frac{T_{\mathrm{J}}}{\Omega_0}\frac{\mathrm{d}\Omega}{\mathrm{d}t} = \Delta M_* \tag{10-4}$$

式中：$T_{\mathrm{J}} = \dfrac{2W_{\mathrm{k}}}{S_{\mathrm{N}}}$称为发电机的惯性时间常数，s（秒）。

在国外文献中，发电机的惯性时间常数常用 $H = W_{\mathrm{k}}/S_{\mathrm{N}}$ 来表示，在此情况下，应将式（10-4）中的 T_{J} 换成 $2H$。

下面来解释一下发电机的惯性时间常数的物理意义。

如果作用在发电机转子轴上的净转矩始终保持为它的额定值，即 $\Delta M = M_{\mathrm{N}}$ 或 $\Delta M_* = 1$，发电机转子从静止状态开始转动，则机械转速与时间的关系可由式（10-4）积分得到

$$\Omega = \frac{\Omega_0}{T_J}\int_0^t \mathrm{d}t = \frac{\Omega_0}{T_J}t$$

如果令 $t = T_J$，则 $\Omega = \Omega_0$。这说明发电机的惯性时间常数 T_J 为在转子上施加的净转矩为额定转矩时，转子由静止到额定转速所需要的时间。

通常制造厂家提供的发电机组的数据是飞轮转矩 GD^2，它和 T_J 之间的关系为

$$T_J = \frac{2.74GD^2n^2}{1000S_N} \tag{10-5}$$

式中：GD^2 为发电机组的飞轮转矩，$T \cdot m^2$（吨·米²）；n 为发电机组的额定转速，r/min（转/分钟）；S_N 为发电机的额定容量，kVA。

按式（10-5）计算的 T_J 是以发电机本身的额定容量为功率基准的。当进行电力系统稳定性计算时，应该把它换算为系统统一的功率基准值 S_B，即

$$T_{J(B)} = T_{J(N)}\frac{S_N}{S_B} \tag{10-6}$$

由于机械角速度和电角速度存在下列关系

$$\Omega = \frac{\omega}{p};\Omega_0 = \frac{\omega_0}{p}$$

式中：p 为同步发电机转子的极对数；ω_0 为同步电角速度。

式（10-4）可改写为

$$\frac{T_J}{\omega_0}\times\frac{\mathrm{d}\omega}{\mathrm{d}t} = \Delta M_* \tag{10-7}$$

下面导出用电角度表示的转子运动方程式。如图 10-1 所示，静止参考坐标轴在空间是静止的，同步参考坐标轴以同步电角速度 ω_0 在空间旋转，转子 q 轴以电角速度 ω 在空间旋转。在电力系统稳定性分析中，常采用转子 q 轴与同步参考坐标轴之间的相对电角度 δ 来反映转子的空间位置，作为状态变量。由图 10-1 可得出

$$\frac{\mathrm{d}\delta}{\mathrm{d}t} = \omega - \omega_0 \tag{10-8}$$

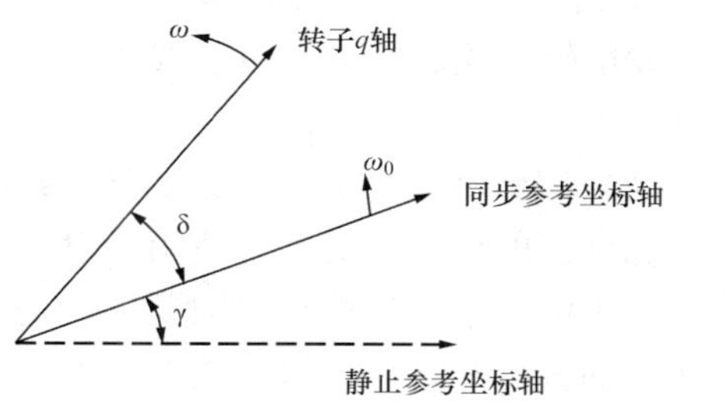

图 10-1 同步发电机转子相对电角度示意图

式（10-8）两端对 t 求导得

$$\frac{\mathrm{d}^2\delta}{\mathrm{d}t^2} = \frac{\mathrm{d}\omega}{\mathrm{d}t} \tag{10-9}$$

将式（10-9）代入式（10-7）得

$$\frac{T_J}{\omega_0}\cdot\frac{\mathrm{d}^2\delta}{\mathrm{d}t^2} = \Delta M_* \tag{10-10}$$

考虑发电机组的惯性较大，一般机械角速度 Ω 变化不大，故可以近似地认为转矩的标幺值等于功率的标幺值，即

$$\Delta M_* = \frac{\Delta M}{M_B} = \frac{\Delta M}{S_B/\Omega_0} = \frac{\Delta M\Omega_0}{S_B} \approx \frac{\Delta M\Omega}{S_B} = \frac{\Delta P}{S_B} = \Delta P_* = P_{m*} - P_{e*} \tag{10-11}$$

为了书写方便，省去下标 *，式（10-11）可写成

$$\frac{T_{\mathrm{J}}}{\omega_0}\cdot\frac{\mathrm{d}^2\delta}{\mathrm{d}t^2}=P_{\mathrm{m}}-P_{\mathrm{e}} \tag{10-12}$$

式（10－12）还可写成状态方程的形式

$$\left.\begin{aligned}\frac{\mathrm{d}\delta}{\mathrm{d}t}&=\omega-\omega_0\\ \frac{\mathrm{d}\omega}{\mathrm{d}t}&=\frac{\omega_0}{T_{\mathrm{J}}}(P_{\mathrm{m}}-P_{\mathrm{e}})\end{aligned}\right\} \tag{10-13}$$

若将 ω 用标幺值表示，即 $\omega_*=\omega/\omega_0$，略去下标 $*$，式（10－13）可改写为

$$\left.\begin{aligned}\frac{\mathrm{d}\delta}{\mathrm{d}t}&=(\omega-1)\omega_0\\ \frac{\mathrm{d}\omega}{\mathrm{d}t}&=\frac{1}{T_{\mathrm{J}}}(P_{\mathrm{m}}-P_{\mathrm{e}})\end{aligned}\right\} \tag{10-14}$$

由上面给出的几种形式的转子运动方程式可以看出，发电机转子的运动状态决定于转子上的不平衡转矩（或功率）。而不平衡转矩（或功率）又决定于原动机的输入机械转矩（或功率）与发电机输出的电磁转矩（或功率）的差值。原动机的机械转矩（或功率）决定于原动机和其调速系统的特性，在近似分析较短时间内的暂态过程时，可以认为原动机的机械转矩（或功率）保持不变。发电机输出的电磁转矩（或功率）与发电机的电磁特性、转子运动特性、负荷的特性、网络结构等有关，因而它是电力系统稳定分析和计算中最为复杂的和困难的部分。可以这样说，电力系统稳定计算的复杂性和工作量取决于发电机电磁转矩（或功率）的描述和计算。

2. 同步发电机的电磁功率特性

发电机电磁转矩的计算公式为

$$M_{\mathrm{e}}=i_{\mathrm{q}}\psi_{\mathrm{d}}-i_{\mathrm{d}}\psi_{\mathrm{q}} \tag{10-15}$$

当采用标幺值表示，且 $\Omega=\Omega_0$（或 $\omega=\omega_0$）时，$P_{\mathrm{e}*}=M_{\mathrm{e}*}$，所以式（10－15）也是电磁功率标幺值的计算公式，它适用于发电机在稳态和任意暂态过程中电磁转矩或功率的计算。

由于电力系统的稳定性问题主要是研究电力系统受到干扰后转子的运动变化，为便于工程实际的分析和计算，对一些次要方面作某些简化，主要有下列几个方面：①不计发电机定子绕组的电阻；②机组转速接近同步转速，即计算电磁功率时取 $\omega=1$；③不计定子绕组中的电磁暂态过程，即只计及发电机定子电流中的正序基频周期分量产生的电磁转矩（或功率），而忽略暂态过程中定子电流的其他分量，如非周期分量和负序分量等产生的转矩（或功率）；④发电机的某个电动势为恒定，如空载电动势或暂态电动势等。

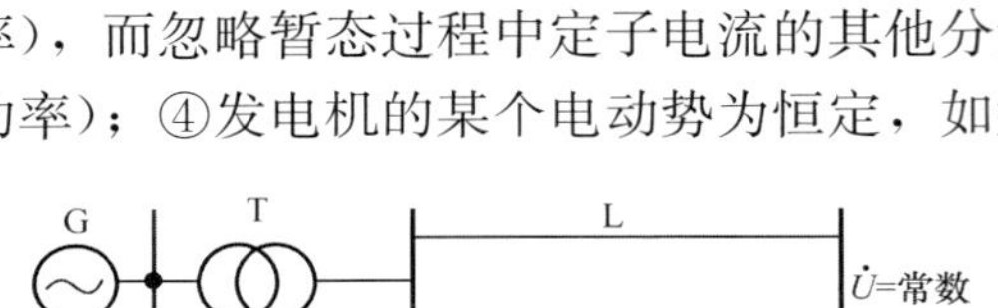

图 10－2 单机—无穷大的简单电力系统

（1）隐极式发电机的电磁功率。图 10－2 所示为同步发电机经升压变压器和高压输电线接至无穷大功率电源母线的简单电力系统，无穷大系统母线电压 U 为恒定值。图 10－3 所示是隐极式同步发电机的相量图。隐极式发电机有 $x_{\mathrm{d}}=x_{\mathrm{q}}$，由图 10－3 可以导出隐极式同步发电机以不同的电动势和电抗表示的电磁功率方程。

1）用空载电动势 E_{q} 和同步电抗 x_{d} 表示发电机。由图 10－3 可得

$$\left.\begin{aligned} E_q &= U_q + I_d x_{d\Sigma} \\ 0 &= U_d - I_q x_{d\Sigma} \end{aligned}\right\} \tag{10 - 16}$$

式中，$x_{d\Sigma}=x_d+x_T+x_L$。将式（10 - 16）代入有功功率的表达式

$$P_e = \mathrm{Re}(\dot{U}\overset{*}{I}) = \mathrm{Re}[(U_d+\mathrm{j}U_q)(I_d-\mathrm{j}I_q)] = U_dI_d+U_qI_q \tag{10 - 17}$$

可得出用 E_q 表示的功率方程式

$$P_{E_q} = \left(\frac{E_q-U_q}{x_{d\Sigma}}\right)U_d + \frac{U_d}{x_{d\Sigma}}U_q = \frac{E_qU}{x_{d\Sigma}}\sin\delta \tag{10 - 18}$$

式（10 - 18）表明，当 E_q 和 U 恒定时，发电机送到系统的电磁功率仅是 $\dot{E}_q$ 与 $\dot{U}$ 之间的相角差 δ 的函数，δ 角也称为功角。所以，式（10 - 18）也称为隐极机在 E_q 为常数时的功角特性关系式。图 10 - 4 绘出了对应的功角关系曲线，称为功角特性曲线。此特性曲线为一正弦曲线，其最大值为 $E_qU/x_{d\Sigma}$，也就是这种情况下的功率极限。

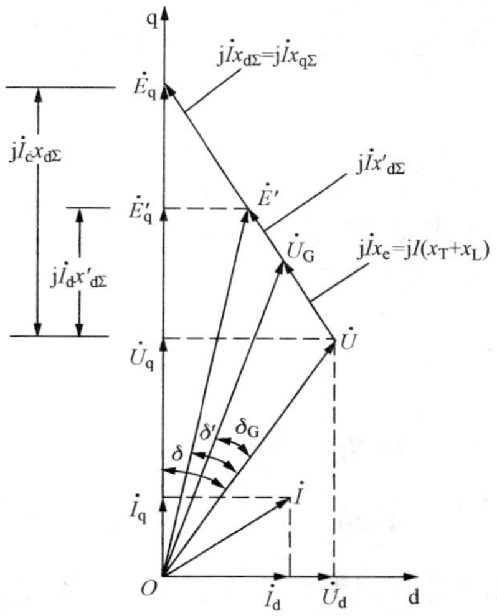

图 10 - 3　隐极式发电机相量图

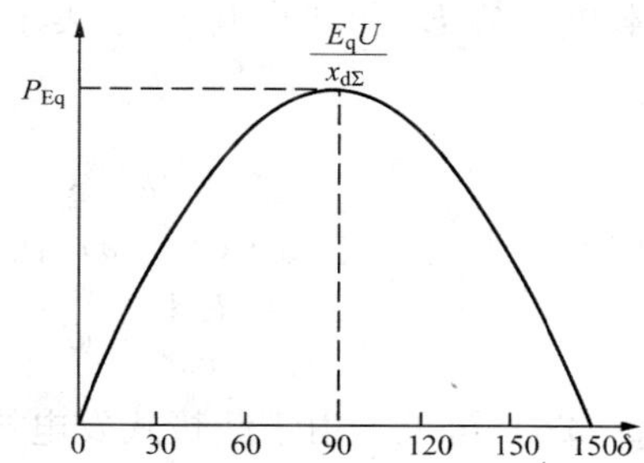

图 10 - 4　E_q 为常数时隐极式发电机的功角特性

2）用交轴暂态电动势 E'_q 和暂态电抗 x'_d 表示发电机。由图 10 - 3 可得

$$\left.\begin{aligned} E'_q &= U_q + I_d x'_{d\Sigma} \\ 0 &= U_d - I_q x_{d\Sigma} \end{aligned}\right\} \tag{10 - 19}$$

将式（10 - 19）代入式（10 - 17）可得 E'_q 表示发电机的功率方程式

$$P_{E'_q} = \frac{E'_qU}{x'_{d\Sigma}}\sin\delta - \frac{U^2}{2}\cdot\frac{x_{d\Sigma}-x'_{d\Sigma}}{x_{d\Sigma}x'_{d\Sigma}}\sin2\delta \tag{10 - 20}$$

式中，$x'_{d\Sigma}=x'_d+x_T+x_L$。由式（10 - 20）可见，如果自动励磁调节能保持 E'_q 不变，则发电机的电磁功率也仅是功角 δ 的函数。由于暂态电抗和同步电抗不相等，出现了一个按两倍功角正弦变化的功率分量，称为暂态磁阻功率。它的存在使功角特性曲线发生畸变，如图 10 - 5 所示。曲线 1 表示式（1 - 20）的第一项，曲线 2 是第二项，曲线 3 即为 $P_{E'q}$。

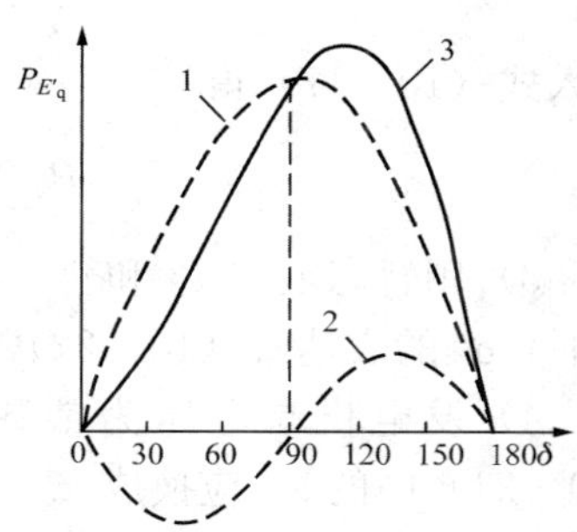

图 10 - 5　E'_q 为常数时隐极式发电机的功角特性

3）用暂态电抗 x'_d 和暂态电动势 E'表示发电机。在工程近似计算中，还可进一步简化，即用暂态电动势 E'和暂态电抗 x'_d 表示发电机。可推导出功率方程为

$$P_{E'} = \frac{E'U}{x'_{d\Sigma}}\sin\delta' \tag{10-21}$$

式中：δ'为$\dot{E}'$与$\dot{U}$之间的相角差。

由于 E'不在 q 轴上，所以 δ'不是发电机转子相对位置角，但它的变化仍可以反映发电机转子相对运动的性质，在近似计算中往往以 δ'代替 δ。由图 10 - 3 可得 δ'与 δ 的关系式

$$\delta' = \delta - \arcsin\left[\frac{U}{E'}\left(1-\frac{x'_{d\Sigma}}{x_{d\Sigma}}\right)\sin\delta\right] \tag{10-22}$$

4）发电机端电压为常数。如果自动励磁调节能保持发电机端电压不变，由图 10 - 3 可得对应的功率方程

$$P_{U_G} = \frac{U_G U}{x_e}\sin\delta_G \tag{10-23}$$

式中：$x_e=x_T+x_L$ 为发电机端与无穷大母线间的电抗；δ_G 为 $\dot{U}_G$ 与 $\dot{U}$ 之间的相角差。

同样可得

$$\delta_G = \delta - \arcsin\left[\frac{U}{U_G}\left(1-\frac{x_e}{x_{d\Sigma}}\right)\sin\delta\right] \tag{10-24}$$

（2）凸极式发电机的电磁功率。图 10 - 6 所示为凸极式发电机的相量图。

1）用空载电动势 E_q 和同步电抗 x_d 表示发电机。由图 10 - 6 可得

$$\left.\begin{aligned} E_q &= U_q + I_d x_{d\Sigma} \\ 0 &= U_d - I_q x_{q\Sigma} \end{aligned}\right\} \tag{10-25}$$

式中，$x_{q\Sigma}=x_q+x_T+x_L$。将式（10 - 25）代入式（10 - 17）得功率方程式

$$P_{E_q} = \frac{E_q U}{x_{d\Sigma}}\sin\delta + \frac{U^2}{2}\cdot\frac{x_{d\Sigma}-x_{q\Sigma}}{x_{d\Sigma}x_{q\Sigma}}\sin2\delta \tag{10-26}$$

由式（10 - 26）可见，由于凸极式发电机直、交轴磁阻不同引起一个按两倍功角正弦变化的功率分量的出现，称为磁阻功率。磁阻功率的出现，使功率与功角 δ 成非正弦的关系。图 10 - 7 绘出了 E_q为常数时的凸极式发电机的功角特性曲线。曲线 1 表示式（1 - 20）的第一项，曲线 2 是第二项，曲线 3 即为 P_{Eq}。

2）用交轴暂态电动势 E'_q 和暂态电抗 x'_d 表示发电机。由图 10 - 6 可得

$$\left.\begin{aligned} E'_q &= U_q + I_d x'_{d\Sigma} \\ 0 &= U_d - I_q x_{q\Sigma} \end{aligned}\right\} \tag{10-27}$$

代入式（10 - 17）得

$$P_{E'_q} = \frac{E'_q U}{x'_{d\Sigma}}\sin\delta - \frac{U^2}{2}\cdot\frac{x_{q\Sigma}-x'_{d\Sigma}}{x_{q\Sigma}x'_{d\Sigma}}\sin2\delta \tag{10-28}$$

3）用暂态电抗 x'_d 和暂态电动势 E' 表示发电机。其功率方程式与式（10 - 21）相同。此时，δ' 的表达式（10 - 22）中的 $x_{d\Sigma}$应换成 $x_{q\Sigma}$。

4）发电机端电压为常数。其功率方程式与式（10 - 23）相同，只是 δ_G 的表达式（10 - 24）中的 $x_{d\Sigma}$应换成 $x_{q\Sigma}$。

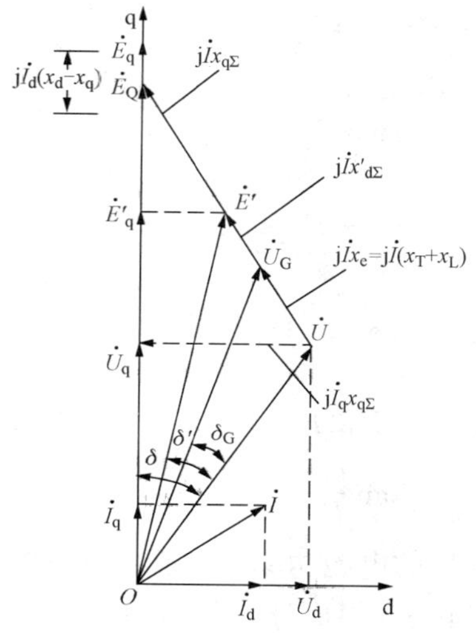

图 10-6　凸极式发电机的相量图

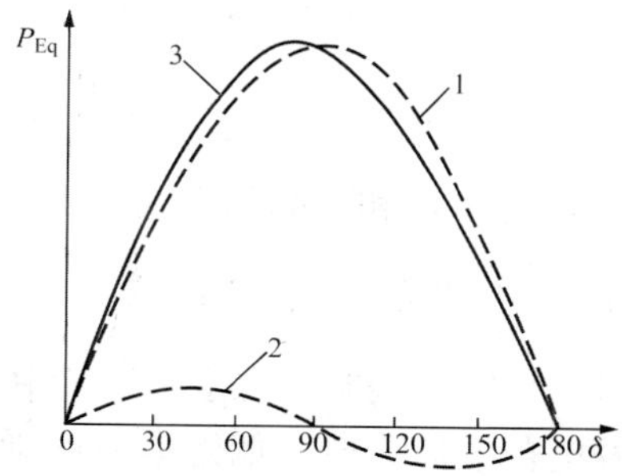

图 10-7　E_q 为常数时凸极式发电机的功角特性

（3）多机电力系统中发电机的电磁功率。多机电力系统由电力网络将众多同步发电机互联在一起作并联运行。在遭受干扰后，网络中的电磁暂态过程（电流、电压中的非同步频率分量）通常衰减很快，因此在电力系统机电暂态分析中常加以忽略。另外，由于各发电机组的惯性时间常数较大，使得在暂态过程开始后的一段时间内各机组的角速度与同步角速度相差较小，因此在稳定性分析中，为了简化起见，线路和变压器等网络元件的参数仍采用额定频率下的数值。经上述简化后，电力网络中只计及工频分量，忽略非周期分量和高次谐波分量，其网络方程仍可用式（4-1）表示。这种情况下的电力网络方程，也称为电力网络的准稳态模型。

对于复杂电力系统，为了简化计算，还常作一些工程上允许的简化：①发电机用一个电动势和相应的阻抗来表示（如 E' 和 x'_d 等）；②负荷用恒定阻抗表示。

采用了上述简化后，可作出全系统的等效电路，这是一个多电动势源的线性网络。此时，各发电机母线节点和负荷节点的注入电流均为零，而仅电动势节点有注入电流。如果原网络有 n 个节点，其中发电机节点有 m 个，则可写出包括电动势节点的网络节点电压方程为

$$\begin{bmatrix} \boldsymbol{Y}_{GG} & \boldsymbol{Y}_{Gn} \\ \boldsymbol{Y}_{nG} & \boldsymbol{Y}_{nn} \end{bmatrix} \begin{bmatrix} \boldsymbol{E}_G \\ \boldsymbol{U}_n \end{bmatrix} = \begin{bmatrix} \boldsymbol{I}_G \\ \boldsymbol{0} \end{bmatrix} \tag{10-29}$$

式中：$\boldsymbol{E}_G=[\dot{E}_1 \quad \dot{E}_2 \quad \cdots \quad \dot{E}_m]^T$ 为发电机电动势的列向量；$\boldsymbol{U}_n=[\dot{U}_1 \quad \dot{U}_2 \quad \cdots \quad \dot{U}_n]^T$ 为系统节点电压的列向量；$\boldsymbol{I}_G=[\dot{I}_1 \quad \dot{I}_2 \quad \cdots \quad \dot{I}_m]^T$ 为发电机注入电流的列向量。

利用消元法，可消去所有联络节点和负荷节点，只保留 m 个发电机的电动势节点。经消去后的网络节点电压方程为

$$\boldsymbol{Y}_G\boldsymbol{E}_G = \boldsymbol{I}_G \tag{10-30}$$

式中：Y_G为消去后的等效网络的节点导纳矩阵，它可由式（10-29）通过消去$\boldsymbol{U}_n$得到为

$$\boldsymbol{Y}_G = \boldsymbol{Y}_{GG} - \boldsymbol{Y}_{Gn}\boldsymbol{Y}_{nn}^{-1}\boldsymbol{Y}_{nG} \tag{10-31}$$

令 $\dot{E}_i=E_i e^{j\delta_i}$（$i=1，2，\cdots，m$），$\boldsymbol{Y}_G$ 中的 $Y_{ij}=G_{ij}+jB_{ij}$（$i，j=1，2，\cdots，m$），则任一发电机的电磁功率为

$$
\begin{aligned}
P_{ei} &= \mathrm{Re}(\dot{E}_i \overset{*}{I}_i) = \mathrm{Re}(\dot{E}_i \sum_{j=1}^{m} \overset{*}{E}_j \overset{*}{Y}_{ij}) \\
&= E_i \sum_{j=1}^{m} E_j (G_{ij} \cos\delta_{ij} + B_{ij} \sin\delta_{ij}) \\
&= E_i^2 G_{ii} + E_i \sum_{\substack{j=1 \\ j\neq i}}^{m} E_j (G_{ij} \cos\delta_{ij} + B_{ij} \sin\delta_{ij}) \\
&= E_i^2 G_{ii} + E_i \sum_{\substack{j=1 \\ j\neq i}}^{m} E_j |Y_{ij}| \sin(\delta_{ij} + \beta_{ij})
\end{aligned} \tag{10-32}
$$

式中：δ_{ij}为$\dot{E}_i$和$\dot{E}_j$相量间的夹角，即$\delta_{ij}=\delta_i-\delta_j$，$\delta_i$和$\delta_j$为$\dot{E}_i$和$\dot{E}_j$相对于某一公共参考轴的夹角；$\beta_{ij}$为导纳角的余角，即$\beta_{ij}=90°-\arctan\dfrac{B_{ij}}{G_{ij}}$或$\beta_{ij}=\arctan\dfrac{G_{ij}}{B_{ij}}$。

式（10-32）表明，在多机系统中，任一发电机输出的电磁功率都与所有发电机的电动势及该发电机电动势与其他发电机电动势间的相对角有关，因而任一发电机运行状态的变化，都要影响到其余发电机的运行状态。

（4）网络接线及参数对功率特性的影响。为简化起见，以简单系统为例来说明。

1）串联电阻的影响。单机—无穷大系统的简单电力系统及等效电路如图10-8所示。假定发电机为无励磁调节的隐极机，发电机电动势为$\dot{E}_q$。由等效电路可得节点导纳矩阵的各元素为

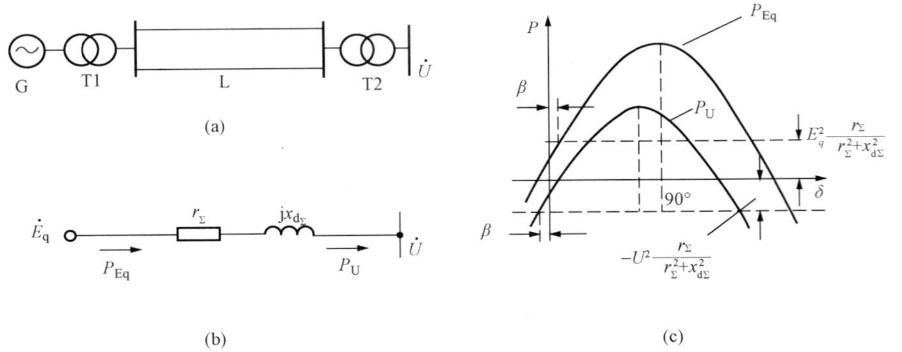

图10-8 串联电阻对功率特性的影响

（a）系统图；（b）等效电路；（c）功率特性曲线

$$Y_{11}=Y_{22}=-Y_{12}=\frac{1}{r_\Sigma+\mathrm{j}x_{d\Sigma}}=\frac{r_\Sigma}{r_\Sigma^2+x_{d\Sigma}^2}-\mathrm{j}\frac{x_{d\Sigma}}{r_\Sigma^2+x_{d\Sigma}^2}$$

$$\beta_{12}=-\arctan\frac{r_\Sigma}{x_{d\Sigma}}$$

为了表示方便，以下令$\beta=-\beta_{12}=\arctan(r_\Sigma/x_{d\Sigma})$。

由式（10-32）可知发电机电动势送出的功率为

$$P_{E_q}=E_q^2\frac{r_\Sigma}{r_\Sigma^2+x_{d\Sigma}^2}+\frac{E_qU}{\sqrt{r_\Sigma^2+x_{d\Sigma}^2}}\sin(\delta-\beta) \tag{10-33}$$

发电机输送入无穷大系统的功率为

$$P_U = -U^2 \frac{r_\Sigma}{r_\Sigma^2 + x_{d\Sigma}^2} + \frac{E_q U}{\sqrt{r_\Sigma^2 + x_{d\Sigma}^2}} \sin(\delta + \beta) \tag{10-34}$$

P_{E_q}和P_U的功角特性曲线如图 10－8（c）所示。可以看出，由于串联电阻的存在，发电机送出的功率与不考虑电阻时相比，向上移动了$E_q^2 \frac{r_\Sigma}{r_\Sigma^2 + x_{d\Sigma}^2}$，向右移动了$\beta$角度；送入无穷大系统的功率向下移动了$U^2 \frac{r_\Sigma}{r_\Sigma^2 + x_{d\Sigma}^2}$，向左移动了$\beta$角度。$P_{E_q}$与$P_U$之差，即串联电阻消耗的功率，且在 0°～180°范围内，随功角增大而增大。

发电机的功率极限由$\frac{dP_{E_q}}{d\delta}=0$条件确定。相应的功率角和功率极限为

$$\left.\begin{aligned} \delta_{E_q m} &= 90° + \beta \\ P_{E_q m} &= \frac{E_q^2 r_\Sigma}{r_\Sigma^2 + x_{d\Sigma}^2} + \frac{E_q U}{\sqrt{r_\Sigma^2 + x_{d\Sigma}^2}} \end{aligned}\right\} \tag{10-35}$$

其功率极限比不计电阻时的功率极限$\frac{E_q U}{x_{d\Sigma}}$大。这是因为一般 110kV 及以上高压电网中$r_\Sigma \ll x_{d\Sigma}$，所以$\frac{E_q U}{\sqrt{r_\Sigma^2 + x_{d\Sigma}^2}} \approx \frac{E_q U}{x_{d\Sigma}}$，而计及电阻后，增加了$\frac{E_q^2 r_\Sigma}{r_\Sigma^2 + x_{d\Sigma}^2}$项，使功率极限增大了。对应功角$\delta_{Eqm} > 90°$。

2）并联电阻的影响。电力系统接入并联电阻的情形如图 10－9 所示。可求出消去中间节点后的节点导纳矩阵中的各元素，它们为：

$$Y_{11} = \frac{r_k x_2^2}{x_1^2 x_2^2 + r_k^2 (x_1 + x_2)^2} - j \frac{r_k^2 (x_1 + x_2) + x_1 x_2^2}{x_1^2 x_2^2 + r_k^2 (x_1 + x_2)^2}$$

$$Y_{22} = \frac{r_k x_1^2}{x_1^2 x_2^2 + r_k^2 (x_1 + x_2)^2} - j \frac{r_k^2 (x_1 + x_2) + x_1^2 x_2}{x_1^2 x_2^2 + r_k^2 (x_1 + x_2)^2}$$

$$Y_{12} = \frac{r_k x_1 x_2}{x_1^2 x_2^2 + r_k^2 (x_1 + x_2)^2} + j \frac{r_k^2 (x_1 + x_2)}{x_1^2 x_2^2 + r_k^2 (x_1 + x_2)^2}$$

$$\beta_{12} = \arctan \frac{x_1 x_2}{r_k (x_1 + x_2)} > 0$$

由式（10－32）可得发电机电动势送出的功率为

$$P_{E_q} = E_q^2 G_{11} + E_q U |Y_{12}| \sin(\delta + \beta_{12}) \tag{10-36}$$

输入无穷大系统的功率为

$$P_U = -U^2 G_{22} + E_q U |Y_{12}| \sin(\delta - \beta_{12}) \tag{10-37}$$

功率特性曲线如图 10－9（c）所示。可见，发电机送出的功率P_{Eq}向上移动了$E_q^2 G_{11}$，向左移动了一个β_{12}角度；而送入系统的功率P_U则向下移动了$U^2 G_{22}$，向右移动了β_{12}角度。P_{Eq}与P_U之差为并联电阻上所消耗的功率，且在 0°～180°范围内，随功角增大而减小。

接入并联电阻后发电机的功率极限（设E_q恒定）为

$$P_{Eqm} = E_q^2 G_{11} + E_q U |Y_{12}| \tag{10-38}$$

对应的角度$\delta_{Eqm} = 90° - \beta_{12}$。因$\beta_{12} > 0$，故$\delta_{Eqm} < 90°$，缩小了稳定区域。

3）并联电抗的影响。电力系统接入并联电抗的情形如图 10－10 所示。消去中间节点后的节点导纳矩阵的元素为

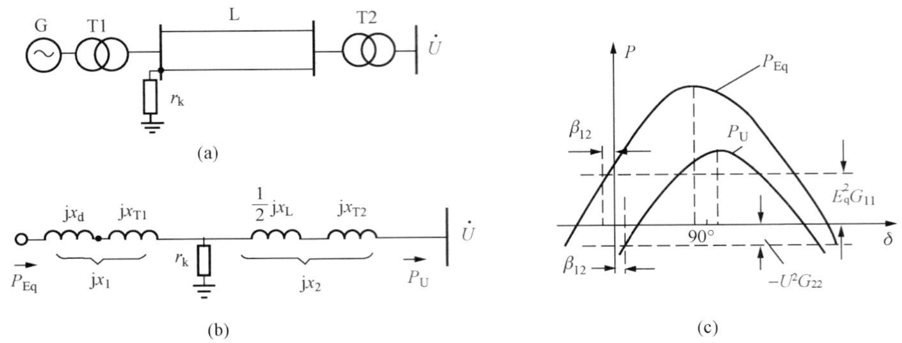

图 10-9 并联电阻对功率特性的影响

(a) 系统图；(b) 等效电路；(c) 功率特性曲线

$$Y_{11} = -\mathrm{j}\frac{x_2 + x_k}{x_1 x_2 + x_1 x_k + x_2 x_k}$$

$$Y_{22} = -\mathrm{j}\frac{x_1 + x_k}{x_1 x_2 + x_1 x_k + x_2 x_k}$$

$$Y_{12} = \mathrm{j}\frac{x_k}{x_1 x_2 + x_1 x_k + x_2 x_k}$$

$$\beta_{12} = 0°$$

由式（10-32）得发电机电动势的功率和送入系统的功率为

$$P_{E_q} = P_U = E_q U|Y_{12}|\sin\delta = \frac{E_q U}{x_1 + x_2 + x_1 x_2 / x_k}\sin\delta = \frac{E_q U}{x_{12}}\sin\delta \quad (10-39)$$

其功角特性为正弦关系，E_q恒定时功率极限为

$$P_{E_q m} = \frac{E_q U}{x_{12}} \quad (10-40)$$

与未接电抗 x_k的功率极限$\frac{E_q U}{x_1 + x_2}$相比，由于 $x_{12} > x_1 + x_2$，所以，在 E_q和 U 相同时，接入并联电抗后，将使功率极限减小，减小的程度与转移电抗 x_{12}增大的幅度成比例。x_k越小，$\frac{x_1 x_2}{x_k}$越大，x_{12}越大。极限情况为 $x_k = 0$，$x_{12} = \infty$，发电机输出的功率为零。并联电抗对功率特性的影响如图 10-10（c）所示。

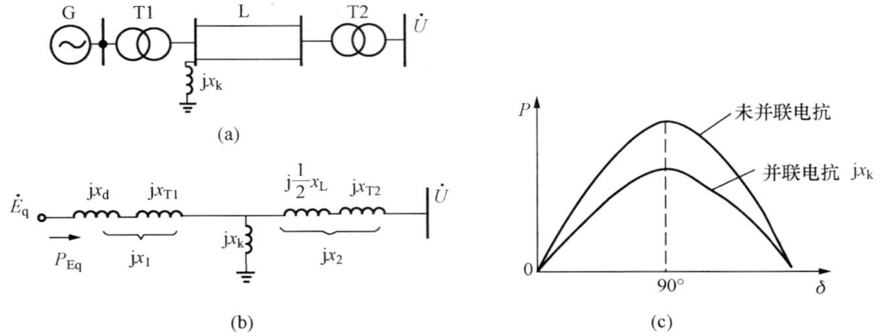

图 10-10 并联电抗对功率特性的影响

(a) 系统图；(b) 等效电路；(c) 功率特性曲线

【例 10 - 1】　单机—无穷大的简单电力系统如图 10 - 11 所示。各元件的参数如下。发电机 G：$P_{GN}=300\text{MW}$，$\cos\varphi_N=0.85$，$U_{GN}=20\text{kV}$，$x_d=1.0$，$x_q=0.6$，$x'_d=0.25$；变压器 T1：$S_{TN}=360\text{MVA}$，20/242kV，$U_s\%=14.0$；变压器 T2：$S_{TN}=360\text{MVA}$，220/121kV，$U_s\%=14.0$；线路 L：L = 250km，$x_1=0.41\Omega/\text{km}$。运行条件：$U=115\text{kV}$，$P_0=250\text{MW}$，$\cos\varphi_0=0.95$（滞后）。要求分别计算发电机保持 E_q、E'_q、E'、U_G 不变时的功率特性和功率极限。

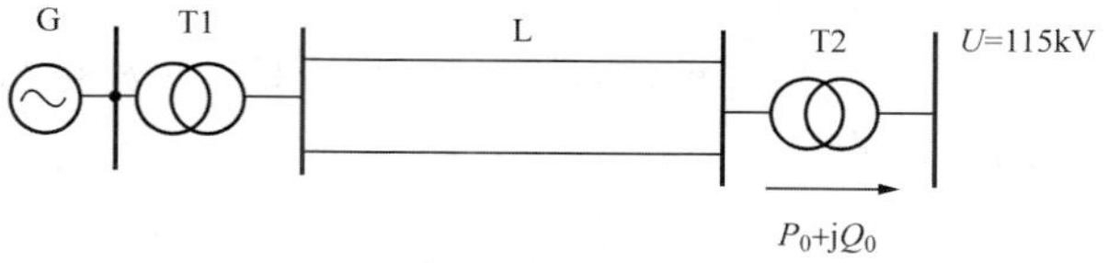

图 10 - 11　单机—无穷大电力系统

解：（1）网络参数及运行参数的计算。取 $S_B=250\text{MVA}$，$U_{B(110)}=115\text{kV}$，$U_{B(220)}=115\times\dfrac{220}{121}=209\text{kV}$，$U_{B(20)}=209\times\dfrac{20}{242}\text{kV}=17.27\text{kV}$，则各元件标幺值为

$$x_d=1.0\times\frac{250}{300/0.85}\times\frac{20^2}{17.27^2}=0.950$$

$$x_q=0.6\times\frac{250}{300/0.85}\times\frac{20^2}{17.27^2}=0.570$$

$$x'_d=0.25\times\frac{250}{300/0.85}\times\frac{20^2}{17.27^2}=0.238$$

$$x_{T1}=0.14\times\frac{250}{360}\times\frac{242^2}{209^2}=0.130$$

$$x_{T2}=0.14\times\frac{250}{360}\times\frac{121^2}{115^2}=0.108$$

$$x_L=\frac{1}{2}\times0.41\times250\times\frac{250}{209^2}=0.293$$

系统综合电抗为

$$x_{d\Sigma}=x_d+x_{T1}+x_L+x_{T2}=0.95+0.13+0.293+0.108=1.481$$
$$x_{q\Sigma}=0.57+0.13+0.293+0.108=1.101$$
$$x'_{d\Sigma}=0.238+0.13+0.293+0.108=0.769$$
$$x_e=0.13+0.293+0.108=0.531$$

运行参数的计算为

$$U=\frac{115}{115}=1，P_0=\frac{250}{250}=1，\varphi_0=\arccos0.95=18.19°$$
$$Q_0=P_0\tan\varphi_0=1\times\tan18.19°=0.329$$

求 $U_{G|0|}$ 为

$$U_{G|0|}=\sqrt{\left(U+\frac{Q_0x_e}{U}\right)^2+\left(\frac{P_0x_e}{U}\right)^2}=\sqrt{(1+0.329\times0.531)^2+0.531^2}=1.289$$

为求 $E_{q|0|}$、$E'_{q|0|}$，先计算凸极机的虚构电动势 $E_{Q|0|}$ 为

$$E_{Q|0|}=\sqrt{\left(U+\frac{Q_0x_{q\Sigma}}{U}\right)^2+\left(\frac{P_0x_{q\Sigma}}{U}\right)^2}=\sqrt{(1+0.329\times1.101)^2+1.101^2}=1.751$$

$$\delta_{|0|}=\arctan\frac{1.101}{1+0.329\times1.101}=38.95°$$

$$I_{|0|}=\frac{\sqrt{P_0^2+Q_0^2}}{U_0}=\sqrt{1+0.329^2}=1.053$$

$$I_{d|0|}=I_{|0|}\sin(\delta_{|0|}+\varphi_0)=1.053\times\sin(38.95^\circ+18.19^\circ)=0.885$$

求 $E_{q|0|}$ 有

$$E_{q|0|}=E_{Q|0|}+I_{d|0|}(x_{d\Sigma}-x_{q\Sigma})=1.751+0.885\times(1.481-1.101)=2.086$$

求 $E'_{q|0|}$ 有

$$E'_{q|0|}=E_{Q|0|}-I_{d|0|}(x_{q\Sigma}-x'_{d\Sigma})=1.751-0.885\times(1.101-0.769)=1.457$$

求 $E'_{|0|}$ 为

$$E'_{|0|}=\sqrt{\left(U+\frac{Q_0x'_{d\Sigma}}{U}\right)^2+\left(\frac{P_0x'_{d\Sigma}}{U}\right)^2}=\sqrt{(1+0.329\times0.769)^2+0.769^2}=1.47$$

（2）E_q 保持不变的功率特性，则有

$$\begin{aligned}P_{Eq}&=\frac{E_{q|0|}U}{x_{d\Sigma}}\sin\delta+\frac{U^2}{2}\cdot\frac{x_{d\Sigma}-x_{q\Sigma}}{x_{d\Sigma}x_{q\Sigma}}\sin2\delta\\&=\frac{2.086\times1}{1.481}\sin\delta+\frac{1}{2}\times\frac{1.481-1.101}{1.481\times1.101}\sin2\delta\\&=1.41\sin\delta+0.117\sin2\delta\end{aligned}$$

由 $\frac{dP_{Eq}}{d\delta}=0$，即 $1.41\cos\delta+0.234\cos2\delta=0$，解得

$\cos\delta=0.158$ 和 -3.171，取正值得 $\delta_{E_qm}=80.91^\circ$。

功率极限为 $P_{E_qm}=1.41\sin80.91^\circ+0.117\sin（2\times80.91^\circ）=1.429$

（3）E'_q 保持不变的功率特性为

$$\begin{aligned}P_{E'q}&=\frac{E'_{q|0|}U}{x'_{d\Sigma}}\sin\delta-\frac{U^2}{2}\cdot\frac{x_{q\Sigma}-x'_{d\Sigma}}{x_{q\Sigma}x'_{d\Sigma}}\sin2\delta\\&=\frac{1.457\times1}{0.769}\sin\delta-\frac{1}{2}\times\frac{1.101-0.769}{1.101\times0.769}\sin2\delta\\&=1.895\sin\delta-0.196\sin2\delta\end{aligned}$$

由 $\frac{dP_{E'q}}{d\delta}=0$，即 $1.895\cos\delta-0.392\cos2\delta=0$，解得

$$\delta_{E'_qm}=101.05^\circ$$

功率极限为 $P_{E'_qm}=1.895\sin101.05^\circ-0.196\sin（2\times101.05^\circ）=1.934$

（4）E'保持不变的功率特性为

$$P_{E'}=\frac{E'_{|0|}U}{x'_{d\Sigma}}\sin\delta'=\frac{1.47\times1}{0.769}\sin\delta'=1.912\sin\delta'$$

$$\begin{aligned}\delta'&=\delta-\arcsin\left[\frac{U}{E'_{|0|}}\left(1-\frac{x'_{d\Sigma}}{x_{q\Sigma}}\right)\sin\delta\right]\\&=\delta-\arcsin\left[\frac{1}{1.47}\left(1-\frac{0.769}{1.101}\right)\sin\delta\right]=\delta-\arcsin(0.205\sin\delta)\end{aligned}$$

由 $\frac{dP_{E'}}{d\delta}=0$ 可得，$\delta-\arcsin（0.205\sin\delta）=90^\circ$，则 $\delta_{E'm}=101.5^\circ$

$$P_{E'm}=1.912\sin90^\circ=1.912$$

由上述计算结果可见，$P_{E'_q}$ 和 $P_{E'}$ 的差别是很小的。

（5）U_G 保持不变的功率特性为

$$P_{U_G}=\frac{U_{G|0|}U}{x_e}\sin\delta_G=\frac{1.289\times1}{0.531}\sin\delta_G=2.428\sin\delta_G$$

$$\delta_G=\delta-\arcsin\left[\frac{U}{U_{G|0|}}\left(1-\frac{x_e}{x_{q\Sigma}}\right)\sin\delta\right]$$

$$=\delta-\arcsin\left[\frac{1}{1.289}\left(1-\frac{0.531}{1.101}\right)\sin\delta\right]=\delta-\arcsin(0.402\sin\delta)$$

由$\frac{dP_{U_G}}{d\delta}=0$ 可得，$\delta-\arcsin(0.402\sin\delta)=90°$，则 $\delta_{U_Gm}=112°$

$$P_{U_Gm}=2.428\sin90°=2.428$$

由上述计算结果可以绘制出功率特性曲线，如图 10－12所示。由图可见，E'_q 为常数时的功率极限值大于 E_q 为常数时的功率极限值；U_G 为常数时的功率极限值又大于 E'_q 为常数时的功率极限值。而这些电动势取决于有无自动励磁调节及其调节能力的强弱。

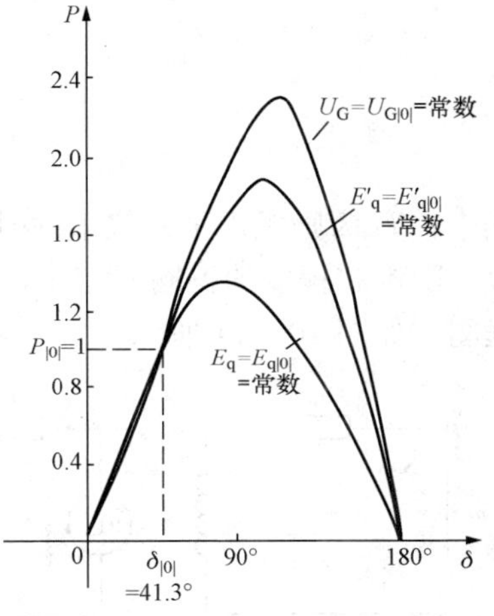

图 10－12　功率特性曲线

（二）*励磁系统的数学模型*

励磁系统向发电机提供励磁功率，调节发电机励磁绕组两端的电压 u_f，因而影响发电机的电动势，对发电机的电磁功率和系统的稳定性均有较大的影响。

励磁系统包括主励磁系统和自动励磁调节器两个基本部分，按主励磁系统的不同可分为 3 大类：直流励磁机励磁系统、交流励磁机励磁系统和自并励静止励磁系统。

1. *发电机励磁绕组的模型*

发电机励磁绕组在外加励磁电压 u_f 的作用下，其回路方程为

$$u_f=r_f i_f+\frac{d\psi_f}{dt}\tag{10-41}$$

用 x_{ad}/r_f 乘式（10－41）等号两端得

$$\frac{x_{ad}}{r_f}u_f=x_{ad}i_f+\frac{x_f}{r_f}\frac{d(x_{ad}\psi_f/x_f)}{dt}\tag{10-42}$$

改写式（10－42）为

$$E_{qe}=E_q+T'_{d0}\frac{dE'_q}{dt}\tag{10-43}$$

$$E_{qe}=\frac{u_f}{r_f}x_{ad};\quad T'_{d0}=\frac{x_f}{r_f}$$

式中：E_{qe}为由励磁电流的强制分量 u_f/r_f 产生的强制空载电动势；T'_{d0} 为定子绕组开路时，励磁绕组本身的时间常数。

由于有

$$E_q=E'_q+I_d(x_d-x'_d)\tag{10-44}$$

所以，式（10－43）可以改写为

$$T'_{d0}\frac{dE'_q}{dt}=E_{qe}-[E'_q+I_d(x_d-x'_d)] \tag{10-45}$$

这是描述暂态电动势变化过程的方程。可见发电机电动势 E'_q 的变化与 E_{qe}（正比于 u_f）和定子电流 I_d 有关。

2. 主励磁系统的模型

对于各主励磁系统，应根据其结构、工作原理建立其相应的数学模型。下面仅以他励直流励磁机励磁系统为例说明，其励磁回路如图 10－13 所示。图中，u_f 为励磁机输出电压（或发电机励磁绕组电压），u_{ff} 为励磁机他励绕组的输入电压，i_{ff} 为励磁机他励绕组的电流。根据励磁机他励绕组的电压平衡方程及励磁机负荷特性曲线的饱和特性，可推导出励磁机输出电压 u_f 与励磁机他励绕组输入电压 u_{ff} 之间的关系为

$$T_{ff}\frac{du_f}{dt}=u_{ff}-K_{ff}u_f \tag{10-46}$$

$$T_{ff}=\frac{L_{ff}}{r_{ff}}$$

式中：T_{ff} 为励磁机励磁绕组的时间常数；K_{ff} 为反映励磁机负荷特性饱和程度的饱和修正系数，随饱和程度的不同而变化，若不计饱和 $K_{ff}=1$。根据式（10－46）可得相应的传递函数框图，如图 10－14 所示。

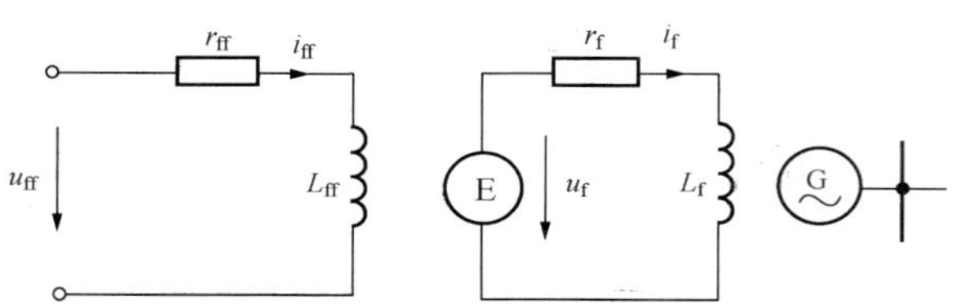

图 10－13　他励直流励磁机励磁系统

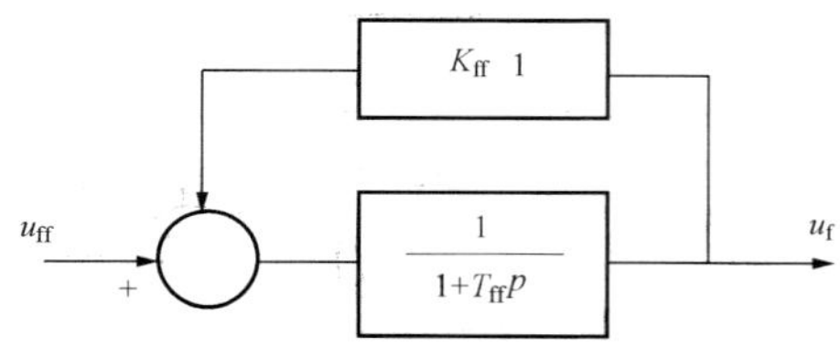

图 10－14　他励直流励磁机传递函数

3. 自动励磁调节器的模型

自动励磁调节器是根据发电机的运行参数，如端电压、电流等，自动地调节主励磁系统的参数。实际应用中，有多种类型的自动励磁调节器，这里仅以晶闸管励磁调节器为例，其原理框图如图 10－15 所示。图中虚线框中为励磁调节器，它由量测滤波、综合放大、移相触发、晶闸管整流器及转子电压软负反馈等环节构成。当发电机端电压（和定子电流）发生变化时，量测环节测得的电压信号与给定电压相比较，输出一个电压偏差，并经放大后作用于移相触发环节，产生不同相位的触发脉冲，以控制晶闸管的导通角，使励磁机的励磁电压

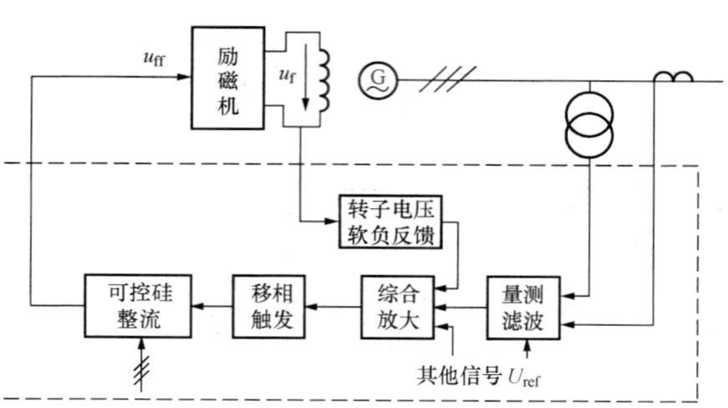

图 10－15　晶闸管励磁调节器原理框图

u_{ff}发生变化，从而达到调节发电机端电压的目的。

各环节的典型传递函数见图 10－16。量测滤波环节是一个惯性环节，其时间常数 T_R 主要取决于滤波回路的参数，由于 T_R 极小，常予以忽略。综合放大、移相触发及晶闸管整流等环节可近似合并成一个惯性放大环节来表示，其放大倍数为 K_A，时间常数为 T_A。转子电压软负反馈是为了励磁系统的稳定运行及改善其动态品质而引入的，其输出量正比于励磁电压的变化率，可用一个惯性—微分环节来模拟，稳态运行时，其输出为零。晶闸管整流器的输出电压是有一定范围的，为表示其限幅特性，引入了一个限幅环节，其上限表示为 u_{ffmax}，下限表示为 u_{ffmin}。其他信号，也称为附加控制信号，往往是电力系统稳定器 PSS（后面将介绍）的输出信号。

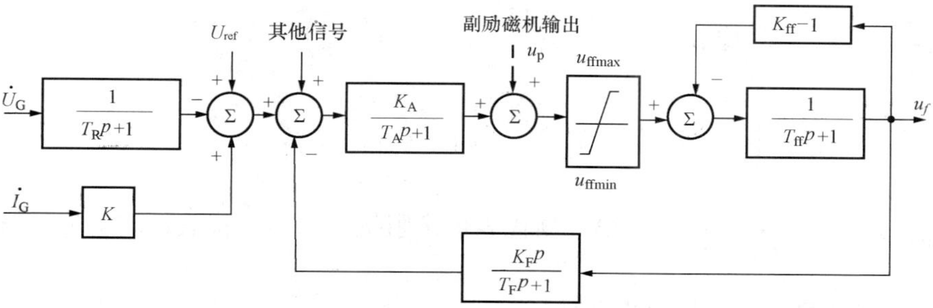

图 10－16　晶闸管励磁调节器的传递函数框图

下面对如图 10－16 所示的框图作进一步简化：考虑到量测环节的时间常数非常小（几十毫秒级），忽略量测环节；不计调节器本身的时间常数，即 $T_A=0$，调节器为一个比例环节；不计励磁机的饱和，即 $K_{ff}=1$；不计转子电压的软负反馈。经上述简化处理后，图 10－16 简化为如图 10－17 所示的框图，图中 U_s 为励磁附加控制信号。

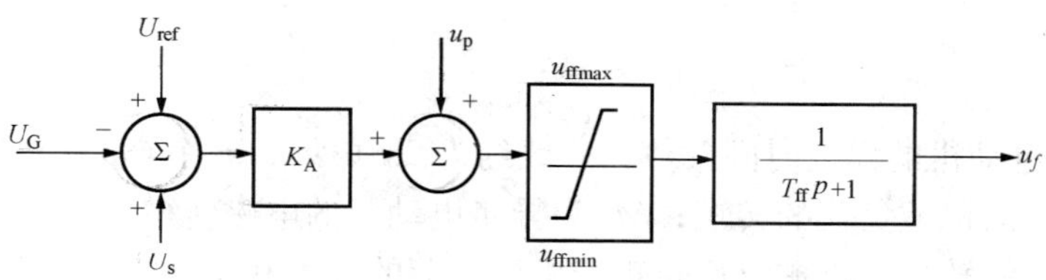

图 10－17　晶闸管励磁调节器传递函数的简化框图

（三）负荷的数学模型

负荷节点的电压和频率对负荷从系统中吸收的功率有明显的影响。在暂态过程中，当节点电压和频率变化时，负荷吸收的功率随之而变，它们的变化反过来又影响系统的频率和节点电压。负荷的数学模型就是描述负荷功率与节点电压及系统频率之间的关系的，它对系统稳定性有相当影响。电力系统节点上的负荷是由各种各样用电设备组成的综合负荷，其组成和特性随时变化，因此，要建立准确的数学模型非常困难。目前，在电力系统稳定性分析中，大致有 3 种类型。

1. 恒定阻抗模型

根据潮流计算得到扰动前的负荷节点电压 $\dot{U}_{LD}$和功率 $P_{LD}+jQ_{LD}$，可求出负荷的等效阻抗

$$Z_{LD}=R_{LD}+jX_{LD}=\frac{U_{LD}^2}{P_{LD}-jQ_{LD}}=\frac{P_{LD}}{P_{LD}^2+Q_{LD}^2}U_{LD}^2+j\frac{Q_{LD}}{P_{LD}^2+Q_{LD}^2}U_{LD}^2 \tag{10-47}$$

或等效导纳

$$Y_{LD}=\frac{P_{LD}-jQ_{LD}}{U_{LD}^2}=\frac{P_{LD}}{U_{LD}^2}-j\frac{Q_{LD}}{U_{LD}^2} \tag{10-48}$$

并认为它们在暂态过程中保持不变。

2. 综合负荷的静态电压特性模型

这种负荷模型是用负荷功率与电压的静态关系来模拟的。通常表示为二次多项式，即

$$\left.\begin{aligned}P_{LD}&=P_{LN}\left[a_p\left(\frac{U_{LD}}{U_{LN}}\right)^2+b_p\left(\frac{U_{LD}}{U_{LN}}\right)+c_p\right]\\Q_{LD}&=Q_{LN}\left[a_q\left(\frac{U_{LD}}{U_{LN}}\right)^2+b_q\left(\frac{U_{LD}}{U_{LN}}\right)+c_q\right]\end{aligned}\right\} \tag{10-49}$$

且有

$$\left.\begin{aligned}a_p+b_p+c_p&=1\\a_q+b_q+c_q&=1\end{aligned}\right\} \tag{10-50}$$

实际上，式（10-49）中右侧第一项代表恒定阻抗；第二项代表恒定电流；第三项代表恒定功率。

3. 综合负荷中异步电动机的机电模型

在这种负荷模型中，认为一部分为异步电动机，并考虑它们的机电暂态过程；另一部分负荷用恒定阻抗或静态电压特性表示。

（1）异步电动机转子运动方程。与同步发电机的转子运动方程相似，异步电动机的转子运动方程式可写成

$$T_J\frac{ds}{dt}=M_m-M_e \tag{10-51}$$

$$s=\frac{\omega_0-\omega}{\omega_0} \tag{10-52}$$

式中：T_J 为异步电动机的惯性时间常数，一般约为2s（秒）；s 为异步电动机的转差率；M_m 为异步电动机拖动的机械负荷的转矩；M_e 为异步电动机的电磁转矩。

（2）机械负荷的转矩。机械负荷转矩与机械负荷的种类和电动机的转差率有关。其转矩特性一般可以表示为

$$M_m=K[\alpha+(1-\alpha)(1-s)^{\beta}] \tag{10-53}$$

式中：K 为异步电动机的负荷率，即实际负荷与额定负荷的比值；α 为异步电动机机械负荷转矩中与转速无关的部分所占的比例；β 为机械负荷转矩与转速有关的指数。

（3）异步电动机的电磁转矩。如果不计异步电动机在暂态过程中的电磁暂态过程，可由异步电动机稳态运行时的等效电路分析其电磁转矩。在忽略激磁阻抗的情况下，异步电动机的电磁转矩为

$$M_e=\frac{2M_{emax}}{\dfrac{s}{s_{cr}}+\dfrac{s_{cr}}{s}} \tag{10-54}$$

$$M_{emax}=\frac{U^2}{2(x_{s\sigma}+x_{r\sigma})};\ s_{cr}=\frac{r_r}{x_{s\sigma}+x_{r\sigma}}$$

式中：M_{emax}为最大电磁转矩；s_{cr}为对应最大电磁转矩的转差率，为临界转差率；$x_{s\sigma}$为定子绕组漏抗；$x_{r\sigma}$为转子绕组漏抗；r_r 为转子绕组电阻。

第三节　电力系统小干扰稳定性

一、基本概念

电力系统小干扰稳定性是指电力系统受到小干扰后，不发生自发振荡或非周期性失步，恢复到同步运行的初始状态的能力。它实际上是确定系统的某个稳态运行方式能否保持以及稳定程度的问题。

下面以如图 10 - 2 所示的简单电力系统为例来说明小干扰稳定性的基本概念。假定发电机是隐极机，并且不考虑发电机的励磁调节器作用，即认为发电机空载电动势 E_q 恒定。由前述可知，发电机发出的电磁功率为

$$P_e = \frac{E_q U}{x_{d\Sigma}} \sin\delta \tag{10 - 55}$$

其功角特性曲线为图 10 - 18 所示的正弦曲线。

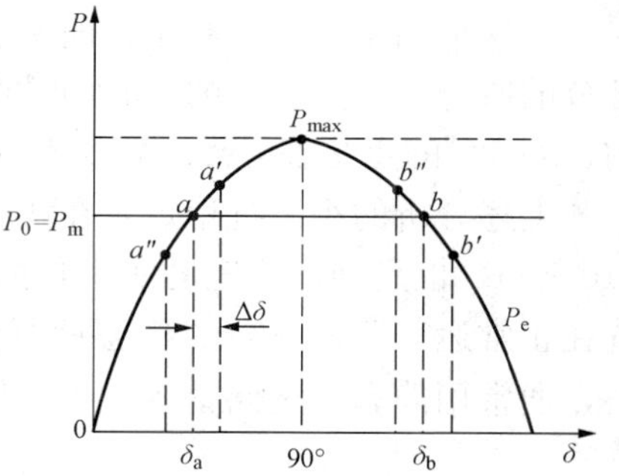

图 10 - 18　简单电力系统的功率特性

假定原动机的机械功率 P_m 不变，并忽略发电机的功率损耗。则在某一正常运行情况下，原动机的输出机械功率 P_m 与发电机向系统输送的功率 P_0 相平衡。由图 10 - 18 可见，当输送为 P_0 时，有两个满足 $P_e = P_0 = P_m$ 平衡关系的运行点 a 和 b，对应的功角分别为 δ_a 和 δ_b。下面来分析它们的小干扰稳定性。

先分析 a 点的运行情况。当系统中出现某一瞬时性小干扰，使功角 δ 增加一个微小增量 $\Delta\delta$ 时，则发电机输出的电磁功率达到与图中的 a'相对应的值，运行点现处于 a'点。由于原动机机械功率不变，因此电磁功率大于原动机的机械功率。由转子运动方程可知，发电机转子将减速，δ 将减小，运行点向原始的 a 点运动。当 δ 到达 δ_a 时，虽然原动机功率与电磁功率相平衡，但由于转子的惯性作用，功角 δ 将继续减小，一直到 a 点下方某点时才能停止减小。在该点处，原动机机械功率大于发电机的电磁功率，发电机转子将加速，使 δ 增大。由于在运动过程中存在阻尼作用，经过一系列微小振荡后，运行点又回到了 a 点。同样，如果小干扰使 δ 减小 $\Delta\delta$，则发电机输出的电磁功率为 a''对应的值，运行点为 a''点。这时输出的电磁功率小于输入的机械功率，转子将加速，δ 将增加，运行点向原始的 a 点运动。同样经过一系列振荡后又回到原始运行点 a。由此分析可知，在 a 点运行时，系统受到任何小干扰后均能自行恢复到原始的平衡状态，所以系统是小干扰稳定的。

对于 b 点，如果小干扰使发电机功角产生一个增量 $\Delta\delta$，则发电机输出的电磁功率减少到 b'对应的值，此时运行点为 b'点。由于原动机的机械功率大于发电机的电磁功率，转子将加速，δ 将进一步增大。而功角增大时，与之对应的电磁功率也将进一步减小，δ 角持续增大，以致发电机失去同步，不能回到原始运行点 b，即系统非周期地失去稳定。如果小干扰使 δ 减小一个 $\Delta\delta$，发电机输出的电磁功率增加到 b''对应的值，此时电磁功率大于机械功率，转子将减速，δ 将减小，一直减小到小于 δ_a，转子又获得加速，经过一系列的振荡后，

在 a 点达到新的平衡，也不会再回到 b 点。所以，在 b 点，系统是小干扰不稳定的，即系统本身没有能力维持在 b 点运行。

下面进一步分析 a 点和 b 点的异同。a、b 两点都满足功率平衡（也即转矩平衡）关系 $P_e = P_0 = P_m$，这是相同点。但 a 点在特性曲线的上升部分，且 δ_a 小于 90°，在 a 点运行时，电磁功率随 δ 的增大而增大，则两个变量的增量 ΔP_e 与 $\Delta\delta$ 的符号相同，即 $\Delta P_e/\Delta\delta>0$，或写成微分形式 $\mathrm{d}P_e/\mathrm{d}\delta>0$。而 b 点在特性曲线的下降部分，且 δ_b 大于 90°，在 b 点运行时，电磁功率随 δ 的增大而减小，则两个变量的增量 ΔP_e 与 $\Delta\delta$ 的符号相反，即 $\Delta P_e/\Delta\delta<0$ 或 $\mathrm{d}P_e/\mathrm{d}\delta<0$。由此可以得到一个重要的结论：凡满足 $\mathrm{d}P_e/\mathrm{d}\delta>0$ 的运行点是小干扰稳定的，而 $\mathrm{d}P_e/\mathrm{d}\delta<0$ 的运行点是小干扰不稳定的。

这样，可得到简单电力系统小干扰稳定的实用判据为

$$\frac{\mathrm{d}P_e}{\mathrm{d}\delta} > 0 \tag{10-56}$$

式中：$\mathrm{d}P_e/\mathrm{d}\delta$ 为同步功率系数，或称为整步功率系数，其大小反映了小干扰稳定程度，越大表明小干扰稳定程度越高，抗扰动能力越强。

由这个判据可知，对于目前所讨论的简单系统，$\delta<90°$的所有点，即功角特性曲线上升部分的所有点都是稳定的；$\delta>90°$的所有点，即功角特性曲线下降部分的所有点都是不稳定的；$\delta=90°$的点是临界点，它所对应的电磁功率称为小干扰稳定的功率极限。

上述分析的小干扰稳定，在我国《电力系统安全稳定导则》中被划为静态稳定问题，式（10-56）也是静态稳定的实用判据。为了保证电力系统安全、可靠运行，不但要求电力系统在正常运行及事故后的稳态运行情况下必须是稳定的，而且还要求有一定的静态稳定储备，通常用静态稳定储备系数 K_P 来表示。K_P 可用下式来确定

$$K_P = \frac{P_{max} - P_0}{P_0} \times 100\% \tag{10-57}$$

式中：P_{max}为静态稳定的功率极限；P_0 为某一运行方式下的输送功率。根据我国现行的《电力系统安全稳定导则》的规定，系统在正常运行方式下 K_P 应不小于 15%；在事故后的运行方式下，K_P 应不小于 10%。

二、电力系统小干扰稳定分析的基本方法

上面介绍了简单电力系统小干扰稳定的实用判据，下面将进一步从理论上来说明电力系统小干扰稳定的分析方法。

电力系统实质上是一个动力学系统。对于一个自治动力学系统，其运动特性一般可用一阶非线性常微分方程组（状态方程）来描述

$$\frac{\mathrm{d}\boldsymbol{x}}{\mathrm{d}t} = \boldsymbol{f}(\boldsymbol{x}) \tag{10-58}$$

式中：$\boldsymbol{x} = [x_1, x_2, \cdots, x_n]^T$ 为 n 维状态变量列向量；$\boldsymbol{f}(\boldsymbol{x}) = [f_1(\boldsymbol{x}), f_2(\boldsymbol{x}), \cdots, f_n(\boldsymbol{x})]^T$ 为 n 维非线性函数列向量。

对于任一给定的初始条件 $\boldsymbol{x}(t_0) = \boldsymbol{x}_0$，式（10-58）有唯一解 $\boldsymbol{x}(t)$，这组特解描述了动力学系统的一种运动状态，它通常对应于状态空间中的一条曲线，这一曲线被称为系统的状态轨迹。显然，新的初值将确定新的特解，描述了系统的另一种运动状态，并对应状态空间中的另一条状态轨迹。

1. 平衡状态（平衡点）

动力学系统的平衡状态是指在无扰动或输入作用下，系统所有的状态变量为常数、不随时间变化即所有状态变量的变化率为零的状态，也称平衡点。显然，平衡状态满足

$$\boldsymbol{f}(\boldsymbol{x}_e) = 0 \tag{10-59}$$

式中：$\boldsymbol{x}_e$ 为平衡点的状态向量，是式（10 - 59）的解。对于线性定常系统，$\boldsymbol{f}=\boldsymbol{A}\boldsymbol{x}$，若矩阵 $\boldsymbol{A}$ 非奇异，系统只有一个平衡状态；若矩阵 $\boldsymbol{A}$ 奇异，系统将有无限多个平衡状态。对于非线性系统，即 $\boldsymbol{f}$ 是非线性函数，则可能有一个或多个平衡状态。

在系统稳定性的研究中，最为关心的是系统平衡状态的稳定性，即在平衡状态下受扰后的运动性质。

2. 李雅普诺夫意义下的稳定性定义

设 $\boldsymbol{x}_e$ 为系统 $\dot{\boldsymbol{x}} = \boldsymbol{f}(\boldsymbol{x})$ 的一个平衡状态。以 $\boldsymbol{x}_e$ 为圆心，以 c 为半径的球域可以表示为

$$\|\boldsymbol{x} - \boldsymbol{x}_e\| \leqslant c$$

其中

$$\|\boldsymbol{x} - \boldsymbol{x}_e\| = \sqrt{\sum_{i=1}^{n}(x - x_{ei})^2}$$

表示相量差 $\boldsymbol{x}-\boldsymbol{x}_e$ 的欧氏长度，亦称欧氏范数。

定义 1　对于任意给定的实数 $\varepsilon>0$，无论它如何小，存在实数 $\eta(\varepsilon,\ t_0)>0$，使所有满足

$$\|\boldsymbol{x}_0 - \boldsymbol{x}_e\| \leqslant \eta$$

的初值 $\boldsymbol{x}_0$ 所确定的运动 $\boldsymbol{x}(t)$ 都满足

$$\|\boldsymbol{x}(t) - \boldsymbol{x}_e\| \leqslant \varepsilon$$

则称系统的平衡状态 $\boldsymbol{x}_e$ 是稳定的。

定义 1 表明，如果系统是稳定的，系统在足够接近平衡点处开始运动（即初始扰动足够小），则系统的状态轨迹以后一直保持在接近平衡点的任意一个邻域之内。

定义 2　如果平衡状态 $\boldsymbol{x}_e$ 是稳定的，且满足

$$\lim_{t\to\infty}\|\boldsymbol{x}(t) - \boldsymbol{x}_e\| = 0$$

则称系统的平衡状态 $\boldsymbol{x}_e$ 是渐近稳定的。

渐进稳定性表明，若系统的初始状态在平衡点的某一邻域内，则该系统的运动轨迹最终将收敛于平衡点。在此明确一下，电力系统小干扰稳定属于渐近稳定性问题。

3. 非线性系统的线性化及稳定性分析

大多数工程的动力学系统是非线性的。但对于平衡点的小干扰稳定性，由于小干扰下的状态变量偏移小，通常采用线性化的方法进行分析和判断。

若系统受扰偏离平衡状态，记 $\boldsymbol{x}=\boldsymbol{x}_e+\Delta\boldsymbol{x}$，将其代入式（10 - 58）得

$$\frac{\mathrm{d}(\boldsymbol{x}_e + \Delta\boldsymbol{x})}{\mathrm{d}t} = \boldsymbol{f}(\boldsymbol{x}_e + \Delta\boldsymbol{x}) \tag{10-60}$$

在平衡点 $\boldsymbol{x}_e$ 处展开成泰勒级数，并计及式（10 - 59）得

$$\frac{\mathrm{d}\Delta\boldsymbol{x}}{\mathrm{d}t} = \boldsymbol{A}\Delta\boldsymbol{x} + \boldsymbol{h}(\Delta\boldsymbol{x}) \tag{10-61}$$

式中：$\boldsymbol{A}$ 为状态雅可比矩阵，确定式为

$$\boldsymbol{A} = \frac{\mathrm{d}\boldsymbol{f}(\boldsymbol{x})}{\mathrm{d}\boldsymbol{x}}\bigg|_{x=x_e}$$

它的第 i 行第 j 列元素为

$$a_{ij} = \frac{\partial f_i}{\partial x_j}\Big|_{x=x_e}$$

$\boldsymbol{h}(\boldsymbol{\Delta x})$ 为 $\boldsymbol{\Delta x}$ 的二阶及以上阶次各项。舍去高阶项 $\boldsymbol{h}(\boldsymbol{\Delta x})$，便得到线性化微分方程

$$\frac{\mathrm{d}\boldsymbol{\Delta x}}{\mathrm{d}t} = \boldsymbol{A}\,\boldsymbol{\Delta x} \tag{10-62}$$

该方程也称为线性化的小干扰方程。

常微分方程局部稳定性理论中的 Hartman-Grobman 定理证明了若线性化方程中的 $\boldsymbol{A}$ 矩阵没有零值或实部为零值的特征值，则在平衡点附近的邻域内非线性系统的稳定性与其线性化系统的稳定性相同。微分方程式（10 - 62）的系数矩阵 $\boldsymbol{A}$ 的特征值决定了系统暂态过程的变化规律，有以下结论：

（1）如果系数矩阵 $\boldsymbol{A}$ 的全部特征值都具有负的实部，那么原非线性系统的平衡点是渐近稳定的。

（2）如果系数矩阵 $\boldsymbol{A}$ 至少有一个实部为正的特征值，那么原非线性系统的平衡点是不稳定的。

（3）如果系数矩阵 $\boldsymbol{A}$ 有零值或实部为零的特征值，则非线性系统的稳定性需要计及非线性部分 $\boldsymbol{h}(\boldsymbol{\Delta x})$ 才能确定。

微分方程式（10 - 62）的特征方程为

$$\det(\boldsymbol{A} - \lambda\boldsymbol{I}) = 0 \tag{10-63}$$

将式（10 - 63）左端展开后得到 λ 的多项式

$$a_0\lambda^n + a_1\lambda^{n-1} + \cdots + a_{n-1}\lambda + a_n = 0 \tag{10-64}$$

式（10 - 63）或式（10 - 64）有 n 个根 λ_1，λ_2，…，λ_n，称为系数矩阵 $\boldsymbol{A}$ 的特征值。特征值可以是实数，也可是复数，若为复数特征值，一定是以共轭复数对出现。当无重根时，式（10 - 62）的通解具有以下形式：

$$\Delta x_i = c_{i1}\mathrm{e}^{\lambda_1 t} + c_{i2}\mathrm{e}^{\lambda_2 t} + \cdots + c_{in}\mathrm{e}^{\lambda_n t} \tag{10-65}$$

式中：c_{i1}，c_{i2}，…，c_{in} 是由初始条件决定的积分常数。式（10 - 65）也可写成

$$\Delta x_i = \sum_j c_{ij}\mathrm{e}^{\alpha_j t} + \sum_k b_{ik}\mathrm{e}^{\alpha_k t}\sin(\beta_k t + \theta_k) \tag{10-66}$$

式中：α_j 和 $\alpha_k \pm \mathrm{j}\beta_k$ 分别为实特征值和复共轭特征值。对应实特征值 α_j 的项，是按指数规律单调增（$\alpha_j > 0$）或单调减（$\alpha_j < 0$）的；对应复共轭特征值 $\alpha_k \pm \mathrm{j}\beta_k$ 的项，是增幅振荡（$\alpha_k > 0$）或减幅振荡（$\alpha_k < 0$）的。由式（10 - 65）和式（10 - 66）可知，如果全部特征值的实部 α_j 和 α_k 都小于零，式中各项都将最终衰减到零，表示系统是稳定的；如果有一个特征值的实部为正，相应项的幅值将不断增大，不能回复到平衡状态，因而系统是不稳定的。

4. 电力系统小干扰稳定的分析和计算步骤

可将上述动力学系统稳定分析方法应用于电力系统小干扰稳定的分析计算，其步骤总结如下。

（1）列写描述电力系统的微分方程和代数方程。

（2）分别对微分方程和代数方程线性化。

（3）消去方程中的非状态变量，求出线性化的状态方程及系数矩阵 **A**。

（4）在平衡点处，确定系数矩阵 **A** 的各元素。

（5）根据特征方程系数或特征值判断系统在给定的运行条件下的小干扰稳定性。这里有两种方法：一是根据特征方程的系数间接地分析系统的稳定性，如劳斯法、胡尔维茨法等；二是直接求出系数矩阵 **A** 的特征值，由特征值实部的符号来分析系统的稳定性及运动模态。

三、简单电力系统静态稳定的分析

下面应用特征值方法来分析如图 10-19 所示的简单电力系统的小干扰稳定问题。在此，我们假定发电机为隐极机，且不计励磁调节作用和发电机各绕组的电磁暂态过程，则有 $E_q=E_{q|0|}=$常数。在给定运行条件下，有 $P_m=P_e=P_0$，$\delta=\delta_0$，$\omega=1$。

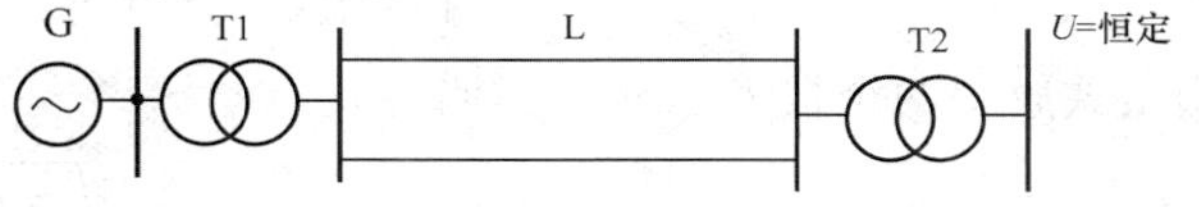

图 10-19　简单电力系统

1. 不计发电机的阻尼作用

在简单电力系统中只有一个发电机元件需要列写状态方程。由发电机转子运动方程式（10-14）和 E_q 表示的电磁功率式（10-18）可得到该系统的状态方程

$$\left.\begin{aligned}\frac{d\delta}{dt}&=(\omega-1)\omega_0\\ \frac{d\omega}{dt}&=\frac{1}{T_J}\left(P_m-\frac{E_qU}{x_{d\Sigma}}\sin\delta\right)\end{aligned}\right\}\tag{10-67}$$

系统受到小干扰后，状态变量发生小偏移，可写成

$$\left.\begin{aligned}\delta&=\delta_0+\Delta\delta\\ \omega&=1+\Delta\omega\end{aligned}\right\}\tag{10-68}$$

代入式（10-67）得

$$\left.\begin{aligned}\frac{d(\delta_0+\Delta\delta)}{dt}&=\frac{d\Delta\delta}{dt}=\omega_0\Delta\omega\\ \frac{d(1+\Delta\omega)}{dt}&=\frac{d\Delta\omega}{dt}=\frac{1}{T_J}\left[P_m-\frac{E_qU}{x_{d\Sigma}}\sin(\delta_0+\Delta\delta)\right]\end{aligned}\right\}\tag{10-69}$$

将第二式中的非线性函数在平衡点 δ_0 处展开成泰勒级数，忽略高阶项，只保留线性项后，得到线性化的状态方程

$$\left.\begin{aligned}\frac{d\Delta\delta}{dt}&=\omega_0\Delta\omega\\ \frac{d\Delta\omega}{dt}&=-\frac{S_{E_q}}{T_J}\Delta\delta\end{aligned}\right\}\tag{10-70}$$

式中：$S_{E_q}=\frac{dP_{E_q}}{d\delta}\Big|_{\delta=\delta_0}$，称为同步功率系数。写成矩阵形式为

$$\begin{bmatrix}\Delta\dot{\delta}\\ \Delta\dot{\omega}\end{bmatrix}=\begin{bmatrix}0&\omega_0\\ -\frac{S_{E_q}}{T_J}&0\end{bmatrix}\begin{bmatrix}\Delta\delta\\ \Delta\omega\end{bmatrix}\tag{10-71}$$

或写成一般形式

$$\boldsymbol{\Delta\dot{x}}=\boldsymbol{A\Delta x}\tag{10-72}$$

则

$$\boldsymbol{A}=\begin{bmatrix}0 & \omega_0\\ -\dfrac{S_{E_q}}{T_J} & 0\end{bmatrix} \tag{10-73}$$

由 det（$\boldsymbol{A}-\lambda\boldsymbol{I}$）=0 可得特征方程

$$\det\begin{bmatrix}-\lambda & \omega_0\\ -\dfrac{S_{Eq}}{T_J} & -\lambda\end{bmatrix}=\lambda^2+\frac{\omega_0 S_{Eq}}{T_J}=0 \tag{10-74}$$

由上式解得两个根为

$$\lambda_{1,2}=\pm\sqrt{-\frac{\omega_0 S_{Eq}}{T_J}} \tag{10-75}$$

通过分析根（即特征值）的性质可以判断系统在给定运行方式下是否小干扰稳定。

式（10-75）中的 ω_0 和 T_J 均为正数，而 S_{Eq}可以是正值，也可以是负值，讨论如下。

（1）$S_{E_q}<0$ 时，特征根为一个正实根和一个负实根，则系统受扰后，$\Delta\delta$ 和 $\Delta\omega$ 将随时间单调增加，发电机相对于无穷大系统将非周期性地失去同步，故系统是小干扰不稳定的。

（2）$S_{E_q}>0$ 时，特征根为一对共轭虚根，则系统受扰后，$\Delta\delta$ 和 $\Delta\omega$ 将等幅振荡，其振荡频率为：

$$f=\frac{1}{2\pi}\sqrt{\frac{\omega_0}{T_J}S_{Eq}} \tag{10-76}$$

一般 T_J 为 5～10s；S_{Eq}为 0.5～1，则 f 为 1Hz 左右，为系统无阻尼自然振荡频率，通常称为低频振荡。考虑到在振荡中由于摩擦等原因产生的阻尼作用，可以认为振荡会逐渐衰减，所以系统是小干扰稳定的。

由以上分析可以得到简单电力系统的小干扰稳定判据为

$$S_{Eq}>0 \tag{10-77}$$

与前面根据物理现象分析的结论和所得的小干扰稳定判据是一致的，即

（1）$S_{Eq}>0$，系统小干扰稳定；

（2）$S_{Eq}<0$，系统小干扰不稳定；

（3）$S_{Eq}=0$，系统处于小干扰稳定极限，即临界状态。

同步功率系数 S_{Eq}的大小标志着同步发电机维持同步运行的能力。随着原始功角的增大，同步功率系数将减小。当同步功率系数减小到零并进而改变符号时，发电机就没有能力维持并联运行，系统将非周期性地失去稳定。

2. 计及发电机的阻尼作用

发电机的阻尼作用包括机械阻尼作用和电气阻尼作用。机械阻尼作用主要是由于发电机的轴承及转子与空气摩擦所产生的，它与发电机的实际转速有关；电气阻尼作用是由于系统发生振荡时，定子旋转磁场与发电机转子间的相对运动，在转子的励磁绕组和阻尼绕组中感应电流形成了阻尼转矩而产生的，它与相对转速有关，要精确计算这些阻尼作用是很复杂的。通常采用阻尼系数 D 乘角速度增量表示阻尼转矩（或功率），即

$$M_D\approx P_D=D\Delta\omega \tag{10-78}$$

式中：阻尼系数 D 一般情况下为正值，是 δ_0 的函数，但当运行角度 δ_0 较小（小于 20°）且

回路电阻相对于电抗较大时，D 可能变为负值。

计及阻尼作用后，发电机的电磁功率为 $P_e = P_{Eq} + D\Delta\omega$，则线性化的状态方程为

$$\left.\begin{aligned}\frac{\mathrm{d}\Delta\delta}{\mathrm{d}t} &= \omega_0 \Delta\omega \\ \frac{\mathrm{d}\Delta\omega}{\mathrm{d}t} &= -\frac{S_{Eq}}{T_J}\Delta\delta - \frac{D}{T_J}\Delta\omega\end{aligned}\right\} \tag{10 - 79}$$

A 矩阵为

$$\boldsymbol{A} = \begin{bmatrix} 0 & \omega_0 \\ -\frac{S_{Eq}}{T_J} & -\frac{D}{T_J} \end{bmatrix}$$

A 矩阵的特征值为

$$\lambda_{1,2} = -\frac{D}{2T_J} \pm \frac{1}{2T_J}\sqrt{D^2 - 4\omega_0 T_J S_{Eq}} \tag{10 - 80}$$

下面对式（10 - 80）进行分析讨论。

（1）若 $S_{Eq}<0$，则不论 D 是正或负，λ 总有一正实根，系统均将非周期性地失去稳定。

（2）若 $S_{Eq}>0$，则系统是否稳定将取决于 D 的正、负，有：

1）若 $D>0$，即正阻尼系数时，系统总是稳定的。由于一般 D 不是很大，λ 为负实部的共轭根，系统受扰后，$\Delta\delta$ 和 $\Delta\omega$ 作衰减振荡。

2）若 $D<0$，即负阻尼系数时，系统是不稳定的。λ 为正实部的共轭根，系统受扰后，$\Delta\delta$ 和 $\Delta\omega$ 作增幅振荡，即系统振荡失稳。

综上所述，考虑发电机阻尼作用时，简单电力系统的小干扰稳定判据为：$S_{Eq}>0$ 和 $D>0$。

由上面的介绍可知，受扰后同步发电机的电磁转矩的变化量由两部分组成，可写成

$$\Delta M_e = K_S \Delta\delta + K_D \Delta\omega \tag{10 - 81}$$

式中：$K_S = S_{Eq}$称为同步转矩（功率）系数；$K_D = D$ 称为阻尼转矩（功率）系数。式（10 - 81）中第一部分与功角增量成比例，称为同步转矩分量；第二部分与角速度增量成比例，称为阻尼转矩。系统的稳定性取决于发电机的这两个分量的作用，如果发电机缺乏足够的同步转矩将导致转子角非周期性地失去稳定；如果发电机缺乏足够的阻尼转矩将导致振荡性地失去稳定。

【例 10 - 2】 已知简单电力系统如图 10 - 19 所示，发电机经升压变压器和双回线路向系统送电，参数如下：$x_d = 0.92$，$x_q = 0.51$，$x'_d = 0.204$，$x_{T1} = 0.125$，$x_{T2} = 0.103$，$x_L = 1.098$（单回线的）。正常运行条件为 $P_0 = 1.0$，$\cos\varphi_0 = 0.9$，$U = 1.0$。试计算励磁不调节时该系统的静态稳定储备系数。

解： 该系统中的发电机为凸极机。

（1）求发电机电动势到系统的综合电抗为

$$\begin{aligned} x_{d\Sigma} &= x_d + x_{T1} + \frac{1}{2}x_L + x_{T2} \\ &= 0.92 + 0.125 + \frac{1}{2} \times 1.098 + 0.103 = 1.697 \end{aligned}$$

$$x_{q\Sigma}=x_q+x_{T1}+\frac{1}{2}x_L+x_{T2}$$
$$=0.51+0.125+\frac{1}{2}\times1.098+0.103=1.287$$

(2) 求 E_q 为

$$\varphi=\arccos0.9=25.84^\circ$$
$$Q_0=P_0\tan\varphi=1\times\tan25.84^\circ=0.484$$
$$E_Q=\sqrt{\left(U+\frac{Q_0x_{q\Sigma}}{U}\right)^2+\left(\frac{P_0x_{q\Sigma}}{U}\right)^2}$$
$$=\sqrt{(1+0.484\times1.287)^2+(1.287)^2}=2.07$$
$$\delta_0=\arctan\frac{1.287}{1+0.484\times1.287}=38.4^\circ$$
$$I=\frac{\sqrt{P_0^2+Q_0^2}}{U}=\sqrt{1+0.484^2}=1.111$$
$$I_d=I\sin(\delta_0+\varphi)=1.111\times\sin(38.4^\circ+25.84^\circ)=1.0$$
$$E_q=E_Q+I_d(x_{d\Sigma}-x_{q\Sigma})=2.07+1.0\times(1.697-1.287)=2.48$$

(3) 计算功角特性为

$$P_{Eq}=\frac{E_qU}{x_{d\Sigma}}\sin\delta+\frac{U^2}{2}\cdot\frac{x_{d\Sigma}-x_{q\Sigma}}{x_{d\Sigma}x_{q\Sigma}}\sin2\delta$$
$$=\frac{2.48\times1.0}{1.697}\sin\delta+\frac{1}{2}\times\frac{1.697-1.287}{1.697\times1.287}\sin2\delta$$
$$=1.46\sin\delta+0.094\sin2\delta$$

(4) 求极限功角为

$$S_{Eq}=\frac{dP_{Eq}}{d\delta}=1.46\cos\delta+2\times0.094\cos2\delta=0$$

得 $\delta_{Eqm}=82.82^\circ$

(5) 求功率极限为

$$P_{Eqmax}=1.46\sin82.82^\circ+0.094\sin(2\times82.82^\circ)$$
$$=1.472$$

(6) 求静态稳定储备系数为

$$K_P=\frac{P_{Eqmax}-P_0}{P_0}\times100\%=47.2\%>15\%$$

符合要求。

四、自动励磁调节系统对小干扰稳定的影响

现代电力系统中的发电机上都装设各种各样的自动励磁调节器。当然，我们可以采用小干扰法来分析各种自动励磁调节对简单电力系统小干扰稳定特性、稳定极限和稳定判据等方面的影响。不过，在此仅定性地介绍自动励磁调节对简单电力系统小干扰稳定的影响。

1. 无励磁调节

在运行中，发电机励磁电流保持不变，即发电机电动势 $E_q=E_{q|0|}=$常数，其小干扰稳定（静态稳定）判据为 $S_{Eq}>0$。设正常运行时输出功率为 P_0、功角为 δ_0。当发电机输出功

率慢慢增加，功角逐渐增大时，发电机的工作点将沿 E_q＝常数的曲线变化。其稳定极限将由 $S_{Eq}=0$ 确定，它对应功率极限 P_{Eqm} 和功角极限 δ_{Eqm}，为图 10－20 中的 a 点。失去稳定的形式是非周期性的，即功角随时间单调增大。在简化计算中，发电机采用 E_q 保持不变的模型。

2．按单个运行参数的偏差比例式自动励磁调节

按单个运行参数的偏差比例式自动调节励磁电流，如按发电机端电压的偏差自动调节时，其作用与放大系数（即比例系数）K_A 的大小有关。为了系统稳定，要求 K_A 满足 $K_{Amin}\leqslant K_A\leqslant K_{Amax}$，若 $K_A\leqslant K_{Amin}$，系统将非周期性地失去稳定；若 $K_A\geqslant K_{Amax}$，系统将自发振荡失去稳定，相当于出现负阻尼。如果放大倍数 K_A 选择的合适，可以大致保持 E'_q＝常数，则发电机的工作点近似地沿 E'_q＝常数的曲线变化，其稳定判据为 $S_{E'q}>0$。小干扰稳定极限由 $S_{E'q}=0$ 确定，它与 E'_q＝常数的功率极限 $P_{E'qm}$ 一致，即图 10－20 中的 b 点。

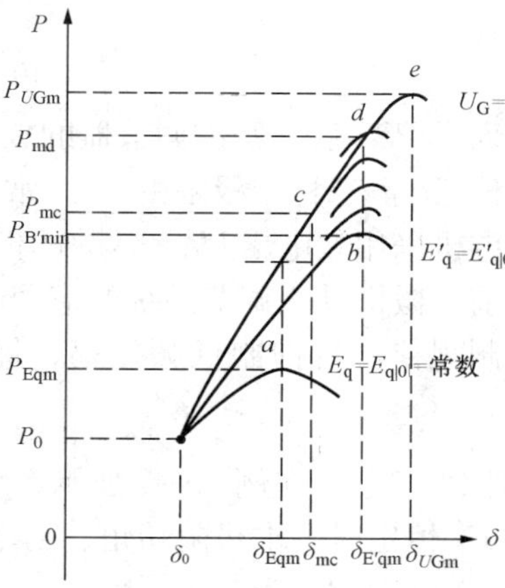

图 10－20　励磁调节对静态稳定的影响

如果放大系数整定得比较大，则由于受自发振荡条件的限制（即 $K_A<K_{Amax}$），极限运行角一般小于 $S_{E'q}=0$ 对应的 $\delta_{E'qm}$，差别的大小与 T_{ff} 有关。由于放大系数整定得比较大，能近似维持发电机端电压 U_G 不变，这时的稳定极限功率可以近似地由 U_G＝常数的曲线 P_{U_G} 上对应 δ_{mc} 的 c 点确定。其失去稳定形式是负阻尼振荡，振荡频率一般约为几赫兹，属于低频振荡。

由于 b 点和 c 点所确定的稳定极限功率值相差并不大，因此在简化计算中，就按 b 点来确定稳定极限功率，并对发电机采用 E'_q 保持不变的模型。为了进一步简化，发电机还可用 E'，x'_d 模型表示，并认为小干扰时 E' 保持不变。

3．按两个运行参数的偏差比例式自动励磁调节

这种励磁调节系统可看作由两部分组成：一是按电流偏差的比例控制；二是电压校正器，相当于慢速、高放大系数的电压调节器，用于控制稳态电压。可以选择合适的电流放大系数 K_I，使稳定运行角增大到接近由 $S_{E'q}=0$ 所确定的 $\delta_{E'qm}$，而利用电压校正器来使发电机端电压基本恒定，因此，小干扰稳定判据近似为 $S_{E'q}>0$，静态稳定极限可近似地由 U_G＝常数的曲线 P_{U_G} 上对应 $\delta_{E'qm}$ 的 d 点确定。系统失去稳定的形式，可能是非周期性的，也可能是周期性振荡的。

4．装有电力系统稳定器 PSS（Power System Stabilizer）

对于比例式调节器来讲，在负荷较重、励磁调节器放大系数 K_A 过大、时间常数 T_A 过小、或者两者兼而有之的情况下，将引入一个负阻尼，这一负阻尼作用降低甚至抵消了转子本身的正阻尼作用，从而使系统易于产生低频振荡失稳现象，另一方面也限制了放大系数的提高，降低了对机端电压的控制性能。在发电机自动励磁调节器中引入电力系统稳定器 PSS，其作用就是提供正阻尼，抑制低频振荡。这种励磁调节器是在按电压偏差控制的基础上，再引入由 PSS 产生的附加控制信号（即图 10－16 中的其他信号）。典型 PSS 的传递函数框图如图 10－21 所示，常用的输入信号有发电机转速增量 $\Delta\omega$、机端频率增量 Δf、发电

机的输出功率增量 ΔP 及它们的组合等；输出信号 U_{PSS} 则与励磁调节器的参考电压 U_{ref} 相加（见图 10-16 或图 10-17）。

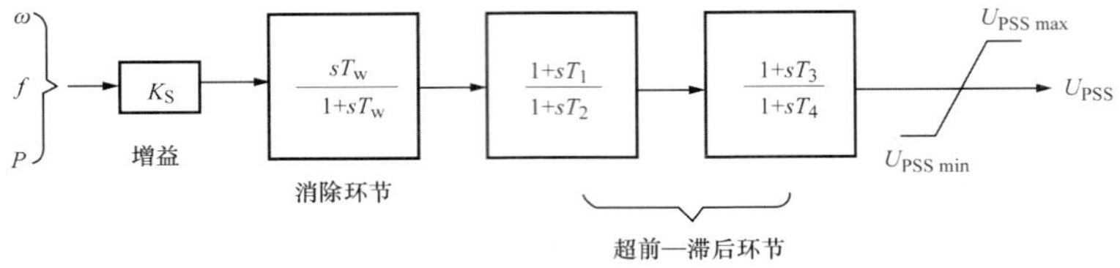

图 10-21 PSS 的传递函数框图

加入了 PSS 后，励磁调节器的放大系数可以大大提高，以致有可能保持发电机的端电压 U_G 不变，静态稳定极限由 U_G = 常数的曲线 P_{U_G} 上对应 $\delta_{U_G m}$ 的 e 点确定。在简化近似计算中，发电机采用端电压 U_G = 常数的模型。

目前，微机励磁调节系统的应用越来越广泛。这是由于它具有极强的综合处理能力和先进的控制规律，对抑制低频振荡、提高小干扰稳定极限从而提高系统稳定性都有显著的效果。

【例 10-3】 在例 10-2 所示系统中，当发电机装有电压偏差比例式励磁调节器，并近似维持 E'_q 恒定时，求极限功角、功率极限和静态稳定储备系数。

解：（1）求 E'_q 为

$$x'_{d\Sigma}=x'_d+x_{T1}+\frac{1}{2}x_L+x_{T2}$$
$$=0.204+0.125+\frac{1}{2}\times1.098+0.103=0.981$$
$$E'_q=E_Q-I_d(x_{q\Sigma}-x'_{d\Sigma})$$
$$=2.07-1.0\times(1.287-0.981)$$
$$=1.764$$

（2）求功角特性为

$$P_{E'q}=\frac{E'_qU}{x'_{d\Sigma}}\sin\delta-\frac{U^2}{2}\cdot\frac{x_{q\Sigma}-x'_{d\Sigma}}{x_{q\Sigma}x'_{d\Sigma}}\sin2\delta$$
$$=\frac{1.764\times1}{0.981}\sin\delta-\frac{1}{2}\times\frac{1.287-0.981}{1.287\times0.981}\sin2\delta$$
$$=1.798\cos\delta-0.121\sin2\delta$$

（3）求极限功角为

$$S_{E'q}=\frac{dP_{E'q}}{d\delta}=1.798\cos\delta-2\times0.121\cos2\delta=0$$

得 $\delta_{E'qm}=97.47°$

（4）求功率极限

$$P_{E'qmax}=1.798\sin97.47°-0.121\sin(2\times97.47°)$$
$$=1.814$$

（5）求储备系数

$$K_P=\frac{P_{E'qmax}-P_0}{P_0}\times100\%=\frac{1.814-1}{1}\times100\%=81.4\%$$

第四节　电力系统暂态稳定性

电力系统暂态稳定性问题是指电力系统在某一运行方式下，受到大干扰后，经过一段时间能否回复到原来的稳定运行状态或达到一个新的稳定运行状态，也即发电机间能否继续保持同步运行的问题。如果系统受到大干扰后仍能达到稳定运行状态，则系统在这种运行情况下是暂态稳定的。反之，如果系统受到大干扰后不能达到稳定运行状态，而是各发电机转子间一直有相对运动，相对角不断变化，因而系统的功率、电流和电压都不断振荡，以致整个系统不能再继续运行，则系统在这种运行情况下是暂态不稳定的。显然，一个系统的暂态稳定情况和系统原来的运行方式以及干扰的形式是有关的。干扰的形式主要有：

（1）突然增加或减少大量负荷；

（2）突然切除或投入系统的主要元件，如发电机、变压器或线路等；

（3）短路故障。

其中短路故障引起的干扰最为严重，常以此作为校验系统暂态稳定的条件。

电力系统受到大干扰后，由于发电机转子上机械转矩和电磁转矩不平衡，使发电机转子间的相对位置发生变化，即发电机电动势间的相对角度发生变化，从而引起系统中电流、电压和电磁功率的变化。所以，大干扰下的电力系统暂态过程是一个电磁暂态过程和发电机转子间机械运动暂态过程交织在一起的复杂过程。由于暂态稳定分析计算的目的是确定系统在某一运行方式下受到大干扰后发电机间能否保持同步运行，主要是研究表征发电机间是否同步的转子运动特性。因此在分析计算中，忽略一些影响不大的因素或作近似的考虑，以简化暂态稳定的分析计算。

一、基本假定

（1）忽略定子电流的非周期分量和与它相对应的转子电流的周期分量。这一方面是因为定子电流非周期分量衰减较快；另一方面，非周期分量电流产生的磁场在空间是静止不动的，它与转子绕组直流电流所产生的转矩以同步频率作周期性变化，其平均值接近于零。由于转子机械惯性较大，因而此转矩对发电机的转子运动影响很小。

采用这个假定之后，发电机定子、转子绕组的电流、系统的电压及发电机的电磁功率等，在大干扰的作用瞬间均可以突变。同时，这一假定也意味着忽略了系统中各元件的电磁暂态过程。

（2）发生不对称故障时，忽略零序和负序电流对转子运动的影响。如果有零序电流流过发电机，由于零序电流所产生的合成气隙磁场为零，对转子运动不产生转矩，完全可以略去。负序电流产生的合成磁场与转子绕组直流电流相互作用所产生的转矩，是以两倍同步频率交变的，其平均值接近零，对转子运动的总趋势影响很小，也可以略去。这样，前面讨论的只计及正序分量的电磁功率公式都可以继续应用。

（3）不考虑频率变化对系统参数的影响。由于发电机组惯性较大，在一般暂态过程中，转速偏离同步转速不多，所以，在暂态稳定的分析计算中往往不考虑频率变化对系统参数的影响，各元件参数值都按额定频率计算。

（4）不考虑阻尼绕组的作用。由于发电机阻尼绕组的次暂态分量衰减得很快，一般可以不计其影响。

(5) 不考虑调速器的作用。由于原动机调速器惯性较大，所以在一般短过程的暂态稳定分析计算中，可假定机械转矩（功率）保持不变。

(6) 发电机采用简化的数学模型。在大干扰瞬间，励磁绕组总磁链不突变，与其成比例的 E'_q 也不突变。在暂态过程中，随着励磁绕组自由直流电流的衰减，E'_q 也将减小。但是，励磁绕组自由直流电流的衰减时间常数 T'_d 较大，为秒数量级，因此在几秒内 E'_q 变化很小，而且大干扰后在强行励磁作用下，使得 E'_q 更接近恒定。所以，简化分析时可采用 E'_q＝常数的模型。由于 E' 与 E'_q 差别不大且变化规律相似，在实用计算中，可进一步假定 E'＝常数，并且发电机采用 E' 和 x'_d 表示。

二、物理过程分析

设如图 10－22 所示的简单电力系统在输电线路始端发生短路故障，发电机用 E' 和 x'_d 表示，下面分析其暂态稳定性。

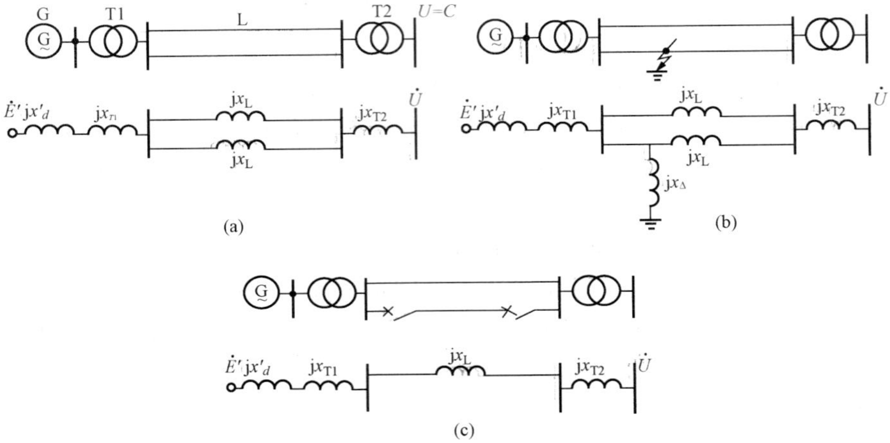

图 10－22　简单电力系统及各种运行情况下的等效电路

(a) 故障前系统图与等效电路；(b) 故障时系统图与等效电路；

(c) 故障切除后系统图与等效电路

1. 各种运行情况下的功率特性

对于图 10－22 所示系统，一般经历故障前运行工况（双回线正常运行）、故障中工况（一回线路故障持续某一段时间）和由继电保护动作切除故障后工况（双回线变为单回线运行）3 个阶段。

(1) 正常运行（故障前）情况下。发电机经过变压器和双回线向无穷大系统送电，如图 10－22 (a) 所示。系统总电抗，即电动势 E' 与无穷大系统母线间的等效电抗为

$$x_{\mathrm{I}} = x'_d + x_{T1} + \frac{1}{2}x_L + x_{T2} \tag{10-82}$$

发电机发出的功率为

$$P_{\mathrm{I}} = \frac{E'U}{x_{\mathrm{I}}}\sin\delta \tag{10-83}$$

(2) 短路故障情况下。假定在一回输电线路的始端发生不对称短路。根据基本假定，在发生不对称故障时，只需考虑基频正序电流对暂态稳定过程的影响。其正序分量可以由正序增广网络求得，即在正序网的故障点接上一个附加阻抗 z_Δ，如不计电阻，则 z_Δ＝jx_Δ，该阻

抗由故障类型确定。图 10 - 22（b）所示为短路故障时的正序增广网络。这时发电机电动势与无穷大系统母线间的等效电抗可由星—三角形变换得到

$$x_{\mathrm{II}}=(x'_{\mathrm{d}}+x_{\mathrm{T1}})+\left(\frac{1}{2}x_{\mathrm{L}}+x_{\mathrm{T2}}\right)+\frac{(x'_{\mathrm{d}}+x_{\mathrm{T1}})\left(\frac{1}{2}x_{\mathrm{L}}+x_{\mathrm{T2}}\right)}{x_{\Delta}} \tag{10 - 84}$$

故障情况下发电机发出的功率为

$$P_{\mathrm{II}}=\frac{E'U}{x_{\mathrm{II}}}\sin\delta \tag{10 - 85}$$

由于 $x_{\mathrm{II}}>x_{\mathrm{I}}$，所以短路故障时发电机输出的功率比正常运行时小。如果在此处发生的是三相短路，则 $x_{\Delta}=0$，x_{II} 为无穷大，即截断了发电机与系统间的联系，这时发电机输出的功率为零（忽略电阻时）。

（3）故障切除后的情况。短路故障发生后，继电保护装置将切除故障线路，即断开故障线路两端的断路器，如图 10 - 22（c）所示。这时发电机与无穷大系统母线间的等效电抗为

$$x_{\mathrm{III}}=x'_{\mathrm{d}}+x_{\mathrm{T1}}+x_{\mathrm{L}}+x_{\mathrm{T2}} \tag{10 - 86}$$

发电机输出的功率为

$$P_{\mathrm{III}}=\frac{E'U}{x_{\mathrm{III}}}\sin\delta \tag{10 - 87}$$

图 10 - 23 画出了发电机的正常运行（Ⅰ）、故障（Ⅱ）和故障切除后（Ⅲ）3 种情况下的功率特性曲线。

2. 大干扰后发电机转子的运行情况

如图 10 - 23 所示，正常运行点为 a 点，满足 $P_{\mathrm{m}}=P_0$。发生短路故障后，功率特性立即变为 P_{II}，由于转子的惯性，其转速不会立刻变化，δ 也不会突变，所以故障瞬间运行点由 a 点跳到 b 点，输出功率减少。由于原动机机械功率在一段时间内不会改变，于是产生过剩功率，转子加速，功角 δ 增大，使运行点由 b 点沿 P_{II} 曲线移至 c 点。设在这一瞬间继电保护装置动作切除故障线路，使功率特性变为 P_{III}，运行点由 c 点跳到 e 点。此时发电机的输出功率比原动机的机械功率大，转子减速，但由于此时转子的速度仍大于同步转速，δ 还将继续增大，运行点沿 P_{III} 曲线向 f 点移动。假定到 f 点，转子转速才回到同步转速，则 δ 不再增大。由于此时发电机输出功率仍大于原动机的机械功率，于是转子继续减速，但 δ 开始减小，运行点沿 P_{III} 曲线由 f 点向 e、k 点移动。到达 k 点，虽然机械功率与电磁功率相等，但由于转子转速低于同步转速，δ 将继续减小。越过 k 点后，机械功率开始大于电磁功率，转子又加速，δ 一直减小到转速恢复到同步转速后又开始增大。此后，运行点将以 k 点为中心沿 P_{III} 曲线来回振荡，考虑到阻尼作用的存在，振荡逐渐衰减，最后电力系统在 k 点稳定运行。在整个过程中，δ 角最大摇摆到 $\delta_{\max}$，也称为最大摇摆角。

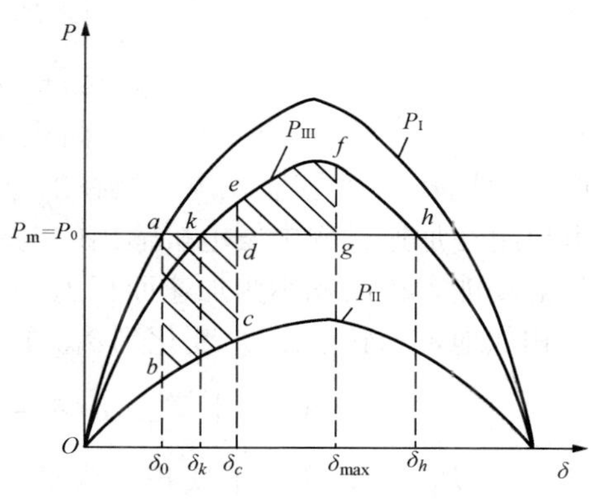

图 10 - 23　简单电力系统的功率特性曲线

电力系统受到大干扰后也可能会出现另一种结局。设想故障线路切除得比较晚，如图 10 - 24 所示。在故障切除后的减速过程中，δ 角增大到 δ_h 时，转速尚未降至同步转速，运

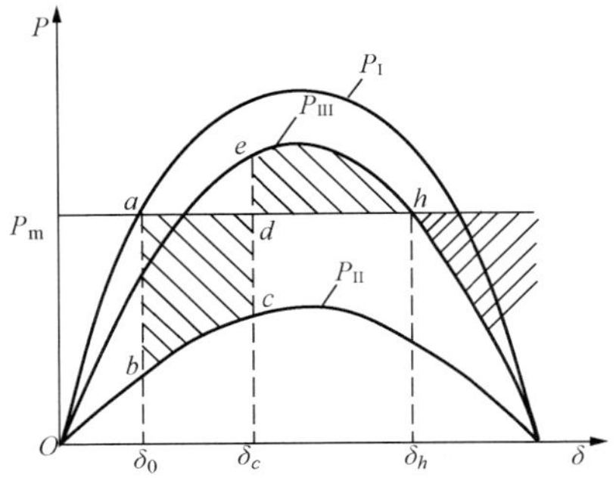

图 10-24　故障切除时间过晚的情形

行点将越过 h 点。而当运行点越过 h 点后，机械功率将大于电磁功率，转子又开始加速，使 δ 角不断增大，发电机和无穷大系统之间最终失去同步。

由上述分析可见，快速切除故障是保证暂态稳定的有效措施。

三、等面积定则

当不考虑振荡过程中的能量损耗时，可以根据等面积定则确定最大摇摆角 $\delta_{\max}$，并判断系统的稳定性。由对图 10-23 和图 10-24 的分析可知，功角由 δ_0 变化到 δ_c 的过程中，机械功率大于电磁功率，发电机转子加速，也就是原动机输入的能量大于发电机输出的能量，多余的能量转化为转子的动能储存在转子中。而在功角由 δ_c 变化到 $\delta_{\max}$ 的过程中，机械功率小于电磁功率，使转子减速，也就是原动机输入的能量小于发电机输出的能量，缺少的电磁能将由储存在转子中的动能来补充，也即转子释放储存的动能。

转子由 δ_0 变化到 δ_c 的过程中，过剩转矩所作的功为

$$A_a = \int_{\delta_0}^{\delta_c} \Delta M_a \mathrm{d}\delta = \int_{\delta_0}^{\delta_c} \frac{\Delta P_a}{\omega} \mathrm{d}\delta \tag{10-88}$$

考虑到 $\omega \approx 1$，所以有

$$\begin{aligned} A_a &= \int_{\delta_0}^{\delta_c} \Delta P_a \mathrm{d}\delta = \int_{\delta_0}^{\delta_c} (P_{\mathrm{m}} - P_{\mathrm{II}}) \mathrm{d}\delta \\ &= \int_{\delta_0}^{\delta_c} P_{\mathrm{m}} \mathrm{d}\delta - \int_{\delta_0}^{\delta_c} P_{\mathrm{II}} \mathrm{d}\delta \\ &= \text{面积 } \delta_0 ad\delta_c - \text{面积 } \delta_0 bc\delta_c \\ &= \text{面积 } abcda \end{aligned} \tag{10-89}$$

式中：面积 $\delta_0 ad\delta_c$ 代表发电机组在加速过程中原动机机械转矩所作的功；面积 $\delta_0 bc\delta_c$ 代表发电机组在加速过程中发电机输出的电磁功率所作的功；面积 $abcda$ 代表在加速过程中转子增加的动能，该面积称为加速面积。

相似地，当转子由 δ_c 变化到 $\delta_{\max}$ 的过程中，转子过剩转矩所作的功为

$$A_d = \int_{\delta_c}^{\delta_{\max}} \Delta M_a \mathrm{d}\delta = \int_{\delta_c}^{\delta_{\max}} \Delta P_a \mathrm{d}\delta = \int_{\delta_c}^{\delta_{\max}} (P_{\mathrm{m}} - P_{\mathrm{III}}) \mathrm{d}\delta \tag{10-90}$$

由于 $P_{\mathrm{m}} - P_{\mathrm{III}} < 0$，所以上式积分为负值，表明转子动能减少，转速下降。式（10-90）两端取绝对值，可写成

$$|A_d| = \int_{\delta_c}^{\delta_{\max}} (P_{\mathrm{III}} - P_{\mathrm{m}}) \mathrm{d}\delta = \text{面积 } defg \tag{10-91}$$

式中：面积 $defg$ 代表发电机在减速过程中转子减少的动能，该面积称为减速面积。

显然，只有转子在减速过程中将它在加速过程中增加的动能全部消耗完，转速才能回到同步转速，因此必须满足

$$\int_{\delta_0}^{\delta_c} (P_{\mathrm{m}} - P_{\mathrm{II}}) \mathrm{d}\delta = \int_{\delta_c}^{\delta_{\max}} (P_{\mathrm{III}} - P_{\mathrm{m}}) \mathrm{d}\delta \tag{10-92}$$

条件，即加速面积和减速面积大小应相等，这就是等面积定则。根据等面积定则，便可求出最大摇摆角 $\delta_{\max}$。当然，根据等面积定则也可求得摇摆的最小角度 $\delta_{\min}$（自行推导练习）。

当切除角 δ_c 一定时，有一个最大可能的减速面积 $efhgd$。如果这块面积的数值大于加速面积 $abcda$，则运行点在到达 h 点前，发电机转子就能回复到同步转速，功角开始减小，并最终稳定在 k 点运行，因此系统是暂态稳定的。但如果这块面积的数值小于加速面积 $abcda$，发电机将失去同步，这是因为这种情况下，当功角增加到 δ_h 时，转子转速仍高于同步转速，运行点将越过点 h，使转子不断加速，从而失去同步。因此，最大可能的减速面积大于加速面积，是保持暂态稳定的条件。最大可能的减速面积的大小与故障切除角 δ_c 有很大关系，δ_c 越小，可能的减速面积就越大。

四、极限切除角

如果对应某一切除角，最大可能的减速面积刚好等于加速面积，也即正好在到达 h 点时转子恢复到同步转速，这个切除角称为极限切除角 δ_{cm}。如果切除角大于极限切除角，系统将失去稳定；如果小于极限切除角，则系统总是暂态稳定的。根据等面积定则可得以下关系

$$\int_{\delta_0}^{\delta_{cm}}(P_m - P_{\text{Ⅱ}})\mathrm{d}\delta = \int_{\delta_{cm}}^{\delta_h}(P_{\text{Ⅲ}} - P_m)\mathrm{d}\delta \tag{10-93}$$

即

$$\int_{\delta_0}^{\delta_{cm}}(P_m - P_{\text{Ⅱ}\max}\sin\delta)\mathrm{d}\delta = \int_{\delta_{cm}}^{\delta_h}(P_{\text{Ⅲ}\max}\sin\delta - P_m)\mathrm{d}\delta \tag{10-94}$$

式中，$\delta_h = \pi - \arcsin\dfrac{P_m}{P_{\text{Ⅲ}\max}}$，rad；$P_{\text{Ⅱ}\max} = \dfrac{E'U}{x_{\text{Ⅱ}}}$；$P_{\text{Ⅲ}\max} = \dfrac{E'U}{x_{\text{Ⅲ}}}$。

可推得极限切除角计算式为

$$\delta_{cm} = \arccos\frac{P_m(\delta_h - \delta_0) + P_{\text{Ⅲ}\max}\cos\delta_h - P_{\text{Ⅱ}\max}\cos\delta_0}{P_{\text{Ⅲ}\max} - P_{\text{Ⅱ}\max}} \tag{10-95}$$

五、发电机转子运动方程的求解

在工程实际中，更为关心的是为保证系统稳定对应极限切除角 δ_{cm} 的极限切除时间 t_{cm}。要确定 t_{cm}，只需求出功角 δ 随时间变化的曲线，该曲线称为摇摆曲线。从该曲线上就可找到对应极限切除角的时间即极限切除时间。另外，在暂态稳定研究过程中，也常需要分析 δ、ω 随时间的变化态势。这些问题需要求解发电机转子运动方程来加以解决。

发电机转子运动方程是非线性常微分方程，由于在大干扰作用下状态变量的变化较大，所以不能像静态稳定那样把方程线性化。非线性常微分方程一般不能求得解析解，只能用数值积分法求它们的近似解。常用的解法有分段计算法、改进欧拉法、隐式积分法等，这里只介绍改进欧拉法，其他方法请参阅有关参考书。

设一阶非线性微分方程

$$\frac{\mathrm{d}x}{\mathrm{d}t} = f(x) \tag{10-96}$$

已知 $t=t_0$ 时刻的初值 $x(t_0)=x_0$，需求 $t>t_0$ 以后的解 $x(t)$。

数值积分法是从初始时刻 t_0 开始，将时间 t 按一定的规则分成一系列的离散时刻 t_0，t_1，…，t_m，例如，取相同的时间间隔 h（称为步长），即 $t_1-t_0=t_2-t_1=\cdots=\Delta t=h$，则 $t_n=t_0+nh$；再从已知的初值开始，依次对每一个步长应用某种数值积分公式求出各个离散时刻的近似值 $x(t_n)$。因此，数值积分法也称为逐步积分法。

1. 欧拉法

设式（10-96）的解为 $x(t)$，如已知 t_n 时刻的 x_n，要求 t_{n+1} 时刻的 x_{n+1}。当 h 取得

很小时，可用泰勒级数表示为

$$x_{n+1}=x_n+hf(x_n)+\frac{h^2}{2!}f'(x_n)+\frac{h^3}{3!}f''(x_n)+\cdots \tag{10-97}$$

忽略二次及以上的高次项得 x_{n+1} 的近似值

$$x_{n+1}=x_n+hf(x_n) \tag{10-98}$$

由式（10-97）和式（10-98）可见，欧拉法每一步的计算误差（又称局部截断误差）与 h^2 成正比，因此它是一种计算精度较低的方法，一般不能满足工程计算的精确度要求。为了减小欧拉法的计算误差需要适当选择较小的步长。

2. 改进欧拉法

如果取式（10-97）的前三项，而忽略 h^3 及以上项，则可得

$$\begin{aligned}x_{n+1}&=x_n+hf(x_n)+\frac{h^2}{2!}f'(x_n)\\&=x_n+hf(x_n)+\frac{h^2}{2}\cdot\frac{f(x_{n+1})-f(x_n)}{h}\\&=x_n+\frac{h}{2}[f(x_n)+f(x_{n+1})]\end{aligned} \tag{10-99}$$

这是梯形积分法公式。由于式中等号右边含有未知量 x_{n+1}，式（10-99）是个隐式方程，一般要用迭代法求解。计算步骤如下。

（1）先用欧拉法求 x_{n+1} 的估计值为

$$x_{n+1}^{(0)}=x_n+hf(x_n)$$

（2）求 x_{n+1} 的第一次校正值为

$$x_{n+1}^{(1)}=x_n+\frac{h}{2}[f(x_n)+f(x_{n+1}^{(0)})]$$

（3）求 x_{n+1} 的第二次校正值为

$$x_{n+1}^{(2)}=x_n+\frac{h}{2}[f(x_n)+f(x_{n+1}^{(1)})]$$

$$\vdots$$

如此继续迭代下去，直到前后两次校正值之差小于预定精确度 ε 的值，迭代结束。

改进欧拉法只进行一次校正，其计算步骤归纳如下。

（1）求 x_{n+1} 的估计值为

$$x_{n+1}^{(0)}=x_n+hf(x_n) \tag{10-100}$$

（2）求 x_{n+1} 的校正值为

$$x_{n+1}^{(1)}=x_n+\frac{h}{2}[f(x_n)+f(x_{n+1}^{(0)})] \tag{10-101}$$

改进欧拉法的局部截断误差与 h^3 成比例，而全局截断误差与 h^2 成比例。h 愈小截断误差愈小，但由于计算机有效位数的限制而引起的舍入误差会随着 h 的减小以及运算次数的增多而增大，故 h 的选择应适当。一般在暂态稳定计算中取 h 为 0.01s 或 0.05s。

3. 应用改进欧拉法计算简单电力系统暂态稳定问题

对于简单电力系统，描述电力系统动态性能的状态方程即为发电机转子运动方程

$$\left.\begin{aligned}\dot{\delta} &= (\omega - 1)\omega_0 = (\omega - 1) \times 360 f_0 \\ \dot{\omega} &= \frac{1}{T_J}[P_m - P_e(\delta)]\end{aligned}\right\} \tag{10 - 102}$$

式中，δ 的单位为度；f_0 为额定频率。应用改进欧拉法可以同时对式（10 - 102）的两个一阶微分方程进行求解。图 10 - 25 给出了计算原理框图，图中 $\Delta t = h$ 为步长。

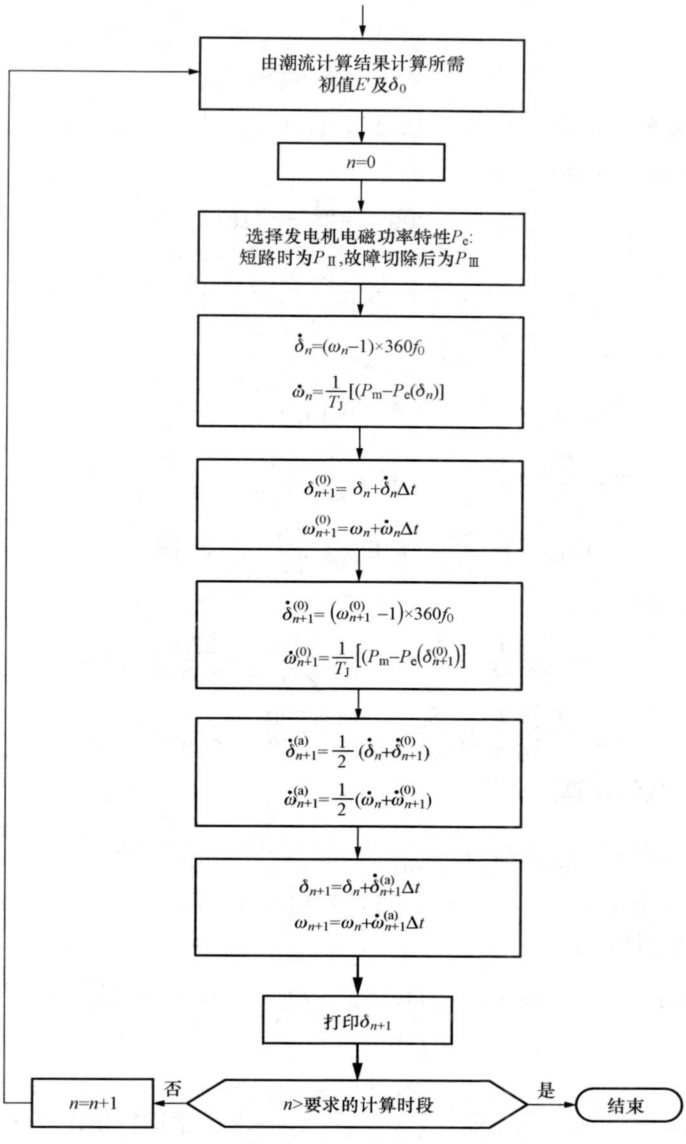

图 10 - 25　用改进欧拉法计算简单电力系统摇摆曲线的原理框图

【例 10 - 4】　简单电力系统的接线如图 10 - 26 所示。设输电线路某一回线的始端发生两相短路接地，试计算为保持暂态稳定而要求的极限切除角度。电力系统中各元件参数给定如下。发电机 G：$P_{GN} = 240$MW，$U_{GN} = 15.75$kV，$\cos\varphi_N = 0.8$，$x'_d = 0.30$，$x_2 = 0.44$，$T_J = 6$s；变压器 T1：$S_{TN} = 300$MVA，15.75/242kV，$U_s\% = 14$；变压器 T2：$S_{TN} =$

280MVA，220/121kV，$U_s\%=14$；电力线路：$l=230$km，单位长度的正、负序电抗 $x_1=x_2=0.42\Omega$/km，零序电抗 $x_0=4x_1$。给定运行条件为：输送到无穷大系统的功率 $P_0=220$MW，$\cos\varphi_0=0.98$，$U=115$kV。

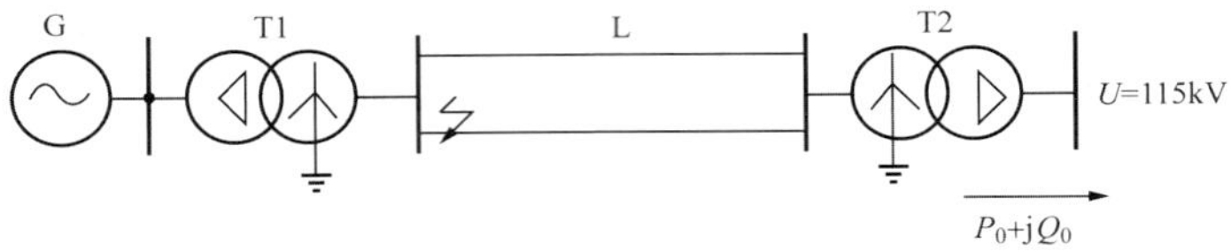

图 10-26 简单电力系统接线

解：（1）元件参数的计算。取 $S_B=220$MVA，$U_{B(220)}=209$kV，按变压器实际变比确定其他各电压级的基准电压，即

$$U_{B(110)}=209\times\frac{121}{220}=115(\text{kV})$$

$$U_{B(15)}=209\times\frac{15.75}{242}=13.602(\text{kV})$$

1）发电机参数的计算。

正序电抗 $x_{1G}=x_d'\dfrac{U_{GN}^2}{S_{GN}}\dfrac{S_B}{U_{B(10)}^2}=0.30\times\dfrac{15.75^2}{240/0.8}\times\dfrac{220}{13.602^2}=0.295$

负序电抗 $x_{2G}=x_2\dfrac{U_{GN}^2}{S_{GN}}\dfrac{S_B}{U_{B(10)}^2}=0.44\times\dfrac{15.75^2}{240/0.8}\times\dfrac{220}{13.602^2}=0.432$

惯性时间常数 $T_{J(B)}=T_J\dfrac{S_{GN}}{S_B}=6.0\times\dfrac{240/0.8}{220}=8.18$（s）

2）变压器参数的计算。

变压器 T1 $x_{T1}=\dfrac{U_s\%U_N^2}{100S_N}\dfrac{S_B}{U_{B(220)}^2}=\dfrac{14\times242^2}{100\times300}\times\dfrac{220}{209^2}=0.138$

变压器 T2 $x_{T2}=\dfrac{U_s\%U_N^2}{100S_N}\dfrac{S_B}{U_{B(220)}^2}=\dfrac{14\times220^2}{100\times280}\times\dfrac{220}{209^2}=0.122$

3）电力线路参数的计算。

单回线路的正序电抗 $x_{1l}=x_1l\dfrac{S_B}{U_{B(220)}^2}=0.42\times230\times\dfrac{220}{209^2}=0.487$

单回线路的零序电抗 $x_{0l}=4x_{1l}=4\times0.487=1.948$

（2）运行参数的计算为

$P_0=\dfrac{220}{220}=1.0$；$\varphi_0=\arccos0.98=11.478°$，$Q_0=P_0\tan\varphi_0=1.0\times\tan11.478°=0.2$

$U=\dfrac{115}{115}=1.0$

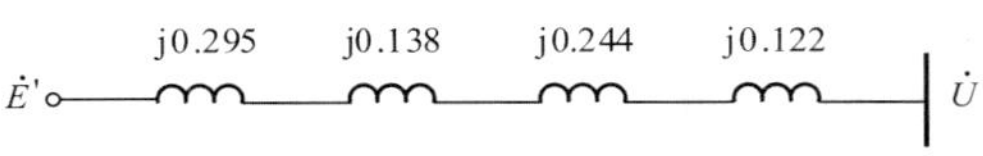

图 10-27 正常运行时的等效电路

（3）求正常运行情况下的 E' 和 δ_0。正常运行时电力系统的等效电路如图 10-27 所示。系统总电抗为

$$x_I=0.295+0.138+0.244+0.122=0.799$$

则

$$E' = \sqrt{\left(U + \frac{Q_0 x_{\mathrm{I}}}{U}\right)^2 + \left(\frac{P_0 x_{\mathrm{I}}}{U}\right)^2}$$
$$= \sqrt{(1.0 + 0.2 \times 0.799)^2 + (1.0 \times 0.799)^2}$$
$$= 1.41$$

$$\delta_0 = \arctan \frac{0.799}{1.16} = 34.53°$$

可得功率特性为

$$P_{\mathrm{I}} = \frac{E'U}{x_{\mathrm{I}}}\sin\delta = \frac{1.41 \times 1.0}{0.799}\sin\delta = 1.765\sin\delta$$

（4）求短路故障情况下的功率特性。在 f 点发生两相接地短路时，电力系统的负序、零序等效电路如图 10 - 28 所示。由图可求得

$$x_{2\Sigma} = \frac{(0.432 + 0.138) \times (0.244 + 0.122)}{(0.432 + 0.138) + (0.244 + 0.122)} = 0.222$$

$$x_{0\Sigma} = \frac{0.138 \times (0.974 + 0.122)}{0.138 + (0.974 + 0.122)} = 0.123$$

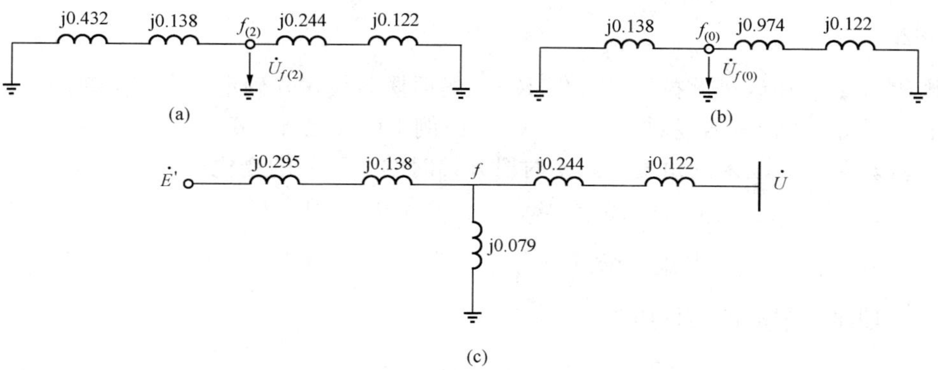

图 10 - 28　负序、零序网络

（a）负序网络；（b）零序网络；（c）正序增广网络

两相接地短路时的附加电抗为

$$x_{\Delta} = \frac{x_{2\Sigma} x_{0\Sigma}}{x_{2\Sigma} + x_{0\Sigma}} = \frac{0.222 \times 0.123}{0.222 + 0.123} = 0.079$$

对应的正序增广网络如图 10 - 28（c）所示。由图可得 $\dot{E}'$ 与 $\dot{U}$ 间的等效电抗为

$$x_{\mathrm{II}} = (0.295 + 0.138) + (0.122 + 0.244) + \frac{(0.295 + 0.138) \times (0.122 + 0.244)}{0.079}$$
$$= 2.804$$

可得功率特性

$$P_{\mathrm{II}} = \frac{E'U}{x_{\mathrm{II}}}\sin\delta = \frac{1.41 \times 1.0}{2.804}\sin\delta = 0.502\sin\delta$$

则 $P_{\mathrm{II}\max} = 0.502$。

（5）求短路故障切除后的功率特性。切除短路故障线路后的等效电路如图 10 - 29 所示。由图可得系统总电抗

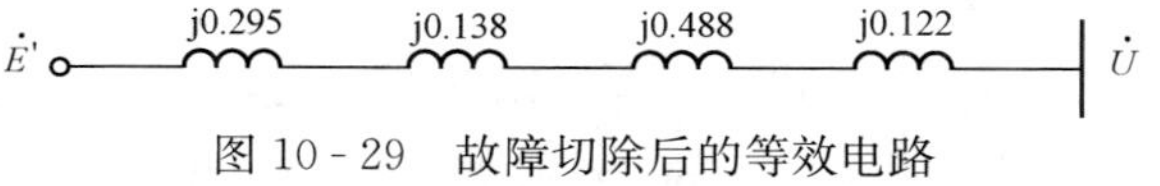

图 10 - 29　故障切除后的等效电路

$$x_{\text{Ⅲ}}=0.295+0.138+0.488+0.122=1.043$$

可得功率特性

$$P_{\text{Ⅲ}}=\frac{E'U}{x_{\text{Ⅲ}}}\sin\delta=\frac{1.41\times1.0}{1.043}\sin\delta=1.35\sin\delta$$

则 $P_{\text{Ⅲ}\max}=1.35$

δ_h 计算如下：

$$\delta_h=180^\circ-\arcsin\frac{P_m}{P_{\text{Ⅲ}\max}}=180^\circ-\arcsin\frac{1.0}{1.35}=132.30^\circ$$

（6）求极限切除角：

$$\cos\delta_{cm}=\frac{P_m(\delta_h-\delta_0)+P_{\text{Ⅲ}\max}\cos\delta_h-P_{\text{Ⅱ}\max}\cos\delta_0}{P_{\text{Ⅲ}\max}-P_{\text{Ⅱ}\max}}$$

$$=\frac{1.0\times(132.30^\circ-34.53^\circ)\frac{\pi}{180^\circ}+1.35\cos132.30^\circ-0.50\cos34.53^\circ}{1.35-0.502}$$

$$=0.458$$

则 $\delta_{cm}=62.70^\circ$。

【例 10-5】 用改进欧拉法计算例 10-4 的摇摆曲线，并确定极限切除时间。

解： 设短路瞬间 $t=0$，步长 $\Delta t=0.05\text{s}$。由例 10-4 已知：$\delta_0=34.53^\circ$，$\delta_{cm}=62.70^\circ$。

（1）计算第一时段末的角度。第一时段开始时的 δ 和 ω 的变化率为

$$\dot{\delta}_0=(\omega_0-1)\times360f_0=0$$

$$\dot{\omega}_0=\frac{1}{T_J}(P_m-P_{\text{Ⅱ}\max}\sin\delta_0)=\frac{1}{8.18}(1-0.502\sin34.53^\circ)=0.0873244$$

第一时段末 δ 和 ω 的估计值为

$$\delta_1^{(0)}=\delta_0+\dot{\delta}_0\Delta t=34.53^\circ+0=34.53^\circ$$

$$\omega_1^{(0)}=\omega_0+\dot{\omega}_0\Delta t=1+0.0873244\times0.05=1.0043662$$

第一时段末对应于 $\delta_1^{(0)}$ 和 $\omega_1^{(0)}$ 的变化率为

$$\dot{\delta}_1^{(0)}=(\omega_1^{(0)}-1)\times360f_0=(1.0043662-1)\times18000=78.5916$$

$$\dot{\omega}_1^{(0)}=\frac{1}{T_J}(P_m-P_{\text{Ⅱ}\max}\sin\delta_1^{(0)})=\frac{1}{8.18}(1-0.502\sin34.53^\circ)=0.0873244$$

第一时段末 δ 和 ω 的值为

$$\delta_1=\delta_0+\frac{\Delta t}{2}(\dot{\delta}_0+\dot{\delta}_1^{(0)})=34.53^\circ+\frac{0.05}{2}(0+78.5916)=36.49479^\circ$$

$$\omega_1=\omega_0+\frac{\Delta t}{2}(\dot{\omega}_0+\dot{\omega}_1^{(0)})=1+\frac{0.05}{2}(0.0873244+0.0873244)=1.0043662$$

（2）计算第二时段末的角度为

$$\dot{\delta}_1=(\omega_1-1)\times18000=(1.0043662-1)\times18000=78.5916$$

$$\dot{\omega}_1=\frac{1}{T_J}(P_m-P_{\text{Ⅱ}\max}\sin\delta_1)=\frac{1}{8.18}(1-0.502\sin36.49479^\circ)=0.0856046$$

$$\delta_2^{(0)}=\delta_1+\dot{\delta}_1\Delta t=36.49479^\circ+78.5916\times0.05=40.42437^\circ$$

$$\omega_2^{(0)}=\omega_1+\dot{\omega}_1\Delta t=1.0043662+0.0856046\times0.05=1.0086464$$

$$\dot{\delta}_2^{(0)}=(\omega_2^{(0)}-1)\times 18000=(1.0086464-1)\times 18000=155.6352$$

$$\dot{\omega}_2^{(0)}=\frac{1}{T_J}(P_m-P_{\text{IImax}}\sin\delta_2^{(0)})=\frac{1}{8.18}(1-0.502\sin 40.42437°)=0.0822963$$

$$\delta_2=\delta_1+\frac{\Delta t}{2}(\dot{\delta}_1+\dot{\delta}_2^{(0)})=36.49479°+\frac{0.05}{2}(78.5916+155.6352)=42.35046°$$

$$\omega_2=\omega_1+\frac{\Delta t}{2}(\dot{\omega}_1+\dot{\omega}_2^{(0)})=1.0043662+\frac{0.05}{2}(0.0856046+0.0822963)=1.0085637$$

（3）计算第三时段末的角度为

$$\dot{\delta}_2=(\omega_2-1)\times 18000=(1.0085637-1)\times 18000=154.1466$$

$$\dot{\omega}_2=\frac{1}{T_J}(P_m-P_{\text{IImax}}\sin\delta_2)=\frac{1}{8.18}(1-0.502\sin 42.35046°)=0.0807424$$

$$\delta_3^{(0)}=\delta_2+\dot{\delta}_2\Delta t=42.35046°+154.1466\times 0.05=50.05779°$$

$$\omega_3^{(0)}=\omega_2+\dot{\omega}_2\Delta t=1.0085637+0.0807424\times 0.05=1.0126008$$

$$\dot{\delta}_3^{(0)}=(\omega_3^{(0)}-1)\times 18000=(1.0126008-1)\times 18000=226.8144$$

$$\dot{\omega}_3^{(0)}=\frac{1}{T_J}(P_m-P_{\text{IImax}}\sin\delta_3^{(0)})$$

$$=\frac{1}{8.18}(1-0.502\sin 50.05779°)=0.0750106$$

$$\delta_3=\delta_2+\frac{\Delta t}{2}(\dot{\delta}_2+\dot{\delta}_3^{(0)})=42.35046°+\frac{0.05}{2}$$

$$\times(154.1466+226.8144)=51.87448°$$

$$\omega_3=\omega_2+\frac{\Delta t}{2}(\dot{\omega}_2+\dot{\omega}_3^{(0)})=1.0085637+\frac{0.05}{2}$$

$$\times(0.0807424+0.0750106)=1.0124575$$

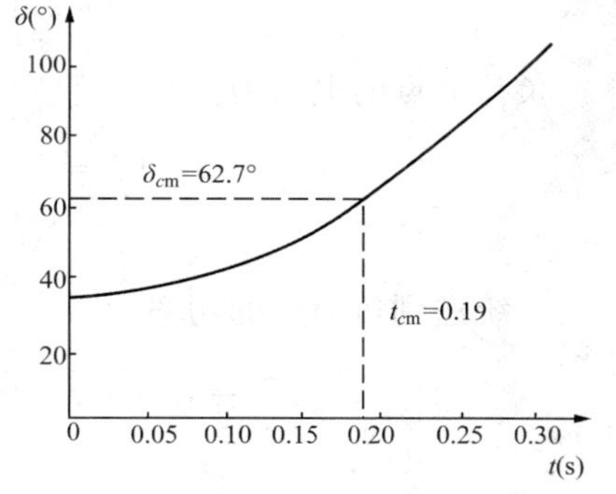

图 10 - 30　摇摆曲线

由此可计算第四个时间段，依次类推，可作出如图 10 - 30 所示的摇摆曲线。当极限切除角 $\delta_{cm}=62.7°$ 时，根据图 10 - 30，可求得极限切除时间 $t_{cm}=0.19$s。

第五节　电力系统电压稳定性

电力系统运行中的稳定性除了上述的功角稳定性外，还存在另一种性质的稳定性问题，即电压稳定性。它是表示电力系统在某一正常运行状态下受到干扰后，系统所有母线电压回复到原有数值或维持在可接受的稳态电压水平的能力。当某一干扰、负荷功率增加或系统条件变化引起电压持续和不可控制地下降时，称为电力系统电压不稳定。

电压不稳定现象一般出现在电源远离负荷中心以及输电系统带重负荷的情况，当无功电源突然切除，或者电力系统无功电源不足，负荷功率慢慢增加到一定限值时，负荷节点的电压将不可控制地急剧下降，以致出现电压崩溃。这时系统中大量电动机停止转动，发电机甩掉大量负荷，最后导致电力系统的解列，甚至使电力系统的一部分或全部瓦解。近年来，国外的一些电力系统中出现过因电压不稳定或电压崩溃而导致的大面积停电，因此，该问题必须引起足够的重视。

电压失稳可能以几种不同的形式出现，现以如图 10-31 所示的单机（或一个系统）经输电线路向负荷供电的简单电力系统来说明其中的一种简单的失稳形式，发电机电动势记为 $\dot{E}_s = E_s\angle\delta$，发电机和输电线路的总阻抗记为 $z_l = |z_l|\angle\theta$，负荷的等效阻抗记为 $z_{LD} = |z_{LD}|\angle\varphi$。

图中电流 $\dot{I}$ 为

$$\dot{I} = \frac{\dot{E}_s}{z_l + z_{LD}}$$

则

$$I = \frac{E_s}{\sqrt{(|z_l|\cos\theta + |z_{LD}|\cos\varphi)^2 + (|z_l|\sin\theta + |z_{LD}|\sin\varphi)^2}} \tag{10-103}$$

经整理可得

$$I = \frac{1}{\sqrt{1 + \left|\frac{z_{LD}}{z_l}\right|^2 + 2\left|\frac{z_{LD}}{z_l}\right|\cos(\theta - \varphi)}}\frac{E_s}{|z_l|} \tag{10-104}$$

负荷节点的电压为

$$U = |z_{LD}|I = \frac{E_s}{\sqrt{1 + \left|\frac{z_{LD}}{z_l}\right|^2 + 2\left|\frac{z_{LD}}{z_l}\right|\cos(\theta - \varphi)}}\frac{|z_{LD}|}{|z_l|} \tag{10-105}$$

系统送到负荷点的功率为

$$P = UI\cos\varphi = \frac{1}{\left|\frac{z_{LD}}{z_l}\right| + \left|\frac{z_l}{z_{LD}}\right| + 2\cos(\theta - \varphi)}\frac{E_s^2\cos\varphi}{|z_l|} \tag{10-106}$$

当电源电动势 E_s 给定，阻抗 z_l 和负荷功率因数 $\cos\varphi$ 一定时，受端电压 U 和功率 P 是负荷等效阻抗的模 $|z_{LD}|$ 或者比值 $|z_l/z_{LD}|$ 的函数，其变化曲线如图 10-32 所示。从图中特性曲线可见，负荷节点从空载开始，随着负荷阻抗 $|z_{LD}|$ 的逐渐减小，即负荷需求的逐渐增大，受端功率 P 将逐渐增大，受端电压逐渐下降，直到 $|z_{LD}|$ 与 $|z_l|$ 相等，即 $|z_l|/|z_{LD}| = 1$ 时，传输的功率达到最大值。此后，负荷需求继续增大，即 $|z_{LD}|$ 的继续减小将导致受端可获得的功率和受端电压同时下降。

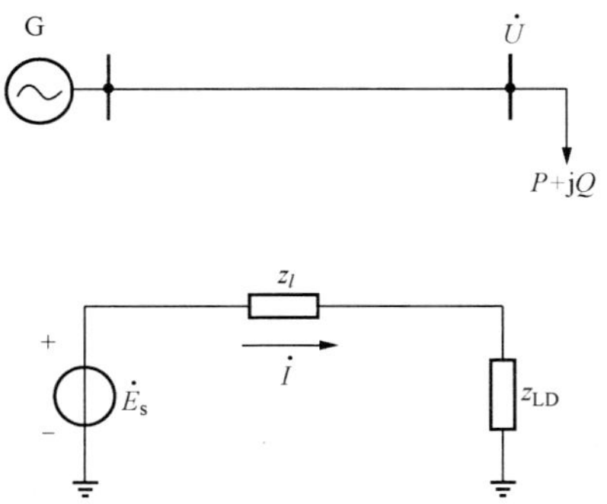

图 10-31 简单电力系统

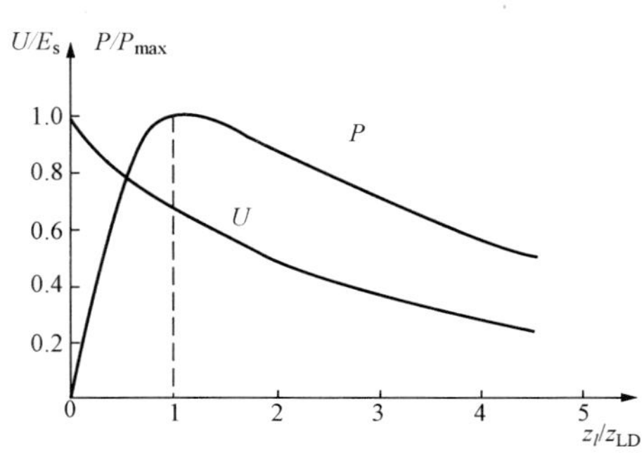

图 10-32 受端电压和功率随负荷阻抗变化的曲线

电力系统负荷将吸收的电磁功率转换为其他形式的功率，以满足各种需要。当负荷吸取的电磁功率和输出的其他形式的功率失去平衡时，会自动调整其等效阻抗的大小，以达到新的功率平衡。一般来讲，当输入的电磁功率大于输出功率时，等效阻抗将增大；而当输入的电磁功率小于输出功率时，等效阻抗会减小。

当系统运行在 $P-|z_l|/|z_{LD}|$ 曲线的上升段时，若负荷需求功率突然增大，导致负荷功率不平衡，此时负荷等效阻抗减小，电网送达的功率随之增大，最终可恢复到平衡状态，只是节点电压有所下降；同样负荷需求功率突然减小后，系统也能恢复到平衡状态，因此系统运行在曲线的上升段区域是稳定的。而当系统运行在 $P-|z_l|/|z_{LD}|$ 曲线的下降段时，若负荷需求功率突然增大，等效阻抗减小，电网送达的功率反而减小，使功率平衡增大，则负荷阻抗将继续减小，负荷节点电压随之迅速下降，出现了电压崩溃现象，因此系统运行在曲线的下降段区域是不稳定的。

对于电压稳定性的研究，更为关心的是受端功率和电压间的关系。由图 10 - 32 中同一 $|z_l|/|z_{LD}|$ 值下的功率和电压值可以绘制出受端功率和电压的关系曲线，如图 10 - 33 所示。从图中可见，在同一负荷情况下，有两个不同的负荷电压值，其中一个为对应曲线右半支的较大电压值 U'，在此点处，$\frac{dP}{dU}<0$，即负荷节点电压的下降总可以换取电网送达功率的增加，是属于静态稳定的；另一个为对应曲线左半支的较小电压值 U''，在此点处，$\frac{dP}{dU}>0$，即电压的降低将导致功率的减少，是静态不稳定的。随着负荷的增加，U' 相应地减少，而 U'' 增大，这两电压值逐渐趋近。当功率达到极限值 P_{max} 时，$U'=U''$，这时有 $\frac{dP}{dU}=0$，是电压稳定的临界点。由此可知，在给定电源配置和电网结构的情况下，随着节点负荷的增长，将会出现节点电压的下降，当超过某一功率极限时，就不能再维持稳定地运行，将出现电压崩溃现象。

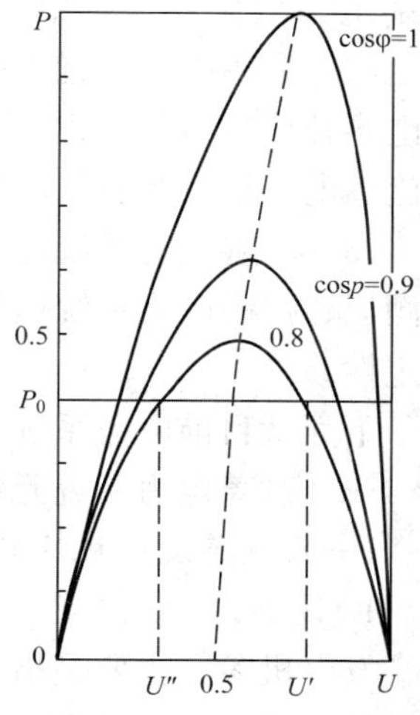

图 10 - 33　不同功率因数下的受端功率和电压的关系

根据上面的分析，可用

$$\frac{dP}{dU}<0 \tag{10 - 107}$$

作为负荷节点静态电压稳定的一种实用判据。在系统实际运行中，通过监视各负荷节点 $P-U$ 曲线的变化和 $\frac{dP}{dU}$ 判据的计算，可对系统的电压稳定性进行分析。

由式（10 - 105）和式（10 - 106）可知，负荷功率因数对系统功率－电压特性有着明显的影响。功率因数减小，所需的无功功率增加，加大了输电线路中的电压损耗，致使特性曲线下降，如图 10 - 33 所示。图中的虚线表示不同功率因数情况下的临界运行点的轨迹，虚线右侧所示的区域是电压稳定的区域，而左侧是不稳定的区域。

电力系统电压不稳定并不总是以独自的形式出现，常常伴随着功角不稳定而同时出现。其中一种不稳定导致另一种形式的不稳定，例如，两组发电机间转子角接近或超过 180°而逐渐失步导致网络中点处的电压非常低。有些情况下，功角是稳定的，但出现了与电压不稳定相关的电压持续下降的现象。

第六节　提高电力系统稳定性的措施

电力系统稳定性是电力系统安全可靠运行的重要方面。随着电力系统的发展和扩大，输电距离和输送容量不断增大，系统的稳定问题更为突出。可以说，电力系统稳定性是限制交流远距离输电距离和输送能力的一个决定性因素。因此，从电力系统的规划设计到日常运行都应采取各种有效措施来提高电力系统的稳定性，从而提高系统输送能力和运行的安全可靠性。

一般可以从以下几个方面采取措施来提高电力系统稳定性：

（1）改善电力系统元件的特性和参数，如改善原动机及其调节系统、发电机及其励磁系统、变压器、输电线路、开关设备、补偿设备等电力系统基本元件的特性和参数。

（2）采用附加装置提高电力系统稳定性，如输电线路设置中间开关站、输电线路采用串联电容补偿或设置一些 FACTS（Flexible Alternating Current Transmission System，柔性交流输电）设备和对发电机实行电气制动等。

（3）改善电力系统运行方式及其他措施，如合理选择电力系统的运行方式、正确安排功率潮流、提高电力系统运行电压水平以及故障后切机和切负荷等都可以有效地提高电力系统稳定性。

下面就目前电力系统中常用的一些提高电力系统稳定性的措施作简要分析和介绍。

一、改善电力系统元件的特性和参数

（一）改善发电机及其励磁调节系统的特性和参数

1. 改善发电机参数

发电机参数主要是指 x_d、x'_d、x_q 和惯性时间常数 T_J。由于发电机电抗在系统总电抗中占有较大的比重，因此减小发电机电抗可以提高电力系统的小干扰、暂态稳定性和输电能力。发电机在受到干扰后的角加速度$\frac{d\omega}{dt}=\frac{1}{T_J}\Delta P$，因此，增加 T_J，可以减小角加速度，有利于提高暂态稳定性。

减小发电机电抗和增大发电机惯性时间常数，都要增加发电机的尺寸，从而增大了发电机的制造成本。而且，汽轮发电机的生产是标准化的，一般不能个别制造，只有水轮发电机属于非标准产品，可以根据具体要求来设计和制造。因此，一般不考虑专门设计发电机来提高电力系统的稳定性。

2. 改善发电机励磁调节特性

由前述小干扰稳定分析可知，自动励磁调节器对提高电力系统小干扰稳定功率极限和扩大稳定区有很大的影响。采用比例式励磁调节器时，可近似维持 E'_q（或 E'）恒定，相当于将发电机的电抗从同步电抗 x_d 减小为暂态电抗 x'_d；若采用强力式调节器或 PSS 可以维持发电机端电压恒定，相当于将发电机的电抗减小到零。因而，采用先进的励磁调节器相当于缩短了发电机与系统间的电气距离，从而提高了小干扰稳定性。

自动励磁调节对改善暂态稳定性也有明显作用，良好的自动励磁调节在暂态摇摆过程中能增大系统的阻尼，从而能使系统振荡迅速平息下来，缩短摇摆过程，这是十分有利的。此

外，发电机都备有强行励磁装置，以保证当系统发生故障而使发电机端电压低于85%额定电压时能迅速而大幅度地增加励磁，从而提高发电机电动势，减小 E'_q 的衰减程度，如果强行励磁倍数很高，甚至可以使暂态电动势增大。

由于自动励磁调节器的价格相对于电力系统本身的投资来说是很小的，与其他提高稳定性的措施相比，也要经济得多，所以应尽可能地使用先进的完善的励磁系统和自动励磁调节器。

（二）改善原动机的调节特性

由于原动机的调速器具有较大的机械惯性和存在失灵区，因而其调节作用总有一定的时延。再加上原动机本身从调节开始到输出转矩发生变化也需要一定的时间，所以在暂态稳定的第一摇摆周期内，原动机的输出功率基本保持不变，也即原动机的调节器对暂态稳定的第一个摇摆周期影响很小。

目前，对于汽轮发电机，采用快速关闭汽门的措施。它能根据发电机功率变化的情况，快速关闭汽门，以使发电机轴上不平衡转矩达到最小，加快振荡的衰减，如图10-34所示。水轮机由于水锤现象不能快速关闭进水门，因此有时采用在故障时从送端发电厂中切除一台发电机的方法，这等效于减少原动机的功率。但这种切机的方法使系统少了一台机，电源减少了，这是不利的。

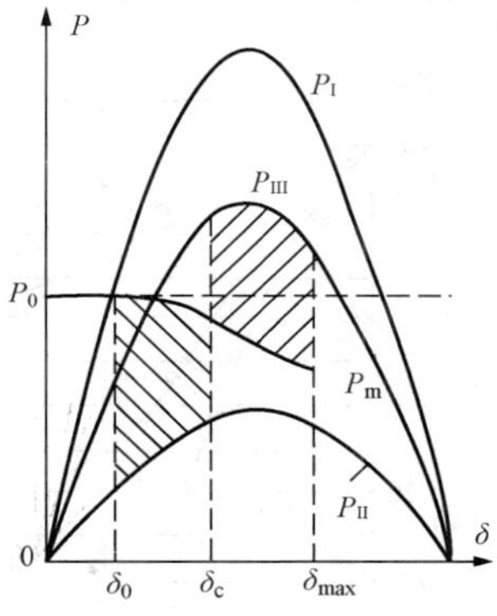

图10-34　快速关闭汽门的作用

（三）改善输电线路的参数和特性

输电线路的电抗在系统总电抗中占相当大的比例，特别是远距离输电线路。因此，减小输电线路的电抗，对提高输电系统的小干扰稳定性和暂态稳定性有着重要的作用。

1. 采用分裂导线

架空线路采用分裂导线可以减小输电线路的电抗和电晕损耗。例如，500kV的线路，采用单根导线时电抗约为0.42Ω/km；采用两分裂导线时约为0.32Ω/km；采用三分裂导线时约为0.30Ω/km；采用四分裂导线时约为0.29Ω/km。

紧凑型分裂导线输电线较常规型分裂导线输电线能更大幅度地减小电抗，提高输电能力。

2. 提高输电线路的额定电压

输送功率极限与电压的平方成正比，提高线路的额定电压可以提高输送的功率极限，改善系统稳定性。另一方面，提高线路的额定电压也可以看作是减小线路电抗。当用统一的基准值计算各元件的标幺值时，线路电抗标幺值为

$$x_{L*(B)} = x_L \frac{S_B}{U_B^2} \approx x_L \frac{S_B}{U_N^2}$$

式中：U_N 为线路的额定电压。由此可见，线路标幺值与其电压的平方成反比。

（四）改善继电保护和开关设备的特性

快速切除故障对于提高系统的暂态稳定性有决定性的作用，因为快速切除故障减小了加速面积，增大了减速面积，提高了发电机之间并联运行的稳定性。切除故障时间包括继电保护动作时间和开关接到跳闸脉冲到触头分开后电弧熄灭为止的时间总和。目前，已可做到短路后

0.06 s 切除故障线路，其中 0.02 s 为保护装置动作时间，0.04 s 为断路器分闸和电弧熄灭时间。

减小切除故障时间对提高暂态稳定的效果，与短路故障的类型有很大关系。如图 10－35 所示为在某一系统中不同类型故障、不同切除故障时间下能保持暂态稳定的最大输送功率，即暂态稳定极限 P_{sl}。从图中可以看出，当切除时间从 0.2 s 减少到 0.1 s，对于三相短路，P_{sl} 从 45％提高到 82％，而对于单相接地，则仅由 94％提高到 98％。这是因为故障愈严重，转子上的不平衡功率愈大，切除时间的减少，对于严重的故障，收到的效果就会愈大。

电力系统中输电线路的故障大多数为暂时性的短路故障。采用自动重合闸装置，在线路发生短路故障时，先切除故障线路，经过一定时间再合上断路器，如果故障消失则重合成功。重合闸成功率是很高的，可达 90％。这种措施对于提高电力系统暂态稳定性有着十分明显的作用。如图 10－36 所示为简单电力系统中采用三相自动重合闸后，对系统稳定性的影响。图中 δ_c 表示切除故障时的角度，δ_R 表示重合闸时的角度。由图 10－36 可见，在重合闸成功的情况下，显著地增加了减速面积。

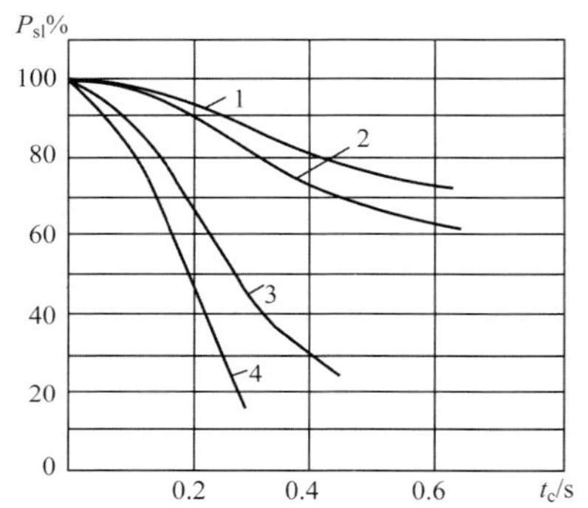

图 10－35　不同短路类型时，快速切除短路的作用
1—单相接地；2—两相短路；
3—两相接地短路；4—三相短路

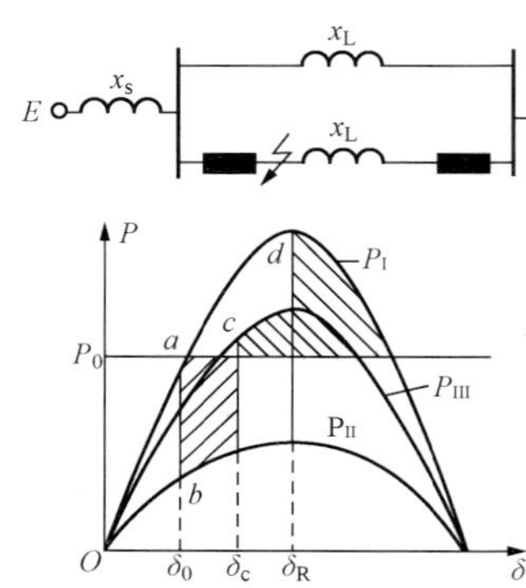

图 10－36　自动重合闸对暂态稳定的影响

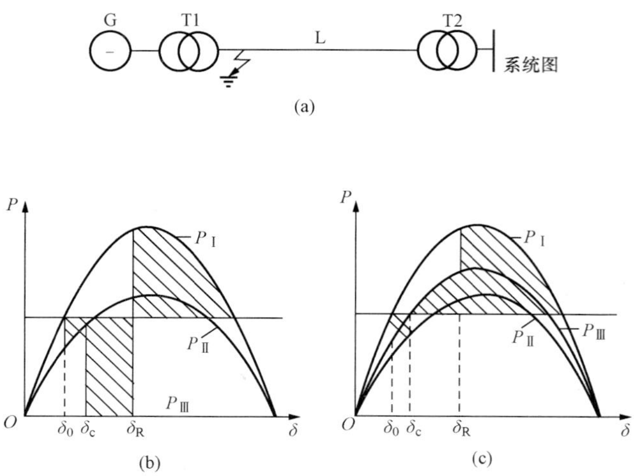

图 10－37　单相重合闸的作用
(a) 单回输电系统；(b) 三相重合闸；(c) 单相重合闸

电力系统中的短路故障大多数是暂时性的单相接地故障，因此一般不需要把三相都切除，而是采用按相动作的单相重合闸装置，自动选出故障相切除，经过一定时间后再合闸。由于只切除故障相而不是三相，即使是单回的输电线路，送电端的系统和受端系统没有完全失去联系，故提高了系统的暂态稳定性。如图 10－37 (a) 所示为单回路输电系统，如图 10－37 (b) 所示为采用三相重合闸情况，如图 10－37 (c) 所示为采用单相重合闸情况。由图可见，只切除故障相比三相切除时的加速面积小得多。

（五）采用直流输电

通过直流输电，可将两个交流系统互联在一起。由于直流输电的电压及传输功率与两端交流系统的频率无关，则两端系统可以在不同的频率下一起运行，不存在同步并联运行的稳定问题。此外，还可以利用直流输电的快速调控能力来提高交流系统的稳定性。

二、采用附加装置提高电力系统的稳定性

（一）串联电容补偿

串联电容补偿是在超高压输电线路中串联电容器，以补偿线路的感抗，从而减小线路的总电抗。接入串联电容器后，输电线路的等效电抗为

$$x_{eq} = x_L - x_C = x_L\left(1 - \frac{x_C}{x_L}\right) = x_L(1 - K_C) \tag{10-108}$$

式中：$K_C = \frac{x_C}{x_L}$称为串联补偿度。一般，K_C 越大线路等效电抗越小，对提高稳定性越有利。但补偿度过大时，在某些地方短路时会使短路电流超过发电机机端短路电流，而且短路电流还可能是容性电流，这会引起继电保护误动作。此外，还可能会产生低频自发振荡和自励磁现象。所以，一般补偿度不超过 0.5。

可控串联补偿装置（TCSC）是由电容器与晶闸管控制的电抗器并联组成的。它通过调节晶闸管的导通角来改变通过电抗器的电流，可使补偿装置的等效电抗在一定的范围内连续变化，不仅可进行参数补偿，还可向系统提供阻尼，抑制振荡，提高电力系统稳定性。

（二）并联电抗补偿

输电线路电容会产生大量的无功功率，不仅在空载或轻载下可能引起线路末端电压过分升高，而且还使发电机运行的功率因数升高。为使系统电压保持在要求范围内，就要降低发电机电动势，因而使电力系统的功率极限减小，运行角度增大，对系统稳定是不利的。

为了改善这种情况，可以在输电线路上并联接入电抗器以吸收线路电容所产生的无功功率，可以使发电机在较低的滞后的功率因数下运行，使发电机电动势大大提高，运行角减小，从而提高系统的稳定性。

（三）输电线路设置开关站

对于双回路的输电线路，当故障切除一回路后，线路阻抗将增大一倍，使故障后的功率极限下降很多。这种情况对暂态稳定和故障后的静态稳定都是不利的。如果在线路中间设置开关站（如图 10 - 38 所示），把线路分成几段，故障时仅切除一段线路，则线路阻抗增加较少，对稳定是有利的。开关站的数目不宜过多，一般对于长度为 300～500km 的输电线路，可设置一个开关站，对于长度为 500～1000km 的输电线路，可设置两个到 3 个。

（四）线路中间补偿设备

在输电线路中间的降压变电所内装设适当容量的补偿装置，如图 10 - 39 所示，利用补偿装置，若能维持变电所高压母线电压恒定，则整个输电系统便被分成独立的几段。输电系统的输送能力将由每段两端电动势和该段电抗来确定。由于各段电抗均远小于总电抗，所以功率极限大大地提高了。

目前，已采用响应速度快、调节灵活的一些 FACTS 装置作为补偿装置，如静止补偿器

(SVC)、静止无功电源(SVG)和静止同步补偿器(STATCOM)。

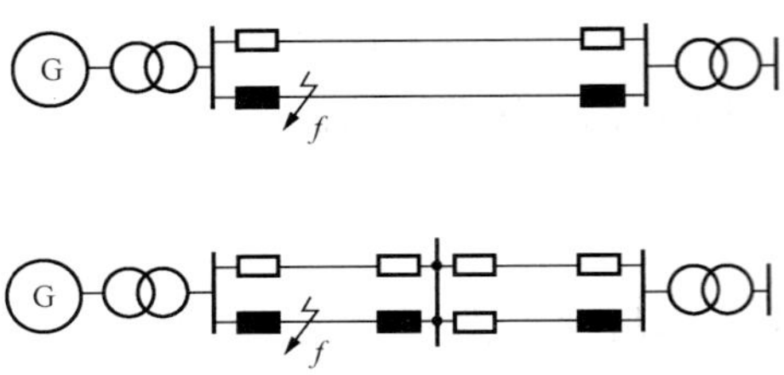

图 10-38 输电线路设置开关站

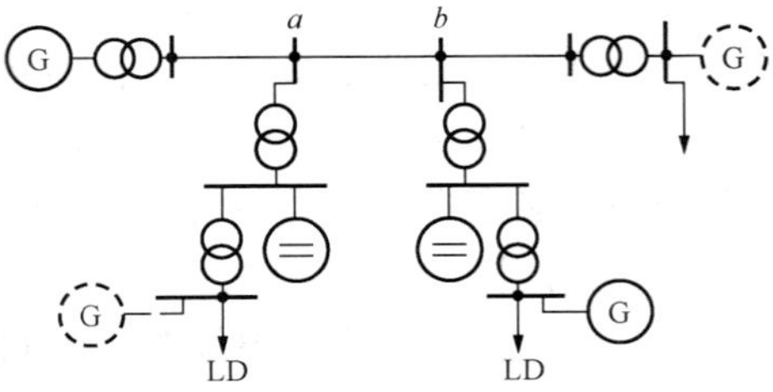

图 10-39 有中间补偿装置的输电系统

(五)变压器中性点经小电阻接地

对于中性点直接接地系统，为了提高接地短路时的暂态稳定，变压器中性点可经小电阻后再接地。如图 10-40 所示为一变压器中性点经小电阻接地的系统在 f 点发生单相接地短路故障时的情况。在零序网中增加了 $3r_{g1}$ 和 $3r_{g2}$，零序电流流过电阻时引起了附加的功率损耗，相当于增加了发电机的电磁功率。从正序增广网络看，由于 $3r_{g1}$ 和 $3r_{g2}$ 的存在使附加阻抗 z_{Δ} 增大，导致转移阻抗 z_{12} 减小，从而提高了功率极限，有利于暂态稳定。

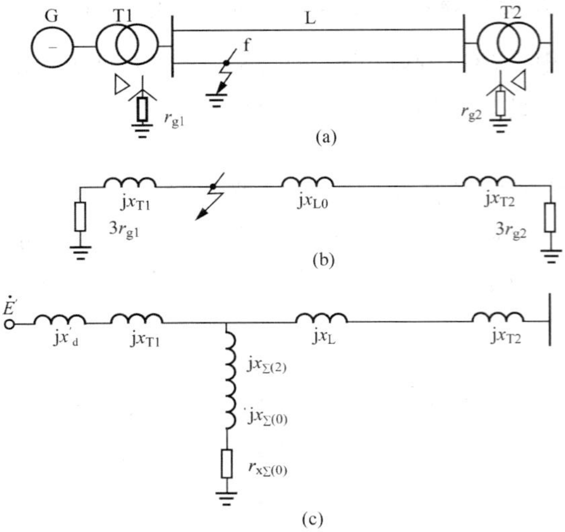

图 10-40 变压器中性点经小电阻接地

(a)系统图；(b)零序网络；(c)正序增广网络

中性点接地电阻值的选择要适当。电阻值过小，电阻上消耗的功率太小，作用不大；电阻值过大，消耗功率太大，有可能使发电机在第二个摇摆周期失去稳定，且当短路电流通过时会使中性点电压升高过多。

(六)发电机电气制动

电气制动是当系统发生故障后迅速地投入电阻以消耗发电机的有功功率，即增加发电机的电磁功率，从而减少功率差额，产生制动作用。接入的电阻称为制动电阻。制动电阻有两种接入方式，即串联接入方式和并联接入方式，如图 10-41 所示。在串联接入方式中，旁路开关 S1 正常时是闭合的，投入制动电阻 R_{Z1} 时旁路开关打开；在并联接入方式中，旁路开关 S2 正常时是断开的，投入制动电阻 R_{Z2} 时闭合。如果系统中有自动重合闸装置，则当线路开关重合时应将制动电阻短路(串联接入方式时)或切除(并联接入方式时)。

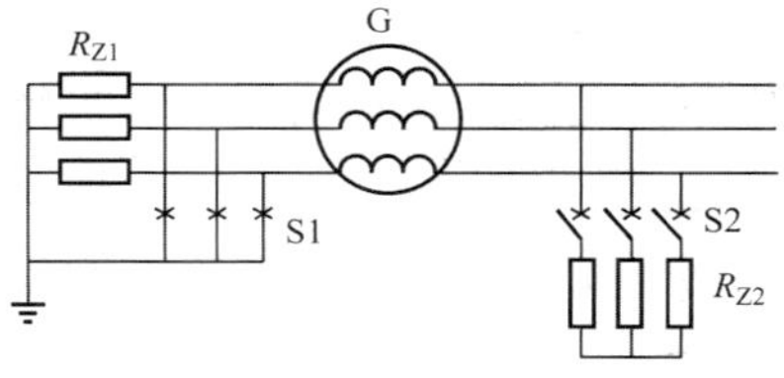

图 10-41 制动电阻的接入方式

图 10-42(a)、(b)分别示出了有无电气制动的情况，由图可见，切除故障角 δ_c 不变时，由于增设了电气制动，减少了加速面积 bb_1c_1cb，使原来不能暂态稳定的系统变成暂态稳定了。

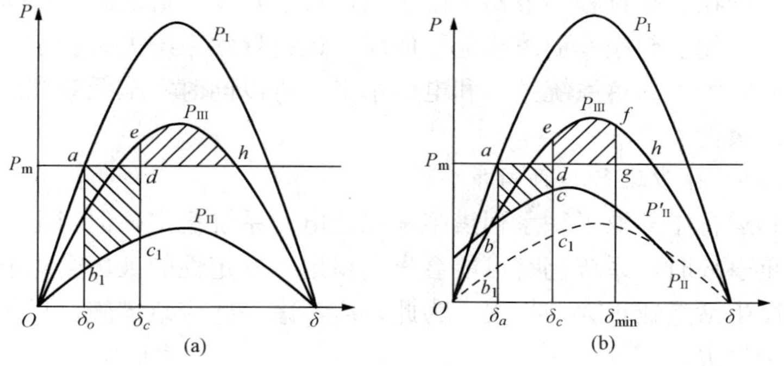

图 10-42　电气制动的作用

(a) 无电气制动；(b) 有电气制动

电气制动的原理如图 10-43 所示。当线路发生短路故障时，一方面继电保护发跳闸脉冲切除故障线路，另一方面继电保护或专门的测控设备向制动电阻的开关发合闸脉冲，投入制动电阻，并启动时间控制器。经过一段时间 Δt_b 后，时间控制器向制动电阻的开关发跳闸脉冲，切除制动电阻。从制动电阻的投入到制动电阻的切除之间的时间间隔 Δt_b 称为制动时间。

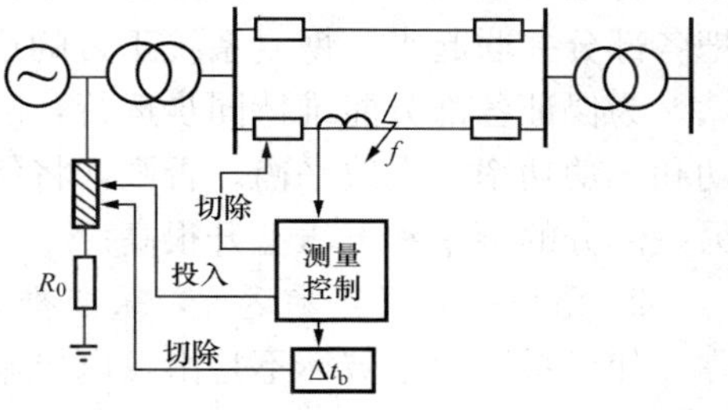

图 10-43　电气制动原理

制动电阻的大小，通常以额定制动容量（功率）表示。对于并联接入的制动电阻，额定制动容量定义为

$$\Delta P_{bN} = \frac{U_N^2}{R_b} \tag{10-109}$$

式中：U_N 为制动电阻接入点的额定电压；R_b 为每相制动电阻值。

制动电阻值和制动时间的选择和配合，对暂态稳定的影响很大。制动电阻值过小或制动时间过短，会发生所谓欠制动，即制动作用过小，发电机仍有可能在第一个摇摆周期失去稳定；制动电阻值过大或制动时间过长，会发生所谓过制动，即制动作用过大，发电机可能在第二个摇摆周期失去稳定。因此，需要通过综合分析计算后，选择最适当的制动电阻值和制动时间。

三、改善运行条件及其他措施

（一）改善系统结构

有多种方法可以改变系统的结构，加强系统的联系。例如增加输电线路的回路数，另外，当输电线路通过的地区原来就有电力系统时，将这些中间电力系统与输电线路连接起来，可以使长距离的输电线路中间点的电压得到维持，相当于将输电线路分段，缩小了“电气距离”。

（二）切除部分发电机及部分负荷

对于备用容量充足的系统，在切除故障线路的同时，可以联锁切除部分发电机，以减少原动机的输入功率，增大减速面积，提高暂态稳定性。

由于切除了部分发电机，系统失去了部分电源，系统频率和电压将会下降，如果切除的发电机容量较大，则在暂态过程的最初阶段虽然保持了各发电机之间的同步，但因系统频率和电压过分下降，可能引起频率崩溃或电压崩溃，最终导致系统失去稳定。因此，当系统有功功率备用不足时，为了保持系统频率和电压水平，可以同时实施低频减载或低压减载，切除一部分不重要的负荷。

（三）系统解列、异步运行和再同步

虽然在设计和运行中采取了一系列措施来保证电力系统稳定，但当出现未能预料的严重事故，甚至是多重事故时，系统仍有可能会失去稳定。稳定性的破坏会对电力系统本身、国民经济建设和人民生活造成很大的损失。为此，应考虑一些应急措施，尽快地恢复对用户的正常供电，以减少损失。

1. 系统解列

所谓系统解列，就是在已失去同步的电力系统的适当地点（或称解列点）断开某些断路器，将电力系统分为几个独立的子系统，各自保持同步运行。在事故消除后，经过调整，再把各部分并联起来，恢复系统正常的运行方式。

为保证各部分能维持同步运行，解列点的选择应使解列后系统各部分的电源和负荷（有功和无功功率）大致平衡。否则，将使系统某一部分的频率和电压大幅度下降甚至崩溃，而另一部分的频率和电压上升很高。

2. 允许短时间异步运行，采取措施，促使它再同步

如果系统稳定破坏不是由发电机本身的原因引起的，则可以考虑允许因稳定破坏而转入异步运行的发电机继续留在系统中工作，并采取措施促使发电机恢复同步运行。在稳态异步运行时，发电机仍能向系统提供有功功率，并能缩短系统恢复正常运行所需的时间。

发电机异步运行时将给发电机本身和系统带来一些严重问题：

（1）由于定子和转子电流增大引起发热和过大应力，造成发电机损伤；

（2）异步运行时从系统吸收大量无功功率，当系统无功功率备用不足时，可能导致“电压崩溃”；

（3）异步运行时由于发电机电磁功率、定子电流和励磁电流随角度而发生波动，导致某些地方电压极低，使该地区电动机停止转动而脱离系统；

（4）电流、电压变化情况复杂，导致继电保护误动作，进一步扩大事故。

以上这些问题应予以重视。

习 题

10-1 如图 10-44 所示的电力系统，各元件参数标幺值已示于图中。试求当 E_q、E'_q、E'、U_G 分别为常数时的电磁功率表达式和静态稳定储备系数 K_P。

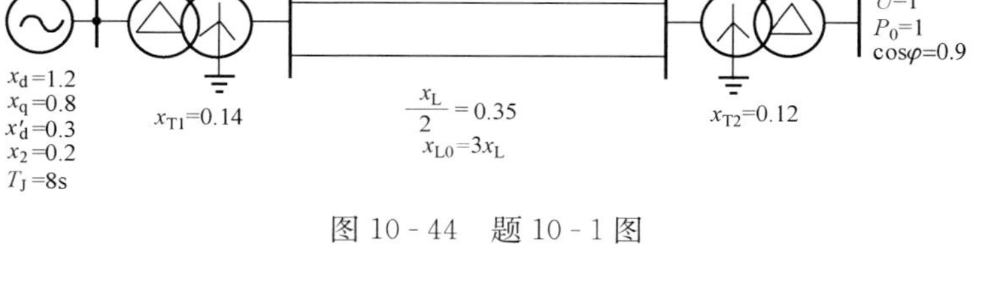

图 10-44 题 10-1 图

10 - 2　某系统等效电路如图 10 - 45 所示，各元件参数标幺值（取 $S_B=250$MVA，$U_B=115$kV）示于图中。若在正常情况下，发电机向系统输送有功功率 $P_0=200$MW，$\cos\varphi=0.98$，无穷大系统母线电压维持 115kV 不变。试计算：

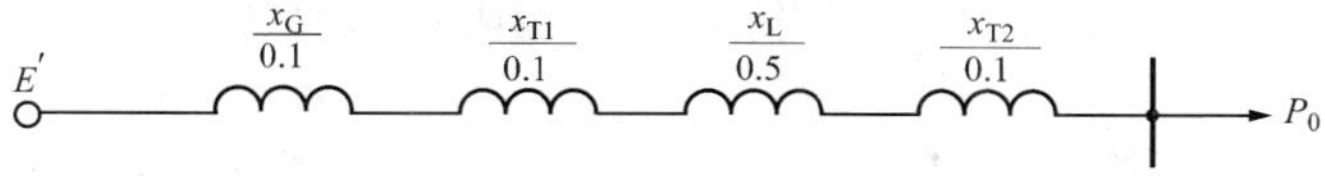

图 10 - 45　题 10 - 2 图

（1）正常运行功角 δ_0、静态稳定储备系数；

（2）发电机 G 以 $P_*=1$ 仍能保持静态稳定运行，则发电机的最小电动势是多少？

10 - 3　请写出如图 10 - 46 所示的几种系统的功角特性 $P_1=f(\delta)$，并画出 $P_1=f(\delta)$ 曲线。

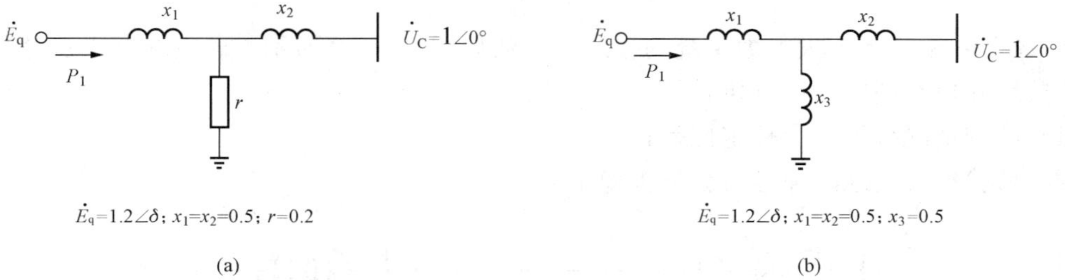

图 10 - 46　题 10 - 3 图

10 - 4　某一隐极式发电机与无穷大系统构成简单系统，$T_J=10$s，$f_N=50$Hz，初始运行功角 $\delta_0=54°$，设阻尼系数 $D=1.5$，$E_q=1.8$，无穷大系统母线电压 $U=1.0$，$x_{d\Sigma}=1.5$。

（1）写出转子运动方程；

（2）写出特征方程，并由特征根分析系统是否具有小干扰稳定性。

10 - 5　如图 10 - 47 所示的单机无穷大系统，发电机采用暂态电势模型，元件参数示于图中。

（1）写出系统的线性化状态方程；

（2）求系统特征值、无阻尼自然频率、有阻尼振荡频率；

（3）评价此时系统的小干扰稳定性。

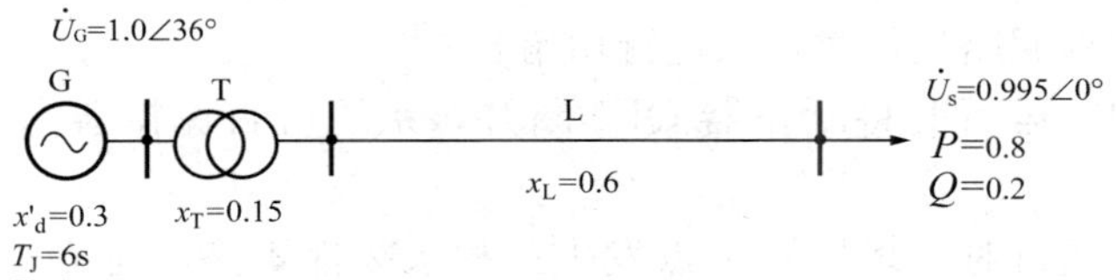

图 10 - 47　题 10 - 5 图

10 - 6　一汽轮发电机变压器组，通过双回线路与无穷大容量母线连接，如图 10 - 48 所示。其静态稳定极限为 200MW，若在一回线中点三相短路的情况下，其静态稳定极限降为 70MW。试计算：

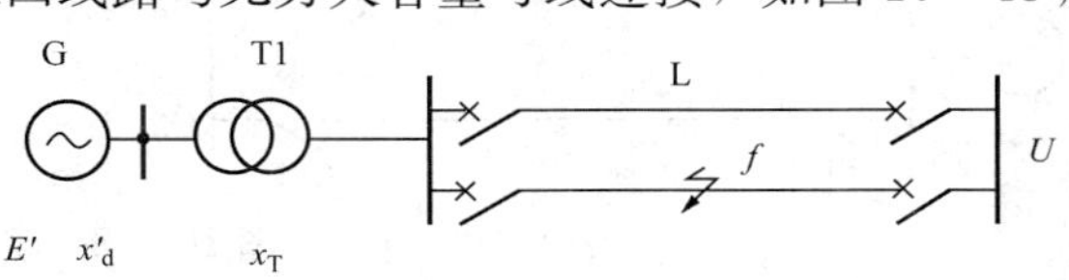

图 10 - 48　题 10 - 6 图

（1）发电机变压器组和每回线路电抗

标幺值（基准为 100MVA）；

（2）切除一回线路后，系统静态稳定极限。（设 $E'=U=1.0$）

10－7　一简单电力系统接线如图 10－49 所示，设某输电线路某回始端发生单相接地短路，试计算为保持暂态稳定要求的极限切除角度和极限切除时间。

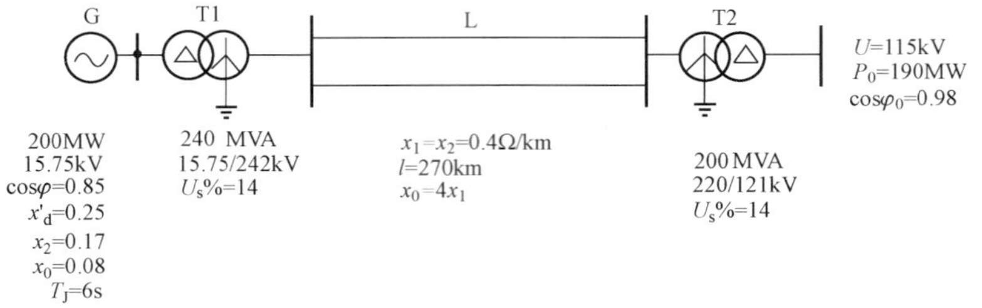

图 10－49　题 10－7 图

10－8　一单机无穷大电力系统的接线与参数如图 10－50 所示。若在线路中点处分别发生单相接地和单相断线，试分析：

（1）两种情况哪种情况稳定性差；

（2）校验单相接地故障是否会失去稳定。

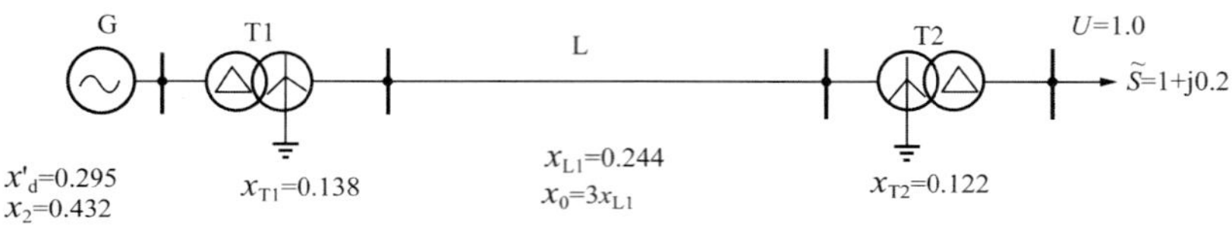

图 10－50　题 10－8 图

10－9　某输电系统如图 10－51 所示，在线路 $t=0$s 突然切除，同时关闭汽轮机汽门，使机械功率突然降至原来的十分之七，经过一段时间后，又重新合闸，求极限合闸角度。

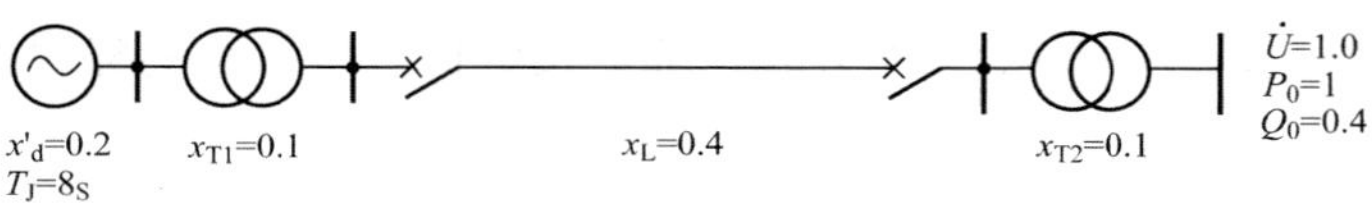

图 10－51　题 10－9 图

10－10　某简单电力系统及其等效电路如图 10－52 所示，其中：$x_1=0.4$，$x_2=0.2$，$x_3=0.2$，$U_s=1.0$，$E'=1.2$，$x'_d=0.2$。原动机输入机械功率 $P_m=1.5$，$T_J=30$s。

（1）当系统正常双回路运行时，求运行功角 δ_0；

（2）当系统双回线运行时将断路器 QF1 断开，系统可否保持暂态稳定性？如若稳定，求其最大摇摆角度；

（3）当系统正常运行时，某瞬间 f 点发生三相永久性短路，若 QF1、QF2 不跳开，系统是否稳定？若 QF1、QF2 可靠跳开，求极限切除角及对应的极限切除时间。

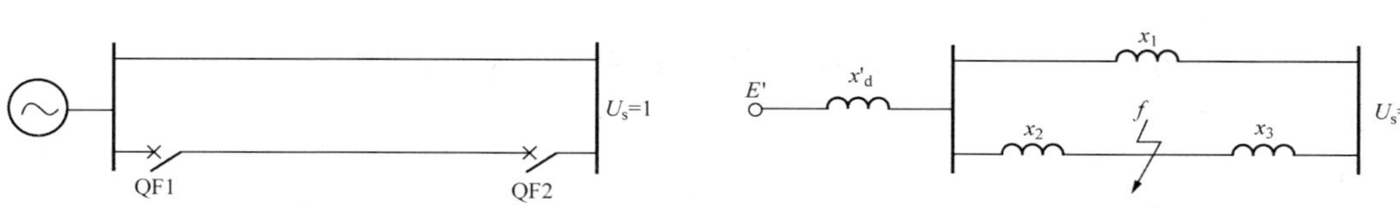

图 10－52　题 10－10 图

附录 短路电流运算曲线

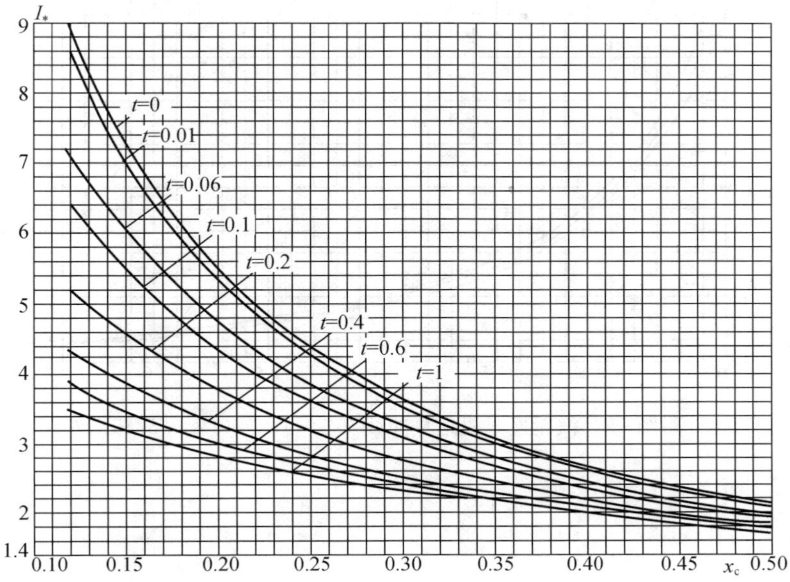

附图-1 汽轮发电机运算曲线（一）（x_c=0.12～0.50）

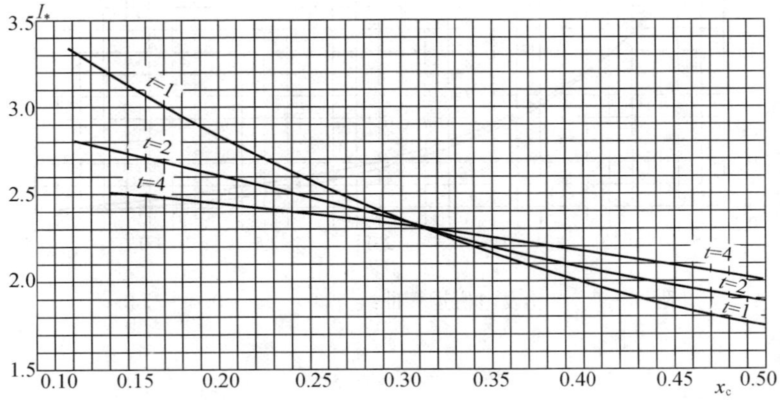

附图-2 汽轮发电机运算曲线（二）（x_c=0.12～0.50）

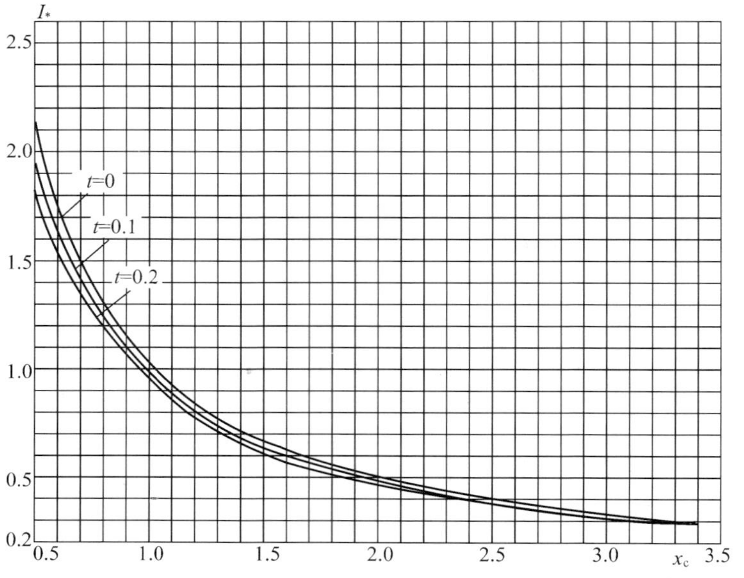

附图-3 汽轮发电机运算曲线（三）（x_c=0.50～3.45）

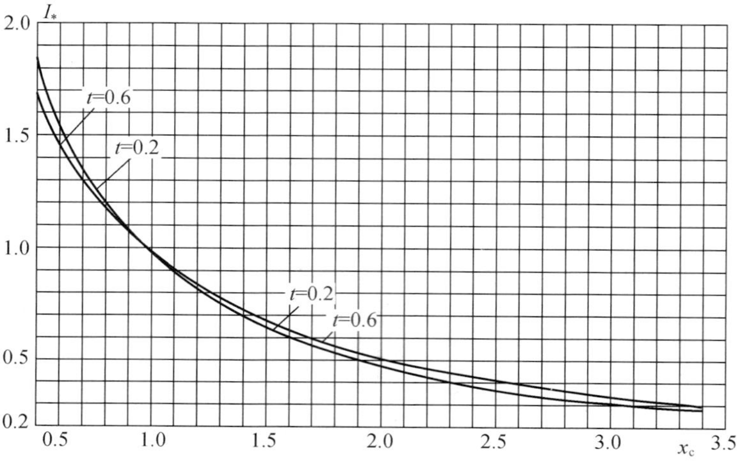

附图-4 汽轮发电机运算曲线（四）（x_c=0.5～3.45）

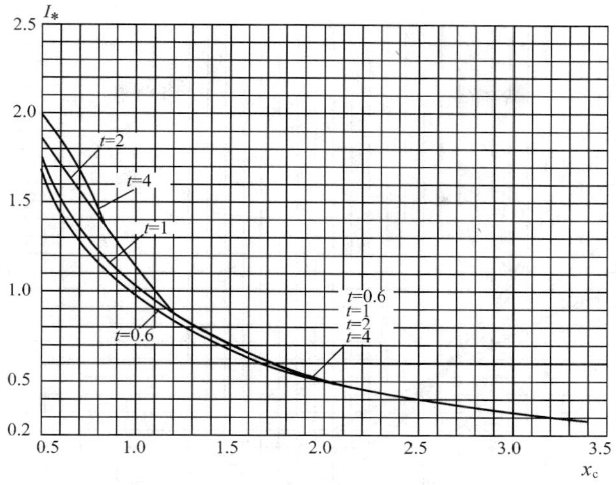

附图-5　汽轮发电机运算曲线（五）（$x_c=0.50\sim3.45$）

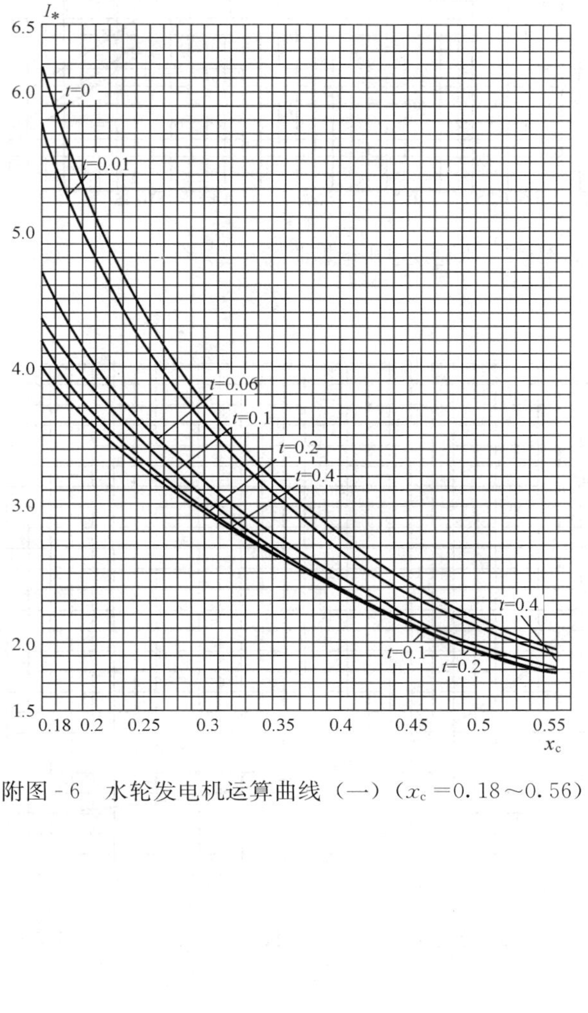

附图-6　水轮发电机运算曲线（一）（$x_c=0.18\sim0.56$）

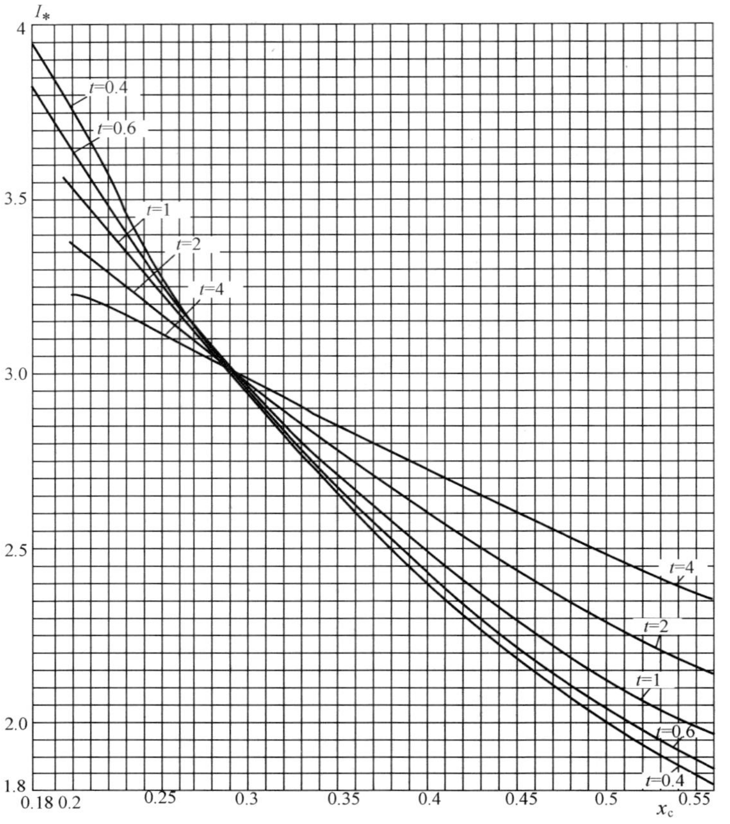

附图 - 7　水轮发电机运算曲线（二）（x_c＝0.18～0.56）

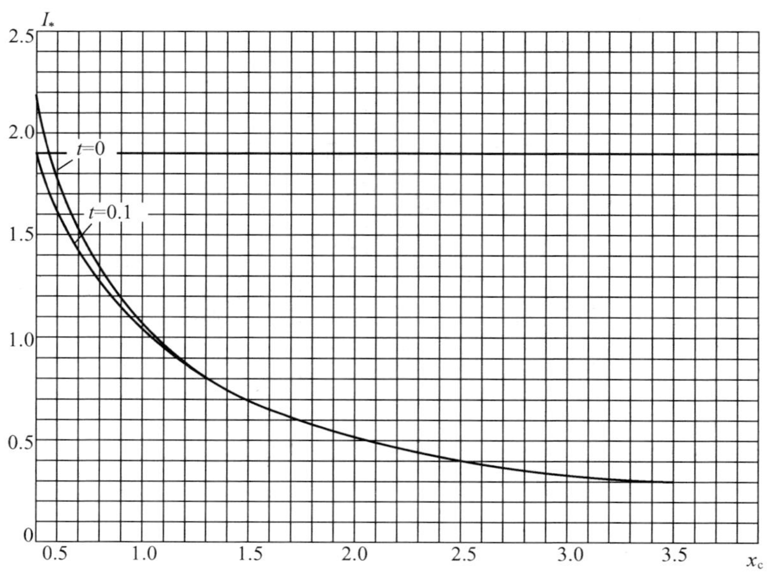

附图 - 8　水轮发电机运算曲线（三）（x_c＝0.5～3.50）

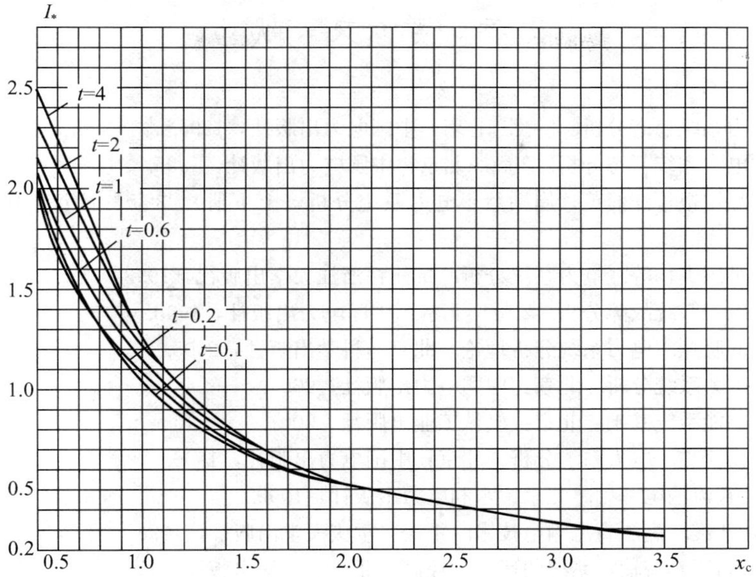

附图-9 水轮发电机运算曲线（四）（x_c=0.5～3.50）

参 考 文 献

[1] 陈珩. 电力系统稳态分析. 2版. 北京：中国电力出版社，1995.
[2] 李光琦. 电力系统暂态分析. 2版. 北京：中国电力出版社，1995.
[3] 何仰赞，温增银，汪馥英，周勤慧. 电力系统分析（上下册）. 3版. 武汉：华中科技大学出版社，2003.
[4] 韩祯祥，吴国炎，等. 电力系统分析. 杭州：浙江大学出版社，1993.
[5] 刘万顺. 电力系统故障分析. 2版. 北京：中国电力出版社，1998.
[6] 刘天琪，邱晓燕. 电力系统分析理论. 北京：科学出版社，2005.
[7] 夏道止. 电力系统分析. 北京：中国电力出版社，2004.
[8] 单渊达. 电能系统基础. 北京：机械工业出版社，2001.
[9] 于永源，杨绮雯. 电力系统分析. 北京：中国电力出版社，1996.
[10] 戴熙杰. 直流输电基础. 北京：水利电力出版社，1990.
[11] 王官洁，任震. 高压直流输电技术. 重庆：重庆大学出版社，1996.
[12] 李兴源. 高压直流输电系统的运行和控制. 北京：科学出版社，1998.
[13] 倪以信，陈寿孙，张宝霖. 动态电力系统的理论和分析. 北京：清华大学出版社，2002.
[14] 周荣光，陈刚. 电力系统稳态分析. 北京：清华大学出版社，1986.